EDUARD SPRANGER

Gesammelte Schriften

II

EDUARD SPRANGER

Gesammelte Schriften

Herausgegeben von
Hans Walter Bähr Otto Friedrich Bollnow Otto Dürr
Walter Eisermann Ludwig Englert Andreas Flitner
Hermann Josef Meyer Hans Wenke †

II

Max Niemeyer Verlag
Tübingen

Quelle & Meyer Verlag
Heidelberg

EDUARD SPRANGER

Philosophische Pädagogik

Herausgegeben von
Otto Friedrich Bollnow und Gottfried Bräuer

Quelle & Meyer Verlag Heidelberg
1973

Erscheint mit Unterstützung durch die
Stiftung Volkswagenwerk, Hannover.

Satz und Druck: Druckhaus Darmstadt GmbH.
ISBN 3-494-00591-5

Inhaltsverzeichnis

Teil I

Teil II

Teil I

Umrisse der philosophischen Pädagogik

1933

A. Kulturphilosophische Voraussetzungen

Erziehung ist eine Seite des großen Lebenszusammenhanges, den wir Kultur nennen. Jede grundsätzliche Erörterung über das Wesen der Erziehung setzt demgemäß den Rahmen einer allgemeinen Kulturphilosophie voraus. Ihre Hauptgedanken müssen in wenigen Sätzen vorangestellt werden, ehe wir zum eigentlichen Thema übergehen.

Das Strukturgefüge der Kultur wird in der Regel folgendermaßen umschrieben:

1. Ihren Unterbau bildet die Natur samt naturhaften menschlichen Wesen, die in ihr leben. Jedes menschliche Individuum ist, biologisch betrachtet, Glied eines Blutszusammenhanges und einer Geschlechterfolge. Sein Leib ist ein flüchtiges und vergängliches Produkt des Keimplasmas, das durch die Abfolge der Generationen hindurchgeht. Damit ist ein physiologisches Erbgut gesetzt, dessen Abwandelbarkeit noch dem wissenschaftlichen Streit unterliegt. Sehr weit aber geht die individuell-physiologische Entwicklung nicht über die vorgeformte Erbausstattung hinaus. Unterschiede der Rasse, des Stammes, der Familie setzen besondere Eigentümlichkeiten der Anlagen, teils »nach oben«, teils »nach unten«, wie wir vorläufig unbestimmt sagen wollen. Zum naturhaften Unterbau zählte man auch noch den spezifischen Funktionszusammenhang »Seele«. Wir wissen nichts von einer Rassenseele oder Stammesseele. Das Seelische, das wir kennen, gehört zur Ausstattung des Individuums. Es übt, wie bei den Tieren, jene begrenzte Zahl von Lebensfunktionen, die mit dem Charakter der Bewußtheit auftreten. Und es wird behauptet, daß in diesem Seelischen zweckmäßige Tendenzen sowohl für das Individuum (seine Lebenserhaltung) wie für die Gattung (Arterhaltung) walten. Trotzdem unter-

liegt das naturhafte Individuum dem Tode: es existiert also nur zeitlich begrenzt. Ebenso wird die menschliche Gattung einmal aussterben, wenn ihre natürlichen Lebensbedingungen zerstört werden.

2. Im Gegensatz zur Natur erscheint die *Kultur* als ein geistiger Überbau, der die Spanne des individuellen Lebens weit überdauern kann. Ihr Zustandekommen führt man darauf zurück, daß (mindestens beim Menschen) das Seelische Sinngehalte aus sich heraussetzt, die einer überindividuellen Ordnung unterliegen. Man spricht von sinngebenden und sinnempfangenden Akten. Der Mensch hat also nicht nur eine seelische, sondern auch eine geistige Ausstattung: er erfaßt »Gegenstände« und hält sie als identisch fest. Sie haben eine vom aktuellen Erlebnisverlauf abgelöste Existenz. Diese Gegenstände sind zunächst nicht neutrale »Dinge«, sondern für den Lebenszusammenhang des Individuums in mannigfacher Richtung sinnhaltig. Es gibt ideelle Gegenstände (= reine Gedankengegenstände) und reale Gegenstände. Reale Gegenstände, die im Bewußtsein als bedeutsam für den Totalzusammenhang des Lebens erfaßt werden, heißen Sinngebilde. Sie sind z. T. von stofflicher Art: d. h. die sogenannte neutrale Materie wird hier sinnhaltig; z. T. haben sie nur ein seelenartiges Substrat: d. h. es handelt sich um sinnhaltige, realitätsbezogene oder bloß phantasierte Vorstellungsgebilde. Nuancen müssen hier fortbleiben. – Man macht weiter die Annahme, daß die realen Sinngebilde einer überindividuellen Sinngesetzlichkeit unterliegen. Andernfalls gäbe es keine Gemeinsamkeit des vielverzweigten Sinnzusammenhanges in diesen realen Sinngebilden, also kein »Verstehen« = Sinnerfassung. Aber wie schon die Sinneswahrnehmungen des Individuums immer »perspektivisch«, d. h. standortbedingt sind, so wird auch (auf dieser höheren Stufe) der objektive Sinn immer nur in (wechselnder) subjektiver Perspektive aufgefaßt. Demgemäß unterscheidet man für das wissenschaftliche Verhalten die Tendenz zum objektiven Sinnverstehen und zum Sinnverstehen aus der Perspektive einer Person heraus. So schreiben wir z. B. einem gedruckten Text einen »Sinn an sich« zu, und wir sind bestrebt, ihn adäquat, d. h. objektiv zu erfassen. Aber jeder, der dies erstrebt, hat doch seinen besonderen Standort und seine besondere Geistesart dem sinnhaltigen Objekt gegenüber. Wenn wir fragen, wie ein anderer den Text verstanden habe, so gesellt sich zum Sachverstehen ein komplizierendes Personverstehen. Schon der Verfasser des Textes war ja eine bestimmte und begrenzte Person. Objektiver Sinn (Sinn an sich) und subjektiver Sinn (Sinn für mich) sind also immer lebendig verschlungen.

Wenn es trotzdem möglich sein soll, dies ganze Lebensgewebe von Beziehungen zu »verstehen«, d. h. den Bezug von Person zu sinnhaltiger

Sache und die Bezüge von sinnerlebender Person zu sinnerlebender Fremdperson, so muß die Annahme gemacht werden, daß über all diesen Realitäten ein ideeller gesetzlicher Zusammenhang walte. Das Sinngeben und Sinnerleben jedes empirischen Subjektes hat also teil an einer verwickelten Sinngesetzlichkeit oder Sinnordnung. Dieser Gedanke führt uns noch eine Stufe höher über die Natur und den in sie hineingebauten objektiven Sinnzusammenhang hinaus in rein ideelle (nicht mehr reale, aber für die Realität gültige) Sinnordnungen.

3. Dieses ewige Gerüst des Geistes, im Gegensatz zu seinen zeitlichen, wirklichen Erscheinungsformen, ist noch nie befriedigend herausgearbeitet worden. Nur für das Gebiet der rein logischen (intellektuellen) Sinnzusammenhänge ist schon weitgehende Klarheit geschaffen. Für die anderen Gebiete kann nur das prinzipielle Verfahren angedeutet werden.

»Sinn« ist ein Phänomen, das nur in der lebendigen Subjekt-Objekt-Relation auftreten kann. D. h. Sinn hat etwas nur für ein sinnerlebendes Subjekt. Wo nicht die Grundrelation Subjekt–Gegenstandswelt besteht, da kann auch nicht von Sinngebungen und Sinnerfahrungen die Rede sein. Nun ist jedes reale Subjekt-Objekt-Verhältnis begleitet von einem noch so unmerklichen Wert- oder Unwertcharakter. Die Dinge unserer Umwelt sind nicht neutral, sondern nützlich oder schädlich, schön oder häßlich. Die Personen in unserer Umwelt sind feindlich oder wohlgesinnt, sympathisch oder antipathisch; die Vorstellungen, die wir haben, sind zutreffend oder unzutreffend usw. Es ist, als ob bei jedem Auseinandertreten des Seins in eine Subjektseite und eine Objektseite als sinnbegründendes Spaltungsprodukt ein eigentümlich gefärbter Wert entstünde, dort als Werterlebnis, hier als Werteigenschaft des Gegenstandes. Am deutlichsten wird dies im eigentlichen Zweckhandeln. Der vorgestellte Zweck trägt einen Wertcharakter, das Motiv der Handlung ist die entsprechende willensmäßige Wertintention. Aber nicht alle Lebensbezüge sind (wie Dilthey annahm) explizite Zweckzusammenhänge. Allgemein gilt nur: Jedes sachliche Objekt und jede Fremdperson ist an das Subjekt gebunden durch eine noch so dunkel erlebte Wertfärbung. Das Objekt im weitesten Sinne ist so beschaffen, daß es ein Wertbedürfnis des Subjektes befriedigt bzw. fühlbar unbefriedigt läßt.

An sich ist die Fülle der Wertarten, die »im Leben« auftritt, unübersehbar. Wir können nur Ordnung schaffen, wenn wir große Lebensgebiete oder Subjekt-Objekt-Bezüge dauernder Art unterscheiden. Es ist ähnlich wie bei den Organen eines Organismus: Jedem kommt eine spezifische Leistung für das individuelle Lebensganze zu. Schon für das rein biologische Gebiet hat man den Nahrungskreis (Beutekreis), Feindeskreis und

Geschlechtskreis herausgehoben. Ihnen würden auf höherer geistiger Stufe entsprechen: das wirtschaftliche, das politische und das Blutsverbandsgebiet. Es gibt aber noch viel mannigfachere Lebensbeziehungen zwischen dem erlebenden Subjekt und »seiner« Welt: das Erkenntnisgebiet, das ästhetische Gebiet, das technische Gebiet, das pädagogische Gebiet, das religiöse Gebiet. Wenn wir sie – auf das reale Lebensgewebe hinschauend – voneinander trennen, so liegt darin, daß wir jeder dieser eigentümlichen Subjekt-Objekt-Beziehungen einen eigentümlichen Wert zugeordnet denken, eine ideelle Wertwesenheit, die ebenso auf der Seite des Subjektverhaltens (als Werterlebnis) wie auf der Seite der Objektbeschaffenheit (als Werteigenschaft) erscheint. In solcher Wesensschau erschließen sich also die allgemeinen Wesenheiten: Wirtschaftswert, ästhetischer Wert, technischer Wert, pädagogischer Wert, politischer Wert, sozialer Wert (Verbundenheitswert), Heiligkeitswert usw. Wir machen dann weiter den Versuch, jedes dieser Sondergebiete des Lebens derjenigen Sondergesetzlichkeit unterworfen zu denken, die gerade jenem eigentümlichen ideellen Wertcharakter entspricht. Jedes realisiert *seinen* Wert. Im Aufbau des betreffenden Gebietes ist der betreffende Wert *strukturgebend.*

Diese immer wieder versuchte, nie ganz vollendete Kulturanalyse können wir hier nicht weitertreiben. Nur zwei Zusätze mögen den Gedankengang abschließen:

1. Bei der Zergliederung vergessen wir nie, daß eine solche Verselbständigung jedes Gebietes in Gedanken keine volle Selbständigkeit (Autonomie) innerhalb des wirklichen Lebenszusammenhanges herbeiführt. Vielmehr muß jedes Sondergebiet immer von der Lebenstotalität in weitest erreichbarer Bedeutung aus gedacht werden. Aber die Zerlegung selbst ist ein unvermeidliches Verfahren. Ohne Anatomie und zergliedernde Physiologie würden wir ja selbst den einfachsten Naturorganismus nicht verstehen. Es ist sehr oft eine Schwäche des Denkens, wenn man den Mut zu solchen Analysen nicht aufbringt.

2. Unser Vorgehen zeigt durchgehends die enge Verflechtung zwischen einer ideellen und der realen Weltordnung. Nicht nur die reinen Gedanken, sondern auch die spezifischen Wertwesenheiten greifen ins Zeitlose hinüber, obwohl sie natürlich von dem Boden ihres realen Vorkommens nie ganz abgelöst werden können. Was sollte z. B. die Bedeutung »Hand« sein ohne Bezug zu einem bestimmt gebauten realen Organismus, oder der ewige Wert »Wahrheit« ohne ein Lebewesen, das in seiner eigentümlichen, von Sinnesempfindungen ausgehenden Art nach Erkenntnis strebt? Trotzdem sind jene Wertwesenheiten (die man auch Ideen genannt hat,

als man noch nicht betonte, daß sie nur in der Subjekt-Objekt-Spaltung aufleuchten) von welterschließender Bedeutung. Das Weltbild des Menschen bleibt an seine tierische Organisation gebunden. Aber wenn er sich zu geistigem Bewußtsein erhebt, so erfaßt er seine eigenen zeitlosen Lebensordnungen und mit ihnen zugleich, quasi in der Form von metaphysischen Durchblicken, etwas von der Struktur der nicht bloß menschlichen Welt, der er mit seinem menschlichen artgebundenen Weltbilde eingeordnet ist. Man hat mit Recht gesagt, daß *im* Leben ein Mehr-als-Leben aufleuchte. In religiöser Sprache darf man also auch behaupten: sofern im menschlichen Wertleben ewige Wertwesenheiten auftreten, haben sie offenbarenden Charakter. Sie sind die metaphysischen Nahtstellen der menschlichen Welt.

Dieser ganze Ansatz enthält jedoch grundsätzliche Fehler oder meist übersehene Lücken in sich.

1. Wir sind ausgegangen von der *bloßen* Natur, ursprünglich sogar vom *bloß* Leiblichen. Wer aber der ganzen Auseinandersetzung gefolgt ist, müßte sich darüber klar sein, daß sie (die Auseinandersetzung) selbst von Anfang bis zu Ende geistiger Art ist. Sie konnte so nur geführt werden auf einer verwickelten Stufe geistigen Selbstverständnisses der Menschheit und geistiger Selbstdeutung des Menschen. Schon der eine Begriff »Natur« ist Produkt einer langen philosophischen Entwicklung. Der sogenannte Naturmensch z. B. weiß nichts von Natur. Vermöchte ein Tier sein Weltbild »auszusprechen«, so würde es nicht in diesen überlegenen Begriffen geschehen können. Es bleibt natürlich sachlich richtig, daß der Mensch in vielem von seinem Leibe abhängt und daß er in die Bedingungen eines Weltbildes hineingebannt ist, das mit seiner besonderen tierischen Organisation zusammenhängt. Falsch aber ist es, anzunehmen, daß die Natur erst auf einer bestimmten Entwicklungsstufe geistig *werde*. Sondern der Sachverhalt ist verwickelter: Das bescheidene, artgebundene Maß von Geistigkeit, zu dem die Menschheit sich erhebt, ist nur das immer inadäquate Teilgewinnen an einer Geistigkeit überlegener und unzugänglicher Art, die in der Natur drinliegt (wir sagen, daß ihr dies vom Schöpfer gegeben sei). Schon die sogenannten primitiven Stufen der Natur sind geistig, d. h. von Sinnzusammenhängen erfüllt, die wir als Menschen einigermaßen durchschauen. Die Merkschemata und Wirkschemata, die ein tierisches Wesen erlebt und die *seine* Erlebnisumwelt konstituieren, sind für seine individuelle Erhaltung und den Bestand seiner Gattung sinnvoll organisiert. Die verschieden strukturierten Erlebniswelten zweier im Lebensvollzug aufeinander angewiesener Tierarten zeigen eine eigentümliche

(jedoch nicht absolute) Anpassung aufeinander, die auf ein höheres Lebensganzes der Natur hinweist – gleichsam auf einen Geist, der beide Stimmen im Hinblick auf eine Gesamtpartitur ausgeschrieben hat. Aus diesem Grunde wagen wir zu behaupten: Das »Leben« ist von seinen Wurzeln an geistig und deutet auf einen Gesamtgeist hin, dessen Organisation wir allerdings nur bruchstückhaft ahnen.

2. Wir haben das Geistige in unsrer Darstellung vom einzelnen Menschenbewußtsein her aufgebaut. Auch dies ist offenbar inadäquat. Denn schon in der Durchführung zeigte sich, daß geistige Zusammenhänge überindividuelle Zusammenhänge sind, die das Einzelleben überbauen und überdauern. Sofern die Seele am Geist teilhat, gehört sie selbst einem überindividuellen, gegenwartüberlegenen Zusammenhange an. Es lebt durch sie etwas hindurch, was sie freilich nie als »reines überindividuelles Bewußtsein« erfaßt (ich vermeide bewußt diese Konstruktion der Neukantianer und Phänomenologen). Es genügt, auf die Sprache zu verweisen, um dieses Einwohnen eines durchaus überindividuellen Geistes in der Seele zu erläutern und zugleich zu zeigen, in wie verschiedenen Graden und in wie individuellen Formen (Sprachen) dies Einwohnen noch erfolgen kann. Wenn z. B. der hier ausgeführte Gedankengang Verständnis findet, dann gewiß nicht auf Grund von Konvention zwischen Individuen, sondern weil der überindividuelle Geist, der potentiell in jedem von uns leibgebundenen Wesen ist, sich dieses Instrument: bedeutungshaltige Sprache gebildet hat. Am Beispiel der Sprache aber läßt sich zugleich zeigen, daß niemals individualisiertes und allgemeines Leben scharf trennbar sind. Sie sind immer ineinander. In jeder Sprache steckt zugleich der allgemeine Geist und die Perspektive einer Volksindividualität. Ja man kann sich diese stufenförmige Ineinanderschachtelung noch mehr verdeutlichen, wenn man von der Konstruktion einer (niemals realisierten) absolut allgemeinen Weltsprache über eine Volkssprache zu einem ihrer Dialekte und von da zu der ganz individuellen Sprache eines einzelnen Menschen fortschreitet.

Die Sprache ist hier nur stellvertretend für das Strukturgefüge des geistigen Lebens überhaupt. Wir *müssen* annehmen, daß es irgendwie ein *ewiges* Gerüst habe. Aber dieses selbst bleibt immer im Hintergrund.

3. Denn nicht nur das Allgemeine und das Besondere sind ineinander verschlungen, sondern auch das Geschichtliche und das Überzeitliche. Der große geistige Lebenszusammenhang ist mindestens in der menschlichen Sphäre immer historischen Abwandlungen unterworfen. Hegel hat den

[1] Vgl. Jacob v. Uexküll in: Das Lebensproblem. Hg. von Hans Driesch. Leipzig 1930.

grandiosen Versuch gemacht, das Entwicklungsgesetz des überindividuellen Geistes, seine Auseinanderlegung in Volksgeister und Einzelgeister wie die innere Stufenordnung seines Aufbaues spekulativ zu ergründen. Er mußte sich dazu mit seinem Denken in den absoluten Geist selber hineinstellen. Wir bringen heute einen solchen spekulativen Mut nicht mehr auf. Auch wir sind überzeugt, daß der einzelne nicht bloß ein Bündel von seelischen Funktionen ist, sondern zum Geist gehört; d. h. in ihm lebt zunächst mehr oder minder umfassend das Ergebnis der geistigen Entwicklung seines Volkes. Schon insofern hat seine Einzelseele teil an überlegenen Gehalten und an geistigen Verhaltungsweisen, die sie selbst nicht geschaffen hat. Der Strom des Historischen geht durch den einzelnen hindurch und macht ihn zum Mitträger von Geistesformen und Geistesakten, die so nur in einem historisch-gesellschaftlichen Entwicklungsgange herausgebildet werden konnten. Aller »geistige Besitz« des Menschen ist von historischer und kollektiver Herkunft. Deshalb wandelt sich das innere Gefüge des Menschen in der Geschichte zu unzähligen Formen und Stufen, obwohl der Mensch immer die »leeren« Funktionen: vorstellen, fühlen, streben zeigt. Sie genügen nicht, um seine geistigen Leistungen darzustellen.

Damit wird die Annahme einer ewigen, unveränderlichen Vernunftnatur des Menschen, die das 18. Jahrhundert machte, hinfällig. Man hat diese Auffassung seit langem mit Recht als ungeschichtlich und individualistisch erkannt. Aber man übt nur eine einseitige Kritik, wenn man der individualistischen die kollektivistische Auffassung vom Menschen entgegenstellt. Das In-Gemeinschaft-Stehen allein erklärt noch nicht die innere Wandelbarkeit der geisterfüllten Seele. Vielmehr tritt hinzu das Teilhaben der Seele an »übergreifenden« *Sach*gehalten: der einzelne wird zum Mitträger von Wissenschaft und Kunst und Wirtschaft und Technik. Er hat diese Geistesgebiete nicht nur sich gegenüber, sondern er hat sie in einigem Maße *in* sich, und eben deshalb heißt er geistig. Ein Ranke, in dessen Bewußtsein die ganze Weltgeschichte eine Form gewonnen hat, ist nicht geselliger, aber geistiger als der Bauer, der die Tradition seiner Landschaft und ein paar Volkssagen im Kopf hat. Im Großunternehmer lebt trotz allem mehr »Wirtschaftsgeist« als im einfachen Handarbeiter; beide können dabei in gleichem Maße Individualisten oder Gemeinschaftsmenschen sein. Die geistgewordene Seele ist nicht nur die gesellschaftlich bestimmte Seele, sondern sie hat Sachgehalte auf einer bestimmten historischen Stufe in sich hineingenommen; sie ist also sachlich, historisch und gesellschaftlich geformt und gebunden.

Die tragische Grenze des menschlichen Erkennens liegt aber darin: es vermag nicht den Gang des überindividuellen Volksgeistes oder gar Weltgeistes in seinem übergreifenden Eigengesetz zu erfassen; es hat nicht vollen Anteil an der metaphysisch-geistigen Weltteleologie, die wir dichten. Sondern: weil Erlebnisbrennpunkt immer nur die Seele, die Seele aber nur Einzelseele ist, so sind wir in unserem verstehenden Erkennen auch immer an die einzelmenschlichen Erlebnisschemata vom Geistigen gebunden. Wir verfallen deshalb in den Geisteswissenschaften unvermeidlich immer wieder in psychologisierende Betrachtungsweisen, weil das Verhältnis subjektiver Geist – objektiver Geist ein Auffassungsschema bedeutet, von dem wir nicht loskommen. Niemand z. B. hat bisher die Geschichte eines Volkes schlechtweg schreiben können: er hat immer nur erzählt, was große Menschen eines Volkes getan und typische Durchschnittsmenschen dieses Volkes gewesen sind und erlebt haben.

Anders ausgedrückt: Der überindividuelle Geist greift überall nur durch die Struktur des individuellen Geistes hindurch. Man erfaßt *seine* Struktur nur in der Erlebnisabschattung. Er sucht sich, wenn er sich sucht, nur durch den Einzelmenschen hindurch. Der größte Kenner des Geistes ist der am meisten geistig gewordene Mensch; aber er bleibt Mensch und wird nicht (wie Hegel es versuchte) zum Weltgeiste selbst. Jeder *spricht* seine Sprache; aber er *ist* nicht *die* Sprache, nicht einmal seine Sprache. Jeder hat ein Verhältnis zu seinem Staat und trägt Staatliches in seiner Seele; aber niemand, auch der absoluteste Monarch nicht, kann sagen: l'état c'est moi.

Vielmehr: wir erfassen das Lebensgewebe, das *für* den Menschen »Geist« heißt, immer nur in bestimmten Lebensbeziehungen, die den Charakter von Subjekt-Objekt-Relationen tragen, also nach dem Grundschema: subjektiver Geist zu objektivem Geist. Was in diesen unübersehbaren Relationen enthalten ist, verstehen wir nur durch methodische Kunstgriffe. Die Urphänomene der Kultur sind gewisse ewig wiederkehrende Grundformen der Subjekt-Objekt-Beziehung, denen ein eigentümlich konstanter Sinn innewohnt. Aber die Struktur des Subjektes wie die der zugehörigen geistigen Objekte ist dem historischen Wandel unterworfen. Sie müssen also in Gestalt von Epochaltypen dargestellt werden.

4. Die Schwierigkeit, überindividuelle Mächte des geistigen Lebens wissenschaftlich darzustellen, tritt am stärksten bei denjenigen geistigen Leistungen eines Kulturkreises oder Volkes auf, die am meisten traditional, am wenigsten zweckrational geartet sind. W. Wundt stellte sich in den ersten Bänden seiner ›Völkerpsychologie‹ die Aufgabe, die Psychologie gerade solcher Geisteserzeugnisse zu entwickeln: er begann mit

Sprache, Mythus und Sitte. Wir werden heute einen wesentlich anderen Ansatz wählen. Das Problem bleibt bestehen.

Für unser Sonderthema eignet sich als Beispiel vor allem die sogenannte Moral, weil sie im pädagogischen Prozeß eine unentbehrliche Macht darstellt. Man weiß, daß die moralischen Anschauungen, Einrichtungen und Verhaltungsweisen nicht ewig und unwandelbar gleichbleiben. Sondern sie sind inhaltlich bestimmt durch die jeweils vorliegenden Kulturverhältnisse überhaupt, von den Wirtschaftsformen bis empor zu den religiösen Überzeugungen. Es war ein großer Fortschritt über das unhistorische abstrakte Naturrecht hinaus, als Montesquieu das Recht (er sagte: die Gesetze) unter dem Gesichtspunkt betrachtete, daß sie funktionell abhängige Variable zu den jeweils bestehenden andern Seiten der Kultur wären. Die kollektive Moral müßte einer ähnlichen empirischen Untersuchung unterzogen werden. Trotzdem bliebe es noch ein Geheimnis, wie aus unzähligen Vorgängen des Verkehrs innerhalb einer Gruppe schließlich der Inbegriff von kollektiv bejahten Lebensformen, Werturteilen und Normen erwächst, der dann als eine geballte Macht dem einzelnen in der konkreten Situation sittlich bedeutsamen Handelns entgegentritt. Kein einzelner hat dies Gewebe geschaffen. Kein einzelner kann es ganz zerreißen. Es ist und wirkt im Namen jenes anonymen »man«, das dabei eine keineswegs verächtliche Weisheit bekundet, obwohl diese Forderungen an die Gesinnung des zugehörigen Gruppengliedes natürlich nicht fein individualisieren, sondern selbst durchschnittlich und typisch sind. Und doch: die Stelle, an der die kollektive Moral »lebendig« wird, ist immer wieder nur der einzelne: er trägt sie mit, hat an ihr teil, wird von ihr geformt, er leidet unter ihrem Druck, er gibt ihr einen neuen Impuls. Wie sich diese Volksmoral an die Gesinnung des einzelnen wendet und für sie Normen aufstellt, so wird sie auch durch Gewissensentscheidungen und Gesinnungshaltungen des einzelnen, der vielen einzelnen, weiter getrieben. Deutlicher läßt sich die Verwebung von überindividuellem Geisteszusammenhang mit dem individuellen Träger und Empfänger nicht illustrieren.

Mit dem Leben und Wachsen der Sprache, des Rechtes, selbst der Denkweisen und der politischen Einstellungen geht es nicht viel anders. Sie sind nicht irrational. Denn die Motive der Entstehung und Wandlung sind bei näherer Anlayse verständlich. Aber sie sind auch nicht rational, so, wie die Zweckmittelerwägung des einzelnen rational durchsichtig ist. Sondern alles einzelne ist nur auffaßbar als Masche an dem großen Lebensgewebe, dem der deutsche Idealismus den kühn zusammenfassenden Namen »Geist« gegeben hat.

Diese Kompliziertheit der Sache müssen wir uns gegenwärtig halten, wenn wir nunmehr daran gehen, jene besondere Seite des Kulturzusammenhangs einer Analyse zu unterwerfen, die wir *Erziehung* nennen. Wir müssen dem Gegenstand von sehr verschiedenen Seiten beikommen. Die Auflösung in die Grundfiguren gelingt nur allmählich. Vor allem ist zweierlei grundsätzlich im Auge zu behalten: 1. Das Gesamtgefüge der Kultur erwächst auf einem Naturzusammenhang; es ist immer gesellschaftlicher und historischer Lebenszusammenhang in der Urform der Subjekt-Objekt-Spaltung. 2. Wenn wir vom Subjekt in diesem Ganzen reden, so ist es nie das nackte, abstrakte Individuum, sondern das Individuum als Geistträger, also ein zwar naturbedingtes Wesen, aber durchwirkt von Gehalten, die ihrerseits historisch und gesellschaftlich entstanden sind, wenn auch durch diese Hüllen immer ein Ewiges hindurchschimmert, das wir zu erjagen bemüht sind, weil es zum bleibenden Grundgefüge des Geistes gehört.

B. Zur philosophischen Grundlegung der Pädagogik

Pädagogik ist Theorie der Erziehung. Erziehung ist eine besondere menschliche Tätigkeit, die sich auch ohne ausdrückliche Theorie seit Urzeiten von selbst vollzogen hat. Wenn wir Kulturmenschen von heute für die uns obliegenden Erziehungsaufgaben nicht bloß die traditionelle praktische Weisheit heranziehen, sondern wissenschaftliche Überlegungen anstellen, so beweist diese Tatsache, daß die Erziehung nicht mehr bloße Angelegenheit des geistigen Instinktes ist, sondern daß sie problematisch und Gegenstand des Nachdenkens geworden ist. Diese *Wissenschaft* von der Erziehung soll uns in unserer praktischen Erziehungsverantwortung helfen. Sie findet also ihre – wie immer geartete – Anwendung auf der Schwelle von der Gegenwart zur Zukunft. Keine Kultur- oder Gesellschaftswissenschaft aber kann sich daran genügen lassen, nur *die* Gegenwart zu erfassen, in die gerade der betreffende Forscher hineingeboren ist. Diese Gegenwart ist nicht nur zeitlich eine unbestimmt geringfügige Spanne, sondern auch geographisch und national begrenzt. Amerika und Rußland leben eine andere Gegenwart als wir. Um also das Jetzt überhaupt wissenschaftlich erfassen zu können, müssen wir uns auf einen Standort zu erheben versuchen, von dem aus mehr zu sehen ist als unsere Zeit und unser Land.

Damit ist der Ausgangspunkt angedeutet, der für die wissenschaftliche Pädagogik wie für die meisten Kulturwissenschaften besteht. Unser Blick ist 1. begrenzt durch je unsere Volkszugehörigkeit, durch unsere besondere Geistesart, durch unsere Erfahrung und Reife; das sind »Voraussetzungen«, die nie ganz ausgelöscht werden können. Er muß sich aber 2. ausdehnen über einen möglichst weiten Geschichts- und Kulturbereich mit abweichenden Gestaltungen. So bereichert, kehren wir 3. zu unseren besonderen Aufgaben zurück, damit die dazwischenliegende Besinnung wieder in die Praxis eingreife.

Über die Methoden einer solchen Kulturwissenschaft ist hierdurch noch nichts Genaues bestimmt. Es kann auch in diesem Rahmen nicht ausführlich geschehen. Vielmehr begnügen wir uns mit folgenden Sätzen: a. Jede Kulturwissenschaft setzt im Forscher schon ein teilweise entwickeltes Kulturbewußtsein voraus, und zwar ein möglichst tiefes und breites. Die wissenschaftliche Arbeit soll es noch mehr erweitern und vertiefen. b. Auch das angewandte wissenschaftliche Verfahren ruht auf geschichtlichen Voraussetzungen: wie jede Technik und jedes Handwerk eine Gestalt zeigt, die so erst in langer Übung und Erfahrung geworden ist, so ist auch der Weg, den eine Wissenschaft einschlägt, Ergebnis einer wissenschaftsgeschichtlichen Entwicklung. Diese kann, wie gesagt, hier nicht kritisiert und gerechtfertigt werden, sondern das Verfahren muß einfach vorgeführt werden. c. Es beginnt mit einer Feststellung dessen, was ist und gewesen ist. Historische Kenntnis von Erziehungsformen und Gegenwartskenntnis des heute vorliegenden Erziehungslebens ist unentbehrlich für jede tiefergehende Reflexion über dieses Lebensgebiet. Wir nehmen also an, daß der Systematiker der Pädagogik durch historisch gerichtete und durch deskriptive Pädagogik hindurchgegangen sei. d. Ein besonderes Problem bietet der Übergang von der Theorie zur Anwendung. Er kann nach sehr verschiedenen Mustern gedacht werden, je nachdem, ob man den technischen oder den normativen oder den ästhetischen Charakter der betreffenden Wissenschaft betont. Es wird sich zeigen, daß für unseren Fall alle diese Analogien zu einfach sind. Unsere Stellungnahme kann wiederum nur an der Durchführung selbst entwickelt werden.

Nur dies ist noch zum Methodenproblem allgemein vorauszuschicken: Jede Wissenschaft muß ihren Gegenstand analysieren, d. h. in Momente zerlegen und zerschneiden, die zunächst nur in Gedanken als selbständig festgehalten werden können. Aber keine dieser Abstraktionen darf als etwas Endgültiges bestehenbleiben. Vielmehr muß jede immer wieder auf das Ganze des Kulturlebens zurückbezogen, jede in ihrer Einseitigkeit erkannt werden. »Die Wahrheit ist das Ganze« (Hegel), aber doch eben nur das durchgegliederte und allseitig durchleuchtete Ganze. Jeder isolierende Schritt fordert also im Grunde eine totalisierende Wiederherstellung, auch wenn sie nicht jedesmal ausdrücklich vollzogen wird.

Weil unser Objekt ein historisch und regional wandelbares ist, sind eigentlich vier Richtungen der Fragestellung erforderlich:

1. Die historische und deskriptive Tatsachenfeststellung.
2. Der Versuch, das ewige Wesen der Erziehung zu bestimmen, das im Grunde schon immer vorausgesetzt ist, wenn wir eine geschichtliche Tatsache als zum Bereich der Erziehung gehörig betrachten. Vielleicht lassen sich dann in Gedanken auch ewige Typen der Erziehung konstruieren (Idealtypen).
3. In parallel liegenden Epochen der historischen Wirklichkeit selbst bemerken wir die Wiederkehr verwandter Strukturformen des Erziehungslebens, in denen wir typische Züge erfassen. Wir nennen sie *Epochaltypen.*
4. Endlich kommt es auf die gestaltsichere Erfassung einer, natürlich unserer Gegenwartslage und ihrer Sonderproblematik an. Damit nähert sich die Theorie wieder dem lebendigen Anfang, aus dem sie entsprungen ist.

Die erste Aufgabe müssen wir als in großem Umfange erfüllt ansehen. Nur über den zweiten Punkt kann hier das Grundsätzliche entwickelt werden. Die weiteren Punkte müssen vorläufig einem anderen Zusammenhang vorbehalten bleiben.

I. [Der Begriff der Erziehung]

Das ewige Wesen der Erziehung gewinnt man nicht durch bloßes Hinschauen auf ein wirklichkeitstranszendentes Phänomen, sondern nur *an* der historischen Realität, indem man analysierend und variierend versucht, die schlechtweg wesenskonstituierenden Faktoren herauszuheben.

Erziehung ist ein besonderer Vorgang im Ganzen der Kultur. Er fehlt nirgends, wo Kultur ist; er ist aber immer in das Ganze der Kultur eingelagert und mit ihr verwachsen, so daß vieles an den pädagogisch bedeutsamen Erscheinungen beteiligt ist, was für sich genommen *nicht* Erziehung, nicht *bloß* Erziehung ist, sondern auch anderen Lebensgebieten angehört.

Von vornherein kann hier der Einwand erhoben werden, daß in der Zurechnung der Erziehung zum Kulturleben eine unerlaubte Vorentscheidung liege. Einer der wichtigsten Pädagogen, Rousseau, wollte *gegen* die Kultur seiner Zeit erziehen. Und gerade in der christlichen Religion wird immer wieder betont, daß alles Menschliche absolut von Gott abhänge. Es sei Aufgabe der Erziehung, dies fromme Bewußtsein herauszubilden. Damit aber sinke die Kultur zu einem durchaus sekundären Lebenszusammenhang herab, mit dem man jedenfalls nicht anfangen dürfe. Diese Auffassungen werden durch unseren Satz keineswegs ausgeschlossen. Niemand wird leugnen, daß Erziehung zunächst ein menschliches Unternehmen ist und somit den Bedingungen irdisch-menschlichen Lebens und Tuns unterworfen ist. Die Gesamtheit dieser über das Individuum hinausgreifenden Gestaltungsformen und das Gesamtergebnis dieser Arbeit nennen wir Kultur. Es kann sehr wohl sein, daß das menschliche Kulturbemühen sich in seinem Vollzug irgendwo einmal selbst kritisiert, selbst begrenzt oder unter einem höchsten Wertgesichtspunkte selbst widerlegt. Aber zu diesem Resultat könnte es nie kommen, wenn nicht zunächst der Weg durch das Kulturleben hindurchführte. Wir behalten uns vor, anzudeuten, an welcher Stelle er darüber hinausführt. Zunächst aber muß der Ort, besser die Funktion gezeigt werden, die der Erziehung im Kulturganzen zukommt. Dies ist nur möglich, wenn wir von einer auf ewige Wesenszusammenhänge der Kultur selbst gerichtete Analyse ausgehen.

Kultur wird immer erzeugt und getragen von zusammenlebenden Menschen, gleichviel, ob sie eine Sippe, einen Stamm, ein Volk oder gar einen nach Macht und Recht organisierten Staat bilden. Die Kultur erschöpft sich nicht in diesen kulturtragenden und selbst »kultivierten« Subjekten, sondern sie besteht in einer Fülle von relativ abgelösten sinnhaltigen »Gebilden«, deren Gesamtheit man die objektive Kultur oder den objektiven Geist nennen kann. Dazu gehören sehr greifbare und sichtbare Gebilde, wie Geräte, Häuser, Kleider, wirtschaftliche Güter in Äckern und Scheunen, Speichern und Läden, aber auch Gebilde von einer flüchtigeren geistigen Existenzart, wie Kunstwerke, wissenschaftliche Theorien, Regeln und Ordnungen des Zusammenlebens, Glaubenslehren und dergleichen. Auch sie suchen irgendwie Anschluß an die dauerhafte Materie; sie äußern sich in sichtbaren Symbolen, Handlungen, spät auch in schriftlicher Fixierung; aber sie erschöpfen sich, d. h. ihren Sinn und ihre Wirksamkeit, nicht in dieser materiellen Seite. Weder die eine noch die andere Art von Kulturgebilden kann *ganz* losgelöst gedacht werden vom Bezug auf lebendige Subjekte. Nur im Hinblick auf diese, also nur in der Subjekt-Objekt-Relation, haben sie ihren Sinn, ihren Wert und ihre spezifische Wirkung. Eine Statue ohne Relation auf irgendeinen sie ästhetisch erlebenden und genießenden Menschen ist ein Stein von bestimmten Formen, ja, streng genommen, nicht einmal dies. Sie ist aber potentiell Geist, in Erwartung gleichsam dieses Menschen. Ein Buch, das schlechtweg niemand liest, wäre bloße Materie. Aber es ist potentiell Geist (wie etwa die jahrhundertelang ruhenden Fragmente des Mani), weil doch einmal jemand kommen könnte, der es liest und versteht.

Die Kultur *lebt* also nur, insofern objektive Gebilde in Subjekten aktualisiert werden können. Wir haben uns trotzdem gewöhnt, ihr – wenn auch nicht in dem gleichen Maße wie den schlichten Dingen der Außenwelt – eine abgelöste objektiv-geistige Existenz zuzuschreiben, sofern nämlich ihre Gebilde und Formen parat liegen für irgendeine ihrem Sinngehalt entsprechende, ja vielleicht adäquate Aneignung durch erlebende Subjekte. Man mache sich dies an einem besonders auffälligen Beispiel klar. Eigentlich existiert »die Sprache« nur als lebendiges Geschehen, im Verkehr, im Sprechen und Meinen, im Hören und Verstehen. Trotzdem reden wir von *der* Sprache, als wäre sie auch ein für sich bestehender, durch eigentümliche Gesetze geordneter Zusammenhang. Diese Annahme ist eine gewagte Konstruktion. Wir kommen aber ohne sie nicht aus.

Die Kultur *lebt*, sagten wir. Damit ist aber ein noch verwickelterer Tatbestand berührt. Sie hat auch teil an den Bedingungen des einfach biologischen Lebens; denn jene subjektiven Träger und Empfänger sind Menschen, die geboren werden und sterben und dazwischen eine physiologisch bedingte Entwicklung durchmachen. Es wäre rein konstruktiv denkbar, daß die neu geborenen Menschen schon als fertige Kulturträger zur Welt kämen, jeweils fähig, genau da weiter zu leben und zu arbeiten, wo die abtretenden Subjekte aufgehört haben. Es gibt primitive Tierarten, die beinahe vom ersten Lebensmoment an alles vollziehen können, was zu den wesentlichen Lebensfunktionen ihrer Gattung gehört. So ist es beim Menschen durchaus nicht. Vielmehr im Hinblick auf die mehr *geistigen* Gebilde und Gehalte der Kultur dürfen wir sagen, daß jedes Individuum beinahe bei dem Nullpunkt wieder anfange. Dies ist der grundlegende Sachverhalt durch den Erziehung notwendig wird; denn die Entwicklung muß gefördert und beschleunigt werden, wenn die neugeborenen Generationen überhaupt »Anschluß« an die kulturellen Lebensbedingungen finden sollen, unter denen sie unvermeidlich stehen werden.

Genauer gesagt: Das *»Leben«* der Kultur beruht auf Bezügen in folgenden drei Richtungen: 1. auf Subjekt-Objekt-Beziehungen zwischen Personen und sinnhaltigen Sachgebilden, 2. auf intersubjektiven zwischen den reifen Kulturträgern, 3. auf dem Generationenwechsel und der Entwicklung jedes Individuums von primitivster Geistigkeit bis zu mehr oder weniger kulturerfülltem (kultiviertem) Zustande. Besonders mit dem 3. Punkt ist eine *biologische* Bedingtheit der Kultur angedeutet. Sie ruht auch auf naturhaften Sachverhalten und leiblichen Schicksalen, wie sie schon im tierischen Leben eine Rolle spielen. Diese Tatsache fordert eine besondere Richtung der intersubjektiven Tätigkeit innerhalb der Kultur, die wir zunächst als *Entwicklungshilfe* bezeichnen wollen.

Den Trieb zur Entwicklungshilfe finden wir, als präformierten Instinkt, schon innerhalb der höheren Tiergattungen. Sie erstreckt sich keineswegs nur auf die nötige leibliche Ernährung und Pflege. Vielmehr bezieht sie sich auf den gesamten, vital notwendigen Lebensvollzug der Jungen: auf alles, was sie können müssen, um unter den besonderen Lebensbedingungen *ihrer* Organisation und *ihrer* Umwelt existieren zu können. Man kann den Sinn der menschlichen Erziehung zunächst auch in diesen bescheidenen Rahmen spannen: Entwicklungshilfe zur Lebensfähigkeit unter den nun einmal bestehenden Lebensbedingungen der menschlichen Merk- und Wirkwelt.

Aber man sieht ohne weiteres, daß es sich beim Menschen um einen besonders weiten und schwierigen Weg handelt. Denn die Merkwelt des Menschen ist eben eine von geistigen Sinngehalten beladene Welt, und seine Wirkwelt gehört zur gleichen Sphäre, die ihrerseits das Ergebnis einer langen geschichtlichen Entwicklung ist. Die Aufgabe, die hier besteht, liegt (wiederum zunächst ganz roh ausgedrückt) in der Richtung: Rückverwandlung objektiver Kultur in subjektive Kultur. Die sonstigen Kulturtätigkeiten liegen vorwiegend in anderer Richtung: sie bedeuten ein Wirken des Subjektes auf die Sachwelt (sei es als ökonomische Güterwelt oder theoretischen Urteilszusammenhang oder ästhetische Symbolformung). Sie bedeuten anderseits ein Wirken von Subjekt auf Subjekt im reifen, sinnvollen Verkehr. Wo aber im letzteren Falle die Intention hinzutritt, daß in einem sich noch entwickelnden Subjekt Kulturverständnis, Kulturempfänglichkeit und kulturelle Wirkungsfähigkeit belebt werden sollen, da ist ein pädagogisches Moment beteiligt, wäre es auch nur als leichte, begleitende Färbung des Gesamtaktes.

Zwei Voraussetzungen sind hierbei als selbstverständlich angenommen worden: 1. daß in dem auch leiblich unter Ernährung und Pflege heranwachsenden Individuum eine Entwicklungstendenz angelegt ist; 2. daß diese nicht stattfinden könnte, wenn nicht eine entwicklungfördernde Umwelt mit vielen Entwicklungsreizen da wäre, in der die Natur, die Menschen und die geistigen Gehalte ganz von selbst wirksam würden. Aber diese selbstverständliche Wirksamkeit kann ebensogut schaden wie nützen, hemmen wie fördern. Der besondere Sinn der Erziehung leuchtet erst auf, wenn jene Entwicklungshilfe nicht bloß klimatisch und automatisch wirkt, sondern wenn sie zielbewußt und im Sinne einer *wertenden* Auslese der fördernden Faktoren stattfindet. Wir gelangen also zu folgender vorläufigen Definition: Erziehung ist diejenige bewußte Kulturtätigkeit, die eine wertgeleitete Entwicklungshilfe gibt, und zwar mit dem allgemeinsten, noch recht unbestimmten Ziel, objektive Kultur in subjektive Kultur*fähigkeit* zurückzuverwandeln.

Man mache sich dies an zwei Hauptmodellen klar: an der Sprache und an einer moralischen Regel.

Wenn der Erwachsene spricht, so vollzieht er a. eine körperliche Leistung, b. er drückt einen Gedanken aus, einen Sachgehalt, der außerdem noch durch eine seelische Regung des Aussagenden mitgefärbt sein mag, c. er wendet sich sprechend an einen anderen, der hörfähig sein muß, aber auch verständnisfähig gerade für *diese* Sprache und *diesen* Sachgehalt. So entsteht eine Mitteilung als kleiner, herausgelöster Vorgang von Kulturbedeutung. Pädagogisch ist daran noch nichts, braucht wenigstens nichts zu sein. Die pädagogische Wendung liegt vor, wenn die Mutter mit dem kleinen Kinde spricht, um seine Sprachfähigkeit, seine linguistische und sachliche Verständnisfähigkeit anzuregen. Gewiß liegt im Kinde als Entwicklungstendenz auch ein Sprechtrieb; gewiß vervollkommnet es sich im Verstehen und Sprechen einfach durch Teilhaben am Sprachverkehr seiner Umgebung. Aber die eigentlich pädagogische Note kommt erst hinein durch den bewußten Bildungswillen. Beim Erlernen einer fremden Sprache wird dies noch deutlicher. Und schon beim scheinbaren Hinein*wachsen* in die Muttersprache ist doch mindestens ein bewußter Selbsterziehungswille beteiligt: das Kind bemüht sich, zu hören und zu verstehen, zu artikulieren und mitzuteilen. Alles dies aber gelänge nicht ohne das objektive Medium, das wir kurz *die* Sprache nennen, das weder Mutter noch Kind als solche geschaffen haben und an dem die eine schon teilhat, das andere teilgewinnen soll. Wieviel an kulturellem *Sach*gehalt über dem bloß Instrumentalen des Mitteilungsmediums in der Sprache liegt, bedarf kaum der Erwähnung.

Eine moralische Regel hingegen, die mitgeteilt wird, ist mehr als ein Satz, dessen *Wort*laut verstanden werden soll. Sie wird daher im pädagogischen Zusammenhang am besten nicht als Formel gesagt. Sondern ihr Gehalt muß zunächst in konkreten Lebensverhältnissen anschaulich erfahren werden. Diese Verhältnisse selbst müssen also bewußt so gestaltet werden, daß sie sich dem Werdenden mit ihrer Forderung eingraben. Aber wie viele Stufen gibt es hier. Der Weg von dem, was *man* tut und tun soll, bis zu dem, was *ich* von mir selbst fordere und für mich selbst frei bejahe, ist weit.

Überall in der kulturellen Welt lagert sich Sinnschicht über Sinnschicht. Wer die fundierenden erfaßt hat, braucht die übergelagerten noch nicht zu erfassen. Man kann einen Satz hören und ihn noch nicht einmal akustisch genügend artikuliert hören; man kann ihn hören, aber noch nicht einmal sprachlich verstehen. Man kann ihn sprachlich verstehen, aber noch nicht sachlich. Man kann ihn sachlich verstehen, aber noch sehr unvollkommen und oberflächlich.

Erziehung, als bewußter Einfluß auf den Entwicklungsgang, gräbt immer in die Tiefe. Es kommt ihr, streng genommen, auch nie auf das einzelne, auf gerade diese besondere geforderte Leistung an. Sondern durch das einzelne hindurch meint sie das Ganze des sich entwickelnden Menschen. Sie will Fähigkeiten zur Selbstbetätigung anregen; sie will in Gesinnungen, d. h. in Werthaltung eingreifen, nicht spezielle Handlungen erzeugen. Dieses Vordringen bis zur Wurzel der geistigen Lebensregung und -bewegung (wie Fichte gesagt hat) ist dasjenige Zentrum des Pädagogischen, das wir in Zukunft immer wieder finden werden. Schon hier geben wir ihm den Namen des unverlierbar *humanistischen* Elementes der Erziehung. Es hat mit dem Gegensatz von Individualismus und Kollektivismus, mit dem von Für-sich-Sein und Für-andere-Sein noch gar nichts zu tun. Sondern es betrifft nur das *Echtsein*, das *Eigensein* und das *Ganzsein*. Wo dies nicht erreicht wird, da mag Führung, Züchtung, ja selbst Formung walten. Aber von Erziehung im vollen Sinne ist noch nicht die Rede. Wir ergänzen also unsere Definition durch diesen wichtigen Punkt: *Erziehung ist diejenige bewußte Kulturtätigkeit, die Entwicklungshilfe mit dem Ziele leistet, daß der Mensch den Sinn und den sittlichen Gehalt seiner ihm erreichbaren Kulturwelt aus eigener echter Gesinnung und Kraft erfasse, bewerte und gestalte.* Sie wird sich dabei ihrer Grenze bewußt sein: nämlich nur einen Prozeß einzuleiten, der erst in der Weckung des Selbsterziehungswillens seine Krönung findet.

In der deutschen Sprache herrscht insofern eine terminologische Unklarheit, als bisweilen »Bilden« und »Erziehen« durchaus gleichsinnig gebraucht werden, bisweilen so, daß Bildung nur eine Seite der Erziehung bedeutet, etwa die einer bewußten *Formung* der Person zur festen, auch ästhetisch wohlgefälligen Gestalt, oder die Seite der literarischen Hilfsmittel im Erziehungsprozeß usw. Im folgenden werde ich keinen grundsätzlichen Unterschied in der Verwendung von »Bilden« und »Erziehen« machen. Ich betone jedoch, daß ich kein Verfahren als echte Bildung gelten lassen werde, das nicht bis zu den Wurzeln der Gesinnung, bis zur ethischen Werthaltung und zur Tatenergie durchgreift.

Ist also Erziehung eine besondere Sinnintention im Ganzen des kulturellen Lebenszusammenhanges, so werden alle Strukturmomente in dem früher analysierten Gesamtgefüge des Geistes einen neuen und eigentümlichen Sinn erhalten, sobald sie in das Wirkungsfeld des erziehlichen

Tuns hineinrücken. Die allgemeine Kulturphilosophie unterscheidet Kulturträger (als personale Subjekte), Kulturgüter (als werthaltige Gebilde des objektiv-realen Geistes), endlich Kulturideale (als kollektiv oder persönlich bejahte bzw. geforderte Leitbilder ethischen Wollens und Handelns). Diese drei Seiten der Kultur empfangen eine besondere Wertakzentuierung, sobald aus ihnen nur das herausgehoben wird, was für den pädagogischen Sinn- und Wirkungszusammenhang Wert hat. Zunächst sind zwei personale Brennpunkte ins Auge zu fassen: der reife Kulturträger in der Funktion des *Bildners*, der *Werdende* als der andere, der an Kulturgehalten teilhaben *soll* (der Zögling). Beide treten deshalb aus ihrem historisch-gesellschaftlichen Kulturzusammenhang nicht heraus. Sie sind nicht isolierte, abstrakte Individuen geworden. Sondern der Bildner ist nur Bildner, weil ein geistig-ethischer Gehalt in ihm schon Gestalt gewonnen hat; der Zögling aber atmet bereits die Luft seiner Volkskultur, auch wenn seine Kinder- oder Jugendwelt noch als eine besondere Lebensstruktur dem Volksleben eingelagert ist. Was von den objektiven Kulturgütern in den Bildungsprozeß eintreten kann (nicht als »Mittel«, sondern als formende Lebensmacht), empfängt damit den spezifischen Charakter des *Bildungsgutes*. In ihm rückt jetzt der *Bildungswert* an die Spitze (d. h. seine fruchtbare Bedeutsamkeit *für* den Bildungsprozeß).[2] Sein ursprünglicher, einheimischer Wert gehört einer anderen Region an. So ist z. B. der Bildungswert der Mathematik nicht identisch mit ihrem reinen Erkenntniswert oder ihrem abgeleiteten technischen Wert. Ein Gerät wie der Hammer ist primär ein technisches Kulturgut; in der Schule des Maschinenschlossers wird er zum Bildungsgut und hat einen spezifischen Bildungswert. Julius Caesar hat das Bellum Gallicum nicht für die Schule geschrieben. Aber heute lebt es stärker in dieser Funktion eines sprachlichen Bildungsgutes als eines literarischen Kulturgutes usw. Die Kulturideale verwandeln sich in *Bildungsideale*, wenn sie nicht mehr einen ideal geforderten Zustand der Gesamtkultur meinen, sondern nur eine ideale innere Gestalt der Personen, die Kulturträger werden sollen. Endlich waren Erzieher und Zögling uns nur repräsentativ für den zweipoligen Urvorgang der Erziehung. Ihre Gemeinschaft ist entsprechend Urmodell der *Bildungsgemeinschaft*. Aber auch andere Kulturverbände können unter dem spezifischen Gesichtspunkt betrachtet werden, daß sie eine pädagogische Seitenfunktion üben. Sie werden dann für uns zu Bildungsgemeinschaften. Ja es gibt gesellschaftliche Gebilde, in denen der

[2] Kerschensteiner versteht unter Bildungswert den Selbstwert »Bildung«, also ganz etwas anderes.

Bildungszweck dominiert: so etwa das Erziehungsheim oder die Schule.

Mit einem Wort: Wie ein Magnet Eisenteilchen in eine Lage bringt, die seinem Wirkungsfelde gemäß ist, so empfängt unter dem Gesichtspunkte des Bildungssinnes der gesamte kulturelle Lebenszusammenhang eine neue, eigentümliche Struktur. Entsprechend: Die Pädagogik als Kultur*wissenschaft* hat eine *noologische* (geisteswissenschaftliche) Zuspitzung, sofern sie von Bildungsgütern und ihren spezifischen Bildungswerten handelt; eine *psychologische* Seite, insofern sie von dem Bildungswillen des Erziehers und von den Bedingungen der Bildsamkeit des Zöglings handelt; eine *normative* Seite, insofern sie Bildungsideale kritisiert, die Anspruch auf Geltung erheben; eine *soziologische* Seite, insofern sie die Struktur und das Leben von Bildungsgemeinschaften untersucht.

Natürlich ist dies eine der vorausgesagten Zerlegungen, die man durch eine totalisierende Betrachtung wieder heilen muß. Aber die vier Fragestellungen müssen im stillen maßgeblich sein, wenn man die Wesensseiten einer Erziehungswirklichkeit erfassen will.

So erfordert z. B. die Darstellung der Erziehungsformen einer primitiven Gesellschaft, obwohl in ihr noch alles verwoben und undifferenziert ist, doch die Aufmerksamkeit nach diesen vier Seiten: Es ist da ein Menschentypus, dessen psychologische Struktur man kennen muß, und zwar natürlich im Zusammenhang mit *seiner* Erlebniswelt und in seinen typischen Entwicklungsstufen. Es sind da Kulturformen des Mythos, der Wirtschaft, des Kampfes, der Kunst, die in die Funktion des Bildungsgutes treten, sobald sie dem Nachwuchs zugemutet werden. Sie erhalten damit zugleich eine Beziehung auf ein Lebens- oder Bildungsideal. Es gibt in den Formen des Zusammenlebens Einrichtungen und Zeitabschnitte, die eine spezifisch pädagogische Bedeutung haben. – Aber auch wenn wir etwa in einer Geschichte der Erziehung das Zeitalter des deutschen Humanismus um 1500 schildern wollen, kehrt diese Gliederung nach dem kulturellen Menschentypus, nach Bildungsgütern, Bildungsidealen und Bildungsgemeinschaften wieder. Und bei der Analyse unserer Gegenwartskultur wird es ebenso sein.

Nur darf man dies Knochengerüst nicht äußerlich schematisch verwenden. Die Art, wie diese Momente zusammengewachsen und aufeinander abgestimmt sind, ist historisch sehr verschieden. Die Gliederung selbst aber gehört zur ewigen Struktur des abstrakt betrachteten Erziehungsbereiches. Keine dieser Seiten fehlt jemals ganz. Sie sind nicht etwa erst das Ergebnis einer verwickelten Kultur. Aber die inhaltliche Erfüllung wie die gegenseitige funktionale Beziehung der Faktoren aufeinander wechselt. Es muß also für jede historische Gestalt der *Vergangenheit*[3] oder der Gegenwart die Wirklichkeitskonstellation noch gesucht werden. Dies ist Aufgabe der Tatsachenforschung, nicht mehr der Wesensbestimmung.

II. [Die Bildsamkeit]

So lehrreich es ist, die Erziehung kulturgeschichtlich und kultursystematisch bzw. soziologisch zu betrachten, so wichtig der Wechsel der herrschenden Bildungsideale etwa für die Diagnose über die Gesamtkulturlage einer Zeit ist: Das *Grundproblem der Pädagogik* bleibt die *Frage der Bildsamkeit.* Alle erziehlichen Maßnahmen zielen zuletzt in das lebend sich entwickelnde Individuum hinein, auch wenn es im Rahmen einer bewußten Volkserziehung oder Massenerziehung geschieht. Es kommt daher für die Pädagogik viel darauf an, die Lebendigkeit dieses Individuums mit angemessenen Kategorien zu erfassen.

Auch hier handelt es sich um eine Struktur, die ohne Rücksicht auf bestimmte Zeitumstände ganz allgemein umgrenzt werden kann. Denn das Wesen jedes Menschen, also auch des Kindes, ist durch vier Momente bestimmt: 1. durch seine Erbanlagen, 2. durch seine Entwicklung, 3. durch die relativ dauernd einwirkende Umwelt, 4. durch Einzelschicksale. Alle vier Faktoren greifen unablässig wechselseitig ineinander:

1. Die Richtung der Entwicklung, die Wirkungskraft der Umwelt, ja sogar das, was einem Menschen zum Schicksal werden kann, sind im voraus durch die Erbanlagen eingegrenzt.

2. Der Entwicklungsprozeß aktualisiert die Anlagen; er verändert die Umwelt, die *erlebt* werden kann, so tief, daß von der Welt des Säuglings bis zu der Welt des reifen Mannes die allerverschiedensten Erlebnisweltstrukturen aufeinander folgen; er bestimmt auch Art und Wirkungsgrad der Schicksale mit. (Es ist z. B. ein Unterschied in der Erlebniswirkung, ob man den Vater im Kindesalter oder in der Pubertätszeit oder noch später verliert.)

3. Die bestimmt geartete *objektive* Umwelt (wie sie sich dem neutralen Betrachter als ein identisch Bleibendes darstellt) kann für die Entwicklung von Anlagen fördernd oder hemmend sein. Sie kann für die Stufe des Kindesalters günstig, für das Pubertätsalter trotz gleicher Gestalt schädlich wirken. Sie modifiziert auch die Sonderschicksale, deren Stoß durch sie hindurchgeht. (Die Begegnung mit einem geistigen Menschen ist für den

---

[3] Wirklichkeitserkenntnis ist also keineswegs nur Sache einer auf die Gegenwart bezogenen Wissenschaft, wie heute manchmal behauptet wird.

Angehörigen geistig lebendiger Kreise etwas Alltägliches, für den Arbeiterjungen, wenn er dafür aufgeschlossen ist, ein »Ereignis«.)

4. Die Schicksale endlich können revolutionierend, im positiven oder negativen Sinne, auf Anlagen, Entwicklungsprozeß und objektive Umwelt zurückwirken.

Es handelt sich also hier um ein kompliziertes Lebensgewebe, in dem jeder Faktor ständig durch alle übrigen beeinflußt ist. Keiner kann als fest und identisch angesehen werden. Die Entwicklung *des* Kindes z. B. ist eine abstrakte Konstruktion, deren reiner Normalfall nirgends verwirklicht ist. Man muß immer die lenkende und abbiegende Wirkung der *individuellen* Anlagen, der *besonderen* Umwelt, der *einzigartigen* Schicksale mitbeachten.

Wo wir einen lebendigen Menschen treffen, ist er das besondere Produkt dieser für ihn besonderen Faktoren: Was er ist und nicht ist, hängt von seinen Anlagen, seiner (schon erreichten) Entwicklungsstufe (Lebensalter), seiner ihm zugänglichen und auf ihn wirkenden Welt, seinen entscheidenden Schicksalen ab. So ist z. B. sein *Charakter* weder etwas Einfaches noch etwas von Geburt an Konstantes, sondern etwas Gewordenes, Erworbenes und Erarbeitetes. Um ihn ganz zu kennen und richtig zu beurteilen, müßte man alle jene beteiligten Momente in ihrer Eigenart überblicken. Dies heißt: einen Menschen verstehen.

Man kann den totalen Werdegang, der durch innere Anlagen und innere Auswicklungstendenzen, durch äußere Umwelt und zunächst äußere Schicksale bestimmt ist, auf sehr verschiedenen Schichten verfolgen. Wir heben nur zwei heraus, die zugleich zwei verschiedenen Fundamentierungen der Psychologie entsprechen: die leiblich-naturhaft-biologische Schicht und die geistig-sinnhaft-noologische Schicht.

Geht man von der ersten aus, so sind

1. die Anlagen gebunden an das ererbte Keimplasma. Die gepaarten Gene bestimmen eine besondere körperliche Organisation und Ausstattung, die sich durch anatomische und physiologische Betrachtung feststellen läßt.

2. Die Entwicklung zeigt sich zunächst auch in Veränderungen des leiblichen Systems, in Wachstum und Umbildung der Organe, im Erwachen und Verschwinden physiologischer Funktionen usw.

3. Die Umwelt kommt hier strenggenommen nur als »Natur« in Betracht: als Landschaft und Klima, als Ernährungsweise und körperliche Pflege, als Inbegriff von Dingen und Stoffen, deren physiologische Wirkung nur durch ihre chemische und physikalische Beschaffenheit bestimmt ist.

4. Die Schicksale gehören in dieselbe begrenzte Sphäre; sie treffen auf leibliche Organe (z. B. Kinderlähmung) und hinterlassen körperlich feststellbare Spuren.

Diese Betrachtungsweise ist künstlich beschränkt. Sie läßt sich mit voller Konsequenz kaum durchführen und ist auch von reinen Naturforschern nie durchgeführt worden. Denn unvermeidlich drängen sich Gesichtspunkte des Sinngehaltes hinein; schon von Entwicklung kann man nicht ohne Bezugnahme auf Sinnzusammenhänge des Lebens reden.

Wenn wir z. B. dem Kinde auf früher Lebensstufe »Triebe« zuschreiben, so deutet schon ihre Benennung auf teleologische Interpretationen eines dunklen Drängens hin: Nahrungstrieb, Bewegungstrieb, Kampftrieb oder gar Geltungstrieb sind zielgerichtete, also sinnhaft gedeutete Tendenzen, nicht einfach leibliche Bewegungskomplexe. Geistige Anlagen, z. B. Charaktereigenschaften, auf die körperlichen Gene zurückzuführen, ist bisher nur in sehr unvollkommenem Maße gelungen. Es ist eben nicht möglich, eine *rein* biologische Betrachtung da durchzuführen, wo wir nicht nur äußerlich feststellbare Verhaltensweisen (behaviour) kennen, sondern auch seelische Erlebnisse und Tendenzen. Aber auch dieses Seelische läßt sich nicht nach alter Art auf einfache isolierte Funktionen, z. B. Vorstellen, Fühlen, Begehren zurückführen. Sondern alles Seelische steht von vornherein in Sinnzusammenhängen und wird unvermeidlich auf sie bezogen und von ihnen aus gedeutet.

Am klarsten läßt sich dies an der *Umwelt* zeigen. Wir verfehlen diesen Begriff für psychologische Zwecke völlig, wenn wir dabei stehnbleiben, die Umwelt eines Wesens *nur* physikalisch-chemisch zu bestimmen: als einen Inbegriff von Dingen, die man allgemeingültig durch naturwissenschaftliche Methoden identifizieren könnte. Wir verfehlen diesen Begriff aber auch, wenn wir Dinge, Personen und Ereignisse so, wie sie *für uns bedeutsam* sind, in die Erlebnisumwelt eines anderen einsetzen. Ein wesentlicher Grundsatz der geisteswissenschaftlichen Psychologie besteht darin, daß jede Entwicklungsstufe, ja jedes einzelne Individuum, ihre eigentümlich sinnerfüllte Erlebnisweltstruktur haben. Die Erlebniswelt des Säuglings ist eine andere als die des Kindes im sogenannten magischen Lebensalter, die des Knaben eine andere als die des Pubertierenden. Der außenstehende, reife Betrachter setzt *seine*, von durchgearbeitetem Kulturverständnis durchleuchtete Welt als die offizielle. Mit welchem Recht, bleibe hier philosophisch unerörtert. An ihr mißt er die Differenzen der anderen Erlebnisweltbilder. Er stellt von seinem überlegenen Standort her fest, daß manche Inhalte dieser Welt auf den Heranwachsenden leiblich oder seelisch wirken, ohne daß dem letzteren diese Wirkungen als solche zum Bewußtsein kämen. Für eine eindringende und verstehende Psychologie aber ist es in erster Linie wichtig, annähernd und ahnungsweise festzustellen, wie sich denn im anderen der aktuelle Erlebniszusammenhang, die abweichende Sinnerfahrung und Sinngebung gestalten.

Man sagt: der Schmetterling verbrennt sich an der Kerze die Flügel. Aber *für* den Schmetterling gibt es keine Kerze, keine Flügel und kein Verbrennen als in unserem Sinn bestimmte Begriffe. Wie sich der Gesamtkomplex seinem seelischen Perzipieren darstellt, ahnen wir nicht, weil wir uns in die Schmetterlingsseele nicht einleben können. So haben auch in der Seele des fünfjährigen Kindes die Dinge großenteils eine andere Bedeutung als für uns. Für sein Bewußtsein ist zwar die nackte Dingkonstanz schon erreicht; aber noch nicht die Dingbedeutungskonstanz. Manches von der »objektiven« Umgebung ist für dieses Lebensalter noch unbeachtet und unbewertet; anderes, was wir übersehen, ist in jener fremden Welt da und spielt in ihr vielleicht eine zentrale Rolle.

Dies alles genauer durchzuführen, fehlt hier der Raum. Genug: Verstehende Psychologie kann man nur treiben, wenn man die andere Seele (mit *ihren* Anlagen und *ihrer* Entwicklungsstufe) in strukturiertem Lebenszusammenhang mit *ihrer* Welt betrachtet. Das seelische Subjekt läßt sich aus dieser Lebensbezogenheit nicht herausschneiden. Mit den seelischen Entwicklungsstufen wandelt sich in typischer (aber auch in ganz singulärer) Weise die Struktur der zugehörigen Erlebnisweltbilder. Ein »objektives« Schicksal, in dieser oder jener oder einer dritten Welt erfahren, wandelt völlig seine Wirkung und Bedeutung.

Vermutlich hat diese seelisch-geistige Metamorphose des Menschen und seines Verhältnisses zur Welt einen Entwicklungs*sinn*. D. h. es wird dadurch auf langen Umwegen eine Lebenstüchtigkeit vorbereitet, die nicht mehr bloß an naturhafter Selbsterhaltung, sondern an der Eignung für eine bestimmte, *geschichtlich-geistige* Welt zu messen ist. Wir Erwachsenen leben ja keineswegs mehr in einer neutralen »Natur«, sondern in einer Welt, die von geistigen Gehalten schwer ist und deren naturhafte Fundamente ebenfalls schon geistig umgedeutet und begrifflich fixiert sind.

Alle die hier angedeuteten Zusammenhänge sind nun für die *Erziehung* von entscheidender Wichtigkeit. Sie soll aus den Anlagen etwas herausholen; sie will die Entwicklung in der Richtung auf Wertgehalte unterstützen; sie muß an die jeweilig erlebte Umwelt anknüpfen und sie geistig umformen; sie hat Schicksale zu wenden und – soweit sie kann – zu lenken. Auf keinen dieser Faktoren kann sie verzichten; keinen hat sie aber auch ganz in der Hand. Anlagen lassen sich nicht pflanzen; die typische Entwicklung kommt spontan von innen. Die Umwelt läßt sich nicht beliebig auswechseln, und Schicksale sind eben etwas *Verhängtes*. Immerhin liegt die Zugangsstelle der Erziehung zum lebenden Individuum natürlich in den zwei äußeren Faktoren. Jede Erziehung ist zunächst ein Stück Umweltgestaltung und eine Art von Schicksalmachen. Nur muß man sich klar sein: 1. daß auch Erzieherperson und Erziehungsmaßnahmen nichts objektiv Eindeutiges sind, sondern Wert und Wirkung dadurch erhalten, wie geschickt oder ungeschickt sie sich in die jeweils vorhandene Erlebniswelt hineinstellen; 2. daß sie nichts vermöchten, wenn ihnen nicht von innen, als Anlage und Entwicklungstendenz, etwas antwortete, das seinerseits zum Geistigen hinstrebt. Alle geistigen Urtendenzen werden im Grunde von der Erziehung *vorausgesetzt*: den Urtrieb für den Sinn des Erkennens, des Ästhetischen, des Nützlichen, für Zusammenleben und Machtverhältnisse, für das Urethische und das Urreligiöse bringt der Mensch keimhaft mit. Die Erziehung legt es nur frei; sie schafft es nicht, sondern sie entbindet es nur.

Das geschieht nun freilich nicht in so zerschnittenen Einzelbeziehungen, wie es hier dargestellt werden muß. In Wirklichkeit ist das alles zu festen, anfangs wenig gegliederten Lebenseinheiten verwoben. Ja, wenn man teleologische Maßstäbe anlegen darf: es scheint, als ob die geistige Natur das Kindesalter mit der objektiven Welt so eng verwebt, damit diese ganz intim durchseelt, von innen her erfüllt und verstanden werde. Mit genialem Blick hat Fröbel diese Lebensform des Kindes erfaßt. Er spricht von allseitiger Lebenseinigung. Jedenfalls: *Bilden* kann man das Kind nur unter Berücksichtigung *seiner* Welt, aus der die reife erst herausgearbeitet werden soll, und nur in großen subjekt-objektiven Strukturzusammenhängen, die dann allmählich feiner durchgegliedert werden. Vom Ganzen aus führt der Weg der Bildung zur Artikulation, nicht von Teilen durch Aufbau zum Ganzen. Vom Eingehüllten, Primitiven führt er zur Erhöhung und Bewußtmachung. Er folgt, wie man längst geahnt hat, dem »Gange der Natur«, die das höhere Geistige in dunklen Trieben und Ahnungen präformiert. Läge es nicht von vornherein in ihr drin, so könnte keine Kunst es aus ihr herausholen.

Der Hauptsatz über das Problem der Bildsamkeit, der hier aus der Fülle weiterer Sätze allein herausgehoben werden kann, lautet demgemäß: *Alles Bilden muß sich möglichst in Totalstrukturen des Lebens vollziehen*. Erst spät, wenn überhaupt, darf der Versuch einer isolierten, nur sachlichen und fachlichen Schulung unternommen werden. Man kann dies auch so ausdrücken: die Erziehung sei *lebenskreisnah*. Sie knüpfe an die Lebensbeziehungen an, die den Zögling schon mit *seiner* Welt verbinden, und suche aus dieser Welt eine reichere, realere, aus diesen Kräften die umfassenderen und stärkeren herauszubilden. Dies hat Pestalozzi gemeint, wenn er die Forderung aufstellte, von der »Individuallage« des Zöglings und von den »Realverbindungen seiner Natur« auszugehen. Nur eine solche Bildung kann *echt* werden. Der Grundsatz »vom Kinde aus« war gewiß zu einseitig; er hätte mindestens lauten müssen: »von dem kindlichen Weltzusammenhange aus«. Aber auch noch für spätere Stufen behält der Satz seine Geltung: Eine wahre Volksbildung muß lebenskreisnahe verfahren. Sie darf die Menschen nicht dadurch entwurzeln, daß man sie mit einer ganz fremden Welt unvermittelt in Berührung bringt; sondern sie muß die im Volkstum, in der Heimat und im Stand vorhandenen Wurzeln tiefer senken. Ein wurzelloser Mensch ist nie gebildet.

In Deutschland sind aus dieser instinktiven Erkenntnis heraus eine besondere Landpädagogik und Industriepädagogik im Wachsen. Die Berufs- und Wirtschaftserziehung *nach* der allgemeinen Volksschule empfängt von hier aus besondere Aufgaben. Die grundlegende Erziehung des Volkes aber muß bemüht sein, trotz jener spezifischen Ansatzpunkte doch das Allgemeine des Volkslebens zu entwickeln. Jedes gesunde Volksleben hat ja selbst seine Wurzeln in ursprünglichen Lebenskreisen: in Blutsverwandtschaft, Landschaft, Standschaft, als dem eigentlichen Nährboden des Volksgeistes.

III. [Bildner und Zögling]

Das wesentliche Ergebnis der voranstehenden Erörterungen läßt sich dahin formulieren: der Zögling, als Repräsentant der jeweils zu erziehenden Generation, steht in einem Geisteszusammenhang, der seinerseits noch historischen Bedingungen unterliegt. Er wird schon leise von den geistigen Gehalten seiner Umwelt berührt, wenn seine eigene Erlebniswelt noch jugendliche Struktur zeigt; d. h. aber: wenn sie nur in geringem Umfange bewußt erlebtes Teilhaben an der jeweils gegebenen Kulturwelt einschließt. Die Erziehung knüpft an diese jugendlichen Seelenstrukturen des Kleinkindes, des Knabenalters und der Pubertätszeit entwicklungsgemäß an. Sie will aber die Entwicklung dahin leiten, daß der Werdende in einem sittlich-wertgemäßen Sinne den Anschluß an die gegebene Kultur und Arbeitswelt findet.

Welches sind die Motive für dies pädagogische Bestreben der reifen Generation? Offenbar liegen sie schon in einem Erziehungs- und Pflegeinstinkt vorgeformt, der besonders in der Mutter und in allen mütterlichen Wesen wirkt, schwächer im Vater, in einigem Grade aber immer bei allen

Sippenzugehörigen. Über diesem triebhaften Motiv, das bis in die biologischen Grundlagen hinabreicht, liegen dann differenziertere Motive. Stellen wir sie zunächst ohne Rücksicht auf ethische Forderungen und Verpflichtungen fest, so zeigt sich, daß alle wesentlichen Momente des geistig-kulturellen Lebens beteiligt sind.

Im Erziehungswillen liegt ein Machtwille: die Kinder gehören den Eltern und dem sie umfassenden größeren Verband. Auf naiver Stufe zweifelt man nicht, daß die Erwachsenen, weil sie die ganze Macht haben, auch das Recht haben, den Nachwuchs nach ihrem Sinne zu formen. Zweitens enthält die Erziehungsintention das Moment der helfenden Liebe: das Blutsband bewirkt im Bewußtsein ein Zusammengehörigkeitsgefühl. Mütterlichkeit und Väterlichkeit wenden sich dem hilfsbedürftigen jungen Leben zu. Man erzieht sich aber auch Helfer für die Arbeit; dies wirtschaftliche Motiv ist noch heute in Bauern- und Arbeiterkreisen stark bewußt im Vordergrunde. Die ästhetische Freude an junger Kraft, am Adel der naturgeborenen Erscheinung tritt hinzu; sie spielt besonders bei den jungen Menschen des gleichen Geschlechts eine Rolle, die als Führer oder Führerinnen über die Familie hinaus pädagogische Hilfsleistungen vollziehen.

Wie hinter allen Teiläußerungen des Lebens immer das totale Leben liegt, so auch in diesem Falle: der totale Instinkt des Anfanges erhöht sich zu einem religiösen und metaphysischen Trieb. Man steht in Andacht vor dem Wunder und Geheimnis des sich immer verjüngenden Lebens. Es ist Geschenk der Gottheit. Alle Gaben der Gottheit werden im kultischen Verhalten mit Dank, aber auch mit Opferbereitschaft begrüßt. Das letzte und höchste Gesamtmotiv der Erziehung ist also religiös. Es vertieft sich zu ausdrücklichem Verantwortungsbewußtsein. Erziehung ist sittliche Pflicht und Aufgabe, gemäß dem Willen der Götter oder des guten Gottes.

Auf einer fortgeschrittenen Stufe erwacht daher die philosophische Reflexion über das Recht und die Pflicht, zu erziehen. Je mehr Berufserzieher neben die natürlichen, vom pädagogischen Instinkt beseelten und in der volkhaften Erziehungstradition lebenden Erzieher treten, um so entschiedener wird dies Nachdenken. Die traditionale Erbweisheit genügt nicht mehr. Der Instinkt selbst wird vielfach unsicher.

Ihre bewußte Rechtfertigung findet also die Erziehung erst in einer religiösen Dogmatik, dann in philosophisch-metaphysischen Erwägungen. Besonders die letzteren können die mannigfachsten Wege einschlagen. Sie werden sehr oft nicht aus der Eigenart des pädagogischen Geistes selbst geboren, sondern aus einem fertigen philosophischen System, das nur auf den Sonderfall Anwendung findet.

Demgegenüber gilt die These, daß keine Erziehungsphilosophie Anspruch auf stärkere Beachtung hat, die nicht aus einem ursprünglichen pädagogischen Pathos und Ethos, gleichsam aus einer pädagogischen Besessenheit hervorgegangen ist. Man würde auch keine Kunsttheorie hochschätzen, die nicht aus einem gesteigerten Organ für die Kunst geboren wäre. Mit Variation eines Fichteschen Wortes könnte man sagen: »Pädagogisch ist, was der pädagogische Mensch tut.« Darin liegt die unerschöpfliche Bedeutung des genialen Erziehers für die Erziehungstheorie: In seinem Leben liest man gleichsam in großen Buchstaben geschrieben, was in kleinen Buchstaben den Text des ganzen alltäglichen Daseins durchzieht.

Alle Genialität enthält ein tiefes leidenschaftliches Müssen. Schon darin kündigt sich an, daß der Genius sich immer als Diener eines Höheren fühlt. Aber die Ausdeutung dieses Höheren und Höchsten ist in verschiedenen Geisteszusammenhängen sehr verschieden. Es ist bald der Wille Gottes oder der guten Götter, bald die ewigen Ideen und Werte, bald das unerschöpflich reiche bluthaft-geistige Gesamtleben, aus dem alles geteilte irdische Leben hervorgegangen zu sein scheint.

Das Wesentliche ist: Der wahre Erzieher handelt nicht im eigenen Auftrag, nicht als diese begrenzte und eigenwillige Individualität, sondern immer in Mission, in einer Sendung. Daraus ergibt sich, wenn wir das verkleinerte Modell Erzieher–Zögling anwenden dürfen: Im Erziehungsprozeß steht immer über beiden ein höheres Drittes, zu dessen Dienst sie verpflichtet, in dessen Geist sie aneinander gebunden sind. In religiös zentrierten Kulturen ist es immer das Göttliche, das für beide Teile »maßgebend« ist. Die philosophischen Erziehungssysteme bedienen sich einer mannigfachen Sprache. Man könnte sie auf Typen bringen, wie es vorhin schon angedeutet wurde. Sie setzen entweder ein jenseitiges vollkommenes Sein (die Idee, die Werte) als Richtschnur, oder sie nehmen ein das Leben selbst durchwaltendes metaphysisches Prinzip an, das in jedem Einzelleben und -verhalten das Normgebende bedeutet. Wenn z. B. heute in Deutschland mit Leidenschaft das Evangelium der Nationalerziehung verkündet wird, so bedeutet dies, daß das Leben des Volkes als absolut gesetzt wird. Es sei für jeden, der zu diesem Volk gehört, absolut bindende Norm. Natürlich läßt sich dieser Gedanke nicht durchführen, ohne daß man zunächst eine Volksmetaphysik durchgeführt hätte. Diese kann noch sehr mannigfaltig ausfallen. Zur Kraft des Volkes gehört eine »geglaubte« Geschichte, zuletzt ein Mythos. Darin ist schon deutlich der Wurf nach einem Ewigen und Überzeitlichen spürbar. Das Volk jedenfalls kann nur dann in das Licht des Absoluten rücken, wenn man es selbst als gottgewollte Ordnung oder als Gefäß ewiger Werte setzt. Das bloß empirisch gegebene Volk kann auf so unbedingte Geltung noch keinen Anspruch erheben. Das hat schon Fichte deutlich gesehen.

Ein einfaches Beispiel ergibt sich, wenn wir den Fall konstruieren, daß Erzieher und Zögling sich ausschließlich im Dienste der Wahrheit treffen, daß also nichts anderes durch Erziehung herausgebildet werden solle als der Wille zur Wahrheit. Dann ist das Dritte, das über beiden steht, die Idee der Wahrheit. Sie kann wieder entweder als jenseitige Richtungskonstante rein formaler Art gedacht werden, oder als ein in allen wissenschaftlichen Produkten und allem wissenschaftlichen Bemühen immanent strukturgebendes Prinzip: die spezifische Entelechie gleichsam der Wissenschaft, mag sie in der wirklichen Arbeit auch tausendfach verfehlt werden.

Wo der Glaube an Gottes absolute, eindeutige und endgültige Offenbarung herrscht, da bestimmt sie natürlich den ganzen Geist der Erziehung. Aber die Art, wie der Mensch sich die Offenbarung aneignet, kann wiederum sehr verschieden gedacht werden: durch gläubigen Genuß der Sakramente oder sola fide, d. h. vor allem in der Gewißheit der Sündenvergebung, usw.

Nur soviel ist überhistorisch gültig: Ohne metaphysischen Wurzelgrund ist keine tiefere Erziehung denkbar. Irgendwo muß der Bezug aufs Absolute hindurchschimmern. Nur daraus folgt Recht und Mut zu einem so tiefgreifenden Tun, wie es die Erziehung jungen Lebens einmal ist. Der Glaube an dieses Absolute oder die Liebe zu ihm ist die Kraft, aus der heraus der Erzieher handelt. Mit diesem Glauben oder dieser Liebe umschlingt er zugleich das Absolute und den Werdenden. In dieser gewiß nicht spannungslosen Doppelorientierung vollzieht sich das pädagogische Tun des echten Erziehers. Das sind die letzten geistigen Bestimmtheiten, in die das echte Erziehen eingebettet ist. Eine geistige Umwelt ohne diese Durchblicke ins Unendliche erzeugt allenfalls ein gesellschaftlich-nützliches Tun, keinesfalls aber das tiefere Ethos und Pathos, das seiner Mission gewiß sein darf.

Blicken wir auf die größten Erzieher der Menschheit, die wir kennen, so sind sie bei aller Verschiedenheit religiös-metaphysische Naturen von solcher Art. Sie sind entweder selbst Propheten, Wortverkündiger, gottbegnadete Führer, oder es geht doch durch ihr philosophisches Problembewußtsein der spürbare Hauch dieses Letzten, das mehr als das nackte Leben und die bloße Lebensförderung ist. So bei Sokrates und Plato, Pestalozzi und Fröbel, den größten, die wir in unserem Kulturkreise neben den rein religiös inspirierten Persönlichkeiten kennen. Wir greifen Plato, den Jünger des Sokrates, als Beispiel heraus. Seine Philosophie, in der sich rein ethische, politische und wissenschaftlich-mathematische Motive großartig verschlingen, hat doch ihren höchsten Einheitspunkt im Pädagogischen. Gewiß steht bei ihm die Idee zunächst jenseits des Irdischen. Aber sie ist nicht absolut starr, sondern sie ist das Welttelos, das die Erscheinungen mit magischer Kraft zu sich emporzieht. Im Menschen antwortet diesem Wesenhaften ein metaphysischer Grundtrieb: der Eros. Die Seele wird geflügelt genannt, weil sie diesen Auftrieb in sich hat. Das Schöne ist der »Reiz«, der ihn auslöst. Denn durch das Schöne leuchtet das Gute und das Wahre, und das heißt: alles Maßhabende, hindurch. Der absolut pädagogische Mensch, der »verjüngte und verklärte Sokrates«, wird von dieser sich andeutenden Schönheit im jungen Menschen mächtig ergriffen. Er ist der Befreier dieses Höheren, der Geburtshelfer, und alles Lernen (μανθάνειν) des Menschen ist nur innerliche Rückkehr zu seinem höheren Ursprung. Die Stufen dieses zugleich philosophischen und pädagogischen Eros entsprechen den Stufen des Schönen, d. h. der Darstellung des Ideenhaften in der Welt, bis empor zum Seelisch-Schönen, dem Sittlichen.

Diese erotische Pädagogik ist gewiß vom Christentum durch eine höhere Auffassung von der Seele noch überboten worden. Aber Plato hat den Weg in die himmlischen Bereiche zuerst durchgebrochen. Er hat die gottentstammte Seele entdeckt und zuerst das gewaltige Wort gesprochen, daß die Seele gottähnlich werden solle. Der ästhetische Weg wurde weltentdeckerisch. Diese *vorbereitende* Funktion bleibt ihm bis heute.

Der Erzieher ist nicht immer Erzieher und der Zögling nicht immer Zögling. Es ist nicht nur etwas *über* beiden, sondern es muß auch etwas *zwischen* beiden entstehen, wenn von einem spezifisch pädagogischen Verhältnis die Rede sein soll. Wir nennen dies den pädagogischen Bezug (Nohl), im Einzelfall: die pädagogische Situation. Hier ist die Stelle, wo der Funke überspringt. Es ist aber nicht einfach der Augenblick, in dem irgendein Sachhaltiges verstanden wird. Für die Wesensbestimmung der Erziehung ist unerläßlich die personale Berührung, wie wir die bewußte Absicht in die Definition mit aufnehmen mußten. Sonst wäre jedes stille Lesen, Verstehen und Lernen schon ein pädagogischer Vorgang. Er wird aber dazu erst, wenn sich in und mit ihm eine persönliche Darstellung von Wertgehalt erschließt.

Von der Seite des Erziehers gesehen, ist der pädagogische Bezug an die Bedingung gebunden, daß er etwas *Eigenes* in dem Zögling rege machen will. Alles bloße Suggerieren und Hypnotisieren liegt also außerhalb der eigentlichen Erziehung. Sie beginnt erst mit dem »Herausholen«, oder, wie Sokrates sagte, mit der Hilfe zum Selbstgebären. Diese Einsicht verdanken wir den pädagogischen Genien. Sie kann auch dadurch nicht umgestoßen werden, daß in religiöser Beleuchtung die Leistung des Erziehers gleich Null und Gottes Gnade alles ist. Denn auch wenn Gott erzieht, so weckt er in seinem Geschöpf etwas Eigenes. Umgekehrt: wo der Erzieher im andern nur das Seinige weckt (etwa ein Gleichnis seiner selbst schaffen will), da ist die Aufgabe noch gar nicht verstanden.

Von der Seite des Zöglings gesehen, ist der pädagogische Bezug allerdings zunächst ein Ergriffenwerden von der überlegenen Erziehernatur. Er wird sich in ihn hinüberfühlen, seine geistig-ethischen Akte mitvollziehen und somit in seinen Bann geraten. Solange er aber auf dieser Stufe verharrt, ist der Prozeß noch nicht vollendet. Das hat wieder Sokrates sehr tief gesehen. Deshalb legte er es gar nicht darauf an, den Erregungsprozeß seinerseits zu Ende zu führen, sondern er ließ dem andern Zeit, er selbst zu werden. Es stimmt damit überein, daß wir oft erst nach Jahren fühlen oder einsehen, was wir unseren Erziehern verdanken. Wir müssen zunächst auch von ihnen wieder frei werden, um uns selbst zu finden.

Wir finden aber unser höheres Selbst erst, wenn wir die Paradoxie erfahren, daß das, was dabei in uns eigen und echt geworden ist, gar nicht mehr zu unserem zufälligen Selbst gehört, daß es aber auch nicht zu der zufälligen Person des andern gehört, sondern daß es den Einzug jenes Dritten in unserer Seele bedeutet, das *über* dem Erzieher *und* dem Zögling ist.

Am deutlichsten wird dies wieder in dem Sondergebiet der Erziehung zur Wahrheit, die daher auch oft als Prototyp der Erziehung überhaupt verwertet worden ist. Im pädagogischen Bezug kommt es nicht darauf an, viele Einzelwahrheiten zu vermitteln, aber auch nicht darauf, eine Wahrheit nur für mich oder die Wahrheit des Erziehers zu finden, sondern die Wahrheit schlechtweg. Er besteht also darin, daß diese Idee beide ergreife und sich beide unterwerfe. Nicht anders ist es bei der Gewinnung eines ethischen Standpunktes. Gesucht wird nicht *mein* Gutes oder *dein* Gutes, sondern wiederum das Gute. Die Paradoxie aber liegt darin, daß doch *ich*, der Werdende, es bin, der zu der Entscheidung aufgerufen wird und der sie zuletzt aufbringen muß. Genau so beim religiösen Glauben. Es wird also in der pädagogischen Wechselbeziehung etwas gewonnen, was zugleich mein Ich ist und mehr als mein Ich, nicht mehr mein Selbst und doch mein höheres Selbst. Diese Überwindungen, dies Freiwerden zu sich selbst und über sich selbst hinaus gehören zu jeder Seite der Erziehung: zum echten Lernen, zum sittlichen Werden, zur religiösen Erweckung usw.

Auf der Seite des Erziehers beginnt der Prozeß notwendig mit dem Willen, den Werdenden, wie er ist, zu verstehen; er gipfelt darin, ihn so zu verstehen, wie er werden soll und kann. Beim Zögling beginnt der Prozeß mit dem Sichverstehen- und -erziehen*lassen*. Er endet mit der Selbsterziehung, die der personalen Vermittlung nur gleichsam noch von fern bedarf, da ja das innere Werden doch nie sein volles Ende (seine Vollendung) findet. Auch Frauen wachsen schließlich über den Gegenstand ihrer Liebe hinaus, indem ihnen ihre Liebe als etwas Ewiges verständlich wird, das vom Verhalten des Geliebten kaum noch berührt werden kann.

Dieses letzte innerste Arcanum des pädagogischen Strukturverhältnisses zu verstehen, ist nicht leicht. Es gibt natürlich viele Vorstufen, vom bloßen Drill bis zum Anlernen, von der Suggestion bis zur echten Führung. Aber wer dabei stehenbleibt, versteht sich und die Sache nicht. Wie der Künstler zuletzt sich von seinem Werk losreißen muß, weil es ihm nicht mehr gehört, im innerlichen Sinne nicht mehr gehören darf, wofern es nämlich echtes Kunstwerk sein soll, so muß auch der Erzieher seinen Schützling gehen lassen, sobald er gewiß sein darf, daß er das Dritte zu ahnen begonnen hat, worauf es eigentlich ankommt, heiße es nun die Wahrheit oder das Gute oder Gott. Auch Pestalozzi hat sich nur langsam bis zu dieser »Meisterwahrheit« durchgerungen, daß der Mensch im sittlichen Sinne das Werk seiner selbst sei; freilich wieder mit jener Paradoxie. In der besonderen Sprache des Idealismus können wir das auch so ausdrücken: Es kommt im Bildungsverfahren nicht darauf an, daß dies oder jenes einzelne Kennen, Können, Wollen entwickelt werde, sondern daß am einzelnen die Idee aufleuchte. Alles Einzelne und Bestimmte ist nur ein Wurf nach dieser Unendlichkeit. Keiner hat sie, keiner darf sich und seine Art mit ihr identifizieren. »Nicht daß ich es schon ergriffen hätte; ich jage ihm aber nach, daß ich es ergreifen möchte.«

IV. [Die Bildungsgemeinschaft]

Der Erziehungsvorgang ist, wie sich schon bisher gezeigt hat, in das Ganze des biologisch-kulturellen Lebens seiner Zeit eingelagert. Er ist mit allen seinen Seiten eng verwachsen. Wenn sich die wissenschaftliche Analyse bemüht, Teilfaktoren herauszulösen, so geschieht es doch immer in dem Bewußtsein, daß alles mit allem verwoben ist, daß man also die unvermeidlichen Zerschneidungen durch ein nachfolgendes totalisierendes Verfahren heilen muß.

Schon Bildsamkeit, Bildungsideal, Bildungsgüter und Bildungswerte, Bildnerpersönlichkeit und Bildungsgemeinschaft sind vergleichbar mit den Seiten eines Würfels: Man legt jeweils eine nach oben; die anderen aber kann man nicht wegdenken, sondern sie haben zu ihr eine bestimmt angebbare Lage. Bei der Herausarbeitung des pädagogischen Grundverhältnisses haben wir Erzieher und Zögling vorübergehend in ihrem isolierten Bezug zueinander betrachtet. Aber wir vergessen deshalb nicht, daß beide in einer geistig-gesellschaftlichen Umgebung existieren, ja vom Geist ihrer Zeit durchwachsen sind. Der Erzieher ist hier immer historisch bedingter Träger von geistigen Gehalten. Und über die Geistesart beider, die entfaltete des einen, die unentfaltete des anderen, wölbt sich als drittes der Bezug zum Absoluten, dem beide religiös und ethisch verpflichtet sind.

Man kann die Analyse noch in zwei anderen Richtungen fortsetzen: nach der Seite der Einlagerung in bestimmte gesellschaftliche Verbände und nach der Seite der geistigen Sachgebiete, in deren Verständnis und Förderung der Werdende hineingebildet werden soll. Beide Untersuchungen werden in diesem ersten Teil ebenfalls so weit wie möglich zeitlos gültig durchgeführt, d. h. es soll von der jeweils anderen, historischen Kulturlage abgesehen werden. Dies glückt natürlich nur, wenn man den Mut hat zu möglichst einfachen begrifflichen Konstruktionen.

Der Name Soziologie und die damit bezeichnete *Sonder*wissenschaft gehen bekanntlich auf A. Comte zurück. In Deutschland haben beide nur langsam Eingang gefunden. Diese Tatsache bestätigt den allgemeinen Sachverhalt, daß sich die Geisteswissenschaften, besonders aber die sciences morales et politiques, in und mit den historisch-konkreten Geistes- und Gesellschaftslagen entwickeln. Sie entstehen nicht aus einer vorher fertigen Systematik der Wissenschaften, sondern aus der historischen Bewegung des Lebens. Daraus erklären sich auch die nationalen Unterschiede in der Wissenschaftsentwicklung. Man kann die Sprödigkeit des deutschen Denkens gegen die sogenannte Soziologie in großen Zügen auf folgende historische Umstände zurückführen:

In Frankreich vollzog sich 1789 ein großer Konflikt zwischen Gesellschaft und Staat. Er war vorbereitet durch viele Gestalten des rationalen Naturrechts, das dann in Rousseaus ›Contrat social‹ gipfelte. Eine rational konstruierte, aus Einzelwillen aufgebaute Gesellschaft wird zunächst dem vorgefundenen Staat polemisch entgegengestellt, dann aber zum Fundament eines *neuen* Staatsgedankens erhoben. Lange anhaltende revolutionäre Bewegungen und gesellschaftliche Umschichtungen ziehen die Aufmerksamkeit der Theoretiker auf sich: diese »Gesellschaft« scheint ihre Eigengesetzlichkeit zu haben; der Staat aber ist nur eine Resultante solcher »sozialen« Vorgänge. So verwandelt sich das fordernde Naturrecht allmählich in eine (scheinbar) nur beschreibende und Gesetze bildende »Soziologie«.

In Deutschland vollziehen sich die zeitlich entsprechenden Vorgänge erstens nicht katastrophisch revolutionär, sondern mehr organisch, mehr als Reform (vor allem als die Reform Stein-Hardenbergs); zweitens mehr von oben, durch staatliche Maßnahmen, als von unten durch eine Eigenaktion der Gesellschaft. Theoretisch spiegelt sich dies Geschehen einerseits in einer stärker historischen Denkweise, die mit Herder und Möser einsetzt, zu dem Freiherrn vom Stein und der historischen Schule weiterführt, sehr früh aber geradezu in eine romantisch-reaktionäre Geisteshaltung umschlägt; anderseits in der Heraushebung des Staates aus allen anderen gesellschaftlichen Gebilden. Hegels Rechtsphilosophie ist hierfür das klassische Beispiel. Seine Gleichsetzung des Staates mit der absoluten Sittlichkeit bestimmt auf lange Zeit hinaus die Einstellung von Politikern, Historikern und Philosophen. Die »Gesellschaft« bleibt ein dem Staat untergeordnetes, einseitig ökonomisch und juristisch geartetes Gebilde. Ja im Grunde betrachten die historisch gerichteten deutschen Denker sie schon am Anfang des 19. Jahrhunderts als eine Mißartung und Erstarrung des dahinterliegenden Lebensgebildes *Volk.*

Wie die beiden national verschiedenen Denkweisen sich im Laufe des 19. Jahrhunderts durchdrungen haben, kann hier nicht gezeigt werden. In Deutschland bezeichnen Lorenz v. Stein, Treitschke, Schäffle, Tönnies die Hauptstationen des Weges, auf dem das Phänomen »Gesellschaft« und die Gesellschaftswissenschaft zur Geltung kommt. Aber diese deutsche Soziologie wird bezeichnenderweise immer gleich politisch, immer historisch-(organisch), oft sogar wieder dialektisch wie bei Hegel.

Man kann aus dieser notgedrungen rohen Feststellung zwei Schlüsse ziehen: der eine folgert, das Denken über den Komplex Volk – Recht – Staat – Gesellschaft sei jeweils ganz neu nach der neuen historischen Situation auszurichten, wie ja selbst Hegels großartige Rechtsphilosophie im Grunde vorwiegend *ihre* »Zeit in Gedanken faßt«. Diese Aufgabe, Wirklichkeitswissenschaft, ja nur »Gegenwartswissenschaft« zu sein, hat der Soziologie z. B. H. Freyer gestellt. Und sicher besteht diese Aufgabe, die Gegenwart in ihrer konkreten geistigen Struktur zu erfassen, zu Recht. Allerdings hat man ein solches Bemühen sonst Geschichtsphilosophie genannt, solange man nämlich den Kern des Gegenwartslebens nicht gerade und nicht ausschließlich in »sozialen« Umschichtungen sah, sondern z. B. in religiösen Dingen oder im äußeren Machtkampf der Staaten. Dieser Plan einer »Soziologie als Wirklichkeitswissenschaft« vom jeweiligen »Heute« ist also selbst wieder von der Besonderheit der geschichtlichen Lage her bestimmt, in der er entstanden ist.

Einen ganz anderen Schluß wird derjenige ziehen, der der Wissenschaft nicht ausschließlich einen solchen Aktualitätsbezug gibt. Ja auch wenn man Selbsterkenntnis der Gegenwart für das letzte Ziel hält, so wird man diese Erkenntnis doch nur dann wissenschaftlich nennen, falls sie auf einer großen Überschau über andere historische Epochen und die in ihnen vorliegenden geistig-gesellschaftlichen Lebensstrukturen errichtet ist. Obwohl also zugegeben wird, daß der Begriff der »Gesellschaft«, wie er um 1789 entstand, zu eng gefaßt war, so wird man doch nicht darauf verzichten können, das große Kulturgewebe menschlichen Lebens auch einmal von der spezifischen Seite des Verbandslebens her zu betrachten. Denn erst wenn man frühere und ausländische abweichende Strukturen kennt, gewinnt man den überlegenen Sinn dafür, die hic et nunc vorliegende Gegenwart als einen Spezialfall unter vielen möglichen in seiner vollen Singularität zu verstehen. Man muß also Sozialgeschichte in weitester Bedeutung treiben, die natürlich Stamm, Volk, Staat, ständisch-berufliche Gliederung usw. ins Auge faßt. Um dies aber durchzuführen, bedarf man (schon für die Terminologie) auch einer systematischen Soziallehre, die die typischen Grundgebilde zunächst auf allgemeine Begriffe bringt. Dies ist die bescheidene Hilfsfunktion, die der beschreibenden und klassifizierenden Soziologie zukommt. Schon sie wird nicht nur *ewige* Typen, sondern auch Epochaltypen entwerfen müssen. Denn – um nur ein Beispiel zu nennen: ein Volk in primitiven Kulturen ist ein anderes Gebilde als ein Volk in der abendländischen Kultur des 20. Jahrhunderts. Da jedoch dieser Abriß zunächst dem Versuch gilt, sich zeitlosen Typen anzunähern, Urphänomene des historisch-geistigen Gesamtlebens herauszustellen, so werden auch für die Zwecke der philosophischen Pädagogik die allgemeinsten begrifflichen Gesichtspunkte wenigstens aufgezählt werden müssen.

Pädagogische Soziologie ist nicht gleichbedeutend mit soziologischer Pädagogik. Unter der letzteren verstehen wir die Erörterung der pädagogischen Lebenserscheinungen in ihrer Bedingtheit durch die zugehörige Gesamtgesellschaft und ihre Strukturen. Das Pädagogische ist hier, wie es im Hauptwort auftritt, auch zentral im Blickpunkt. Aber es wird nun doch als abhängige Funktion von gesellschaftlichen Gesamtverhältnissen betrachtet. Die Erziehung ist eine andre im Rahmen der Geschlechterverfassung, der ständischen Gesellschaft und der sogenannten Klassengesellschaft. Sie ist eine andere in einem militärischen Lehnsstaat als in einer industriellen Demokratie auf der rechtlichen Basis der Freiheit und Gleichheit der Staatsbürger. Sie ist auch abhängig von den Regierungsformen, als deren Hauptarten man immer noch mit einer allzu äußerlichen Einteilung Monarchie, Aristokratie und Demokratie anzugeben pflegt. Zur soziologischen

Pädagogik würde ferner jede Betrachtungsweise gehören, die die Erziehung unter erschwerten und erschütterten, ja krisenhaften Gesellschaftsverhältnissen erörtert, etwa die Erziehung des notleidenden großstädtischen Proletariats. Alle diese Einstellungen setzen eine sachgemäße Begriffsbildung der wissenschaftlichen Soziologie voraus, mit der es noch schlecht bestellt ist. Schon die Beispiele zeigen, daß das Arbeiten mit ewigen Typen nur für solche Epochen der Kultur fruchtbar sein wird, die noch – verhältnismäßig geschichtslos – den dauernden Grundbedingungen der biologischen Existenz sehr nahe bleiben. Für die Zusammenarbeit von Ethnologie und Pädagogik erwachsen hier wichtige, kaum in Angriff genommene Aufgaben. Und auch für spätere Stufen von Kulturvölkern, die – wie die des Abendlandes – aus einer mittelalterlich gemeinsamen Geisteswelt herkommen, werden solche Klassifikationen nicht wertlos sein, weil sie die Vorbedingungen für eine vergleichende historische Betrachtung bilden. So hängen z. B. wichtige Unterschiede der englischen Pädagogik gegenüber der französischen damit zusammen, daß auf dem Festlande der absolutistische Staat zur wesentlichen Herrschaft über die Erziehung gelangt ist, während der Absolutismus in England rudimentär geblieben ist.

In der *soziologischen Pädagogik* ist also die Erziehung abhängige Variable von typischen Gesellschaftsformen. Hingegen fragt die *pädagogische Soziologie* nach den Gesellschaftsformen, die selbst als ausdrückliche kollektive Träger eines Erziehungswillens (als Erziehungssubjekte) auftreten. Der bisher isoliert gesehene Erzieher wird dann zum Repräsentanten der betreffenden Gemeinschaft, zieht aus ihr seinen eigentümlichen Erziehungsgeist, handelt in ihrem Sinne oder in ihrem Auftrage.

Darf man auch hier klassifizieren, so wird es sich empfehlen, die beliebte, aber unscharfe Einteilung von Tönnies in Gemeinschaften und Gesellschaften durch die klarere in Naturformen und Kulturformen der Gesellschaft zu ersetzen. Unter Naturformen verstehe ich alle die Formen des Zusammenlebens, die durch ein Blutsband fundiert sind, also bis in die eigentlich biologische Schicht des Lebens zurückreichen. Dahin gehört die Sippe, der Stamm und das Volk im ethnischen Sinne. Die Familie als Großfamilie, dann als Kleinfamilie scheint durchweg eine aus vaterrechtlichen Sippenordnungen hervorgegangene spätere Form zu sein. Die Rasse ist kein Verband, sondern eine vorwiegend naturwissenschaftliche Kennzeichnung von zunächst leiblichen Eigentümlichkeiten, die durch blutsmäßigen Erbgang herausgebildet sind. Es gibt einen Rasseninstinkt, aber keine Rasse als Form des Zusammenlebens und Verbundenseins.

Auch das Blutsband als solches bewirkt noch keine innigere Bindung der zugehörigen Einzelwesen, wenn nicht aus tatsächlichem Zusammenleben ein ausdrückliches *Wissen* um dies Verbundensein hinzutritt. Das Volk im ethnischen Sinne wird zu einer kulturellen Einheit erst, wenn es sich seiner blutsmäßigen Verbundenheit bewußt wird.

Im Gegensatz zu diesen biologisch unterbauten Formen der Gesellschaft nenne ich Kulturformen alle die, in denen das Zusammengehörigkeitsbewußtsein (Verbundenheitsbewußtsein) durch gemeinsam geförderte sachliche Kulturgehalte vermittelt ist. Die Bindung kann sehr stark ins Zentrum der betreffenden Persönlichkeiten hineinreichen (Gesinnungsgemeinschaften, Freundschaften), sie kann aber auch sehr äußerlich, lose und zufällig sein (Zweckverbände ad hoc). Sie kann von langer Dauer oder flüchtig sein. Sie kann über das Leben der einzelnen Individuen hinausreichen (z. B. ein Verein oder eine Gesellschaft, die nach dem Aussterben der Begründer fortbestehen), sie kann auch ganz an die konkreten Individuen gebunden sein (eine Freundschaft, eine Bekanntschaft).

Für die Pädagogik werden alle diese Formen erst interessant, wofern sie ausdrücklich als Subjekte eines bestimmten Erziehungswillens fungieren. Unter diesem Gesichtspunkt wäre weiter zu klassifizieren in solche, die den Erziehungszweck neben anderen in ihre Kollektivaufgaben aufgenommen haben, und in solche, die ausdrücklich und spezifisch dem Erziehungszweck gewidmet sind. Hauptbeispiele für die letzteren sind eine Schule, ein Erziehungsheim, eine rein pädagogische Freundschaft. Weder der Staat noch die Familie sind rein pädagogische Gemeinschaften.

Es ist hinzuzufügen, daß keine Naturform der Gesellschaft auffindbar ist, die nicht zugleich kulturelle Inhalte in sich aufnähme. Ein Volk z. B. ist niemals bloße Geschlechterfolge, sondern immer zugleich historische Kulturgemeinschaft. Aber wie in der Familie und im Stamm, so ist auch im Volk das biologisch begründete Verhältnis der Generationen vorzugsweise strukturbestimmend. Ein Volk kann als Volk nur leben durch bewußte Pflege und Erziehung seines Nachwuchses. Der Fall ist nicht ausgeschlossen, daß sich im Laufe der Geschichte durch Kulturgemeinschaft ein neues Volk bildet; es wird sich dann aber in der Regel seinen eigenen, neuen Abstammungsmythos schaffen.

Auch diese Klassifikationen sind ohne Berücksichtigung inhaltlicher geschichtlicher Besonderheiten für die Wissenschaft wenig fruchtbar. Immerhin wird es möglich sein, allgemeinste, zeitlos gültige Aussagen zu machen über Sippenerziehung, Stammeserziehung, Familienerziehung, Volkserziehung einerseits, Staatserziehung, Schulerziehung, berufsständische Erziehung, Bundeserziehung u. dgl. anderseits. In all diesen Fällen werden sich aus der Struktur der betreffenden Gesellschaften gewisse typische Grundformen ergeben, die mit ihnen wesenhaft gesetzt sind. Darauf deutet

z. B. schon die Bezeichnung häusliche Erziehung als Äquivalent für Familienerziehung. Zur Schule gehört eben notwendig das Außerhäusliche. Ferner handelt es sich überall nicht nur um Erziehung durch die betreffenden Gruppenbildungen und in ihnen, sondern auch um Erziehung *für* sie, d. h. für ihre Erhaltung und die Pflege ihres eigentümlichen Geistes. Alle Staatserziehung ist auch Erziehung *für* den betreffenden Staat. Jedes Volk erzieht seinen Nachwuchs auch, um als Volk *so*, wie es sich bewertet und bewußt geworden ist, weiterzuleben.

Alle jene Gesellschaftsformen und Bildungsgemeinschaften stehen jedoch in der Wirklichkeit nicht beziehungslos nebeneinander, sondern sie bilden ein gesellschaftliches Ganzes von jeweils eigentümlicher Struktur. Die pädagogische Soziologie wird also fragen müssen, wie gemäß jener Gesamtstruktur der Gesellschaft in einer bestimmten Epoche etwa Familienerziehung, Standeserziehung, Staatserziehung, Schulerziehung, Volkserziehung im engeren Sinne zueinander gelagert sind, wie sie sich gegenseitig ergänzen, durchkreuzen und bekämpfen, wie sie sich gegenseitig begrenzen oder verflechten.

Von der Kirche als einer der großen Erziehungsmächte war bisher noch gar nicht die Rede. Denn die Kirche in dem uns vertrauten Sinne ist selbst eine eigentümlich *historisch* bedingte religiöse Verbandsform. Daß gerade sie einen starken Erziehungsanspruch erhebt, ist nicht nur aus ihrem Wesen als Pflegerin höchster Gnadengüter zu verstehen, sondern auch aus ihrer besonderen historischen Funktion in der Erziehungsgeschichte des Abendlandes.

Greifen wir irgendeine seiner Erziehungsepochen heraus, so finden wir immer eine eigentümliche Dynamik und Rivalität zwischen Familienerziehung, Staatserziehung und kirchlicher Erziehung, womit sich dann der Kampf zwischen Staatsschule und Kirchenschule kompliziert. Standes- und Berufsfaktoren spielen weiter hinein.[4] Es entsteht also ein lebendiges Gewirr, das man nur historisch *ganz* verstehen wird. Aber die ewigen Gesetzlichkeiten der Urformen der Gesellschaft überhaupt muß man sich vorher klargemacht haben, wenn man die Eigenart der historischen Konstellationen voll begreifen will. Wir erleben gerade heute in Deutschland, wie ein solcher ewiger, aber zeitweise nicht genügend beachteter Faktor, nämlich das noch vom Staat unabhängig gedachte Volk als Lebensgebilde, sich im Bewußtsein wieder vordrängt und neben zeitbedingten Notwendigkeiten auch seine ewigen Ansprüche geltend macht. Ja, das Volk hat seine Son-

---

[4] Vgl. meine Abhandlung: Die wissenschaftlichen Grundlagen der Schulverfassungslehre und Schulpolitik. Abhdl. d. Preuß. Akademie d. Wiss., Berlin 1928.

derstellung unter den übrigen Erziehungsmächten gerade dadurch, daß es zwar im Bios wurzelt, zugleich aber in die geistige Schicht (in engerer Bedeutung) hinaufreicht, vor allem durch seinen Charakter als Sprachgemeinschaft. Die Sprache – das hat schon Herder gesehen – ist das wichtigste Bindeglied zwischen Natur und Kultur. Sie gehört beiden Schichten an. Sie ist zugleich das stärkste Bindeglied zwischen Mensch und Mensch. Ihr Wesen ist es, *Band* im weitesten Sinne zu sein. Ein gemeinsames Leben, im geistigen Verkehr und im geistigen Schaffen, ist ohne Sprache nicht denkbar. Zeitlich genommen stellt die Sprache das Band zwischen den Generationen her. Denn die wesentlichsten Gehalte der Tradition sind wiederum auf die Vermittlung der Sprache angewiesen. Will man einen Volksstamm aus seinem Volksverband und aus seiner Volkstradition herausreißen, so wird man ihm vor allem seine Sprache nehmen müssen. Trotz aller Blutsverbindung begünstigt dann die neue Sprache in einiger Zeit neue Bindungen und neue Traditionsstränge. Die Sprache selbst also, obwohl sie kein personales Subjekt ist, ist einer mächtigen Erzieherin vergleichbar. Sie ist eine solche durch die Individuen und über die Individuen hinaus lebende Macht, die sich die einzelnen zu beseelten Dienern wählt, wie wir es früher ausgeführt haben. In Schleiermachers Ethik und Pädagogik sind über diesen Sachverhalt tiefsinnige Bemerkungen zu finden.

Wenn sich soziologische Pädagogik und pädagogische Soziologie hinsichtlich ihres Gegenstandes unterscheiden wie Medium der Erziehung und Träger der Erziehung, so ist gemeinsame Sprache zwar zunächst nur Medium. Aber indem sie durch Personen hindurch wirkt, bringt sie in ihrer Funktion als Medium eine Fülle von geistigen Gehalten mit und umfängt damit den Erzieher wie den Zögling. In der Lebendigkeit der Sprachgemeinschaft, deren feinere *soziologische* Zusammenhänge noch wenig analysiert sind, kommt das überindividuelle Gesamtleben, von dem beide getragen sind, zum unwiderleglichen Ausdruck. Denn Sprechen bewirkt Überwindung – nicht nur des Raumes und der Zeit –, sondern auch vieler sachlich-seelischer Trennungen, die mit dem Schicksal der Individuation für die einzelnen gesetzt sind.

V. [Die Bildungswerte]

Die Mannigfaltigkeit der Lebenskreise, denen der werdende Mensch angehört, bedeutet die Umwelt, durch die und für die er erzogen wird. Sie sind immer von gesellschaftlicher und geschichtlicher Art; sie greifen vielfach durcheinander und erzeugen damit eine Fülle innerer Spannungen, denen keine Erziehung auf verwickelterer Stufe entgehen kann. Sie entfalten, je nach der gesamten Kulturlage, eine verschieden große tatsächliche Macht. Die philosophische Besinnung versucht immer aufs neue, diese historisch entstandene Lagerung mit den Maßstäben ethischer Kritik zu berichtigen und – wenigstens in Gedanken – eine »richtige Rangordnung« in ihr herzustellen. Aber diese philosophische Arbeit erfolgt selbst zunächst im Strom der historischen Bewegung und Wandlung. Nur von diesem immer bedingten Standort greift sie nach dem Unbedingten und Überzeitlichen. Darin liegt die Würde ihrer Funktion in Zeitaltern, deren religiöses Bewußtsein bereits von einem selbständig suchenden Denken durchsetzt ist.

Innerhalb dieses Denkens bemerken wir jedoch zwei Grundrichtungen: Es möchte einmal möglichst nahe an die konkrete historische Fülle der geistig-kulturellen Gebilde herankommen, in unserem Falle also die lebendige Totalität der Erziehungsmächte erfassen. Anderseits trägt es den Zug nach Aufdeckung letzter, noch sinnhaltiger Elementarvorgänge in sich; es will von ihnen aus die verwickelten Gebilde des Lebens nachkonstruieren; eben deshalb bleibt es in dieser zweiten Funktion notwendig abstrakt und konstruktiv. Man findet den gleichen Gegensatz – nicht nur in Deutschland – z. B. in dem Kampf der sogenannten historischen Richtung der Nationalökonomie mit der abstrakt deduktiven Methode wieder. Aus langen Auseinandersetzungen ist mindestens so viel klar geworden, daß *beide* Verfahrensweisen notwendig sind, daß sie sich gegenseitig ergänzen und einander unablässig suchen müssen.

Pestalozzi ist durch die seherische Sicherheit seines mühseligen Ringens um Klarheit nicht zufällig nach beiden Richtungen hin getrieben worden. In seiner ersten Periode (der Lienhard- und Gertrud-Zeit) geht er von den organischen Lebenskreisen aus, in die der Mensch »von Natur« eingelagert ist. Folgerichtig betont er hier die Seite der Milieupädagogik. In seiner zweiten Periode, nachdem die Französische Revolution die alte, mehr organische Gesellschaftsordnung erschüttert hatte, findet er sich zum Rückgang auf elementarere Erziehungsvorgänge genötigt. Er faßt sie unter dem Einfluß der zeitgenössischen idealistischen Denkweise als spontane Akte des Einzelgeistes oder der werdenden Person. So kommt er zu einer Pädagogik, die sich an die Selbständigkeit und Selbsttätigkeit der Person wendet. Beide Richtungen miteinander ganz auszugleichen, ist ihm begreiflicherweise nicht gelungen. Er hätte dazu eine Philosophie besitzen müssen ähnlich der Hegelschen, in der die überindividuellen Lebenszusammenhänge des Geistes und die individuellen Leistungen des geistigen Verstehens und Gestaltens gleichermaßen zu ihrem Recht gekommen wären.

Auch heute läßt sich nur die Aufgabe formulieren und an günstig gearteten Beispielen erläutern. Denn wir arbeiten hier an einer Stelle, an der die wissenschaftliche Pädagogik auf Ergebnisse anderer Geisteswissenschaften angewiesen ist; diese aber befinden sich selbst noch in einem unentwickelten Zustande.

Man kann das Problem schon an der Schicht der leiblichen Erziehung anschaulich machen. Natürlich wächst und gedeiht der Leib des jungen Menschen beinahe von selbst am täglichen Lebensvollzug. In überlieferten Jugendspielen üben sich die Muskeln, die Sinne und die damit unmittelbar verbundenen Akte des Bemerkens und Wollens, des Reagierens und Sichentscheidens. Später tritt die Arbeit oder der Ernstkampf hinzu. Käme es auf weiter nichts an, so dürfte man auch hier einfach darauf vertrauen, daß »das Leben bildet«, und daß das In-Gemeinschaft-Stehen erzieht. Aber dies ist doch nur eine Pädagogik im naiven Zustande. Planmäßige Bildung fordert den Rückgang auf den Bau des menschlichen Körpers und die Einzelgesetze seines Funktionierens. Wie schon in der militärischen Ausbildung alten Stiles gewisse Einzelleistungen zur höchsten Präzision gebracht wurden, so müßte eine völlig durchdachte Gymnastik auf der Grundlage von Anatomie und Physiologie die elementaren Grundakte gesondert zur Vollendung bringen, um sie zuletzt zu veredelten leiblichen Gesamtleistungen zusammenzufassen. Auch das hat Pestalozzi geahnt. Aber es genügt dazu nicht die kahle Mathematik etwa der Freiübungen älterer Zeit mit ihrem Vorwärts und Rückwärts, Aufwärts und Abwärts, Links und Rechts. Sondern die gesuchten Elementarakte müßten *in ihrem organischen Totalverbande* geschaut werden. Weiter müßten sie in ihrem Zusammenhang mit einfachsten seelischen Funktionen und Erlebnissen (z. B. Spannung und Entspannung) erfaßt werden. Und endlich müßte der ethische Bildungswert einer solchen aus Elementarleistungen zusammen*gewachsenen* leiblichen Übung durchdrungen werden, bis empor zu dem weltanschaulichen Zusammenhang, aus dem heraus der Mensch, besonders der moderne Mensch, überhaupt zu den Leibesübungen kommt. Das wichtigste an diesem vielseitigen Gefüge ist das Vordringen zu wirklich organischen, nicht bloß mechanischen, d. h. maschinenmäßigen Elementen.

Die gleiche Aufgabe kehrt im Bereich der geistigen Erziehung engerer Bedeutung wieder. Nur handelt es sich hier nicht mehr bloß um Anknüpfung an den Aufbau eines leiblichen Organismus aus Organen mit schulbaren Sonderfunktionen, sondern um die Aufdeckung elementarster sinnhaltiger Geistesakte, die am vollendeten Gewebe einer geistigen Totalleistung noch feststellbar sind. Es ist ein wesentlicher Gedanke meiner Psychologie und Pädagogik, daß diese sinnhaltigen Elemente nicht in der früher meist untersuchten Schicht der bloßen seelischen Funktionen, wie Vorstellen, Assoziieren, Reproduzieren, Fühlen, Streben und Wollen, auch nicht in einer abstrakten Anzahl von Grundaffekten gelegen ist. Die Elemente des Geistigen liegen eine Schicht höher und sind erheblich verwickelter. Alles kommt hier also auf die Beantwortung der Frage an: was ist im *geistigen* Sinne elementar? Die Leistungen z. B., an die Frau Montessori ihre frühkindlichen Übungen anknüpft, sind selber viel verwickelter, als sie sie mit ihren psychologischen Mitteln darstellt, und doch sind sie für den totalen Lebensvollzug dieses Kindesalters zu abstrakt, zu sehr entseelt. Fröbel hat hier intuitiv manches richtiger gesehen.

Wie man die Freiübungen zuerst von der Mathematik und Mechanik her, also gleichsam deduktiv von oben her, begründet hat, so hat man auf diesem anderen Gebiet von einer ähnlich abstrakten Wertsystematik her zunächst Geistesgebiete und dann ihre einzelnen konstituierenden Akte herauszuanalysieren versucht. Ich selbst bin, bei ersten Vorstößen auf diesem Felde, einer solchen im geistigen Sinne *un*organischen Zergliederung zu sehr gefolgt. Der Fehler ist vergleichbar der künstlichen Trennung unserer Schullehrpläne nach »Fächern«. Man sieht ihre Lebensferne und Lebensfremdheit ein; aber man ist noch nicht zu besser κατ' ἄρθρα (Plato, Sophistes) herausgeschnittenen Elementen gelangt. Daher das planlose Schwanken zwischen einem ganz ungeordneten Gesamtunterricht und einer leblosen Sonderung des Wissens in Lehrfächer, die außerdem noch halb systematischen Erwägungen, halb historischen Umständen ihre Entstehung und ihren Namen verdanken. In der Wissenschaft selbst ist es oft nicht anders: die Entstehung der politischen Ökonomie z. B. ist ein historisch bedingter, praktischer Zufallsgriff; um das Elementarphänomen, das Urphänomen (Goethe) des Ökonomischen wird noch immer gestritten.

Gewiß leitet uns schon der geheime Tiefsinn der Sprache, die den historischen Ausgestaltungen des Kulturlebens instinktiv folgt, dazu hin, gewisse sachhaltige Gebiete im Ganzen des Kulturgewebes zu unterscheiden. Wir alle reden von Wirtschaft, Technik, Kunst, Wissenschaft, Religion usw., als ob das deutlich abgegrenzte Leistungsgebiete der Kultur wären. Wir alle rechtfertigen im stillen diesen Sprachgebrauch damit, daß eben der Sinn und die sinnvolle Leistung der Wirtschaft für die Totalkultur eine andere ist als etwa der der Technik oder der Politik; wir fühlen Sinngrenzen zwischen ästhetischer Stimmung und Religion, auch wo sie stark ineinander fließen. Aber wir sind nicht in der Lage, mit klaren Definitionen anzugeben, wie sich der elementare Sinn des Technischen vom Wirtschaftlichen, des Religiösen vom Ästhetischen unterscheidet, obwohl die

Wissenschaft unablässig um diese Probleme bemüht ist und obwohl hier und da schon entscheidende Punkte gesehen worden sind.

Die noch zu leistende geisteswissenschaftliche Arbeit läßt sich natürlich hier nicht nachholen und nebenbei erledigen. Es bietet sich daher nur ein doppelter Weg: 1. Erläuterung des Problems in seiner pädagogischen Bedeutung an einigen instruktiven Beispielen. 2. Herausarbeitung einseitiger Typen von Erziehungsstilen, die nach Kulturgebieten geschieden sind, auf Grund von Ausprägungen, die die Geistesgeschichte gleichsam als große Experimente vor uns hingestellt hat. Auch der Ursinn oder das Urphänomen Erziehung selbst ist ja bisher nur von diesen beiden Wegen aus durchleuchtet worden.

1. Die Technik in ihrem heutigen Zustande ist historisches Produkt einer langen und »geistreichen« Entwicklung. Man wird vergebens suchen, einen Jugendlichen technisch zu bilden, wenn man ihn sogleich mit diesen Spätformen in Berührung bringt. Auf diese Weise wird sich in ihm nie der Sinn für das Einfache entwickeln, der wie ein Funken in der Seele zündet und fruchtbar weiterglüht. Noch die komplizierteste Maschine und das vielteiligste Produktionsverfahren läßt aber einfachste technische Urformen erkennen. Sie sind einfach im Sinne der Zergliederung und meist auch primitiv in der Bedeutung, daß die Entdeckungen der Menschheit einmal mit ihnen angefangen haben. So sind das Spinnen und das Weben Urtätigkeiten oder technische Urphänomene. Tausendfach veredelt und verwickelt liegt dieser Vorgang noch in den spätesten Spinn- und Webemaschinen am Tage. Kochen, Schmoren, Braten und Backen sind Urphänomene der Kochkunst, die man als Elemente verstanden haben muß, um Zwischenformen oder Kombinationsformen zu beherrschen. Die Arten der Kraftübertragung und Krafttransformation lassen sich auf wenige Grundtypen zurückführen. Wer sie nicht »erlebt« hat, wird höhere technische Formen geistig nie durchdringen. In der pädagogischen Praxis der technischen Fachbildung ist dies ahnungsweise natürlich längst bekannt, aber es ist nicht überall systematisch durchgebildet. Noch ein tieferes Geheimnis ist es, wie man von solchen Elementen aus die technische Denk- und Gestaltungskraft produktiv beleben kann. Das 17. und 18. Jahrhundert hat sich bewußt um die Förderung einer solchen »ars inveniendi« bemüht.

2. Die Zerlegung der Denkakte in einfachste Elementaroperationen ist dank der logischen Theorie seit Plato und Aristoteles am meisten fortgeschritten. Pestalozzi hat ja seine Elementarmethode auf dem Gebiet des »Kennens« am erfolgreichsten ausgestaltet. Wenn er als erkennende Uroperationen des Geistes das Messen, Zählen und Benennen aufstellte, so

entdeckte er damit auf seine Art und für seine Zwecke das Prinzip der »Intellektualität der Anschauung«. Aber abgesehen davon, daß er zu sehr am Abstrakt-Elementaren hängen blieb und die entwicklungsgemäße Einlagerung dieser Prozesse in das lebendige Denken versäumte (die dann Fröbel auf geniale Art nachholte), ist das Prinzip nur selten bis in höhere Stufen der Erkenntnisleistung weiter entwickelt worden. Erst neuerdings z. B. hat man beachtet, daß im sogenannten »Verstehen« literarischer Erzeugnisse sich eine große Zahl geistiger Prozesse übereinanderbaut, deren sachgemäßes Funktionieren man meistens einfach vorausgesetzt hat. Die Folge war der bekannte Stumpfsinn bei der fremdsprachlichen Lektüre, den schon A. Ernesti als »stupor paedagogicus« bezeichnet hat. Wenn ein Knabe den Julius Caesar liest, so vollzieht er damit eine komplizierte geistige Leistung, deren letzte Stufen meistens ausbleiben. Er sieht und identifiziert (als sinnhaltige Zeichen) Buchstaben. Er gliedert sie in Wörter, er überträgt Wort für Wort in bekannte deutsche Wortbedeutungen; er erzeugt schließlich einen annähernd gleichbedeutenden deutschen Satz und gelangt so zum Wortverstehen. Für das Sachverstehen reicht die Kraft meistens nicht mehr aus; der Lehrer hilft nach, wobei er oft Kulturzusammenhänge als bekannt voraussetzt, die eigentlich erst für sich entwickelt werden müßten. Was weiß ein Knabe in diesem Alter von Politik und Feldherrnkunst, von Truppenverpflegung und Brückenbau? Daß endlich nicht nur das Kapitel, sondern das Buch ein Ganzes ist, ist auf diesem Wege des Sätzelesens gar nicht zum Bewußtsein zu bringen. Auch der Reife »versteht« in *diesem* Sinne ja nur, wenn er vorher mindestens Umrisse des *Ganzen* besitzt, die nur allmählich weiter durchgegliedert werden. Das ganze Rom und seine Geschichte, Menschenkenntnis und Staatskenntnis bilden den Hintergrund, also sehr hohe und umfassende Verständniseinheiten, die als solche gar nicht in das Fach »Latein« gehören.

Alle Erziehung zu Mitarbeit und zu sittlicher Verantwortung für die Kultur, die ja immer nur in nationalen Ausprägungen existiert, hat eine Seite, die durch Theorie hindurchführt. Das Verständnis für die Kultur, ja schon das Verständnis der Muttersprache, beruht auf Strukturgesetzlichkeiten, die nicht nur logischer Art sind. Das Kulturdenken selbst ist kein bloßes formales Denken: es trägt sinngebende und sinnverstehende Akte in sich, die eine geistige Materie, ja ein persönliches Sein einschließen. Man kann z. B. nicht einfach *über* den Staat denken; man muß vielmehr Staatliches in sich tragen, um politisch denken zu können. Dieses seinsverbundene, mit kulturellem Sachgehalt gesättigte Denken ist viel weniger erforscht als etwa die rein formale Struktur der Begriffspyramide[5] und dessen, was wiederum rein formal aus ihr folgt. Der vielgeschmähte Intellektualismus besteht z. T. in diesem innerlich unbeteiligten, nur formal-logisch orientierten Denken, das man mit Recht substanzlos genannt hat. In den Geisteswissenschaften führt es noch mehr als im anschauungslosen Naturdenken zu bloßem Wortwesen, hinter dem kein Sein und keine Person steht. Dies hat Hegel gemeint, wenn er von der geistigen Welt sagte, daß in ihr die Sache selbst denke, nicht der abstrakte, vereinzelte, ihr nur gegenüberstehende Mensch. Die andere Seite hat Fichte gemeint, wenn er von höheren Geistesstufen sagt, man müsse sie erst leben, um sie wissend erfassen zu können.

Trotzdem hat auch dieses seinsgesättigte Denken seine herauslösbaren Elementarfunktionen. So ist z. B. ein Denken »über« religiöse Lebenszusammenhänge nicht möglich ohne eigene religiöse Bewegtheit und Erfülltheit. Wirtschaftliches Denken ist nicht möglich ohne Teilhabe an gewissen Grundeinstellungen wirtschaftlicher Art, von denen aus dann auch die nachkonstruierende wissenschaftliche Phantasie ihre Leitlinien empfängt. Es ist also nicht so, daß das geisteswissenschaftliche Denken einen vorher fertigen reinen Funktionszusammenhang bedeutet, sondern es entfaltet sich *an* den und *über* den kulturellen Lebensverbindungen, und seine einfachsten, sinngebenden und sinnverstehenden Strukturbestandteile entsprechen den Sinnelementen, die jeweils am Aufbau des betreffenden Sachgebietes feststellbar sind.

3. Dies läßt sich sogleich an den »Akten« erläutern, die im Bereich des ästhetischen Lebens auftreten. Sie sind auf spezifisch-ästhetische Sinngebilde gerichtet, sehen sie aus dem gegebenen Gegenstandsbereich heraus oder sehen sie mit schöpferischer Kraft erst in [ihn] hinein. Ihre Eigenart bewirkt es, daß der ganze zugehörige Geistesbezirk schon als »ästhetisch« bezeichnet wird, noch ehe die Besinnung über diese Eigenart dazu gelangt ist, sie ausdrücklich zu formulieren. Das bloß theoretische Verstehen eines Gemäldes z. B. ist etwas anderes als das ästhetische Verstehen, das eben immer mit einem eigentümlichen »Erleben« (= Genießen) gesättigt ist. Wie weit man ästhetisches Verhalten, besonders ein schöpferisches Verhalten, bildend beeinflussen kann, ist umstritten. Wenn man es überhaupt kann, dann nur durch die »Erweckung« einfachster Grundeinstellungen. Sie liegen in der Ausdrucksfunktion, d. h. in dem Hineintragen eigener seelischer Gehalte in ein mannigfaches Material; ferner in dem Eindruckserlebnis, d. h. in der Hingabe an gegenständliche Gebilde, denen ein seelisch bedeutsamer (ästhetischer) Phantasiegehalt eigen ist; endlich in dem

[5] Vgl. Hans Leisegang, Denkformen. Berlin 1928.

mannigfach abstufbaren Ineinander von Eindruck und Ausdruck, das wir als zweckfreien Einfühlungsakt bezeichnen. Seele und Gegenstand werden hier in imaginativer Einstellung eins. Man kann sich das an der ästhetischen Wirkung schon einfachster Lineargebilde verdeutlichen oder an jener sinnlich-sittlichen Wirkung der Farben, von der Goethe gesprochen hat.

4. Auch im religiösen Leben liegen solche Urakte oder Urphänomene vor. Für ihre psychologische Erörterung kann zunächst unentschieden bleiben, ob sie durch Gott übernatürlich gewirkt sind oder aus dem Totalzusammenhang irdischen Lebens selbst hervorgehen: in beiden Fällen sind sie doch Erscheinungen *an* einem uns zugänglichen Leben. Andacht, Erlösungssehnsucht, Gottferne, Gottsuchen und Gottnähe, Beten, Gnadenerfahrung und Danken sind eigenartige, in der Subjekt-Objekt-Spaltung enthaltene Grundphänomene, die in den mannigfachsten historischen Religionen auftreten. Der Sachverhalt wird nur dadurch kompliziert, daß es meist nicht bei solchen Urerfahrungen bleibt, sondern daß sie sogleich ausgedeutet und in historisch gegebene Religions-»Systeme« hineingestellt werden, in denen sie von religiöser Reflexion überdeckt werden. Für diese Ausdeutungen erst ist es entscheidend wichtig, ob sie vom Transzendenten ausgehen, d. h. von einem der Welt schlechthin entgegengesetzten, »ganz anderen« jenseitigen Sinn, oder ob sie Grundmotive des irdischen Lebens nur gleichsam ins Unendliche verfolgen. Da zu jeder Religiosität ein Offenbarungsmoment (d. h. eine höchste Sinneröffnung) gehört, ist in jeder etwas Mystisches enthalten. Ich rede von transzendenter Mystik, wenn das religiöse Objekt dem gegebenen Lebenszusammenhang schlechthin entgegengesetzt und die Prädikate der Absolutheit durch Negation irdischer Inhalte gewonnen werden; von immanenter Mystik, wenn die Spuren Gottes *in* der Welt den Ausgangspunkt bilden und erst von ihnen her in der Form des Suchens und Ahnens der Aufschwung zu einer immer gegenwärtigen absoluten Sinnquelle erfolgt. Von hier aus bestimmen sich auch zwei Grundeinstellungen zur Kultur, die wir im Anfang noch außer acht gelassen hatten: die ganze Kultur wird herabgewertet, wenn man im Glauben vom Transzendenten ausgeht; sie wird zu einem »Weg«, wenn man die mit ihr gesetzten Erlebnisse als die Entzündungsstelle auch unserer religiösen Grunderfahrung ansieht. Da keine gegebene Kultur das Absolute selbst ist, so erfolgt auch im zweiten Falle immer ein Bruch, nämlich die Erfahrung, daß jede Kulturarbeit im Wertsinne unvollendbar ist, und daß die Kultur deshalb nicht das Letztgültige, Erlösende sein kann. Der angedeutete Unterschied pflegt mit dem zweiten Unterschiede einer passiven religiösen Erlebnisform (Abhängigkeitsgefühl) und einer aktiven (Aufschwung und Erlösungssehnsucht) Hand in Hand zu gehen. Das eigent-

liche religiöse Grundgeheimnis, dessen Aufleuchten man an den Gedankengebäuden gerade der deutschen idealistischen Philosophen besonders gut verfolgen kann, besteht aber in dem Paradoxon, daß im religiösen Erleben Jenseits und Diesseits, Passivität und Aktivität, Freiheit und Gnade ineinander fließen. Wiederum ist es eine Sache der theoretisch gerichteten Ausdeutung, auf welche Seite man den Akzent legt.

Für den religiösen Bildungsprozeß folgt aus diesen Andeutungen, daß man religiöse Erziehung bei der Annahme einer Alleintätigkeit des jenseitigen Gottes grundsätzlich für unmöglich erklären muß. Religiöse Bildung gibt es nur, wenn man mindestens eine »Bereitung« der Seele für den Einzug Gottes als möglich oder gar notwendig ansieht. In diesem zweiten Fall aber muß man sich über gewisse Urstrukturen des religiösen Verhaltens klar sein. Noch immer ist es dann unendlich schwer, willkürlich Bedingungen zu setzen, unter denen sie in Funktion treten können. Nimmt man aber nur den Weg über die theoretischen Ausdeutungen (Dogmatik), so ist man in Gefahr, bloß Religion zu *lehren*, statt religiös zu erziehen, oder eine Religion zu verbreiten, die vom eigentlichen inneren Leben entleert ist.

VI. [Typen der Erziehung]

Vermutlich wären all die hier gesuchten Grundeinstellungen und Urstrukturen des Lebens als Sonderformen gar nicht zum Bewußtsein gekommen, wenn sie nicht im Lauf einer langen Geschichte der Menschheit gelegentlich ganz einseitig und differenziert herausgetreten wären und zu ebenso einseitigen Erziehungssystemen geführt hätten. Wir vergegenwärtigen sie uns durch eine Verbindung von Induktion und isolierender Konstruktion. Diese *ewigen Typen der Erziehung* entstehen dadurch, daß ein einzelner Lebenswert absolut gesetzt wird. Er beherrscht dann das Erziehungsideal, aber auch die ganze sonstige Struktur des zugehörigen Erziehungslebens. Es erwächst ein durchgängiger Gesamtstil der Erziehung, der sich unter sonst stark abgewandelten historischen Umständen wiederholen kann. Allerdings trägt er dann außer jenem ewigen Gerüst auch epochale Züge an sich, die in einer weitergehenden, hier nicht mehr ausgeführten Typenbildung Berücksichtigung finden müßten.

Nun kann im Gedankenexperiment jeder Wert als absolut gesetzt werden, nur um zu sehen, wie sich unter dem Zeichen dieses beherrschenden Wertes das übrige Gefüge des Lebens abwandeln würde. In der Wirklichkeit des Lebens aber kann nichts absolut gesetzt werden, ohne daß es einen religiösen Ton empfinge. Diese meine oft angefochtene psychologische Behauptung hat z. B. durch die neueste religiöse Bewegung im deutschen Protestantismus eine Bestätigung erfahren. Wo man das (eigene) Volk als höchsten Wert setzt, ist man der Gefahr nahe, es unversehens zum Gott zu machen. Entsprechend: Erschöpft sich die Erziehung in der Erziehung für Leben, Gesundheit und Macht des Volkes, so ist daneben kaum noch Raum für eine religiöse Erziehung, die sich an einem anderen Absoluten orientiert. Anders schon, wenn man den hohen Wert des Volkes darauf gründet, daß es in der von Gott gewollten Schöpfungsordnung anderen Erdengütern vorangehe, oder wenn man dem Volk die irdische Aufgabe stellt, als ein Instrument Gottes seinen Willen zu erfüllen. Dann bleibt die Absolutheit in Gott. Und wie man ihn auch durch Symbole sonst unserer Fassungskraft näherbringe: das gehört zum wahren Gott, daß es über ihm nichts Höheres, Wertmächtigeres gibt, daß er also in diesem nie aussagbaren Sinne das Endgültige sei.

In der historischen Entwicklung aller uns bekannten Kulturen finden wir auf früher Stufe die ganze, noch unentfaltete Kultur eingehüllt in Religion. Das bedeutet, daß die Sehnsucht nach dem höchsten Wert in ihr gestaltgebend ist. Dieser höchste Wert mag noch sehr unsicher geahnt sein, er mag nur eine naive Erhöhung sehr menschlicher Anliegen und Güter bedeuten: entscheidend ist die *Tendenz* auf das Letztgültige und das den definitiven Lebenssinn Erschließende.

Wäre einmal der wahrhaft letzte Lebenssinn in der Geschichte der Menschheit durchgebrochen, so wäre dies die schlechthin unüberbietbare Religion, und solange auch nur ein Funke von ihr in Erinnerung ist, müßte sie die unverlierbare höchste Norm bleiben. Das Christentum lebt in dem Glauben, diese endgültige Offenbarung Gottes und dies Unterpfand seiner unendlichen Liebe zu besitzen. Es ist nicht angewiesen auf die Bestätigung durch eine mit intellektuellen Mitteln nachkonstruierende Philosophie. Da wir aber hier in einem Zusammenhang philosophischer Erörterungen stehen, müssen wir jenem Glauben mindestens einen philosophischen *Ausdruck* zu geben versuchen. In der kürzesten Form könnte er so lauten: es liege im Wesen des Christentums, grundsätzlich keine andere Richtschnur gelten zu lassen als *die* Sinnoffenbarung, über die hinaus keine höhere mehr möglich ist. Die Geschichte des Christentums mit all ihren individuellen Wendungen, soweit sie nicht Abfall und Verirrung sind, muß man dann primär als Gottes Werk ansehen, aber auch als ein menschliches Bemühen, als den nie endenden Versuch ansehen, im Besitz dieses Höchsten zu bleiben, es sich inhaltlich näherzubringen und in allem Wandel der Geschicke aufs neue darum zu kämpfen, wozu auch die immer neue Auseinandersetzung mit der jeweiligen Weltlage gehört.

Dieser flüchtige Blick auf ein Allzugroßes war für unser Vorhaben notwendig, damit nicht der Verdacht entstehe, die folgende Aufzählung von einseitigen Erziehungssystemen führe in den Relativismus hinein. Er war auch erforderlich, um vorweg anzudeuten, daß jedes dieser erdgeborenen und kulturgeborenen Systeme *nach* dem Erscheinen des Christentums zur Auseinandersetzung mit ihm innerlich genötigt war: denn die Herausdifferenzierung von Einzelwerten wäre sinnlos, wenn sie nicht den Bezug auf den absoluten Totalwert behielten oder suchten. Aber diese höchste Anwendung der totalisierenden Methode kann hier nicht mehr stattfinden; sie wäre ohne Rücksichtnahme auf historische Sonderlagen nicht möglich. Es handelt sich also um gedankliche Konstruktionen, die nur ihren Schluß und ihren Gipfel finden müssen eben in dem *so* verstandenen religiösen Bildungsideal und Bildungssystem.

Denken wir uns das menschliche Leben, sowohl der Völker wie der einzelnen, als einen vielgegliederten Prozeß, der mit dem Leben eines Organismus von fern verglichen werden kann, so entspricht in ihm den Teilleistungen der physischen Organe die Gliederung in einzelne kulturelle Leistungsgebiete, von denen jedes einen in ihm herrschenden Sonderwert des geistigen Lebens verwirklichen will und soll. Keines von ihnen könnte je ganz ausfallen, ohne daß damit *eine* wesentliche Bedingung des Lebens in der uns allein vertrauten irdischen Welt zerstört würde. Jedes dieser Gebiete ist schon in der biologischen Schicht vorgebildet durch eine bestimmte Organausstattung und einen zu ihr gehörigen Grundtrieb, worauf jedoch hier nicht eingegangen werden kann. Auf geistig-kultureller Stufe reden wir von Wertgebieten; sie bestehen in der Aufeinanderbezogenheit von objektiven Wertgebilden der Kultur und von subjektiven (psychologischen) Wertrichtungen, unter denen wir Wertschätzung des Bestehenden und Wertforderungen des zu Schaffenden verstehen. Ob wir die Wertgebiete vollständig aufführen können, ist vorläufig nebensächlich. Wir zählen einfach auf: das wirtschaftliche, das wissenschaftliche, das ästhetische Gebiet. Hinzu kommen die Verbundenheits- und Machtverhältnisse, die nicht, wie jene, auf einem Verhältnis von Person zu Sache, sondern von Personen zu Personen beruhen. Die entsprechenden Werte sind: der Utilitätswert, der Erkenntniswert, der ästhetische Wert; der Gemeinschaftswert, der Machtwert. Leben ist nicht möglich ohne nützliche, lebenerhaltende und -fördernde Güter, ohne Wirklichkeitserkenntnis, ohne Verbundenheit mit Menschen und ohne Herrschafts- bzw. Abhängigkeitsverhältnisse. Der ästhetische Wert erscheint daneben wie ein Stück Luxus. Aber schon die Natur hat diesen Luxus ausgestreut: in ihm erst erleben wir eine beseelte Verwandtschaft mit den Dingen und den Menschen, die übrigens schon sehr wesentliche biologische Funktionen übt. Jedem dieser Werte entspricht ein typisches Erziehungssystem von einseitig gerade auf ihn bezogener Struktur. So viel Urphänomene des Wertlebens, so viel Grundformen des Erziehungsstiles. Die Wirtschaft unterwirft das Objekt dem Subjekt in der Seinsschicht der Realität; die Wissenschaft unterwirft das Subjekt dem reinen Objektzusammenhange in der Schicht der Idealität; die Kunst bewahrt Subjekt und Objekt ungetrennt in der Schicht der Imagination. Die beiden gesellschaftlichen Hauptdimensionen aber sind das Miteinander und das Übereinander; auch sie werden natürlich nur in isolierender Betrachtung herausgelöst,

1. Das utilitarische Bildungssystem, als Idealtypus gedacht, unterliegt der Herrschaft der Nützlichkeitswerte. Diese wieder weisen hin auf den Sinn der Lebenserhaltung. Das Leben als Selbsterhaltungssystem beruht auf einer Fülle von *Anpassungen.* Dabei ist nicht nur an die Naturbedingungen des Lebens zu denken, sondern auch an Kulturbedingungen, die einen bestimmten Lebensstandard fordern. Aber die Wurzeln liegen doch im Biologischen, d. h. in allen Bedürfnissen, die aus der tierischen Organisation des Menschen folgen. Dies Biologische enthält auch Wertbezüge anderer Art vorgeformt in sich: gesunde Vitalität und leibliche Gestalt sind ästhetisch betont, in den Kampftrieben liegt der Machtwert eingehüllt usw. Aber von dieser Vielseitigkeit des Lebens kommt hier nur »das Erhaltende« und in dieser Bedeutung »Nützliche« zur Geltung. Als Bildungsgüter erscheinen demgemäß vorwiegend wirtschaftlich wichtige Fertigkeiten und Kenntnisse. Die Idee einer zweckfreien Erkenntnis, die edle Liberalität der Schau (der griechischen »Theorie«) ist noch nicht entdeckt oder befreit. Bildungswert ist entsprechend die Eignung eines Bildungsgutes, den Menschen für nützliche Verhaltungsweisen tauglich zu machen. Der Hebel der Bildsamkeit liegt in dem Motiv, daß im Grunde jeder seinen eignen Vorteil sucht. Da dieser Utilitarismus in der Gesellschaft meist ein »Verhalten auf Gegenseitigkeit« ist und der Mensch selbst wieder für den Mitmenschen nützlich sein kann, so stammt aus diesem Zusammenhang die bekannte und aller Welt verständliche Formel des Erziehungsziels: »den Menschen zu einem *brauchbaren* Mitglied der Gesellschaft heranzubilden«. Der geeignete gesellschaftliche Ort dafür ist nicht die Schule, deren Namen auf einen weniger engen Ursprung hinweist, sondern die Arbeitsstätte im weitesten Sinne.

Kein Erziehungssystem kann ganz ohne einen utilitarischen Einschlag sein; denn jedes soll leben lehren und muß somit an die »Realverbindungen der menschlichen Natur« (Pestalozzi) anknüpfen. Als selbständiger

Typ wird das utilitarische Bildungssystem aber erst dann sichtbar, wenn sich die Wirtschaft als besonderer Lebensbereich stärker aus dem Kulturganzen herausdifferenziert hat. Es ist die Erziehungsweise, die dem Sinne nach am engsten zur Wirtschaft gehört. Wo das wirtschaftliche Denken und Verhalten in den Vordergrund des Volksdaseins rückt, empfängt es jenen Schimmer von Heiligkeit, mit dem es besonders die industrielle Wirtschaftsepoche ausgestattet hat. Man kann mit voller Leidenschaft alle Erziehung »vom Volke aus« denken und doch die Maße dieser Erziehung nicht höher greifen als in der Niederung der bloßen Nützlichkeitswerte. Einem zweckfreien ästhetischen oder gelehrten Humanismus hingegen tritt dieser Bildungsanspruch im Gewande des Realismus entgegen. Die Realschule ist aus diesem ökonomischen Geist geboren. Das reinste Beispiel literarischer Art dürfte in Herbert Spencers ›Education: intellectual, moral, physical‹ vorliegen.

2. Das theoretische Bildungssystem stellt das Ziel der reinen Erkenntnis an die Spitze. Auch dieser Gedanke ist in der menschlichen Geistesgeschichte erst spät geboren worden. Reine Kontemplation erwächst aus religiösen Wurzeln im Orient mit Ernst und Kraft. Theorie aber in unserem Sinne eines wissenschaftlichen Begreifens und Erklärens der Welterscheinungen dürfte eine Besonderheit des Abendlandes sein. Die Ausprägungen sind so mannigfaltig wie die Theorie der Theorie ausfallen kann, d. h. die Wissenschaftslehre. Wenn Max Scheler in seiner ›Soziologie des Wissens‹ drei ewig nebeneinander bestehende, nicht etwa sich historisch ablösende Arten des Wissens unterscheidet: das religiöse Wissen, das metaphysische oder Bildungs-Wissen und das positive oder Arbeits-Wissen, so ist diese Einteilung, abgesehen von anderen Mängeln, offenbar schon im Hinblick auf die gesellschaftlichen Träger des Wissens gestaltet. In seiner Reinheit tritt das theoretische Bildungssystem nur da auf, wo das Ideal des reinen Wahrheitsuchens durchgebrochen ist. Mit ihm ist notwendig eine Tendenz zum *System* gesetzt; denn »die Wahrheit ist das Ganze« (Hegel). Einen wesentlichen Unterschied macht es jedoch, ob man das Wissen von der Seite des Wissensstoffes oder von der Seite der Erkenntnisakte gliedert. Im ersten Falle wird das Bildungsideal entweder enzyklopädisch oder spezialistisch (z. B. naturwissenschaftlich oder philologisch); im zweiten Falle gipfelt es in der formalen Erkenntnisbildung, d. h. der Schulung der theoretischen Geistesakte, sei es *aller* grundlegenden oder einzelner hervorgehobener. Als Bildungsgut erscheint in diesem Zusammenhange vorwiegend das *Buch*, in dem das Wissen niedergelegt ist, da der einzelne Lehrer es nicht aus sich selbst erzeugen kann. Der Bildungswert liegt in

dem Lehrgehalt und Übungsgehalt. Das Bildungsmotiv ist der reine, nicht zweckbestimmte Erkenntnistrieb, der freilich erst auf höherer Altersstufe mit Erfolg vorausgesetzt werden kann. Die zugehörige spezifische Bildungsgemeinschaft ist die Schule; die Form der Mitteilung ist der Unterricht.

In seiner reinsten Gestalt stellt sich dieses Bildungssystem dar im gelehrten Bildungsideal. In jeder höheren Kultur wird es mindestens Aufgabe eines besonderen Standes, der einerseits die Wissenstradition zu pflegen, anderseits den Bestand des Wissens zu mehren hat. Da die Erkenntnis nicht nur auf die Naturwirklichkeit gerichtet ist, sondern auch auf alle Kulturgebiete, so wiederholt sich in ihr das ganze Leben selbst, nur projiziert auf die Ebene der objektiven Seinserfassung und Sinnerfassung. Die Gefahr dieses Bildungssystems liegt daher in der Verwechslung von Erkenntnis und Leben, von Beschaulichkeit und Handeln. In jedem historisch gegebenen Wissenschaftssystem sind zwar die Beziehungen zu den anderen Seiten des Lebens in mannigfachen Stärkegraden erkennbar. Der Ursprung aus dem Religiösen ist jedoch auch hier das Zentrale. Plato kam zur Philosophie durch die Wiedererinnerung an ein reineres, metaphysisches Leben. Die Scholastik konstruierte die Geheimnisse der christlichen Offenbarung nach. Die Wissenschaft des 17. Jahrhunderts strebte durch Pansophie nach der Ebenbildlichkeit mit Gott; allerdings deutete sich in dieser Epoche schon die Wendung zu einer technisch-utilitarischen Auffassung der Wissenschaft an. Die ganz reine, zweckfreie Kontemplation konnte natürlich immer nur in engen Kreisen zur höchsten Lebensbestimmung erhoben werden. Aber von da strahlten Gedanken und Formen in andere Lebenskreise aus, und die Idee, daß die Würde des Menschen darin liege, die schwankende Erscheinung mit dauernden Gedanken zu befestigen, ist im Abendlande seit Plato und Aristoteles nie ganz ausgestorben.

3. Das System der ästhetischen Erziehung wird in der Regel mißverstanden. Sein Kern liegt nicht in der Bildung *zum* Kunstgenuß (bzw. Naturgenuß) oder *zum* Kunstschaffen. Das wäre ja nur eine Art von Fachbildung. Mit ästhetischer Erziehung ist vielmehr gemeint die Herausbildung einer ästhetischen Seelenverfassung des Menschen. So allein sind auch Schillers berühmte ›Briefe‹ zu verstehen. In gedrängtester Fassung kann man sagen: das menschliche Verhalten, das ein Kunstwerk erzeugt oder nacherzeugend genießt, ist nur Reflex eines Urverhaltens, das dem ganzen Leben gegenüber und nicht nur in Ausschnitten möglich ist. Wie nämlich ein Kunstwerk an einem begrenzten, zunächst sinnlichen Gegen-

stand *sein* Leben und die ganze unendliche Bewegung der betrachtenden Seele zur Einheit verschmilzt, so ist alles geistige Leben immer Verschmelzung des Daseinsstoffes mit Seelenform, Wiederherstellung einer ungeteilten Subjekt-Objekt-Einheit, von der wir als Kinder noch eine Ahnung gehabt haben. In diesem Ungeteiltsein liegt auch, daß das sinnliche Fundament den von ihm getragenen ganzen geistigen Sinngehalt »*ausdrückt*«. Weil der Gegenstand etwas ausdrückt, macht er auf die Seele einen Eindruck; und weil die Seele *sich* ausdrückt, spürt sie Verwandtes, Seelenhaftes in und mit dem Eindruck des toten Gegenstandes. Der umfassendste Gegenstand, den wir kennen, kann der Stoff des Daseins genannt werden. Er ist nie bloßer, materieller Rohstoff, sondern selbst schon seelebezogen und seeleverwandt. Die leuchtende, farbige, tönende, rhythmisierte Welt trägt eine gebannte Seele in sich, die wir nur im ästhetischen Verhalten wiederfinden, weil da unsere Seele mit dem Weltgehalt mitschwingt, allerdings in einer die Realität überwindenden, freieren, *imaginativen Zone* des Lebens. Der Akzent kann aber bei diesem Einswerden verschieden gesetzt werden. Wir nennen den Impressionisten des Daseins einen Menschen, der ohne starke eigne Form den wechselnden Reizen des Lebens ausgeliefert ist; einen Expressionisten des Daseins den, der in alle Gegegebenheiten und Schicksale sofort seine Seele subjektivierend hineinlegt. Die harmonische Persönlichkeit allein findet das ruhende Gleichgewicht zwischen Erlebnisstoff und erlebender Seele. In ihr ist Unendliches gegenwärtig, weil sie sonst nicht so rhythmisch mit dem Universum mitschwingen könnte. Sie ist Form, d. h. sieghafte Gestalt im Gewirr des Daseins; deshalb kann sie allein auch aus der Welt reine Formen herauslesen.

Den Menschen hierzu bilden, heißt ihm eine »ästhetische Darstellung der Welt« in einem über Herbart hinausgehenden Sinne vermitteln. Bildungsgüter sind daher in diesem Zusammenhang die plastischen Ideen und Formen der Natur wie der Kunst; in der Literatur die »belles lettres«, weil sie selbst aus einem so ästhetisch verfaßten Geiste hervorgegangen sind. Ihr Bildungswert liegt darin, daß sie zur Form, zur inneren Seelengestalt hinleiten. Die Stelle der Bildsamkeit liegt hier in der weichen, formbaren Phantasie. Diese selbst produziert Formen und Idealgestalten, sieht sie aus der Welt heraus oder in sie hinein. In der erotischen Seelenverfassung erfahren wir den geheimen Konnex dieser Seelenkräfte mit dem zeugenden und Gestalten bildenden Vermögen der geistigen Natur. Der ganze Zusammenhang läßt sich schwer formulieren, weil er sofort verfliegt, wenn die Schnitte des Intellektes durch ihn hindurchgelegt werden. Man muß hier den Mut zur metaphysischen Intuition haben, wie ihn Plato, Plotin, Giordano Bruno, Goethe, Schelling und der junge Nietzsche gehabt haben. Die zugehörige Form der Bildungsgemeinschaft ist der pädagogisch-erotische Bezug.

Man könnte meinen, daß dieser Bildungsstil nur selten auf den aristokratischen Höhen der Kultur erschienen sei. Und doch geht er durch die Bildungsgeschichte aller der Zeiten des Abendlandes hindurch, in denen der Eros neben der christlichen Agape Lebensraum fand. Die griechische Kalokagathie ist das ewige Muster. Renaissance (vgl. den Cortegiano des Grafen Castiglione) und der frühe klassische Neuhumanismus (Humboldt, Schiller, Hölderlin) sind mit ihr in der Struktur der Seele und des Sehens verwandt gewesen. Aber selbst wenn die offizielle Geistesgeschichte der Bildung nur spärliche Beispiele böte – und in der Schule ist dieses Leben aus der Schönheit meist nur Aushängeschild gewesen –, seine ewige Heimat hat dieser Bildungsstil in dem Seelenverhältnis von Mann und Weib, das mit den metaphysischen Bildungskräften, aus denen das Kind seine Gestalt empfängt, verwandt sein muß. Auch Jugend zu Jugend lebt aus diesen ästhetischen Quellen, die eben nicht nur schönen Schein, sondern eine metaphysische Wahrheit, nämlich die gestaltgebende Idee, produzieren. Deshalb handelt es sich hier um keinen Nebentypus, sondern um ein ewiges zentrales Phänomen, aus dessen Bereich nicht zufällig der Ausdruck Bilden = Formen selbst herstammt.

4. Die Idealtypen des sozialen und politischen Erziehungssystems haben insofern einen bloß formalen Charakter, als sowohl das »Miteinander« wie das »Übereinander« erst durch den Sachgehalt und die Werthöhe des Zusammenwirkens ihren vollen »Geist« erhalten. Soll von dieser möglichen Mannigfaltigkeit abgesehen werden, so bleiben nur die blassen Gespenster von Solidarität, Mutualismus, Altruismus, Sympathie und sonstige soziologische Beziehungskategorien übrig. Von da aus läßt sich aber kein eigenes Erziehungssystem ableiten. Deshalb muß die Annahme gemacht werden, daß das Miteinander und das Übereinander von dem totalsten Lebensgehalt erfüllt seien, der sich denken läßt. Dieser aber ist immer von metaphysisch-religiöser Art. Das höchste Metaphysische in der Dimension des Miteinander und Füreinander ist die Liebe; das Höchste in der Dimension der Herrschaftsverhältnisse ist die sittliche Macht, die der Staat verkörpern soll. Ganz von selbst führen ja beide Linien im Transzendenten zu dem Gott der Liebe und zu Gott, dem allmächtigen Herrscher.

Erziehung zur Liebe ist immer nur möglich als Erziehung durch Liebe, d. h. im Geiste der Liebe. Aber die Liebe selbst hat noch viele Stufen, von der sinnlich-biologisch begründeten über eine umfassende Menschenliebe bis zur christlichen Liebe. Bezeichnenderweise geht Liebe nicht nur auf Personen, sondern auch auf Werte und Wertgebilde. Es gibt Liebe zum Leben und Liebe zur Wissenschaft und zur Kunst. In der Liebe zu einer anderen Person pflegt eines dieser Motive mitzuschwingen. Ich liebe meinen Freund, weil ich in ihm die lebendige Darstellung eines oder mancher jener Werte umfasse, die ich auch liebe. Aber wenn ich ihn um unserer Überzeugungsgemeinschaft oder um unserer Arbeitsgemeinschaft oder um unserer Seelenharmonie willen liebe, so liebe ich damit keine Abstrakta, sondern diese Person in ihrer individuellen Wertfülle. So etwas wie allgemeine Menschenliebe z. B. bedeutet nur die immerwährende Bereitschaft, den begegnenden Einzelmenschen mit Liebe zu umfassen. Was nicht individuell-personell gerichtet ist, kann man Hilfsbereitschaft oder soziale Gesinnung nennen, Liebe im vollen Sinne ist es noch nicht. Daraus erhellt, daß die Liebe eine Kraft ist, die aus dem Kern der Person kommt und auf ihren Kern hin vorwärtsdringt. Liebesgemeinschaft anonymer Art ist nicht denkbar.

Eine Erziehung, die aus dem Geist der Liebe heraus gestaltet ist, hat also immer diesen tieferen Sinn, daß das Innere der einen Person sich dem Innern der andern Person erschließen soll und daß der eine aus solcher Kernschicht heraus auf den andern wirkt. Auch dieses »Reich der Liebe« hat noch seine eigentümlichen Wesensgesetze, die aber hier nicht entwickelt werden können. Will man nach jenen Grundkategorien des Bildungsgebietes weiter gliedern, so ist einziges Bildungsgut die Liebesgemeinschaft selbst, Bildungswert ist die emporhebende und veredelnde Kraft der Liebe; die Bildsamkeit liegt in dem Liebesinstinkt, aus dem allmählich höhere Formen herausgeläutert werden sollen. Dieser seltsame, immer wiederholte Kreislauf von Liebe als Mittel zur Liebe als Ziel kann dann nicht überraschen, wenn man in der Liebe (trotz Scheler) nur den erscheinenden Ausdruck einer metaphysischen Wesensidentität sieht. Diese, die in Gott ihren Quell hat, vergewissert sich gleichsam ihrer selbst immer von neuem durch Liebesübung und -erweisung.

Die über den ästhetischen Eros hinausgehende Liebe ist das Geheimnis und die Botschaft des Christentums. Dieser Geist konnte also erst in christlichen Zeiten ganz durchbrechen, und er hat sich überall dort in Familie, Schule und allen Formen des Miteinanderlebens gezeigt, wo sie ihren Impuls aus solchen letzten religiösen Tiefen empfingen. In kleinen, engen Erziehungsgemeinschaften, vom Mittelalter bis in die Zeiten des Pietismus, Wicherns und Fliedners, konnten diese Erziehungskräfte oft genug zu annähernd reiner Verwirklichung kommen. Das *ganze* sittliche Problem wurde in ihnen freilich nicht gemeistert. Es blieb ein einseitiger

Lebensstil, wenn auch vielleicht die heroischste Einseitigkeit, zu der die Selbstüberwindung den Menschen führen konnte.

Pestalozzi hat sich nicht genug tun können, diesen Geist der Liebe als das Herz aller Erziehung darzustellen. Er hat die übrigen Seiten und Erscheinungsformen des Lebens deshalb nicht verkümmern lassen. Aber er hat sie alle um dieses Zentrum kreisen lassen: »Unwidersprechlich ist im ganzen Umfang der menschlichen Gefühle *das Gefühl der Liebe* im Kinde dasjenige Gefühl, das das Wesen des höheren Sinnes der Menschennatur allein rein ausspricht und der Mittelpunkt ist, von dem alles übrige Fühlen geordnet, geleitet, belebt und beschränkt werden muß, um sich mit dem höheren Sinne unserer Natur in seinem ganzen Umfange in Harmonie zu erhalten.«

Philosophische Grundlegung der Pädagogik*

[Tübinger Vorlesung]

1948

Die Philosophische Fakultät an deutschen Universitäten unterscheidet sich von den übrigen Fakultäten durch eine auffallende Gleichgiltigkeit gegen den künftigen Beruf ihrer Besucher. Bei den Theologen gibt es ein eigenes Fach: Praktische Theologie. Die Juristen erhalten konkrete Fälle des Rechtslebens vorgelegt und entscheiden sie wenigstens auf dem Papier. Die Mediziner werden in den klinischen Semestern dauernd an das Krankenbett herangeführt. Hingegen in der Philosophischen Fakultät wird es wie ein süßes Geheimnis verschwiegen, daß vermutlich drei Viertel ihrer Studenten einmal im höheren Lehramt stehen werden. Hier besteht eine schroffe Trennung zwischen theoretischer und praktischer Ausbildung. Selbst auf die Theorie der Pädagogik scheint der Vers aus der Offenbachschen Operette Anwendung zu finden:

Doch sei davon noch nichts gesagt,
Denn das kommt erst im zweiten Akt.

Ich will keine Zeit damit verlieren, zu erzählen, woher dieser Zustand kommt und was pro und contra zu ihm gesagt werden kann. Ich spreche nur aus, was ich mit dieser Vorlesung beabsichtige: Ich will unter der Flagge der Philosophie einige Gedankengänge einschmuggeln, die das Ethos des Erziehers betreffen. »Unter der Flagge der Philosophie«, das heißt: wir wollen miteinander über die Probleme der Erziehung, den Sinn der Erziehung, die Kulturfunktion der Erziehung philosophieren [...].

Ich fingiere folgende Situation: Jemand, der ein langes Leben hindurch als praktischer Erzieher tätig gewesen ist, empfindet das Bedürfnis, sich einmal Rechenschaft abzulegen über den Sinn seines täglichen Tuns im Ganzen der menschlichen Kultur. Er vertieft sich in den »Geist seines Berufes« und vollzieht eine allseitige Selbstbesinnung über die Fragen: Was tue ich denn eigentlich? Wie gliedert sich das dem Gesamtleben ein? Kann

* In Einzelsätzen und Stichworten ausgearbeitetes Vorlesungsmanuskript (vgl. S. 400 ff.).

man überhaupt mit Hoffnung auf Erfolg erziehen oder ist das eine holde Täuschung? Wozu soll erzogen werden? Welche Stilarten der Erziehung gibt es? Was muß man sein, um überhaupt erziehen zu können?

Ich sagte: so fragt jemand, der schon ein langes Leben in der Sache selbst gestanden hat. Denn man muß schon Erfahrungen gemacht haben, um diese Probleme zu sehen, man muß Mißgriffe gemacht haben, Mißerfolge gehabt haben, gelegentlich auch einmal fruchtbaren Erfolg gehabt haben, um Interesse zu haben.

Weil man im Normalfall solche Erfahrungen als Student noch nicht gemacht hat, deshalb ist die Beschäftigung mit der Theorie der Pädagogik in den zweiten Akt verlegt worden: [in die Zeit als] Studienreferendar (seit 1917). Aber man kann versuchen, im voraus auf die Grundprobleme aufmerksam zu machen, gleichsam eine Landkarte zu entwerfen, die man sich vor Antritt der Wanderung ansieht. In diesem Sinne hat jeder Kulturberuf seine Philosophie (nicht nur sein Ethos). Es gibt eine Philosophie des Technikers, des Politikers, des Arztes, des Seelsorgers. Schiller hat fünf Jahre seines Lebens drangegeben, um sich über seinen Dichterberuf klarer zu werden. Plato wollte Staatsmann werden und fand auf dem Wege dahin die Philosophie.

Das Reizvolle an dieser Art des Philosophierens ist, daß man von seinem Lebenszentrum aus auf *alle* großen Lebensfragen stößt, nun aber polarisiert und in einer eigentümlichen Beleuchtung. Allerdings muß *eine* Bedingung im voraus erfüllt sein: Man muß so für dieses berufliche Zentrum organisiert sein, daß man durch dieses besondere Organ das ganze Leben aufnimmt. Man muß geborener Dichter sein (nicht Sonntagsdichter), um eine lebendige Philosophie der Dichtung zu geben. Man muß ganz Staat geworden sein, um eine Philosophie der Staatskunst zu schaffen. Man muß aus einer ursprünglichen Leidenschaft heraus Erzieher sein, um über Philosophie der Erziehung reden zu können (wie in Sokrates nach Platos Deutung der pädagogische Eros war).

Ich sage: Man muß vom Pathos der Erziehung erfüllt sein – und es darf kein hohles Pathos sein. Was ist das aber, dies Ergriffensein vom Geist der Erziehung? Um uns unsrem Gegenstande zu nähern, suchen wir zunächst das Kernphänomen zu bestimmen, in dem sich das Wesenhafte der Erziehung zusammendrängt. Goethe [sprach vom] Urphänomen. Das ist die Aufgabe der Einleitung dieser Vorlesung.

Wir gehen von der Frage aus: Welche sinnvolle Funktion übt die Erziehung im Gesamtleben aus? »Gesamtleben« ist absichtlich doppeldeutig: a. das Zusammenleben (Kollektivleben), b. die Allseitigkeit des Lebens (totaler Gehalt). Kurzer Ausdruck [dafür ist]: Kultur. [Wir fragen also nach] Ort und Leistung der Erziehung im Ganzen der Kultur. Vorher aber isoliert [nach der] Funktion der Erziehung in der biologischen Schicht.

§ 1. Die biologischen Voraussetzungen der Erziehung

Ansätze [der Erziehung finden wir] schon im Tierreich (soweit der Mensch tierartig ist). [...] Satz: Erziehung ist biologisch so weit erforderlich, als sich die zum Lebenkönnen nötigen psychophysischen Fähigkeiten (Leistungsdispositionen) nicht gebrauchsfertig vererben. Alias: Wenn sich alle Eigenschaften, die das betreffende Individuum für den Lebensvollzug braucht, funktionsreif vererbten, so bedürfte es keiner Erziehung. Alias: Je mehr vererbt wird, um so weniger Erziehung ist notwendig und umgekehrt; denn Erziehung wendet sich biologisch an die »unreife« Lebensphase und besteht in 1. Hilfe zum Lebenkönnen, Pflege, 2. Entwicklungshilfe, Übung. Beschäftigen wir uns noch etwas näher mit dieser Technik der Natur (Ausdruck von Kant und Goethe).

1. Von der Natur her: Das eigentliche Lebewesen ist die tierische Art, genauer ein Abstammungsgeflecht von Generationen, nicht das Individuum. (Auf das Individuum scheint ihr wenig anzukommen.) Über dem sich forterbenden Keimplasma wird bei den höheren Tieren durch Paarung und Fortpflanzung immer wieder ein neuer Leib erzeugt. Dieser kopuliert sich mit einem anderen Individuum, wird aber dann wieder ruiniert (= stirbt). So: Auswechselung der Individuen.

2. Vom Individuum aus gesehen: Die Natur geht immer wieder auf das unentwickelte Individuum zurück. Jedes macht eine Entwicklung vom eingewickelten Anfangszustand zum reifen Individuum durch [...]. Die Art entwickelt sich anscheinend in historischen Zeiträumen nicht. Auffallend ist der immer wiederholte Regressus zum eingewickelten Leben.

I. Mit dem Keimplasma werden die wichtigsten Anlagen = Steuerungen der Entwicklung vererbt.

II. Was nicht ererbt ist, wird durch die Hilfeleistung der älteren Generation ausgebildet. Diesen bescheidenen Dienst leistet die Erziehung als Entwicklungshilfe, es ist wenig gegen I.

Denn ad I. Was und wie viel wird vererbt? Vier Steuerungsfaktoren: 1. der psychophysische Bauplan = Morphé und Organe und Organleistungen. 2. der psychophysische Funktionsplan = Instinkte und freiere Triebe, 3. der psychophysische Entwicklungsplan. Phasenfolge: Raupe, Puppe, Schmetterling, 4. das individuelle Erbgut, das innerhalb des Arttypus variiert. Dieses geheimnisvoll Prädeterminierte muß jede Erziehung voraussetzen. Mit diesem Kapital der Natur hat sie zu arbeiten. So auch beim Menschen: 1. bis 3. [beziehen sich auf die] innere Steuerung zum Reifwerden, 4. [auf die] innere Steuerung zur reifen Individualität.

ad II. Die Erziehung beim Tier und beim Menschen, soweit er nur tierartig ist, ist nur Entwicklungshilfe durch die ältere Generation, auch wieder Erziehungsinstinkt. Brutpflege bei den Vögeln. Flugübung.

Die Beschreibung ist noch nicht vollständig. Jedes Individuum bedarf zum Lebenkönnen einer geeigneten Umwelt. Umwelt hat zwei Bedeutungen: 1. vom Arttypus aus bestimmt, eingepaßt wie ein Schlüssel, 2. durch äußere Konstellationen erfüllt oder nicht erfüllt. (Anpassung in geringem Umfang.) Erziehung als Aufzucht hilft auch, diese Bedingungen zu schaffen. τροφή heißt Nahrung, aber auch Aufzucht, aber auch ein Nest mit Wärme. Anreiz zum Spiel mit Umweltobjekten. Organübung. Terminus: Anpassungshilfe. Die Hilfe zum Lebenkönnen (Pflege) und die Hilfe zur Anpassung an die Lebensbedingungen nenne ich im folgenden Entwicklungshilfe. Das ist der biologische Sinn der Erziehung: Aufzucht [...].

Blick auf die Tierwelt: Das meiste ist durch mitgegebene Instinkte präformiert. Erziehung ist Übung in Instinktbetätigungen. Blick auf die Menschenwelt: Verhältnismäßig wenig ist durch Instinkte präformiert. [Der Mensch ist] ein Initiativtier. Daher: eine lange Jugendzeit, ein Viertel bis ein Drittel des Lebens, und viel Erziehung erforderlich als Lebenshilfe, als Entwicklungshilfe, als Umweltgestaltung (Typ Nesthocker). Terminus für diese ganze biologische Seite der Erziehung: Entwicklungshilfe.

Die Erziehung auch des Menschen wirtschaftet, biologisch gesehen, mit dem Bestand an ererbten Anlagen: organischen, psychischen, Instinkten und Trieben, Sinnesorganen. Sie kann nichts davon pflanzen und nichts davon ganz ausrotten. Man kann einen Übermenschen weder durch Zucht noch durch Erziehung hervorbringen.

§ 2. Die geistig-kulturelle Funktion der Erziehung

Was tritt [beim Menschen] neu hinzu? Was ist nicht biologisch prädeterminiert? 1. die Überbietung der Instinkte durch freiere Funktionen des Bewußtseins, die Intelligenz überbaut den Instinkt. [Der Mensch ist der] homo sapiens. 2. die freiere Umgestaltung der Umwelt durch sinngebende Akte. [Der Mensch wird zum] homo faber, er wird kulturschaffend. 3. die Überlieferung von Gedanken und anderen Werken an die nachfolgende Generation. [Es beginnt der] geschichtliche Traditionszusammenhang. [Der Mensch wird zum] homo loquens.

Neu ist: 1. Tiere haben kaum Spuren von Intelligenz = Einstellung auf neue Situationen. 2. Tiere formen ihre Umwelt instinkthaft, nicht intelligent. 3. Tiere haben keine Sprache und keine Tradition. [Demgegenüber beim Menschen:] 1. Das Denken, – noch nicht im Sinne der Schullogik, sondern als praktisches Denken (Denken im Tun), sinnvolles Reagieren auf ganz neue Lebenssituationen. 2. Den Umweltgegebenheiten werden neue Bedeutungen aufgeprägt = Sinngebungen (Bedeutungsverleihungen). Werkzeuge, Technik, Werke. Anfang der Kultur: Ackerbau, Handwerke. 3. Keine Kulturerrungenschaft wird vererbt, aber vieles wird tradiert. Werke werden äußerlich (nicht physiologisch) geerbt [...]. Welchen Sinn sie haben, muß gelehrt werden. Die junge Generation muß ihren Sinn verstehen und lernen, von ihnen einen sinnvollen Gebrauch zu machen.

Man könnte nun auf den Gedanken kommen, die Funktion der Erziehung sei auf dieser Stufe nur Tradieren (Weitergeben) von Sinngehalten, kürzer gesagt: Lehren.

Nennen wir den Inbegriff aller sinnvollen Leistungen, zu denen eine Menschengruppe gelangt ist, ihren Geist, so wird doch dieses Ganze getragen vom Leben. Die innige Verbindung beider nennen wir Geistesleben. Das Leben, so sahen wir, fängt immer wieder von vorn an. Kein geistiges Verhalten wird vererbt, allenfalls geheimnisvolle Dispositionen dazu. Entsprechend [gilt]: Alles Geistige muß gelehrt werden, muß gegeben werden. Das nennt man Überliefern.

Definition der Erziehung: Weitergabe des Kulturbesitzes von der elterlichen Generation an die Nachkommen. Beispiele: Sprechen muß gelehrt werden. Handfertigkeiten und Techniken müssen gelehrt werden. Instrumente wie Messer und Gabel (Stäbchen). Lesen und Schreiben müssen gelehrt werden. Literaturwerke müssen erklärt werden. Was gut und böse ist, muß gelehrt werden. Rechtsgesinnung, Staatsgesinnung muß weitergegeben werden. Religion muß tradiert werden. In der Tat: Tradition von Sinngehalten ist das Neue.

Diese Funktion der Erziehung übt die ältere Generation nicht mehr aus einem Erziehungs-Instinkt, sondern als Erziehungsverantwortung, d. h. Wissen um Sinn und Wert dieses Tradierens.

Trotzdem: Dies genügt noch nicht. Es ist der Irrtum und das Elend einer oberflächlichen Pädagogik, daß sie nichts kennt als dieses Weitergeben, dieses Hineinfüllen, dieses autoritative Formen des Bewußtseins. Was fehlt denn noch? Wenn Sie auf meine Ausdrucksweise geachtet haben, als ich von den Unterschieden zwischen dem bloß Biologischen und dem Geistig-Kulturellen sprach, so haben Sie bemerkt, daß immer wieder die Wendung Sinngebung vorkam. Die Wurzel des Geistigen liegt in den sinngebenden

Akten. 1. Alles Denken und Sprechen ist Sinngebung, nicht bloß mechanisch, nicht bloß assoziativ. Am Anfang: dieses da ist gemeint, dieses da ist benannt. Jede Namengebung ist ein sinngebender Akt. 2. Alle Umgestaltung der Umwelt ist Bedeutungsverleihung, Sinngebung. Dieser Ast wird ein Instrument zum Stoßen, Holen, Stützen, Schlagen. Jedes Werk der Technik, der Wissenschaft, der Literatur ist Resultat einer Sinngebung. 3. Alles Tradieren ist angewiesen auf das Einspringen eigener sinngebender Akte, nicht bloß Übernehmen, z. B. die Zahl (dies Produkt des Verstandes) begreifen.

Summa: Erziehung muß überliefern, aber sie will mehr: die Entbindung sinngebender Akte. Denn darauf beruht der Geist. Aller tradierte Stoff ist nur eine Gelegenheit zu dieser tiefergreifenden Wirkung. Ich suche dafür einen Namen und finde keinen anderen, als ein Wort, das wir vorzugsweise vom religiösen Leben brauchen: Erweckung. Der Kern der Erziehung ist geistige Erweckung: Entbindung sinngebender Akte. [So bei] Pestalozzi, [bei] Fichte: [Man muß] vordringen bis an die Wurzel der Lebensregung und -bewegung [...].

Wir haben also drei Schichten: 1. Entwicklungshilfe im weiteren Sinn, 2. Tradieren sinnvoller Kulturgüter, 3. Erweckung geistigen Lebens. Diese dreiteilige Einheit ist das Urphänomen Erziehung. Daran muß jede Philosophie der Erziehung anknüpfen; denn sie ist eingelagert in (biologisches) Leben, Kultur und Geschichte. Aber dies ist der Mittelpunkt, von dem alles ausstrahlt, was pädagogisch relevant ist [...]. Von diesem Urphänomen aus suchen wir nun die Funktion der Erziehung im Ganzen der Kultur zu verstehen.

§ 3. Das Gefüge der Kultur unter dem Gesichtspunkt der Geistesbildung

[Zum] Terminus: Gefüge = Struktur = Aufbau. Geistesbildung ist nicht zu verwechseln mit intellektueller Bildung, sondern [umfaßt] alle Kräfte des Menschen, nicht literarisch, sondern total, totaler als Erziehung.

I. Das Gefüge der Kultur (Lehnsätze aus der Kulturphilosophie). Dieser Teil ist vielleicht für den Hörer selbst nicht ohne Bildungswert; denn ich habe nur wenige Gebildete gefunden, die sich einmal die Frage vorgelegt hätten: Wie ist jede Kultur aufgebaut, also auch die unsrige? Dies entwickle ich in den Grundzügen.

Ausgangspunkt: Kultur ist ein Gebilde des Geisteslebens. Der Geist überbaut Organismus und Seele. Er ist ein überindividuelles Lebensgewebe, dem jeder Einzelne von uns eingefügt, eingegliedert ist.

A. Wir studieren dies Gewebe an einem relativ einfachen Modell. Die Sprache zeigt alle Seiten, die wir am Geistesleben überhaupt finden:

1. Eine Sprachgemeinschaft = Lebenskontakt aller Beteiligten, der nicht durch die Sprache erst geschaffen wird, sondern schon vorausgesetzt werden muß, damit die eigentümliche Lautsprache überhaupt entsteht. (Auf der Grundlage der innigsten Lebensverbundenheit bildet sich ein Zeichensystem für Gedanken und Gefühle.) Die Mutter (die Pflegeperson), durch instinktives Lebensband verbunden, bettet alles Sprechenlehren in den täglichen Lebensvollzug ein. (Daher das Zurückbleiben der Ungepflegten.) Ohne solche Symbiose kein Erwachen sinnvollen Sprechens. Ein Vorrat sinnvoller Lautäußerungen wird in und an der Lebensbetätigung aktualisiert. (Vorrat = eine Sprache).

2. Das Gesprochene ist ein kleines Werk, ein sinnhaltiges psychophysisches Produkt, das zwischen den Sprechenden in der Außenwelt Existenz gewinnt. Es ist flüchtig. ⟨Dadurch, daß das Gesprochene ein Stück Physis geworden ist (z. B. heute die Materie der Schallplatte), bleibt der Sinngehalt etwas anderes als die Materie.⟩ [...]

3. Über den Sprechenden waltet eine Sprachnorm. Die gemeinsame Sprache fordert etwas: daß die Laute richtig hervorgebracht werden, die Worte richtig gewählt, der Satzbau [richtig ist], kurz, was Grammatik und Syntax fordern, aber ein geheimnisvolles Gefühl für das, was sprachrichtig ist.)

4. Die Sprechenden: Einer ist der Sinngeber (Sender), einer ist der Sinnempfänger, der Verstehende, beide leben in dem Sinngehalt, nicht in dem Lautgebilde. ⟨Erst der Dichter erinnert uns an das Lautgebilde, aus dem primär das dichterische Kunstwerk geschaffen ist.⟩ Keiner dieser vier Faktoren ist entbehrlich.

B. Das ist ein Modell des Geistes überhaupt. Vier Seiten: 1. Der Gemeingeist, 2. der objektivierte Geist, 3. der normative Geist, 4. Der subjektive Geist, auf zahllose Personen verteilt. Im einzelnen – skizzenhaft für unser Ziel:

1. Der Gemeingeist. Das erste Medium, in dem wir als biologische Wesen leben, ist die Natur. Das zweite Medium ist der Geist, in bestimmter historischer und nationaler Ausprägung. Gerade die Sprache ist sinnfälliger Ausdruck des Volkseigentümlichen, getragen von mannigfach ineinander und übereinandergreifenden Verbänden, [teils] naturhaft vorgebildet: Familie (Familiengeist), Stamm (Stammesgeist), natio (Volksgeist), (»Blutsverbände«), [teils] kulturell-künstliche Verbände, durch Sonderzwecke bestimmt: der Staat (Staatsgeist), die Kirche (kirchlicher Geist), Stände und Berufsverbände, unterbaut von Instinkten, Trieben, Gefühlen,

aber rational überbaut. Man muß ihre Zwecke begriffen haben. Jeder dieser Verbände ist ein Lebenszusammenhang mit gegenseitigem Verstehen (genauer: Sinnverstehen). Verstehen heißt hier nicht Sympathie, Gleichrichtung, oft auch Antagonismus; aber dieser muß auch in seinem Sinn verstanden werden. Es ist kompliziert: alles ist geschichtlich geworden. Jeder Gemeingeist hat seine Vorgeschichte. Das heranwachsende Individuum versteht ihn nicht gleich ganz. Summa: Zu diesem Verstehen muß erzogen werden. In diesem sinnerfüllten Medium leben wir eigentlich (einer Bedeutungswelt), nicht z. B. in der Welt der Physik und Chemie. Wir trinken Wasser, nicht H_2O.

2. Der Gemeingeist gestaltet aus sich die mannigfachsten Werke heraus. Ihren Inbegriff nennen wir den objektivierten Geist. Er ist herausgeworfen aus dem gemeinsamen Lebensprozeß. Jedes ist Geist oder Sinn, einem Stück Materie aufgeprägt, (lebt als solches nicht). Drei Hauptgebiete: Nutzgüter (Wirtschaft und Technik), Kunstgüter (ästhetische Güter) und gedankliche Güter (Wissenschaften, Glaubenslehren etc.). Keines dieser Güter wäre ohne Anheftung an die Materie zu fixieren (Gesprochenes, Geschriebenes). Jedes dieser Güter muß in seinem eigentümlichen Wert (Sinn) verstanden werden. Dieser Sinn wird tradiert. Was in diese Güter hineingelegt ist, muß sinnverstehend wieder herausgeholt werden.

3. Der normative Geist (= Inbegriff von Richtschnuren) [erscheint] in zwei Hauptgestalten: a. Sachnormen, »wertgerecht«, die Wirtschaft sub Nutzen, die Kunst sub Schönheit, die Wissenschaft sub Wahrheit. Das sind die drei Zielgedanken, die für das betreffende Gebiet maßgebend sind. b. Verbandsnormen [als] normative Ordnungen des Zusammenlebens. Keimzelle ist der geheiligte ritus. Sonderung: Moral, Recht, politische Ordnung (wer herrschen soll). Ein trüber Rest der Differenzierung ist die Sitte.

4. Der personale Geist. Er ist das Interessanteste, denn alle bisherigen Formen des Geistes haben kein Bewußtsein. Er ist der einzige Ort, wo der Gehalt des Geistes bewußt wird, ist die Seele, das Erleben und Sinngeben des einzelnen; z. B. der Staat, die Fausttragödie, das deutsche Volk. (Enger Boden! »Das Universum punktet sich in mir«.) Da haben wir wieder den eigentümlichen Regressus auf das Individuum. Biologisch: Wo kein Individuum mehr geboren wird, stirbt das große Lebewesen Art oder – Volk. Geistig: Wo kein erlebendes Bewußtsein ist, bleibt der ganze Geisteszusammenhang tot. Beispiel: eine tote Literatur, wo niemand mehr ist, der die Sprache versteht. Das seltsamste Geheimnis: Das Individuum spielt dem Geist gegenüber die Rolle des Tragenden und die Rolle des Getragenen. a. Das Individuum als Tragendes [...]. Alle Strahlen laufen in mir zusammen. Das Schicksal der Kultur hängt von den Individuen ab. In

ihnen allein ist Bewußtsein. Deshalb: das Individuum allein ist unmittelbar zu Gott. b. Das Individuum als Getragenes [...]. Das Schicksal des Individuums ist bedingt durch die gesamte Kultur, in die es geboren wird. Modell: Im Individuum allein lebt die Sprache, das Individuum wird in eine Sprache hineingeboren. Von den sinngebenden Akten des Individuums hängt das Schicksal der Kultur ab. Übergang: Man ahnt schon, wie wichtig die Erziehung sein wird. Zwei Seiten: 1. schon geformten Sinn zu tradieren, 2. die Akte der Sinngebung zu wecken.

II. Nun betrachten wir das ganze geistige Kulturgefüge von dem Mittelpunkt Bildung und Erziehung aus. Alle Seiten des Geistes erhalten einen spezifischen Bildungssinn. Wie ein Magnet die angezogenen Eisenfeilspäne in einer bestimmten Figur [ordnet]: 1. Der Gemeingeist wird jetzt Bildungsgemeinschaft im weitesten Sinn. 2. Der objektivierte Geist wird zu einem Komplex verfügbarer Bildungsgüter. 3. Der normative Geist empfängt die Gestalt von verpflichtenden Bildungsidealen. 4. Der personale Geist [erscheint] in zwei Funktionen: a. der erziehende Bildungsträger, b. der Zögling (Empfänger) in den Grenzen seiner Bildsamkeit [...].

1. Alles, was unsre geistige Umgebung ausmacht, formt uns, ohne jede Bildungsabsicht: der Geist der Familie, der Geist des Volkes, die herrschenden Anschauungen und Werturteile, was man sagt, wie man lebt. Wir nehmen die Farbe unsrer Umgebung auch im geistigen Sinne an. Der Pädagoge des Dritten Reiches Ernst Krieck hat die Wirkung dieser unabsichtlichen Formung (dieser »geheimen Miterzieher«), die vor aller und neben aller planmäßigen Erziehung ihre Rolle spielen, funktionale Erziehung genannt. Das ist ein durchaus schiefer Gedanke. Auch ein größerer Mann, Pestalozzi, [hat gesagt]: »Das Leben bildet«.[1] Aber das Leben *ver*bildet auch. Das geistige Milieu gefährdet die gesunde und sittliche Entwicklung. Gewiß: wir atmen solche Einflüsse wie die tägliche Lebensluft ein. Aber es gibt auch schlechte Lebensluft. Deshalb ist ein wichtiger Satz: Die Erziehung muß Einflüsse auslesen und planvoll lenken. Nur bewußte Erziehung ist echte Erziehung. Diese besteht zuerst in einer gesunden Milieugestaltung. Nicht alle Faktoren dürfen wirken. ⟨Vgl. Rousseau, der im Emile das Milieu seiner Zeit fernhalten will.⟩ Träger dieses Willens sind nicht nur einzelne Personen, oft entwickeln ganze Gruppen einen typischen Erziehungswillen, guter Nationalgeist, Korpsgeist der Stände etc. Aber es bleibt eine Wahrheit: Entscheidend ist der persön-

[1] Johann Heinrich Pestalozzi, Sämtliche Werke. Hg. v. L. W. Seyffarth. 12. Bd. Liegnitz 1902, S. 314. [Vgl. dazu Eduard Spranger, »Das Leben bildet«. Analyse von Pestalozzis »Schwanengesang«. In: Pestalozzis Denkformen. 2. Aufl. Heidelberg 1959, S. 117–149.]

liche Einfluß, das Vorbild, der Meister, der »Lebemeister«. Hier also macht sich schon das normative Moment bemerkbar.

2. (umgestellt!) Der normative Geist verkörpert sich in maßgebenden Bildungsidealen. Diese verpflichten den Erzieher *und* den Zögling. Der Erzieher setzt sie nicht. Er dient ihnen. Sie leben in ihm und durch ihn hindurch. Woher stammen diese Bildungsideale? Das ist das Hauptproblem. [Es gibt] a. Erziehen in der traditionellen Moral des Volkes (auch im Recht). b. Erziehung zum Gewissen, Erziehung des Gewissens = Quell der verpflichtenden Normen. Wahrheitsgewissen, Arbeitsgewissen, Kunstgewissen. Das ist das tiefste philosophische Problem (eigne ethische Sinngebung).

3. (umgestellt!) Die Werke des Geistes und der Kultur fungieren als Bildungsgüter (im Dienste von Bildungsidealen), jedoch nur so weit, wie sie einen Bildungswert haben, d. h. geeignet sind, Bildung zu fördern. ⟨Bildung haftet keineswegs an literarischen Werken. Auch eine Werkstatt hat Bildungswert (Rilke bei Rodin)⟩. Alles Große bildet, sobald wir es gewahr werden (d. h. verstehen). [Hier entsteht] das »Klassische« als Bildungsbegriff. Was sich über die Mode hinweg zum Bildungsverfahren eignet, verdient den Namen »klassisch«.

4. Personaler Geist. Der Erzieher und der Zögling werden nun quasi isoliert. So früher! ⟨Eine Pädagogik, die sich nur auf diese beiden erstreckt, kann nur Vordergrundspädagogik sein. Es muß aber auch der ganze ungeheure Hintergrund mitberücksichtigt werden. Zwar gibt es pädagogische Genies, denen Erziehung eine metaphysische Leidenschaft ist, aber jede Erziehung ist durchwirkt von überindividuellen Geistesmächten. Die Entwicklungshilfe besteht im Tradieren und in der Erweckung des Geistes. Fragen wir nach dem Erfolg der Erziehung, so fragen wir danach, wie der Zögling reagiert. Kein Zögling ist beliebig formbar, aber keiner ist auch völlig ungeeignet. Die Erziehung ist weder allmächtig, noch ist sie ohnmächtig.⟩ Die Bildsamkeit ist das zweite Hauptproblem.

5. Die Natur- und Kulturverbände als Erziehungsgemeinschaften, evtl. als Erziehungsorganisationen [werden in der] pädagogischen Soziologie [behandelt]: Familie, Staat, Kirche, Schule, Jugendverband (Meisterlehre), konkurrierend und durcheinander gelagert. Dies alles werden wir zu durchdenken haben.

Zusatz: 1. Im Leben ist alles verschlungen. Deshalb ist es hier einmal auseinandergelegt.

2. Wir beschränken uns auf die gegenwärtige deutsche Kultur als Glied der abendländischen Kulturgemeinschaft [...].

NB. Wo bleibt die Religion? Wir werden ihr in allen Teilen begegnen, wenn nämlich Religion bedeutet: den Empfang des höchsten Sinnes durch die Gottheit und den Nachvollzug in der höchsten Sinngebung des Menschen. Sie ist der Mittelpunkt des Sinnempfangens und des Sinngebens [...].

I. Hauptteil. Die Problematik der Bildungsideale in der abendländischen Kultur oder Bildungsgemeinschaft

§ 4. Die traditionalen Bildungsmächte des Abendlandes

Bildungsideale werden nicht philosophisch erdacht, sondern sie erwachsen aus solchen Epochen der Völker, in denen ihnen der Aufschwung zu irgend einer höheren Lebensform gelingt. Sie knüpfen an wirklich gelebte Gestalten des Menschentums an, die man teils zu erneuern, teils zu steigern strebt. Einfachstes Modell: Der Mythos von einem Helden der Urzeit fordert zur Nachfolge auf. Vielleicht ist er sogar unter die Götter versetzt. Es pflanzt sich der Imperativ fort: Werdet wie er! Dies Gewimmel kleiner und flüchtiger Idealgestalten des Lebens können wir nicht verfolgen. Wir reden nur von den Großmächten: I. das christliche Bildungsideal, II. das humanistische Bildungsideal, III. das nationale Bildungsideal. Sie werden tradiert – ob auch immer zu ihnen erweckt werden kann? Die beiden ersten sind gemeineuropäisch. Man sagt: diese beiden Hochbilder des Lebens bestimmten das Gesicht von Europa. Wo sie nicht hingekommen, da ist eine völlig andere Kultur. In Japan ist Weltreligion der Buddhismus, Klassizismus der Konfuzianismus. Das dritte Ideal setzt Unterschiede und Gegensätze. Problematisch sind alle drei geworden. Das dritte hat sich im Nationalsozialismus so absolut gesetzt, daß es in die schwerste Krisis geraten ist, absolut – denn Sie wissen: beabsichtigt war die Entmächtigung des Christentums und die Beseitigung des humanistischen Geistes.

Die Schwierigkeit für meine Darstellung liegt darin: Um die Auseinandersetzungen, die heute spielen, ganz zu verstehen, müßte man die Vorgeschichte der drei Geistesmächte sehr genau kennen. Ich kann sie nicht erzählen, nur ein Gerüst konstruieren, von dem aus wir die Bildungskrisis der Gegenwart betrachten.

I. Das Christentum ist seinem Sinne nach die absolute Offenbarung Gottes durch Jesus Christus. Aber wir haben den himmlischen Schatz nur in irdenen Gefäßen. Irdisch gesehen: Das Christentum hat sich in viele Konfessionen und Sekten gespalten, das christliche Bildungsideal ist keineswegs zu allen Zeiten gleich gewesen, sondern verschieden akzentuiert.

Am adäquatesten erscheint die Formel der Imitatio Christi. Aber im 16. Jahrhundert [beanspruchte] der Protestantismus die reine Lehre, auch heute wieder. Das 18. Jahrhundert [entwickelte] ein Christentum der Vernunft, und so fort. Im Katholizismus die Nuancen der geistlichen Orden. Trotzdem mache ich die Hypothese: jeder denke sich etwas Bestimmtes, Feststehendes, wenn vom christlichen Bildungsideal die Rede ist.

II. Der Humanismus ist noch vielgestaltiger.

A. Die Herkunft ist klar: Die Römer bildeten zur Zeit Scipio des Jüngeren für das griechische Wort παιδεία den Namen humanitas. [Er umfaßte] mores und litterae. Die Anknüpfung an die griechische Kalokagathie bleibt viele Jahrhunderte [erhalten], jedoch [vollzieht sich ein] Bedeutungswandel. [Aus der ursprünglichen Einheit von] Musik und Gymnastik verschwindet die Gymnastik, das Gymnasium bleibt.

B. Hauptstationen der Wandlung: 1. im Mittelalter [blieb] immer eine humanistische Unterströmung. Im christlichen Lehrgebäude ist seit den Patres Griechisch-Römisches eingebaut. 2. Althumanismus = Renaissance. 3. Neuhumanismus seit 1700. Shaftesbury, Rollin, Winckelmann, Herder, Goethe, Schiller, W. v. Humboldt. In 2. + 3. werden die Alten als Muster des Lebens und ästhetischen Schaffens verehrt. 4. Aber man erkennt im 19. Jahrhundert, daß unsre Lebensverhältnisse absolut anders sind. Jetzt erfolgt eine Verzweigung: a. Nietzsche[2] [sieht die] Rettung [darin]: Die Alten geben nur das Niveau an, die Maße, die wir für uns noch als verbindlich setzen müssen. Werner Jaeger[3]: Die griechische Paideia ist ein Gebäude, an dem wir bewußt weiterbauen müssen. Wir stehen unwiderruflich in dieser Arbeit drin. ([Das Wort] »Kultur« stammt von den Griechen.) b. Der freiere Zweig: Der humanistische Gedanke löst sich im 19. Jahrhundert weithin von der Bindung an die Antike los. Es bleibt eine moderne Humanität [als] harmonische Totalität der Menschenkräfte und Ausdehnung in die Breite: = Allgemeine Menschenbildung. So verstand man Pestalozzi: Die Volksschule als Schule der allgemeinen Menschenbildung, [Entfaltung] aller elementaren Kräfte. Die Realanstalten werden in diesem Sinne humanistisch. ⟨Hier sollte eine nicht zweckgebundene, liberale Menschenbildung erreicht werden.⟩ Das war eine Paradoxie der Geschichte, ein frommer Wunsch, bisher nicht gelungen.

[2] Friedrich Nietzsche, Über die Zukunft unserer Bildungsanstalten. 1871/72. Nachgelassene Werke (Großoktav). Bd. IX. Leipzig 1903. S. 295 ff.

[3] Werner Jaeger, Paideia. 1. Bd. Berlin 1933. 3. Aufl. 1954. 2. Bd. 1944. 3. Bd. 1947.

III. Das Verhältnis von Christentum und Humanismus ist nicht ohne Spannungen möglich. ⟨Für das Christentum ist die Welt von oben her formiert, für den Humanismus strebt sie von unten her auf.⟩ Trotzdem kommen Bündnisse zustande, ⟨so vor allem im 16. Jahrhundert (Joh. Sturms »sapiens atque eloquens pietas«). Auch Luther ging mit seinem ›Sendschreiben‹ von 1524 ein Teilbündnis mit dem Humanismus ein. Ebenso die Jesuiten. In viel stärkerem Maße tat dies Melanchthon.⟩

Dieses Bündnis hat die protestantische Theologie der Krisis (1919 ff.) zerbrochen, nicht der Katholizismus ([er sah das Verhältnis als] Überbau und Unterbau). Humanität ist Hybris. Der ganze deutsche Idealismus, Lessing, Kant, Herder, Goethe, Schiller, Humboldt sei ein Irrweg, eine Illusion. In dieser Krisis stehen wir drin. Da ist etwas auseinandergebrochen. Aber sie wird verschärft durch die Krisis des nationalen Prinzips. ⟨Die Frage ist, ob eine Heilung der Kultur erfolgen kann, wenn sie von der Religion als so sündhaft dargestellt wird.⟩

IV. Das nationale Prinzip des Bildungslebens ist an sich uralt. Jedes Volk, ja jeder Stamm hat seine Eigenart, sein eigentümliches Lebensideal und Bildungsideal. Aber im Mittelalter überwogen die gemeineuropäischen Bildungsmächte. Großes Phänomen. Alle europäischen Völker [bildeten das] Corpus Christianum, politisch: das Heilige Römische Reich deutscher Nation. Seit der Renaissance wird die nationale Differenzierung immer stärker. Ganz realpolitische Vorgänge sind hier außer acht gelassen: Kampf um Lebensraum. Geistig drei Antriebe zur Ausbildung nationaler Individualität: 1. Der Renaissance-Humanismus. ⟨Man wollte nicht nur eine Pflege des antiken Gutes, man wollte die Höhe dieses Stiles auch für das eigene Volk. In Italien schrieb Machiavelli »volgare«. Für Deutschland gibt die Wiederauffindung des Tacitus einen lebhaften nationalen Impuls. Hutten schrieb deutsch. Überall stärkt der Humanismus das Gefühl, selbst eine bildungsfähige Sprache zu besitzen.⟩ 2. Der moderne absolutistische Staat prägt von oben die Nationalität. Louis XIV. ⟨Seit dieser Zeit fühlen sich die Franzosen als die Grande Nation. Das nationale Selbstbewußtsein hebt sich.⟩ So auch bei uns: »fritzisch«. 3. Die große Französische Revolution und ihre europäischen Reflexerscheinungen. ⟨Mit der Französischen Revolution erwacht die aktive Nation selbst. Das Bürgertum fühlt sich als Träger des Staats. Daraus leitet sich das allgemeine und freie Staatsbürgertum ab. Zu Beginn war die französische Revolution international gerichtet; durch das Zusammentreffen aber mit anderen Nationen wird sie eine nationale Angelegenheit. Ähnliches geschieht in

Deutschland durch die Befreiungskriege. Fichte beginnt als Weltbürger und bejaht schließlich den nationalen Staat. Als letzte Nation tritt Rußland in der Gegenwart (trotz Weltrevolution) in die Reihe der nationalen Staaten.⟩

Für das 20. Jahrhundert in seinem Anfang ist das nationale Bildungsideal selbstverständlich, gewiß christlich, gewiß humanistisch, aber national akzentuiert. Die akute Situation: Auch dies ist durch Überspitzung in eine Grundlagenkrisis geraten. (Chauvinismus der Kleinsten.) ⟨Sie wird äußerlich sichtbar durch die Flucht in das Christentum und den Humanismus. Der mögliche Weg aus der Spannung zwischen den Nationen ist eine nationale Toleranz, wie sie sich als religiöse Toleranz nach der Überspitzung des religiösen Prinzips nach dem 30jährigen Krieg durchgesetzt hat.⟩

Verweilen wir bei diesem großen Thema. Optimalfall für das gesunde Nationalideal ist die geistige Homogenität der Nation, die geistige Autarkie (gewaltsames Ideal des Nationalsozialismus). Vier Faktoren [sind dafür wesentlich]: 1. die Abstammungseinheit, 2. die sprachlich-kulturelle Einheit, 3. ⟨die politische Einheit⟩, Staat und Staatsgebiet decken sich damit, 4. die religiöse Einheit (Weltanschauung). ⟨Diesen Optimalfall finden wir vielleicht aber nur in Schweden, wo dadurch eine nationale Erziehung leicht gemacht ist. Daß es in Deutschland eine sprachlich-kulturelle Einheit im großen gesehen gibt, ist die große Leistung der Deutschen. Abstammungseinheit, politische Einheit (Minderheiten im Ausland, gegenwärtige Umsiedlung als neueste Übersteigerung des Nationalitätsprinzips) und kirchliche Einheit gibt es in Deutschland nicht. Neue Staatsideale sind in der Schweiz und USA entstanden. Wie wird der Weg der Nationen in der Zukunft aussehen? Projektiert wird heute die europäische Union, die auf der kulturellen Einheit aufgebaut sein soll. Diese Einheit aber kann man nicht machen. Es ist eine Arbeit für ein ganzes Jahrhundert. Auch werden die Nationalitäten nicht verschwinden, allein möglich ist ein geistiger Überbau.⟩ Ihre Aufgabe! [...]

Es gibt jedoch noch andere traditionale Bildungsmächte, die einen normativen Anspruch erheben [...] Dies Zweite nennen wir kollektive Moral.

§ 5. Die Volksmoral als traditionale Bildungsmacht

Einleitung: Unsere Vorstellungen vom sittlichen Leben sind durch die Wissenschaft, die von ihm handelt, etwas in Unordnung gebracht worden. Diese Wissenschaft heißt Ethik, und das deutet darauf hin, daß sie sich vorwiegend mit dem Ethos beschäftigt, d. h. mit der sittlichen Gesinnung des Einzelnen. Sie fragt: Was ist für mich das Gute oder das höchste Gut?

Was ist meine Pflicht? Wie soll mein Wille sich entscheiden? Alles Vorgänge im Einzelnen.

Es gibt aber Sittlichkeit noch in einer anderen Gestalt, die nicht minder wichtig ist, als Inbegriff von Normen des Zusammenlebens, die innerhalb einer Gruppe gelten, sei es im Sinne des Geforderten, sei es im Sinne des Befolgten. Dies Zweite nennen wir kollektive Moral, spezieller Volksmoral, mores = überindividuelle Lebensordnung.

Beide Bereiche zusammen machen »die Sittlichkeit« aus, die kollektive Moral und die persönliche Sittlichkeit. Sie verhalten sich zueinander wie Gemeingeist und persönlicher Geist, Sprachgemeinschaft und Sprechender (= Aktualisierender). [Die Volksmoral] ist das Medium, in dem persönliche, sittliche Stellungnahmen und Handlungen erfolgen. Die philosophische Ethik interessiert sich vorwiegend für die persönliche Sittlichkeit. Hegel aber hat die angedeutete Unterscheidung sehr bewußt gemacht. Seine Anschauung: In den Urzeiten herrschen Sitten und Gesetze ziemlich unbestritten. Erst mit dem anbrechenden Individualismus (Sokrates) wird die persönliche Sittlichkeit wichtig.

Für unser Thema gilt der Satz: Zunächst wird jedes heranwachsende Glied eines Volkes im Geiste seiner Volksmoral erzogen. Sie spielt die Rolle der autoritativen Bildungsnorm. Ist die Volksmoral unsicher, korrupt, im Verfall, so fehlt eine wesentliche Bildungsmacht. today! [...]. Kein Zweifel: Soweit die überlieferte Volksmoral gesund ist, soll in ihr und zu ihr erzogen werden. Mit dieser Autorität beginnt jede Erziehung. Sie ist ein geistiges Milieu, das bewußt wirksam gemacht werden muß [...].

I. Zur Charakteristik der Volksmoral

A. Deskriptiv:

1. Diese Moral besteht in der Normativität, die in gewissen Verbänden (Formen des Zusammenlebens) Gestalt gefunden hat. Bei uns: die monogame Familie hat sittlichen Geist, zugleich Erziehungsgeist, der Berufsstand (Zünfte), der Staat, das Volk etc., [sie alle verkörpern einen] sittlichen Geist. Ranke redet von den »sittlichen Mächten«. Es sind durchweg überindividuelle Gebilde: Regeln und sittliche Gewohnheiten = mores sind damit gesetzt.

2. Weniger fester Aggregatzustand: Umlaufende, d. h. in aller Munde befindliche Normen für Gesinnung und Verhalten der Zugehörigen: was man tun soll, was man nicht tun darf, z. B. du sollst nicht stehlen, du sollst nicht lügen. Gemeinerfahrungen [haben sich hierin] niedergeschlagen.

(Selten schriftlich fixiert.) ⟨Früher waren es Spruchweisheiten, heute ist es die öffentliche Meinung, das anonyme Subjekt »man«.⟩

3. Praktische Reaktionen der »Nächsten« gegen den Widerstrebenden oder Übeltäter, eine Art Kontrolle (Nachbarschaft). Mittel der Durchsetzung sind Ehrverleihung – guter Name, und Ehrentziehung – schlechter Name, oder Ausstoßung und Verfemung. [Die Volksmoral hat] keinen Apparat [und ist dadurch] ungreifbar.

B. Philosophische Reflexion

1. Der Zweck, besser die Lebensfunktion der Moral ist in zwei Schichten die Erhaltung der Gesellschaft und die Sicherung des Wertniveaus. Aristoteles (Vom Staat) [unterschied zwischen] ζῆν und εὖ ζῆν.

2. ⟨Wodurch sind diese Normen legitimiert?⟩ In früheren Zeiten waren sie religiös geheiligt, sanktioniert (Strafen). Fällt aber diese Stütze weg, so entsteht ein schweres philosophisches Problem. Es scheint nur eine Rechtfertigung aus dem gemeinsamen Nutzen möglich. Aber [dagegen erhebt sich der Einwand]: Was geht das mich an? z. B. Nietzsche [mit der Berufung auf die] Ausnahmenatur.

3. Der Inhalt der kollektiven Moral [erstreckt sich auf] das ganze Leben, z. B. Reinlichkeit, Sexualleben, Eigentum, Arbeit, Herrschaft etc. Daher a. in die Breite eine Differenzierung nach Geburtsständen, Adelsmoral, Bürgermoral (Kaufleute, Handwerker), Bauernmoral (Cavalleria rusticana), eine berufsständische Sonderung, (Reste noch spürbar) b. geschichtlich, in der Längsdimension. ⟨so eine vorchristliche, kriegerische Moral, darüber eine christliche Ideenwelt, eine humanistische Schicht und schließlich eine bürgerliche utilitarische Moral.⟩ Wir alle wissen: voll durchgedrungen ist die christliche Forderung nicht.

Summa: Die moderne Moral ist ein buntscheckiges Gebilde. Sie ist immer nur Durchschnittsniveau. Heute nur: bürgerliche Anständigkeit für normale Zeiten. Ehe?? sie ist gefährdet.

II. Erziehung in der Moral

[Die Volksmoral ist der] Mutterschoß des Sittlichen wie der Sprachgeist. Gute Moral erzieht, schlechte Moral verdirbt. Gute Moral ist eine Autorität, der Erzieher und Zögling gleichermaßen unterworfen sind. 1. [Sie sagt,] was man tut oder nicht tut, 2. sie appelliert ans Ehrgefühl, 3. sie ist ein Medium, eine Lebensluft. Die Griechen und Römer haben von dieser Erziehungsmacht in ihrer alten Zeit, vor der Aufklärung, sehr viel gehalten. [Sie kannten] keine scharfe Trennung von Moral und Recht. »Sitten und Gesetze« waren nahe verwandt. Symptome: Sokrates im ›Kriton‹. Plato stellt voran die objektive Gerechtigkeit, den wohlgeordneten Staat. Cato: die verkörperte alte Sittenstrenge. Hegel lebt noch in diesen humanistischen Vorstellungen, er zitiert die Antwort eines Pythagoräers auf die Frage eines Vaters, welches die beste Erziehung für seinen Sohn sei: »Wenn du ihn zum Bürger eines wohleingerichteten Volkes machst«.[4] Keine Zeit kann das entbehren. Aber wie steht es in unserer modernen Welt damit?

III. Der Verfall der kollektiven Moral

Meist wird als Grund angegeben: Die Aufklärung, d. h. Schwächung der Tradition; Reflexion zersetzt. Hegel contra Sokrates. Aber es ist ein viel größerer Komplex: 1. Industrialisierung (und Geldwirtschaft, Moral des Geldes), 2. Verstädterung des Lebens [und Fortfall der] Kontrolle der Nachbarschaft, 3. Auflösung der Stände (Standesehre) und die Nivellierung der Gesellschaft, 4. die Rationalisierung des Lebens. Die moralischen Instinkte leiden. 5. Individualismus, bis in die Familie hinein. Pestalozzis Intention war es, diesem ganzen gefährlichen Prozeß vorzubeugen. Aber eine Industriemoral hat sich trotzdem nicht ausgebildet. ⟨Die Industrialisierung ging zu rasch vor sich.⟩ [5]

Wie erneuert man Moral? 1. durch sittliche Erweckung des Individuums, 2. durch Zellenbildung. ⟨Wir werden nachholen müssen, was das 19. Jahrhundert versäumt hat. Es gilt, die sittlichen Fundamente eines Volkes wieder aufzubauen. Für uns ist dies eine schwere Aufgabe, da weithin die Heimat und der gesunde Besitz verloren gegangen ist.⟩ Der Hauptpunkt ist jedoch: Je weniger die traditionalen Mächte noch ausreichen, um so mehr bedarf es der Erweckung der Person, hier – des Gewissens. Es ist das Zentrum der persönlichen Sittlichkeit, aus der zu allen Zeiten die Moral höhere Impulse empfangen hat. Ein Neubau ist nötig. Die »Gebildeten« [müssen] auch die kollektive Moral auf ihr Gewissen nehmen – als Verantwortung.

---

[4] Georg Wilhelm Friedrich Hegel, Über die wissenschaftliche Behandlungsweise des Naturrechts, seine Stelle in der praktischen Philosophie und sein Verhältnis zu den positiven Rechtswissenschaften. Jubiläumsausgabe. Hg. v. H. Glockner. 2. Aufl. Stuttgart 1941. Bd. I, S. 514.

[5] Johann Heinrich Pestalozzi, An die Unschuld, den Ernst und den Edelmut meines Zeitalters und meines Vaterlandes. Ein Wort der Zeit 1815. Gesammelte Werke. Hg. v. E. Bosshart, E. Dejung, L. Kempter, H. Stettbacher. Bd. VI. Zürich 1946, S. 193 ff.

§ 6. Erweckung persönlicher Sittlichkeit als Bildungsziel

I. Man beachte in den Überschriften den Wechsel vom »Tradieren« zum »Erwecken«. Hier (im I. Hauptteil) ist aber nur die Rede von dem Ziel (dem Bildungsideal). Wozu soll erweckt werden? Die Frage: Kann man das? Wie setzt man den Hebel an? gehört in den III. Hauptteil: Bildsamkeit.

Nun besteht wohl heute überall da, wo nicht das Notwendigkeitssystem des Marxismus herrscht, Übereinstimmung darüber, daß sittlich selbständige Menschen erzogen werden sollen, negativ gesagt: nicht Massenmenschen, die stumpf dahinleben, nicht autoritätshörige Menschen, die blind Gefolgschaft leisten, der Suggestion der Propaganda unterliegen, aber mehr: Menschen, die nicht bloß ihren Nutzen suchen, Genuß, Komfort, Zivilisation, sondern Menschen, die wissen, was sittliche Verantwortung ist, die ein selbständiges sittliches Urteil haben, die ihrer inneren Verpflichtung folgen, die sich verantwortungsbewußt entscheiden. Das Ziel ist der Mensch der sittlichen Entscheidung.

Machen wir uns zunächst klar, daß hier nicht wenig gefordert wird. Jedenfalls: dieser Menschentypus ist in größerer Zahl noch gar nicht da. Blicken wir uns um: Jeder ist erleichtert, wenn er sich in vorgezeichneter sittlicher Bahn bewegen kann. Verläßt uns der Katalog der täglichen Pflichten, geraten wir in einen sittlichen Konflikt, so spüren wir, daß uns mancherlei fehlt: 1. schon der Horizont des Wissens. Soll ich für oder gegen Bodenreform stimmen? 2. das unbedingt sichere Wertgefühl für das, was hic et nunc gut ist. Trifft der Satz zu: right or wrong my country? 3. die Kraft, das erkannte und bejahte Gute auch durchzuführen. Diese drei Eigenschaften: Wissen, Wertgefühl und Kraft (Tapferkeit), sind nicht verbreitet. Im Gegenteil: die Vorgänge der letzten Jahre haben gelehrt, daß ein starkes Bedürfnis nach Entlastung von persönlicher Verantwortung bestand. Beim Militär [war das Bewußtsein der persönlichen Verantwortung noch] weitgehend vorhanden, im Zivilleben nicht. [Daraus entstand der] Vorwurf, wir hätten versagt. (Jedoch haben die Ankläger nicht immer ein deutliches Bild von der Situation. cf. den Volksvers:

Wer nie der Leidenschaft erlag,
Ist noch kein tapfrer Mann;
Denn immer ist doch noch die Frag',
Griff Leidenschaft ihn an?

Allgemeiner: Man hat nicht immer ein lebendiges Bild von der Versuchung, der Notlage, den Irrtümern, die für viele 1933 bestanden.)

Hüten wir uns ja davor, daß die Forderung: Erziehung zu sittlich selbständigen Persönlichkeiten, zur Phrase wird. Das ist etwas ungeheuer

Schweres, eine sehr steile Höhe. Wir werden bescheiden sein müssen und zugeben: Im günstigen Fall kann dieses Ziel für eine Elite, eine Führungsschicht aufgestellt werden. The man of the street hat einen Bequemlichkeitsdrang, Vereinfachungsdrang und handelt wohl so, wie ein andrer handelt. Er ist immer in Gefahr, Massenmensch zu werden. Für die große Menge ist das Ziel zunächst bescheidener zu formulieren: zu verhüten, daß das Volk »Masse« wird. Für die Elite aber trifft meine Behauptung zu: Man fordert heute den sittlich selbständigen Menschen, der auch die Moral schützt. Zwei Belege: Jeder Existentialismus sieht das Verderben des Menschen, der Person, gerade darin, daß sie dem »man« verfällt. Und das ist die letzte Form des Humanismus; denn das humanistische Ideal bedeutet für uns doch nicht: schöne Seele, sittliche Grazie, literarische Kultur, vielseitige Belesenheit, interessante Individualität, sondern [wie bei] Sokrates, Plato, der Stoa: Wissen ums Gute, Bejahung des Guten, Kraft für das Gute, den vir justus et tenax propositi. Woher nimmt diese Persönlichkeit nun das Verpflichtende, die sittliche Norm, die Kraft zum Guten?

II. Die Quelle der sittlichen Normen bzw. der Normativität

A. [Es war noch eine] schöne einfache Situation: Kant [sagte]: du trägst den kategorischen Imperativ in dir (wende ihn an). Die Bibel [lehrte]: Es ist dir gesagt, Mensch, was gut und böse ist. So einfach ist es eben nicht. Der Mensch von heute muß mehr als irgendein früherer darum kämpfen, ⟨was in dieser verwickelten Kultur eigentlich der Weg des Guten ist.⟩ Er steht viel tiefer im Konflikt. Nach meinem Eindruck helfen ihm dabei Theologie und Philosophie viel zu wenig. Die übliche Antwort der Philosophie lautet: Quell der Normativität ist das sittliche Bewußtsein, in konkreter Situation das Gewissen. Prüfen wir, ob damit ein fester Halt gegeben ist.

B. Erziehung zum Gewissen, des Gewissens, Erziehung des »gewissenhaften« Menschen. (Ob das geht, fragen wir erst später.) Hier [fragen wir] nur: was bedeutet dieses Ziel? In wenige Sätze zusammengedrängt: Das Gewissen ist ein Komplex von regulierenden Bewußtseinserlebnissen, in denen von mir in konkreter Situation eine bestimmte Entscheidung als sittlich gefordert wird und unter diesem Gesichtspunkt in mir ein Urteil über den sittlichen Wert meiner Person erfolgt. Erläuterung: Die Sprache personifiziert, [sie spricht von der] »Stimme des Gewissens«. [Aber es ist] viel komplizierter: [Das Gewissen spricht] 1. nur in mir und zu mir (existentiell), 2. in konkreter Situation ([somit wieder] existentiell), 3. fordernd (im Konflikt wird eine Seite positiv akzentuiert), 4. urteilend – über mich, über meinen Wert (vor allem negativ: du bist schlecht, du bist im Begriff, ein Bösewicht zu werden). ⟨Es ist also conscientia, ich bin Mitwisser über mich selbst. Das Gewissen ist also⟩ zusammengewoben aus Wissen, Fühlen und Willensantrieben. Jedoch die Kraft, nach der Stimme des Gewissens zu handeln, gibt das Gewissen selbst noch nicht. Es beunruhigt, es »erweckt«, es dirigiert, indem es warnt und straft.

1. Hauptfrage: Woher kommt das Gewissen? ⟨a. Nach einigen Theorien ist das Gewissen die Summe meiner früheren Lebenserfahrungen mit der menschlichen Gesellschaft. Damit ergibt sich für mich ein aus früheren Situationen gelerntes zweckmäßiges Verhalten. Für Rée und Freud (Vaterkomplex) ist es ebenfalls das Produkt der Erziehung. Für die soziologischen Theorien des Gewissens bleibt es eine praktische Anwendung für die Lebenstechnik. So wird das Gewissen verharmlost und desillusioniert. Nicht nur gemäß den heute herrschenden Theorien, auch in der Praxis nimmt man es heute nicht mehr ernst. b. Für andere hebt sich das Gewissen heraus aus dem metaphysischen Selbst des Menschen. Es kommt nicht aus der Alltagssphäre, sondern ist im zeitlosen Seelengrund begründet. c. Für andere wieder ist das Gewissen⟩ die Stimme des göttlichen Du, eine unmittelbare Begegnung mit Gott. Wäre das Letzte uneingeschränkt der Fall, so müßte die Stimme des Gewissens immer unfehlbar sein. Das ist sie aber nicht; [denn es gibt] Grenzen des Wissens, Gewissenskämpfe, Unsicherheit im Hinhören.

2. Hauptfrage: Was im Gewissen ist überweltlich? Was ist nur welt- und zeitbedingt? Der jeweilige Gewissensinhalt ist variabel, z. B. variable Moral. Hingegen der Kern des Gewissens bleibt immer identisch: Es geht um dich, um den letzten Wert deiner Person. Du entscheidest dich in diesem Augenblick vor der Ewigkeit. Philosophisch kommen wir nicht weiter. Die Religionen mögen mehr sagen können: Sorge für deine Seele (Sokrates). Das ist die höchste Form der Selbstsorge. Die göttliche Stimme geht in jedem Falle durch mein tiefstes Selbst. Diese Deutung des Gewissens ist noch humanistisch. Sie braucht nicht Autonomie des Gewissens zu bedeuten, [denkbar ist auch] Theonomie. Aber das Göttliche kommt nur getrübt durch dieses menschliche Medium in mich hinein. Der gewissenhafte Mensch als Erziehungsziel ist also noch kein Absolutum; er ist nur in ständiger Bereitschaft, auf diese innere Regulation hinzuhören. Der Mensch des wachen Gewissens [besitzt] Wachheit (cf. »Erwecken«), Bereitschaft, ist ständig zur Metanoia bereit. (Gnade?) Das wäre also Ziel bewußter Erziehung [...]. Heute kein andrer Weg: verantwortungsbewußte Persönlichkeiten [...]. Persönlichkeit! Persönlichkeit! aber in den letzten Jahrzehnten ist es damit schlecht vorwärts gegangen. Bei allen Nationen droht der Massenmensch. [Aber] das Ideal der selbständigen sittlichen Persönlichkeit, des gewissenhaften Menschen, hat noch einen anderen Mangel.

Es ist sehr formal. Entscheide dich für das Gute! Aber auf welcher Seite liegt denn das Gute, das Wertvolle, im Konflikt: das Werthöhere? (Der Inhalt kommt aus der Fülle des Kulturlebens.)

Gehen wir nun auf die inhaltliche Ausgestaltung der Bildungsideale näher ein, so zeigt sich uns die verwirrende Fülle von Anforderungen der Kultur. Wir kommen damit zu einseitigen Bildungsidealen. Über sie müssen wir auch noch reflektieren. Ich führe sie vor 1. ausführlich in einer systematisch-philosophischen Konstruktion (Klassifikation) 2. skizzenhaft in historisch-soziologischer Beleuchtung.

§ 7. Einseitige Bildungsideale in abstrakter Konstruktion

Das naturhafte und geistige Zusammenleben der Menschen ist von vielen Bedingungen abhängig. Alias: Der Mensch hat viele Bedürfnisse. Wo die naturhaft-geistige Welt so beschaffen ist, daß sie diesen Bedürfnissen entspricht, da leuchtet ein Wert auf, bzw. ist etwas überwunden, was als wertwidrig empfunden wurde. Man hat sich bemüht, die Werte, die im naturhaft-geistigen Leben auftauchen, zu klassifizieren, man spricht von Wertarten und Wertgebieten. Ich will auf die Methoden, mit denen solche Werttheorien aufgebaut worden sind, nicht eingehen, sondern in meiner Darstellung einfach eine zur Anwendung bringen.

⟨Die Werte, die den Menschen aufleuchten, können wir zu einer Wertpyramide zusammenfügen.⟩ Die Wertpyramide hat jedenfalls eine Basis und eine Spitze. Was dazwischen liegt, soll noch nicht im Sinne einer Rangordnung angeordnet werden [...].

A. [Die Basis]: Bedingung eines vollen Menschenlebens ist Gesundheit. Also gehört es immer zu den Werten des Lebens, daß sich der Leib gesund entwickle und kräftig werde. Also kann dies Bildungsmotiv zu keiner Zeit ganz fehlen, corpus sanum, Vitalität. Man weiß, welche große Rolle bei den alten Griechen die Gymnastik gespielt hat als die *eine* Hälfte der volkstümlichen Erziehung neben der Musik. Zur Gesundheit des Menschen gehört, daß sein Wille die Herrschaft über seinen Leib erringt. Wird dies Ziel einseitig betont, so kann der Leib doch wieder als bloß untergeordnetes Instrument betrachtet werden, [so die] einseitige Vergeistigung bei religiösen Asketen, aber auch dies fordert eine Leibesdisziplin, gymnastica ascetica (cf. Orient). Ich brauche nicht auszuführen, daß seit etwas mehr als 50 Jahren auch in Deutschland nach angelsächsischem Muster Leibesübungen als Turnen, Spiel und Sport wieder die Bedeutung im Erziehungsleben empfangen haben, die ihnen gebührt, zeitweise schon etwas mehr (mindestens empfangen hatten).

B. Ein Blick auf die Spitze der Pyramide. Welches ist in einem Bildungssystem der höchste Wert, zu dem man sich bekennt? Historisch kann er sehr wechseln. Was aber als Höchstwert erlebt und gelebt wird, empfängt immer einen religiösen Ton (es rückt in die absolute Sphäre). (Goethe:

Daher der Völker löblicher Gebrauch,
Daß jeglicher das Beste, was er kennt,
Er Gott, ja seinen Gott benennt.[6])

Die Erziehung steht in den ältesten Zeiten immer in nachweisbar enger Verbindung mit dem Kultus. Das Bild des homo religiosus ist vielgestaltig. Ich werde nachher nur einen Typus herausheben.

C. Zwischen dem Wertbereich, der am engsten mit den naturhaften Bedingungen des Lebens verbunden ist, und dem Wertbereich, der jeweils als Gipfel empfunden wird, also zwischen den Vitalwerten und den religiösen Werten, gibt es eine Mannigfaltigkeit von Werten, von denen keiner jemals ganz unbeachtet bleiben kann und jeder einmal an die Spitze der Wertpyramide gesetzt oder gar allein intendiert werden kann. Das letztere tun wir hier in Form eines Gedankenexperimentes. Dann ergeben sich einseitige Bildungsideale von je charakteristischer Struktur. [Wir ziehen] quasi Orientierungslinien. Drei [solcher Strukturen] lesen wir von dem objektivierten Geist ab: den Kulturwerken und Kulturgütern, zwei lesen wir vom Gemeingeist ab (sie entsprechen Formen des Verbundenseins). [So ergibt die] Wirtschaft das ökonomisch-technische Bildungsideal, die Wissenschaft das Bildungsideal, das im Wissen sein Zentrum hat und im Gelehrten gipfelt, die Kunst das ästhetische Bildungsideal, Gleichordnung (Genossenschaft, Solidarität bis zur Liebe) das soziale Bildungsideal, Über- und Unterordnung das Machtideal (Herrscherideal), das politische Bildungsideal, schließlich der homo religiosus, nunmehr isoliert, ohne Ranggebung.

I. Das ökonomisch-technische Bildungsideal

1. Wurzel. ⟨Sie liegt im homo faber. Erst mit der Fähigkeit der Werkzeugherstellung, der Tierzucht, des Pflanzenanbaues, der Wohnung und der Kleidung bestand die Möglichkeit der Menschwerdung. So beginnt die Entwicklung beim Bauern und Handwerker, wobei der letztere der »Künstler« ist, d. h. der Könner.⟩

2. Entwicklung. ⟨Durch fortschreitende Arbeitsteilung entsteht ein Spe-

---

[6] Johann Wolfgang Goethe, Gedenkausgabe. Hg. v. E. Beutler (Artemis-Verlag). 1. Bd. Zürich u. Stuttgart 1949. S. 410, 515.

zialistentum. Schließlich gibt es eine große Gruppe, die nur noch Werkzeughersteller sind, die Techniker. Dadurch wird eine zunehmende Vergeistigung möglich. Eine große Anzahl von Menschen wird aber außerdem zwischengeschaltet, die gar nicht mehr am Stoff selbst arbeiten, so der Kaufmann, der Unternehmer, der Spekulant.⟩ Der Kaufmannsstand hat noch ein eignes Bildungsideal erzeugt: der ehrbare Kaufmann, Kaufmannsgilden, vgl. Gustav Freytag, ›Soll und Haben‹. Der Unternehmer ist schon mehr wildgewachsen. ⟨Heute ist das ökonomisch-technische Bildungsideal sehr differenziert. Diese Entwicklung läßt sich weiter ablesen an den Fach- und Berufsschulen. Dort wird nicht *nur* Menschenbildung erstrebt, sondern Spezialistentum. Man will den Könner. (Vgl. Handelsschulen, Landwirtschaftsschulen usw.).⟩

3. Bewertung. [Das ökonomisch-technische Bildungsideal ist] für jede Kultur unentbehrlich. Überall wird bei der Erziehung auch daran gedacht: an Naturnutzung und -beherrschung. [Keine] falsche Vornehmtuerei (Realschulen). ⟨Der Humanist allein genügt nicht.⟩ Überall muß zur nützlichen Arbeit erzogen werden. Überall: utilitarischer Einschlag. ⟨Doch ohne allen Utilitarismus ist keine Zivilisation möglich.⟩ 2. Nirgendwo [ist das ökonomische Bildungsideal] heute alleinherrschend. Nützliches Tun heißt nur: Das Lebenkönnen fördern = Zivilisation, noch nicht Kultur. [Die Frage aber ist:] Wozu wird dann der gewonnene Lebensspielraum verwendet? Das wird oft vergessen. ⟨Bei Spencer z. B. ist wertvolles Wissen das, was der Gesundheit, dem eignen Leben, der Kindererziehung und der Erholung dient. Dieser Utilitarismus hat aber nicht genügt, um eine europäische Kultur aufzubauen. 3. In jüngster Zeit wurde die Geistigkeit und der Adel des Handwerks wieder entdeckt. So durch Pestalozzi, der eine Vergeistigung der Industrie wollte, und durch Goethe, wie er es in ›Wilhelm Meisters Wanderjahren‹ darlegt: Allem Leben, allem Tun, aller Kunst muß das Handwerk vorausgehen, welches nur in der Beschränkung erworben wird.[7] Der größte der neueren Pädagogen, Kerschensteiner, sagt, wessen Hand nicht durchgebildet ist, der ist nicht im vollen Sinne Mensch.⟩

II. Das theoretische Bildungsideal

Sein Gipfel ist das Ideal des Gelehrten. Die Gelehrtenschule ist älter als die Elementarschule.

[7] Johann Wolfgang Goethe, Wilhelm Meisters Wanderjahre. Buch I, Kap. 12. Gedenkausgabe. Hg. v. E. Beutler. 8 Bd., S. 162.

1. Wurzel. Je mehr Wissen sich verselbständigt und aufschichtet, um so mehr muß es tradiert werden. Schon am Ende des klassischen Altertums wird eine eigne Institution geschaffen: die Schule. ⟨Schule aber kommt von σχολή, d. h. Muße. So wurde schon etwas Luxus, ein Überfluß von Meister und nicht in der Schule.⟩ [. . .]
Kulturgütern gepflegt. Landwerk aber und Handwerk lernt man beim

2. Historische Entwicklung. Das wichtigste europäische Traditionsgut [war bei den Griechen als] ἐγκύκλιος παιδεία [zusammengefaßt. Sie umfaßte die] septem artes liberales: Trivium: Grammatik, Rhetorik, Dialektik (Logik) und das Quadrivium: Geometrie, Arithmetik, Astronomie, Musiktheorie. ⟨Im Mittelalter [entwickeln sich daraus die] facultas artium (Philosophische Scholastik) und die drei oberen Fakultäten.⟩ Der Wissensstoff wächst immer mehr und kommt aus der Hand des Klerus immer mehr in weltliche Hände. Die Schulen, die bloße Theorie tradieren, sind immer in Versuchung, enzyklopädisch zu werden. [So in der] Zeit des Comenius und des Leibniz. Seit der Aufklärung [erfolgt ein] großer Bruch: Bei Plato gipfelt das Wissen in dem ethischen Wissen. [Es geht um die] rechte Lebensführung, das Gute, den Sinn der Welt und des Lebens. [Dagegen wendet sich nun der] Positivismus: Das Wissen ist wertfrei, nur Kausalität (à la Maschine), bloß technisch, Mittel des Lebens (zivilisatorisch). Wissen ist nur Werkzeugwissen. ⟨So glaubt Condorcet an den Fortschritt der Menschheit deswegen, weil das Wissen wächst. Aber wir wissen, daß mit der Fülle des Wissens eine Tragik gegeben ist: die Unübersichtlichkeit, die Spezialisiertheit. So haben sich in der Gegenwart geradezu unmenschliche Zustände herausgebildet.⟩

3. Bewertung. [Die Gefahr ist] das bloße Wissen ohne Lebenskunst, der weltferne Gelehrte, der reine Theoretiker. ⟨Nur wenn wir an das stoische Lebensideal glauben, nur wenn der Weise *die* Hochform des Menschseins darstellt, könnten wir dieses Bildungsideal ertragen.⟩ Beispiel: Das humanistische Ideal wird bloß philologisch, bei den »Pedanten« des 16. Jahrhunderts [beschränkt es sich auf] Sprache, Textkritik, Stilübungen. Gegen diese Einseitigkeit ist immer Gegenwehr nötig: [gegen den] Stoff auf der Schule, den Stoff auf der Universität. Aber niemand will etwas preisgeben.

III. Das ästhetische Bildungsideal

⟨Dieses Bildungsideal geht einen weiteren Schritt zum Kulturluxus. Hier ist nicht eine Erziehung zur künstlerischen Produktion gemeint, auch nicht Erziehung durch Kunstgenuß, vielmehr soll die Seele des Menschen eine ästhetische Form gewinnen. Erstrebt wird die ästhetische Seelenverfassung, die harmonische Persönlichkeit, der Mensch des rechten Maßes.⟩

1. Wurzel. ⟨Es beginnt mit der griechischen Kalokagathie und damit mit der inneren Verwandtschaft von gut und schön.⟩

2. Historische Entwicklung. ⟨In der Renaissance wird daraus das Ideal des virtuoso, anderweitig das Ideal der schönen Seele,⟩ der innerlich schöne Mensch, der bon goût des Lebens. (Sittlichkeit ist guter Geschmack?) ⟨In Deutschland erreicht diese Entwicklung den Gipfel im Neuhumanismus bei Schiller und Goethe.⟩ Es ist eine berechtigte Analogie: 1. Welt in sich hineinnehmen, 2. der Welt die Form der Persönlichkeit aufprägen, 3. die harmonisch-totale Persönlichkeit, so wie der Künstler Eindruck aufnimmt, Seele ausdrückt und beides vermählt. Letzte Gestalt: Stefan George und sein Kreis.

3. Bewertung. [Dagegen richtet sich] der Kampf Kierkegaards – [gegen die] ethische Verantwortungslosigkeit ⟨im Ästhetizismus⟩, (ein Reich der Phantasie, schöner Schein). [...]

Übergang: Die beiden folgenden Bildungsideale sind nicht von Sachgebieten der Kultur her diktiert, sondern von der Art her, wie sich das Individuum der Gesamtheit einordnet, als Genosse – Gegensatz: der Egoist, und als Herr – Gegensatz: als Massenmensch, als Herdentier. [Dem ersten entspricht] Gleichheit (demokratisch) [dem zweiten] Rangordnung (aristokratisch), in vielen historischen Einkleidungen.

IV. Das soziale Bildungsideal

1. Wurzel. Zu allen Zeiten wird gefordert, daß das Individuum nicht nur für sich gebildet werde, sondern für die Gemeinschaft, zum Dienst an der Gemeinschaft. Besonders betont in Zeiten individualistischer Absonderung, so um 1900: »Sozialpädagogik«, Gemeinschaftskultur.

2. Historische Entwicklung. Christlicher Gedanke: Alle Menschen sollen Brüder sein. Im Industriezeitalter [wendet sich die Forderung] gegen gewissenlose Konkurrenz, gegen Ausbeutung, für Solidarität. Genossen. Der Sozialismus [verkündet]: Proletarier aller Länder [vereinigt euch. Man will eine] Erziehung zum Wir.

3. Bewertung. Das bloße Wir ist ein leeres Ideal. Gegenschlag:

V. Das Bildungsideal des Machtmenschen, des Menschen, der zu herrschen versteht. (Vorweg: leider diskreditiert.)

1. Wurzel. Die früheste Aristokratie ist Kriegsadel. In allen Zeiten

waren die militärischen Tugenden: gut befehlen und gut gehorchen. Besitzadel ist kein Verdienst, wenn nicht eigne Tüchtigkeit [hinzukommt]. Bildungsadel ist unfruchtbar, wenn nicht zugleich Führungsgabe [damit verbunden ist]. Summa: Alte Tugend [fordert]: Zeichne dich als Führer aus! Suche Ehre! Suche die rechte Ehre! Wie muß ein Held, ein Ritter beschaffen sein?

2. Historische Entwicklung. 1. Plato überbietet den Militäradel durch Bildungsadel. 2. Im Mittelalter wird der bloße Schwertritter zum christlichen Ritter erhöht. 3. In der Neuzeit: Fürstenerziehung (Fénelon). Die Anschauung bleibt: Erbadel verpflichtet. Noblesse oblige. Nicht überall ist die echte Adelsbildung gelungen und erhalten geblieben, am wenigsten in den Zeiten, wo nur eine Plutokratie maßgebend ist (selten eignes Verdienst). Regel: Nur im Gehorchen lernt man befehlen. Nur durch Dienen steigt man auf zu höherem Rang. Nur im Leiden wird man frei. Wie muß nun derjenige, der Macht verwaltet, ethisch beschaffen sein, der wahrhaft »Vornehme«? Antwort: nur durch Selbstbeherrschung, durch Mäßigung [gelangt man dahin] (Montesquieu). Die Regelung der Macht ist das Recht, also der Gerechte. Terminus: Freiheit. Jeder soll frei sein. [Aber] wie viel gehört dazu!

3. Bewertung. Es ist ein durchaus echtes Wertsystem, leider diskreditiert durch christliche Anschauungen, durch Mißbrauch der Macht (Despoten). Heute nur Kapitalismus, verbunden mit Erwerbsgier oder Ausbeutung. [Daraus entstand als] Gegenströmung der Sozialismus. Der herrscht heute.

[Es ist ein] dialektisches [Verhältnis]: keine Macht ohne Solidarität, keine Gemeinschaft ohne Führung, kein Staat ohne Recht, kein Recht ohne Macht. Immer ist das Problem: die Bildung einer Führungsschicht, die Bildung eines Führers, auch *das* Universitätsproblem. Die Formulierungen sind anrüchig geworden durch Machiavelli, Nietzsche, [die Rede von der] Raubtiernatur (gerade diese ist zu zähmen). Im stillen aber sollen wir nicht aufhören, uns selbst zu fragen: Wie müssen wir selbst beschaffen sein, wenn wir andere führen wollen?

Wer andre wohl zu leiten strebt,
Muß fähig sein, viel zu entbehren.[8]

Höchste Selbstdisziplin [ist erforderlich]. Kants Pflichtgedanke [...]. Dabei würde ich gern noch verweilen, aber wir müssen noch dem Ganzen die Krone aufsetzen: der höchste Wert, Heiligkeitswert genannt. Dazu beginne ich einen neuen Paragraphen.

[8] Johann Wolfgang Goethe, Ilmenau. Gedenkausgabe. Hg. v. E. Beutler. 1. Bd., S. 364.

§ 8. Zum religiösen Bildungsideal

In der Wirklichkeit ist jedes echte Bildungsideal durch religiösen Glauben fundiert, aber, wie wir gleich sehen werden, verschieden stark und mit verschiedenem Bewußtseinsgrad. Hier aber betrachten wir die Bildungsideale isoliert und in der jeweils reinsten Ausprägung. Wir stellen also den Fall voran, daß es sich nur und ausdrücklich um die Erziehung zum homo religiosus handeln soll, um den Menschen, der ganz dem Dienst der göttlichen Mächte geweiht sein soll.

A. Ein Blick in die Geschichte, zusammengedrängt in vier Sätze: 1. In den ältesten Zeiten der Völker, die wir kennen, steht jede Erziehung in kultischem Zusammenhang. ⟨Als solche ist auch die griechische Kombination von Gymnastik und Musik als eine Einführung in die kultischen Notwendigkeiten zu betrachten. Auch Plato legt großen Wert auf die für den Kultus notwendigen Chöre.⟩ 2. Es folgt dann eine typische Differenzierung (Arbeitsteilung erster Ordnung) in die Verwalter des Sakralen, die Krieger und die, die eine »Nahrung und Hantierung« treiben, die Bauern und Handwerker. Dieses dreiteilige Modell bleibt. So in Platos ›Staat‹: der Philosoph als der sich den heiligen Dingen Widmende, der Krieger (Wächterstand) und die θῆτες: die Bauern und Handwerker. Im Mittelalter: der Klerus, der Ritter (Adel), [zusammen] der Ordensritter, und die Bauern und Stadtbürger. ⟨So entstehen zwei rivalisierende Führerschichten. Daher ist die mittelalterliche Kultur zweispitzig.⟩ 3. Jedoch behalten alle Stände am religiösen Bildungsgut Anteil. Sonst würde ihrem Tun die letzte Sinngebung, Sanktion fehlen. 4. In späten, aufgeklärten Kulturepochen nehmen die religiösen Überzeugungen säkulare (profane) Formen an. Die religiöse Wurzel wird nicht mehr erkannt. Drei Beispiele: a. Die Humanitätsidee ist heute durchaus christlich betont. b. Der Beruf wird im stillen als Gottesdienst empfunden, als von Gott gewolltes Werk. c. Wissenschaft soll den Glauben ersetzen, aber im Suchen nach der Wahrheit ist noch religiöse Glut. Fallen auch diese latenten religiösen Bindungen fort, so bleibt nur leere Geschäftigkeit, business: Erwerb um des Erwerbs willen, Genußleben. Es fehlt die Sinnerfülltheit.

B. Die Erziehung des spezifischen homo religiosus, des Magiers, des Priesters, des Propheten, des Mönches. Es gibt viele Spielarten je nach der herrschenden Religion, sei es Naturreligion oder ethische Religion, Nationalreligion oder Weltreligion, diesseitsgebundene oder transzendent gerichtete Religion. ⟨Wesenskonstituierend bleibt für den homo religiosus⟩ in jedem Falle a. eine Vermittlungsaufgabe zum Numinosen hin. ⟨Vgl. hierzu das Wort für den römischen Priester: pontifex = Brückenbauer.⟩

b. [Es muß] ein Mensch von ungewöhnlichen Qualitäten [sein], ein geweihter Mensch, z. B. er muß magische Macht besitzen, er muß das Charisma besitzen, er übt Meditation (Methode!), er übt Askese (vielfach Zölibat). Er ist auch der früheste Verwalter des Wissens; denn das ist eine heilige Begabung. ⟨Konnte er frühe schreiben, so war ihm durch diese Kunst ein ungeheures Machtmittel in die Hand gegeben⟩. Im Katholizismus ist der Klerus in Stufen gegliedert: Hierarchie = heilige Ordnung. Im Protestantismus ist diese Anschauung verkümmert durch das »allgemeine Priestertum«. Die erste Nivellierung der alten Stände.

C. Die Erziehung selbst in religiöser Beleuchtung. Unzweifelhaft, sie ist ein heiliges Tun. Der Mensch begleitet sein Tun um so mehr mit religiösen Empfindungen, je mehr er dabei seine Abhängigkeit von unbekannten Mächten fühlt, von guten – mit Vertrauen, von bösen – mit Angst. Bei der modernen Technik sind solche Gefühle selten: »es geht«. Erziehung aber in ihrer höchsten Funktion, als »Erwecken«, Leben wekken, greift in unberechenbare geistige Zusammenhänge hinein. Protestantische Theologen haben geltend gemacht: Erwecken kann nur Gott selbst, daher ist Erziehung Gnade, vielmehr: nur Gnade erzieht. Sie haben auf die Grenzen der planmäßigen Erziehung hingewiesen, auf die Hybris der Erziehungsenthusiasten. So F. Delekat, H. Schreiner, W. Koepp[9]: Oft wurde es auch so gefaßt: Die Religion ist die störende Macht, die Kulturarbeit durchkreuzend. [Daran ist zweifellos] Berechtigtes. Aber wenn man daraus folgern sollte: Maßt euch doch überhaupt nicht an, zu erziehen, [es ist doch] alles vergeblich, so wäre dies ein verhängnisvoller Schluß. Mit demselben Recht könnte man dem Landmann sagen: Warum säst du? Das Wachsen steht ja doch nicht in deiner Hand. (Säen ist ein heiliges Tun!). ⟨Wenn aber schon von der agri cultura gilt, daß sie in Gottes Hand steht, dann gilt dies erst recht von der cultura animi.⟩ Sie gehört zu den Pflichten, die Gott gesetzt hat. ⟨So ist diese theologische Stimme⟩ eine Warnung, daß man die Erziehung nicht als Technik betrachten solle. Das war der Zeitirrtum um 1905. Technik ist lehrbar und lernbar, d. h. funktionssicher. Ist jener Warnruf mehr, so gehört er zu den Übersteigerungen der neuesten Theologie, die die Kulturarbeit unsicher machen, statt sie aus den letzten und höchsten Bezügen zu heiligen und zu heilen. Diese letzten Bezüge aber sind Mysterien, so wie die Gipfel der höchsten Berge in Wolken gehüllt zu sein pflegen.

---

[9] Friedrich Delekat, Von Sinn und Grenzen bewußter Erziehung. Leipzig 1927.
Helmut Schreiber, Pädagogik aus Glauben. Schwerin 1930.
Wilhelm Koepp, Die Erziehung aus dem Evangelium. Tübingen 1932.

§ 9. Die soziologisch-historische Differenzierung der Bildungsideale

[Die Bildungsideale wurden] bisher konstruktiv behandelt, begrifflich isolierend, nun ganz kurz quasi eine Berichtigung: Sie sind immer in konkreten Mischungen realisiert. Jene Anatomie soll nur das Auge schärfen. Denkt man historisch, so fällt zweierlei am stärksten in die Augen: die nationale Differenzierung und die Differenzierung nach Gesellschaftsschichten und Gruppen. Das Erste ist sehr interessant: Symptom der Nationalcharaktere. In ihren Erziehungsidealen spiegeln sich die Völker. Ich gehe aber aus einem aktuellen Grunde nur auf das Zweite ein.

I. Die gesellschaftliche Entwicklung

1. Bei den neueren Völkern [bestand] vor 1789 Jahrhunderte lang die geburtsständisch gegliederte Gesellschaft (auch feudale Gesellschaftsordnung genannt). Rechtliche Schranken hinderten den Übergang von einem Stand zum andern. Eine Sonderstellung hatte natürlich der Klerus (privilegiert). Er war nicht ein Geburtsstand. [Wie] schon gesagt, [war dies eine] erste Nivellierung. ⟨Aber auch der Adel ist rechtlich privilegiert. Das Bürgertum folgt als der tiers état. Schließlich der Bauer. 2. Durch die Französische Revolution wird eine Jahrhunderte alte Sozialstruktur über den Haufen geworfen und alle Stände [werden] auf der kulturellen Ebene des Bürgertums nivelliert (Siegeszug der Bourgeoisie.) Von dieser ungeheuren Erschütterung haben wir uns bis heute noch nicht erholt. Seitdem garantiert das Recht jedem ein⟩ freies und gleiches Staatsbürgertum im Nationalstaat (nicht mehr dynastischer Staat mit Dynastie als Eigentümerin). Aber es bilden sich neue Schichten und Gruppierungen, genannt Klassen. [Es entwickelt sich] die moderne Klassengesellschaft. Der Begriff der Klasse ist schwer zu definieren, nicht juristisch, [es gibt] viele Übergänge. ⟨Eine seltsame Stellung nimmt die Intelligenz dabei ein, es ist völlig unklar, wer hier hinzugehört.⟩ Schmoller[10] [sagt, die] Klasse [sei zwar] begründet durch mancherlei Ähnlichkeit: der Besitzart, der Arbeit, des Rangs und der Interessen, aber entscheidend sei das dadurch begründete Zusammengehörigkeitsbewußtsein. Max Weber[11] [spricht von einer] Klasse, wo einer Mehrzahl von Menschen eine spezifische Komponente ihrer Lebenschancen gemeinsam ist, hauptsächlich durch ökonomischen Güterbesitz und Erwerbsinteressen dargestellt. 3. Deutschland hat im Augenblick überhaupt

[10] Gustav v. Schmoller, Die soziale Frage. Klassenbildung, Arbeiterfrage, Klassenkampf. München u. Leipzig 1918, S. 142.

[11] Max Weber, Wirtschaft und Gesellschaft. 2. Bd. Tübingen 1921. 4. Aufl. 1956, S. 632.

keine angebbare Sozialstruktur. Was sich herausbilden wird, ist ungewiß. Der Erzieher muß um diese Problematik wissen. ⟨Aber diese Zerschlagenheit besagt auch eine Formbarkeit, die vieles möglich macht, was sonst nicht möglich wäre.⟩

II. Die Bildungsideale, sagen wir bis 1914

A. Von der alten ständischen Gesellschaft sind im Bildungsleben durchweg Reste stehen geblieben. Der Adel [behielt einen] eignen Ehrenkodex ⟨und war mit dem Staat durch Beamten- und Kriegerfunktion verbunden. Sein Ideal wirkte bei uns am längsten in der Armee. Das Bürgertum ist in seiner eigentümlichen Haltung nur zu verstehen in seinem Kampf gegen das Übergewicht des Adels. Dem deutschen Bürger blieb immer das Gefühl:⟩ eigentlich ist der Staat doch nicht meine Sache. [Die herrschende Haltung blieb] Gedrücktheit, Erwerbssinn, Utilitarismus. ⟨Die Bildungsmittel des Bauerntums blieben Bibel, Gesangbuch und Katechismus. So war sein Mißtrauen gegen jede literarische Kultur groß und damit auch gegen jede Rationalisierung. Es blieb konservativ und gegen jeden schnellen Fortschritt.⟩ Aber diese Reste sind seit 1914 immer schwächer geworden. Es ist im 19. Jahrhundert ein neuer »Stand« (Klasse) aufgekommen. Er heißt der vierte Stand, weil man das Bauerntum gar nicht rechnet. ⟨Er ist bezeichnend für die einsetzende Verstädterung.⟩ Dieser Stand ist ein Produkt der Industrie, des Kapitalismus, der Großstadt. Rechtlich steht er der Bourgeoisie gleich, aber faktisch nicht. [Es entwickelt sich] der Industriearbeiter, das Proletariat. Es steht seit der Mitte des 19. Jahrhunderts in schärfstem Kampf gegen die Bourgeoisie. [Vgl.] das Kommunistische Manifest von 1848. Die Bourgeoisie hat sich im Proletariat ihren Totengräber produziert. [Es ist der] Revolutionsträger.

B. Diese neue Sozialstruktur spiegelt sich natürlich auch in den Bildungsidealen. Jede Partei hat ihr Programm und darin latent ein Bildungsideal. Ich spreche nur vom bürgerlichen und proletarischen Bildungsideal. Das ist aktuell, noch nicht entschieden!

1. ⟨Die Bourgeoisie ist bisher in diesem Kampf siegreich gewesen. Da sie saturiert ist, geht ihr Streben auf Sekurität. Besonders ist die mittlere Bourgeoisie auf Sicherung des Besitzes bedacht. Danach erst kommt das Verlangen nach Persönlichkeit,⟩ d. h. das voll entfaltete Individuum. [Die Haltung ist] betont individualistisch. ⟨ Die Aufgabe des Bürgers ist die Arbeit.⟩ »Arbeit ist des Bürgers Zierde.«[12] Aber auch Muße (schola)

[12] Friedrich Schiller, Das Lied von der Glocke. Sämtliche Werke. Säkularausgabe. Stuttgart u. Berlin 1904. 1. Bd., S. 55.

ist ihr Lohn, ⟨und diese Bewegungsfreiheit benutzt der Bürger, um seine Söhne zur Schule zu schicken.⟩ [Dieses Bildungsideal findet seine] Ausreifung in der höheren Schule. [Es entwickelt sich eine] liberale Bildung. Goethe, Schiller. [Diese ist aber] längst bedroht durch kapitalistische Erwerbsgier (der Reichtum ist eine Gefahr) und durch soziale Konflikte. Ein Stand mit anderen Idealen rückt nach.

2. Das »Proletariat« (von proles = Masse). Das Bildungsideal ist bis jetzt ein Kampfideal. Folgende Komponenten: 1. Handarbeit ist allgemeine Menschenbestimmung und Pflicht. 2. Wissen ist Macht, ⟨gemeint ist das Wissen, das Anteil an der Technik gewährt,⟩ 3. Solidarität macht stark. ⟨Diese Solidarität bedeutet den Gegenpol gegen den Individualismus des Bürgertums.⟩ 4. internationale Solidarität, 5. sozialrevolutionär, marxistisch im Sinne einer notwendigen Stoßkraft: Wir sind das Fatum der Welt (hier ist Marx siegreich), 6. angeblich areligiös. ⟨Diese Ablehnung aller religiösen Bildung ist noch eine Nachwirkung der Aufklärung.⟩

3. Das sind unfertige Zustände, noch unausgewogen. Zwei Richtungen sind erkennbar: die sozialdemokratische und die kommunistische. [Beide besitzen] auch ein verschiedenes Bildungsideal. a. [Die Sozialdemokratie ist] eigentlich auch individualistisch orientiert. [Sie zeigt eine] Tendenz zur Verbürgerlichung, vom marxistischen Fatalismus zum ethischen Sozialismus, zur Gleichheitsidee, Gerechtigkeitsidee. Ihre Bildung ist der soziale Typus des Bildungsideals, nicht für aristokratische Bildungsprivilegien, gegen schrankenlosen Individualismus [betont sie die] Gemeinschaftskultur (Einheitsschule). b. [Der Kommunismus ist] entschieden kollektivistisch orientiert: Wir haben alle *einen* Feind, den kapitalistischen Ausbeuter. Wir haben alle eine Aufgabe, die Arbeit (Sichel und Hammer). Wir haben alle ein Schicksal. Das Glück, das wir nicht auf Erden erreichen, gewinnen wir überhaupt nicht. [Dieses Bildungsideal ist] also nicht humanistisch. Arbeit ist der Adel des Menschen. Politisch tritt mancherlei hinzu: 1. Es darf keine Freiheit geben, 2. Weltglück der Masse, 3. jedoch russisch-national.

Schluß: Nur solange das Proletariat im Kampf steht, kann es diese Ideale behalten. Hat es gesiegt, winken neue Sterne. Fällt der Gegner sonst weg (wie in Deutschland), dann ist es ebenso. Jedenfalls [zeigt sich ein] starker Bildungshunger der Führenden, gegen Bildungsmonopole.

Ausblick: [Dies zeigt] die schwierige Lage einer Bildungsaristokratie in der Demokratie. Sie darf sich als solche nicht merken lassen, aber sie trägt große Verantwortung. Sie verwirkt allen Führungsanspruch, wenn sie versagt. Aber ein geistiges Führertum bleibt unentbehrlich.

Ich habe mich bemüht, die Bildungsideale, die im Abendlande eine

Rolle gespielt haben und spielen, von den verschiedensten Seiten zu beleuchten. Unter dem letzten Gesichtspunkt, dem historisch-soziologischen, kamen wir schon sehr nahe an unmittelbare Gegenwartsprobleme heran. Aber das Gegenwartsproblem wird nie durch bloße Wissenschaft gelöst. Vielmehr bedarf es der verantwortlichen Stellungnahme und Entscheidung. Wissenschaftlich kann sie nur in Form der Besinnung vorbereitet werden. Ich wäre vorläufig zufrieden, wenn Sie über drei Punkte mit mir einig wären:

1. Es war eine ganz subalterne Ansicht, wenn das 19. Jahrhundert (2. Hälfte) glaubte, man könne der höchst verwickelten Problematik gerecht werden, wenn man von den blassen Begriffen ausginge: Humanismus und Realismus, allgemeine Menschenbildung und Berufsbildung, inhaltliche Bildung und formale Bildung.

2. Es ist ein Irrtum, daß für eine bestimmte Zeit und ein bestimmtes Volk *ein* Bildungsideal allein verpflichtend wäre. Es gibt zu jeder Zeit nur den Kampf der Bildungsideale (einen geistigen Kampf).

3. In der Gegenwart spielt der Kampf zwischen zwei Fronten: Die eine denkt nur soziologisch-politisch. [Sie will die] Abschaffung der Bildungsprivilegien. Das führt früher oder später zum Massenmenschen. Die andere sucht nach einem neuen inhaltlichen Menschenbild, nach einem Menschentum, das aus der Verpflichtung heraus lebt, Gottes Ebenbild im Menschen unentstellt zu erhalten und aus diesen Tiefen heraus Kulturschäden zu heilen, alias: die Kultur aus der Sackgasse zu befreien, in die sie bei allen Nationen ohne Unterschied heute geraten ist. Dieses Dritte und Wichtigste ist vielleicht noch nicht ganz klar geworden. Es bedarf noch weiterer Erwägungen, die ich aber nicht mehr unter dem Leitwort Bildungsideal durchführe, sondern unter dem anderen Gesichtspunkt der Bildungsgüter und Bildungswerte.

II. Hauptteil. Bildungsgüter und Bildungswerte

An der Kultur oder am Geistesleben hatten wir verschiedene »Seiten« festgestellt. Jede von ihnen bedeutet nur etwas in ihrer Funktion für das Gesamtleben. Aber in unsrer Analyse isolieren wir je eine Seite. In der *hier* maßgebenden Reihenfolge: 1. Der normative Geist im Bildungsleben repräsentiert durch Bildungsideale, 2. der objektivierte Geist, hier repräsentiert durch Bildungsgüter und Bildungswerte, 3. der personale (subjektive) Geist: Erzieher und Zögling, 4. der Gemeingeist nur noch in der Gestalt von Bildungsgemeinschaften.

§ 10. Der Unterschied zwischen Bildungsgut und Bildungswert

A. Ich gehe zur Klärung von einem Beispiel aus, das jedem vertraut ist. Wenn man sich den Stundenplan einer Klasse in einer allgemeinen (nicht beruflichen) Schule ansieht, so findet man da »Fächer«, die bei uns auf eine bestimmte Zahl von Stunden verteilt sind: Elementarfächer: Lesen, Schreiben, Rechnen; wissenschaftliche Fächer: Mathematik, Naturwissenschaft, Sprachen; künstlerische Fächer: Musik (Gesang), Zeichnen; technische Fächer: Handfertigkeiten, Leibesübungen. Die Religion nimmt eine Sonderstellung ein, ist aber immerhin in der öffentlichen Schule ein Fach. Diese Fächer sind Erscheinungsformen von Bildungsgütern. Weshalb sind sie gerade in dieser Auslese kombiniert? Offenbar, weil sie »Bildungswert« haben in Beziehung auf den gerade hier angestrebten Bildungszweck, das hier maßgebende Bildungsideal. Wo ein anderer Bildungszweck herrscht, da gibt es eine andere Auslese und Kombination von Bildungsgütern, z. B. in der Technischen Fachschule darstellende Geometrie, in der Berufsschule für Schlosser die Drehbank.

B. Erweitert auf das Ganze der Volksbildung: Es gibt einen kulturellen Volksbesitz, ein geistiges Kapital, an dem jeder Anteil haben sollte: Religion und Gesittung, Heldensage, »klassische« Literatur, Werke der bildenden und tönenden Kunst, einen Kanon von Leibesübungen (Pentathlon). Derartige Kulturgüter nennt man Bildungsgüter, sofern ihnen eine Funktion im Bildungsprozeß und ein Wert für die Bildung der Persönlichkeit zuerkannt wird. Unter diesem Gesichtspunkt sind sie ausgelesen. Nunmehr formuliere ich zwei Definitionen:

I. Kulturgüter heißen dann Bildungsgüter, wenn ihnen die Funktion zuerkannt wird, im Bildungsverfahren Gegenstände der persönlichen Aneignung oder Auseinandersetzung zu werden.

II. Bildungswert heißt die Eigenschaft der Bildungsgüter, vermöge deren sie total oder in einer bestimmten Richtung bildend wirken können (das bildungswirkende Element am Bildungsgut).

Eine Erläuterung zur zweiten Definition ist noch nötig. [Ich gebe sie] an einem Beispiel, der Mathematik: Mathematik (status quo) ist sicher ein Kulturgut, sie *kann* auch ein Bildungsgut werden, und zwar anders für den Oberschüler, anders für den Studenten der Mathematik. Aber wir müssen genauer fragen: worin liegt denn nun der Bildungswert der Mathematik? a. Die weitestgehende Hoffnung war, man lernt daran Denken überhaupt (formal). ⟨Mathematisches Denken ist aber nur eine bestimmte Art des Denkens. Geometrie z. B. setzt eine räumliche Vorstellungskraft voraus, die manchem Denker fehlt.⟩ b. Sicher ist, man erweitert sein Wissen (material). Aber wie viel Mathematik jeder wissen sollte, darüber sind die Meinungen geteilt. ⟨Es darf ihr nämlich nur so viel Raum zukommen, als sie im Ganzen an Bildungswert besitzt.⟩

I. Bildungsgüter

1. Ihr Wesen. Sie sind Gebilde des objektivierten Geistes: ökonomisch-technische ([man muß den] Gebrauch lernen), wissenschaftlich-literarische und künstlerische. Nicht zu den Bildungsgütern rechne ich (im Gegensatz zu Kerschensteiner[13]) die aktuellen Gemeinschaftsformen: Familie, Schulleben, Jugendgruppenleben, und die Normensysteme selbst: Sitte, Moral, Recht. Beides [wird] erst [dazu,] wenn es literarisch fixiert ist, z. B. Platos ›Politeia‹, die spartanische Legende, das römische Recht. Wesentlich für Bildungsgüter ist also, daß sie als fixierte oder fixierbare Gebilde auftreten: als Schriftwerke (Lehren), als sinnlich gegenwärtige Kunstwerke, als Werkzeuge (technische Instrumente, z. B. Maschinen), als wirtschaftliche Verfahrensweisen (das Schmieden, Schneiden), als heilige Symbole. Sie gehören zu den Sachgebieten der Kultur. Wir wissen bereits, daß jedes dieser Sachgebiete sein eigentümliches Aufbaugesetz hat. Dieses Gesetz muß im Bildungsprozeß verständlich gemacht werden, vom Zögling verstanden werden, in persönliches Leben zurückverwandelt werden.

2. Die pädagogische Verwertung. Es gibt zwei Formen: a. ein bloßes Weitergeben, Tradieren, b. die »Erweckung«. Diese Bildungsgüter werden dargeboten, damit sich die werdende Person mit ihrem Gehalt auseinandersetzt.

ad a. Das Traditionsgut besteht aus: Lesen, Schreiben, Rechnen, einem bestimmten Wissen (Weltbild, Horizont), bestimmten Fertigkeiten. Insofern ist die Schule (in allen Formen, auch die Fachschule und Universität) eine Stätte bewußter Tradition. Die junge Generation muß sich viel Stoff aneignen. Andernfalls besteht die Gefahr des Traditionsbruches. ⟨So z. B. ist die Kunst der mittelalterlichen Glasfenster unterbrochen worden, ähnlich die des östlichen Kunstgewerbes. Ähnlich ist es beim Straßenbau, von dem die Germanen nichts verstanden und die römischen Straßen benutzten, bis sie völlig zerstört waren.⟩ Es besteht die Gefahr des Absterbens. Früher wurden schon die septem artes erwähnt. Lange herrschte stumpfsinniges Weitergeben. Das wahrhaft Bildende liegt erst dann vor, wenn Eigentätigkeit erweckt wird, eignes Verstehen, eignes Können. Dies hat

[13] Georg Kerschensteiner, Theorie der Bildung. Leipzig u. Berlin 1926. 3. Aufl. 1931.

höheren Bildungswert. Beispiel: Die deutsche Universität tradiert nicht nur. Jeder soll im kleinen mitforschen. [Das ist ihr] pädagogisches Prinzip!

ad b. Gesteigert: Bildungsgüter, mit denen jeder, dem sie dargeboten werden, sich persönlich auseinandersetzen soll. Das sind vor allem: religiöse Stoffe, ethische Stoffe, Kunst mit Weltanschauungsgehalt. Wo das ausbleibt, wird eigentlich nicht erzogen. Wie mache ich es also, eine gesinnungsmäßige Auseinandersetzung einzuleiten? ⟨Wie eine solche Auseinandersetzung einzuleiten ist, zeigt Sokrates. Er ist darum der Meister der Pädagogik. Er will Fragen erwecken, will sehend machen, will aufwühlen. Wo keine Aufwühlung ist, da ist keine eigentliche Schule.⟩ Ein großes historisches Beispiel: die Antike und die neueren Völker. ⟨Auch die Größe der Renaissance liegt nicht wesentlich im Tradieren und Hervorholen der antiken Kulturgüter. Es erfolgte stets eine innere Auseinandersetzung mit ihnen.⟩ Das Altertum ist deshalb ein großer Lehrmeister, weil seine Produktionen immer noch zur inneren Auseinandersetzung nötigen. Die Begegnung ist fruchtbar. Hier wurzelt, wie wir sehen werden, der Begriff des Klassischen. Klassisch sind diejenigen Schöpfungen der Vergangenheit, an denen die Nachfahren nicht vorübergehen können, die vielmehr immer wieder zur gesinnungsmäßigen Auseinandersetzung zwingen. Unglücklich ist, wer keine Begegnung dieser Art gehabt hat. *Unsre* Klassiker [sind eigentlich] Klassiker zweiter Potenz, weil sie selbst um ihre Selbsterhaltung gegenüber dem griechischen Schöpfergeist ringen mußten.

II. Bildungswert

⟨Der Bildungswert haftet an den Bildungsgütern.⟩ Er bezeichnet, was an den Bildungsgütern pädagogisch fruchtbar macht, in welcher Richtung sie besonders ausstrahlen. Bildungswert heißt also nicht »Wert der Bildung«. Kerschensteiner zählt ihn zu den Eigenwerten. Aber das ist ein ganz anderes Thema. Bildungswert heißt vielmehr Wert für die Bildung, ist also nur ein Dienstwert. Er ist also abhängig vom Ziel der Bildung. Was will man eigentlich? Was erwartet man? Es gibt zwei Einteilungsgesichtspunkte: [Wir unterscheiden zwischen] totalem und speziellem Bildungswert [und zwischen] materialem und formalem Bildungswert. ⟨Totalen Bildungswert hat z. B. ein Geschichtswerk in einer fremden Sprache. Wir können ihm denselben beimessen, da unser ganzes Wesen von der fremden Sprache und der Geschichte ergriffen wird. Ähnlich kann es uns etwa beim ›Faust‹ ergehen, da dieses Drama letzte Wesensfragen enthält. Speziellen Bildungswert hat z. B. das geometrische Zeichen, es ist wertvoll für die Geometrie, wertlos aber für das künstlerische Zeichnen⟩ (früher verwechselt). Materialer Bildungswert bedeutet: Die Sache selbst ist es wert, sie zu kennen und zu können. Formaler Bildungswert: Es kommt nicht auf den Gehalt selbst an, sondern auf die Kräfte, die man an dem Bildungsgut übt und entwickelt. [So ist z. B. eine] Streitfrage: Weshalb lernt man Latein? Lohnt es die Literatur (für jeden)? oder ist die Sprache Gymnastik des Geistes? [Es ist eine] Utopie, einen Stoff [zu finden], an dem man denken überhaupt lernen könnte, aber vielleicht [gibt es] Stoffe, an denen über sie selbst hinaus eine Mitübung erzielt wird. Ein berühmtes Elend: der Klavierspieler und die Tonleitern. Tonleitern sind keine Musik, haben [aber] formalen Übungswert.

Alle diese Fragen drängen hin zu den weiterführenden Gedanken: Welche Bildungsgüter sollen wir auswählen, vor allem für die allgemeinvorbereitenden Schulen? Welche Gesichtspunkte sind dabei maßgebend? Vor mir entsteht das Bild einer Schulreformkommission, die diese Auslese planmäßig vollzieht. Vielleicht ist das für manchen ein Ideal, für mich nicht. Ich will im folgenden Paragraphen den Beweis führen, daß so mindestens in einem hochwichtigen Fall die Auslese der Bildungsgüter nicht erfolgt ist. These: Die Geistesgeschichte (mit ihren Kämpfen) ist die Macht, die diese Auslese vollzieht. Sie macht das maßgebende Bildungsprogramm, nicht die Schulräte, nicht die Professoren. Betrachten wir die Fächer der Volksschule! Wie sind sie zusammengekommen? Jedes von ihnen repräsentiert eine Epoche der Geistesgeschichte, die eine Schicht hinterlassen hat (Geologie der Volksschule).

§ 11. Die Bildungsgüter der Volksschule und ihr Zusammenwachsen

Definition der Volksschule (eine Solldefinition): Sie ist 1. für alle im Volke Elementarbildung vermittelnd, a. nicht klassenmäßig (sozial) differenziert, b. nicht beruflich differenziert, 2. vom Staat eingerichtete, mindestens beaufsichtigte Pflichtschule, 3. ausschließlich in den nationalen Bildungsgütern wurzelnde Schule, ⟨sie unterrichtet darum allein in der⟩ Muttersprache. Alle diese Bestimmungsstücke sind lange heftig umkämpft worden und werden noch heute umkämpft: zu 1: Ist sie für alle – wirklich keine Differenzierung? nicht konfessionell? gar nicht beruflich? [kein Gegensatz von] Stadt und Land? zu 2: Staatsmonopol? Schulzwang? zu 3: nur national zentriert oder sollen Elemente einer Fremdsprache gelehrt werden?

Die Volksschule gibt es annähernd erst seit Anfang des 19. Jahrhunderts.

Erinnern Sie sich des Stundenplans. Ich will ihn jetzt wie ein Schnellzeichner vor Ihnen entstehen lassen:

1. Lesen und Schreiben lernten im frühen Mittelalter nur die Kleriker, gleich für Latein. »Deutsche Schreib- und Leseschulen« für Kaufleute gab es seit 1320. Sie waren elende Privatunternehmungen. Rechnen wurde bei besonderen Lehrern (Modisten) gelernt. [Beides] wächst [dann] zusammen. [Die Schulen bleiben] freiwillig und privat.

2. Religion und Kirchengesang kommen aus anderer Wurzel, dem allgemeinen religiösen Laienunterricht der Reformation, Christenlehre, Katechismusschule. Beide Unterweisungen wurden im 16. Jahrhundert verbunden: Die Küsterschule lehrt auch Lesen, der Schreib- und Leselehrer lehrt auch Religion.

3. Realien: Naturkunde, Geographie, Landeskunde [treten] im 17. Jahrhundert [hinzu]. Zum religiösen Zweck kommt der wirtschaftliche. ⟨Im Zeichen des Merkantilismus ist dieser wirtschaftliche Fortschritt für den Staat von Bedeutung. Es werden darum die Schulen vom Staat gefördert, die Lehrgegenstände aufgenommen haben, welche sich in der Praxis nützlich verwerten lassen.⟩ Vier Faktoren [sind zu beachten]: 1. das Aufblühen der Naturwissenschaften: Realismus statt Verbalismus, 2. die Muttersprache bekämpft das Latein, 3. staatliche Wirtschaftspolitik (Merkantilismus), 4. staatlicher Schulzwang aus zwei Motiven, die Kirche ist nicht mehr allein zuständig. ⟨Der Untertan soll zwar religiös sein, er soll aber auch Steuern bezahlen. Das kann er aber nur, wenn er etwas gelernt hat. Darum mischt sich neben der Kirche der Staat in Schulfragen ein.⟩

4. ⟨Die Industrie wuchs im 18. Jahrhundert an Bedeutung.⟩ [Das erforderte eine] Hilfe für die Armen, die Verwertung der armen Kinder. [So entstanden] Bürgerschulen, Landschulen, Industrie- und Armenschulen.

5. Übergang zur allgemeinen Menschenbildung und Nationalbildung. 1770–1830. Deutsch als Kern des erziehenden Unterrichts, Heimatkunde, Volksgesang, nationale Sage und Geschichte. (Lesebuchproblem!) ⟨Das lineare Zeichnen entstand aus der besonderen Gedankenwelt Pestalozzis. Aber auch der Turnunterricht (Jahn) hat hier seine Quelle.⟩ Das Wirtschaftliche wird hinausgeworfen. Handarbeiten der Mädchen bleiben. Eigentlich sind um 1810 alle Fächer schon beisammen.

6. Knabenhandfertigkeiten [kommen im] 20. Jahrhundert [hinzu], umgedeutet als allgemein-formal bildend.

7. Eine fakultative Fremdsprache ist schon Anzeichen einer neuen Epoche.

Man sieht: Das sind Ablagerungen der Geistesgeschichte, keine Auswahl auf Grund einer abstrakten Bildungstheorie. Die Lehrplanschneiderei der Herbartianer hat diese Genesis verdeckt. Ausscheidungen: 1. das nützlich-wirtschaftliche Element. 2. In der nationalsozialistischen Zeit Versuch einer Ausscheidung des religiösen Elements. Was haben die Schulreformer alles hineinpacken wollen! das Fach Gesundheitspflege, das Fach Bürgerkunde, das Fach Erziehungslehre, das Fach Stenographie, das Fach Esperanto. Der wachsende geistige Organismus Volksschule hat sich anders entschieden: Künstlich machen läßt sich so etwas nicht. Die gesunde Volksschule ist ein Spiegel der Kämpfe um wichtige Werte. So wird es wohl allgemein sein [...]. Bei der grundlegenden Volksbildung gibt es kein Belieben, sondern maßgebend sind die sinnvollen Entscheidungen der Geistesgeschichte. Dies habe ich belegt an der Volksschule. Die Oberschule steht in anderem Zusammenhang.

§ 12. Der Begriff des Klassischen

Zum Wort: Unter den literarischen Bildungsgütern werden einige als »klassisch« bezeichnet. Ja die ganze griechisch-römische Literatur des Altertums nennen wir so: »das klassische Altertum«. Was heißt das? Ursprünglich war die Literatur ersten Ranges gemeint. Wortgeschichte (ganz amüsant): In der Republik war die römische Bürgerschaft in fünf Klassen (Steuerklassen) eingeteilt. Aber es war üblich, nur die erste Klasse als classici zu bezeichnen. Dieser Ausdruck wird auf Autoren übertragen von Aulus Gellius in den Noctes Atticae im 2. Jahrhundert post: classicus adsiduusque (wohlhabender) aliquis scriptor, non proletarius [14] (kein gewöhnlicher). Auf diese eine Stelle geht die Ausdrucksweise zurück. Schon die alten Griechen hatten solche Wertunterschiede hinsichtlich ihrer Dichter und scriptores gemacht. Aber sie hatten dafür kein Wort. Die Bezeichnung stammt also aus der Literaturkritik (einem Zweig der Rhetorik). Die Alten pflegten bewußt die Kultur der Sprache (Rhetorik neben Philosophie).

Dieses Erbe des Altertums ist von den Italienern und Franzosen viel mehr gehütet und fortgebildet worden als von den germanischen Völkern. Von einem Franzosen ist das Wort geprägt worden: Le style c'est l'homme. Im Stil (= Griffel) prägt sich das Wesen der Persönlichkeit aus. Cicero! Wer seine Persönlichkeit kultivieren will, muß seinen Stil kultivieren. Davon haben in Deutschland immer nur wenige gewußt, [die meisten

[14] Aulus Gellius, Noctes Atticae XIX, § 15. Hg. v. Carl Hosius. Stuttgart 1913. Nachdruck 1959.

waren] achtlos und achtungslos. Vor allem neuerdings [hat sich wie eine] Seuche Liederlichkeit und Verantwortungslosigkeit der Sprachbehandlung [verbreitet], im täglichen Gebrauch, z. B. Stummelworte wie HJ, SA, schon sind neue im Anmarsch CDU, LDP, auch bei bedeutendem Gedankengehalt: Der Deutsche schleudert den einfach hinaus. Hegel, Max Weber.

Dieser Exkurs (oder Stoßseufzer) leitet schon zu dem Begriff klassisch als Bildungsbegriff über. Einheimisch ist er, wie gesagt, in der Literaturkritik. Seit langem nennen wir klassisch solche Bildungsgüter, die im Bildungsverfahren an erster Stelle Geltung beanspruchen, also normative Bedeutung haben. (Nebenbei: »das klassische Altertum« ist eine leichtfertige Erweiterung des Sprachgebrauchs. Bei den Griechen und Römern war keineswegs alles »klassisch«).

1. Frage: Was darf denn den Rang des Klassischen beanspruchen? Zwei Antworten sind möglich: 1. Was die Zeiten überdauert, was feststeht, wie ein Fixstern. Herder: Die Griechen sind ewige Leuchttürme im stürmischen Meer der Zeiten. Unangefochtenheit! Ebenso gut: 2. Was von allen Zeiten umkämpft wird, weil man an ihm nicht vorübergehen kann. Was auch dann nicht totzukriegen ist, wenn es bekämpft wird. Mancher trauert heute vielleicht, daß große Männer der deutschen Vergangenheit von Deutschen beschimpft werden. Das ist nur ein Beweis ihrer Größe. Wären sie nicht groß, so hätte man sie längst vergessen. So aber kommt man nicht um sie herum. Entsprechend ist es bei klassischen Bildungsgütern. Nicht jeder, nicht jede Zeit bejaht sie herzlich, aber man kann sie nicht ignorieren. Zu allen Zeiten wird darum gekämpft, welche Geistesmächte in der betreffenden Gegenwart herrschen sollen. Ein wichtiger Tatbestand: Die sogenannte Geschichte, soweit sie Bedeutendes enthielt, kämpft den Gegenwartskampf noch mit. Sie ist keineswegs »erledigt«. Was ganz erledigt ist, lohnt sich kaum zu wissen. Große Taten und Werke ragen bis in die Gegenwart hinein, werden neu gedeutet und angeeignet. Die Konsequenz: Die Jugend soll sich an ihnen bilden.

2. Frage: (Anwendung auf den wichtigsten, beinahe hätte ich gesagt: den »klassischen« Fall): Warum hat sich im Bildungsleben der neueren Völker das griechisch-römische Altertum bis heute behauptet? Worin besteht sein Bildungswert? Wieder machen wir eine merkwürdige Feststellung: Jede Epoche hat darauf eine andere Antwort gegeben. (Schon dies ist Beweis einer unvergleichlichen Größe und Vielseitigkeit des [antiken] Lebens.) Warum ist es normativ? 1. Der Renaissancehumanismus [suchte] praecepta stili, praecepta morum (sittenstrenger Cato), sapientia (= Philosophie und Wissenschaft), [vor allem bei] Plato. Beabsichtigt war noch Imitation. 2. Der Neuhumanismus in seiner Blüte, 1780–1830 (Herder,

Goethe, Schiller, Humboldt) [betonte] a. die ästhetische Kultur: hier waren Formen geschaffen wie Tragödie und Epos, b. die ästhetische Seelenkultur, die Kalokagathie, Harmonie, c. die Einfachheit dieser Kultur, ihre Naturnähe und Simplizität (Rousseaufärbung). ⟨Im 19. Jahrhundert ließ sich die Nachahmungsforderung nicht aufrecht erhalten. Wer vermöchte heute noch in Schönheit zu leben?⟩ 3. ⟨Nietzsche fordert in seinen Basler Vorlesungen[15], daß das Griechentum nur die Maße, die Höhenlage einer Kultur abzugeben habe. Wir werden dem Griechentum nicht mehr gleich, doch sollen wir gleich groß werden.⟩ [Wir müssen den] Wettbewerb aushalten. 4. Wilamowitz-Moellendorff[16] (1900) ⟨denkt bereits historisch-positivistisch. Er stellt nicht die Wertfrage, sondern er sieht in der Antike eine völlig abgeschlossene Kultur mit eigenem Altertum, Mittelalter und Neuzeit.⟩ Sie ist ein Parallelfall, aus dem wir lernen können. 5. Werner Jaeger [untersucht in seiner] ›Paideia‹ (1934)[17] die Genesis, [sucht die] Wurzeln der abendländischen Kultur überhaupt [auf, ihre] gemeinsame Basis, [und betont] die Höhe des Menschentums, die Humanität. Wir kommen davon nicht los. 6. Der angebliche Dritte Humanismus faßte das Altertum als Vorbild politischen Wollens und Denkens. ego: bei den Griechen ist das sehr zweifelhaft, der Akzent müßte auf die Römer rücken. Selbst dem Nationalsozialismus schmackhaft gemacht.

Summa: Man sieht: Die Antike (selbst eine »Idee«) ist gar keine feste Größe, sie ist nicht unwandelbar. Sie *lebt* weiter und wandelt sich mit dem jeweiligen Leben. Dementsprechend: Der »Kanon« wechselt immerzu, [es ändert sich,] was Bildungswert beigelegt erhält. Im 16. Jahrhundert las man Ciceros Briefe in der Quarta. Man sollte Briefe schreiben lernen. Mal stand Homer, mal die Tragiker, mal Plato im Zenith. ⟨Auch das klassische Gymnasium hat viele Umdeutungen erfahren, aber man kommt von der Antike nicht los.⟩ Trotz aller Bedenken und Schwierigkeiten: verhängnisvoll wäre der Verlust der Kontinuität und Idealität.

3. Frage: Wie steht es mit den Klassikern der neueren Völker? ⟨Hier hat durch die nationale Differenzierung jedes Volk seinen eigenen Maßstab. So bevorzugen die romanischen Nationen die Formenstrenge, Gesetz, Regelhaftigkeit, Einfachheit und Größe. In England gibt es keinen eigentlichen Klassizismus.⟩ In Amerika Fehlanzeige. Die deutsche Klassik ist die Höchstleistung des deutschen Volksgeistes: Klopstock (?), Wieland

[15] Friedrich Nietzsche, a.a.O. (Anm. 2).

[16] Ulrich v. Wilamowitz-Moellendorff, Reden und Vorträge. Berlin 1900. Ders. Der griechische Unterricht auf den Gymnasien. Berlin 1900.

[17] Werner Jaeger, a.a.O. (Anm. 3).

(?), Lessing, Herder, Goethe, Schiller, Kant, Fichte, Schelling, Hegel. [Aber sie ist] ebenfalls umstritten. Der katholische Teil der Bevölkerung [kritisiert, sie sei] rein protestantisch, eher [sei] das Mittelalter klassisch, jedoch [besteht ein] Gefühl dafür, daß die mittelalterliche Mystik hier eine tiefe Erneuerung und Fortbildung findet. Von evangelischer Seite [wird bemängelt, die] Erbsünde [sei] nicht genug betont, die Verderbtheit der Vernunft nicht betont. Es wäre ein nationales Unglück, wenn es dabei bleiben sollte.

1. Zusatz: Das christliche Bildungsgut wollen wir nicht klassisch nennen.

2. Zusatz: Hans Richert[18] (1924) [wollte] die ganze Linie der deutschen Kultur [der Erziehung zugrunde legen]. »Kulturkunde« passim. Das wäre der Verzicht auf den Begriff des Klassischen in der Schule. (Langbehn, Der Rembrandtdeutsche, 1890.) Ein weiterer Mangel: der deutsche Mensch in der Selbstbespiegelung. [Aber] Bildung heißt: aus sich heraustreten, sich erweitern, vergleichen, messen ⟨und fremden Kulturen begegnen⟩.

3. Zusatz: Letzte Zuspitzung [im Nationalsozialismus]: Das Klassische ist das Rassische. Die Qualität der geistigen Leistung sei gebunden an eine bestimmte Qualität des Blutserbes. Das ist eine verworrene Biologisierung eines dem Geistesleben angehörigen Begriffs. Wir erkennen das Eigentümliche der Rasse vom Geiste her (nicht vom Erbstrang).

Schluß: Klassisch heißen solche Bildungsgüter, denen über den Wechsel der Zeiten hinaus Bedeutung für das europäische Geistesleben zukommt und die jede nachfolgende Generation zur Aneignung wie zur gesinnungsmäßigen Auseinandersetzung auffordern.[19]

§ 13. Materiale und formale Bildungswerte

Die Termini sind unglücklich.

1. Von einem materialen Bildungswert reden wir dann, wenn ein Bildungsgut um seiner selbst willen für die Bildung wertvoll ist.

2. Von einem formalen Bildungswert reden wir dann, wenn das Bildungsgut nur zur Übung seelisch-geistiger Kräfte dient (Kraftbildung).

ad. 1. [Diese Bildungsgüter werden] nach Sachgebieten [der Kultur] aufgeteilt: Sie sind a. ökonomisch-technisch: manche Techniken muß man

[18] Hans Richert, Richtlinien für die Lehrpläne der höheren Schulen Preußens. Berlin 1924.

[19] Werner Jaeger, Das Problem des Klassischen. 8 Vorträge. Leipzig 1931.
Alfred Körte, Der Begriff des Klassischen in der Antike. Berichte der Sächsischen Akademie der Wissenschaften. Leipzig 1934.

als solche können, b. ästhetisch: manche Kunstwerke dürfen niemandem fremd bleiben, c. theoretisch: manches muß jeder wissen, z. B. eine Schleife binden, ein Volkslied, zählen und die vier Rechnungsarten. Den Inbegriff dieser jedem zugemuteten Bildungsgüter hat man allgemeine Bildung genannt; sie steht am Ende des Lebens. Allgemeine Menschenbildung ist ein zu anspruchsvoller Name, man sollte es grundlegende Bildung nennen. Der Umfang des Fundamentes richtet sich nach der Größe des geplanten Gebäudes. [Es ist bei der] Volksschule [und der] Oberschule [verschieden.]

ad. 2. Bildungsgüter als Übungsmittel. a. Dies ist formale Bildung in einem sehr untergeordneten Sinne. Man wählt die Übungsmittel so, daß sie einen möglichst großen Anwendungsbereich haben, alias: daß am Einzelobjekt möglichst viel mitgeübt wird für andere Aufgaben und Leistungen. Z. B. Etuden, Freiübungen unseligen Angedenkens, formale logische Übungen; gewisse Denkformen kehren überall wieder. Geistesgymnastik, Exerzierübungen. Sie sind mit Recht durchweg unbeliebt, denn uninteressant, ⟨aber sie sind anzuerkennen; die menschliche Orientierung in der Welt ist auf eine begrenzte Zahl von Auffassungskategorien angewiesen, in diesen aber muß der Mensch möglichst sicher sein. Pestalozzi wollte darum für das Kind eine objektive Welt aufbauen, verworrene Gedanken sollten deutlich gemacht werden. Aber es wurde schließlich mechanisch und langweilig. Die Anteilnahme muß bereits durch den Stoff geweckt werden.⟩ Vgl. Übungssätze wie: Der Vater brät den Missionar. Rechenexempel. Dabei will ich nicht verweilen. Ich suche vielmehr das Prinzip der fruchtbaren Fälle.

b. ⟨Es gibt Fälle der Übereinstimmung⟩ von Subjektakten und objektiven Sachverhalten. (Die Deckung von res und intellectus ist ein tiefes Problem.) Die große Kunst eines Lehrmeisters ist es, die Fruchtbarkeit des Elementaren zu zeigen. [Es gibt] Urfälle und Urgedanken, Urphänomene. Ein reiner Fall ist der, dessen Aufbau ganz durchsichtig = evident ist. Beispiel: Es gibt 1. Urtechniken: das Spinnen, das Weben, das Nähen, das Nieten. Die komplizierteste Maschine beruht auf einigen Urgedanken: die Hebelwirkung, das Rad, die Krafttransmission. Dies muß man begriffen haben. Materialkenntnis. Einfachst-Schulung. ⟨Wer die Elemente nicht begriffen hat, für den bleibt alles Chaos.⟩ 2. Ästhetisch erregte Urempfindungen der Menschheit: Liebe, Frühling, Heimat, Sehnsucht, Gottseligkeit, das Tragische (Urformen). Hegel. Jede Saite des Seeleninstrumentes muß einmal tief angeklungen sein. 3. Urgedanken. ⟨Sind diese flach, ist jeder Fortschritt behindert.⟩ Z. B. a. die einfachste Bewegung. ⟨Mit der Kenntnis der Fallgesetze und ihrer Entdeckung durch Galilei geriet die ganze Physik in Bewegung. Die Ursache lag darin, daß die Griechen falsche Urgedanken konzipiert hatten. Sie glaubten, die Urform der Bewegung sei die Kreisbewegung, darum müßten sich auch die Gestirne im Kreis bewegen (in Wirklichkeit in Ellipsen). Aber es ist immer falsch, Bewegungsgesetze aus Schönheitsgesetzen abzuleiten. Für Galilei war die Urform der Bewegung die gradlinige.〉 b. Formen und Formverwandlungen, Elemente und Entelechien, c. Urformen des Verstehens (unbeachtete), [etwa] einfachste Motive im Märchen. Summa: [Es gibt] eine Schule der Urphänomene. Dies ist ein Mittel gegen den Stoffballast, gegen den didaktischen Materialismus.

III. Hauptteil. Erzieher und Zögling

Unsre Disposition war gemäß der Gliederung der Kulturphilosophie aufgebaut. Der I. Teil: Bildungsideale entsprach dem philosophischen Systemteil: Normativer Geist und Gemeingeist. Der II. Teil: Bildungsgüter (und an ihnen haftende Bildungswerte) entsprach dem objektivierten Geist. Auf diesem Hintergrund überindividueller Art treten nunmehr die Individuen als Geistträger hervor. Der III. Teil betrifft Erscheinungen am personalen (subjektiven) Geist: a. der Erzieher, d. h. die Persönlichkeit, hier betrachtet als Träger einer Erziehungsabsicht und Erziehungsarbeit (kann sich zur Genialität erheben), b. der Zögling, ein noch in der Entwicklung befindliches Menschenwesen. Wir haben es hier nicht in seiner Ganzheit zu betrachten, sondern nur unter dem spezifischen Gesichtspunkt, wie es sich gegenüber den planmäßigen Bildungseinflüssen verhält, kurz: von der Seite der Bildsamkeit, falsch wäre: nur als »Bildungsempfänger«, c. beide in ihrem Zueinander: die pädagogische Begegnung, das persönliche Erziehungsverhältnis. Ich beginne mit dem Zögling.

§ 14. Die allgemeine Bedeutung des Problems der Bildsamkeit

Einleitung: Zu jedem Arbeitsgebiet der Kultur gehört ein eigentümlicher Aspekt des Menschen, entsprechend eine eigentümliche Anthropologie, insbesondere Psychologie. Der Mensch sieht anders aus für den Seelsorger, Politiker, Verkäufer, Regimentskommandeur. Hier: 1. Wie sieht er aus für den Erzieher, der mit Bildungsabsichten an ihn herankommt? Insbesondere: Pädagogische Psychologie betrifft Menschenkenntnis unter besonderem Gesichtspunkt. 2. Dieser Gesichtspunkt ist für die Pädagogik nicht der einzige (cf. Teil I und II). Man kann Pädagogik nicht in Psychologie auflösen. Das Schlagwort: »Alles vom Kinde aus« (um 1910/20) war falsch.

Die psychologische Seite ist jedoch sehr wichtig, weil die Möglichkeiten und Grenzen der Erziehung anthropologisch (vor allem psychologisch) bestimmt sind. Herbart sagt: »Der Grundbegriff der Pädagogik ist die Bildsamkeit des Zöglings.«[20] [...].

I. Was heißt Bildsamkeit (Plastizität)? (Problementwicklung)

Bisher haben wir Forderungen behandelt: Bildungsideale, d.h. Ziele, die der Bildungsarbeit gestellt werden, und Bildungsgüter, die den Anspruch erheben, für die Bildung »von Wert« zu sein. Gut. Aber wenn nun das junge Leben sich diesen Forderungen entzöge? Wenn alle Absichten der Formung an dem Leben und Wesen dessen, der geformt werden soll, abglitten? Ist der Mensch überhaupt formbar? Und wenn – auf welchen Wegen? Wo muß man die Hebel ansetzen? Wie weit geht die Formbarkeit? [Ich entwickle] zwei Gedankengänge zur Verdeutlichung des Problems.

A. Schleiermacher liebt eine instruktive Methode der Problemdiskussion: [die Orientierung am] Maximum und Minimum. [Er stellt ein] Gedankenexperiment [an]: Das Maximum wäre die Allmacht der Erziehung. Erziehung kann aus dem Menschen alles machen, was sie will. So gegen Ende des 18. Jahrhunderts Helvetius, Kant sogar! Das Minimum wäre die Ohnmacht der Erziehung: Der werdende Mensch ist von außen völlig unbeeinflußbar. Der angeborene Charakter ist ein character indelebilis. Erziehung (nun gar Selbsterziehung) ist eine Illusion. So z. B. Schopenhauer. Niemand wird eines dieser Extreme bejahen. Das Wahre liegt irgendwo in der Mitte. Wo? deutet schon der zweite Gedankengang an.

B. Welchen Grad an Widerstand leistet das »Material« (NB: bei verschiedenen Formungsabsichten)? [Wir unterscheiden] drei Stufen: 1. Toter Stoff hat auch schon seine Eigengesetzlichkeit, die sich nicht ignorieren läßt. [Es ist ein Unterschied, ob man] eine Figur aus Wachs (klassischer Fall) oder aus Marmor [herstellen will] = Technik und Kunst. Man kann nicht jedem Stoff die Form geben, die man will (Statik und Dynamik). 2. Lebewesen: Jede Pflanze, jedes Tier bringt von sich aus mit ein Entwicklungsziel und ein Entwicklungsgesetz (Phasen, Tempo). Die Beeinflußbarkeit ist dadurch eingegrenzt. ⟨Darum spricht man nicht mehr von Technik und Kunst, sondern von Pflege.⟩ Es gibt Entwicklungspflege und Entwicklungshilfe. [Man denke an] das ganz kleine Kind. 3. Der

[20] Johann Friedrich Herbart, Umriß pädagogischer Vorlesungen. 1835. § 1, erster Satz. Sämtliche Werke. Hg. v . K. Kehrbach. Langensalza 1887 ff. 10. Bd., S. 69.

Mensch (das schwierigste Objekt) entfaltet früh einen eigenen Willen. Er nimmt selbst Stellung. Man kann nicht Stellungnahme geben, sondern nur »erwecken«. Schon hier betone ich: Suggestion, suggestive Propaganda ist ein Zerrbild der Erziehung. Die Stellungnahme [wäre dann] erschlichen oder erpreßt. Der Mensch aber reicht durch die letzten zwei Schichten hindurch: a. Die spontane (?) Entwicklung (= von innen gesteuert) b. sein spontanes Stellungnehmen (= gewollt) müssen einkalkuliert werden. Im Bild: da, wo ich eine Billardkugel hinstoße, bleibt sie bestimmt nicht. Zu a. brauche ich nichts zu erläutern, Rousseau hat entdeckt, man muß als Erzieher warten können, man kann die Pubertät z. B. nicht beschleunigen. Zu b: Es ist a priori klar, daß wir mit rein naturwissenschaftlicher Denkweise, mit biologischen Begriffen, nicht auskommen werden. Aber wir müssen doch mit der biologischen und soziobiologischen Denkweise anfangen und sehen, wie weit wir damit kommen.

II. Was leisten uns die vorhandenen Wissenschaften?

[Wir unterscheiden] zwei Stufen: Wir machen dazu Anleihen A. bei der biologischen Betrachtungsweise und einer mit bloß biologischen Kategorien arbeitenden Soziologie, B. bei der geisteswissenschaftlich-ethischen Betrachtungsweise. Das Neue, das bei den Gegenständen der Geisteswissenschaften auftritt, ist: 1. Hier handelt es sich um willensmäßig stellungnehmende Personen (und Gesamtpersonen, letzteres bei der Volkserziehung). 2. Diese Stellungnahme ist bestimmt durch geistige »Gehalte«, die in geistigen Akten der Person erfaßt und »verstanden« werden. Hauptbeispiel: Akte des Denkens: Der Zögling beginnt eines Tages selbst zu denken (richtig oder falsch) und auf Grund solcher Gedanken Stellung zu nehmen, d. h. sich zu entscheiden. Das ist das Ende der bloß biologischen Schicht und Sicht.

In diesem Paragraphen nur noch ein Blick auf die biologische Betrachtungsweise zur Vorbereitung der Einzelheiten, d. h. auf die Erziehung, soweit sie in die Entwicklung eingreift und mit ihr rechnen muß (rein biologisch gedacht). Wir pflegen bildlich zu sagen: Jede Entwicklung beruht auf zwei Hauptfaktoren: inneren (endogenen) und äußeren (exogenen). ⟨Im Einzelfall ist es schwer zu entscheiden, was bei einer Entwicklung von innen und was von außen kommt.⟩ Zum Ersten gehört die innere Entwicklungstendenz und Rhythmik. Voraussetzung ist die »Anlage« a. zum Menschwerden überhaupt, b. die individuell bestimmte: Rasse, Stamm, dieser hier (hoc individuum). Maßgeblich ist daher das Erbgut (= Ausstattung mit »Anlagen«). Aber zur Auswicklung kommt es nur unter geeigneten Umweltbedingungen (Peristase, Milieu). Die Trennung ist reine Gedankentrennung. Im Leben beobachten wir immer nur, was aus dem Zusammenwirken herauskommt. Ein Naturexperiment sind die eineiigen Zwillinge.

1. Im Grunde weiß kein Erzieher, welche Anlagen sein Zögling mitbringt (wichtig!). Er sieht nur, welche Eigenschaften und Fertigkeiten schon auftreten und macht dann die Hypothese: es werden wohl Anlagen dafür dagewesen sein. ([Er sieht nur den] Phänotypus, der Genotypus bleibt ihm im konkreten Fall *ganz* verborgen.)

2. Kein Erzieher hat die Anlagen in der Hand. Er kann keine pflanzen. Er kann keine ausrotten. Das liegt im Begriff der Anlage. Er kann nur die Umweltbedingungen beeinflussen. Daher beginnt jede Erziehung mit planmäßiger Umweltgestaltung. Sie ist einseitig: Milieupädagogik. Im Milieu unterscheiden wir a. das bloß naturhafte: Bedingungen des nackten Lebens und Bedingungen gesunder hochwertiger Entwicklung müssen gegeben werden. b. das soziale Milieu, die Kultur (immer noch bloß mit biologischen Begriffen betrachtet), mit soziobiologischen schon falsch! ⟨Dieser muß sich der Zögling anpassen (beachte, daß gepflegte Kinder einen bedeutenden Entwicklungsvorsprung besitzen).⟩

Eine neue Grenze der Erziehung [besteht darin]: Der Erzieher kann weder das eine noch das andere nach seinem Belieben machen. Seine Tätigkeit ist im Rahmen der Milieupädagogik eine bloß selektive (ein biologischer Begriff). Er wählt planvoll (im Grunde schon stellungnehmend) günstige Entwicklungsbedingungen aus: günstige Naturbedingungen und günstige Kulturbedingungen. Indem er diese seligiert, seligiert er zugleich gewisse Anlagen, denen er heraushelfen will (Entwicklungshilfe!). Aber man darf dabei nicht vergessen, daß gleichzeitig ein anderer Prozeß abläuft. Der Zögling seligiert von seinen Anlagen aus unwillkürlich aus dem Totalmilieu, was ihm gemäß ist, wird davon angezogen, fasziniert. Er seligiert damit – der Voraussetzung nach – ganz unwillkürlich auch aus sich selbst. Er fördert eine bestimmte Entfaltungsrichtung. Er drängt eine andere zurück. Er seligiert auch aus dem Erzieher (beachten!). ⟨Der Zögling weiß ihn zu nehmen.⟩ Beide Prozesse können weit divergieren. Der Zögling »assimiliert« sich, was er nicht sollte, und assimiliert nicht, was er sollte. [Es entsteht] eine Wirrnis. Wo beides aufeinanderstößt, da entfaltet sich der pädagogische Grenzkampf. Der Erzieher führt ihn bewußt, der Zögling zunächst nur instinktiv, bis zu dem Augenblick, der viel zu wenig beachtet wird, wo der Zögling versteht, daß er erzogen werden soll – und dazu Stellung nimmt (im dritten Jahr). Von diesem Augenblick an reichen bloß biologische Kategorien nicht mehr aus.

Schluß: Wenn wir als Erzieher über die Bildsamkeit des Zöglings reflektieren wollen, so fragen wir nach den fruchtbaren Ansatzstellen, den Hebeln. Was lehren uns die Wissenschaften? Die physiologische Seite ist schon sorgfältig studiert, allerdings auch erst in neuester Zeit, die physiologische Vererbungstheorie. Auf der psychologischen Seite herrscht noch großes Dunkel. Die Begriffe, die sie zur Verfügung stellt, sind noch ganz schwankend. Die Psychologie will nicht so recht exakte Wissenschaft werden. Psychologie ist nämlich der Selbsterkenntnisversuch des Menschen (schöpft aus großen Tiefen). ⟨Hier widerstreiten sich zwei Grundauffassungen⟩: Die erste Richtung ist noch ganz weltanschaulich-metaphysisch. [Sie enthält] Begriffe wie Erbsünde, ursprüngliche Güte, Freiheit des Willens, Unfreiheit des Willens. Die zweite Richtung ist flach positivistisch. Die Seele ist ein Gefäß für Vorstellungen. ⟨Durch die Erziehung wird der Vorstellungskreis verändert, dadurch wird zugleich der Charakter verändert, der auf den Vorstellungen aufsitzt (Herbart).⟩ [Die Seele ist eine] »Sparbüchse« für Vorstellungen. [Oder die] Seele ist eine Struktur von Kräften und Leistungen ganz eigener Art (biologisch besser). Hier ist alles unfertig. *Wie* greifen wir in dies Gefüge ein, wenn wir Einfluß auf das seelische Verhalten gewinnen wollen? Das ist das Problem der Bildsamkeit.

§ 15. Vererbung und Erziehung

Die Tatsache, daß physische und psychische Anlagen von den Voreltern ererbt werden, ist seit Urzeiten bekannt. Aber theoretisch wird sie sehr verschieden gedeutet, früher religiös und metaphysisch. Religiös [sprach man von] Erbsünde generell, Erbschuld (Erbfluch), von Prädestination und den »Gezeichneten«, metaphysisch von angeborenem Charakter, intelligiblem Charakter, von Urtat (in einem anderen Leben). Jetzt [wird die Frage] in der positiven Wissenschaft erforscht. [Es gibt] ein Erbgut von Anlagen, das gewissen Gesetzen unterliegt. [Aber] beim Menschen kann man nicht experimentieren (züchten).

I. Erinnerung an einige Resultate. ⟨Wir kennen die physischen Träger der ererbten Dispositionen, die 24 Chromosomenpaare, denen das Erbgut angeheftet ist.⟩ Wie sind daran die Erbeinheiten gebunden und verteilt, z. B. Blattform – Blattstellung, Haarfarbe – Haarform? Diese Erbeinheiten nennt man Gene, genische Radikale. Das sind keine vorfindbaren Realitäten, sondern gedankliche Hypothesen. Welche Erbfaktoren bestimmen die individuelle Eigenart einer Pflanzenspezies? Welche Faktoren bestimmen den Aufbau eines Charakters? Es gibt Gene, die in völliger Unabhängigkeit voneinander mendeln, z. B. Haarform und Haarfarbe (an verschiedene Chromosomen gebunden), und es gibt solche, die nur in Koppelung aneinander mendeln (an dasselbe Chromosom gebunden). Darüber hinaus: jedes einzelne Gen findet seine Entwicklungsbedingungen nur durch das Gesamtgengefüge. [Es gilt das] Prinzip: Jede Eigenschaft eines Individuums ist abhängig von der Gesamtheit seiner Gene, vom Gesamtgenotypus. Das deutet auf einen ererbten Bauplan. Es können aber auch verschiedene [Baupläne] ineinander gelagert sein. In der Entwicklung tritt zeitweise der eine, zeitweise der andere deutlicher hervor. Das ist für die Erziehung wichtig: es gilt den günstigsten herauszuholen.

Noch schwieriger ist die seelische Vererbung. [Es ergeben sich] vier neue Probleme: 1. Wie ist die Bindung seelischer Erbanlagen an die körperlichen Erbträger (Chromosomen) zu denken? Es ist ein Spezialfall des psychophysischen Problems und bleibt noch immer ein völliges Geheimnis. 2. Welches sind in psychischer Hinsicht die genischen Radikale, die Erbeinheiten, die letzten seelischen Anlagen? ⟨Man hat hier den Perseverationstypus, die Ansprechbarkeit des Gefühls usw. angeführt.⟩ Die Abtrennung von fertigen Eigenschaften ist schwer. 3. Wie sind die *seelischen* Gesamtgenotypen zu denken, der Anlagenbauplan, modern: die seelische Konstitution? 4. Wie ist das Verhältnis zwischen seelischen Erbanlagen und *geistigen* zu denken? Vorläufig [können wir annehmen]: Geistiges wird überhaupt nicht vererbt (sondern nur tradiert). Die seelischen Funktionsbereitschaften können aber für die Aufnahme gewisser geistiger Gehalte günstig oder ungünstig sein, z. B. musikalische Begabung ... Faktoren. Aber diese sind alle nur mögliche Gefäße für einen geistigen Gehalt. Der Sinngehalt der Musik ist nicht im Erbgut präformiert; sehr dunkel!

II. Was folgt für den Erzieher? Praktisch verhältnismäßig wenig.

A. Diagnose. 1. Der Erzieher kennt im konkreten Fall das Erbgut seines Zöglings überhaupt nicht. Tatsächlich hervortretende Eigenschaften werden als ererbt gedeutet, wenn Vorfahren bekannt oder sie sehr zäh wurzelnd sind. Aber es gibt große Täuschungsquellen. [Vieles ist] ganz früh im Umgang mit den Eltern erworben, z. B. in Musikerfamilien. 2. Der Erzieher muß aber von den Tatsachen der Vererbung und den Vererbungstheorien etwas wissen, um Grenzen und Möglichkeiten seines Tuns abzuschätzen, um nicht falsch anzusetzen. Er kann Anlagen nicht machen, nicht eliminieren, aber herausholen oder unterdrücken, also:

B. Therapie. 1. Der Erzieher darf seinen Erziehungsoptimismus nicht lähmen lassen. 2. Er muß den Anlagen einen wertvollen, fördernden Gehalt zur Übung darbieten, ungünstige dämpfen, indem er ihnen keine Gelegenheit bietet, sich zu entfalten. 3. Er muß ambivalente Anlagen zum besten kehren, z. B. Hartnäckigkeit – ist gar nicht übel, aber im Dienst wertvoller Ziele, Gefühlsweichheit (oft haltlos!) – ist [auch] günstig zu verwerten. 4. Als Volkserzieher [muß er wissen]: Erworbene Eigenschaften vererben sich nicht. Sonst wäre eine ungeheure Kumulation. Was er für die Zukunft tun kann, liegt auf dem Gebiet der Eugenik. [Man kann] die Fortpflanzung von minderwertigem Erbgut verhüten. Das ist bei allen Völkern brennend. Aber bekanntlich ist das eine sehr schwere ethische und bevölkerungspolitische Frage [...] Wir wollen im folgenden das Problem der Bildsamkeit mehr von der psychologischen Seite her in Angriff nehmen.

§ 16. Psychologische Voraussetzungen der Bildsamkeit

An den Aufgaben der Praxis merken wir immer wieder, daß unsere Psychologie die Fragen, die wir an sie stellen müssen, nur sehr unvollkommen beantworten kann. Es ist seltsam: Wir wissen so viel von der toten Natur, so wenig vom Leben und von uns selbst. Bis um das Jahr 1900 haben alte Systeme der Psychologie geherrscht, mit denen man für die Zwecke der Pädagogik gar nichts anfangen kann. [Ich bringe] zwei Beispiele:

1. [Herbart,] der zweite Klassiker der deutschen Pädagogik (neben Pestalozzi) ging von der Annahme aus, die Seele sei ein wechselnder Komplex von Vorstellungen, durch deren Bewegung erst Strebungen und Gefühle entstehen. Das war ein krasser Intellektualismus. Pädagogisch folgt daraus der Satz: Der Gedankenkreis bildet den Charakter. Wer könnte das bejahen?

2. Eine andere einflußreiche Form der Psychologie war die Auflösung der Seele in eine Anzahl von Grundvermögen oder (was nicht viel besser ist) von Grundfunktionen. Seit dem Ende des 18. Jahrhunderts sind es drei. Ein viel benutztes Buch von Paul Barth, noch 1911 in 3. Auflage erschienen, ›Die Elemente der Erziehungs- und Unterrichtslehre‹,[21] gliedert: Bildung des Willens, Bildung des Gefühls, Bildung des – Geistes (= Unterricht). Damit kann man heute gar nichts mehr anfangen. Gibt es eine Bildsamkeit des Willens für sich genommen? Gibt es eine Bildsamkeit des Gefühls? etc. Wie sollte man einen sogenannten Willen bilden,

[21] Paul Barth, Die Elemente der Erziehungs- und Unterrichtslehre. 3. Aufl. Leipzig 1911. 6. Aufl. Leipzig 1919.

ohne den Weg über Vorstellungen, Begriffe und Gefühle zu nehmen? Mindesteinsicht: Diese angeblichen Vermögen greifen durchweg durcheinander. Sie bilden *ein* gegliedertes Ganzes, eine Struktur, d. h. ein gegliedertes Leistungsgefüge, wie der physische Organismus ein gegliedertes Leistungsgefüge ist. ⟨Daher sprechen wir heute von Strukturpsychologie.⟩

Die Strukturpsychologie geht im wesentlichen auf Dilthey, 1894[22], zurück. Natürlich macht im individuellen Leben die Struktur eine Entwicklung durch, vom Primitiven zum Geistigen. Schließlich steht eine Persönlichkeit da mit einem erworbenen Strukturzusammenhang geistiger Individualität. Es steht fest: Moderne Psychologie ist Ganzheitspsychologie, genauer: Strukturpsychologie, Strukturentwicklungspsychologie.

Aber ein zweiter Gedanke mußte noch hinzutreten: Was wir die Seele (?) nennen, hat auf jeder Entwicklungsstufe eine Schichtung. Das ist eine Überlagerung von verschiedenen Strukturen mit verschiedenem Aufbaugesetz und verschiedener Funktionsweise. Dies hat schon Aristoteles gesehen. [Er unterschied] anima vegetativa, anima sensitiva, anima concupiscens, anima cogitans. Im 20. Jahrhundert ⟨wurde diese alte Theorie⟩ bereichert durch die Tiefenpsychologie Freuds u. a., die Lehre von der unbewußten Seele (Psychoanalyse), und durch Klages, [der zwischen der] Schicht des Lebens [oder der] Seele und [der] des Geistes [unterschied]. Diese Oberschicht wird ausgelegt als Fremdherrschaft: ›Der Geist als Widersacher der Seele‹.[23] Lersch spricht vom endothymen Grund der Seele.[24]

Ein neuester Versuch will die Schichten der Seele auf fünf beziffern. Eine Analyse der Persönlichkeitsschichtung gibt Erich Rothacker, ›Die Schichten der Persönlichkeit‹[25]; er stellt den status quo der Diskussion dar. Seine Grundthese ist: Unter der Schicht, die wir unserem bewußten Ich zurechnen, liegt in uns noch ein gestaltenreicher Untergrund, dem Es zuzurechnen – »meinem« Es (also doch!). Das Ich dominiert nur über der Unterschichtung. Alle Schichten gehören zur Gesamtpersönlichkeit (die auch physisch ist). In kurzer Skizze:

1. Die unterste Schicht: die Lebendigkeit überhaupt. ⟨Sie ist schon beim Einzeller anzunehmen.⟩ Antworten auf Umweltreize. Selbstregula-

---

[22] Wilhelm Dilthey, Ideen über eine beschreibende und zergliedernde Psychologie. 1894. Gesammelte Schriften. V. Bd. Leipzig und Berlin 1924. S. 139 ff.

[23] Ludwig Klages, Der Geist als Widersacher der Seele. 3 Bde. Leipzig 1929–1932.

[24] Philipp Lersch, Der Aufbau des Charakters. 3. Aufl. München 1948.

[25] Erich Rothacker, Die Schichten der Persönlichkeit. Bonn 1937. 3. Aufl. 1948.

tionen – Steuern von Bewegungen. Es ist die Leibseele oder Vitalseele im Ursinne. Sie lebt auch in uns.

2. Schicht: die vegetative Schicht (Pflanzenleben). Sie umfaßt Ernährung, Atmung, Blutleben.

3. Schicht: die animalische Schicht (dem Tierleben vergleichbar). Sie umfaßt die Instinkte und Triebe (nicht ichgesteuert, sieht nur zu). Zum Beispiel schon Herrschaftstriebe bei Tieren, Imponiertrieb, Spieltrieb des jungen Lebens. Alles ist an Ausdrucksbewegungen erfaßbar, ein allgemeines Seelentum. Wir verstehen dies, weil auch in uns dies Leben ist. [Etwa] Furchtreaktionen, Flucht.

4. Schicht: das spezifisch menschliche Fühlen. Es stammt nicht aus dem Ich. Haben = »Innesein«. Name: »beseelte Tiefenperson«. Es sind nicht nur Fühlregungen, auch Bilder (statt Sinnesempfindungen), ein Fließen und Verfließen. Hier lagern Traumbilder, das Dämonisch-Magische, Mythenbilder, Klages, Freud, C. G. Jung. Sogar noch die logique du coeur [gehört dahin].

Es sind vorrationale Gewißheiten, alles liegt unterhalb der bewußten Wachheit. Die russische Sprache sagt: Es wird zornig in mir. [Diese Schicht] mag als Vorform des Selbstbewußtseins gelten. Sonst gilt: »Wir leben aus dem ›Es‹ heraus, und nur Fragmente dieses Lebens werden erhellt, durch Kontrolle und durch Formung gestaltet und ergänzt«.[26]

5. Schicht: die Ichschicht oder Personschicht. Ihre Hauptfunktion ist (cf. Zitat) die Kontrolle und Formung. Es sind die geistigen Akte der Steuerung, Lenkung, Hemmung und Auslese. [Es ist die Frage:] Was wird vom Ich bejaht und aufgenommen? Nur im »Es« geht es organisch zu (etwa Klages: Geist contra Leben). ⟨Für die Persönlichkeit ist das entscheidend, was zum Ich zugelassen wird.⟩ Im ganzen stellt Rothacker diese Schicht zu einseitig, rational, intellektuell dar.

Stellungnahme: Es ist ein unfertiger Entwurf. 1. Die Schichten scheinen Zeugnisse einer Stammesgeschichte. Rätselhaft bleibt natürlich, wie das Ich, der Geist aus den Vorschichten entstehen konnte, wenn er nicht schon latent drin lag. Oder [durch einen] Sprung? Vergessen wir jedenfalls nicht: Reden können wir von alledem nur, weil wir eine aus dem Geist geborene Sprache haben. Das betont Rothacker zu wenig. 2. Doch gibt es Ineinandergreifen und Wechselwirkung! 3. Wertung ist Weltanschauungssache. Rothacker betont hier die Esschichten (Liebe zu einem vernachlässigten Kinde). Jedenfalls geschieht die Menschwerdung erst mit der letzten Stufe. Man sieht, wie kompliziert das Ich aufgebaut ist. Der Aufbau dieses Ich

[26] a.a.O., S. 42.

ist doch aber das Ziel der Erziehung: Entwicklungshilfe, Erweckung, aus vielen möglichen Ich das Königsich zu bilden. Dafür hilft uns diese Psychologie noch wenig. Die Geistschicht ist noch nicht genügend durchgearbeitet.

Schluß: [Welches ist die] Anwendung? Wie weit ist das ganze Gefüge planmäßig bildsam, beeinflußbar? 1. Solange im Kinde das kontrollierende Ich noch nicht ansatzweise da ist, muß der Erzieher stellvertretend die Kontrolle übernehmen. 2. Der Erzieher hat übrigens selbst über die Tiefenperson in sich nur eine unvollkommene Kontrolle. Darauf liegt ja gerade der Ton. Psychoanalytiker fordern, er müsse an sich selbst erst eine Analyse vornehmen lassen. *Ich* [fordere] mindestens: Erkenne dich selbst! 3. Die Tiefenschichten des Es sind nur untergeordneten, aber deshalb nicht unwichtigen pädagogischen Methoden zugänglich: a. Disziplinierung der Triebe durch Übung und Gewöhnung, noch vor der Einsicht. Räsonieren hilft nichts. (Rousseau). Auch Zwang ist heilsam. b. Schaffung eines Gefühlsklimas, Pestalozzi: ⟨Der Erzieher muß ein Medium der Liebe schaffen. Dieses muß ein allumfassendes Lebenselement des Kindes sein.⟩ Das fehlt bei Rothacker. c. Dressur, wie beim Tier, ist die Einbettung neuer erlangter Verhaltensweisen in mitgebrachte niedere Instinkte. Sie ist eine gefährliche Methode und muß bekämpft werden, wenn sie ohne die Ahnung tieferer Bedeutung erfolgt. Symbolische Vorformen (Goethe).

Summa: Man sieht, wie außerordentlich schwer das Problem der Bildsamkeit geworden ist (Vererbung schon!). Was können wir heute dazu sagen?

§ 17. Psychologische Prinzipien des Bildungsverfahrens

I. Allgemeine Normen

Falsch ist jedes Bemühen, einseitig nur von *einem* Gliede der Seelenstruktur an sie heranzukommen, nur über Worte – diese »gefährlichen Zeichen des Guten und Bösen« (Pestalozzi in Stans).[27] Ein berühmter Fall: Der erziehende Unterricht (vor allem Herbart) projiziert alles auf eine Ebene. Das erkennen wir heute als falsch, d. h. wirkungslos, obwohl gut gemeint und fein »gemacht«. Positiv [heißt das]: A. Alles Bemühen um Bildung

[27] Johann Heinrich Pestalozzi, Über den Aufenthalt in Stans. Sämtliche Werke. Kritische Ausgabe. Begründet von A. Buchenau, E. Spranger, H. Stettbacher. Bd. 13, Berlin und Leipzig 1932, S. 14.

muß in möglichst umfassende Totalstrukturen des jungen Lebens eingelagert sein. B. Das Bildungsverfahren muß bis zu der Schicht vorstoßen, wo sich das Zentrum der sittlichen Persönlichkeit bildet. (Sehr dunkel vorläufig.) C. Alles Bildungsbemühen muß sich der Struktur der betreffenden Entwicklungsphase anschmiegen, es muß »altersgemäß« sein.

ad A. Zur Einlagerung in Totalstrukturen: Man weiß, daß schon die Schule darüber klagt, sie besitze den Schüler nicht ganz. Elternhaus und Straße verderben eventuell. Eine günstige Situation haben die Landerziehungsheime. Von der Lebensgestaltung aus ergreifen. Aber auch in kleinerem Maßstabe gilt das alte Prinzip der Einbettung in den natürlichen Tätigkeitsdrang, in schon vorhandene Interessen, in gemeinsame Unternehmungen: Aufführung, Ausstellung, Reise. In zwei Richtungen kommt das Prinzip heute besonders zur Geltung. 1. Die Milieupädagogik will »milieufest machen«. Man glaubt, es genüge, eine edle Welt aufzubauen. Aber Milieu ist nichts objektiv Eindeutiges, sondern man muß es als Erlebnismilieu fassen. [Man muß fragen:] Was kommt zum Bewußtsein? Jede individuelle Seele hat *ihr* Milieu herausgeschnitten aus dem offiziellen (gemeinsamen) Milieu. Man muß also darauf aufmerksam sein: Was wirkt auf den Zögling aus einer gegebenen Umwelt? Beispiele: Beim Besuch einer Kunstausstellung [sieht man] Nuditäten. [Auf die Frage]: Was hat dir am besten gefallen? [die Antwort]: der mit dem Kaiser mitfahrende Feldjäger mit dem Federbusch. Man kann Erstaunliches erleben. 2. Die »Sozialpädagogik« will nicht die isolierte Person treffen, sondern ist gemeinschaftsgebunden. Sie ist Erziehung *in* der Gemeinschaft, *durch* Gemeinschaft (aber diese muß man lenken), *zur* Gemeinschaft. Diese ist nicht einfach gleich Wir, sondern ein wertvolles Wir.

ad B. Man muß vorstoßen zu der Schicht, wo sich das sittliche Zentrum der Persönlichkeit bildet. Dazu gibt eine Psychologie wie die Rothackers keine Anweisung. Da sieht es so aus, als ob das Ich (das steuernde Ich) doch nur das letzte Produkt einer Aufschichtung wäre, die von den unteren Schichten erzeugt würde (biologisierend!). Hat dieses Ich nicht eine höhere Herkunft? Ist nicht der Geist als Quelle eigentümlicher Wertungen und Entscheidungen zu kurz gekommen? Es bedarf besonderer pädagogischer Methoden, um das Geistige zu wecken. Dieses ist nicht bloß Vernunft, nicht bloß Hemmungsfaktor. Es gibt solche Methoden, obwohl sie vielen Erziehern unbekannt sind. Von ihnen als dem Gipfel der Erziehung wird in der nächsten Stunde zu reden sein: die »Erweckung« geistiger Akte. Heute noch ein Wort über den dritten Punkt.

ad C. Das Bildungsbemühen muß sich der spezifischen Struktur der Entwicklungsstufe anschmiegen, mit der man es zu tun hat. Kleinkind,

Knabe, Reifender, Jüngling haben je eine andere Art von Bildsamkeit, sich darbietende Ansatzstellen, phasenspezifische Einwirkung. Wir dürfen nämlich die Hypothese machen, daß die geistdurchwirkte Natur selbst schon »geistvolle Einrichtungen« geschaffen hat, um der Jugendzeit möglichst viel Plastizität zu geben, sie bildbar zu machen und zu erhalten. Diese Entwicklungsapparaturen muß der Erzieher kennen, bzw. studieren.

II. Die in den einzelnen Phasen vorgefundenen Bildsamkeitsformen

Ein sehr altes Prinzip: der »Natur« das Verfahren ablauschen.
Die allerfrüheste Kindheit ist die schwierigste [Phase], weil hier das Wort noch nicht mitwirken kann. ⟨Hier geschieht nach Pestalozzi das Tiefste.⟩ Weltbegegnung, Sprechenlernen und Liebe sollen eine Dreieinheit sein. [Wir unterscheiden] vier Phasen: Kleinkind: die Einsfühlung, Knabe: der Tatsachendrang, Realitätsdrang, Pubeszent: die übergreifende sehnsüchtige idealbildende Phantasie, Jüngling: die Selbsterziehungstendenz und das Suchen nach der bildenden Ergänzung durch die Frau. Die Ausführung würde eine ganze Kinderpsychologie erfordern. [Ich bringe] nur die springenden Punkte in unvollkommenen Stichworten.

1. [Das Kleinkindalter ist] die Periode der Einsfühlung mit Dingen und Menschen. »Die Natur« hat hier noch gar kein Subjekt gebildet, das von seiner Umgebung seelisch losgelöst ist. Das Ich fluktuiert noch. Die Seele hat noch keine scharfen Ränder. Sie ist noch hineingewoben in die nächsten Menschen der Umgebung (»Onkel«) und in die Dinge, die alle duartig sind, an der gleichen Lebendigkeit teilhaben. Durch diese Selbstidentifikation lernen wir sie intim kennen; sie ist nicht eigentlich Phantasie ([denn die] setzt Kontrast voraus), aber »Spiel«, Einsfühlung, Lebenseinigung (Fröbel), nicht Nachahmen, sondern Mitschwingen. Es ist eine urtümliche Seelenhaltung. In sie muß alles eingebettet werden, was man zur Wirkung bringen will. Diese Seelenhaltung ist selbst eine einzige Bildungsstruktur, ein Mitschwingen mit der Welt. Am stärksten ist sie in der Musik erhalten. Ethos der Musik.

2. Der Knabe (und das Mädchen im entsprechenden Alter). [Hier ist eine] ganz andere Bildungsstruktur: Er ist noch nach außen hin gerichtet. Er will Tatsachen beobachten, Tatsachenzusammenhänge, das Machen (technische Intelligenz, Basteln). ⟨Es werden Regeln gesucht, nach denen man sich verhalten soll. Bereitschaft und Fähigkeit zum Lernen ist vorhanden.⟩ Er will die Zivilisation aufbauen wie Robinson. Für die Werte, die die menschliche Welt bestimmen und bestimmen sollen, hat er noch wenig Organ. ⟨Noch ist die Seele nahezu »wertfrei«.⟩ Die intime Seele

ist noch nicht erwacht, nur *ein* Wert wird unvergleichlich verstanden: die Gerechtigkeit (eine Art von Ritterlichkeit).

3. Der Pubeszent ist anfangs noch chaotisch. (Überhaupt auf Krisenzeiten achten!) Man muß ihn in Ruhe lassen und abwarten. Es ist ein »Blühen der Seele«, d. h. ein Überschuß von Phantasiebildern über die nackte Realität. Beides wird schon unterschieden. Eine dualistische Phantasie. ⟨Es wird von der Welt mehr gefordert, als sie hergibt.⟩ Prävalenz des ästhetischen Organs. Das ist eine Bildungsstruktur: ⟨Die Selbstbildung erfolgt auf dem Weg über die Phantasie. An ihr muß darum der Erzieher anknüpfen.⟩ Kommt es nicht zum Blühen der Seele, so ist wenig zu erwarten. Das wichtigste Produkt [dieser Phase ist] die Idealbildung, psychologisch: der Überschuß über die Realität. Davon zehrt man im Leben.

4. Der Jüngling. Hat einer mit 18 Jahren noch nicht begriffen, daß er nun für seine Erziehung das Beste selbst tun muß, so ist ihm wenig zu helfen. Er kann noch diszipliniert, gezähmt, aber nicht eigentlich erzogen werden. Selbsterziehung erfolgt a. bewußt an gewählten Vorbildern (dunkel bewußt gewählt). Sage mir, an wen von den Lebenden oder den verstorbenen Großen du dich anschließt, und ich will dir sagen, wer du bist. b. Es gibt noch einen anderen Weg, eine letzte Bildungsempfänglichkeit, die die geistige »Natur« schafft: die Sehnsucht nach der Ergänzung durch die *eine* alles erfüllende Frau. Und so schließe ich diese Stunde mit dem Ausblick auf den verschwiegenen Vorgang, wie das unbestimmte Idealbild Leitbild wird zum Suchen unter den wirklichen weiblichen Gestalten und Seelen, bis es sich schließlich mit der einen Erwählten, Wirklichen identifiziert und die Entscheidung fällt: *Du* bist es. Dies ist auch noch eine Struktur, durch die sich die Seele als bildsam erweist. Aber dieser Vorgang ist umwittert von Gefahren. Er kann ganz fehlgehen, Goethe: »Was sogar die Frauen an uns ungebildet zurücklassen, das bilden zuletzt die Kinder aus, wenn wir uns mit ihnen abgeben.«[28] [...].

Heute komme ich zu dem dritten, schwersten Punkte: der Bildsamkeit im Bereich des Geistigen im besonderen Sinne. Geist heißt hier nicht nur Intellekt, sondern bedeutet den ganzen Bezirk der »Personwerdung«. Aber was heißt denn nun eigentlich Geist im Gegensatz zum bloß Seelischen (mit dem er immer verwachsen ist)? Ich zähle auf Ihr Interesse an eigner Selbstbesinnung, wenn ich darüber zunächst einen Paragraphen einfüge (unentbehrliches Zwischenspiel).

---

[28] Johann Wolfgang Goethe, Wilhelm Meisters Lehrjahre VII, 7. Gedenkausgabe. Hg. v. E. Beutler. 7.Bd., S. 504.

§ 18. Die Eigenart der geistigen Personakte

Das Neue ist eigentlich doppelt ausgedrückt. Es würde genügen: der geistigen Akte. Sofern das Subjekt Zentrum von Geistesakten ist, nennen wir es »Person«. Was unterscheidet das Bloß-Seelische im Menschen von dem Geistigen? Womit beginnt die geistige Schicht, die Personschicht? Bei Rothacker [ist es] einseitig [gefaßt]: Das Ich ist Kontrollinstanz. (Es gibt doch schon ein vorgeistiges Icherlebnis.) Klages: Der Geist ist der Widersacher der Seele. Die Philosophie ist sich über den Verlauf dieser Grenze, die Kriterien des Geistes, noch keinesfalls einig. Ich habe die Philosophie des Geistes schon einmal berührt (in § 3). Damals illustrierte ich das Wesen des Geistes an der Sprache. Diesmal gehen wir nur vom Subjekt aus. Das Thema »Bildsamkeit« erfordert eine annähernde Einsicht in den Unterschied von bloß seelischem Subjekt und geistigem Subjekt. Ich kann nur mitteilen, wie ich dazu Stellung nehme, quasi Wege der Geistwerdung, der Vergeistigung.

I. Die allgemeinen Unterscheidungskriterien

A. Das Seelische ist nur dem Individuum zugehörig und unmittelbar zugänglich nur durch Introspektion, je des seelisch Erlebenden. »Für sich sein.« 1. Das Physische (die bloß stoffliche Welt) ist der Idee nach für alle zugänglich und für alle dieselbe (überindividuell). 2. Aus diesem Physischen hebt sich für jeden von uns ein eigentümlicher Bezirk heraus, den wir auch noch auf andere Art kennen als durch die äußeren Sinne. Es ist »mein Leib«. 3. Meine Seele (mein Seelisches) scheint zunächst nur ein individuelles Bewußtsein, das über diesem Leib aufgebaut ist (sein Erzeugnis?). Sie erinnern sich: auch bei Rothacker sah es so aus, als ob das persönliche Ich letztes Resultat einer biologischen Schichtung wäre. [Es war darum eine] stark biologisierende Psychologie. ⟨Für andere ist die Seele nur die Signalstation für die Meldungen der Außenwelt oder Schutzstruktur und manchmal auch Steuerungsstelle des Organismus.⟩

B. ⟨Im Gegensatz hierzu ist das Geistige seinem Wesen nach überindividuell. Dieses Überindividuellsein besitzt drei Bedeutungen:⟩ 1. Geistige Akte sind gegenständlich gerichtet, sie meinen etwas, sie sind intentional (nicht bloß zuständlich). ⟨Der Gegenstand dieser Akte ist nicht vorgegeben, sondern wird für das Bewußtsein erst geboren.⟩ 2. Geistige Akte haben einen Sinngehalt, der auch anderen zugänglich ist, nicht nur mir. Z. B. sinnvolles Sprechen meint einen Sinngehalt. Der Akt ist seelisch unterbaut, der Gehalt ist mehr als seelisch. 3. Geistige Akte unterstehen

Normen von richtig oder verfehlt, echt oder unecht. Auch dies ist »mehr als individuell-seelisch«. Die Termini deuten schon auf eine Differenzierung: ein Urteil ist wahr oder unwahr, eine Handlung ist gut oder böse, eine Werkgestaltung verwirklicht etwas Nützliches oder etwas Unnützes, etwas Schönes oder etwas Unschönes. Geistige Akte sind auf einen Wertgehalt gerichtet, der auch für andere Bedeutung hat, unter Umständen verpflichtend ist, wie das Wahre. In summa: Geistige Akte transzendieren das einsame psychische Bewußtsein. Sie eröffnen oder schaffen ein zweites, überindividuelles Reich über dem ersten, dem physischen (der stofflichen Außenwelt). Sie eröffnen oder schaffen ein Geistesreich. Nicolai Hartmann [formuliert]: »Der Geist verbindet, das Bewußtsein isoliert.«[29]

II. Die regionale Differenzierung geistiger Akte (bzw. korrespondierender Erlebnisse)

A. Das Modell ist immer das Denken als Akt und als Erfassung von gedanklichem Gehalt. Das ist ein verführerisches Modell. Die Philosophie logisiert die anderen Bereiche zu sehr. 1. Bloß seelisch sind Assoziationen, Einfälle, Gelegenheitsreproduktionen, das ganze freie Spiel der Vorstellungen und Seelenregungen. Es ist unentbehrlich. ⟨Wir können das Denken einem Magneten vergleichen, der die Eisenfeilspäne ordnet,⟩ der plötzlich Gestalten bildet. Es prägt feste Bedeutungen (Begriffe), es identifiziert (dieses da ist gemeint) und unterscheidet. 2. Das Denken zeigt jene drei Eigentümlichkeiten: a. ⟨Es ist ein gegenständlicher Akt. b. Es hat einen gemeinsam zugänglichen Sinngehalt. c. Es kennt eine Normbestimmtheit⟩ (Wertcharakter): es ist entweder wahr oder falsch. Der Idealfall, auf den ich zurückkomme, ist die Evidenz = einleuchtende Wahrheit. Das ist aufwühlend, der fruchtbare Moment im Bildungsprozeß.[30]

B. Erweiterung in andere Regionen, die nicht bloß intellektuell strukturiert sind: Es gilt allgemein: geistige Akte sind Akte der Sinngebung und Sinnerfassung (nicht bloß logisch). Liste: Denken: theoretischer Sinn, Machen: technisch-wirtschaftlicher Sinn, Schaffen: ästhetischer Sinn. Es gibt auch sinnvolle Akte des zwischenmenschlichen Verkehrs: soziale Akte, und es entstehen überindividuelle (mehr als seelische) Sozialkörper: politische Akte. Diese Gebiete unterliegen alle eigentümlichen Wertordnungen

[29] Nicolai Hartmann, Das Problem des geistigen Seins. Berlin u. Leipzig 1933, S. 61.
[30] Theodor Erismann, Die Eigenart des Geistigen. Induktive und einsichtige Psychologie. Leipzig 1924.

und Wertgesetzen. Die Philosophie hat ein ideales Reich der Werte konzipiert.

Nun folgt das Dritte (C), um dessentwillen ich dieses ganze Zwischenspiel einfügen mußte. Man könnte meinen, dieses Geistige sei immer nur Überbau (Verarbeitung) des biologischen Lebens. Die Seele sei das Produkt des Leibes, der Geist das Produkt der leibgewordenen Seele. So ist es nicht, sondern das geistige Reich ist überbiologisch. Meinetwegen: Die reife Seele erschließt aus ihrem Innersten ganz neue Gehalte.

C. Die Eigenerschließungen des Geistes. Die Intimität des Geistes. Formel: »Es ist in dir, du bringst es ewig hervor« (das Geistige als Eigenreich).[31] 1. Ideale entstehen aus der »Tiefe« (NB!!) der Seele. (Das ist eine andere Tiefenpsychologie, dort [war es die] Sexualschicht). 2. Ideale sind nicht nur Wunschbilder, sie verpflichten. [Daran ist] absolut neu: Es sind Sollenserlebnisse (Kant), ein Sollensruf: das Wahre, das Schöne als verpflichtende Aufgaben der geistigen Person. 3. Das Gewissenserlebnis (auch Wahrheitsgewissen, Schönheitsgewissen). 4. Das Liebeserlebnis (nicht biologisch) als innere Offenbarung (bis zur letzten metaphysischen Liebe). 5. Das Gotteserlebnis und der Glaube als höchster Akt des Geistes. Summa: in umgekehrter Reihenfolge: Die Seele begegnet in ihrem Innersten Gott. Von diesem geistigen Erlebnis aus soll sich alles Sinngeben und Sinngestalten normieren, vom höchsten Wert aus. Der philosophische Begriff Geist ist nicht zufällig ein Abkömmling des religiösen Begriffs Heiliger Geist.

Nun schnell zur Anwendung! Wie greift man in diese Bereiche bildend ein? Das ist nicht mehr Entwicklungshilfe und nicht [nur] Tradieren (von Gehalten), (auch dies), sondern Erwecken. Wie kommt man an die Wurzel heran?

§ 19. Die Bildsamkeit in der geistigen Schicht

In seiner ganzen Tiefe haben das Problem bisher nur zwei Männer gesehen: Pestalozzi und Fichte.

I. Ich deute Pestalozzis Bestrebungen an (historische Anknüpfung). [Pestalozzi war ein] naiver Denker. [Er unterschied] drei Gebiete geistiger Leistungen: Kennen – intellektuell, Können – gymnastisch-technisch, Wollen – sittlich-religiös. [Darin lag ein] doppelter Ansatz: A. Ich muß überall auf die ganz elementaren Geistesakte zurückgehen, auf die Ele-

[31] Friedrich Schiller, Die Worte des Wahns. Sämtliche Werke. A.a.O. 1. Bd., S. 165.

mente. B. Aber Totalität muß gewahrt sein durch das Element der Liebe. [Ich behandle hier] nur Pestalozzis intellektuelle Elementarbildung. Die sogenannte Außenwelt liegt anfangs als ein wirres Durcheinander vor den Sinnen des (geistig) unerwachten Kindes. Ich muß ihm zur Fixierung der Welt verhelfen. Es gibt Urakte, in denen sich erst das Gerüst der Welt aufbaut (im Raum, in der Zeit). 1. Ich muß wachrufen ein Koordinatensystem. ⟨Pestalozzi, nur an die Ebene denkend, nahm hierzu das Quadrat.⟩ Alle Figuren sind Abweichungen vom Quadrat. 2. Ich muß den Akt des Zählens wecken [...]. 3. Ich muß es zum sinnvollen Sprechen erwecken. Namen als Orientierungsmittel (Fixierung) und als Kommunikationsmittel. Es ist durchweg nur ein Herausholen der geistigen Spontaneität. Kommt es nicht, so ist das Kind nicht geistfähig (schwachsinnig), dann ist nichts zu machen. Einfach geben kann man es nicht. Wir würden heute vieles anders machen als Pestalozzi: biologischer (NB: Einbettung), plastischer (nicht Ebene). ⟨Fröbel nimmt anstelle des Quadrats Würfel und Kugel und regt mit ihnen tätige Spiele an.⟩ Aber der geniale Grundgedanke bleibt: Geistige Bildung ist Herausholen, Erwecken, nicht Geben.

[Daraus ergibt sich die] Generalregel der intellektuellen Bildung: Was die Kinder selbst finden können, soll man ihnen nicht »geben«. [Das gilt für] jeden Unterricht. Und die zweite Generalregel für die intellektuelle Bildung: Jede Belehrung muß ausgehen von dem Erwecken eignen Fragens. Anspruchsvoller: vom Problembewußtsein. Man überlegt sich: jede Antwort auf eine noch nicht selbst gestellte Frage gleitet wirkungslos ab. Ich erinnere an Ihre Erfahrungen bei der Lektüre und beim akademischen Unterricht.

Klassisches Muster ist Plato im Dialog ›Menon‹.[32] Ego, in freier Abwandlung skizziert: Ein Bauer hat zwei Äcker, jeder genau quadratisch, 10 m im Quadrat. Aber er will *einen* haben, so groß wie beide, auch quadratisch. Wie groß muß die Seite des neuen Quadrats gewählt werden? 1. Schritt: Seite 20 m, Quadrat 400 qm statt 200 qm, falsch. 2. Schritt: Seite 15 m, Quadrat 225 qm = 9×25, auszählen, etwas zu viel. 3. Schritt: die Ratlosigkeit, die Spannung, das Stutzen. Der Junge muß lange nachdenken. Es muß ihm etwas einfallen. 4. Schritt: Eingebung von innen. [Dazu eine Figur mit dem Quadrat auf der Diagonale des ursprünglichen Quadrats.]

II. Übergang zur sittlichen Bildsamkeit. Dasselbe Prinzip ist bei Sokrates der Kunstgriff der moralischen Bildung: Die Erweckung der Person

[32] Platon, Menon 82b–85b (Kap. 16–19).

zur sittlichen Problematik. Es ist nur für die reife Stufe [geeignet], aber auch ein geniales Verfahren. Es ist scheinbar eine bloß logische Operation. Er benutzt die Freude der Griechen daran. In Wahrheit [aber ist es die] Hinabführung in die Tiefe der eignen Person.

A. logisch: Auswerfen einer Angel. [Dabei wird die] Voraussetzung [gemacht]: Wer gut ist, der muß das Wissen um das Gute in sich tragen. Man muß es nur herausfragen. Aber Sokrates hat noch nie einen gefunden, der über das Gute hätte Rechenschaft geben können. Er wirft eine ethische Frage auf, z. B. was ist Tapferkeit. Er trifft damit die Schicht der Selbstverständlichkeit, der Oberflächlichkeit. Der Gefragte antwortet mit einem Beispiel: Tapferkeit ist, wenn man nicht ausrückt. Die nächste Definition ist auf andere Art unvollkommen. Der Eifer wird größer. Oft wird die ganze Sittlichkeit definiert, nicht die spezifische Tugend. (Das ist kein Zufall; denn eigentlich sind alle Tugenden nur Seiten ein und derselben Wesensbeschaffenheit.) In der Regel aber wirft Sokrates auch eine sehr gute Definition wieder um, z. B. Tapferkeit ist das Wissen von dem ..., weil nicht selbst erzeugt. Name [für die Methode]: Mäeutik. Aber entscheidend ist: 1. Jeder muß selbst gebären a. das Wissen um das Gute, b. sein höheres Selbst. a. [bedeutet:] die Sache wird geprüft, b. Du, die Person, wirst geprüft. 2. Das echte Wissen wäre ein Tatwissen, aus dem das Tun des Guten unvermeidlich folgt; denn jeder will das Gute (er täuscht sich nur). Niemand tut wissentlich Unrecht. Sünde ist Selbsttäuschung. Plato führt das weiter: Es ist das Wissen um die *Idee* des Guten, und es schließt den Eros ein, den Aufschwung. »Es philosophieren nur die, die zwischen Gut und Böse stehn.« Sokrates besser: Er entläßt mit einer Aporie. Was soll das? Nur Verwirrung? Ist er ein bloßer Eironiker, der durchaus souverän bleiben will (Kierkegaard)? Nie festes Resultat.

B. pädagogisch: Hier wird nur an einer Außenstelle ein Stachel in die Seele gebohrt: Erkenne dich selbst! Besinne dich! Die Selbstverständlichkeit wird unsicher gemacht. Das Problem beunruhigt. [Es ist wie ein] elektrischer Schlag. Stutzen. Ein Prozeß wird eingeleitet, der andauert. Selbst bei richtiger Antwort [bleibt die Schwierigkeit]: Dein Sein und deine Rede (Logos) stimmen noch nicht zusammen, [sie bilden noch] keine dorische Harmonie. Um das Gute zu wissen, müßte man gut sein. Unwissenheit ist produktiv, ist auf dem Wege [...]. Aber wir können heute bei diesem Verfahren (Bildsamkeitstheorie: dialogisch) nicht stehenbleiben. Nur zwei Gründe will ich angeben. Beide deuten auf die Eigenmacht des Triebhaften hin:

1. [Uns erscheint dies] zu intellektualistisch. Wir glauben nicht mehr

daran, daß das richtige Wissen schon das richtige Wollen einschließt. Schon Ovid [klagt]: Video meliora proboque, deteriora sequor.[33] [Es ist also ein] Willensdefekt, Mangel an Kraft und Mut. (Plato würde erwidern: das echte Ideal des Geistes gibt immer auch Kraft und Mut gerade in der Jugend, vgl. § 17.) Das Christentum [lehrt demgegenüber, es sei eine] Willensverkehrung, ja diese sei für den Menschen konstituionell = Erbsünde; nicht Unwissenheit, sondern Verderbtheit trotz Erkenntnis.

2. Sokrates und Plato meinten, wenn der Mensch in seine eigentliche Tiefe geführt würde, so finde er da die Idee, die Wahrheit, das Gute. Die neueste Psychologie, die doch wohl am modernen Menschen gewonnen ist, aber behauptet, wenn sie den Menschen in seine Tiefe verfolge, so finde sie da [seine] Sexualkonstitution, Trieb nach libido oder den Machttrieb, die Feindseligkeit, den Aggressionstrieb, die eigentlichen Feinde des Guten.

[Oder]anders: Sokrates hat wohl das Gewissen entdeckt, aber in einseitiger Form. Wir müssen noch einmal prüfen: Was das Gewissen eigentlich ist, ob es bildsam ist, wie man darauf einwirken kann.

Aber eins bleibt wichtig: die Beunruhigung, das Problem, das Bewußtsein des Zwiespalts mit sich selbst ist der Hebel der sittlichen Bildung. Modern: nicht Morallehren, nicht geben, sondern ... der tief erlebte Konflikt. Auf dem Lande kann man nicht schwimmen lernen. Gut wird man nur durch Konflikt, Kampf, Versuchung. Pädagogisch: Alles jedoch im Element der Liebe.

§ 20. Die Frage nach der Erziehbarkeit des Gewissens

[Wir setzen] Erziehbarkeit immer noch gleich Bildsamkeit. Das ist eine sehr ernste Frage a. wegen ihrer praktischen Bedeutung, cf. oben: Erziehung zu selbständigen sittlichen Persönlichkeiten, d. h. solchen, die auf ihr Gewissen hinhören. b. sie ist von vornherein sehr »fraglich«, wenn wir uns einleitend überlegen, was denn nach der christlichen Anschauung das Gewissen eigentlich bedeutet: eine unmittelbare Anrede Gottes an das Innerste des Menschen. Ganz sicher ist: Wir können Gott nicht zum Reden nötigen. Wir können höchstens den Menschen zu beeinflussen suchen, daß er auf diese Stimme in sich aufmerksam hinhört. In diesem Sinne fragen wir: Kann man zum Gewissen (zur Gewissenhaftigkeit) erziehen? populär: das Gewissen wecken? Kann man weiter – wenn es da sein sollte – das Gewissen erziehen, verfeinern und hellhörig machen?

[33] Ovid, Metamorphosen 7, 20–21.

I. Phänomenologie des Gewissens

Die Sprache personifiziert, als ob das Gewissen eine andere Person wäre, die in uns mit uns redet. Die Religion personifiziert noch weiter: Es ist Gott, der da redet. Dann sind zwei Seiten zu unterscheiden: 1. was Gott tut, 2. was der Mensch dabei erlebt, die göttliche und die menschliche (psychologische) Seite.

ad 1: Der Mensch »findet sich«, d. h. er kann nicht anders (es ist nicht sein Belieben!) im Gewissen (so wenig wie er Sinneseindrücke ignorieren kann) a. von Gott angeredet (mit »du«), b. ganz intim angeredet, nicht etwa von einer äußeren Autorität, die sich nur als Gewissen verkleidet, um Einfluß zu nehmen, c. in einer ganz singulären Situation: Es kann der Fall sein, daß sie unter allgemeine Moralregeln subsumierbar ist (z. B. unter das 5. oder 7. Gebot). Bedeutsamer ist der Tatbestand, daß das Gewissen auch in absolut einzigartigen Fällen redet, die nie (typisch) dagewesen sind und nie wiederkehren werden. d. Trotzdem treten solche »Forderungen« auf mit einem Ewigkeitsgewicht. Der Fall hat größere Bedeutung für mich als die größten Weltereignisse. Dies ist entscheidend, dies das zentrale Rätsel.

ad 2: Die menschliche Seite. Hier unterscheide ich die formale Struktur des sogenannten Gewissens, die in allen Fällen dieselbe bleibt, von dem variablen Inhalt des Gewissens.

A. Die formale Struktur. 1. Ich rede auch mit mir selbst, nicht nur Gott mit mir. Ich bin also gespalten. Ich bin im Zwiespalt mit mir selbst. Es ist eine Konfliktlage, aber der Konflikt bedeutet nicht nur, soll ich dies tun oder das, sondern ich bin im Konflikt mit mir selbst. Totalität dieses Konfliktes. Es geht um meine Person überhaupt, nicht nur diesmal. Die Entschuldigung: einmal ist keinmal, gilt hier (in Gewissenssachen) nicht. Es geht um mich selbst, nicht nur um diese Tat. Ich werde niemals wieder mit mir eins sein können. Das übrige ist bekannt. 2. *Vor* der Entscheidung ist jene Stimme, mit der ich mich partiell indentifiziere, abratend oder zuratend. Auf dem Ersten liegt der Akzent, das Zweite ist nicht so klar. Oft bleibe ich ratlos, was ich denn wollen soll. Sokrates [sprach vom] δαιμόνιον. Hier bleibt mir viel zu tun. 3. Zu der Entscheidung gehört Kraft, nicht nur Einsicht, Kraft zum Guten. Das geht über das Gewissen als Wissen oder Bewußtsein schon hinaus. 4. Nach der Entscheidung erlebe ich entweder Gewissensbisse (Vorwürfe, Reue, zunächst quälend, geht auch schon über das Gewissen hinaus) oder ein gutes Gewissen. Dies ist viel weniger merklich. Das Moralische versteht sich immer von selbst. Ganz gut bist du nie. Summa: ad formale Struktur: [Das Gewissen ist] ein innerer Regulator. Goethe:

Sofort nun wende dich nach innen
Das Zentrum findest du dadrinnen,
Woran kein Edler zweifeln mag.
Wirst keine Regel da vermissen.
Das selbständige Gewissen
Ist Sonne Deinem Sittentag.[34]

B. Der variable Inhalt. Die Situation ist immer singulär, aber – pädagogisch wichtig: Ein Teil des Inhalts kommt von außen. Es gibt sittliche Vorentscheidungen, die sich in der geltenden kollektiven Moral niedergeschlagen haben. Man denke an die zehn Gebote. Diese »Normen« reden in dem einsamen Gespräch mit als eine niedere Autorität, keineswegs als die letzte Instanz! [Dabei sind] zwei Fälle [möglich]: 1. Ich muß diese Autorität sittlich bejahen. Handle ich dann gegen sie, so verfehle ich mich. 2. Ich kann sie sittlich nicht bejahen. Dann nehme ich zwar eine Schuld auf mich (tragisch), aber ich entscheide mich aus einer höheren Sittlichkeit heraus. Woher kommt mir das? Das ist das eigentliche Problem. Neulich sagte ich: Der Geist verarbeitet nicht nur Außenwelterfahrungen, sondern er ist auch die Quelle höherer Eingebungen. Hier sind wir am Scheideweg. Wollen wir das anerkennen oder nicht? [Das ist das] punctum saliens [für die] Pädagogik.

II. Zur Theorie des Gewissens

Die neue Philosophie seit der Aufklärung hat die Tendenz, das Gewicht des Gewissens abzuschwächen oder gar wegzudeuten, übrigens auch die neue protestantische Theologie (seit Albrecht Ritschl). Sie fürchtet, durch den unmittelbaren Verkehr der Seele mit Gott könne die einmalige historische Offenbarung in Jesus Christus an entscheidender Bedeutung verlieren.

A. *Die modernen Wegdeutungen.* ⟨Eine ganze Gruppe von Theorien versucht, das Gewissen wegzudeuten. Für Nietzsche ist das Gewissen nur Symptom eines erkrankten Lebensinstinktes, den eine gesunde Vitalität nicht kennt. Hierbei ist Nietzsche beeinflußt durch Rée: Was uns beunruhigt, ist nur das Resultat früherer Erziehungseinflüsse. Für Freud ist das Gewissen eigentlich der Vaterkomplex, also verdrängte Sexualtriebe.⟩ Die soziologische Theorie des Gewissens [faßt dieses als] ererbten Niederschlag von Erfahrungen und Normen, was für die Erhaltung der Gesellschaft zweckmäßig ist. Das sind sehr irdische Interessen, utilitarisch. Alle

---

[34] Johann Wolfgang Goethe, Gedenkausgabe. Hg. v. E. Beutler. Bd. 1., S. 515.

diese Theorien sind pädagogisch sehr gefährlich; denn wenn man selbst nicht an die metaphysische Absolutheit der Ansprüche des Gewissens glaubt, wie will man zum Gewissen erziehen? (Aber diese Auseinandersetzung muß ich in Ihr Gewissen schieben.)

B. *Drei positive Ausdeutungen.* 1. [Das Gewissen ist eine] unvollkommene Privatform der sittlichen Einsicht, zu der die Philosophie vordringt, z. B. zur ethischen Evidenz. [Das ist] auch falsch, denn das Gewissenserlebnis hat gar nicht den Charakter einer klaren, ruhigen Einsicht in Wertverhalte. Es ist voll von schwersten Kämpfen. 2. Die Lehre vom besseren Selbst. In mir ist der unendliche Geist, in meinem metaphysischen Selbst. Ich habe eine metaphysische Tiefenperson. Das Gewissen bedeutet, daß ich in Gefahr bin, mit meiner höheren Natur zu zerfallen, mich selbst zu verlieren. Das ist die äußerste Gefahr: [daß] das Ewige in mir zerstört [wird]. Vorhin sagte ich: ich rede auch mit mir selbst in einer menschlichen Sprache. Da ist ein Untergrund, der sich meldet. Fichte [sagte]: das Gewissen ist der Strahl, an dem wir von dem Unendlichen ausgehen.[35] ⟨Das hat schon Sokrates gemeint, wenn er sagte, man solle für seine Seele sorgen. Also nicht sorgen für die Zeit, sondern für die Ewigkeit⟩. Das wird ausgemalt in Bildern der menschlichen Furcht und Hoffnung (Plato). Aber das ist sekundär. Es geht um dich. Die pädagogische Aufgabe ist: dies so wichtig zu machen, wie es ist. 3. Die religiöse Ausdeutung. Es ist die Begegnung mit dem persönlichen Gott, intim, singulär. Das sind Mysterien des christlichen Glaubens. [Aber] Gewissen haben auch Nichtchristen. Es ist das Humanum, das höchste Humanum. Sicher: wenn Gott mit mir redet, so durch mein tieferes Selbst. [Aber die] größte Frage: Wo liegen die Grenzen meines Ich? Wer bin Ich? Dieser Überbau über einen Leib oder ein Wesen, das aus dem Geist kommt und vom Geist inspiriert wird? [Es geht um] den Einklang mit dem Göttlichen in mir, [oder] Ichverlust, Abbau durch fortschreitende Welthörigkeit.

III. Pädagogische Betrachtung (Bildsamkeit)

Kann die Erziehung in diese Bereiche eingreifen? Wie und wo kann sie eingreifen? Man kann den Menschen kein Gewissen machen. Man kann es nur wecken, stärken, verfeinern. A. Von der übermenschlichen oder höhermenschlichen Schicht aus kommt man nicht heran. Man kann nicht Gottes Stimme willkürlich herbeiführen. Man kann das bessere Selbst nur in-

---

[35] Johann Gottlieb Fichte, Die Bestimmung des Menschen. Ausgewählte Werke in sechs Bänden. Hg. v. F. Medicus. Darmstadt 1962. Bd. 3., S. 395.

direkt wecken. B. Die dem psychologischen Individuum zugehörige Seite. 1. Vorangehen muß eine autoritative Erziehung im Rahmen der geltenden Moral. Diese darf die Akzente nicht falsch setzen. »Was sollen die Leute sagen?« »Schämst du dich nicht vor den Leuten?« Später sieht der Zögling, daß diese Leute gar keine Idealfiguren sind. Positiv [müßte es heißen]: Schämst du dich nicht vor dir selbst? Moralische Haltung ist keine Sklavenunterwürfigkeit, vielmehr Sache einer Aristokratie, einer Elite. Das ist wahrhaft vornehm. Nietzsche hat dadurch fasziniert.

Also positiv: 1. [Man soll] Konflikte nicht verhüten, sondern im Rahmen der betreffenden Reifestufen durchleben lassen. ⟨Der kann nicht stark werden, der keine Versuchung kennt.⟩ Herbart [sagte]: Knaben müssen gewagt werden.[36] Es ist eine alte Theorie: Das Erlebenlassen der Konsequenzen des eignen Tuns (natürliche Strafen! [aber] falsch aufgezogen). ⟨Locke, Rousseau und Spencer meinten damit das eigentlich ganz Triviale: Durch Schaden wird man klug. Man soll aber gut werden.⟩ [Es kommt auf] die inneren Konsequenzen [an]: Wie ist mir danach? Vgl. Kirchenvater Augustinus und das Birnenstehlen. Aber ein solcher innerer Prozeß muß geleitet und pädagogisch fruchtbar gemacht werden. Das Bedürfnis zu beichten liegt in der menschlichen Natur; sich auszusprechen. Aber man darf nicht ohne Gewissenshilfe lassen. Andernfalls [droht eine] seelische Stauung.

2. Die Anregung zur Selbstreflexion. Erkenne dich selbst! Ohne Erwachen dieser Einstellung bleibt alles Leben oberflächlich. Heute ist das schwer. »Lerne die Einsamkeit nicht nur ertragen, sondern mache sie fruchtbar.« ⟨Diese Einkehr hat auch ihre Gefahren wie pietistische Selbstbespiegelung, Kokettieren mit der Sünde, Sophisterei des Gewissens.⟩ Hegel in der Rechtsphilosophie hat darauf hingewiesen, daß im Standpunkt des Gewissens auch Gefahren liegen: Heuchelei, Selbstgerechtigkeit.

3. Der oberste Gesichtspunkt ist das Gewissen als eine Form der Selbstachtung. Es gibt die wahren Maßstäbe, nicht die πολλοί. Es ist der *eine*, der Zeugnis gibt. Ganz einsam! Ehre vor sich selbst, Ehre vor Gott, [das ist die] letzte Orientierung.

3a. Kraft. Habe den Mut, in diesem höheren Sinne du selbst zu sein. Das ist nicht mehr ein Gewissensphänomen, sondern ein accedens. Hier gibt es zwei Ansichten, woher die Kraft kommt: aus persönlichem Aufschwung oder aus göttlicher Gnade. An dieser Stelle liegen die wahren Umschaffungen der Inneren. Wiedergeburten – Reue. Stirb und werde!

[36] Johann Friedrich Herbart, Sämtliche Werke. Hg. v. K. Kehrbach. 2. Bd., S. 19.

Das sind nicht Begriffe, die einer verstaubten theologischen Dogmatik entstammen. Auch nicht Demut-Phänomene. Davon will ein junger Mensch in der Regel nichts hören. Also Hochmut? [nein] sondern Edelmut, ja kurz Mut. Gewissenserziehung [bedeutet also:] Wie erziehen wir zum moralischen Mut?

In einer einstündigen Vorlesung kann man bei jedem Hauptteil nur einige Leitmotive anklingen lassen. In dem dritten Abschnitt: Erzieher und Zögling, handelte es sich bisher vor allem um das Problem der Bildsamkeit des Zöglings. Es erreichte seinen Gipfel mit der Frage nach der Erziehbarkeit des Gewissens. Ich verlasse dieses Gebiet und wende mich dem anderen Partner des Erziehungsvorganges zu, der Erzieherpersönlichkeit, dem Menschenbildner.

§ 21. Wesenszüge des Erziehers

1. Der Ursprung

Wir versuchen, einen Idealtypus vom Erzieher zu konstruieren. Typus des Erziehers [bedeutet]: ein anschauliches Bild dieser Menschenart, das alle gerade für den Erzieher wesentlichen Züge enthält. Idealtypus [bedeutet]: diese Züge in ihrer reinsten und vollkommensten Ausprägung, wie sie sich in der Wirklichkeit nie vereinigen. Daher »konstruieren«. Sollen wir statt dessen sagen, das Thema sei »der geborene Erzieher«? Gerade dieser Ausdruck wäre höchst unglücklich. Allenfalls wird man geboren zum Musiker, geboren zum Theaterdirektor, aber für den Erzieher ist eine Reife erforderlich, die gerade in den mitgebrachten Anlagen noch gar nicht stekken kann. Es gehört Reife zum Erzieher. Mindestens muß das Generationenverhältnis vorausgesetzt werden: Der Ältere erzieht den Jüngeren. (Von der Rückwirkung des Jüngeren wird später noch die Rede sein.) In erster Linie sind daher die Eltern zur Erziehung berufen. Trotzdem fehlt viel, daß alle Eltern schon Erzieher im echten Sinne seien. Dies ist bei Wilhelm Busch in den bekannten Worten mitgemeint: »Vater werden ist nicht schwer, Vater sein ist schwerer.« [37]

Wenn also von dem »geborenen Erzieher« in strenger Bedeutung nicht die Rede sein kann, so fragt sich: Wann, wodurch und woran erwacht denn jemand zum Erzieher? Nicht dadurch, daß er die Fakultas für Religion, Deutsch und Geschichte erwirbt. Ich rede hier überhaupt nicht vom

[37] Wilhelm Busch, Tobias Knopp. 3. Teil: Vater werden ist nicht schwer, Vater sein dagegen sehr.

Lehrer, der Lehrer kann sein ein bloßer Fachmann mit ganz speziellem Auftrag (ein Kenntniskrämer). Wenn jemand Unterricht im Reiten nimmt, so fragt er nicht danach, ob denn der Reitlehrer auch eine voll entfaltete Persönlichkeit sei und seine Schüler dazu machen könne. Es gibt »Persönlichkeiten«, die nicht reiten, sozusagen Persönlichkeiten zu Fuß, die trotzdem die Art von Totalität haben, die zum Erzieher gehört.

Also noch einmal: Wann, wodurch, woran wird jemand zum Erzieher? Darauf gibt es nur *eine* Antwort: Der Erzieher wird geboren aus der Selbsterziehung. Er muß an sich gearbeitet haben. Aber das allein führt noch nicht zum Erziehertum, sondern gewisse aufwühlende Erlebnisse, die auf ganz verschiedenen Stufen des Lebens erfolgen. Ich hebe drei hervor, und damit kennzeichne ich nebenbei schon drei Erziehertypen (Sondertypen), obwohl ich hier sonst auf den Erziehertypus überhaupt lossteure.

I. Das erste Erlebnis in der Pubertätszeit bleibt meist unbeachtet. Prüfen Sie sich selbst! Wenn der Jugendliche um das 15. Jahr die innere Revolution erfährt, die das Erwachen seines Selbst bedeutet – des Selbst nämlich, das dem ursprünglichen Ich so merkwürdig zusieht, so verbindet sich bei einigen damit ein starkes Interesse an der eignen Kindheit, das sich dann ausdehnt auf die eingehüllte Seelenlage des Kindes überhaupt. Darin ist etwas von Heimweh. Das Kind war glücklicher, die eigne neue Lage ist interessanter, spannender. (Jeder muß durch dieses Tor hindurch.) Man möchte den Übergang schonend lenken. Das kann ich mit Schillerschen Ausdrücken so formulieren: Das Sentimentalische wendet sich dem Naiven zu, aus dem Gefühl heraus: Ich bin reicher als du, du bist reicher als ich, aus unsrem Bunde kann etwas Wertvolles werden.

Ein wenig später, immer noch in der Pubertätszeit, gesellt sich ein zweites Erlebnis hinzu (immer im Hinblick auf die Geburt des Erziehers). Der Jugendliche lebt in Idealen, denen die Realität ringsum durchweg widerspricht. Die reale Welt ist unschön, prosaisch, ungerecht, unrein, die Menschen sind verlogen, kriecherisch, ohne Höhenflug. Man spürt diese Gefahr des Niedergezogenwerdens auch in sich. Einige empfinden dann das Bedürfnis, die Nachrückenden, die Kinder, vor dieser Ansteckung zu schützen. Formel: Das Ideale in der Seele will die Auseinandersetzung mit der Realität wieder in schonende Bahnen lenken. Eine große Aufgabe dunkel geahnt.

Das sind die beiden nahe beieinander liegenden Ursprungsstellen, die in der eigentlichen Jugendbewegung (1898–1923) mit einer elementaren

Wucht in die Erscheinung traten. Es ist fraglich, ob diese Jugendbewegung als Kulturerscheinung so produktiv verlaufen ist, wie ihre Freunde gehofft haben. Aber daran ist kein Zweifel: Bessere Erzieher und Lehrer sind aus ihr hervorgegangen, der pädagogische Eros, eine jugendbeschwingte Liebe zur Jugend. Allerdings *eine* Grenze: Es blieb eine gewisse Realitätsfurcht. Daher der ewige Wandervogel. Das Werk glückte nicht ganz (eine der Ursachen für 1933).

II. Die zweite Ursprungsstelle liegt sehr viel später im Leben, daher hat sie ganz andere Erscheinungsformen. Wenn ein Mensch in einem Arbeitsgebiet ein ganz reifer Meister geworden ist, so entsteht in ihm – noch spät – ein pädagogischer Drang... Es ist ganz gleich, auf welchem Arbeitsgebiet: ein tüchtiger Tischler, ein Werkmeister in der Fabrik, ein sorgsamer Gärtner, ein erprobter Schiffskapitän, ein Gelehrter, ein Dichter. Ich sage: gemeint ist ein wirklicher Meister, ein Spezialist, aber von voller Reife. (Ein Schlosser sagte mir einmal, es müsse einen Heiligen auch in der Schlosserei geben können.) Wenn dieser pädagogische Drang im Meister erwacht, dann geht in ihm folgendes vor: Seine jungen Mitarbeiter, seine Lehrlinge oder Jünger sollen bei ihm eine Sache lernen, bis zur Spitzenleistung, eine Spezialität. Er sieht, daß sie das nicht können, wenn sie nicht als ganze Menschen in Ordnung gebracht werden. Der Begabteste taugt sonst nichts. Pünktlichkeit, Reinlichkeit, Fleiß, Ehrlichkeit, sexuelle Disziplin etc. Also: Man muß den ganzen Kerl als Menschen packen, »in Form bringen«. Nur eine tadellose Person kann reiten. (Ich korrigiere mein Beispiel vom Reitlehrer.) Könnten sich unsere Handwerksmeister noch zum vollen Meistertum entfalten, so würden sie ganz von selbst auch Erzieher, Lebemeister werden. Das gibt es noch.

Beispiele: 〈Goethes ›Wanderjahre‹ – der philanthropische Chef im landwirtschaftlichen Meisterbetrieb,〉 Goethe und die Schauspieler, Goethe und die bildenden Künstler (pedantisch), der unvergeßliche Friedrich Kayßler. Das unwahrscheinlichste Beispiel: der Dichter, der einen jungen Dichter erziehen will: R. M. Rilke, ›Briefe an einen jungen Dichter.‹ Es ist kaum von Dichtkunst die Rede. »Sie sind so jung, so vor allem Anfang, und ich möchte Sie, so gut ich es kann, bitten, Geduld zu haben gegen alles Ungelöste in Ihrem Herzen und zu versuchen, die Fragen selbst liebzuhaben wie verschlossene Stuben und wie Bücher, die in einer sehr fremden Sprache geschrieben sind.«[38] 〈Von der Wissenschaft allein

[38] Rainer Maria Rilke, Briefe an einen jungen Dichter. Insel Bücherei Nr. 406. Leipzig o. J., S. 23.

kann man den Menschen nicht einmal zur Wissenschaft bringen.〉 [Auf die Frage eines] Universitätslehrers: wo kommt die Schluderei her? [antwortet] Fichte zusammenfassend: »Das Wesen des gelehrten Berufes, als eines Ausdrucks der göttlichen Idee, hat er ihnen (seinen Zuhörern) beschrieben; daß diese Idee den wahren Gelehrten ganz durchdringe und erfasse, und ihr Leben an die Stelle seines eigenen Lebens setze, hat er ihnen gesagt.«[39] »Der akademische Lehrer wird ein Beispiel der Achtung für die Wissenschaft, ... indem er sich zeige als ganz und völlig durchdrungen und aufgegangen in seinem Berufe und als ein nur ihm geweihetes Werkzeug«[39].

Summa: Jedes echte Meistertum wird unvermeidlich pädagogisch, will den ganzen Menschen ergreifen und von einer Linie aus den Weg zeigen zum »Lebemeister« (Meister Eckart).

III. Die dritte Ursprungsstelle ist die tiefste. Sie ist an kein bestimmtes Lebensalter gebunden, weil hier – ganz allgemein gesagt – der Kontakt mit dem Ewigen der zündende Funke ist. Ich meine Menschen, in denen das Bewußtsein durchgebrochen ist: Es gibt zweierlei Leben, Leben als die Spanne zwischen Geburt und Tod, sich erhalten, sich behaupten, und Leben als eine Wanderung auf dem Grat zwischen Zeit und Ewigkeit. Das eine ist das niedere Leben, erdgebunden, das andere das höhere Leben, ewigkeitsgebunden. Wer davon ganz ergriffen ist, der wird einen Drang in sich spüren, den anderen zu sagen: Ihr lebt falsch, ihr lebt in der verkehrten Schicht eures Wesens. Das ist nun nicht mehr bloß Kindererziehung, sondern Erziehung im weitesten Sinne: Erweckung, Volkserziehung, Mission. Das größte Beispiel ist der christliche Glaube. Aber es sind auch andere Formen der Inspiration denkbar, d. h. der Bindung an eine höhere Welt, eine transzendente, metaphysische Welt, kurz: eine vor Zeit und Ewigkeit verpflichtende Welt. Überall, wo ein höheres geistiges Leben durchgebrochen ist, wird die Idee, das Ideenhafte zu einer Kraft der Emporbildung, *sie* herrscht nun und leitet.

Der spezifische Erzieher bedarf aber noch einer konkreten Anknüpfung, an der er erwacht zu seinem Erziehertum. Zwei Haupterscheinungen: jugendlicher Rest und reifes Geheimnis.

1. Die ewige Sehnsucht: Dies zeitliche Leben trägt sein Zentrum nicht in sich. Es ist ein tiefes Dunkel, in dem wir wandern. Woher die Sehnsucht? Es gibt Menschen, die ganz aus der Sehnsucht leben, einer metaphysischen

[39] Johann Gottlieb Fichte, Vom mündlichen Gelehrtenlehrer. Sämtliche Werke. Hg. v. J. H. Fichte. 6. Bd., S. 432 f., S. 434.

Sehnsucht. Dies Suchen ist pädagogisch, weil es erweckend ist. ⟨Deutlich können wir dies bei Sokrates sehen, der immer auf dem Wege war.⟩ Sokrates (*ich* habe es nicht, *ich* bin euer Gefährte). ⟨Dieses Immer-auf-der-Suche-sein war auch bei Augustinus noch lebendig. Aber auch wieder bei Comenius.⟩ Auch in Goethe.

Warum such ich den Weg so sehnsuchtsvoll,
Wenn ich ihn nicht den Brüdern zeigen soll?[40]

2. Die ewige Erfüllung: (der Sehnsucht nach wahrem Leben) Wo gibt es das in dieser Welt? Eine überraschende Antwort: in dem Mysterium der Geburt. (Da wird neues Leben.) Da wird eine Gestalt der Liebe, die auf Erden nicht ihresgleichen hat. Ewige Erfüllung gibt es nur in der Liebe (uraltes Symbol: Maria und das Jesuskind). Die größten Erzieher, die wir kennen, haben ihre Erweckung gefunden an dem Phänomen des Muttertums. Pestalozzi: Die Mutter, die Gertrud, hat alles, was für die Erziehung nötig ist, man muß es nur entwickeln. Fröbel, ⟨der zur romantischen Generation gehört⟩, bemerkt, daß die von ihm angebetete Frau v. Holzhausen guter Hoffnung ist. Das ist der Augenblick seiner pädagogischen Erweckung. Zeitlebens war sein Bemühen, in das weibliche Gemüt so tief einzudringen, daß er bis auf den geheimnisvollen Mittelpunkt käme, wo die Frau die Seele des Kindes noch ganz in sich trägt. Es war die romantische Sehnsucht: innerlich Frau zu werden, um ganz Kind zu werden, Rückgang auf den Keimpunkt der Liebe, der Lebenseinigung, der Gotteinigung (unio mystica).

Zurückblickend auf die ewige Sehnsucht: Man beachte die Terminologie: Sokrates nennt sich den Geburtshelfer. Plato nennt den pädagogischen Eros einen geistigen Zeugungstrieb. ⟨So kreist der Grundgedanke des pädagogischen Wollens um den Vorgang der Geburt.⟩ In dem Erzieher höchster Reife lebt die geistige Sehnsucht, an den Erzeugungspunkt des leiblich-seelisch-geistigen Lebens heranzukommen. ⟨Aber es gibt nicht nur eine, es gibt viele Geburten: ein ewiges Stirb und Werde.⟩ Die drei Ursprungsstellen sind gekennzeichnet. Jeder spürt wohl, daß sie innerlichst zusammenhängen in dem Drang nach Leben, nach höherem Leben, nach wahrem Leben. [Jedesmal ist es eine] »Geburt«, der Reifende – seine zweite Geburt, der Meister – die Geburt des Werkes aus der Person, der Inspirierte – das Mysterium der Wiedergeburt. ⟨Wer mit keiner der drei Ursprungsstellen Verbindung hat, der bleibe besser dem Tempel der Erziehung fern.⟩

---

[40] Johann Wolfgang Goethe, Zueignung. Gedenkausgabe. Hg. v. E. Beutler. 1. Bd., S. 11.

§ 22. Wesenszüge des Erziehers

2. *Die drei Grundmotive*

[Der Erzieher hat] eine bestimmte eigenartige Geistesstruktur, bis zur Genialität anwachsend, am pädagogischen Genius besonders deutlich zu lesen. Wir haben als Kern erkannt: die Liebe. Eigentümliche Richtung der Liebe: sie ist zweipolig. ⟨Daraus ergeben sich die drei Motive.⟩

I. die Liebe zu dem sich entfaltenden Leben,

II. die Liebe zu den ewigkeitsbezogenen (nicht bloß lebensbezogenen) Werten,

III. das Dienstbewußtsein, die Verantwortung. Der Erzieher weiß sich als Werkzeug.

I. *Die Liebe zu dem sich entfaltenden Leben.* Das liegt tief in jedem wahren Menschen. Die naive Freude an jungen Tieren. Schon dies ist heilig. Mysterium, wie aus dem Keim ein Körper wird, wie mit dem Körper die Seele erwacht, wie in der Seele von früh an das Geistige herausringt. Das Auge des Kindes, sobald es zu fixieren beginnt, ist schon ein geistiges Auge. Aber der Geist ist von vornherein mehr als naturhaft. Er tendiert zu Werten, die im Naturhaften nicht Erfüllung finden. Von vornherein also sieht der Erzieher das naturgeborene Leben als mögliches Gefäß zeitüberlegener Werte. Aus diesem Stoff ist seine Liebe (oft instinkthaft, die Mutterliebe beginnt instinkthaft). (Pestalozzis Aporie: Der Instinkt ist hochgeistig).

II. Der andere Pol, an dem sich der Erzieher orientiert, sind die *ewigkeitsbezogenen Werte*. ⟨Um diese Werte geht es eigentlich.⟩ Aber jeder echte Lebenswert ist ein Dienstwert, ein Entfaltungsmittel gerade für *diese* Werte. Plato [nannte sie] die Ideen; ihre Schattenbilder [haben wir] hier, ihre Ahnung schon hier. Das Symbolhafte des Lebens für das Mehralsleben, z. B. Mutterliebe geht über das »Leben« hinaus.

Beides soll zueinander gebracht werden. Das setzt im höchsten Falle zweierlei voraus: A. Der Erzieher muß selbst ein Kulturträger sein, ein Bildungsträger. Wer nichts hat, kann nichts geben. Die Liebe zu den Kindlein bloß als solche ist leer, ist gänzlich unfruchtbar. Sie kennen vielleicht die Situation des Lehrers, der mit den Kindern nichts anzufangen weiß, [etwa] auf einem Ausflug. In der Schule hat er sein Pensum. Was kannst du denn außerhalb der Schule? Was bist du?

B. Er muß die Kinder als Kinder, in ihrer Entwicklungsstufe, verstehen. Das Studium der Kinderpsychologie setzt dieses Auge nicht ein, kann es nur öffnen und schulen. Der wahre Erzieher hat sich den Sinn für das

Jugendliche bewahrt, hat ihn vielleicht als geniale Anlage: so Fröbel. Das Kindliche bleibt in uns eingebaut als »Spielweite«. Pestalozzi hat sich das z. T. mühsam erarbeitet. [Damit ist] viel gefordert: die Kinder verstehen. Dies heißt nicht etwa, auf kindlicher Stufe stehen geblieben zu sein, sondern über ihr stehen; denn das Verstehen muß selbst emporbildend sein. So mußt du sein, denn so verstehe ich dich idealisierend.

C. Zusatz ad A: Kein satter Kulturträger! – meinetwegen (der arme Mann!). Aber das macht es nicht, sondern es muß gerade ein Ungenügen in ihm geblieben sein, an seiner Kultur (Bildung) und an der gegebenen Kultur überhaupt. Mehr philosophisch formuliert: Objektive Kultur in subjektive verwandeln, dies ist das Werk des Pädagogen, nicht neue objektive Kultur schaffen, sondern vorhandene in Leben zurückverwandeln, in Seele verwandeln, in subjektiven Geist, tradieren und erwecken!

Jedoch genügt das nicht; denn jede Kultur ist unfertig, ist z. T. mangelhaft, verderbt. Ideale Kultur (normativer Geist) ist mehr als objektive Kultur (objektivierter Geist). [Der Erzieher will] die Kräfte zur wahren Kultur entbinden, Kultur veredeln, über seine Zeit hinausbauen. Dies ist der eigentümliche Wesenszug bei Rousseau: vor der verderbten Kultur behüten. (NB: Rousseau zweifelhaft).

Noch anders: Der echte Erzieher wird auch ein Neinsager sein. Die Jugend hat eine (natürliche und verständliche) Neigung zu den kräftigen Neinsagern; ⟨denn Jugend ist revolutionär. Ihr fällt das Hineinkommen in die Kultur schwer. Sie will diese Kultur gar nicht so, wie sie ist.⟩ Aber der Neinsager muß auch Positives in sich tragen, den Willen zu echter und gesunder Kultur, [er darf] kein Nihilist [sein]. Nietzsche, ehrenwert, groß, hat sich auf der Leiter zur wirklich gesunden Kultur verstiegen. Er hat in seiner Jugend eine ›Unzeitgemäße‹ verfaßt: ›Schopenhauer als Erzieher‹.[41] Die Schopenhauerwelle ging der Nietzschewelle voran. Aber ein grundsätzlicher Pessimist kann überhaupt nicht erziehen. [Nietzsche war] pro Souveränität des Geistes, [voller] Wahrheitssinn, er ist im Grunde mit sich selbst nicht zurecht gekommen. Ein anderer Fall: Gustav Wyneken (Wickersdorf).[42] Sein Erziehungsheim, seine Schule war sozusagen eine autonome Antithese gegen die Zeitkultur, ⟨aber er gab der Kultur nichts, er war bloß Neinsager⟩.

Diesen Anspruch könnte man nur billigen, wenn folgende Bedingung erfüllt ist: daß die im Bildungsideal gesetzen Werte die Echtheitsprobe aushalten. Alias: Erzieher und Zögling, alte Generation und Jugend

[41] Friedrich Nietzsche, Werke (Großoktav). 1. Bd., S. 385–493.
[42] Gustav Wyneken, Schule und Jugendkultur. Jena 1914.

stehen unter der Norm eines Dritten, das beide Seiten verpflichtet. Jenes Dritte aber blieb noch unerörtert. Damit sind wir bei III, der Verantwortung des Erziehers. Der Erzieher ist nie mehr als ein Werkzeug. [...] Und ich schiebe auch jetzt noch dieses höchste Problem ein wenig hinaus, um vorher im beschreibenden Verfahren bei einigen Typen des Erziehertums zu verweilen.

§ 23. Erziehertypen

Zur Einleitung hole ich ein bißchen weiter aus: Es wäre interessant, einmal über die verschiedenen möglichen Erziehungsstile nachzudenken. Damit meine ich nicht die unübersehbare Fülle von konkreten Erziehungsformen, die in einer Geschichte der Erziehung zu behandeln sind. Denn da handelt es sich um wechselnde Kulturgehalte. Jede Erziehung muß – bei aller Orientierung am Ewigen – auch zeitgemäß sein. Aber auch ohne diese historische Mannigfaltigkeit zu kennen, werden Sie sich ausmalen können, daß bei wechselndem Inhalt doch gewisse Grundstile typisch wiederkehren können. Z. B. die spartanische Erziehung war nicht einmalig, sondern ein Typus, die philanthropische (spielerische) Erziehung war ein Typus, ein Mißtypus.

Ich deute zwei Gegensatzpaare von Erziehungsstilen an: A. die weltferne und die weltnahe Erziehung, B. der gebundene und der freie Stil.

ad A: ⟨Das erste Gegensatzpaar betrifft das Verhältnis des Erziehungsstiles zur wirklichen Welt.⟩ Weltfern braucht nicht realitätsfremd zu sein. Der Grundgedanke ist: Man muß die Jugend vor dem zu frühen Zusammenstoß mit der Welt behüten. Erziehungszeit ist noch Schonzeit. Sie muß erst stark werden, ev. in einer Modellwelt, in einer pädagogischen Provinz.

⟨Typische Beispiele:⟩ a. Das humanistische Gymnasium. [Sein Ziel ist,] ein plus an Kulturbesinnung zu geben, dann erst heraus. [Der Zögling soll] unter fernem griechischen Himmel zum Manne reifen (Schiller) [und dann] in sein Zeitalter zurückkehren, furchtbar, wie Agamemnons Sohn, um es zu reinigen. Nietzsche. b. Rousseau: Wer gut erziehen will, muß *gegen* die bestehende Kultur erziehen. (Realität, Faktizität ist nicht letzte Norm). c. Die Universität in Deutschland. ⟨Sie produziert die Wissenschaft auf Vorrat und nicht zum unmittelbaren Gebrauch, darum arbeitet sie in der Stille.⟩

Die weltnahe Erziehung [fordert: Der junge Mann soll] so früh wie möglich ins Leben hinein, sich mit der Realität auseinandersetzen, an ihr lernen, an ihr stark werden. [Typische Beispiele:] a. Die bäuerliche Erziehung. [Sie kennt] keine Schonzeit, sie hat eine ursprüngliche Abneigung gegen die Schule überhaupt (nicht bloß wirtschaftlich). b. Die amerikanische Erziehung (sehr im Gegensatz zur englischen). Auch ich pro: Es muß nicht für alles eine Schule aufgemacht werden [43].

Welcher Stil ist richtig? Jeder, wo er hingehört, Goethe in seiner kurzen Diktion:

> Es bildet ein Talent sich in der Stille,
> Sich ein Charakter in dem Strom der Welt.[44]

ad B. Gebundene und freie Erziehung, absolutistischer und liberaler Stil, Uniformität und Individualität. Die sinnfälligsten Beispiele: militärische Erziehung, deutsche Universitätserziehung. Auch in der Familie: pietistisch-streng oder human (philanthropisch). Man darf nicht in einem Erziehungsgange aus dem einen Stil in den anderen hinüberwechseln. Dann weiß der Zögling nicht, was mit ihm los ist.

Jeder Stil hat seinen Vorzug, jeder sein Minus. Jeder hinterläßt »Rückstände der Erziehung« (Herbart). [45] Beim ersten Gegensatzpaar lassen sich eher Übergangsformen rechtfertigen. Die Schule z. B. ist nun einmal eine Insel (isola, Isolierung), aber sie kann in verschiedenem Grade »lebensnah« sein.

Ich kann bei diesem Thema nicht verweilen. Zu jedem Stil gehört ein anderer Erziehertyp. Schon in der Kleidung: im Stift klosterähnlich, klerikal, in der Ritterakademie als Weltmann mit Degen und Perücke. (Das Stift wäre Schiller vielleicht schlechter bekommen als die Hohe Karlsschule.) Ich will nur vier Erziehertypen hervorheben.

I. Die erste Gruppe folgt aus dem zweiten Gegensatz von Erziehungsstilen: der Absolutist und der Liberale.

A. Der Absolutist vertritt die absolute, eindeutige ideale Forderung. Steigerung, wenn er überzeugt ist, seine Person sei zugleich das absolute Vorbild. Dann ist er wie Prometheus: Hier sitze ich und forme Menschen nach meinem Bilde. ⟨Seine Gefahr: Solche Persönlichkeiten sind aus einer gewissen Suggestivkraft wirksam. Nach anfänglicher Hörigkeit schlägt diese in das Gegenteil, in Haß und Revolte um.⟩

B. Der andere, [der liberale Erzieher] interessiert sich für die Individualität seiner Zöglinge. Jener ist stark in der Ethik, dieser ist stark in der Psychologie, er versteht es, am langen Seil schwimmen zu lassen, aus jeder

---

[43] Eduard Spranger, Die Verschulung Deutschlands. In: Die Erziehung. 3. Jg. 1928. S. 273–284.

[44] Johann Wolfgang Goethe, Tasso. Gedenkausgabe. Hg. v. E. Beutler. 6. Bd., S. 222.

[45] Johann Friedrich Herbart, Allgemeine Pädagogik. Sämtliche Werke. Hg. v. K. Kehrbach. Langensalza 1887 ff. 2. Bd., S. 7.

Natur das Positive herauszuholen. (Eine Klasse ist für ihn ein vielstimmiges Instrument, das er als Künstler zu spielen versteht.)

[Unter] unsern Klassikern [vertraten] Kant und Fichte die Uniformität, W. v. Humboldt und Schleiermacher (Monologen) die Individualität. W. v. Humboldt über seine Frau: [sie wolle] jeden in seiner Natur weiterführen, er selbst dachte ähnlich. (Scheitern [an] Theodor.) Schleiermachers und Hegels Vorlesungen, die stärkere Wirkung leider bei Hegel. In kleinerer Sphäre [bedeutet das]: alles vom Kinde aus. [Das ist ein] falsches Extrem, andrerseits: die Schulstube ist kein Kasernenhof.

II. Der Erotiker und der Mensch der religiösen Liebe. Sinn der Liebe zu dem sich Entfaltenden.

A. Was erotischer Erziehertyp ist, zeigt das Symposion: entzückt von der Schönheit der Jugend, vom Adel des Leibes und der Seele. [Es ist eine] geistig-ästhetische Liebe, aristokratisch, [die] Begegnung in der Idee des Guten, die sich aber als das Schöne offenbart. Schöner Leib = schöne Seele. Alkibiades als griechischer Idealjüngling. Sokrates sieht über diesen Schein hinaus. Plato scheint trotzdem Erotiker geblieben zu sein. ⟨Der erotische Stil ist zumeist der⟩ Stil jugendlicher Erzieher (Bevorzugung, homoerotisch, homosexuell, beteiligt als Komponente). Vgl. Jugendbewegung, G. Wyneken, Georgekreis, pädagogische Jünglingsfreundschaften, Hölderlin, selbst Herbart. Gefährlich, wenn es bei dem Eros bleibt.

B. Der Erzieher im Geiste der Agape. Es ist die Liebe zu dem Göttlichen in jeder Seele, gerade auch in der unschönen, unanziehenden, verkümmerten, leidenden. Die ästhetische Schönheit trügt hinsichtlich der Seele. Übergang bei Augustinus ⟨vom Eros zur Agape⟩, Goethe: Ehrfurcht vor dem, was unter uns ist.[46] Heraushelfen dem göttlichen Funken. In der christlichen Erziehung: A. H. Francke und Wichern, ⟨im weltlichen Bereich⟩ Pestalozzi. (Es war ein welthistorischer Augenblick der Erziehung, als Pestalozzi in Stans war,⟩ selbst unschön, die Liebe zum armen, verwahrlosten Volke. Fröbel war nicht ganz aus diesem Geist. ⟨Ihm ist das Kind ein metaphysisches Wunder, aber er verstand nicht, gerade den Gebrechlichen zu helfen.⟩

Es gibt noch mehr Typen: der pädagogische Fachmann, der Musterpädagoge, der Ausstellungspädagoge (gesteigert). ⟨Es gibt Typenzüchter im guten und schlechten Sinne (vgl. Nationalsozialismus) und es gibt eine Tendenzpädagogik⟩. (So still wie möglich sei es um den wahren Erzieher.) Aber genug, nur noch die Stufen des Erziehertums (Lebensstufen überhaupt): der naive – der Kinderfreund, der ideale – stürmend. ⟨In

[46] Johann Wolfgang Goethe, Gedenkausgabe. Hg. v. E. Beutler. 8. Bd., S. 169 ff.

den Mannesjahren muß es der rechte Erzieher verstehen, Idee und Realität miteinander in Verbindung zu bringen. Doch ist in dieser Zeit die pädagogische Wirkung am schwächsten. Erst der altgewordene Mensch findet wieder den Zugang zu der Jugend.〉 Der Altgewordene, nicht im achtzigjährigen Schlendrian, [kann] das Leben im milden Lichte sehen. Die zweite Jugendlichkeit der Großeltern. Alles Vergängliche ist nur ein Gleichnis. Wenn ich meine Fehler von vor dreißig Jahren erkenne, wie viel davon [. . .].[47]

§ 24. Die Verantwortung des Erziehers

I. Jetzt erst spreche ich von jenem Dritten, dem die zweipolige Liebe des Erziehers untergeordnet ist. Es ist nicht so, wie es von Nietzsche dargestellt wird: der Philosoph, der souverän Werte setzt, aus eigner Vollmacht Wertetafeln errichtet (Gesetzgeber des Wertreichs). Es ist ein zweideutiger Sprachgebrauch: der Mensch schaffe Werte. Allerdings, er schafft Güter, er schafft Werke, d. h. er verwirklicht (in gewissem Umfang) Werte, [aber] die Werte selbst, die Wertwesenheiten, werden nicht »erfunden«, sondern gefunden (im Kampf des Lebens), in der Vertiefung des Lebens. Das Gute, das Gerechte, das Schöne, das Heilige, auch Ideen genannt, sind nicht autonome Schöpfungen des Menschen, sondern die höchsten Mächte, denen er verpflichtet ist. Kants nüchterne Weisheit ist tiefer als die der Enthusiasten: Die letzte Grenze, an der der Mensch sich findet, sich versteht, ist ein »du sollst«. Alltag: Goethe:

Schwerer Dienste tägliche Bewahrung,
Sonst bedarf es keiner Offenbarung.[48]

II. Der wahre Erzieher empfindet seine Aufgabe als Pflicht. Elternpflicht, die ganze ältere Generation. Der Berufserzieher ist kein Prometheus. Ganz deutlich ist es bei Sokrates, a. λατρεία τοῦ θεοῦ (ausführen), b. die Mysterien der Liebe zur Idee werden nicht von ihm, sondern von Diotima verkündet, ein Empfangen. Pestalozzi [sprach von] einem »moralischen Müssen«.

III. Jede Pflicht aber schließt Verantwortung ein. Verantwortung fordert Gewissenhaftigkeit, Gewissenhaftigkeit ständige Gewissensprüfung; [die kennt] kein sicheres Ruhen in sich, [sondern nur die] Unruhe dieser

[47] Vgl. zum Problem: Georg Kerschensteiner, Die Seele des Erziehers und das Problem der Lehrerbildung. Leipzig 1924. 5. Aufl. 1953.

[48] Johann Wolfgang Goethe, Der West-östliche Diwan. Gedenkausgabe. Hg. v. E. Beutler. 3. Bd., S. 385.

Verantwortung. ⟨Der selbstzufriedene Erzieher ist eine Karikatur. Der wirkliche Erzieher ist immer fragend.⟩ 1. Wie sieht es mit dir selbst aus? »Erkenne dich selbst!« »Höllenfahrt der Selbsterkenntnis« ⟨Hamann⟩.[49] Bist du berufen zum Erzieher? Was fehlt dir dazu noch, trotz deiner Facultas? 2. im einzelnen Falle: Hast du da richtig gehandelt? Bist du da gerecht gewesen? Hast du nicht aus Empfindlichkeit, Parteilichkeit, Rachsucht gehandelt? Dies alles ist bekannt. Der alte Salzmann von Schnepfenthal als Symbolum seines ›Ameisenbüchleins‹: »Von allen Fehlern und Untugenden seiner Zöglinge muß der Erzieher den Grund in sich selbst suchen.«[50]

Aber diese Selbstprüfung gelangt schließlich an einen höchsten Punkt: Darf man überhaupt erziehen? Wer darf denn erziehen? Auch in dieser Hinsicht ist die Sicherheit unsrer Zeit erschüttert. 1924 erschien das Buch des Existenzphilosophen Eberhard Grisebach, ›Die Grenzen des Erziehers und seine Verantwortung‹.[51] Der Anfangssatz [lautet]: »Will man die Lage, in der wir uns in diesem historischen Augenblick befinden, vom Standpunkt der Pädagogik mit wenigen Worten bezeichnen, so könnte man sagen: Jeder will heute jeden erziehen.«[51] [Er gibt darauf die] extreme Antwort: Eigentlich ist niemand berufen, den andern zu erziehen. Jeder ist einseitig, ichhaft, endlich, niemand hat die Wahrheit. Die Wirklichkeit aber besteht darin, daß die vielen Ichs in der Gemeinschaft im Widerspruch miteinander stehen, in einer Realdialektik. Jeder ist verpflichtet, den Anspruch des Du auszuhalten, ihn in sich aufzunehmen. (Der Ursprung – Gott – allein steht jenseits dieser Spannungen, aber unerkennbar.) Das ist eine schwierige Philosophie. Überspitzt. Goethe [sagt einmal,] es gebe Menschen, denen das Leben keine Resultate gibt. Erziehung [aber] setzt voraus, daß es Resultate gibt, daß man zu Gewißheiten durchdringt, aber [es bleiben] doch immer Partialgewißheiten. Niemand ist fertig.

Ich komme noch einmal auf Sokrates zurück, [der von sich sagt:] Ich bin der Nichtwissende, der ehrlich Suchende, der immer auf dem Wege ist; zu den Sophisten, die sich als Lehrer der Tugend anbieten, sagt er, ernsthaft gemeint: Ich dachte, daß das nicht menschliche Bemühungen sind.

---

[49] Johann Georg Hamann, Kreuzzüge des Philologen. (VI. Chimärische Einfälle). Sämtliche Werke. Hg. v. J. Nadler. 2. Bd. Wien 1950. S. 164.

[50] Christian Gotthilf Salzmann, Das Ameisenbüchlein. Ausgewählte Schriften. Hg. v. E. Ackermann. 2. Bd. 2. Aufl. Langensalza 1901. S. 230.

[51] Eberhard Grisebach, Die Grenzen des Erziehers und seine Verantwortung. Halle/Saale 1924. S. 7.

Gut ist wohl nur Gott allein. Hilfe leisten. Gemeinsamer Weg aufwärts, auf dem Weg sein. Wohin? Plato deutet: zur Idee (des Guten).

Aber da bleibt nun eine letzte Aporie. Alle Erzieher, die sich bis zu dem Standpunkt des Erweckens erheben, müssen voraussetzen, daß irgendwo das freie Ja im Zögling einspringt. Den Sinn für das Gute kann man ihm nicht machen. So Herbart, so Pestalozzi. Auch Sokrates rechnet darauf, daß sein Ausfragen endlich den Punkt trifft, wo diese Intention (die unzerstörbar in jedem liege) durchbricht. Diese Bedingung kann Sokrates nicht schaffen. Glückt dies, so ist der große Augenblick da, den keiner wieder vergißt. Aber den Erzieher, den Sokrates, den kann er vergessen. Er hat bloß Gelegenheiten gemacht. [Es bleibt schließlich] die eigne Leistung des Zöglings. ⟨Schließlich verdankt der Zögling seine Sittlichkeit sich selbst.⟩ Dies war wohl die Grenze, bis zu der die idealistische Erziehung gelangt. ⟨Letztlich liegt das Göttliche im Menschen selbst⟩. Pestalozzi sagt in seiner Neujahrsrede 1809: »Es ist ferne von uns, aus Euch Menschen zu machen, wie wir sind. Es ist ferne von uns, aus Euch Menschen zu machen, wie andere sind. Ihr sollt an unsrer Hand Menschen werden, wie Euere Natur will, wie das Göttliche, das Heilige, das in Euerer Natur ist, will, daß Ihr Menschen werdet.«[52] Wie nun aber, wenn man sagen müßte: Diese Kraft ist ja im Menschen gar nicht da? Er hat sie nicht (wohl durch eigne Schuld verloren) = Erbsünde. Hier nun fährt Kierkegaard fort, ein Höhepunkt des pädagogischen Denkens: Sokrates war menschlich der größte Erzieher. Jesus als Erzieher überbietet ihn (Philosophische Brocken).[53] Das sind sehr schwere und tiefe Gedanken. Aber [Kierkegaard erzählt] ein Märchen, das man verstehen kann. Wie kann im Menschenherzen die Liebe zu Gott geweckt werden (= Umschaffung, Wiedergeburt, Umkehr und Umkehrung)? Ein mächtiger König liebt ein Mädchen aus dem Volke. Er kann allen gebieten. Er kann auch dem Mädchen gebieten. Aber er kann der Liebe nicht befehlen. Vielleicht liebt sie ihn überhaupt nicht. Vielleicht hindert sie nur der ungeheure Abstand, ihn wirklich zu lieben. Das aber will der König. Und so muß er sich ihr in der allereinfachsten Gestalt nähern, damit Gleichheit sei. ⟨Hier haben wir die Parallele zu Christus. Er ist den Menschen in allem gleich geworden.⟩ Jesus Christus ist Umwender der Herzen, Bekehrer zur Liebe. Diesen Erzieher kann man nicht vergessen, diesen Augenblick nicht vergessen.

---

[52] Johann Heinrich Pestalozzi, Am Neujahrstag 1809. Sämtliche Werke. Begründet von A. Buchenau, E. Spranger, H. Stettbacher. 21. Bd., S. 226.

[53] Sören Kierkegaard, Philosophische Brocken. Gesammelte Werke. Bd. 6. Übersetzt von H. Gottsched und Chr. Schrempf. Jena 1925. S. 23 ff.

Aber noch einmal zurück in die »einfachen« Verhältnisse der menschlichen Erziehung. Wir müßten nun drittens reden von der pädagogischen Begegnung zwischen Erzieher und Zögling. Was geschieht da? Was zündet da? Nohl [betont]: 1. Alles Leben ist von kleinen pädagogischen Begegnungen durchzogen, 2. Notwendig ist die Inkarnation in der Persönlichkeit, »Repräsentation des höheren Lebens vor dem Zögling in dem einheitlichen Menschentum seines Erziehers«[54] das ist gerade heute wichtig wegen der Kulturzersplitterung. 3. Lebensführertum auf der einen Seite, Autorität und Liebe, Hingabe und Gehorsam auf der anderen Seite. [Man muß] den fruchtbaren Moment ausspähen.

Meinerseits füge ich hinzu: 1. Wenn die Saat, die der Erzieher säen will, nicht *so* aufgeht, wie er es sich gedacht hat, so soll er nicht gleich meinen, der Teufel habe dazwischen gesät. So muß es sein. Dem Künstler gelingt sein Werk nicht immer. Dem Erzieher gelingt sein Werk so [wie er es sich gedacht hat] nie. Gott hat das nicht gewollt, daß wir Menschen *machen*, Persönlichkeiten *machen*. Vielmehr ist Erziehen nur ein sittlicher *Dienst*, den wir zu leisten haben. Niemand weiß besser, was Gnade ist und hinzutun muß, als der Erzieher. 2. Notwendig ist auf allen Stufen das tiefe Miteinanderringen, je reifer, desto leidenschaftlicher. Aber es sei ehrlich, von keiner Seite ein Theater. 3. Aber dies Miteinanderleben und -ringen bedarf eines Klimas. [Das war] oben offen gelassen: Pestalozzi [betonte] das Element der Liebe. Dies Klima *muß* da sein.

Also ist eine dreifache Liebe beim Erzieher erforderlich: Liebe zu den echten Werten, Liebe zum »Leben«, alles umfaßt von der höchsten Liebe, die wir als den Sinn des Lebens spüren.

Ende: Pädagogische Soziologie (ein Teil der Pädagogik), soziologische Pädagogik (eine Beleuchtung, Betrachtungsweise der Pädagogik). Spannungen zwischen Elternhaus, Schule (Staat), Kirche, Jugendkreis. Sie steuern verschieden! Selektion von Seiten des Zöglings. Aber [dafür ist] keine Zeit [mehr]. [Ich habe ohnehin] viel zusammengedrängt.

[Ich schließe mit dem]Bekenntnis: Der Gelehrte, der Künstler, der Menschenbildner, [sie alle haben ihre] eigne Tragik, [ihre] eigne Seligkeit.

[54] Herman Nohl, Die pädagogische Bewegung in Deutschland und ihre Theorie. 2. Aufl. Frankfurt/M. 1935. S. 168.

»Das Leben bildet«

Eine geistesphilosophische Analyse

1959

Allgemeine Sätze, die aus praktischen Erfahrungen erwachsen sind, versteht man erst dann vollständig, wenn man sich Rechenschaft darüber ablegt, welchen polemischen Sinn gegen andere verbreitete Ansichten sie einschließen. Der pädagogische Gemeinspruch »Das Leben bildet« kann in solcher Beleuchtung sehr mannigfache Schattierungen empfangen. Der Gegensatz, der im stillen bekämpft werden soll, ist wohl zunächst der Glaube an die Alleinwirksamkeit der Schule. Die Schule selbst versichert immer wieder: Non scholae, sed vitae discimus. Nun wird erweiternd hinzugefügt: die Schule sei wirklich nicht das allein mächtige Subjekt erziehlicher Einflüsse. »Draußen« im Leben, *neben* der Schule oder *nach* der Schule, gebe es formende Kräfte, die möglicherweise selbst der besten Schule überlegen seien. Aber der Gegensatz reicht noch tiefer. Familie und Schule sind Stätten der Geborgenheit. Erst wenn der Werdende den Stürmen des »Lebens« ausgesetzt wird, lernt er die entscheidenden Mächte kennen, die ihn formen: fremde Umwelten, neue Menschenkreise, unberechenbare Schicksale. Der Zusatz »unberechenbar« führt auf einen dritten Gesichtspunkt: Die planmäßigen Erziehungsveranstaltungen der Schule wie der Familie, die meist in sich einen wohlüberlegten, geordneten Zusammenhang haben, weichen beim Hinaustreten ins »Leben« einer Vielfalt von unvorhergesehenen Einflüssen. Wenn man sich diesen Wind um die Nase wehen lassen muß, wird es erst eigentlich ernst: man wird gerüttelt und geschüttelt und muß darauf bedacht sein, etwas Gediegenes aus sich zu machen, um *fest* zu stehen. Endlich sind es ja auch erst reifere Lebensstufen, in denen der Mensch zu seiner ausgeprägten Form gelangt; und dies ist so wichtig, daß es wohl an erster Stelle hätte genannt werden sollen. Man ist kein fertiger Mensch, wenn die hütenden Mächte der Jugend ihr Werk getan haben und zurücktreten.

Der ins Auge gefaßte Erfahrungssatz muß es sich aber auch gefallen lassen, daß gegen ihn selbst polemisiert wird. So, wie er da steht, ohne jeden weiteren Zusatz, ist er offenkundig falsch. Gewiß, das Leben formt den Menschen; es modelt weiter an seinen Anlagen, die die Schule bereits in günstiger Richtung zu entfalten gesucht hat; es drängt in ganz neue Richtungen. »Das Leben selbst« aber kümmert sich wenig um die Hinführung zum heilsamen Ziel. Dieses in kühner Personifikation zu einer Macht erhobene ungreifbare Subjekt *wirkt* einfach. Meint man mit dem Worte »bilden« – wie es doch in einem pädagogischen Zusammenhange zu vermuten ist – so viel wie emporbilden, veredeln, besser machen, dann wird der Satz fraglich, ja leichtfertig. Kennen wir doch genug Menschen, die das Leben verdorben hat, ungeachtet der Erziehungsresultate, die die Familie und die Schule schon mit ihnen erreicht hatten.

Vielleicht hätte sich unser Spruch gar nicht in die pädagogischen Besinnungen hineingewagt, wenn er sich nicht auf die Autorität von Pestalozzi berufen dürfte, der aus ihm in seiner Reifeperiode geradezu ein Fundamentalprinzip machen wollte. Ich habe mich verpflichtet gefühlt, zunächst einmal genau zu prüfen, was denn das Subjekt »Leben« in Pestalozzis »Schwanengesang« eigentlich bedeutet. Es hat sich herausgestellt, daß der große Erzieher bei ihm hauptsächlich an die aus dem Innern strömenden geistigen Kräfte des Menschen gedacht hat, an Tendenzen, die die pädagogische Kunst voraussetzen muß, und im Anschluß daran an Lebensverhältnisse, in denen dieser »göttliche Funke« noch rein und unverdorben sprüht. Ja! dieses dem ordre de Dieu gemäße »Leben« mag bilden; aber nicht jedes beliebige Leben, am wenigsten die kalte fremde Welt da draußen, die oft wenig Wert darauf legt, sich an den Maßstäben von Gut und Böse zu orientieren[1].

Pestalozzi hätte vielleicht besser getan, seine reifste pädagogische Weisheit etwas anders zu formulieren, als er es im »Schwanengesang« getan hat. Da nun aber durch ihn der Satz »Das Leben bildet« einmal in Umlauf gekommen ist, hat die Pädagogik die Verpflichtung, zu untersuchen, welchen Geltungsanspruch er etwa erheben darf, nachdem die eigenartige Sonderdeutung, die Pestalozzi ihm gegeben hat, in einer textgebundenen Interpretation beiseite geschafft worden ist. Und zwar ist mit einer sorgfältigen Problemabgrenzung zu beginnen, um das Schwebende zu beseitigen, das nicht nur pädagogischen Gemeinsprüchen eigen zu sein pflegt.

[1] Eduard Spranger, Pestalozzis Denkformen. 2. Aufl., Heidelberg 1959. S. 117 ff.

I. Abgrenzung des Problems

Wer seine Definition der Erziehung auf die Behauptung beschränkt, es gehöre dazu ein Erzieher als Subjekt des Tuns, ein Zögling als der davon Betroffene, endlich eine spezifische Sinnintention oder gar ein Plan, bewegt sich im Rahmen des Unproblematischen. Wer seinen Begriff weiter ausdehnt, muß sich und anderen Rechenschaft darüber ablegen, daß doch der spezifische Sinngehalt, den wir pädagogisch nennen, bewahrt bleibt. Wenn z. B. behauptet wird, es gebe auch Erziehungsmächte, die nicht durch das Wollen und Tun von Einzelpersonen wirkten, die vielmehr ganz unabsichtlich »funktionierten«, schon weil Absicht nur da sein kann, wo ein Bewußtsein, also eine Einzelseele ist, dann ist es nötig, diese Auffassung näher zu erläutern. *Wie* würde denn ein solches unpersönliches oder überpersönliches Subjekt der Erziehung funktionieren und *wie* soll man sich einen Erziehungserfolg denken, der gar nicht beabsichtigt worden ist?

Der Einzelne als Erziehungsträger ist natürlich sehr viel mehr als nur eine Einzelseele mit Denken, Fühlen, Wollen. Er hat teil an mannigfachen Geistesgütern, er verwaltet ein historisches Erbe, hat vielleicht sogar einen amtlichen Auftrag. Aber ohne ein Bewußtsein, das erziehen will, Ziele erwägt, Mittel auswählt, geht es anscheinend nicht. Jene Geistesmächte müssen also durch eine Seele repräsentiert sein, wenn sie zur Wirkung kommen sollen. Auf der anderen Seite stehen als Objekte der Erziehung – oder, wenn man diesen Ausdruck nicht angemessen findet, als Erziehungsbedürftige wiederum seelische Wesen. Wie sollten sie den Erziehungsanspruch auch nur vernehmen, wenn sie nicht bewußtseinsfähig wären? Die Erziehungsabsicht kann sich sehr wohl auf viele zugleich richten. Aber sie muß schließlich in eine Einzelseele treffen. Jede von ihnen fühlt sich anders angesprochen, und ein guter Erzieher wird sich von vornherein darum bemühen, daß jeder Zögling möglichst individuell behandelt wird. Wäre diese Zuspitzung auf den Einzelnen nicht notwendig, so könnte man ja die Schulräume mit ganzen Bataillonen bevölkern. Wendet man dagegen ein, daß in den Räumen unserer Hochschulen wirklich manchmal Hunderte säßen, so ziehe ich mich auf die Mindestforderung zurück: sie müssen »Hörer« sein. Sonst merken sie nichts von dem, was ihnen vorgetragen wird.

Zwischen dem Redner und dem Hörer, zwischen dem Erzieher und den Zöglingen spielen sehr mannigfaltige Wechselwirkungen. Meint man speziell das Verhältnis des Erziehens und Erzogenwerdens, so bedeutet dies, daß man bei dem einen Partner eine ganz bestimmte Absicht, ein planvolles Tun voraussetzt. Die andere Seite, wenn sie nicht *mehr* tut, muß sich diese Absicht mindestens gefallen lassen. Formender Einfluß mag darüber hinaus auch ohne ausdrückliche Absicht stattfinden. Das nennt man dann aber nicht mehr Erziehen und Erziehung.

Zum Wesen der Erziehung gehören unzweifelhaft mindestens zwei bewußtseinsfähige Subjekte (Einzelseelen); ferner eine bestimmte Intention der Einwirkung des einen auf den anderen, die im allgemeinen nicht umgekehrt werden kann, eben die Erziehungsabsicht.

Wer einen der drei Faktoren fortläßt, wiederhole ich, muß sich darüber noch näher erklären. Eine Bedingung kann ihm von vornherein nicht erlassen werden: das Vorhandensein von seelischen Subjekten, die erlebnisfähig sind. Gäbe es derartige Brennpunkte in der Welt nicht, so wäre in ihr das Phänomen Erziehung undenkbar. In einer Welt ohne erlebende Wesen könnte es nicht einmal jemanden geben, der Steine behaut. Denn der Handelnde braucht immer einen Funken von Bewußtsein, was er auch tun möge.

Aber vielleicht ist trotzdem so etwas möglich, wie unabsichtliches Erziehen und unmerkliches Erzogenwerden, und vielleicht erfolgt dies in einem Medium, das anders als seelenartig ist? Vielleicht ist mit dem Satz »Das Leben bildet« gerade ein solches Phänomen gemeint, und darüber hinaus sogar eine »Erziehung ohne Erzieher«? Den Zögling wird man natürlich nicht auch noch fortnehmen wollen!

Es ist durchaus nur ein *Problem*, das hier aufgeworfen wird. Der Gemeinspruch »Das Leben bildet« hat viele Teilbedeutungen, mit denen man ohne weiteres aus der bloßen Erfahrung fertig werden kann. Hier sollen an ihn nur die beiden Kernfragen gerichtet werden: 1. Ist mit ihm gemeint, daß es auch eine Erziehung gibt, die nicht von einer erziehenden Persönlichkeit durchgeführt wird? »Das Leben« ist ja keine Einzelperson. Und: 2. Verläuft die gemeinte Erziehung ganz unabsichtlich, wie etwas, das sich von selbst macht? Höhenluft hat nicht die Absicht, auf Menschen eine heilsame Wirkung auszuüben. Aber sie tut es, vermöge ihrer Beschaffenheit und – das wollen wir nicht hinzuzufügen vergessen – vermöge der physischen Beschaffenheit der betroffenen Menschen.

Wenn wir von vornherein im Auge behalten, daß der polemische Satz »Das Leben bildet« vielleicht durch sein Subjekt auf ein ganz besonderes Medium hindeutet, das über das Physische, das Seelische und die im Seelischen aufweisbaren Zielsetzungen hinausweist, können wir nunmehr das Problem auf die ganz einfachen Formeln bringen:

Gibt es eine Erziehung ohne Erzieher?
Gibt es Erziehung ohne Erziehungsabsicht?

II. Die Gliederung des Geisteslebens

Wenn keine Person da sein soll, die planmäßig erzieht, – welches Subjekt käme dann als wirkend in Frage?

Es wäre nicht ganz unmöglich, zu behaupten, daß auch die äußere Natur den Menschen erziehe. Rousseau hat im Anfang seines ›Émile‹ darauf hingewiesen, und Herbart setzt sie mit auf die Seite des Schicksals, das unbezweifelbar die Seele formt und ihr Verhalten bestimmt. Der Prozeß vollzieht sich ohne Absicht; denn man kann nicht in wörtlichem Sinne sagen, daß die »bloße Natur« mit dem Innern des Menschen etwas vorhabe. Den Vorgang und sein Ergebnis nennt man meistens »Anpassung« – physische und psychische Anpassung an gegebene Existenzbedingungen. Man braucht sich die Reaktion auf Natureinflüsse nicht rein passiv zu denken. Das betroffene psychophysische Wesen kann auch zu produktivem Verhalten angeregt werden, etwa im Sinne der Formel: »challenge and response«. Nach Toynbee soll ja der Druck der Natur kulturschöpferisch wirken – freilich nur dann, wenn die in Frage kommende Gruppe – in diesem Fall ein ganzes Volk – mit besonderen inneren Kräften »antwortet«. Damit muß aber mehr gemeint sein als physische Widerstandsfähigkeit. Es erfolgt gleichsam eine »Flucht in den Geist«. Oder genügt es, wenn man sagt: *Seelenstärke* vermöge der Natur zu trotzen? Seelenstärke erwache gerade unter Druck?

Der wesentliche Unterschied von Seele und Geist liegt darin, daß das Seelische nur je einem Ich unmittelbar zugänglich ist. Seine psychischen Erlebnisse hat jeder nur für sich allein. Das Seelische ist gleichsam inselhaft. Gäbe es nicht Brücken, die *mehr als seelisch* sind, so käme kein Sichverstehen unter Artgenossen zustande, das über ein instinkthaftes Deuten von Ausdrucksphänomenen (am Leibe des andern) hinausginge. Kulturelles Zusammenwirken setzt ein Band höherer Art voraus. Das Mehr-als-Seelische beginnt schon mit dem eigentlichen Sprechen. Sprechen ist, wo kein anderer da ist, ein bloßes Laute-produzieren; für den anderen, der die Sprache nicht beherrscht, ein bloßes Lautevernehmen. Ohne solche »Klangleiber« kein Sprechen. Ohne eine Seele, die sich ausdrücken will, und ohne den Partner, der seelisch perzipiert, gibt es ebenfalls kein Sprechen. Aber ein Drittes muß hinzukommen: der *Bedeutungsgehalt*, der auf rätselhafte Art an die akustischen Gebilde angeheftet ist und von den beteiligten psychischen Subjekten verstanden, gleichsam herausgeholt wird. Erst mit dieser dritten Schicht, dem Sinngehalt, beginnt das eigentlich Geistige, obwohl es auf das Gegebensein der beiden anderen Schichten: des Leiblich-Physischen und des Intim-Seelischen

– angewiesen bleibt. Beide sind Träger von Brücken, über die das Geistige wandert.

Wird nun von einer Erziehung ohne die Intention eines seelischen Subjektes, einer Einzelseele, gesprochen, so denkt man vermutlich an das Wirken von geistigen Mächten, die sich von seelischen Trägern »irgendwie« abgelöst und verselbständigt haben. Eine solche Kraft scheint ja unter Umständen schon ein einzelnes Wort zu entfalten. Wenn auf einem Schild steht »Füße reinigen!« – warum sollte man das nicht als einen ganz leisen Erziehungsversuch ansehen?

Der Sinn des Plakates kann »außerindividuell« genannt werden. Eine Person, die so will und so spricht, ist nicht vorfindbar. Hier ist also schon ein bescheidener Fall von »Erziehung ohne Erzieher« gegeben. Wir nehmen das einmal so hin, vorbehaltlich weiterer genauer Prüfung.

Die Philosophie des Geistes setzt mit voller sachlicher Berechtigung neben dem Physischen und dem Psychischen eine dritte Seinsweise an: das Geistige. Dabei darf man nicht vergessen, daß alle drei nur Denkprodukte einer abstrakten Betrachtungsweise sind. Bei dem bloß Physischen und dem intim Seelischen bleiben wir im Normalfall gar nicht stehen, höchstens im Störungsfall. Eigentlich leben wir Menschen durchweg in einer geistigen Bedeutungswelt. »Das Physische« und »das Psychische« sind neutralisierte Restbestände, die sich aus Analysen ergeben, wenn man bestimmte »gelehrte« Begriffsbildungen bis zu Ende verfolgt. Es ist also unanfechtbar, wenn wir bei dem Suchen nach einer »Erziehung ohne Erzieher« und einer »Erziehung ohne Erziehungsabsicht« sogleich an das überindividuelle Geistesleben denken. Diese Phänomene liegen wahrscheinlich da, wo ein Überseelisches und ein Außerseelisches, kurz: ein »Mehr-als-Seelisches« auftritt. Die erwähnte Philosophie des Geistes hat sich bemüht, die innere Struktur, die Gliederung des Geisteslebens überhaupt, zu ergründen. An ihre Ergebnisse muß erinnert werden, wenn auch in größter Kürze bei gleichzeitig noch zureichender begrifflicher Strenge. Die übliche Einteilung bedarf einiger Ergänzungen, die von mir stammen. Gerade durch sie werden wir an die Stelle geführt, wo das spezifisch pädagogische Problem liegt.

1. Von den »Seiten«, die sich abstrakt aus dem Gesamtgewebe des Geisteslebens herausheben lassen, ist am leichtesten verständlich *der objektivierte Geist.* Mit diesem Namen wird gemäß dem seit Hegel veränderten Sprachgebrauch der Philosophie des Geistes der Inbegriff der weit zerstreuten Einzelgebilde bezeichnet, für die folgendes charakte-

ristisch ist: An einen stofflichen Träger ist ein Bedeutungsgehalt gebunden, der von geistigen Wesen erlebt und verstanden werden kann. In vielen Fällen ist er von solchen Wesen dem Träger erst verliehen oder aufgeprägt worden. Die Rückverwandlung in sinngemäßes Erleben und Verwerten gelingt unmittelbar nur denjenigen Subjekten, die der gleichen oder einer verwandten Geisteswelt angehören. Dies gilt insbesondere von sprachlich fixierten (objektivierten) Geistesgütern: wer die betreffende Sprache nicht kennt, hat keinen Zugang zu dem geistigen Gehalt, obwohl er das Stoffliche (den Klang, die Schrift, das »Material«) sehr wohl bemerkt.

Gebilde des objektivierten Geistes empfangen durch die Dauerhaftigkeit ihres materiellen Trägers unter Umständen eine größere Beständigkeit, wie ihr Gehalt durch ihn vom Seelischen abgelöst wird und mehr Selbständigkeit erhält. So ist z. B. jedes geschriebene Wort dauerhafter als ein nur gesprochenes, und jedes in Stein gemeißelte dauerhafter als ein nur auf Papier geschriebenes. Das ändert aber daran nichts, daß der gleichsam in Materie gebannte und verzauberte Geistesgehalt darauf angewiesen ist, daß ein dafür geeignet organisiertes Subjekt ihn im Erleben, Verstehen und Behandeln (wieder) aktualisiert. Der Geist *lebt* nur als Subjekt-Objektverhältnis (vgl. unten). Bleibt das erlebnisfähige Subjekt aus, so bleibt der objektivierte Geist tot, mag sein materieller Träger auch dauern aere perennius. Im günstigsten Falle kann man von »potentiellem« Geistesgehalt reden.

Kardinalbeispiele sind: ein wissenschaftliches Buch, eine Statue, ein Gut aus dem Bereich von Wirtschaft und Technik, etwa ein Werkzeug. Sie entsprechen den drei Wertbereichen des Wahren, des Schönen, des Nützlichen. Buch und Statue können außer ihrem spezifischen Gehalt auch wirtschaftliche Bedeutung haben – als verkäufliche Ware. Ein Instrument wie ein Buch kann auch schön sein. Ein technisches Gebilde enthält auch praktisch verwertete Erkenntnis.

Das Beispiel »Buch« rechtfertigt am meisten die Auffassung, daß in Gebilden des objektivierten Geistes ein Quäntchen Erziehungskraft stecken könne. Denn ein Buch von theoretischem Gehalt belehrt, ohne daß ein vermittelnder Lehrer dazusein braucht. Fröbel hat sogar von dem »über sich selbst lehrenden Würfel« gesprochen. Wer ein wissenschaftliches Buch liest, lernt etwas dazu – falls nicht Falsches in ihm steht! – und wird vielleicht ein bißchen besser – falls nicht sittlich Irreführendes in dem Text enthalten ist! Die beiden einschränkenden Zusätze wollen wir für die weitere Durchführung unseres Themas in Erinnerung behalten. Sie weisen darauf hin, daß keineswegs jedes beliebige Stück objektivierten Geistes denjenigen besser macht, der es für sich aktualisiert und sich seinen Gehalt irgendwie assimiliert.

Das wird bei den anderen Beispielen noch deutlicher. Wenn eine Statue einen hohen künstlerischen Wert hat, so mag sie auf den Beschauer aufwühlend wirken, wie der Torso des Apollo auf Rilke:

Du mußt dein Leben ändern!

Ist sie aber künstlerisch minderwertig oder gar von unsittlicher Art, so tritt nichts von so schönen Wirkungen ein. Ähnlich bei Nutzgütern. Man kann sie auch mißbrauchen und verschwenden, wie viel Mühe immer auf ihre Herstellung verwandt sein mag, wie viel Fleiß, wie viel Sorgfalt in ihnen investiert sein mögen. Nur selten belehrt ein Werkzeug ohne Mitwirkung eines anderen darüber, wie es zweckmäßig zu handhaben ist. Die stille Aufforderung, die der Geübte ihm ansieht, muß dem Neuling erst zum Bewußtsein gebracht werden. Der Freiherr v. Uexküll hat wiederholt erzählt, daß einem Negerknaben erst beigebracht werden mußte, in den Stangen und Löchern, die er sah, den Sinn einer Leiter zu finden. Hat der Knabe das begriffen, so ist die pädagogische Lektion noch nicht zu Ende. Die Leiter jedenfalls wird es nicht sein, die ihn später hindert, mit ihrer Hilfe in ein Zimmer einzusteigen und etwas zu stehlen.

2. Als *»objektiven« Geist* hat Hegel alle Erscheinungsweisen des übergreifenden Geistes bezeichnet, bei denen eine Gruppe (ein Kollektivum) durch eine Art von volonté générale zusammengehalten ist. Man wird sogleich hinzufügen, daß auch in gewissem Umfang ein jugement général beteiligt sein müsse, d. h. eine Gesamtrichtung der Denkweise. In beiden Fällen bedeutet »das Allgemeine« sowohl etwas Gemeinsames wie etwas Substanzhaftes. Der Gruppengeist ist mehr als nur die Summe oder der Durchschnitt der beteiligten Einzelgeister.

Nicolai Hartmann[2] nennt den objektiven Geist auch geradezu Gemeingeist. Im Gegensatz zu dem an den toten Stoff entäußerten objektivierten Geist sei er etwas, das »auf« einer Vielzahl von verbundenen Einzelnen *lebe*. – Jeder menschliche Verband entfaltet einen solchen gemeinsamen Geist. Am tiefsten dürfte der Volksgeist wurzeln, insofern er auf gemeinsamer Abstammung, Sprache und Geschichte ruht. Innerhalb eines Volkes aber bestehen noch mannigfache Gruppen, teils nebeneinander, teils ineinander verlagert. Diese Überwölbungen der Individuen sind schwer zu fassen, jedenfalls schwerer als der fixierte objektive Geist, obwohl auch dieser einem Bedeutungswandel unterliegt. Mit einem räum-

[2] Nicolai Hartmann, Das Problem des geistigen Seins. Berlin 1933.

lichen Bilde könnte man sagen, der (jeweilige) Gruppengeist sei *in*, *zwischen* und *über* den Einzelnen. Aber mit einem Bilde behilft man sich dann, wenn man sich über den genauen Sachverhalt noch nicht klar geworden ist.

Mindestens zwei Bestimmungsmomente des objektiven Geistes (z. B. des Zeitgeistes, Nationalgeistes, Standesgeistes, Schulklassengeistes) muß man abstrakt auseinanderhalten: Er schließt immer ein *Verbundenheitsbewußtsein* ein, womit hier alle Wechselbezüge zwischen den Individuen gemeint sind: sowohl das Miteinander wie auch das Gegeneinander, das Übereinander, Füreinander usw. – und *Sinngehalte*, von denen her diese zwischenmenschlichen Beziehungen in erster Linie ihre Form und Richtung empfangen. Ein Wirtschaftsverband z. B. bringt andere Gestalten von Solidarität und Rivalität hervor als eine wissenschaftliche Schule (= gelehrter Kreis). Wir reden kurz von Sozialbändern, Sozialgeflechten einerseits, von Gehalten andererseits. Die Gruppe als solche ist ein Sozial*gebilde*.

Zwischen den Sozialbändern und den Sinngehalten von Gruppen bestehen sehr komplizierte, aber doch »verständliche« Verhältnisse der Abhängigkeit. Zum Teil variieren sie gleichsinnig miteinander, zum Teil auch gegensinnig. Der Satz: Je totaler der Gehalt einer Lebensgemeinschaft, um so tiefer die Verbundenheit, ist keineswegs unanfechtbar. Es besteht aber doch Grund für die Ansicht, daß die Familie den festesten der menschlichen Verbände idealtypisch repräsentiere. Eine Angestelltenschaft in einem kaufmännischen Büro ist nur ein sehr lockerer Verband, obwohl die Zeit, die man tagsüber mit der Familie bewußt verbringt, sehr viel kürzer sein mag, als die im Büro. Beide Gruppengebilde besitzen je ihren eigentümlichen Gemeingeist. Er ist sehr schwer zu formulieren, aber es spürt ihn nicht nur der Zugehörige, sondern auch ein Außenstehender.

Ehe das Thema »der Gemeingeist als Erzieher« aufgeworfen wird, seien zur weiteren Erläuterung nur noch zwei Extreme konstruiert, zwischen denen noch mannigfache Spielarten des überindividuellen Gruppengeistes aufzufinden wären. An einem Ende steht der Fall: Die überindividuelle, den Einzelnen zeitlich überdauernde Gruppe besitzt gleichsam den Einzelnen; er kann ihr nicht entrinnen; am anderen Ende steht das Extrem: Das Individuum entschließt sich rationell, in einen Verband auf Widerruf einzutreten, um bestimmte Einzelzwecke zu fördern, ja vielleicht gründet es ihn selbst mit; später aber scheidet das Mitglied wieder aus. Das Volk und die Familie, denen man angehört, kann man nicht wählen und nicht wechseln. Man findet sie als biologische und historische Gebilde vor, nachdem man – in sie hineingeboren – zum Bewußtsein erwacht ist. Andererseits kann man Vereinen angehören, deren weitere Mitglieder man nie gesehen hat.

Der »Gruppengeist« wird im ersten und im zweiten Fall von ganz verschiedener Mächtigkeit sein. Er manifestiert sich, nach der vorläufig gewählten Formel, *im* Individuum, *zwischen* den Individuen und *über* den Individuen.

Zum Beispiel: der Einzelne trägt in sich ein Nationalbewußtsein; er nennt diejenigen, die es teilen, seine Landsleute und fühlt sich mit ihnen solidarisch, gegebenenfalls auch durch Konflikte verbunden, weil man doch nie ganz voneinander loskommt. *Der* Geist aber, der über den Einzelnen ist, ist immer sehr viel mehr als die Summe dessen, was die Einzelnen in dieser Richtung seelisch-aktuell erleben und fühlen, denken und wollen. Mit Recht hat Nicolai Hartmann stark betont, daß der Gemeingeist in den Einzelnen immer nur unvollkommen, nur fragmentarisch repräsentiert sei. Er ist eben eine selbständige, nicht bloß psychophysische Realität.

Obwohl diese Charakteristik des Gruppengeistes (der Gruppengeister) noch sehr unfertig ist, müssen wir doch endlich wieder auf den Leitsatz »Das Leben bildet« zurückgreifen und *vorläufig* die Frage prüfen, ob den Lebenserscheinungen, die als Gruppengeist bezeichnet werden, eine erziehende Kraft zukommt – *ohne* Einzelerzieher, *ohne* pädagogische Absicht.

Es kann gar kein Zweifel sein, daß der Mensch durch die »Teilhabe« an einem Gruppengeist, besonders in jenem ersten Fall, wo er sich des heranwachsenden Menschen geradezu bemächtigt, aufs stärkste geformt wird. Er braucht z. B., wie ich früher einmal gesagt habe, gar nicht *zum* Volkstum erzogen zu werden, wenn die Erziehung *im* Volkstum vor sich gehen kann.[3] In jedem gesunden Gesamtleben atmet der Jugendliche gleichsam mit jedem Zuge etwas ein, das ihn in diesem Geiste bestärkt. Das geschieht auch noch in kleineren und weniger schicksalhaft mächtigen Gruppen, wennschon in geringerem Grade. Man ist z. B. heute gewöhnt, von einem Betriebsklima zu sprechen. Wenn man das Klima in ursprünglicher Bedeutung nicht ändern kann, so muß sich der Organismus ihm anpassen, oder er geht zugrunde. Der Lehrling kann das Betriebsklima nicht ändern. Er wird sich also in jugendlicher Nachahmung dem herrschenden Umgangston und Arbeitsstil anschließen. – Wie viel selbst ein künstlich angefachter Nationalgeist über die Gemüter vermag, haben wir in der Zeit des sogenannten Dritten Reiches erfahren. Alle totalitären Regierungen arbeiten an der Herstellung eines Gruppengeistes, dem kaum

---

[3] Vgl. Eduard Spranger, Volkstum und Erziehung. In: Der Bildungswert der Heimatkunde. Stuttgart 1943. (Reclam Nr. 7562).

jemand entrinnen kann. Wir nennen das dazu angewandte Verfahren Propaganda. Aber verdient es auch Erziehung zu heißen?

Man braucht die Beispiele nur aus dieser Gegend herzuholen, um zu merken: die entscheidende Frage ist nicht, ob der Gruppengeist wirkt, sondern: was er selbst, diese anonyme überindividuelle Macht, seinem Gehalte nach wert ist. Auch in der an Alfred Adler anknüpfenden »individualpsychologisch« bestimmten Pädagogik ist oft der Irrtum unterlaufen, der Mensch werde schon besser, wenn sich nur über seinem Ich ein »Wir« bilde. Die Räuberbande hat auch ein Wir, und in schlecht erzogenen Schulklassen pflegt das Wir von Anfang an recht stark zu sein, weil es aus dem gemeinsamen Gegensatz zum Lehrer seine Kraft bezieht. Wäre nun aber auch der beauftragte Erzieher mit in das »Wir« einbegriffen, so könnte es sich immer noch um eine Gemeinschaft von Taugenichtsen handeln. Alles kommt darauf an, welchen *Wertgehalt* ein Gruppengeist habe, nicht nur darauf, daß er vorhanden sei. Diese Behauptung sollte eine Selbstverständlichkeit sein, ist aber von größter Bedeutung für eine Zeit, die mehr soziologisch als geistesphilosophisch zu denken gewöhnt ist. In ihr besteht nämlich die Neigung, dem »großen Subjekt«, der *Gesellschaft*, ohne weiteres Recht zu geben. Es soll ja für die Gesellschaft erzogen werden. Die echt sokratische Prüfung, ob das große Subjekt unter allen Umständen wertvoller sei als das kleine, findet gar nicht erst statt. Die Frage nach dem inneren Recht der Mehrheit gehört mit in diesen Zusammenhang. Niemand wird glauben, daß etwas schon deshalb wahr sei, weil viele es behaupten. Aber daß etwas gut sei, weil »die herrschende Gesellschaft« es bejaht und will, das nimmt man schon leichter hin.

Mit einem kurzen Wort: Der Wert kommt nicht aus der Tatsache der Gesellschaftlichkeit (Verbundenheit), sondern aus dem Wert*gehalt*, der von gesellschaftlichen Gruppen getragen und gestaltet wird. Wo es um die Orientierung am Guten geht, wäre dieser Satz, wenn so etwas möglich wäre, doppelt wahr. Bei der Erziehung gilt nur die eine Norm, die wir stark abkürzend »das Gute« nennen. Man täuscht sich gründlich, wenn man formuliert: Erziehung habe zum Ziel den Dienst an der Gesellschaft, im Gegensatz zum Interesse des »bloßen« Einzelnen.

3. Ein drittes Grundphänomen am Geistesleben pflegt nicht als besondere Seite hervorgehoben zu werden, sondern gilt als eine Auswirkung des Gemeingeistes. *Der normative Geist* ist aber keineswegs nur ein Produkt des Zusammenlebens. Das Normative ist so wurzelhaft, daß es bei empirischen Analysen des Geisteslebens der Stelle nahe liegt, an der in spekula-

tiven Systemen, z. B. bei Hegel, der absolute Geist steht[4]. Das Urphänomen »Sollen« weist im subjektiven Geist (der Person) auf metaphysische Tiefen zurück, und auch im objektivierten Geist spielt es eine fundamentale Rolle. Denn die Sachgebiete, auf denen sich das Geistige objektiviert, unterliegen je eigentümlichen Normgesetzen der Gestaltung. Die Wissenschaft untersteht dem Wertgegensatz von wahr und falsch, die Kunst dem von ästhetisch vollendet oder verfehlt, die Gebrauchsgüterwelt dem von nützlich und unnütz, wie die Technik dem Gesichtspunkt von zweckmäßig und unzweckmäßig. Überall sind im stillen Direktiven maßgebend, die sich natürlich nur an bewußtseinsfähige Menschen richten können: der Schaffende vernimmt Forderungen, die die richtige Sinnerfüllung betreffen und deren Verfehlung wertwidrige Gestaltungen zur Folge hätte. Wichtiger als die Sachgestaltung ist natürlich die totale Lebensgestaltung. Alle Sondernormen sind eingelagert in die Totalnorm, die sich auf den letzten Sinngehalt des Lebens bezieht. Da diese aber nicht in einem Satz formulierbar ist, muß das Gewebe zunächst in einzelne Fäden, d. h. wertspezifische Erscheinungsformen des Normativen, aufgelöst werden, wenigstens für eine theoretische Reflexion.

Es ist nicht beabsichtigt, die Problematik des normativen Geistes hier schon in allen drei angedeuteten Richtungen – d. h. hinsichtlich der Personalnorm, Sozialnorm und Sachgestaltungsnorm – zu verfolgen. Im Hinblick auf unser Thema greifen wir denjenigen Normenkomplex heraus, der unter pädagogischen Gesichtspunkten gar nicht übersehen werden kann, weil *er* vor allem die »geistige« Atmosphäre ausmacht, in der überall erzogen wird. Dies ist die geltende Moral, die dem Erzieher wie dem Zögling als maßgebende Autorität entgegentritt. Sie ist identisch mit der Form, die der Gruppengeist annimmt, wenn er »normativ« wird, d. h. wenn er ein Regulierungssystem ausbildet, das den Eingegliederten bestimmte Gesinnungen und Verhaltensweisen für das Zusammenleben vorschreibt. Wenn irgendwo der Fall eintreten sollte, daß überindividuelles Leben erzieht, so müßte es entschieden in diesem Bereich geschehen: *Die geltende Moral*, so scheint es, *erzieht* ohne Vermittlung beauftragter Individuen und ohne direkt auf einen bestimmten Zögling gerichtete Absicht.

Wenn man von »einer« Moral redet – denn es gibt sie gemäß Lagen und Umständen in vielen Ausprägungen – denkt man zunächst an eine Volksmoral. Aber auch kleinere, vom Volk umfaßte Gruppen bilden ihre eigentümlichen, überindividuell verpflichtenden Normenkomplexe aus:

[4] Vgl. meinen Gedenkschrift-Beitrag: Das Echte im objektiven Geiste. In: Nicolai Hartmann. Der Denker und sein Werk. Göttingen 1952.

ganze Stände, Berufsverbände, Arbeitskreise und Anstalten. Wo moralische Wertungen und Lebensgestaltungen über den Rahmen eines Volkes hinausgreifen, geschieht es vor allem unter dem Einfluß und auf dem Boden von sogenannten Weltreligionen.

Ich habe Wesen und Funktionsweise einer Moral so oft erörtert, daß ich hier nur im Stile einer gedrängten Thesenzusammenstellung darauf zurückkomme [5].

Eine Moral ist ein schwer greifbarer geistiger Wirkungszusammenhang, durch den eine Gruppe die Verhaltensweisen und gesinnungsmäßigen Einstellungen der Zugehörigen in einer der Gemeinschaft erwünschten Richtung normiert und reguliert. Wie bei der Sprache ist Schöpfer dieses Gebildes kein Einzelner, sondern es erwächst und wächst aus unzähligen kleinen zwischenmenschlichen Wirkungen und Gegenwirkungen. Sie bestehen zunächst in Forderungen an die anderen und Werturteilen über ihre konformen oder widerstrebenden Verhaltungsweisen. Als Niederschlag der Einzelregulierungen entstehen auch verfestigte Formen des Zusammenlebens, wie z. B. die Ehe oder Eigentumssicherungen. Konstruiert man sich zu diesem unübersehbaren Regulierungsgeschehen ein Subjekt, dem man entsprechende Absichten zuschreibt, so kann es sprachlich nur mit dem Wörtchen »man« bezeichnet werden.

Der Sinn des Gebildes liegt in der Sicherung des Bestandes der Gesamtheit und eines Wertniveaus für das Zusammenleben. Die erste Angabe genügt nicht: eine Moral ist immer mehr als das Selbsterhaltungssystem der betreffenden Gruppe; sie allein würde, umgekehrt, nicht zur Selbsterhaltung ausreichen. Die Moral stellt das Miteinander-verkehren unter bestimmte sittliche Werte. Besonders an den Tugenden (Tauglichkeiten), die sie bejaht, kann man den moralischen Gehalt ablesen und annähernd systematisieren.

Die voll lebendige Moral mit ihren Ausschlägen nach oben und unten ist schwer zu beschreiben. Selbst ihre *Forderungen* sind nirgendwo vollständig kodifiziert. Das Wichtigste jedoch ist gelegentlich zusammengefaßt durch Persönlichkeiten von der Art eines Moses oder Konfuzius. Einzelheiten verdichten sich in Sprichwörtern, Kinderlehren, Tugendspiegeln.

Die Kraft zur Durchsetzung einer lebenden Moral verdankt sie keiner überwachenden Instanz und keinem Apparat (etwa von Anklägern, Richtern, Zeugen, Urteilsvollstreckern). Ihre einzige Macht besteht in der Ehrverleihung an den Gehorsamen, ja Vorbildlichen; in der Entziehung der gesellschaftlichen Ehre beim Widerstrebenden, ja Brecher der Normen. Die Ehrwürdigkeit der Tradition unterstützt diese oft recht zufällige Wirkungsweise. Es sinkt aber auch manches, was einmal als Sittlichkeit heilig war, zur bloßen, nur noch fragmen-

[5] Vgl. z. B. Volkstum und Erziehung. a.a.O. Ebenso: Gedanken zur staatsbürgerlichen Erziehung. Bundeszentrale für Heimatdienst. Heft 26. (Zuerst) Bonn 1957; jetzt: Gesammelte Schriften. Bd. VIII. S. 77–123.

tarisch verstandenen »Sitte« herab. In Frühzeiten eines Volkes ist seine Moral mit religiös-mythischen Überzeugungen eng verbunden und wird unmittelbar als Gebot der Gottheit legitimiert. (Daher »Sanktionierung«.)

Der Inhalt der moralischen Gebote und Verbote steht deutlich in Verbindung mit den Lebensbedingungen und Betätigungsformen der betreffenden Gruppe. Eine Bauernmoral stellt andere Forderungen als eine Reiter- und Rittermoral. Handwerker, Kaufleute und Gelehrte nennen sich »ehrbare« Stände, insofern sie in ihrem Bereich auf Innehaltung sehr spezialisierter sittlicher Normen halten.

Umbildungen der Moral können mannigfache Ursachen haben. Man kann von ihrem Steigen und »Verfallen«, von ihrem Leben und Sterben reden. Grundsätzliche Veränderungen der Lebensrealitäten machen eine Umgestaltung des Gehaltes der moralischen Normen erforderlich (z. B. Übergang zur Geldwirtschaft, Industrialisierung). Der Durchbruch wird oft durch moralschöpferische Persönlichkeiten (Propheten, Philosophen) gefördert. Diese aber »schöpfen« nicht nur aus der Berücksichtigung äußerer Verhältnisse, sondern aus der Tiefe ihres *Gewissens*. Daran wird erkennbar, daß der eigentliche Erzeugungs- und Brennpunkt der Moralbildung doch in dem Gewissen der Einzelnen liegt. Die im Gewissen erlebte metaphysische Problematik strahlt daher auch über das vielgestaltige Phänomen Moral aus.[6]

In dem geschilderten geistig-gesellschaftlichen Wirkungszusammenhang haben wir ohne Zweifel etwas für die Pädagogik außerordentlich Wichtiges gefunden. Wenn wir die Problematik des Satzes »Das Leben bildet« auf die zwei Formeln verengt haben: »Erziehung ohne Erzieher« und »Erziehung ohne Erziehungsabsicht«, so tritt das, was die *erste* meint, in seltener Reinheit zutage: Das anonyme, überindividuelle »man«, das sich in der Moral ausspricht und auswirkt, ist keine Einzelperson. Allerdings ist dieses konstruierte Kollektivsubjekt auch keine eigentliche Realität, und es müssen immer ein einzelner bzw. viele einzelne da sein, die sich zu Anwälten der Moral machen. Mit Bezug auf die zweite Formel ist die Antwort nicht so einfach. Im stillen liegt gerade hinter der Moral eine ganz deutliche Erziehungsintention. Nur sind die einzelnen Moralpartner sich dieses Sinnes der Normierungen nicht immer voll bewußt. Sie leben in der betreffenden Wertordnung wie in einer selbstverständlich gewordenen Lebensluft. Nur wenn Konflikte eintreten, z. B. wenn sich hinsichtlich einer Moralfrage zwei Parteien bilden, tritt sofort auch die

---

[6] Vgl. die feinere Darstellung der Zusammenhänge in den Schriften von Wilhelm Flitner, z. B.: Das Selbstverständnis der Erziehungswissenschaft in der Gegenwart. Heidelberg 1957. – Ders.: Die Gesittung der europäischen Menschheit. In: Erziehung zur Menschlichkeit. Festschrift für Eduard Spranger. Tübingen 1957.

pädagogische Tendenz zutage: Eine Richtung will die andere beeinflussen, mit der Begründung: nur so würden die Menschen veredelt, und jede verlangt auch, daß die Jugend so erzogen werde. Die »Erziehung ohne Absicht« erscheint hier in einer Form, die wir aus anderen Gebieten, bis zur organischen Natur hin, kennen: als »*Zielgerichtetheit* ohne Absichtsbewußtsein«. Man erinnere sich etwa daran, wie sich Kant die Entstehung der Rechtsordnung vorgestellt hat. Es wäre schon Metaphysik, wenn man hinzufügte, dahinter liege ein überindividuelles planendes Subjekt, etwa die menschliche Gattung oder der Volksgeist oder ein spezieller Gruppengeist. Man glaubt heute, besonders realistisch zu sein, wenn man stattdessen das große Wesen »die Gesellschaft« einführt. Aber auch dieses ist nicht vorfindbar und entstammt nur einer anderen Art von Metaphysik. Es bleibt dabei: aktuell planen kann doch nur je ein Einzelbewußtsein, also eine Einzelseele.

Daran aber kann kein Zweifel sein, daß das rätselhafte Lebensgewebe »kollektive Moral« auf die ihm Eingegliederten de facto erziehlich wirkt. Wollen wir uns vorsichtig ausdrücken: Hier sind wenigstens *Wegweiser* aufgerichtet. Ob der an ihnen Vorüberkommende sich nach ihnen richtet, das ist ebenso ungewiß, wie der Erfolg der Erziehung durch einzelne sorgfältig planende Persönlichkeiten. Aber der Satz »Das Leben bildet«, den wir hier prüfen, ist insoweit erfüllt, als jeder junge Mensch mit gewissen Einrichtungen, Normen und Werturteilen Bekanntschaft macht, die zum normativen Geist gehören. Er erfährt, wenn die geltende Moral des Volkes oder der moralische Geist eines begrenzteren Kreises noch stark ist, was von ihm gefordert wird. Er weiß um die Mißbilligung, die ihm im Falle des Widerstrebens begegnen wird. Er orientiert sich an diesen überindividuellen Forderungen, wenn er »etwas auf sich hält«. Er ist dauernd »unter Druck« und kann somit nicht zweifeln, daß er hier einer erheblichen Macht unterworfen ist. Sie predigt nicht nur Moral, sondern sie praktiziert Moral, mindestens insoweit, als jeder beteiligte Moralwächter sogar das noch von den anderen verlangt, wovon er sich vielleicht selbst dispensiert. Das »man« ist ein Faktor, mit dem jeder bei seiner Lebensgestaltung zu rechnen hat.

Nun jedoch die Grenzen! Keineswegs ist es so, daß geltende Moral ohne weiteres identisch ist mit der echten und rechten Sittlichkeit. Beim Wachsen dieses Gewächses haben sich auch allerhand krumme Äste gebildet, andere sind längst abgestorben, manches ist geradezu faul. Und wenn man annehmen dürfte, die geltende Moral sei im ganzen so gut, wie etwas, das auf Durchschnittlichkeit angelegt ist, eben sein kann, – dann weiß doch jeder: »Gelten« heißt noch lange nicht, daß immer gemäß den kollektiv gebilligten Normen *gelebt* wird. Das »Leben« ist es gerade, das sich hier als zweifelhafter Führer erweist. Das hat Octavio Piccolomini besser gewußt, als unser Gemeinspruch. Er hält dem idealistischen Sohn vor, gerade *im Leben* sei es nicht immer möglich, »sich so kinderrein zu halten, wie's uns die Stimme lehrt im Innersten«.[7]

Der Jugendliche, der zunächst in die autoritative Moral einfach hineinwächst, erfährt diese negativen Seiten auch. Es gehört beinahe zur seelischen Entwicklungsgesetzlichkeit, daß beim ersten Erwachen des Verständnisses für sittliche Forderungen ein Reinheitsdrang mit aufwallt, der streng bei der absoluten Forderung bleibt. An ihr gemessen erweist sich die sogenannte moralische Welt als unzuverlässig, unehrlich, brüchig, ja als scheinheilig. Dieses typische Erleben schränkt nun wieder den Wert einer bloßen Erziehung durch das unpersönliche moralische Milieu sehr stark ein. Wer sich darauf allein verlassen möchte, kommt als Erzieher möglicherweise dahin, wohin Rousseau gelangte: Er hielt es geradezu für nötig, den Werdenden vor dem Gifthauch der Gesellschaft und vor ihren falschen Ehrbegriffen zu bewahren. Es hilft also nichts: Gegen den Satz »Das Leben bildet« erhebt sich mit annähernd gleicher Berechtigung der andere Satz »Das Leben verbildet, das Leben verdirbt den Menschen«. Will man dem ersten wirkliches Gewicht verleihen, so muß man möglichst genau bestimmen, unter welchen Bedingungen ein günstiger Erfolg, unter welchen ein ungünstiger zu erwarten ist.

4. Dahin führt uns ganz von selbst der nächste Schritt, den wir zu tun haben, um die Gliederung des Geisteslebens zu vollenden. Die bisher ins Auge gefaßten Seiten des Geistes- oder Kulturzusammenhanges haben den Zug gemeinsam, daß sie sich zwar zu geballten Mächten verdichten können: ein Bewußtsein aber besitzt keine dieser Seiten. Und doch gehört es zur Grundstruktur wenigstens des menschlichen Geistes, daß er ohne Bezug auf ein erlebendes Subjekt ohnmächtig ist. Der ontologische Ort dieses Geistes ist nur zwischen Subjekt und Objekt. Er ist vollständig und lebendig nur in einer Subjekt-Objekt-Relation. Dabei müssen »Subjekt« und »Objekt« zunächst in der ganzen Vieldeutigkeit genommen werden, deren sie fähig sind.

Bringe man alle Bibliotheken der Welt mit ihren Weisheitsschätzen zusammen: sie *wissen* gar nichts. Ein Wissen entsteht nur in subjektiven Geistern, die von den Büchern Gebrauch machen. Gruppengeister voll-

[7] Friedrich Schiller, Werke (Nationalausgabe). Bd. 8. S. 162. (Picc. V,1)

ziehen in der Geschichte ungeheure Aktionen. Sie wären aber bloße Massen von Leibern, wenn in den zugehörigen Individuen nicht wenigstens ein Funke von dem Gehalt glühte, der sie in Bewegung setzt, und wenn die überindividuellen Gehalte nicht in abgeschatteten Erlebnissen von Einzelseelen repräsentiert wären. Ein normativer Geist, dessen Sinn nicht in Subjekten aufgefangen würde, bliebe erst recht wirkungslos. Denn zum Wesen derjenigen Normen, die sich an Menschen richten, gehört, daß sie vernommen werden können.

Von dem Geist, der in der Natur waltet – er ist heute schon nicht mehr bloße Spekulation, sondern unentbehrliches empirisches Erklärungsprinzip der Biologie –, gilt vielleicht nicht, daß er auf Bewußtsein angewiesen sei. Er durchwirkt die Organismen, auch ohne daß sie von der Sinnfülle ihrer Bau- und Funktionspläne etwas wüßten. Die Form des Geistes, die auf Bewußtsein angewiesen ist, vom einfachsten »Verhalten« bis zu sittlich bedeutsamen Entscheidungen empor, ist also wohl nur eine Spezialform des Geistes. Eben deshalb liegt für die Menschen, soweit sie Träger dieser Art von Geist sind, in den Bereichen, wo sie ein *Bewußtsein* vom Geistigen haben, gerade der Zug, der sie vom Tier unterscheidet. Es ist keine neue Entdeckung, wenn uns versichert wird, der Mensch könne *nur* durch Erziehung ganz Mensch werden (Kant, Langeveld). Davor sollten wir uns aber hüten, Erziehungsvorgänge auch da anzunehmen, wo *kein* Bewußtsein ist. Niemand wird leugnen, daß mindestens das Wesen, welches *Objekt* erziehlicher Einwirkungen ist, nur erzogen werden kann, wenn es bewußtseinsfähig ist und aktuell versteht, was man von ihm will. Bedingte Reflexe, Dressur, ja selbst Gewöhnung liegen noch unterhalb der Schwelle eigentlicher Erziehung. Aber auch die *Subjekte*, von denen Erziehung geübt wird, müssen seelische Wesen sein und planmäßig verfahren können.

Es geht hier nicht nur um eine Frage der Terminologie. Vielmehr enthüllen sich an diesem Problem Eigenschaften des subjektiven Geistes, die für unsere Gliederung des Geisteslebens von entscheidender Wichtigkeit sind. Auf der einen Seite enthüllt sich, daß Menschen, die als Erzieher wirken, »mehr als seelische« Subjekte sind. Sie sind Träger von geistigen Gehalten, die weit über ihre raum- und zeitgebundenen Sinneserlebnisse und über ihre triebbedingten Verhaltensweisen hinaus Gebilde von eigener Gesetzlichkeit und Mächtigkeit bedeuten. Das Bild vom Atlas, der eine ganze *Welt* trägt, drängt sich auf. Der andere Bewußtseinsträger aber, der solche gehaltvollen Einwirkungen empfängt, ist keineswegs nur passives Objekt. Zunächst unterliegt er einer leiblich-seelisch-geistigen Entwicklungsgesetzlichkeit, der gemäß er Einflüsse annimmt oder abbiegt, auch auf ganz individuelle Art. Mit wachsender Bewußtheit gewinnt er die Fähigkeit zu *eigener Stellungnahme*. Und endlich hat er als bewußter Geistesträger auch Zugang zu Tiefen seines Inneren, in denen sich das Normative auf die ursprünglichste Art offenbart: er erwacht zum Vernehmen der Stimme des Gewissens.

Es ist die tiefe Entdeckung der abendländischen Menschheit, daß an dieser Stelle die Urverbundenheit mit dem Metaphysischen liegt: nur in der Einsamkeit der erlebnisfähigen und wertprüfenden *Seele*. Hier wurzelt der fundamentale Widerspruch gegen alle Despotien und totalitären Massensysteme. Der Satz »Das Leben bildet« sieht sehr harmlos aus. Er trägt aber die Gefahr in sich, diesen Brennpunkt aus dem Auge zu verlieren. Das Leben bildet nur, wenn es vom Gewissen her gesteuert wird. Das Leben als Inbegriff überseelischer, unpersönlicher Mächte kann nicht steuern und kann nicht erziehen, weil es als solches – kein Gewissen hat.

III. Geistige Mächte

Für die Prüfung des Satzes »Das Leben bildet« ist bisher nur abstrakte Vorarbeit geleistet worden. Das Gewebe des Geistes ist auf seine einzelnen Erscheinungsweisen hin betrachtet worden. Jede hat ihre eigentümliche Seins- und Wirkungsart. Aber keine existiert je für sich, sondern jede lebt und hat Sinn nur im Zusammenhang des Ganzen; des Ganzen also von objektiviertem, objektivem und normativem Geist auf der einen Seite, des subjektiven, leiblich-seelisch individuierten Geistes auf der anderen Seite. Nennen wir den ganzen Strukturzusammenhang Geistesleben, so erscheint nunmehr unser Satz, der die Möglichkeit einer Erziehung ohne Erzieher und ohne Absicht betrifft, in der abgewandelten Formel »Das Geistesleben bildet«.

A. Jeder einzelne ist in das Geistesleben seines Volkes, seines Landes, seiner Zeit eingebettet. Soweit dieses Leben durch menschliche Geistesarbeit Gestalt empfangen hat, kann man es auch *Kultur* nennen. Sie ist durch die pflegende sinnvolle Arbeit von Generationen zustande gekommen. Jedes Individuum, das in eine bestimmte Kultur hineingeboren wird und in ihr allmählich zu hellerem Bewußtsein erwacht, spürt, daß es von Mächten beeinflußt wird, die weder bloß Stoff sind noch bloße Summierung von einzelseelischen Vorgängen. Der dritte Seinsbereich, das Geistige, hat gegenüber den erlebnisfähigen Subjekten eine rätselhafte Massivität, gegenüber dem raumerfüllenden, meß- und wiegbaren Stoff eine eigentümliche Ungreifbarkeit.

1. Am leichtesten aufweisbar sind die bildenden Wirkungen des übergreifenden Geistes noch da, wo er als objektivierter Geist auftritt. Gerade weil dieser selbst kein lebender Geist ist, kann man deutlich verfolgen, wie er »belebt« und dadurch formt. Die Gebilde dieser Art sind ihrerseits vom Lebensprozeß abgeschnürt, aus ihm herausgesetzt, wie Simmel schon vor 50 Jahren sehr schön ausgeführt hat. Wenn sie nun gleichsam in Leben zurückverwandelt werden, so scheint der klassische Fall des Bildungsprozesses vorzuliegen: Geistesgüter werden von der Seele in sich aufgenommen. Sie heißen, wenn sie in diesem Zusammenhang wirksam werden, ausdrücklich *Bildungsgüter*.

Wenn jemand behauptet, er verdanke der ›Kritik der Urteilskraft‹ eine höchst erfreuliche Förderung, so kann er jederzeit an seinen Bücherschrank gehen, diesen Bildungsvermittler herausnehmen und auf den Tisch legen. Der darin gebannte *geistige Gehalt* ist freilich auch dann durch bloße sinnliche Wahrnehmung nicht auffaßbar. Erst recht nicht wahrnehmbar sind die Bahnen, auf denen sich der bildende Einfluß vollzieht. »Der Geist erschließt sich nur dem Geiste«, hat Hegel immer wieder betont. Damit ist aber auch ausgesprochen, welcher große Anteil an dem Bildungsprozeß der Subjektseite zuzuschreiben ist. Keineswegs nimmt sie alles auf, versteht alles, verwertet alles für den Aufbau ihres Innern. Wenn wir bei der Interpretation des Satzes »Das Leben bildet« gemäß den Pestalozzischen Texten schließlich genötigt wurden, der Objektivität ihr Recht zu gönnen [8], so werden wir jetzt ebenso entschieden von dem objektivierten Geist auf Leistungen zurückgeworfen, die nur dem Subjekt zugeschrieben werden können.

Der objektivierte Geist bietet aber nicht nur theoretische Gehalte dar. Welche Förderung wir der Dichtung verdanken, ist schwer kontrollierbar und unaussprechbar, aber von größtem Gewicht. Noch früher müßten wir die Sprache nennen. Jeder empfängt von »seiner« Sprache innere Kultur. Sprache ist vorgeleistete Geistesarbeit. Wer sie übernimmt oder in sie hineinwächst, tritt schon damit in eine fein durchgeformte Geisteswelt ein. »Die Sprache bildet uns« ist einer der wichtigsten Sonderfälle der Bildung durchs Leben. »Im Laufe des Lebens« vergrößert sich ganz von selbst unser Anteil an dem Wortschatz, also an den geprägten Laut- und Schriftgebilden, die uns den Zugang zu den oft schwer transportablen Sachen geben und die geistige Herrschaft über die Fülle der belangvollen Dinge erleichtern. Teilhabend am »Leben« der Sprache, dehnt man sein Wissen, seine Gefühlswelt, seinen Wirkungsbereich aus. Man wird tat-

[8] Eduard Spranger, Pestalozzis Denkformen. 2. Auflage, Heidelberg 1959., S. 138 ff.

sächlich gebildet; aber man merkt es noch weniger als der Sextaner dessen inne wird, daß in ihm ein Bildungsprozeß vorgeht, wenn er Latein lernt.

Es ist kaum noch nötig, hinzuzufügen, daß das Handgemeinwerden mit unzähligen Gebrauchsdingen – Nutzgütern und Geräten – unsere Kenntnisse und Fertigkeiten vermehrt, auch ohne daß immer jemand da ist, der uns belehrt und planmäßigen Unterricht erteilt. Die bedeutungshaltigen Dinge der Umwelt sind stumme Lehrer, wie es Goethe insbesondere von den Steinen behauptet hat. Ohne Zweifel: *Unsere Umwelt bildet uns*, allerdings mit dem Zusatz: wenn unser Gemüt für das Bildungsträchtige in ihr offen ist und die sichere Richtung nach oben – schon in sich trägt.

2. Der Geist der Gruppe, der man zugehört, hat eine ungeheure Formkraft. Durch welche Bahnen sie wirkt, muß in jedem Einzelfall sorgsam analysiert werden. Nach den früheren Erörterungen geht dieser Einfluß in zwei Richtungen: Er bindet an den Sachgehalt, den das Zusammenleben fördern will, und er bindet die Einzelnen aneinander, erzeugt also eine Art von esprit de corps. In primitiven Kulturen rivalisieren innerhalb eines Stammes nur die verschiedenen Sippengeister miteinander. Heute aber gehört jeder einer Vielzahl von Gesellungen und Verbänden an, die sich unter Umständen gegenseitig bekämpfen und ihren Kampf auch in die Einzelseele hineintragen. Schon mit dem Schulbeginn tritt der junge Mensch in eine Gruppe von ganz anderer Struktur ein, als die der Familie ist. Ist der Bildungsbedürftige »ins Leben getreten«, so vermehren sich seine Bindungen schnell. Jede planvolle Bildungsarbeit wird erschwert durch die Verschiedenartigkeit der Kreise, von denen der Einzelne ergriffen wird und die z. T. um seine Seele werben: Berufsstand, Kirche, Partei, Verein, Verwandtschaft – wie sollte es anders sein, als daß sie je auf ihre Art Spuren in das Gemüt des Betroffenen eingraben? Er wird getragen von diesen Geistern und trägt sie mit. Sie bringen ihn in Konflikte. Ja selbst innerhalb *eines* Gruppengeistes können noch Spannungen entstehen. Eine Studentenschaft ist immer ein ganzes Nest von Zwistigkeiten. Man möchte vermuten, daß darin eine Art von geheimem Bildungsapparat waltet, der sich ersatzweise an die Stelle des »Lebens« schiebt, weil es in seiner vollen Realität doch nur außerhalb der Mauern der Hochschule flutet.

Eine Fülle von Bildungsmöglichkeiten liegt ohne Zweifel in der Mannigfaltigkeit der »Gruppierung«. Aber wiederum muß betont werden, daß die Richtung nach oben bei diesem Spiel der Kräfte keineswegs gewährleistet ist. Dies kann eigentlich nur von solchen Gruppen erwartet werden, die zur Ausformung einer Gruppenmoral gelangt sind. Anzeichen dafür ist immer die Hervorkehrung spezifischer Ehrbegriffe. Grundsätzlich gesprochen: der Gemeingeist kann erst dann als eine pädagogische Geistesmacht kritisiert werden, wenn er in den höheren Aggregatzustand übergegangen ist, der auch Ingredienzien vom normativen Geist in sich trägt. Wie der Einzelne von mehreren Gruppengeistern »besessen« sein kann, begegnen sich nunmehr in ihm auch die Ansprüche verschiedener Moralen.

3. Jede Gruppenmoral, mit der man durch das Leben in Berührung kommt, hat die immanente Tendenz und auch ein gewisses Maß von Kraft, zu erziehen. In dem Betroffenen können sich starke Gegenkräfte regen, er kann sich diesen Einwirkungen entwinden wollen: Hier aber haben wir einmal tatsächlich den Fall einer überpersönlichen Erziehungsmacht, die »unwillkürlich« erzieht. Daß der Erfolg manchmal ausbleibt, ist kein Einwand; denn das ereignet sich auch bei der »direkten« Erziehung oft genug. Ein junger Mann, der zur Wehrmacht kommt, ein Student, der in eine Korporation eintritt, ein Adliger, der einen bürgerlichen Beruf wählt, ein Deutscher, der nach Amerika auswandert, – sie alle erfahren den eigentümlichen Klimawechsel, der darin besteht, daß man an anderen Maßstäben gemessen wird, unter die Herrschaft anderer Ehrbegriffe gerät und zu anderen Formen der Lebensgestaltung verpflichtet wird. Manchmal hat man es sehr schwer, sich unter den veränderten Umständen auch nur »zu halten«, und es tritt dann wohl die optische Täuschung auf, als ob das, was schwer ist, eben deshalb auch schon erstrebenswert sei.

»Im Leben« kreuzen sich immer die voneinander abweichenden Moralen verschiedener Kreise. Mit einem besonderen Organ für solche Erscheinungen begabt, hat Gustav Freytag die daraus entstehenden Überlagerungen und Konflikte in der angeblich ständelosen Gesellschaft des frühen 19. Jahrhunderts durch seinen Roman ›Soll und Haben‹ zur Anschauung gebracht. Epische und dramatische Dichtung leben geradezu von solchen Stoffen, vom Nibelungenlied und Parzival an.

Es darf aber nicht verschwiegen werden, daß der pädagogische Einfluß von Sondermoralen doch nicht so ganz unpersönlich erfolgt. Meist ist da irgendeine repräsentierende Figur vorhanden, die als konkretes Vorbild anziehend, als Gegenbild abstoßend wirkt. Auch darf man nicht vergessen, daß im Werden und Funktionieren einer Moral meistens eine energische Selbstbejahung steckt, die sich in ihren Vertretern als Proselytenmacherei auswirkt. Das schränkt den Wert unseres gewichtigsten Beispiels für die

Erhärtung des Satzes »Das Leben bildet« wieder ein. Um so deutlicher tritt zutage, daß der *Einzelne*, der planvoll erzieht, doch immer von ihn bestimmenden Geistesmächten umfangen und geleitet ist. Dies soll nicht geleugnet werden, sondern durch unsere geistesphilosophische Analyse gerade stark zur Anschauung kommen. Im Geistesleben ist jeder Einzelne Träger von überindividuellen Gehalten.

Man beschäftige sich unter solchen Gesichtspunkten aufs neue mit großen Bildungsromanen, vor allem etwa mit dem ›Wilhelm Meister‹. Selbstverständlich begegnet ihr Held nicht nur Personen, die für den Aufbau seines Inneren bedeutsam werden, sondern ganzen »geistigen Mächten«. Aber wenn sie verständlich gemacht werden sollen, so müssen sie auch wieder inkarniert auftreten. Die Vertreter bringen dann gleichsam eine Atmosphäre mit sich. Goethe selbst hat gesagt: »Alles Lebendige bildet eine Atmosphäre um sich her.«[9]

Und doch ist es nicht wahr, daß geistige Mächte schon deshalb erziehen, weil sie *geistige* Mächte sind. Wir kennen den Sachverhalt längst unter der unbestimmteren Benennung: Milieueinflüsse. Wir wissen ebenfalls längst, daß es gutes und schlechtes Milieu gibt, daß Ehrbegriffe, Normen und Werteinstellungen überpersönlicher Art ebenso in die Irre gehen können, wie es bei Individuen der Fall sein kann. Gewiß: Geistige Mächte entfalten, wie es schon in ihrem Namen liegt, Macht. Sollen sie aber *emporbilden*, nicht bloß bilden, so müssen wohl noch Faktoren hinzutreten, die hier bisher nicht genügend zur Geltung gekommen sind.[10]

B. Alles Geistesleben ist historisch. Was das bedeutet, ist nicht mit wenigen Worten zu sagen. Die Gegenwart lokalisiert sich in der objektiven astronomischen Zeit. Verschiedene Räume haben verschiedene Geschichtslinien. Vergangenes hat sich im Heute geschichtet; insofern ist die Gegenwart Resultat. Das Leben hat einen Entwicklungsprozeß mit Ausgliederungen und neuen Gestaltbildungen durchgemacht. Der Zufall hat manche inneren Formprinzipien durchkreuzt. Jede frühere Gegenwart hat in dem ihr zugemessenen schmalen Spielraum Entscheidungen getroffen, die nicht voraussagbar waren. Dies alles ist nicht mehr umkehrbar (reversibel). Obwohl Strukturgesetze und Entwicklungsgesetze abstrakt herauslösbar sind, hat im Historischen alles seine einzigartige Individualität: Menschen, Ereignisse, Gebilde, Institutionen. Die Verwebung des Allgemeinen und des Singulären ist es, was das Leben interessant macht, wo man es auch packt.

---

[9] Johann Wolfgang v. Goethe, Werke (Cotta). Bd. 39. S. 66.
[10] Vgl. Abschnitt IV dieser Arbeit.

In der Geschichte sind auf diese Art Zusammenballungen entstanden, die dem Einzelnen wie massive Mächte gegenübertreten. Es sind jene Geistesmächte, von denen soeben die Rede war. Die großen deutschen Geschichtsschreiber des 19. Jahrhunderts bedienen sich der Ausdrücke »geistige Mächte«, »historische Mächte«, häufiger als der Wendung »gesellschaftliche Mächte«. Bei Ranke ist die deutsche Philosophie des Geistes noch ungebrochen. Er ist – im Gefolge Fichtes – der Klassiker der »historischen Ideenlehre«. Das Wort »moralisch« ist bei ihm noch ambivalent, gemäß dem englischen Sprachgebrauch (moral = geistig). Ein vielsagender Satz bei ihm lautet: »Die Erforschung der Geschichte hat es mit Dingen, die nicht leicht anzufassen, mit den moralischen Kräften und ihrem verwickelten, verborgenen Getriebe, zu tun.« Droysen, schon stärker von Hegel beeinflußt, spricht im gleichen übergreifenden Sinne (der auch die Gegenmächte des Sittlichen miteinschließt) von der »sittlichen Welt« und den »sittlichen Mächten«.[11] Für uns belangvoll ist die Wendung im ›Grundriß der Historik‹: »Erst in den sittlichen Gemeinsamkeiten wird der Mensch; die sittlichen Mächte formen ihn. Sie leben in ihm und er lebt in ihnen.«[12] So dürfen auch wir – zunächst vorsichtiger – von *historischen Geistesmächten* reden.

Darf nun der Satz »Das Leben bildet« auch nach dieser Richtung hin ausgedehnt werden: »Die Geschichte bildet«? Hier ist zunächst die Erinnerung nicht überflüssig, daß die Geschichte nicht einfach gleich dem Leben der Vergangenheit ist. Sie ist nur das *Wissen* um einiges vergangene Leben, und indem es auswahlweise dargestellt wird, ist es bereits durch einen subjektiven Geist geformt worden. Wir wollen annehmen, daß er keine ausdrücklich moralisierende Absicht gehabt habe: ganz ohne weltanschauliche Position hätte er kein eigentliches Bild gestalten können. Dieser Geist des Historikers spricht unvermeidlich mit, wenn wir uns an der Geschichte als gewußter Geschichte bilden.

Es gibt aber auch noch eine andere Geschichtlichkeit, nämlich die historische Bestimmtheit, die in jedem von uns durch unsere Geburt in eine gestaltete geistige Welt hinein schon drinsitzt und »ganz von selbst« in uns weiterwächst, weil wir unablässig die (geistige) Luft unserer Epoche einatmen. »Wir sind alle Kinder unsrer Zeit« – statt dessen kann man mit Grund auch sagen: »Wir sind alle Zöglinge unserer Zeit, die bewußten Erzieher mit eingeschlossen.«

---

[11] Johann Gustav Droysen, Grundriß der Historik. Neu hg. v. Erich Rothacker. Halle 1925.

[12] Droysen, a.a.O. § 47. Vgl. ferner § 12, § 55, § 68, § 71– hier auch »sittliche Sphären«.

Man bemerkt schon: die Interpretation unseres Gemeinspruches muß abermals zweiseitig ausfallen: Niemand kann bestreiten, daß die historischen Mächte uns formen – direkt und indirekt, das letztere auf dem Wege der gelesenen Geschichte. Lord Bolingbroke hat sie eine »Lehrmeisterin in Beispielen« genannt.

Die gewordene wie die zur Kenntnis genommene Geschichte engen unsere Freiheit ein. Sie bedingen die Stellungnahme, zu der wir uns durchringen. Abändern läßt sich das historisch Gewordene nicht beliebig. Es gibt ihm gegenüber nicht die unbedingte Freiheit des allerersten Anfanges. Sein Bestand und Gehalt muß in das Handeln auf der Schwelle der Gegenwart mit einkalkuliert werden, ähnlich – obwohl durchaus nicht ganz so – wie der Techniker die unabänderlichen Gesetze des Naturgeschehens, die Konstellation eines gegebenen Kräftesystems und die Beschaffenheit des Materials in seine Konstruktionen mit einbeziehen muß. Wenn man heute gern von der einzigartigen Wichtigkeit der existenziellen Entscheidungen redet, darf man sich das, was Existenz genannt wird, nicht als einen Punkt denken. In jeder Situation ist immer schon eine geistige (kulturelle) Gesamtlage vorauszusetzen, und es gehört viel Nachdenken dazu, sie angemessen und tief genug zu deuten.

Was nun aber bei diesem Ringen mit der Geschichte, der gewordenen wie der gewußten, für das kämpfende Subjekt herauskommt, ist nicht immer eine Veredlung. Viel häufiger sogar ist das Unterliegen, das Hinnehmen der einfachen Notwendigkeit, der Gehorsam gegen Tendenzen, nur weil sie schon wirksam sind. Die Kraft, sich unter Umständen *gegen* das stumpfe Weiterlaufen der Geschichte zu stellen, gibt die Lehrmeisterin Geschichte dem Menschen nicht. Dieser Aufschwung kommt aus ganz anderen Tiefen. Er setzt auch eine ernste Wertprüfung und eine letzte Gewissensprüfung voraus. Goethe sieht nur die positive Seite der Sache, wenn er sagt: »Das Beste, was wir von der Geschichte haben, ist der Enthusiasmus, den sie erregt.«[13] Warum nicht auch umgekehrt: »Das Schlimmste, was wir von der Geschichte haben, ist der Druck, den sie auf uns ausübt, und die sittliche Entmutigung, die daraus entstehen kann?« Was also die Geschichte als Bildnerin betrifft, so soll ihre formende Macht nicht geleugnet werden. Bliebe man aber bei dieser Ansicht stehen, so wäre es unter Umständen so, als wenn man von einer Wunde, die man empfangen hat, rühmen wollte, sie habe die Gestalt des Leibes »gebildet«, da sie ja sichtlich eine Veränderung an ihm hervorgebracht hat.

[13] Johann Wolfgang von Goethe, Werke (Cotta) Bd. 4. S. 229.

C. Wo von geistigen Mächten die Rede ist, denkt man mit Recht zunächst an Faktoren der Umwelt, die einigermaßen massiv und dauerhaft sind. Aber zu den Objektivitäten, die den Einzelnen hinsichtlich seiner Geistesart verwandeln können, gehören auch ganz konkrete, ja gleichsam akute Schicksale. Allerdings muß zu dem terminus »Objektivität« wiederum einschränkend bemerkt werden: Schicksale sind nie ganz eindeutige, von außen kommende Ereignisse. Schon im Namen liegt, daß sie jemandem (oder einer Gruppe) geschickt, an ihn gleichsam adressiert sind. Mindestens muß es den Betroffenen so erscheinen. Der Effekt ist durch ihre Reaktionsart mitbestimmt. »Das Geistige« ganz allgemein ist etwas, das zwischen Subjekt und Objekt spielt, wurde früher betont. Ein Schicksal ist natürlich ganz besonders subjektbedingt, bis zur äußersten Individualität und Intimität hin.

Daraus folgt: Schicksale können bei gleicher objektiver Beschaffenheit verschiedene Menschen oder denselben Menschen zu verschiedener Zeit bald nur oberflächlich, bald sehr tief berühren. Auch im zweiten Falle ist noch nicht garantiert, daß sie den Erleidenden »besser machen«. Weder freudige noch tragische Erlebnisse bilden den Menschen mit Gewißheit empor. Der eine läßt die Wunde bald ausheilen, für den anderen ist sie tödlich – also durchaus nicht fruchtbar. Dem einen schlägt das Schicksal die Waffe aus der Hand, den anderen macht es zu einem Amokläufer. Wer möchte sich auf so unzuverlässige Erziehungsmächte berufen?

Man hat immer nur die Fälle fruchtbarer Aufwühlung im Auge, wenn man dem Satze »Das Leben bildet« vertraut. Die bei der Problemstellung formulierten Bedingungen sind hier freilich erfüllt. *Wenn* Schicksale erziehen, so ist das eine »Erziehung ohne Erzieher« und eine »Erziehung ohne pädagogische Absicht«. Nicht hinzugehörig wäre natürlich der Fall, daß einem die Begegnung mit einer begnadeten Erziehernatur zum Schicksal wird. Aber wie steht es hinsichtlich der Begegnung mit einer vorbildlichen Persönlichkeit, der jede pädagogische Intention bei ihrer Lebensführung fernliegt? Nun, wenn dies allein genügte, so wäre selbst unsere Welt noch von guten Geistern voll. Aber wie zu einem meisterhaften »Bild« gehört, daß es jemand sieht, so gehört zu einem »Vorbild« jemand, der es versteht, sich von ihm erwecken läßt und es zu würdigen vermag. Wiederum ist der Vorgang zur Hälfte subjektbedingt. Ebenso steht es bei an sich aufrüttelnden Ereignissen. Auf manchen wirkt der Kriegsdienst günstig, andere gehen an ihm moralisch zugrunde. Die Ambivalenz desjenigen Lebens, das nur als eine begegnende Macht verstanden wird, tritt immer wieder zutage, so daß es nun keiner weiteren Belege mehr bedarf.

Wohl aber muß noch geprüft werden, ob es geistige Mächte gibt, in die bei ihrer historischen Gestaltung bewußt schon so viel von sittlicher Energie hineingearbeitet worden ist, daß sie gleichsam damit geladen sind und die bloße Berührung mit ihnen schon sittliche Kräfte im Subjekt zum Aufflammen bringt. Solchen Fällen haben wir uns genähert, als wir von der veredelnden Wirkung großer Kunstwerke sprachen oder von der günstigen pädagogischen Atmosphäre, die eine noch intakte Moral ausbreitet. Diesen Spezialfall der geistigen Mächte müssen wir unter dem Namen »sittliche Mächte« gesondert ins Auge fassen. Er ist uns schon bei dem Historiker Droysen begegnet.

IV. Sittliche Mächte

Geistige Mächte sollen dann (und insoweit) mit Betonung »sittliche Mächte« genannt werden, wenn zu ihrem Aufbau ausdrücklich sittliche Energien aufgewandt worden sind und zur Erreichung eines höheren Wertniveaus sittlich wertvoller Gehalt in sie hineingearbeitet worden ist. Das sittlich Wertvolle macht sich nicht von selbst. Es bedarf der planvollen, anstrengenden Arbeit, und wenn es errungen worden ist, muß es erhalten und verteidigt werden. Das ist ein Kulturprinzip von überregionaler und überzeitlicher Giltigkeit. Das sittliche Gut, das von Generationen erkämpft worden ist, kann schnell verschleudert werden. Meistens geschieht es mit der Selbsttröstung, daß das Moderne unter allen Umständen besser sei als das Alte.

Von dem Geist, der in der Natur wirksam ist, haben wir nur inadäquate Kenntnis. »Du begreifst den Geist, dem du gleichst«, könnte man ein Wort aus dem ›Faust‹ umkehren. Überall aber, wo der menschliche Geist am Werke ist, baut er eine gemeinsame Kultur auf, die den nachgeborenen Geschlechtern mehr und mehr als ein objektives Gebilde von überpsychischer Gesetzlichkeit entgegentritt. Im Abendlande hat die Eigenständigkeit und die Fremdheit der Kultur gegenüber dem naiven Gemüt des Einzelmenschen einen so hohen Grad erreicht, daß Simmel von einer »Tragödie der Kultur« sprechen konnte.

Vermutlich ist in den Kulturanfängen die ehrfürchtige Scheu vor den höheren Mächten ebenso baukräftig, wie das nackte Bedürfnis der Daseinsfürsorge und Daseinspflege. Indem der Mensch gemäß seinen Zwekken umbildend in die Natur eingreift, stößt er auf Gesetzlichkeiten, die er nicht ändern kann, sondern nur als dienende Zusammenhänge in seine Gestaltungen einfügen kann. Das ist das Wesen *aller* Technik: *das dienstbar gemachte unabänderliche Ablaufgesetz.* Auch das Leben und Zusammenleben der Menschen selbst hat seine eigentümlichen Strukturgesetze und Ablaufgesetze – von dem Geborenwerden, Zeugen und Sterben an über das Wirtschaften, Forschen und Phantasieschaffen bis zu dem unausschöpfbaren Spiel von Miteinander, Gegeneinander, Übereinander und zur Kooperation bzw. Rivalität ganzer Gruppen. Insbesondere hat das seelische Leben des Individuums seine unabänderlichen Gefüge (Strukturen) und Entwicklungen. Ihren Gesetzestypus hat man lange Zeit zu nahe an die Arten von Gesetzlichkeit herangerückt, die für die Reiche und Schichten der Natur maßgebend sind. Die letzte Tiefe des Seelischen besteht in Erschließungen, die von aufwühlenden Welterfahrungen bis zu den Ahnungen überweltlicher Zusammenhänge emporreichen.

Also ist alle Kulturarbeit durchwirkt von Ordnungen. Unter dem Gesichtspunkt der Hauptarten der Motivation ist zu unterscheiden: was der Mensch *muß*, was er (triebhaft oder klar bewußt) *will* und was er *soll*. Erst mit dem Dritten treten wir in die Schicht und in den Sinnbereich des Sittlichen ein. Kant hat mit Recht das Sollen zum Kriterium des Sittlichen erhoben. Nur hat er dabei in den Hintergrund treten lassen, daß der Mensch sehr oft das, was er soll, auch will, ja vielleicht schon muß. Zum Beispiel *muß* er seine Kinder pflegen und aufziehen, er will es aber auch in der Regel, und jedenfalls *soll* er es. Die Aufspürung des *normativen Momentes* im ganzen Lebensgewebe ist trotzdem der sicherste Leitfaden, um das spezifisch Sittliche zu finden.

Das Normative manifestiert sich in drei Hauptgestalten: als *Sachnormen*, durch die bestimmt wird, wie Gebilde des objektivierten Geistes sachgerecht und ordentlich zu gestalten sind: die Wirtschaftsgüter, die Wissensgüter, die Kunst- oder Spielgüter. *Normen des Zusammenlebens* regeln die Erscheinungsfülle des Gruppengeistes in den allerverschiedensten Arten gesellschaftlicher Verbände. Das Letzte jedoch darf nicht vergessen werden: *die Normen der Selbstgestaltung*. Sie reichen weit hinaus über die Forderungen der Sachwelt und über die Forderungen der Sozialwelt. Diese Sphäre der Intimität ist die höchste, schon deshalb, weil in ihr allein auch jene über Raum und Zeit hinausgreifenden Normen aufleuchten, die den letzten Sinnbezug eröffnen. Der existentielle »Ort« (bildlich gesprochen) des aktuellen Vernehmens aller Arten von Normen ist *das Gewissen*. Es ist das Zentrum des inneren Regulierwerkes.

Wir sind weit entfernt davon, zu glauben, daß die Philosophie die normativen Gesetzlichkeiten, die zu einem vollkommenen Aufbau des Lebens und Zusammenlebens hinlenken, bereits herausgearbeitet hätte, so daß wir sie explicite im Bewußtsein trügen. Das Wort »vollkommen« ist hier im Sinne der alten Ethik, etwa von Christian Wolff, gebraucht. Es bezeichnet keine jenseitige Vollendung, sondern nur so viel wie: »voll ans Ziel gekommen«. Um die rechten Wege dorthin muß immer neu gekämpft werden. Denn erstens ist »das Leben« sehr kompliziert, zweitens ist es historisch und personal singulär, drittens deshalb dialektisch, weil viele Erfahrungen erst aus dem produktiven Irrtum herausgepreßt werden.

Gerade deshalb aber ist es zu erwarten, daß in den Objektivitäten, von denen wir hier reden, sich die sittliche Lebensweisheit langer Epochen niedergeschlagen hat. Es wird in sie viel Normgehorsam mit hineingearbeitet sein. Wie beim künstlerischen Schaffen, besitzen wir die Gestaltungsprinzipien nicht *vor* dem Werk, sondern sie können allenfalls vom fertigen Gebilde abgelesen werden. In besonderer Deutlichkeit wird dieser Sachverhalt an *der* Seite des normativen Geistes zutage treten, die wir Volksmoral genannt haben. Aber auch der objektivierte Geist und der personale Geist müssen unter dem Gesichtspunkt durchgeprüft werden: wie äußert sich bei ihnen die Normativität? Denn wo das Sollen eine überindividuelle Gestalt gewonnen hat, da wird ein Stück Leben zu greifen sein, von dem man mit Recht behaupten kann »Das Leben bildet«, – ohne daß dabei eine Einzelperson mit einer ausdrücklichen Erziehungsabsicht hervortreten müßte.

A. Die in einem Kreise geltende, wirklich werthaltige Moral erzieht in diesem Sinne. Sie besteht in verfestigten Lebensformen, deren Wahrung die betreffende Gruppe, obwohl sie keinen beauftragten Sprecher hat, notfalls fordern würde, in umlaufenden Werturteilen für Verhalten und Gesinnung, in konkreten praktischen Reaktionen auf das Benehmen des Einzelnen (Ehrverleihung und Ehrentziehung). Ein solches überindividuelles Lebensgefüge ist nicht leicht zu fassen. Es ist mehr einem fluktuierenden Medium vergleichbar als einer festen Substanz. Es ist nirgendwo vollständig objektiviert, wie etwa bei manchen Völkern sich die Rechtsanschauungen in genau formulierten Gesetzen objektiviert haben. Zum Ersatz aber ist es sehr lebendig, keineswegs *nur* konservativ. Es kann in einer ungewöhnlichen Situation auf einmal mit fertigen Forderungen einspringen, allerdings auch einige Zeitlang unsicher tasten. Für beides liefern reiche Beispiele die beiden Kriege des 20. Jahrhunderts. 1914 lebten in Deutschland nicht viele, die noch wußten, wie »man« sich in einem Kriege zu verhalten hätte, nun gar in einem Kriege von so ungewöhnlicher Art. Anfangs war man unentschieden darüber, ob das »Hamstern« nicht geradezu Pflicht der Hausfrau wäre. Bald aber hatte »man« Erfahrungen über die Wirkungen eines solchen Verhaltens gesammelt. *Die* Moral, keineswegs die einzelnen, verurteilte es. Wo noch »echte« Moral aufgebaut wird, da haben wir nun wirklich einmal eine Lebensordnung, die den Satz »Das Leben bildet« in dem hier durchgängig gemeinten Sinne rechtfertigt.

Die plötzliche Umstellung ist soeben nur als Beispiel gewählt worden, weil der ungewöhnliche Sondervorgang mehr ins Auge fällt als das Alltägliche und Allmähliche. Die herrschende Moral, sie sei nur als Forderung oder als tatsächliche Übung wirksam, erzieht unzweifelhaft, allerdings nur in dem Maße, wie in ihr der sittliche Geist, das ethisch Normative, schon als aufbauendes Prinzip gearbeitet hat. Sie tritt daher jedem Eingegliederten mit dem Anspruch entgegen, auch für ihn Richtschnur zu sein. Sie *will* – wenn man ihr fiktiv einen Willen zuschreiben darf – ein Wertniveau des gemeinsamen Lebens sichern. Sie ruht auf Erfahrungen, welche Einstellung des Einzelnen dahin führt und welche davon wegführt. Es steckt in ihr eine aufgesammelte »Weisheit«, gewiß keine sehr hohe, sondern nur eine durchschnittliche, volkstümliche Weisheit. Es gibt in der geltenden Moral weite Gebiete, die in der Tat schon selbstverständlich geworden sind und sogar von Naturen, die zum Ausbrechen neigen, gar nicht mehr angefochten werden. Vielleicht dispensiert sich der Einzelne für seine Person gelegentlich davon; er würde aber sehr lebhaft protestieren, wenn andere sich ihm gegenüber diese Freiheit herausnähmen.[14]

Man vergegenwärtige sich, in wie vielen Beziehungen die Moral uns im Zaume hält: sie reguliert die sexuellen Verhältnisse, freilich mit sehr viel geringerer Kraft als sie über die Eigentumsverhältnisse wacht. Sie belebt das Ehrgefühl, dessen entscheidende Wurzel jedoch noch viel tiefer liegt. *Wenn* also jemand in einer guten moralischen Gesamtatmosphäre aufwächst, so modelt sie unablässig an ihm herum. *Wenn* er außerdem in eine Berufsgemeinschaft eintritt, in der Ehrlichkeit herrscht, pflichttreu gearbeitet wird und der Verkehrston ebenfalls »ehrbar« ist, so hat er in diesen Objektivitäten einflußreiche Miterzieher neben den Personen, die ihn zu veredeln streben. *Wenn* er einem Staat angehört, in dem es sittlich einwandfrei zugeht und das Parteileben keine Korruption duldet, so ist das auch für seine politische Erziehung die wertvollste Unterstützung. – Das »wenn« in den drei Sätzen darf jedoch nicht fortgelassen werden. »Wenn nicht«, dann treten eben alle jene pädagogischen Wirkungen *nicht* ein. Diese Seite des Lebens wird dann den Heranwachsenden um so mehr verbilden, als es sich hier um »Mächte« handelt, die man nicht mit

[14] Diese Erwägung, das Kriterium der stillen inneren Zustimmung eines jeden, der mit Vernunft handelt, steckt auch in Kants Moralprinzip; freilich ist noch anderes beteiligt.

leichter Hand beiseite schieben kann. Der Heranwachsende aber wird den Eindruck haben, die fragwürdige Moral sei ganz in der Ordnung, weil sie ja so verbreitet ist.

Die begrenzte Berechtigung der These, die wir behandeln, enthüllt sich unerbittlich immer wieder. Sind keine sittlichen Persönlichkeiten da, die die Gestaltung der Moral eines Volkes oder eines Sonderkreises sorgsam überwachen, ihren Einfluß auf die Jugend planmäßig dirigieren, um sie vor Verführungen zu behüten, dann ist die »herrschende Moral« eine zweifelhafte Erziehungsmacht. Dies ist um so enttäuschender, als wir keiner Objektivität des Geistes begegnen werden, die so viel positive Hoffnungen zu erwecken geeignet war, wie diejenige Ausprägung des normativen Geistes, die ausdrücklich als Gruppenmoral bezeichnet wird.

B. Die Volksmoral umfaßt vor allem die Normen des Zusammenlebens, an denen der Gemeingeist sich ausrichten soll. Es gibt aber auch *Sachnormen*, die für den objektivierten Geist, besser: für geistige Objektivierungsakte, maßgebend sind. Die Wissenschaft steht unter dem Gebot »Suche die Wahrheit und richte dich nach der Wahrheit!« Die Kunst trägt noch viel schwerer formulierbare Forderungen in sich, die der schaffende Künstler innerlich vernimmt, ohne darüber Rechenschaft ablegen zu können. Die Wirtschaft soll in rechter Weise das Nützliche befördern und die Gesamtheit mit den erforderlichen Gütern versorgen. Verfehlt sie es, so verfehlt sie sich schuldhaft gegen ihren spezifischen Sinn im Ganzen der Kultur. Ohne Zweifel [wirkt] das Lebensgebiet, das bestimmt ist, der Wahrheit »gewissenhaft« zu dienen, auf die Jünger, die es betreten, erziehlich. Aber doch nur dann, wenn alle Mitarbeiter sich unablässig prüfen, ob sie nicht in Gefahr geraten, fremden Götzen zu dienen. Die »Idee« der Wahrheit erzieht; die jeweils bestehende Lage der Wissenschaft ist nicht so eindeutig vom Heiligenschimmer der Reinheit bestrahlt. Gute Kunst veredelt das Gemüt. Aber gemeiner Schund und Edelschund geben sich auch als Kunst aus. Wenn niemand da ist, der den Geschmack des Jugendlichen planmäßig zu bilden bemüht ist, bleibt die veredelnde Wirkung mindestens der Laune des Zufalls überlassen. Die moderne Wirtschaft – im Gegensatz zum alten Landbau und Handwerk – ist überhaupt in sittlicher Hinsicht noch gar nicht ausreichend durchgestaltet worden. In der Gegenwart erleben wir gerade eine Epoche, in der die Versittlichung der rasend vorangeeilten gesellschaftlichen Wirtschaft ernsthaft nachgeholt wird. Dieser Vorgang – mit seinen Erfolgen und seinen Fehlwegen – ist sehr interessant. Wo ein solcher Eifer herrscht, werden auch die Jugendlichen zu ihrem Segen mithineingerissen. Aber eine fertige

Erziehungsmacht ist die soziale Marktwirtschaft von heute noch nicht. Führende Persönlichkeiten beginnen, sich ihrer pädagogischen Pflichten bewußt zu werden, wie einst im Handwerk der tüchtige Sachkenner auch ein tüchtiger Erzieher sein mußte. Je mehr sittlicher Geist in ein Arbeitsgebiet hineingearbeitet ist, um so mehr bildende Kräfte entfaltet das betreffende System. Nur glaube man nicht, daß sie sich ohne bewußte Planung und ohne Energieaufwand der beteiligten Einzelnen von selbst einstellen könnten. Und wie leicht der pädagogische Kraftstrom auch wieder versiegt, lehrt die Erfahrung nur zu deutlich.

C. Wir sind an einem Punkt angelangt, an dem unser ganzer Gedankengang sich umzukehren droht. Es sollte von sittlichen Mächten die Rede sein, die ihren Namen deshalb tragen, weil an ihrer Ausformung der normative Geist unter besonderem Energieaufwand planmäßig mitgewirkt hat. Was bedeuten aber derartige Objektivitäten, wenn man jede Art von Repräsentation im Einzelbewußtsein, also im subjektiven Geist, aus ihnen fortdenkt? Wenn sie von keinem Bewußtsein getragen, verstanden, bekämpft oder verteidigt werden, dann verliert die Normativität selbst ihren Sinn. Dann mögen z. B. die geschichtlich-politischen Mächte noch den ihnen vorbestimmten theistisch oder marxistisch interpretierten Gang gehen. Aber Normen gibt es nicht mehr, weil sie ja *müssen* und niemand aufgerufen wird, der sich entscheiden könnte. Dann hätten diejenigen recht, die im Prozeß der Geschichte nur eine große, im voraus festgelegte Massenbewegung sehen, für deren Verlauf die Beteiligung von bewußtseinsfähigen Subjekten eher hinderlich als heilsam sein könnte. Wenn eine Maschine ganz von selbst und unablenkbar verrichtet, was sie zu leisten hat, – welcher Ingenieur wird dann noch den Luxus für nötig halten, ihr ein Bewußtsein von dem zu verleihen, was sie vollbringen *soll?* Die Zwischenschaltung von bewußten Kontrollakten wird erst notwendig, wo nicht im voraus festgelegt ist, was geschehen *muß*. Das Aufgebot der Freiheit ist für eine Weltanschauung, die das Geistesleben maschinenartig ablaufen läßt, eine gänzlich überflüssige Belastung. Sollten wir also im Erfahrungsbereich diese zwischengeschalteten Reservate der Freiheit trotzdem vorfinden, so besteht die Vermutung, daß gerade *sie* es sind, auf die es eigentlich ankommt, und daß der verborgene Schöpfer mit dem Leben des Geistes etwas anderes hat schaffen wollen, als einen Automaten.

Auf unser besonderes Thema zugespitzt: Wenn wirklich das überindividuelle Leben erzieht, so muß man sich über zwei Tatsachen wundern: einmal, daß die Einzelmenschen sich doch noch mit den Erziehungsaufgaben so schrecklich abmühen; und zweitens, daß die großen Übermächte, die gar nicht mehr auf die Hilfe der bewußtseinsfähigen Einzelnen angewiesen sein sollen, ihr Werk so ausgesprochen mangelhaft verrichten. Denn immer wieder fanden wir: manchmal führt der Prozeß nach oben, manchmal nach unten. Der Apparat, der vielfach »funktionale Erziehung« genannt wird, funktioniert also schlecht.

Offenbar ist die Menschenwelt anders konstruiert, als bei dem Satz »Das Leben bildet« angenommen wird, und es ist nur die Logik der Tatsachen, die dahin geführt hat, daß der ganze Gedankengang sich umkehrt. Das Entscheidende für alle Erziehungsprozesse liegt nicht bei den objektiven Mächten (Gruppengeist, Geistesobjektivationen, überindividuell normativem Geist), sondern primär im subjektiven Geist, sowohl des Erziehers, wie des Erzogenen. Nur sind die Seelen des einen wie des anderen nicht bloße Ichpunkte, inselhafte Seelenwesen. Sondern sie tragen von vornherein jene »Mächte« mit, werden von ihnen erweitert und im günstigsten Fall sogar emporgehoben. Der Geist wäre ohnmächtig *ohne* Bewußtsein. Es sind *bewußte* Träger, die seine Geschäfte besorgen und seine Kämpfe durchfechten. Diesen Rang und diese Würde aber haben sie nicht nur deshalb, weil sie das Licht in sich tragen, das die nächste Wegstrecke nach vorwärts ein wenig beleuchtet. Sie tragen dies Licht in einem viel höheren Sinne in sich. Der göttliche Funke, von dem Pestalozzi gesprochen hat, erleuchtet ein wenig auch den »Ursprung« oder den metaphysischen Urgrund. Nur in der Tiefe des geisttragenden *Subjektes* ist das Regulierwerk, das sich der höchsten Legitimation rühmen darf. Dieser Brennpunkt der Subjektivität in seiner rätselhaften Zuspitzung auf die akute Gesamtsituation heißt *Gewissen.* Das Gewissen aber ist mehr als das Wissen um mich, mehr als das berühmte punkthafte cogito. Es erweitert sich zu Entscheidungen, in denen es um überseelische Gehalte geht: um geschichtliche Mächte, um ganze Völker, um die tiefsinnigsten Werke.

Wollte man das Ergebnis kraß aussprechen, so wären wir also zu der Umkehrung gelangt: nicht das Leben, wie es nun einmal ist, bildet; sondern das persönliche Gewissen *soll* das Leben gestalten. Nur insoweit dies der Fall ist, kann das so gestaltete Geistesleben dann rückwärts auch die von ihm umfaßten Einzelmenschen emporbilden. Die Urform aller sittlichen Impulse ist das im Einzelnen lebendige Bewußtsein von Gut und Böse.

V. Mächte

Der Sinngehalt unseres Leitspruches nötigte dazu, den Gedanken herauszuarbeiten, daß geistige Mächte nicht einfach mit sittlichen Mächten identisch sind. Eine politische Ideologie z. B. kann die Köpfe und Herzen der Massen erobern, ohne daß die Frage nach ihrer sittlichen Berechtigung auch nur anklänge. Die sophistische Bewegung in Athen am Ende des 5. Jahrhunderts war eine mächtige Welle, in der sich Gutes und Schlechtes mischten. Sokrates hatte Macht über manche Gemüter, aber nur ganz wenig Macht über die Maßgeblichen in seiner Vaterstadt. Es ist ohne weiteres klar: wo gar keine Macht wäre, da wäre auch keine Art von Erziehung durchführbar. Erziehung heißt ja: auf einen anderen einen wesensformenden Einfluß ausüben. Dieser Einfluß kann sehr spirituell sein, so daß der bildende Prozeß einer Zündung gleicht. Von den niederen Stufen, auf denen zunächst dafür gesorgt werden muß, daß der Zögling nicht davonläuft, wollen wir hier nicht reden. Also kurz: Erziehung ist unter anderem auch eine Art von Machtbetätigung, – oder mindestens der Versuch dazu.

Es gehört zur deutschen Art, in der Theorie möglichst zu ignorieren, daß das Leben und Zusammenleben der Menschen überall von Machtverhältnissen durchwirkt ist, denen ebenso viele Abhängigkeitsverhältnisse entsprechen. Der Faktor Macht kann nicht eliminiert werden; er kann allenfalls reguliert und gezähmt werden. Die Macht tritt in den verschiedensten Formen auf: von der rohen physischen Gewalt bis zu Geistesmächten von der edlen Art, wie sie voranstehend behandelt worden sind. Aber auch der Massenwahn und die sinnloseste Propaganda sind Mächte, mit denen keineswegs nur der Berufspolitiker zu rechnen hat.

Zum inneren Aufgabenbereich der Erziehung gehört, solange es Menschen gibt, auch die Anleitung zur »richtigen« Verwertung von Machtbesitz. Was hier »richtig« heißt, darüber haben die größten Denker sich den Kopf zerbrochen, natürlich immer auch mit einer pädagogischen Intention. Die gehaltvollsten Werke der Philosophie sind diesem Thema gewidmet, von Platos ›Politeia‹ über Augustins ›Civitas Dei‹ bis zu den zahlreichen Schriften der Naturrechtler und Staatsdenker sonst, die schon den Staat selbst auf einem *sittlichen* Fundament errichten wollen, damit er seine Regenten und Bürger zum Guten hinleite. Die egalitäre Demokratie unserer Tage ist ganz besonders aus solchem Geiste geboren. Aber wenn wir jetzt die Phänomene Macht und Erziehung miteinander in Verbindung bringen, soll es in einem ganz anderen Sinne geschehen. Das Subjekt, von dem die Erziehung ausgeht, bedarf einer gewissen Macht; denn die Art von Einflußnahme, die wir Erziehung nennen, ist notwendig mit einer Machtausstrahlung verbunden. Das wird schon äußerlich daran erkennbar, daß auf dem pädagogischen Gebiete rechtliche Regulierungen stattfinden. Diese bedeuten Verteilung von Rechten und Pflichten, von

»Ermächtigungen« und Ausschließungen, von Zuständigkeiten und Verbindlichkeiten unter die Instanzen, die sich am Wettbewerb beteiligen.

Ganz schlicht gesagt: wenn hinter der Erziehung kein Machtfaktor steckt, so ist es mit ihr übel bestellt. Es wäre wünschenswert, daß da, wo die innere Berufung zum Erziehen gewährleistet ist, die äußeren Machtbefugnisse ohne weiteres vorhanden wären. Aber der Idealfall, daß der innerlich am besten legitimierten Instanz auch die entsprechende Kraft zur Durchsetzung gegeben sei, ist eine bloße gedankliche Konstruktion. Die Prüfung des Gemeinspruches »Das Leben bildet« hat ergeben, daß im großen und ganzen das Gegenteil der Fall ist. Die emporbildenden Faktoren des Lebens sind überwiegend schwächer als die herabziehenden. Man kann nicht leugnen, daß das Leben bildet. Es hat sogar mehr Macht als die Erzieher, die in der Familie und Schule das Beste wollen. Aber jene anonymen Mächte: kulturelle Umwelt, Schicksale, Zeitgeist wollen schon deshalb nicht das Beste, weil ihnen ein eigentliches pädagogisches Wollen gar nicht zugeschrieben werden kann. Man ist in Versuchung, zu behaupten: *Gegenüber den fragwürdigen Einflüssen des täglichen Lebens ist die bestgemeinte Erziehung beinahe ohnmächtig.*

Es wäre also anzustreben, daß dorthin, wo sich die innere sittliche Berechtigung zum Erziehen kundgibt, auch die stärkste Erziehungsmacht fiele. Unverkennbar ringen die Pädagogen ernsthaft darum, ihre Einflußsphäre schon äußerlich möglichst zu sichern. Rousseau glaubte sich bei seinem gedanklichen Experiment im ›Émile‹ die optimalen Erziehungsbedingungen nur dadurch sichern zu können, daß er alle unkontrollierbaren Einflüsse absperrte und dem Erzieher – per impossibile – allein die Auslese vorbehalten wollte. Das Elternrecht liegt oft im Kampfe mit der Schule, die Schule muß sich gegen außerschulische Einflüsse wehren. Die Kirche sieht nicht ohne Mißtrauen auf die staatliche Schule. Die Hochschule wird unter Berufung auf das Bonner Grundgesetz angefeindet, wenn sie auch einen »Erziehungsauftrag« für sich in Anspruch nimmt. Das unauslöschliche Symbol für den hoffnungslosen Kampf um die Zuständigkeiten wird immer der Ausgang bleiben, den der gegen Sokrates angestrengte Prozeß genommen hat.

Wie kann man unter solchen Umständen glauben, eine Erziehung ohne Erzieher wäre besser als die durch verantwortungsbewußte Persönlichkeiten, und eine Erziehung ohne Erziehungsabsicht wäre der sorgfältigen Planung überlegen? Ohne Zweifel ist man hier einer leicht nachweisbaren Verwechslung verfallen: man hat »besser« gesagt, wo es heißen müßte: einflußreicher, durchschlagskräftiger, und man hat dabei den eigentlichen Sinn der Erziehung ganz vergessen. Wo keine klare Erziehungsintention ist, da ist auch keine wirkliche Erziehung. Noch weniger aber kann von Verantwortung die Rede sein.

Immerhin ist mit diesem handgreiflichen Irrtum ein echtes pädagogisches Problem aufgeworfen, das man vielleicht nicht immer scharf genug gesehen hat: Wie wehrt sich die Erziehung gegen die Übermacht anonymer Einflüsse? Wie kann sie das Heilsame der Kulturobjektivitäten zur Geltung bringen und das Schädliche in ihnen zurückdrängen? Anders gesagt: Wie kann sie »das Leben« entgiften und möglichst zu einer förderlichen Erziehungsmacht erheben?

Ein solches Unternehmen könnte man auch als Pädagogisierung des Lebens bezeichnen. Niemals könnte sie alle seine Seiten umfassen. Der ganze Bereich der Schicksale, der Begegnungen, der störenden Zufälle bliebe unlenkbar. Aber das wäre nicht sinnlos, die eigentliche Kulturgestaltung auch unter *den* Gesichtspunkt zu stellen, was für die Jugend heilsam ist und was nicht. Man hat sich ganze »Pädagogische Provinzen« ausgemalt. Von der Struktur des »Lebens«, wie es jeweils war, mußten sie stets himmelweit verschieden ausfallen. Übrigens besteht bei der abendländischen Kultur nicht die mindeste Neigung, eine solche Säuberung von den Wurzeln her vorzunehmen. Man bemüht sich, hinterher schädliche Wirkungen zu mildern, wo man eigentlich hätte vorbeugen sollen. Als Beispiel genügt die Vergeblichkeit des Kampfes gegen Schmutz und Schund in der Literatur, der Illustrierten Presse, den Lichtspieltheatern: Die Macht des Kapitals ist immer größer als die Macht des pädagogischen Gewissens. Die Behüter der Jugend müssen unablässig darauf aufmerksam sein, wo ein besonders schwerer Schaden einzudämmen ist. Ihnen bei der Gestaltung der sogenannten »Verhältnisse« einen maßvollen Einfluß zu gestatten, würde als absurde Anregung aufgefaßt werden. Es ist eine weithin bekannte Wahrheit: Wenn hinter dem Recht keine Macht steht, ist es unwirksam und verfällt dem Spott. Man sollte aber auch einsehen: Wenn hinter der Erziehung keine Macht steht, wird sie von den stärkeren Lebensmächten, die mit ihr konkurrieren, unter die Füße getreten.

Was bleibt somit als Ausweg? Es bleibt etwas, das zu schön wäre, um Wirklichkeit werden zu können. Nämlich eine Schonzeit der Jugend, in der sie durch ein reines und gesundes Milieu, durch eine planvolle, von verantwortungsbewußten Persönlichkeiten getragene Erziehung so stark gemacht würde, daß sie sich den schädlichen Einflüssen des Lebens für alle Zukunft verschlösse. Eine intakte Familie, eine ausgezeichnete Schule bemühen sich um eine solche moralische Schutzimpfung im voraus. Aber es widerspricht den Gesetzen der Entwicklung, daß alle Versuchungen, alle widrigen Einflüsse im eigentlichen Erziehungsalter vorweggenommen und unschädlich gemacht werden könnten. Die gefährlichsten Leidenschaften erwachsen erst spät. Der eigentliche Kampf des Lebens kann niemandem erspart werden. Vielleicht hilft das Gute und Verpflichtende, das im Innersten der Seele lebt, zum Sieg. Dies nämlich wäre die wunderbarste »Macht«, da sie ja mit dem Überweltlichen in Verbindung steht und aus ihm ihre überwindende Kraft zieht. Aber sich selbst überlassen kann man den Keim dieser Kräfte nicht.

Also hüte man sich vor dem Glauben, die Erziehung ohne Erzieher und die Erziehung ohne Erziehungsabsicht könne als eine zuverlässige Macht des Guten auf den Thron erhoben werden. Unser Gemeinspruch bleibt eine zwielichtige Halbwahrheit. Besser wäre es, unter Aufbietung aller Energie des Denkens und Tuns die Seelen stark zu machen gegen die Versuchungen, Verführungen und Verbildungen des Lebens. Estote fortes et pugnate cum antiquo serpente!

VI. Der Primat des subjektiven Geistes

Es liegt an der eigentümlichen Struktur des Geisteslebens, daß wir bei unseren Betrachtungen immer von der objektiven Seite auf die subjektive Seite zurückgeworfen worden sind und daß wir das Subjekt nicht denken konnten ohne Objektivitäten. Ebenso ist Persönlichkeit nicht denkbar ohne übergreifende Gehalte und Überpersönliches nicht ohne Ichhaftigkeit. Über solche Strukturverhältnisse muß man sich klar sein, wenn man ein philosophisches Fundament für Probleme der Erziehungstheorie legen will.

In dem Hin und Her der Einwirkungen bleibt jedoch zuletzt dem subjektiven Geist der Vorrang gewahrt. Auf jedem Lebensgebiet ist diese Sonderstellung schon dadurch begründet, daß er allein Bewußtsein hat. Im pädagogischen Bereich aber tritt ein sehr wichtiges inhaltliches Moment hinzu, das, als These gefaßt, etwa so lautet:

Jede planmäßige Erziehung unter der Direktive von Normen muß damit rechnen, daß ihr aus dem Inneren des Zöglings eine gleichsinnig gerichtete Tendenz entgegenkommt. Diese innere Zustimmung muß er selbst aufbringen; andernfalls bleiben alle Maßnahmen wirkungslos.

Überträgt man dies auf die von unserem Gemeinspruch betroffenen Fälle, so muß ihm ein Zusatz hinzugefügt werden: »Das Leben bildet« nur unter der Bedingung, daß seine Wirkungen auf ein Gemüt treffen, dem die Tendenz zum Guten und Rechten schon keimhaft innewohnt. Das hin- und herwogende Leben ist es nicht, das diese Direktive erzeugt. Im

Gegenteil: es bringt Versuchungen, vor denen der Werdende in der Zeit kindlicher Geborgenheit besser geschützt war. Diese Feststellung ist eigentlich nur die prinzipielle Formulierung einer Wahrheit, die uns in der Dichtung von Parzival, dem »reinen Toren«, schon in der Form einer Bildungsgeschichte begegnet ist. Jeder Bildungsroman, der nicht mit dem Scheitern endet, arbeitet insofern mit dem »produktiven Irrtum«, als er schließlich doch den edleren Kern im Innern siegen läßt. Die *Kraft*, die dazu gehört, ist das größere Problem als die Werteinsicht, die zunächst aufleuchten muß.

So ergibt sich das Merkwürdige, daß wir zum Schluß doch wieder auf den Standpunkt Pestalozzis zurückgeführt werden, obwohl die von dem Meister angewandte Terminologie nach wie vor nicht gerade als glücklich erscheint. Trotzdem hat er mit seiner »Wendung nach innen« das eigentliche Zentralgeheimnis aller Erziehung und Emporbildung berührt. Wir fassen es noch einmal ins Auge, zunächst für den Fall einer absichtlichen Erziehung durch eine bewußt planende Persönlichkeit (A); sodann für den Fall, auf den der Satz »Das Leben bildet« in seiner am Anfang abgegrenzten Bedeutung hinweist, nämlich für den Fall einer Erziehung ohne Erzieher und ohne Erziehungsabsicht (B).

A. Absichtliche Erziehung kann die geistig-sittlichen Einstellungen des Werdenden, die sie fördern will, immer nur aus seinem sich entfaltenden Inneren *hervorholen*, nicht aber in ihn *hineinlegen*. Die Wurzeln der geistigen Regulierorgane, auf die es ankommt, können in den spontanen Entwicklungsprozeß, der ebenfalls in seinem typischen Ablauf vorausgesetzt werden muß, nicht eingepflanzt werden; sie müssen, natürlich durch Darbietung geeigneter Anregungen, von selbst erwachen. Mit diesem Satz sind bestimmte Anschauungen über das Aufleuchten des Normativen in der Seele mitgegeben, aber auch schon Wege vorgezeichnet, die dem behaupteten Sachverhalt entsprechen.

1. In Platos kleinem Dialog ›Lysis‹ findet sich eine der schönsten Sokrateserinnerungen, die ja in Fülle sein ganzes Werk durchziehen. »Es philosophieren weder diejenigen, die schon gut [zu nennen] sind, noch diejenigen, die schon böse [zu nennen] sind, sondern nur die Weder-Gut-noch-Bösen.« Damit ist angedeutet, daß das Selbst-philosophieren als ein Weg der Selbsterziehung zu bewerten ist. Ähnlich liegt es bei jedem Erziehungsbestreben, das auf einen anderen gerichtet ist: Wäre er wesensmäßig böse, so wäre das Unternehmen aussichtslos; wäre er »von Natur« gut, so hätte es nur subsidiäre Bedeutung.

Wer in strengstem Sinne daran glaubt, daß in dem Menschen unausrottbar die Erbsünde stecke, muß in seinem Erzieherwillen von vornherein gelähmt werden. Man empfiehlt ihm, sich der göttlichen Gnade anzuvertrauen. Heißt dies, daß er selbst überhaupt nichts vermöge, so wird alles pädagogische Bestreben an der Wurzel illusorisch. Jenes Dogma kann also von einem echten Erzieher allenfalls in dem Sinne angenommen werden, daß Gottes Gnade zu *allem*, was wir tun, hinzutreten müsse, falls ein Erfolg, und zwar ein segensvoller Erfolg, eintreten solle. Derjenige, der sich im stillen einen Erziehungsauftrag von Gott her zuschreibt, wird sich sogar zu der Lehre von der Cooperatio cum Deo bekennen müssen und in ihr keinen sträflichen Übermut erblicken. – Daß aber sein Zögling ganz von selbst das Gute (im weitesten Sinne) wolle und daß er nur vor Zeitverlust durch Irrwege und Umwege zu behüten sei, wird er ebensowenig als einen zutreffenden Ausdruck für den gegebenen Sachverhalt anerkennen. Er müßte denn schon seinen Blick vor den erschütterndsten Tatsachen verschließen. Es bleibt so: der Mensch, auch schon das Kind, wandert immer zwischen Gut und Böse. Deshalb ist es Pflicht, ihm nach der positiven Seite hin behilflich zu sein, durch Erziehung und Seelsorge.

An dieser Stelle liegt allerdings eine so schwere, von unzähligen Denkern durchdachte und doch nie ganz gelichtete Problematik, daß das soeben Gesagte nicht entfernt genügen kann. Davon wäre in anderem Zusammenhang zu reden. Hier muß es bei ganz groben Umrissen bleiben. Die Waage schlägt so oft und so entschieden nach der negativen Seite aus, daß man es keinem Pädagogen verdenken kann, wenn er in gewissen Fällen das Gefühl hat, er stehe von vornherein auf verlorenem Posten. Schlechtes Erbgut, schlechte Umwelt, vor allem aber innere Armut können so stark entgegenwirken, daß beim besten Willen nichts zu erreichen ist. Obwohl ich dies zugebe, verharre ich doch bei der Behauptung: Der echte Erzieher manifestiert sich gerade darin, daß er auch dann nicht aufhört, zu hoffen und zu wirken. Diese Art von echt religiösem Optimismus gehört zu seinem Wesen.[15]

2. Auch von den »Wegen« der erziehlichen Einwirkung muß zunächst gesagt werden: das unablässige Nachdenken über sie kann nicht durch die wenigen Bemerkungen ersetzt werden, die hier Platz finden, weil sie für die Prüfung des Satzes »Das Leben bildet« von Bedeutung sind.[16] Wie man eine sich entfaltende junge Seele pädagogisch – also »nach oben

[15] Es wäre interessant, einmal festzustellen, wie sich die einzelnen großen Pädagogen theoretisch und praktisch dazu gestellt haben. Sogar von Sokrates wird berichtet, er habe diejenigen laufen lassen, die auf sein Verfahren nicht ansprachen. Es ist wohl außerdem richtig: »Nicht jedermann kann jedermanns Erzieher sein.«

[16] Vgl. Wilhelm Flitner, Theorie des pädagogischen Weges. 2. Aufl., Weinheim 1953.

hin« – in Bewegung bringt, das ist eigentlich die Kernfrage der Erziehungstheorie. Ich habe sie in anderem Zusammenhang »das Hebelproblem« genannt.[17] An noch anderer Stelle habe ich in Form eines Gedankenexperimentes ausgeführt, wie tief sich die kernhaft regulierende Einwirkung auf ein sittliches Geisteswesen von jeder Art von Machen, Pflegen, Entwicklungshilfe und Suggestion unterscheidet.[18] Die Formeln »Herausholen«, »Aufwühlen«, »Erwecken« sind auch nur Bilder, die erst durch die Hinwendung des geistigen Blickes auf das gemeinte »Tun« selbst ihre angemessene Bedeutung empfangen. Entscheidendes ist schon ausgesprochen, wenn das Wort »tun« fällt. Denn bei einer Erziehung ohne Erzieher und ohne Erziehungsabsicht – wer tut denn da etwas? Vielleicht das (gute) Milieu?

Natürlich wirkt das Milieu. Aber es tut nichts, weil *ihm* keine Absicht zugeschrieben werden kann. Fruchtbarer wäre es schon, wenn man als erste Bedingung für das Vorhandensein eines pädagogischen Klimas den »Umgang« aufführte. Ihn hat schon Plato als ganz wesentlich hervorgehoben für jede Art der geistigen Erweckung von theoretischen Akten. Auf Griechisch heißt das Zusammensein συνεῖναι. Sokrates pflog mit den Jünglingen Umgang. Die Benennung bringt zum Ausdruck, daß das Ganze der erziehenden Persönlichkeit zur Wirkung gelangt, nicht etwa nur ein Buch oder ein Lehrstoff oder ein Spezialverhalten. Nur im Umgang werden z. B. »Vorbilder« erlebt. Mindestens muß es ein Phantasieumgang sein, wie bei historischen oder poetischen Gestalten. Aber die Nähe der lebendigen Person wirkt doch noch tiefer – wenn sie nur zur rechten Zeit verfügbar ist. Kann man dies der zufälligen Fügung des »Lebens« überlassen? Das ist ja gerade die Tragik der unbehüteten Jugend, daß ihr zur rechten Zeit die rechten Vorbilder eben *nicht* zur Verfügung stehen.[19]

Wenn man fortfährt, die pädagogischen Einwirkungen zu klassifizieren, denen die Annahme zugrunde liegt, daß das Wesentliche schließlich vom Zögling selbst aufgebracht werden muß, so erscheint noch heute die von Schleiermacher befolgte Zweiteilung als zweckmäßig. Es sind nur zwei Hauptformen anzusetzen; denn die »Behütung« steht, wie bei Herbart die »Regierung«, mehr im Vorhof der eigentlichen Erziehung. Diese

---

[17] Eduard Spranger, Der geborene Erzieher. Heidelberg 1958.

[18] Eduard Spranger, Vom Wissenschaftscharakter der Pädagogik. In: Festschrift für Ernst Otto, Berlin 1958. Vgl. jetzt in diesem Band S. 365–376.

[19] Man sollte mit dem Wort »Vorbild« sparsam umgehen. Bloße Nachbildung ist etwas Oberflächliches. Fruchtbar ist nur die intensive ethische *Auseinandersetzung* mit einer Persönlichkeit von positiven sittlichen Qualitäten. Diese enthält immer ebensowohl Abstoßungen wie Anziehungen.

aber ist entweder »Gegenwirkung« oder »Unterstützung«. Auch wenn man nicht alle Einzelheiten der Durchführung bei Schleiermacher übernimmt, sind damit zwei Richtungen angegeben, die sich in den verschiedensten konkreten Methoden wiederfinden lassen. Die Unterstützung kann der positiven Richtung zugerechnet werden; die Gegenwirkung der negativen, weil sie nur das Wertwidrige hemmen soll.

Aber diese sehr farblose Kennzeichnung gibt wirklich nur zwei *Richtungen* an. Die genauere Analyse der Umgangsweisen oder Lebensbezüge führt auf konkretere Grundformen, die, wie betont, hier nur aufgezählt werden können. Am Anfang steht, wie schon den Griechen bekannt war, das einfache »Aufziehen«, d. h. ein Pflegen, Ernähren, wortloses Moderieren der Affekte. Schon damit beginnt »Lebenshilfe«. Für die früheste Zeit ist sie spezieller als »Entwicklungshilfe« zu bezeichnen. Gerade dieser Gesichtspunkt ist wichtig, wenn man den Ton auf keimhafte Kräfte legt, die aus dem Inneren herauskommen. Denn auch bei der einfachen Entwicklung = Auswicklung ist etwas ins Auge gefaßt, was nicht von außen in Gang gesetzt werden kann, sondern einen autogenen Prozeß des leiblich-seelisch-geistigen Subjektes bedeutet. Bei seiner Untersuchung wird vorausgesetzt, daß die normalen äußeren Entwicklungsbedingungen zur Verfügung stehen. Ein solches Minimum der Objektgegebenheiten mußte auch Pestalozzi anerkennen. Der Erzieher muß die charakteristischen Grundzüge der einzelnen Entwicklungsphasen bis zur Reife kennen. Er erfaßt damit die günstigen Gelegenheiten, deren sich ein unterstützendes Verfahren bedient, wie auch die gefährlichen Ecken, bei denen Gegenwirkung einsetzen muß.

Die spezifisch geistige Entfaltung ist aber noch etwas anderes als bloße biopsychische Entwicklung, die bei Gesunden normal zu verlaufen pflegt, wofern jene äußeren Faktoren gesichert sind. Geistige Fähigkeiten bedürfen einer *aufweckenden* Hilfe, obwohl auch sie als Keime und Kräfte schon im inneren Entfaltungsprozeß vorgebildet sein müssen. Da gibt es auch jenes plötzliche Aufleuchten, das im theoretischen Bereich als Evidenzerlebnis bezeichnet wird. Ähnlich »gehen« Wertverhalte manchmal ganz plötzlich »auf«. Dabei Hilfe zu leisten, bedarf einer besonderen Kunst. So hat denn auch Pestalozzi es für nötig gehalten, die elementaren Geistesakte durch seine sorgsam durchdachte *Kunst* der Elementarbildung zu fördern. Aber er selbst hat im Laufe seines Lebens immer stärker empfunden, daß der Bereich des eigentlich Geistigen Geheimnisse enthält, an die keine noch so fein methodisierte Kunst funktionssicher heranreicht. Es bleiben immer »Wunder des Geistes« übrig.

Ein zentrales Beispiel muß an dieser Stelle erwähnt werden, obwohl es auf Widerspruch stoßen wird. Es gibt im Verlauf der Pubertätszeit eine kurze Phase, in der aus dem Innern des jungen Menschen Ideale aufsteigen. Plato hat diese Erscheinung, die man das Blühen der Seele nennen könnte, als erster dargestellt und philosophisch-poetisch gedeutet. Wo diese inneren Gesichte lebendig werden, ist für die Bildung zur Humanität ein fruchtbarer Ansatzpunkt gegeben. Das »Leben«, wie es ist, unterstützt diese geistige Produktivität nicht. Von den Kennern »des Lebens« wird auch behauptet, der Hang zum Idealisieren, die Erotik, die Schwärmerei seien keine allgemeine Entwicklungserscheinung, sondern nur Produkte bestimmter Kulturlagen mit einem etwas üppigen Klima. Ich gebe zu, daß der von innen kommende Pubertätsschwung manchmal nur einen schwachen Ausschlag zeigt; so z. B. bei unserer Landbevölkerung. Ich behaupte aber, daß er *immer* auftrete und daß es Aufgabe des Psychologen ist, das Grundphänomen in seinen sehr verschiedenen Einkleidungen »gemäß Zeiten und Lagen« als identisch herauszuerkennen. Der Streit mit den Vertretern der entgegengesetzten Auffassung kann hier nicht ausgefochten werden. Ich beharre bei meinem Standpunkt und füge hinzu, daß ich die Ursachen, aus denen jenes Blühen oft ausbleibt, sehr wohl anzugeben vermag. Da die Frage hier nur um eines Beispiels willen berührt worden ist, genügt die These: Wenn es im Geistesleben überhaupt so etwas gibt wie Ideale, in denen Ideen zu konkreter Gestalt gelangen, dann können sie *nur* von innen, aus dem subjektiven Geist, kommen. Niemand vermag Ideale einzuimpfen.

Eine Gegenprobe: Es ist sehr wohl denkbar, daß jemand zum Teilhaben am Geistesleben seiner Zeit aufgeweckt werde, daß ihm aber dabei die Sonderfunktion des normativen Geistes völlig fremd bleibe. Es bedarf keiner Ausführung, daß etwas Derartiges für das Gesamtleben äußerst gefährlich und verderblich ist. Also ist auch die Ideenblindheit mancher Psychologen nicht nur Gegenstand eines wissenschaftlichen Meinungsstreites, sondern ein Kernpunkt des sittlichen Lebensverständnisses überhaupt. Ein Zeitalter der Technik verliert sehr leicht das Lebensphänomen der Normativität aus den Augen, weil es überwiegend mit den Mitteln zu tun hat. Es bedenkt dabei nicht, daß auf diese Art eigentlich das Fundament *alles* Erziehungsbemühens verloren geht. »Geistwerdung« allein hilft nichts, wenn nicht die Funken des *normativen* Geistes geschürt werden.

In einer anderen Hinsicht stimme ich einem pessimistischen Realismus, sofern er die Lage beurteilt, wie sie ist und vorgefunden wird, durchaus zu. Der alte Satz »Video meliora proboque, deteriora sequor« hat nur zu sehr für die Mehrzahl der Menschen einer hochdifferenzierten Kultur Recht.

Woran liegt das aber? Hier mangelt nicht die »richtige« (gleich: normgemäße) Werteinsicht, sondern die *Kraft*, das als verpflichtend Erkannte gegenüber den äußeren Verlockungen und inneren Trieben, vielleicht auch nur gegenüber der ethischen Faulheit durchzuhalten. Nicolai Hartmann, der sich für bloß psychologische Fragen wenig interessiert hat, findet den Sachverhalt sogar in der Wertontologie begründet. In seiner ›Ethik‹ betont er immer wieder – im diametralen Gegensatz zu Max Scheler –: die niederen Werte seien im Lebensganzen wesensmäßig die stärkeren, die höheren seien immer die schwächeren und daher immer gefährdet.[20]

Jemand, der seine Weltanschauung um das Urphänomen des »Pädagogischen« herum aufgebaut hat, sträubt sich dagegen, diese Behauptung so stehen zu lassen, wie sie lautet. Er wird kaum bestreiten, daß es »meistens« so *ist*. Da aber der normative Geist in ihm nicht bloß Quelle von Werteinsichten, sondern auch eine drängende Kraft ist, wird er alles tun, um den Befund durch Erziehung zu ändern. Er ist dabei nicht in rosaroten Träumen befangen, sondern empfindet ein solches Wirken gerade als seinen – religiös fundierten – Auftrag.

Der Energiefaktor, der durchweg zur Ausführung der sittlichen Intentionen gehört, ist vielleicht auch von Sokrates nicht genügend gewürdigt worden. Sein geistvolles Verfahren erscheint uns als zu intellektualistisch. Denn gleichviel, ob man Sokrates nach alter Art so versteht, daß es ihm wirklich auf die richtige Wesensbestimmung von Tugenden angekommen sei, oder nach neuer Art ihm nur den Willen zuschreibt, in junge Seelen den Stachel des Problembewußtseins, also des Nochnichtwissens aber Wissenwollens, hineinzusenken – in beiden Fällen bleibt der innere Prozeß ein rein theoretischer. Nur dann wäre es anders, *wenn* es ein *Wissen* gäbe, das zugleich auch die *Kraft* zum Handeln nach diesem Wissen einschlösse, und zwar so, daß dieses Handeln gar nicht mehr ausbleiben könnte. »Wer das Gute weiß, der tut es auch«, hat Sokrates selbst gesagt. Plato hat daraus gefolgert, daß das ethische Wissen ein Wissen von ganz besonderer Art sein muß, ausgestattet mit einer ungewöhnlichen Kraft des Antriebes zum Handeln. Sein Ideen-Wissen ist kein unbeteiligtes Einsehen, sondern ein totaler Aufschwung der Seele. Er sagt gleichsam: Wenn ihr erst wirklich einmal die erhabene Idee geschaut habt, dann könnt ihr gar nicht mehr anders, als – von ihr beflügelt – gemäß diesen Urbildern zu leben. Im ›Symposion‹ hat Plato diesen Grundgedanken durch den Mythus vom Eros anschaulich zu machen gesucht. Er liegt aber in einer viel größeren Tiefe. Denn das Beste, das er von Sokrates gelernt hatte, war

---

[20] Nicolai Hartmann, Ethik. Berlin 1926. S. 251 u. ö.

doch schließlich dies, daß der Mensch Sokrates freiwillig für seine Idee gestorben war, obwohl er sich hätte retten können. Er opferte alles für die Forderungen des Normativ-Geistigen in sich, sogar die Fortführung seines geliebten Berufes, zu dem ihn der Gott bestellt hatte.[21]

B. Man stelle sich nun vor, daß so schwierige geistige Operationen von dem »Leben« vollbracht oder in Gang gesetzt werden sollten, das doch immer zwischen Gut und Böse dahinflutet und nur selten auf erziehende Wirkungen hin angelegt ist! Ein unpersönliches Subjekt, dem noch dazu die Einheit fehlt, die zum echten Subjektsein gehört, sollte fähig sein, der Persönlichkeit auf ihrem Bildungswege zu helfen, ganz unabsichtlich, gleichsam nur durch Reibungsvorgänge! Das ist mehr als unwahrscheinlich. Die These, die schon für die planmäßige Erziehung aufgestellt wurde, gilt hier erst recht: Wenn im Inneren des Werdenden keine Tendenz zur Ausrichtung seines eigenen Lebens nach den geistigen Normen angelegt ist –, das sogenannte »Leben« mit seinen äußeren Faktoren bringt weder die Tendenz noch die Kraft mit, gerade diese Einstellungen durch eine Art von Hervorlockung aus dem Innern zu fördern. Dieses Resultat stimmt mit den einfachen Erfahrungen überein: Das Leben mag gelegentlich klug machen (in der alten Sprache »witzigen«), aber es macht nicht wahrhaftig; es kann Etiketts des Guten und Bösen liefern, aber es befördert nicht die selbständige ethische Entscheidung; es macht unter Umständen willensstark, hart – aber offen bleibt durchaus: stark wozu?

Wenn sich jemand diesen Folgerungen dadurch entziehen wollte, daß er sich zur vorwaltenden Milieupädagogik bekennt und behauptet, der Leitsatz sei durchweg falsch interpretiert worden; er könne nur bedeuten, daß ein wohlgeordnetes Leben, eine durchaus gesunde Umwelt (im weitesten Sinne) den Menschen emporbilde, so verliert der Satz die spezifische Wucht, die ihm innewohnen sollte. Denn irgendwer muß irgendwann diese Wohlordnung und diese heile Umwelt gestaltet haben. Jedoch wird der Satz in dieser Umbildung nicht richtiger. Er bleibt eine Teilwahrheit. Zu den wichtigsten Lehren, die die pädagogische Erfahrung und Besinnung vermitteln, gehört die Einsicht: Ordnung ringsum macht noch nicht ordentlich; ein gutes Milieu macht noch nicht gut. Jene Art von optimistischer Menschenbeurteilung ist nicht haltbar. Mitten in sittlicher

---

[21] Diesen Gedanken habe ich näher in einem Aufsatz durchgeführt, der nur in ungarischer Übersetzung veröffentlicht worden ist: Erkölcsi akarateröre való nevelés. (Erziehung zur sittlichen Energie.) In: Magyar paedagogia 52, 1943. Vgl. Theodor Neu, Bibliographie Eduard Spranger. Tübingen 1958. Nr. 500.

Umgebung kann das Laster ausbrechen. Es ist ein liebenswürdiger Zug der sogenannten moralischen Geschichten, daß das Gute in der Welt zuletzt immer siegt. Aber die Welt, wie sie wirklich ist, bilden sie nicht ab. Sie verhüllen die tragischen Kämpfe, die um die Verwirklichung des Guten geführt werden müssen. Deshalb ist auch ihr pädagogischer Wert nur gering. Der Zusammenstoß mit dem wirklichen Leben ist der Moment, in dem das Erlebnis des Tragischen in einer »reinen« Seele geboren wird.

Der Sinn der hier geführten Auseinandersetzungen wäre aber auch nur unvollkommen getroffen, wenn nun jemand betrübt fortführe: »Ja, ja! gegen ein schlechtes Erbgut ist eben nicht viel zu machen, und wir kennen die Zusammensetzung der Hormone noch längst nicht, die zu einem sittlichen Leben führt!« Auch derartige Faktoren wirken mit; das wissen wir aus Erfahrungen. Aber auf ihnen beruht nicht der Kern der sittlichen Lebensführung. Gewiß sind wir in hohem Grade von Naturgegebenheiten draußen und in uns abhängig. Aber das Sittliche spielt ausschließlich im Bereich des Geistes, der seiner bewußt geworden ist. Insbesondere sind sittliche Energie und vitale Energie nicht ineinander umsetzbar. Es war einer der schlimmen Irrtümer des großen Entdeckers und Entlarvers Sigmund Freud, wenn er es der Reputation des Satzes von der Erhaltung der Energie schuldig zu sein glaubte, ihn auch auf seelisch-sittliche Erscheinungen zu übertragen. Die Herkunft der sittlichen Kraft ist und bleibt ein großes Geheimnis. Soviel steht jedoch fest: Sie kommt nicht von unten, sondern von oben. Das ist nur ein bildlicher Ausdruck. Er ist aus dem gleichen Ansatz geboren wie die früher erwähnte Unterscheidung Nicolai Hartmanns von niederen und höheren Werten. Friedrich Wilhelm Foersters theoretische Feststellung bleibt wahr: sittlicher Wille tritt niemals auf ohne eine Art von Inspiration.[22]

Jetzt erst ist der Boden abgesteckt, auf dem sich die zentralen Erziehungsvorgänge abspielen. Wie das im einzelnen verläuft, gehört nicht mehr zu dem Thema, das hier behandelt wird. Das wichtigste Ergebnis ist: Erziehung ist immer ein gesteuerter Vorgang, d. h. ein Tun mit bewußter Intention. Nicht jede von außen formende Einwirkung auf das Innere sich entfaltender Menschen ist schon Erziehung. Wenn der Eindruck entsteht, daß auch unpersönliche Gebilde veredelnd wirken können, dann nur deshalb, weil sie vorher planmäßig mit sittlichem Gehalt erfüllt worden sind.

Als ich im Hauptlesealter stand, nahm der Bücherschrank meines Vaters

[22] Vgl. Friedrich Wilhelm Foerster, Erziehung und Selbsterziehung. Zürich 1918. S. 123 ff.

in meiner Umgebung den Rang eines geistigen Proviantlagers ein. Außer den Klassikern waren ein paar Romane und Gedichtsammlungen darin, kaum irgendetwas Gefährliches. Wenn ich dieser Büchersammlung Bildung verdanke, so ist es darauf zurückzuführen, daß es sich um Werke des objektivierten Geistes handelte, die schon unter dem Gesichtspunkt ihres guten Gehaltes ausgelesen waren. Zur Ausstattung eines bürgerlichen Haushaltes gehörten eben die Klassiker und anerkannte Erzähler. Trotzdem war dieser Bücherschrank kein Erzieher. Es wäre mir besser gewesen, wenn mich eine reife Persönlichkeit – es brauchte durchaus kein Lehrer zu sein – ausdrücklich beraten hätte. In *einer* Beziehung nämlich war der Schrank doch pädagogisch recht mangelhaft: er enthielt eine Fülle von langweiligem Mittelgut, auf das ich keine Zeit hätte verschwenden sollen. So geht es aber jemandem, der sich vom Leben bilden lassen will: er muß Umwege, ja sogar Fehlwege mit in den Kauf nehmen. Man fasse die ganze Geschichte nur als ein Gleichnis auf: Die zahllosen Schränke, auf die man im Leben trifft und die man begierig öffnet, sind keineswegs immer Schreine der Weisheit.

Eigentliche Erziehung ist ein gesteuerter Vorgang. Diese Wendung kann aber mißverstanden werden. Das *Verfahren* wird gesteuert; den jungen Menschen kann man nicht einfach steuern, am wenigsten in den entscheidenden Jahren des physisch-seelisch-geistigen Erwachens. Zu jener Liste von Aufgaben der Erziehung unter A 2 ist demgemäß nachzutragen: Erziehung ist eine Art von (stellvertretender) Führung, die durchweg auf das Hervorspringen der Selbsterziehung, also der Selbststeuerung, gerichtet sein muß. Diese Wesensbestimmung ist vielleicht die beste; nur konnte sie erst verstanden werden, nachdem die weniger zentralen Maßnahmen erwähnt worden waren.

Abschließend: Der Vorrang des subjektiven Geistes vor dem objektivierten Geist, dem Gemeingeist und dem normativen Geist ist eine Selbstverständlichkeit, weil das Subjekt allein Bewußtsein hat, die anderen ohne ihn also gar nicht erlebt werden könnten. Dieser Tatbestand ist hier in seinen Konsequenzen für das geistige Sondergebiet Erziehung verfolgt worden. An zwei Stellen tritt bei ihr der Anteil des subjektiven Geistes zutage: in dem (geordneten oder losen) Kreis von *Personen*, in denen die Intention auf heilsame Führung von Bildungsbedürftigen lebendig sein muß; und in der sich langsam entfaltenden *Person* selbst, die so früh wie möglich anfangen soll, an sich selbst zu arbeiten.

Schon im dritten Lebensjahr entscheidet sich, ob ein Kind die Erziehungsabsicht annimmt, oder ob es versucht, sich gegen sie zu sperren. Worin aber diese Absicht besteht, das kann vor der seelischen Pubertät gar nicht voll verstanden werden. Da findet also die zweite innere Geburt statt. Das Ringen um Selbstwerdung beginnt. In der Regel erwacht damit auch die Sehnsucht nach Menschen, die dabei sinnvolle Hilfe leisten können. Ist diese zweite Geburt erfolgt, dann erst kann das Leben bilden, weil man selbst ausliest, was heilsam und was verderblich ist. Sehr oft bringt schon diese Frühphase eine Fehlgeburt. Dann wird auch das Leben gefährlich statt bildend, und man muß hoffen, daß immer noch wohlmeinende Berater zur Verfügung stehen.

Der Primat des subjektiven Geistes ist noch unter einem weiteren, höchst wichtigen Gesichtspunkt zu betonen. Nur in der Einsamkeit des subjektiven Geistes werden die Forderungen vernommen, die früher unter dem Namen des normativen Geistes zusammengebündelt worden sind. Mehr als eine Bündelung war es nicht. Wenn der reifende Mensch sich schließlich selbst zu steuern lernen muß, muß er auch wissen, wo er die letztlich maßgebenden Direktiven in sich findet. Auf diese Stellen seines Innern müssen ihn die Erziehenden aufmerksam machen. »Das Leben« tut es nicht. Die Erziehung des Gewissens, zunächst schon die Erziehung *zum* Gewissen, d. h. zum Hinhören auf diese innere Stimme, ist also die entscheidende Angelegenheit. Was die zeitgenössische pädagogische Theorie zu diesem Problem beizusteuern vermag, steht in auffallendem Mißverhältnis zu der Wichtigkeit der Sache. Hier konnte durch die Strukturanalyse des Geisteslebens nur bis an »das Zentrum da drinnen«, wie Goethe sagt, herangeführt werden. Die regulierende Tätigkeit des Gewissens hat schon etwas von Offenbarung an sich, nämlich von Offenbarung metaphysischer Tiefen, die sich in dem historisch-gesellschaftlichen Leben nur räumlich-zeitlich ausgliedern. Das Gewissen selbst gibt seinen Aussprüchen und Ansprüchen das geheimnisvolle Gewicht des Ewigkeitswertes.

Die inneren Gesichte, die im subjektiven Geist aufleuchten, werden noch weiter greifen. Sie werden über das Ethisch-Normative hinaus auch religiöse Gehalte offenbaren. Die gegenwärtige Evangelische Theologie, die radikal antimystisch ist, liebt es nicht, wenn von inneren seelischen Offenbarungen, von ganz intimen religiösen Erfahrungen, die Rede ist. Wo es sich um Dinge der Ewigkeit handelt, kann eine zeitbedingte wissenschaftliche Richtung nicht als absolute Instanz anerkannt werden. Der Erzieher insbesondere kann es nicht unterlassen, auf die innere Christuserfahrung hinzuweisen, die zuerst Jesus von Nazareth in höchster Reinheit gehabt hat.

Wenn alle Erziehung »im Geiste« erfolgt, so darf der Heilige Geist nicht unerwähnt bleiben. Er durchwirkt das gereinigte Innere des Menschen. Wo sollte er denn sonst wirken? Sind diese inneren Wunder in einer Seele einmal durchgebrochen, so wird auch Verständnis für die historischen Objektivierungen des christlichen Glaubens und für den Gemeingeist der christlichen Gemeinde erwachen. Vorher aber nicht. Denn »der Geist erschließt sich nur dem Geiste«. Wo der Geist nicht in seine *Tiefe* geführt wird, mit vollem Bewußtsein der Schwierigkeit dieser Aufgabe, trifft jede Verkündigung auf noch geschlossene Ohren. »Das Leben«, wie es ist, macht nicht religiös, geschweige denn christlich. Es müssen Persönlichkeiten da sein, die den Geist in der Tiefe der Seele wecken. Damit leuchtet dann auch die christliche Umschreibung des normativen Geistes auf. Sie lautet: »Ich bin der Weg, die Wahrheit und das Leben.«

Schluß

Die Auffassung vom Wesen des Geisteslebens und von seiner Gliederung, die hier im Anschluß an ein Sonderproblem entwickelt worden ist, beruht auf der Weiterbildung der deutschen Philosophie des Geistes. Sie weicht ab von der französisch-angelsächsischen Einstellung, für die alle kulturphilosophischen Probleme in der Soziologie aufgehen, und sie tut es mit vollem methodischem Bewußtsein, obwohl die Unterschiede beider Richtungen hier nur gestreift werden konnten. Sie weicht noch mehr ab von jeder Interpretation des Kulturlebens, die als ein Zweig des Marxismus zu betrachten wäre.

Die Freiheit, die das Individuum in sittlicher, also auch in politischer, wirtschaftlicher und gesellschaftlicher Hinsicht beansprucht, ist durch die Analyse der Struktur des Geisteslebens selbst legitimiert worden. Wirtschaft und Technik müssen als wesentliche Seiten des Geistes anerkannt werden. Sie sind alles andere als bloße mechanische Massenbewegungen, die durch eine einzige Monstremaschine gelenkt würden: das anonyme große Wesen (grand être) *Gesellschaft*. Die Gesellschaft ist kein einheitliches reales Subjekt, sondern ein gewaltiges Geflecht von Wirkungen und Gegenwirkungen, deren Motive bis in feinste Einzelheiten hinein verständlich zu machen sind.

Der Marxismus glaubt an die (ungewollte) Sinnhaftigkeit, die dem historischen Prozeß innewohnt. Der *überindividuelle Prozeß* ist für ihn das Entscheidende. Intime Gewissensentscheidungen spielen dabei keine Rolle. Das überindividuelle Wesen Gesellschaft und ihr immanentes Bewegungsgesetz sind es denn auch, die die ihr Eingegliederten gemäß völlig eindeutig vorgegebenen Zielen pressen und formen.

Von dieser Selbstdeutung der modernen Gesellschaft weicht die Philosophie des Geistes durch ihre Lehre von der verpflichtenden Kraft des normativen Geistes fundamental ab. In den beiden erwähnten Punkten: der Vorrangstellung von *bewußten* Entscheidungen und von *Normen*, die als verpflichtend vernommen werden, ist die geheimnisvolle Grundhaltung *»Freiheit«* ihrem Kern nach umschrieben, zu der sich das Abendland durchgerungen hat und bekennt.

Damit ist nicht geleugnet, daß es überindividuelle Geistesmächte und überindividuelle Geschichtsprozesse gibt. Aber sie werden von den eingegliederten Individuen *mit*getragen und durch ihre freien Entscheidungen *mit*bestimmt. Der Spielraum, den die historisch aufgeschichtete und durchgegliederte objektive Kultur dafür offen läßt, mag nur gering sein. Trotzdem bleiben die Akte der Freiheit die eigentlichen Brennpunkte und Leuchtpunkte des Geisteslebens.

Es gibt nicht nur überindividuelle Prozesse, in die die einzelnen verflochten sind. Es gibt auch überindividuelle Gehalte für die einzelnen und in den einzelnen, an deren Förderung sie *bewußt* leben und arbeiten. Wenn gesagt wird, daß jeder dafür die Mitverantwortung trage, so ist ein großes Wort ausgesprochen. Denn die Personen werden dadurch berufen, Pfeiler zu sein, auf denen die wichtigsten Brücken ruhen. Und über diese Brücken wandern dann wieder die größten historischen Aktionen. Man mache sich dieses Bild ganz klar, um zu ermessen, was von der Persönlichkeit im abendländischen Sinne gefordert wird.

Dann aber kann auch nicht verborgen bleiben, welche ungeheure Aufgabe der Erziehung im Abendlande durch ihre weltanschaulichen Voraussetzungen gestellt ist. Es handelt sich hier eben nicht um eine gesellschaftliche Massenappretur, deren Ziel und Weg überdies im voraus eindeutig festgelegt wäre. Jeder Einzelne soll dazu »erweckt« werden, immer wieder eine Gewissensprüfung vorzunehmen, und es ist durchaus nicht im voraus gewährleistet, daß alle Gewissen in der Marschlinie übereinstimmen werden. Gerade dadurch aber kommt in die Kultur des Abendlandes die einzigartige Dynamik hinein, die sie vor allen anderen auszeichnet. Verfällt sie irgendwo in eine bloße Züchtung des Massenmenschentums, so ist das unverkennbar eine Ermüdungserscheinung, die von einer Resignation gegenüber den Erziehungsaufgaben begleitet ist.

Ein solches Müdewerden ist nicht unverständlich. Bequemer ist es natürlich, die Menschenherden diktatorisch zu leiten und die einzelnen durch Suggestion und Propaganda so zurechtzustutzen, daß sie sich gut einfügen. Bequemer ist auch das Leben ohne Gewissen. Die Stimmen im Westen mehren sich, die besorgt fragen: Geht das eigentlich noch, was wir als

Pädagogen vorhaben? Funktioniert das umständliche Staatsgefüge noch, das uns als eine Demokratie der Freien vorschwebt?

Ich erwidere: Genau dies ist der Kern der großen Weltentscheidung, in der wir stehen. Dies ist die eigentümliche Herausforderung (challenge), auf die wir als lebende Generation die produktive Antwort (response) zu geben haben. Im Dritten Reich haben wir schon einen Vorkursus durchgemacht und die Lektion empfangen, die der Unterstufe angehört. Wir gehen nicht unvorbereitet in den Oberkursus. Hätten wir jene Erfahrungen nicht gemacht, so wäre vielleicht ein Abgleiten verzeihlich. »Wir sind gewarnt« hat Pestalozzi 1815 in einer ähnlichen Lage gesagt, als Europa durch den Kollektivismus der Napoleonischen Aera hindurchgegangen war. Echte Erziehung wendet sich immer dem Heil der Einzelseelen zu, weil in ihnen allein der Wille zum neuen Heil aufleuchten kann. Ob diesem Bemühen der Erfolg im äußeren Sinne beschieden sein wird, wissen wir so wenig vorauszusagen, wie irgend eine frühere Generation Geschichte voraussagen konnte. Es ist damit, wie mit der Steuerung eines Schiffes im Sturm. Die Mannschaft setzt alle ihre Kräfte ein. Der Kapitän aber – nämlich der Träger der Erziehungsverantwortung im weitesten und höchsten Sinne – sollte der letzte sein, der seinen Platz verläßt. Dies habe ich gemeint, wenn ich oben den sokratischen Berufungsglauben als ein hohes Beispiel erwähnt habe.

Teil II

Gedanken zur Pädagogik

1902

Die moderne Entwicklung der politischen Wissenschaft, von den Tagen des Montesquieu an, hat uns das eigentümliche Schauspiel geboten, wie sich die tiefbegründete Einsicht in die Unmöglichkeit einer allgemeingiltigen Theorie mit dem stets wachsenden, praktischen Bedürfnis nach einer bewußten, auf gesichertem Wissen beruhenden Einwirkung auf das Staatsleben – in ein und derselben Epoche verbindet. Dieselbe Gegensätzlichkeit erleben wir jetzt auf dem Gebiete der Pädagogik. Unser historisches Bewußtsein, das uns nur zu sehr die Relativität aller Systeme einschärft, hat uns auch auf die einstige Lieblingsidee einer allgemeingiltigen pädagogischen Theorie verzichten gelehrt. Und dies um so leichter, als die Fülle von Aufgaben und Problemen, die zu gleicher Zeit auf dem Felde der praktischen Organisation sich erhob, das ganze Interesse und die ganze Arbeitskraft aller ernsten und denkenden Pädagogen in Anspruch nahm. Wir dürften uns über diesen Wandel nicht beklagen, wäre die emsige Arbeit von eben so sicherem Fortschritt begleitet gewesen. Statt dessen stehen wir ratloser als zuvor; die Vielspältigkeit der Organisation unseres Erziehungswesens ist das deutliche Zeichen eines unsicheren Herumtappens, und noch ist kein Ende dieses Reformierens und Differenzierens abzusehen, wenn wir derselben Bahn weiter folgen. Woher diese Erscheinung? Ich bin der letzte, sie dem Mangel der Theorie zuzuschreiben; und doch möchte ich demgegenüber den verrufenen Versuch machen, vermittelst einer philosophischen Grundlegung auf diejenigen Momente der Erziehung hinzuweisen, die unserm Blick während der Beschäftigung mit Theorie und Organisation verloren gegangen sind, und die wir wiedergewinnen müssen, wenn ein Fortschritt auf beiden Gebieten erzielt werden soll.

Ich frage, wovon sind die Theoretiker ausgegangen? War es nun von einer metaphysischen Grundidee oder von einer halb empirischen, halb erklärenden Psychologie, jedenfalls war es ihnen Hauptbestreben, Wissenschaft auf Wissenschaft zu gründen, und die Hierarchie der Disziplinen schlug so tief Wurzel in ihrem Denken, daß sie den Zusammenhang der lebendigen Wirklichkeit vollkommen überwucherte. Neben den übrigen haltlosen Abstraktionen war es ihnen vor allem ausgemacht, daß Pädagogik nichts weiter sein könne als das Produkt, das wie von selbst entstünde, wenn man Ethik mit Psychologie multiplizierte. Und die Praktiker? Sie haben im wesentlichen *das Vorhandene wieder und wieder neu kombiniert, organisiert etc.*, aber die Frage, ob man nicht versuchen müsse, *vom Ganzen des Volkslebens aus das Neue zu gestalten, so daß es gleichsam organisch aus ihm emporwachse und mit ihm verbunden sei* – diese Frage haben sie sich nicht vorgelegt.

Alles Denken und Gestalten auf dem Gebiet der Erziehung muß nun notwendigerweise ausgehen von dem herrschenden Bewußtsein, daß auch diesem Kultursystem *ein lebendiger Vorgang* zugrunde liegt, an den jede Theorie wie jede Organisation in letzter Linie gebunden ist. In der Tat hat das noch niemand geleugnet. Es handelt sich nur darum, diesen Vorgang im ganzen Umfange zu verstehen, oder mit anderen Worten, ihn zur philosophischen Besinnung zu erheben. Wir dehnen damit nur das allgemeine Verfahren der heutigen Philosophie auf die philosophischen Grundlagen der Pädagogik aus. Was dieses Verfahren uns im vorliegenden Falle leistet, muß zunächst dahingestellt bleiben: ist es doch sicher, daß kein anderes uns wirklich weiter zu führen vermöchte.

Wenn wir in dieser Weise den Vorgang der Erziehung isoliert betrachten, so bleibt uns dabei doch im Bewußtsein, daß er eng eingebettet ist in den universellen Zusammenhang gegenseitiger Abhängigkeiten, den wir mit einem Wort als Leben bezeichnen. Unter den vielfältigen Formen psychischer Einwirkung, die sich aus den geistigen Berührungen im Gemeinschaftsleben ergeben, bezeichnen wir als Erziehung speziell die bewußte Tätigkeit, durch welche die Erwachsenen in die Entwicklung der Heranwachsenden bestimmend einzugreifen suchen. Aber es gibt daneben und darüber einen Prozeß unabsichtlicher Erziehung und eine spontane Entwicklung. Alles dies greift in- und durcheinander. Es bedarf einiger Worte über die beiden letzten Arten, um sie in Beziehung zu jener eigentlichen Erziehung zu setzen.

Unbewußt oder ohne Absicht erzieht an uns die Natur und die Heimat, unser Volk, unsere Umgebung, die Familie, kurz alles, was im Getriebe der Daseinsbetätigung überhaupt in unser Bewußtsein tritt. Darauf beruht zum großen Teile die Möglichkeit einer historischen Kontinuität und die Existenz eines Nationalcharakters. Soweit unsere Kenntnis des menschlichen Lebens auf einer primitiven Stufe reicht, ist hier diese Form der Erziehung überwiegend und zugleich ausreichend, denn der Weg, den die Entwicklung innerhalb des Jugendalters zurücklegen soll, ist auf dieser Stufe nach unseren Begriffen relativ unerheblich. Aber schon dieser Prozeß der unreflektierten Einwirkung bildet eine fundamentale Grundlage *jeder* Erziehung. Wir werden uns daher über seine einzelnen Erscheinungen klar zu werden haben.

Verständlich aber kann er uns nur dann werden, wenn wir ihn in seiner engen Verbindung mit der spontanen Entwicklung der psychophysischen Lebenseinheiten betrachten. Wir sprechen damit eine primäre Tatsache des menschlichen Lebens aus: der Ersatz der Glieder innerhalb der menschlichen Gemeinschaft erfolgt eben nicht durch unmittelbare Neuschöpfung sofort vollendeter Individuen, sondern die Entwicklung der Heranwachsenden zu der Stufe der Erwachsenen erfolgt in einer allmählichen Entfaltung. Wir stellen sie vor unter dem Bilde einer sukzessiven Entwicklung vorhandener, aber noch schlummernder Anlagen und Kräfte; aber diese Wendung ist eben auch nicht mehr als ein *Bild.*

Es ist *nicht* möglich, diese Empororganisation nur als natürliche Reaktion gegen die Einwirkungen von außen aufzufassen, dagegen spricht schon der physische Prozeß. Beide Erscheinungen bedeuten für das Subjekt absolut primäre Erlebnisse, und diese Tatsache spricht sich vor allem darin aus, daß sie die Grundlage bilden für zwei gesonderte metaphysische Theorien, in denen das entsprechende Lebensgefühl zu einer vollen Weltanschauung führt: das Gefühl einer unablässigen Steigerung des eigenen Lebensinhaltes, die dem organischen Wachstum vergleichbar ist, finden wir lebendig in den halb mythischen Ideen der Seelenwanderungslehren, aber auch in der Weltanschauung eines Leibniz, Bonnet, Kant, Goethe usw. Den anderen Gedanken der äußeren Erziehung und Einwirkung legen diejenigen Theorien zugrunde, die den ganzen Weltzusammenhang nur ansehen als eine Anstalt des Schöpfers, um die menschliche Natur zur höchst möglichen Vollkommenheit emporzuführen. So etwa Rousseau, Kant und Fichte. Nach beiden Richtungen hin ist Kants Philosophie durchdrungen von einem universellen pädagogischen Geist.

Durch Abstraktion und Analyse sind wir auf diese beiden Tatsachen geführt worden; aber dieses Verfahren muß noch weiter fortgesetzt werden; nicht um eines der beiden Phänomene zu *erklären.* Sie beruhen, sowohl in ihrer relativen Selbständigkeit wie in ihrem durchgängigen Ineinandergreifen auf einer Teleologie des Seelenlebens, die wohl ihrem innersten Wesen nach immer metaphysisches Geheimnis bleiben wird. Aber wohl können sie noch weiter beschrieben und analysiert werden; es muß der Versuch gemacht werden, aus ihnen gewisse typische Formen auszusondern, die als relativ allgemeingiltig angesehen werden können, und durch die Untersuchung nationaler oder individueller Spezialfälle muß die philosophische Kenntnis dieser Vorgänge zu dem höchsten erreichbaren Grade erhoben werden.

Es fehlt nicht an vorläufigen Versuchen dieser Art. Besonders für das erste Moment ist in Völkerbeschreibungen, historischen Darstellungen und Biographien, ja auch in pädagogischen Werken manches getan. Weniger für die eindringende Beobachtung der selbständigen Entfaltung des Seelenlebens. Diese Untersuchung wäre ein wesentlicher Teil dessen, was wir heute unbestimmt als Psychologie speziell des Kindes bezeichnen. Es müßte gerade hier möglich sein, zu sehr allgemeinen Resultaten zu gelangen. Denken wir an die Entwicklung der Phantasie und des Interesses; denken wir an die Abhängigkeit von der Entfaltung des physischen Systems, vor allem in dem tiefwirkenden Stadium der eintretenden Pubertät. Wie wesentlich verändert sich das gesamte Seelenleben unter dem Einfluß dieser Epoche, und doch kommt diese Erscheinung ganz aus der Tiefe des Individuallebens: Sie ist nicht verständlich als bloße Reaktion auf äußere Einwirkungen, und doch verändert sie mit der gesamten psychischen Konstitution auch die Art, auf die (bildenden) Eindrücke von außen zu reagieren. Aber ebensowenig dürfen wir bei dieser Analyse übersehen, daß die Entwicklung nicht *immer* gleichbedeutend ist mit Vervollkommnung. So haben wir wohl alle noch eine dunkle Vorstellung davon, wie ätherklar unser Auffassungsvermögen, wie warm, ungeteilt und ungehemmt unser Gefühlsleben im kindlichen Alter war. Wenn wir diese Versuche gedächtnismäßiger Selbstbesinnung mit geschickten Beobachtungen fremden Seelenlebens verbinden, so werden wir den Vorgang der spontanen Entwicklung schließlich in der höchsten erreichbaren Klarheit im Bewußtsein haben. Verbinden wir endlich damit eine scharfe Kenntnis der äußeren Faktoren, die an dieser Entwicklung bestimmend mitwirkten, so ist alles geleistet, was die Analyse und Beschreibung der besprochenen Phänomene uns liefern soll: ausgenommen den einen wesentlichen Punkt: wir haben das uns innewohnende Bewußtsein von Wertunterschieden noch gar nicht in Wirksamkeit treten lassen. Auch dies ist eine tiefgreifende Abstraktion!

Wir können diese Lücke, soweit unsere Untersuchung historisch ist, ausfüllen, indem wir jedem historischen Einzelbilde die ihm immanenten Wertakzente auch einfügen. Aber die beiden Grundfragen: Können wir auch einen Maßstab absoluter Werte aufstellen? – und – dürfen wir etwa ein uns fehlendes wissenschaftliches System in dieser Beziehung ersetzen durch das uns innewohnende allgemeine Wertbewußtsein, diese Fragen leiten uns bereits über in das Gebiet einer bewußten, plan- und zweckmäßigen Erziehungstätigkeit.

Wie jede Zwecktätigkeit des Menschen, muß sich auch die Erziehung darauf beschränken, die Faktoren der gegebenen Wirklichkeit zweckentsprechend zu benutzen und zu kombinieren. Sie kann also nicht mehr wollen, als auf die spontane Entwicklung regulierend einzuwirken, und zwar, da sie selbst nur *ein* Teil der Einwirkungen von außen ist, indem sie diese Einwirkungen zweckgemäß – zuführend und fernhaltend – bestimmt, ihnen Richtung, Kraft gibt etc. Dabei bleibt Voraussetzung, was wir schon oben fanden, daß die spontane Entwicklung nicht das einzige Bildungsprinzip ist, sondern daß sie auch Richtung von außen empfangen kann: der Herbartische Begriff der Bildsamkeit des Zöglings. Die höchste und tiefgreifendste Form dieser Zwecktätigkeit ist die Volkserziehung.

Nebenbei bemerke ich, daß die Frage nach der Möglichkeit einer bewußten Erziehung nur eine abgeleitete ist. Haben wir zugestanden, daß äußere Einflüsse auf die Gestaltung des Einzelnen überhaupt wirken, so wird man auch einräumen, daß wenigstens in gewissem Grade eine Regulierung dieser Einflüsse möglich ist; ja sie wird den Hauptinhalt der gesamten pädagogischen *Technik* ausmachen.

Wann erscheint die absichtliche Erziehung zuerst in der Geschichte? Die Frage hat keinen Sinn, denn wie wollten wir ein menschliches Zusammenleben annehmen und doch von aller zweckbewußten Einwirkung der Willenseinheiten aufeinander abstrahieren? Wohl aber dürfen wir fragen: wann wird sie zur überwiegenden, allgemein als Bedürfnis gefühlten Einrichtung? Und die Antwort kann nur sein: wenn auf dem Boden des menschlichen Gemeinschaftslebens ein Grad von Zivilisation und Kultur erreicht worden ist, der durch jene hypothetische »natürliche Erziehung« allein nicht übermittelt werden kann. Aber nicht das Dasein dieser Kultur bewirkt sie, sondern das Bewußtsein ihres Wertes und ihrer entsprechenden Unentbehrlichkeit. Es wäre Gegenstand einer besonderen historischen Untersuchung, dies im einzelnen zu verfolgen. Wir erinnern uns im Vorbeigehen nur dieser einen bedeutsamen Tatsache, daß die Erziehung als ein besonderes Kultursystem in allen uns bekannten geschichtlichen Verfassungen bereits der Gegenstand einer mehr oder minder ausgedehnten Organisation ist. Heiße sie Gefolgschaft oder Pubertätsweihe, Klosterschule, Staatsschule oder – wenn wir am höchsten steigen – Rechtsordnung überhaupt: in ihnen allen ist der Erziehungsgedanke Haupt- und Grundgedanke. So enthüllt sich die große Tatsache, daß der überwiegende Inhalt des gesamten Einzellebens hinausreicht über Gesichtskreis und

Bedürfnis des individuellen Daseins. Dies historisch zu untersuchen würde den Gegenstand des dritten Teils der philosophischen Pädagogik ausmachen.

Wir sehen hier den gesonderten Vorgang, daß die Erziehungstätigkeit den Charakter einer äußeren Organisation annimmt; dies gilt durchaus auch von der Familienerziehung und dem Hauslehreramt. Liegt nun auch dieser Erscheinung – so müssen wir fragen – eine primäre psychische Tatsache zugrunde, wie sie für die übrigen Kultursysteme nachweisbar ist? Offenbar nicht in demselben Sinne, wie der Religion und der Kunst: deren vollendetste Schöpfungen entstehen durchaus mehr im freien Spiel der menschlichen Natur. Ihre bewußte Förderung und Organisation bleibt immer ein post, ein accidens, wenn man so sagen will. In der Pädagogik aber überwiegt das zweckbewußte Handeln sehr wesentlich, wenn auch die bloße Notwendigkeit des Zusammenlebens eine wesentliche, rein von Natur wirkende Triebfeder ist. Erziehung in jenem weitesten Sinne: als die durch Reaktion auf äußere Einwirkungen regulierte Entwicklung, sie wäre ein reines Kultursystem zu nennen. Empfängt es eine bewußte Förderung durch zweckmäßige Organisation, so ist diese Erscheinung ebenso zu beurteilen, wie das Auftreten der Organisation bezüglich des religiösen Lebens: Sie muß zu ihrer Grundlage ein real empfundenes Bedürfnis haben, und dieses erst dürfen wir als wirklich primäre psychische Tatsache bezeichnen. Für die Religion ist dies das Bedürfnis der individuellen Selbsterhaltung gegenüber der Gesamtheit der im Bewußtsein gegebenen Realitäten. Für die Erziehung ist es das empfundene Bedürfnis der Erhaltung der gesamten, dem Bewußtsein gegenwärtigen Werte, die wir zusammenfassend als *Kultur* bezeichnen. Die Jugend muß um ihrer selbst willen, um der anderen willen, aber auch um dieser realen Werte an sich willen, in diesen Zusammenhang hineinwachsen. Es liegt darin eine eigenartige Mischung von unbewußter materialistischer und idealistischer Geschichtsauffassung. Es liegt ferner darin die Anerkennung eines allgemeinen Wertbewußtseins, das keiner Zeit mangelt. Wir führen damit den Begriff des Shaftesbury'schen *common sense* in einem weiteren Umfange wieder ein; aber behalten dabei im Auge, daß dies kein philosophisch scharf bestimmter terminus, sondern ein Lebensbegriff ist, der seine Berechtigung und seinen Inhalt allein aus der Versenkung in unsere eigene Innerlichkeit empfangen kann. Dieser common sense gehört zum Ganzen der Existenz jeglicher Gesellschaft, ihre Sphäre sei weit oder eng; soll die Entwicklung der Jugend mit den von ihm erfüllten äußeren Einwirkungen tatsächlich zum Ziele gelangen, so muß sie durch eine planmäßige Tätigkeit der Erwachsenen darin unterstützt werden. Das ergibt sich so naturnotwendig aus dem menschlichen Zusammenleben, wie die Anfänge derselben Erscheinung auch im Tierleben nicht fehlen.

Dennoch ist die dritte primäre Tatsache der Gesamterziehung das empfundene Bedürfnis, das allgemeine Wertbewußtsein zum Zielpunkt für die Entwicklung der Heranwachsenden zu machen. Dieses Bedürfnis kann ohne besondere Veranstaltung, durch ein freies Zusammenwirken der individuellen Willen, nicht erfüllt werden. Also tritt hier die Organisation an die Stelle des freiwirkenden Geschehens.

Wenn wir aber nun die Hauptfrage aufwerfen, *wie* sich diese Zwecktätigkeit vollzieht, und *wie* sie ihr Ziel erreicht, so dürfen wir die Abstraktion vornehmen, daß wir diesen individuellen, lebendigen Vorgang (denn als solcher wird er erlebt) aussondern aus der Fülle der Bedingungen, die ihn äußerlich modifizieren, sei es nun hemmend oder fördernd. Uns interessiert allein der reine Prozeß. Wir wissen, daß historische, wirtschaftliche, soziale, wissenschaftliche, politische, rechtliche und andere Bedingungen ihre gestaltende Macht auf ihn ausüben. Wir werden diese Beziehungen nicht aus dem Auge verlieren: aber den *eigentlichen* Vorgang betreffen sie nicht: sie entstellen seine reine Natur; und in dieser Erkenntnis denken wir uns nunmehr den Fall einer rein philosophischen Erziehung, d. h. wir betrachten allein die Möglichkeit und Art der bewußten Eingriffe, die ein bestimmt gerichteter Wille in die »natürliche« Entwicklung eines heranwachsenden Individuums unternimmt. Wir dehnen damit wiederum nur das allgemeine Verfahren der Philosophie auf die Pädagogik aus.

Indem wir nun den so isolierten Vorgang zunächst als Einheit betrachten, dann zergliedern, leisten wir alles, was durch philosophische Besinnung über die Tatsache der Erziehung zu erreichen ist: In der Zergliederung selbst werden wir weiter zu sondern haben: 1. die Bedingungen, die in den mitwirkenden Faktoren von Natur liegen, 2. die verschiedenen möglichen Formen ihres Zusammenwirkens und deren Wert und Bedeutung in bezug auf den zu erreichenden Zweck.

Wo immer Erziehung stattfindet, entsteht das Zusammenwirken dreier Faktoren: die volle Individualität des Erziehers tritt in Beziehung zu der individuellen Bestimmtheit des Zöglings. Es entwickelt sich also in erster Linie ein Ineinandergreifen dieser beiden Lebenssphären: was entsteht, ist weder ein Rechts- noch ein bloß intellektuelles, sondern ein volles Lebensverhältnis. Aber zu dieser Beziehung der Individuen tritt als dritter Faktor etwas, das über den engen Kreis ihres Daseins hinausreicht: es ist der gesamte geschichtliche Zusammenhang, der sich in jedem Bewußtsein spiegelt; ja wir wissen bereits, daß er es im wesentlichen auch ist, der dieses

Bewußtsein geformt hat.[1] Aber die Stellung beider Individuen zu dieser geistigen Realität ist wesentlich verschieden. In das Dasein des Erziehers denken wir sie bereits mit allen ihren wesentlichen Teilen eingegangen. Die Beziehungen des Zöglings hingegen zu diesem Gesamtbewußtsein sind noch äußerst gering. – Diese drei Faktoren hat die Zwecktätigkeit des Erziehers – immer unter Rücksicht auf die spontane Entwicklung und die äußere, natürliche Erfahrung – zu benutzen. Dieses Zweckhandeln aber erschien uns in erster Linie als ein Lebensvorgang; und als solchen kann man ihn weder auf eine allgemeingiltige Theorie bringen noch einen obersten Zweckbegriff für ihn aufstellen. Andererseits ist soviel gewiß, daß das Ziel, welches man mit der Einwirkung auf die Entwicklung des Kindes verfolgt, niemals jenseits jenes historisch gewordenen Gesamtbewußtseins liegen kann: ja es werden sich weitere Schranken (evtl. wenn man vom Durchschnitt ausgeht: Fördernisse) in der Individualität des Erziehers wie des Zöglings finden. Kein Grieche wollte aus seinem Sohn einen Elektrotechniker machen, kein Skythe einen Stoiker. In diesen allgemeinsten Zügen, die natürlich nicht *einen* wissenschaftlichen Begriff ausmachen, sondern weiter analysiert werden müssen, läßt sich allerdings der Zweck der Erziehung und ihre Grenzen angeben.

Es leuchtet ein, daß nur ein äußerst kleiner Teil dieses Prozesses durch bewußte Tätigkeit reguliert werden kann: Auch hier noch überwiegt der geheime Einfluß, der von Mensch auf Mensch übergeht, und der besonders auf das kindliche Alter eine überaus [starke] Wirkung [aus]übt. »Die Persönlichkeit des Erziehers«, sie ist in der Tat ein Zaubermittel, das jede didaktische Befähigung weit überwiegt; die Grundlage aller wahren und tieferen Erziehung bleibt doch jene innige Lebensgemeinschaft, die zwischen Zögling und Erzieher sich entwickelt, jenes gegenseitige Durchdringen der Individualitäten, auf immer eins der tiefsten Geheimnisse. Wie von einem Magneten wird das kindliche Seelenleben von einer solchen vollen Erzieher-Persönlichkeit angesogen. Als Hemsterhuis im platonischen Geiste seine Stufenleiter der Seelenvereinigung aufstellte, hätte er vielleicht dieses erzieherische Verhältnis der Stufe der geschlechtlichen Liebe gleichstellen dürfen. Wir kommen auf diese Gedanken, die nur einmal in Worten wirklich ausgesprochen sind, in Platos Symposion, bei der Charakterisierung des Pädagogen noch einmal zurück; hier handelt es sich zunächst um eine Beschreibung und Analyse des gegenseitigen Verhältnisses.

---

[1] Das Bewußtsein von der gesamten äußeren Natur gehört mit in diesen historischen Gesamtkomplex.

Die Macht des Erziehers hat ihre Schranken an der Individualität des Zöglings wie an dem natürlichen Gang seiner Entwicklung. Seine *Zweck*-tätigkeit beschränkt sich auf eine Regulierung der äußeren Eindrücke, deren konzentrierteste Form der *Unterricht* ist. Diese Tätigkeit wäre in der Tat nicht mehr als eine Technik, deren Theorie sich vollständig und allgemeingiltig entwickeln ließe, wenn diese Übertragung das Ganze der Erziehung wäre; der Schulunterricht kann zum allergrößten Teile in einer solchen theoretischen Technik ausgedrückt werden. Aber selbst hier noch ist das Primäre durchaus jenes lebendige Gemeinschaftsverhältnis. Soll es seine ideale Form erhalten, so setzt es von seiten des Erziehers ein tiefdringendes Verstehen und eine sich niederbeugende Zuneigung, von seiten des Zöglings Vertrauen und Aufwärtsstreben voraus. Wo dieses ästhetische Verhältnis fehlt, kann von einer eigentlichen Erziehung nicht die Rede sein, und diese gewissermaßen noch unterbewußte Tatsache sollten wir zu verwirklichen streben, ehe wir zur systematischen Reflexion oder zur Feststellung des Lehrplans fortschreiten.

Wird es uns gelingen, diesen einheitlichen Vorgang noch weiter zu beschreiben und zu analysieren? Vorarbeiten dieser Art finden wir etwa in Herbarts Briefwechsel, [bei] Goethe an Frau v. Stein und in den platonischen Dialogen. Das absolut Individuelle darin widersteht jedem allgemeinen Ausdruck. Vielleicht liegt das Wesentliche des Vorgangs darin, daß die schlummernde oder unabgeschlossene Individualität des Zöglings völlig aufgeht in der Anlehnung an die des Erziehers. Was *er* ist, wie *er* handelt und wie er die Dinge beurteilt, das ist absolut wertvoll und maßgebend. In der tätigen Teilnahme an *dieser* Existenz und unterstützt durch das Entgegenkommen des älteren Freundes entwickelt das junge Leben allmählich in sich selbst einen eignen Mittelpunkt. Dieser Prozeß dauert weit über das Jünglingsalter hinaus. Wir wissen, daß er seine sehr merklichen äußeren Schranken und inneren Widerstände hat, aber sicher sind das die fruchtbarsten Momente der Erziehung, in denen alle diese Hemmungen beseitigt sind und jene Seelenvereinigung tatsächlich erreicht ist. Einer speziellen Untersuchung bleibt es noch vorbehalten, dieses Phänomen genauer zu erforschen. Die Erfahrung jedenfalls lehrt, daß es zwischen Erwachsenen und Kindern mit großer Leichtigkeit stattfindet, daß es aber auch Personen, Fälle, Zeiten gibt, in denen es völlig ausgeschlossen ist. Wer aber seine Existenz ganz leugnet, der müßte auch die Möglichkeit jeder Freundschaft bestreiten: denn die innerliche Grundlage einer jeden Freundschaft ist eben die Tatsache, daß ich imstande bin, mit meinem ganzen Ich in das Bewußtsein des Freundes überzugehen, m. a. W. mich in ihm zu fühlen. Dieser Vorgang scheint in dem Verhältnis von Erzieher und Zögling, wegen der Wesensungleichheit beider, größere Schwierigkeiten zu haben. Aber von seiten des Kindes werden sie aufgehoben durch eine ungeheure Anpassungsfähigkeit und – sit venia verbo – Einfühlungsfähigkeit; von seiten des Erwachsenen bestehen sie allerdings: Deswegen bedarf der Erzieher seinerseits gewisser Qualitäten, auf die wir zurückzukommen haben.

Die drei Faktoren, aus deren Zusammenwirken uns der Erziehungsvorgang verständlich wurde, bedürfen einer Einzeluntersuchung. Als den Untergrund des Ineinandergreifens der Individuen betonten wir den Komplex der gerade gegebenen historisch-nationalen Kultur. Diesen verwickelten Begriff, der uns nur als Tatsache der lebendigen Wirklichkeit, nicht aber als wissenschaftlich durchsichtiger terminus gegeben ist, zu analysieren, hat unsere Wissenschaft gerade jetzt die ersten Schritte vorwärts getan. Da es hier mehr unsere Aufgabe ist, an den Zusammenhang der Tatsächlichkeiten zu erinnern, als ihn gleichzeitig bis ins letzte zu analysieren, so dürfen wir diesen ganzen Kulturkomplex als ein Gegebenes hinnehmen. Er besitzt nun die Eigenschaft aller uns bekannten geistigen Einzelerscheinungen, deren begriffliche Zusammenfassung *Kultur* ist, daß er gleichsam als eine über dem gesamten geschichtlichen Leben schwebende Realität aufgefaßt wird, während er tatsächlich nur auf nationaler Grundlage gegeben ist und zuletzt nur als eine geistige Verfassung der *Individuen* erlebt wird. Die gesamten Beziehungen der aus der Teleologie der Einzelwillen resultierenden historisch-nationalen Kultur zu diesen Einzelwillen selbst darzustellen, fällt nicht in den Rahmen unserer Aufgabe. Wichtig ist es uns nur: daß jede Individualität innig von dieser allgemeinen Kultur durchdrungen werden muß, wenn sie zum vollendeten Menschsein gelangen will. Z. B.: Das gesamte ethische und wissenschaftliche Bewußtsein eines Volkes und einer Zeit muß sich in der Individualität, soweit sie dies überhaupt aufzunehmen fähig ist, spiegeln. Hier ergibt sich uns nun ein bemerkenswerter Unterschied zwischen dem antiken und modernen Leben, der wenigstens angedeutet werden muß: Das griechische und römische Altertum, ja noch das Mittelalter weiß von keiner Individualität, die über jenen allgemeinen Kulturinhalt hinauszugreifen hätte: Unterordnung und Einordnung des Individuums in das höchst-entwickelte Gesamtbewußtsein des Volkes ist die höchste Forderung, die gestellt wird. Daher kennt das Griechentum wie das Römertum ein einheitliches und geschlossenes Bildungsideal: Der sprachliche Ausdruck, der dafür aufgestellt wurde, war dort die καλοκαγαθία, hier der vir gravis oder wie man ihn nennen will. Auch die Stoa überschreitet diese Grenze keineswegs. Daher gewinnt die Erziehung unter dem Zeichen eines solchen Bildungsideals einen festen und sicheren Charakter: Der vollendete Athener, Spartaner, Römer und Christ sind eben der individuelle Ausdruck eines allgemeinen Typus, und die Erziehungstätigkeit eines solchen Mannes ist im Grunde stets geleitet und gerichtet durch das Bestreben, dieses Bildungsideal auch der künftigen Generation einzuimpfen: Das allgemeine Wertbewußtsein ist noch fast gar nicht oder nur unerheblich individuell differenziert: Daher kann kein Streit darüber entstehen, was der heranwachsenden Jugend als absoluter Wert überliefert werden soll.

Seit der Renaissance hat sich diese Lage völlig verschoben: Sie bedeutet das Erwachen und den Kult des Individualismus. Das Individuum wird gefaßt als die treibende und normgebende Macht im gesamten Kulturzusammenhang; das Individuum allein bringt aus seiner Tiefe neue Werte hervor; und die alten überlieferten Materialien sind eben nur die Grundlage seiner eignen neuschöpferischen Tätigkeit. In einer gewissen Verdunklung bleibt diese Tatsache noch während der rationalistischen Periode: es herrscht noch immer der Glaube an ein unverlierbares Allgemeingiltiges, wenn es auch seinen Rechtsgrund nur aus der Tiefe des Einzellebens nimmt. Aber sobald das historische Bewußtsein entsteht, schwindet das Allgemeingiltige völlig; an seine Stelle tritt ... die historische Determination des einzelnen. Das Individuum ist nur eine Blüte am Stamm der Geschichte: aber es kann seine eigene Kraft und Schönheit von hier aus entfalten, wie und wohin es will. Das Humanitätsideal sucht dieser Entwicklung eine einheitliche und ästhetisch geschlossene Richtung zu geben. Herder, Goethe, Schiller leben uns dieses neue freiere, aber doch in sich gefestigte Menschentum vor. Aber die weitere Gestaltung der gesamten Lebensverhältnisse läßt es in der Fülle seiner Strömungen und Zerklüftungen nicht zur Verwirklichung kommen. Die historische Erkenntnis, der Beginn und Fortschritt eines neuen sozialen Lebens, die fortschreitende Naturwissenschaft und Technik, kurz die ganze widerspruchsvolle Menge neuer Bildungstendenzen zerreißt unser Volksleben und nimmt ihm das Zentrum, nach dem hin es gravitieren kann. In diesem Antagonismus von Lebensfragen führt die künstliche antik-klassische Bildung eine seltsame, unwahre Existenz. Wir sehen sie heute im Kampf mit Naturwissenschaft und Technik, aber fast noch mehr mit dem Bedürfnis nach einer Schulung für die Mitarbeit an den sozialen Problemen der Gegenwart. Während die Volksschule ganz auf die Realität dieser Lebensbedingungen zugeschnitten ist, bleibt unsere Gelehrtenschule in der Sphäre von Idealen, deren Verwirklichung im Leben durch die gesamten gegenwärtigen Verhältnisse von vornherein ausgeschlossen ist.

Aber nicht darin liegt die eigentliche und erste Schwierigkeit für die Erziehung, sondern vielmehr in der Tatsache, daß unser modernes, sogenanntes soziales Leben selbst zerrissen ist von einem Individualismus ohne Grenzen: der Naturwissenschaftler hat keine Beziehung zu dem Rechtsgelehrten, der Sozialreformer versteht in keiner Weise das Wirken und die Ziele des Theologen. *Das ist die furchtbare Gefahr, die in jeder schnell fortschreitenden Kultur liegt: Dieses gegenseitige Nichtmehrverstehen droht uns mehr mit der inneren Zersetzung als Industriestaat oder Sozialdemokratie und Anarchismus.* Schon Fichte sah diese Gefahr am Anfang der ganzen Periode; schon er wies uns empor zu dem Ideal einer geschlossenen nationalen Bildung. Wir stehen heute auf dem Punkt, daß wir sie haben *müssen,* und ich glaube die Anzeichen zu sehen, daß die Bewegung der Divergenz umkehrt zu einer mächtigen Konvergenz. Aber wo wird und kann dies Bestreben seine Stützen finden? Nur in der Versöhnung des individuellen Wertbewußtseins mit dem allgemeinen; nur in der Neuschöpfung von überall anerkannten Werten, die im wesentlichen national sein werden: aber auch bereits darüber hinausgreifen werden.

Fast 150 Jahre nach Herders Fragmenten über die neuere deutsche Literatur, ein Jahrhundert nach Goethe haben wir noch kein allgemein anerkanntes Humanitätsideal!! Wir wollen die Erziehung organisieren und sind uns nicht einig darüber, was wir selbst wollen! Aber ein Bildungsideal ist immer eine Tatsache des Lebens, nicht der Theorie. Wie werden wir es schaffen können? Nicht aus dem klassischen Altertum; denn wir sind moderne Menschen, großgezogen in einem individuellen und historischen Bewußtsein, hineingestellt in eine Fülle sozialer Aufgaben und Kämpfe. Was können uns Homer und Sophokles dafür nützen? Sie haben gelebt für die Menschheit, also auch für uns; aber es gibt moderne Menschen, die bei ihnen in die Schule gegangen sind und von ihnen gelernt haben, was von ihnen unverlierbar ist: unsere modernen Klassiker. Sie aber waren einsichtig genug, um zu erkennen, daß es in den Alten eine Grenze gibt, jenseits deren sie uns nicht mehr leiten können; und schon 1767 hat Herder dies kräftig betont! Sie haben daher eine eigne, selbständige Humanität geschaffen, die uns klassisch sein muß, solange nicht Menschen kommen, die tiefer, sittlicher und lebendiger die Welt sehen und durchdringen als sie. Noch haben wir von Goethe so gut wie nichts gelernt; noch immer träumen wir in der Märchenwelt Homers; aber das sind Märchen, deren Geheimnisse nicht mehr als Symbol für unsere Welt gelten können. Wir sollten Goethe in die deutsche Schule einführen. Er würde uns helfen gegen den toten Geist, mit dem wir Naturwissenschaft betreiben: wer hat wie er den ganzen Menschen in Beziehung zu der Natur und ihren Äußerungen gesetzt? Und ist es ein Zufall, eine Laune, daß seine Tragödie des Lebens in einer Verherrlichung der sozialpolitischen Arbeit endet? daß er durchdrang zu einer Neuerfüllung des christlichen Geistes und zur Ausbildung eines tiefen und lebendigen geschichtlichen Bewußtseins? Man mag darüber streiten, ob er als Schulschriftsteller, ob seine Werke als Erziehungsschriften im engeren Sinn gelten dürfen. Wir Erwachsene aber sollten von ihm lernen, so würde durch die Erzieher unter uns ein Abglanz seines Geistes auch in die Jugend dringen, und wir würden uns wieder vereinigen in einer einheitlichen Auffassung des Lebens und seiner Aufgaben, in der jede Individualität dann ihren angemessenen und umfassenden Wirkungskreis finden würde.

Nur auf diesem Wege sehe ich eine Möglichkeit zur Lösung des herrschenden Schulstreites. Aber ich halte die Frage nicht für eine bloße Frage der Organisation, sondern für eine notwendige Angelegenheit unseres Lebens. Wir müssen ein Zentrum haben; in politischer Beziehung haben wir das unendliche Glück gehabt, ein solches in Bismarck zu finden. Mögen wir aus ihm ergänzen, was uns an Goethe fehlt; mögen wir Kant und Schiller (?) hinzunehmen: *nicht an der Einheit liegt es, sondern an der Einheitlichkeit.*

Wollte ich meine Forderung durch die Anführung konkreter Belege unterstützen, so bedürfte es keines langen Suchens. Ich erinnere aber nur an das Verhältnis unserer Realisten zu den altklassischen Idealisten. Was den einen an idealphilosophischer Auffassung des Gesamtlebens abgeht, entbehren die anderen an Blick und Verständnis für die materielle Wirklichkeit. Wehe wenn sie in ihrer Politik zusammentreffen: sie haben schlechthin *keine* Berührungspunkte. Wer naturwissenschaftlich-materialistisch zu denken gewöhnt ist, hat ebensowenig ein maßgebendes Urteil wie der strenge Kantianer. Aus den philosophischen Schulen werden wir diesen Antagonismus nicht verbannen, aber in unserem Volksleben müssen wir solche kahlen Einseitigkeiten der Bildung vermeiden. Sähen doch unsere Theologen ein, wieviel sie dadurch für ihre Sache, unsere Materialisten, was sie dadurch für ihr Leben gewinnen würden.

Aber verlassen wir einen Gegenstand, der vielleicht in Jahren tätiger Arbeit nicht zu erschöpfen ist, und wenden wir uns zu dem Reflex dieser ganzen Verhältnisse in der Individualität des Erziehers. Forderten wir von ihm nichts als die ausgeprägte, volle Individualität, welch ein herrlicher Erzieher unserer Jugend müßten ein Nietzsche oder Stirner geworden sein! Und doch wären selbst Treitschke und Tolstoi keine wahrhaft vollendeten Pädagogen. Auch heute noch müssen wir fordern, daß die individuelle Vollendung in Einklang gebracht werde mit der kulturellen, die Persönlichkeit mit der Humanität. Die Sophisten wurden durch Sokrates und Plato überwunden: *Wir* wollen wenigstens, daß das Individuum das gesamte Wertbewußtsein in sich aufnehme, gestalte und sich an ihm bilde, wenn es auch nicht mehr von ihm beherrscht werden kann. Emanzipierten sich doch auch schon die Griechen von dieser Forderung; für sie aber bedeutete es den ersten Schritt zur Entartung, nicht minder als bei den Römern. Der Wert, den ein Alcibiades oder Cäsar in sich erzeugten, war gewiß die höchste Ausbildung ihrer Individualität; wir bewundern sie darum. Noch mehr aber bedeutet uns die Persönlichkeit, die im Siege über ihre individuelle Anlage einem Werte nachstrebt, der ihr als volles und universelles Menschentum, als Humanität erscheint. Ein solcher Mensch ist der Künstler seiner selbst, wie ihn Shaftesbury schildert, und in Wahrheit ist er nicht denkbar ohne die ästhetische Intuition, die auch im Gebiete des Moralischen als Bildungsprinzip wirkt. Daher kann uns ein solches Vorbild nicht der logisch-konstruierende Philosoph, sondern nur die volle Persönlichkeit des Dichters oder des Lebenskünstlers liefern.

Dasselbe fordern wir nun in vollem Maße von der Persönlichkeit des Erziehers. Es gibt Erzieher, die es nicht haben, ja die es nicht ahnen. Aber es gibt auch Maler, die nicht Künstler sind, und Theologen ohne Religiosität. Das aber ist mir eine ausgemachte Wahrheit: wer in sich eine wertvolle und so bestimmte Individualität erzeugt hat, der ist dadurch von Natur und Notwendigkeit zugleich Erzieher. Es mag ihm die Begabung fehlen, die richtigen Mittel für die Mitteilung eines solchen Lebens zu finden: er mag in fremdes Seelenleben gar keinen sicheren Blick tun können: wer mit ihm in Berührung kommt, muß es empfinden, daß eine Macht von ihm ausgeht, die unmittelbar wirkt: Gäbe es eine absolut verworfene Existenz, so könnte sie doch den Umgang mit ihm nicht ertragen: sie würde ihn fürchten, vernichten, aber seine sittliche Macht würde sie lebendig in sich fühlen.

Und doch folgt daraus sogleich, daß die Vollendung der eignen Persönlichkeit noch nicht den eigentlichen Erzieher macht; daß der, der mit bewußter Absicht sich der Aufgabe der Menschenbildung widmet, noch eine weitere Eigenschaft besitzen muß, in der die eigentliche pädagogische Anlage besteht.

Es ist auch nicht eigentlich die psychologische Anlage, die Fähigkeit, sich in das kindliche Seelenleben zu versenken und es zu verstehen, an der wir den Erzieher erkennen: Diese Begabung ist ästhetischer Natur; sie kann tiefer gebildet, aber niemals geschaffen werden: sie gehört zur seelischen Konstitution des Erziehers, ja sie kann sich in ihm zu einer genialen

Intuition entwickeln: Pestalozzi und Fröbel sind uns die leuchtendsten Beispiele dieser sonderbaren Menschen, in denen die kindliche Zauber- und Phantasiewelt niemals erstirbt. Was bei der Frau schöne Naturbestimmung ist, bedeutet beim Manne eine verhältnismäßig seltene, durchaus ästhetische Gabe. Darin besteht der eigentliche Erziehungsberuf des Vaters und der Mutter, daß sie durch Bande des innigsten Verständnisses mit ihren Kindern verknüpft sind. Aber wie oft fehlt ihnen dafür das objektive Wertbewußtsein, das sich über die individuellen Herzensbeziehungen hinwegsetzt, um ein höheres und absolut Gutes zu erzeugen, das über die enge Familiensphäre hinausreicht. Die sogenannten Familienkinder sind selten glückliche, noch seltener brauchbare Menschen.

Es ist die Forderung aufgestellt worden[2], die eigenste Natur des pädagogischen Genius zu beschreiben und [zu] analysieren. Wir haben ihn bisher *zusammengesetzt* aus dem »idealen Preismenschen«[3], d. h. der möglichst vollendeten Vereinigung von Humanität und Individualität, – und der ästhetischen Intuition, die die Psyche des Kindes in ihren tiefsten Geheimnissen durchdringt: und wir fügen hinzu, daß auch hier der naive Künstler größer ist als der reflektierende, derjenige größer, der unmittelbar mitempfindet, als der, der mit kühler Überlegenheit und Überlegung sich hineinzuversetzen weiß. Aber das könnte ebensogut eine Dichternatur als ein Erzieher sein. Worin also besteht die Genialität des Pädagogen? – Was fordern wir vom Künstler? nicht nur das Auge oder das Ohr und die ernste Schulung in den großen Meisterwerken (auch der Technik) seiner Kunst, sondern vor allem den unversieglichen Schaffensdrang, den geheimnisvollen Zwang, die Ideale seiner Seele hinzusetzen in die Welt als objektive Kunstwerke, die Form zu gestalten nach dem Geist, der in ihm wirkt, die Schaffensfreude, die nur am Erzeugen sich labt, mag die Welt urteilen wie sie will, mag der Nutzen sein, welcher er will. Das ist es auch, was den Erzieher macht: der unendliche Drang zu erziehen, Menschen zu schaffen; dies echt göttliche Geschäft, Menschen zu schaffen nach seinem Bilde. Ein geborener Erzieher wird und muß erziehen, wo es auch sei: er kann seinen Beruf nicht als einen vorübergehenden betrachten.

Auch dies ist nicht dem Pädagogen allein eigen: Alle edlen Menschen wollen die Menschheit veredeln. Der Philosoph hat kein anderes Endziel als *Aufklärung*, der große Politiker will ein Volkserzieher im besten Sinne des Wortes sein. Wer Sinn hat für die Kunst, die schöne Seelen bildet, wer

---

[2] Wilhelm Dilthey, Über die Möglichkeit einer allgemeingültigen pädagogischen Wissenschaft (1888. Gesammelte Schriften. VI. Bd. S. 74.

[3] Jean Paul, Levana oder Erziehlehre. § 24, 29.

sie in sich selbst geübt und erfahren hat, wird niemals aufhören, ein Bildner zu sein. Oder wäre es möglich, daß ein Musiker nach einem großen Wurf sich zurückzöge von seiner Kunst und seinem Schaffen?

Und doch ist es noch ein Besonderes um den Jugendbildner. Ich berühre einen Boden, der durch die Spuren Platos geweiht ist. Wir suchen eine Analyse des pädagogischen Genius; aber der Genius beginnt doch wohl erst da zu wirken, wo die entscheidende Bildung des Stoffes beginnt. Der Marmorblock muß zunächst aus dem ganz Rohen herausgebracht werden (erudire), aber dieses Werk ist doch recht negativ: Das Wesentliche ist die *Formgebung,* die Schöpfung, die das Material und dessen Natur nur hinnimmt, um ihm seinen Geist einzuprägen, und dieses Schaffen ergreift mit Sicherheit den Moment, wo weder der rohe Stoff noch die sich bildende Form absolut *herrscht:* es ist jener unteilbare Moment, wo der Genius am feurigsten arbeitet. Für den Bildhauer fallen die Epochen der rohen, der bildenden und der retouchierenden Arbeit in gewissem Grade zusammen. Für den Erzieher verteilen sie sich in den zeitlichen Verlauf des gesamten Menschenlebens: er kann nicht während dieser ganzen Zeit sich unablässig seinem Werke widmen, so ergreift er den entscheidendsten Moment. Rousseaus Idealerziehung verliert durch die Vernachlässigung dieser realen Tatsache viel von ihrem Wert. Herbart erfaßt sie mit sicherem Blicke. Wo die Blüte der Individualität zu knospen beginnt, da ist das Feld der pädagogischen Kunst. Ist sie aufgeblüht, so mag er sie weiter pflegen: bilden und formen kann er sie nicht mehr.

Es bedarf hier der Erinnerung, daß wir uns auf dem Boden einer Abstraktion befinden: Wir sprechen von einer Idealerziehung, deren Charakter rein ästhetisch[4] sein müßte. In Wahrheit steht Pestalozzi über einem Kant und Herbart: denn er war sich der *sozialen* Aufgabe der Erziehung bewußt und erkannte es an, daß im sozialen Kampf ums Dasein nur wenigen das Ziel gegönnt ist, den »idealen Preismenschen« in sich zu gestalten. Aber eine Erziehung, die über solche Schranken sich erheben darf, also ihrem Begriffe nach, auch die der höheren Schulen oder die der Hauslehrererziehung, darf allerdings sich kein anderes Ziel stecken als dies ästhetische Humanitätsideal. Ist doch unsere Welt Gott sei Dank so eingerichtet, daß Ideale in ihr Realitäten bedeuten; daß sie nicht nur Raum hat für vollendete Menschen, sondern sie ebenso fordert, wie das Dasein der Massen von den materiellen Existenzbedingungen abhängt.

[4] Ästhetisch ist ihr Verfahren, nicht ist die Ästhetik auch ihr Inhalt. Die schlechteste Erziehung ist die, die das ganze Leben unter dem ästhetischen Gesichtspunkte faßt; den die stets Ästhetisierenden sind am weitesten von der Humanität entfernt, und was noch schlimmer ist, sie haben die Zeit ihrer Bildung verloren.

Und doch ist es nicht dies Räsonnement, das der Erzieher, sich prüfend, anstellt. Der Verstand leitet den Menschen irre; sein vernünftiger Instinkt allein, jenes so eng mit dem gesamten psychophysischen Leben verbundene ästhetische Prinzip in ihm, leitet ihn auch auf diesen Weg. Wir kennen einen sinnlichen Geschlechtstrieb, der die Erhaltung der Gattung bewirkt; oder nein, wir kennen ihn nicht. Sondern wir führen ein geheimnisvoll erotisches Leben, das zur ekstatischen Seelenvereinigung führt, neben der alles Physische fast zum Zufälligen herabsinkt. Gibt es nun etwas Höheres als die Art, in der Platos Symposion den geistigen Zeugungstrieb verherrlicht? Jenen sokratischen Hymnus, der die individuelle Erotik verschwinden läßt neben der universellen Liebe zu dem unsterblichen Wahren, Guten und Schönen in der menschlichen Seele? So wird alle physische Gestalt nur zu dem vorläufigen Symbol eines höheren geistigen Gehaltes; der natürliche ästhetisch-physische Instinkt nur zum Führer, der uns eine höhere, universelle Schönheit andeutet. Unsere Dichter haben das Weib idealisiert; der Pädagoge idealisiert den heranwachsenden Jüngling; nicht als vollendete Schönheit, sondern als Schönheit δυνάμει, als ein Wesen, das alle Vollkommenheit in sich zu erzeugen vermag, als die versprechende Knospe einer prangenden Blüte.

Wir sind weit in die Ideale hineingeraten; es wird manchem schwer, sie mit der Wirklichkeit unserer rauchenden und biertrinkenden Gymnasiasten auszusöhnen. Aber wir sprachen nicht von ihnen, sondern von der Natur des Erziehers, die wir jetzt weiter analysieren wollen.

Wir leugnen es nicht, daß besonders dem jungen Erzieher die physische Schönheit nicht gleichgiltig bleibt: sie ist ihm – scholastisch zu reden – ein heuristisches Prinzip, sie ist ihm das anlockende, kostbare Material, an das sich die Form, wie er sie im Geiste trägt, anschmiegt. Aber sie ist ihm nicht alles, ja sie kann ihm nichts werden. Nur so viel wollen wir auch hier von Goethe, wenn nicht schon von der Renaissance, lernen, daß auch das Materielle Leben und Wert empfangen kann vom Geiste, daß es keine sogenannte tote Materie gibt, sondern daß für menschliche Auffassung alles Leben und Seele in sich trägt, daß es nicht nur Symbol eines Edleren, sondern selbst edel ist. Daher ist es das eigentliche Wahrzeichen des begeisterten Erziehers: *seine pädagogische Begehrlichkeit.* Er wird für gewisse jugendliche Geschöpfe nicht nur ein didaktisches Interesse haben, sondern er wird sie beanspruchen für sich, er wird sie ansehen als ihm bestimmt, als ein Material, dem er den Stempel seines Geistes (der ja nicht *bloß* individuell ist) aufprägen muß; und er wird hadern mit den sozialen Verhältnissen, die ihm diese Betätigung seines Schaffensdranges erschweren. Die Zeit Platos wird uns in vielem nicht vorbildlich sein dürfen: in dieser Hinsicht ist sie der schärfste, wenn auch nicht reinste Ausdruck. Nur so verstehen wir die Person des unablässigen Fragers und der ihm verwandten Geister. Aber wir sehen auch ein, daß *dieser* pädagogische Geist nur da herrschen kann, wo Leben mit voller Frische sich ergießt; wo das Innenbewußtsein der Gattung hinausgreift über die bloße Blutsverwandtschaft zu der ästhetisch-lebendigen Empfindung einer universellen Lebensverwandtschaft; wo die Jugend nicht nur gilt als ein Gefäß Gottes oder der Wissenschaft, sondern als Träger des ganzen blutwarmen Menschentums gilt. Wir könnten es den sozialen Pantheismus nennen, im Gegensatz zu dem naturalistischen. Denn wie der Naturalismus sich nicht absondern darf zu einem freudlosen, asketischen Anthropozentrismus, so darf auch unser soziales *Empfinden* als Lebenserscheinung (nicht als Politik) sich nicht eingrenzen in den engen Umkreis der Familien- und Blutsverwandtschaft. Der Pantheismus läßt die ganze Natur durchströmt sein von *einem* göttlichen Lebensprinzip; der Ästhetiker der Humanität empfindet das Göttliche in allen Mitmenschen als ein Lebendiges, dessen Erscheinungsformen nicht minder Fleisch und Blut wie Geist und Individualität sind. Der Ästhetiker der Erziehung, seine Weltanschauung sei spezifisch christlich oder pantheistisch oder kantisch oder wie sie will, ist durchdrungen von jenem einen Lebensgedanken, den Wilamowitz einmal formulierte: »dem Göttlichen, das in ihnen drin steckt, dem will er helfen, daß es heraus kann.« Also ist auch das Innerste des Pädagogen nicht eine Virtuosität oder einseitige Neigung, sondern ein Lebensgefühl; und Shaftesbury, der es empfand, daß es keine Virtuosität gibt, die ganz in *einem* beschränkten Gebiete ohne alles Gesamtbewußtsein wurzeln könnte, sprach daher von einem Virtuosen des Universums. Wenn *wir unsererseits* uns daran erinnern, daß auch alles Menschentum nur wurzelt in dem großen psychophysischen Weltzusammenhange, so dürfen wir wohl sprechen von einem Virtuosen der Humanität: dem Erzieher.

Grundfragen der philosophischen Pädagogik

1907

Wenn die Philosophie in diesen Blättern zu Worte kommen soll, so kann dabei weder an zufällige Berichte über irgend welche Systeme, noch an die ausschließliche Herrschaft einer allgemein verbindlichen Philosophie gedacht sein. Denn Philosophie ist eine lebendige Sache, und sie ist nicht nur an persönliche Voraussetzungen gebunden, sondern erwächst auch allein in einer innerlichen, höchst persönlichen Arbeit, zu der man wohl anregen, die man aber nicht fertig übermitteln kann. Deshalb sind uns Geister wie Plato, Kant oder Herbart zwar willkommene Führer, aber sie bedeuten uns keine Fessel. Die wahre philosophische Besinnung will auf der Grundlage eigenen Erlebens errungen sein: eine Philosophie, die man lernen könnte, ist nicht besser als eine auswendig gelernte Religion. Und so wird es wohl der Natur der Sache am tiefsten entsprechen, wenn wir an dieser Stelle unsre Netze geradeswegs nach jener Richtung auswerfen, wo sich das Philosophische mit dem Pädagogischen berührt.

Wie eng diese Berührung ist, hat wohl jeder Lehrer erfahren, dessen Beruf auf einem inneren Triebe, nicht auf einer bloß äußerlichen Fügung von Umständen beruht. Besonders der junge Lehrer findet in sich einen pädagogischen Enthusiasmus, der ihm selbst als geheimnisvolles Rätsel erscheint, weil er an diesem Punkte sich mit den Tiefen des Weltzusammenhanges verflochten fühlt. Ihn erfüllt eine Liebe und ein Gestaltungstrieb, wie sie der göttliche Plato in ewig strahlenden Farben gemalt hat, und zugleich erlebt er die große Tragik, die aus dem Zwiespalt zwischen dem Gewollten und dem Erreichbaren entspringt. Ein solches Erlebnis ist unmittelbar religiöser Natur: es glüht in ihm etwas von dem evangelischen *Glauben* an das Gute und Göttliche in der Welt und der Menschheit, und etwas von dem Abhängigkeitsgefühl, das jedes Gelingen als Werk der Gnade und den täglichen Beruf als eigentlichen Gottesdienst erscheinen läßt. Aber diese tief religiösen Wurzeln schließen nicht aus, daß all diese

Zusammenhänge nun der denkenden Besinnung zum brennenden Problem werden, und indem der Erzieher über sich selbst und sein Tun nachzugrübeln beginnt, erhebt sich vor ihm das Ganze des Lebens als ein Gewirr zahlloser Faktoren, sieht er sich vor dem Bilde dieses unendlichen Kulturgewebes, in dem Ansprüche gegen einander kämpfen und mit der inneren Einheit den inneren Frieden bedrohen. So sicher und fest er in seinem erzieherischen Grundtriebe als seinem eigentlichen Lebenselemente ruht, so unvermeidlich wird für ihn der Kampf und der Zweifel im einzelnen, und es sind gerade die edelsten Naturen, die das Qualvolle der Lage am tiefsten empfinden.

In dieser Verwicklung nun bieten sich ihm als Leitsterne bewährte Führer an, die ihren sieghaften Charakter schon dadurch beweisen, daß sie als fertige *Systeme* auftreten: es sind im wesentlichen diese drei: das kirchliche, das staatliche und das pädagogische System. In ihnen allen ruht, das wird niemand bezweifeln, ein fester Kern historischer Weisheit, erprobter Wahrheit, gediegener Lebenskraft. Aber sie selbst sind doch kämpfende Mächte, vielfach im Widerspruch miteinander und in einer inneren Umbildung begriffen, die beweist, daß auch sie nichts Fertiges sind. Sie bedeuten also im besten Falle Ausgangspunkte, aber keine festen Ruhepunkte, und die Notwendigkeit eigner, persönlicher Auseinandersetzung mit ihnen wird um so deutlicher, je tiefer man sie würdigt und versteht. Es ist nicht die Eigenschaft des Lebens, jemals ganz in Systemen des Denkens oder der Organisation aufzugehen, sondern diese selbst wollen von den Kräften und Tendenzen des jeweiligen warmen Lebens getragen sein. In dem Augenblick, wo wir aus unsrer eigenen Lebensmitte heraus zu ihnen Stellung nehmen, bewegen wir uns in der Linie auf die Philosophie zu, und es ist unser dringendes Interesse, daß diese Bewegung zu einem energischen Abschluß kommt.

Dies also sind die Richtpunkte einer zu schaffenden philosophischen Pädagogik: im Zentrum das pädagogische Erlebnis, wie es der tägliche Beruf mit seiner Verflochtenheit in das ganze Gewebe unsres heutigen Kulturtreibens aus sich gebiert, und ringsum gruppieren sich die bestimmenden Faktoren dieser Kultur: Kirche und Staat, Gesellschaft, Wissenschaft, die sittlichen, rechtlichen, wirtschaftlichen Verhältnisse: ein unübersehbares Reich von Realitäten, die in Lehrberuf und Schule mächtig hineinwirken.

Es gab Zeiten, in denen man glauben durfte, daß die Grenzen der philosophischen Pädagogik weit enger gesteckt wären: sollte nicht eine vertiefte Kenntnis der psychologischen Mittel und der ethischen Ziele für die stille Wirksamkeit des Erziehers ausreichen? Wozu diese weitgreifende

Besinnung über fernliegende Gebiete der Kultur statt einer einfachen pädagogischen Technik und Didaktik? – Der heutige Lehrer weiß es, daß diese klösterliche Isolierung von Erziehung und Schule für die Gegenwart längst dahin ist. Allenthalben trifft er auf die religiöse und soziale Frage; er muß zu politischen, ästhetischen und wissenschaftlichen Ideen Stellung nehmen; er weiß, daß seine Aufgabe eine zentrale Kulturfunktion ist, ein Bewußtsein, das ihn ebenso sehr mit Stolz wie mit quälenden Zweifeln erfüllt. Denn wo findet er die Richtlinien für diese umfassende Besinnung? Wie formuliert er ihre Aufgaben, wie löst er ihre Probleme?

Wenn wir es hier versuchen, einige Schritte auf diesem Wege vorwärts zu gehen, so kann es nicht anders geschehen, als so, daß wir das pädagogische Erlebnis nach seiner ganzen Tiefe und Weite in das Licht philosophischer Besinnung zu erheben versuchen. Nur wer als Erzieher das eigentlich Lebendige seines Wollens innigst erfahren hat, nur wer mit ganzer Seele Art und Gesetz dieses Schaffens kennt, vermag sich zur Höhe einer pädagogischen Weltanschauung zu erheben. Ohne diese Grundlage, aus bloßen Begriffen und Sätzen, entsteht nichts, was vom Leben käme und ins Leben wirkte. Was aber sollen wir mit einer Ewigkeitsphilosophie, die der Gegenwart nichts zu geben hätte? Sie wäre ein tönendes Erz, aber keine seelenvolle Sprache, wie wir sie brauchen.

Doch wird gerade dies, daß wir eine solche zusammenhängende Philosophie brauchen, in der Gegenwart heftig bestritten. Es hat sich ein starkes Bewußtsein für das künstlerische Moment im Erziehungsvorgange gebildet. Jede abstrakte Theorie erscheint nun als Fessel, die das Individuelle und Persönliche ertötet, und das eigentliche Geheimnis der pädagogischen Wirksamkeit findet man in einem genialen Schaffen, das sich seiner eigenen Regeln nicht bewußt ist, sondern einem unergründbaren Instinkt und Taktgefühl gehorcht. Diese Auffassung, die z. T. auch aus einer starken Reaktion gegen die lange Alleinherrschaft des Herbartischen Systems erwachsen ist, wird noch verstärkt durch eine ästhetisierende und extrem subjektivistische Psychologie: man vergöttert die kindliche Natur und ist nur darauf bedacht, ihre Eigenrechte zu bewahren. Da betrachtet man denn nicht nur die Schule, sondern jede planmäßige Einwirkung überhaupt als ein Verbrechen, das an der reinen, genialen Kindesseele verübt wird. So verschwindet mit der eigentlichen Erziehung natürlich auch jede pädagogische Theorie, und es bleibt diesem Erziehungsanarchismus im »Jahrhundert des Kindes« nichts übrig, als selbst mit den Kindern kindisch zu werden.

Etwas männlicher und denkkräftiger werden wir wohl die Sache der Erziehung angreifen müssen, wenn uns dabei auch nirgends das Bewußtsein verlassen wird, daß das Feinste und Beste der Pädagogik nie in feststehenden Sätzen mitteilbar ist, und daß der lebendige Umgang mit den zahllosen Fäden von Wirkung und Gegenwirkung, mit dem reizvoll unmittelbaren Spiele unfaßbarer persönlicher Kräfte nie in das Fächerwerk eines Systems verflüchtigt werden kann. Wir besitzen ein pädagogisches System von weitreichender Wirkung, das von seinem Begründer und dessen Schülern geistvoll bis in die letzten Verzweigungen ausgestaltet ist, ein stolzes Gedankenwerk, dessen Segen wir dankbar empfinden, auch wenn es manchmal durch den ihm eignen rationalistischen Zug zur beengenden Fessel geworden sein sollte. Nur müssen wir uns hüten, was uns dort geboten wird, als einen fertigen, bequemen, überall anwendbaren Mechanismus anzusehen. Es ist selbst geboren aus einer tiefen pädagogischen Erfahrung; deshalb fordert es überall, wo es wieder in Leben umgesetzt werden soll, die Grundlage eigner Erfahrung und jene freie Kritik, die der Meinung ist, daß *kein* Geistesgebiet, auch das der Erziehung nicht, unter der Herrschaft päpstlicher Autorität kräftig zu blühen vermag.

Um vor beiden Extremen, dem Anarchismus wie der Systemsucht, gleich gesichert zu sein, erinnern wir uns des Vorganges, in dem die erste pädagogische Besinnung erwächst. Der Lehrer erfährt die frühesten, keimhaften Ansätze dazu mit den ersten Erfahrungen seines Berufes. Wenn er die Klasse mit dem Gefühl verläßt, daß er es hätte anders machen können und wie er es hätte anders machen sollen, so schließen sich in ihm Vorstellungen über das Verhältnis von pädagogischen Zielen und Mitteln zusammen, aus denen ein erster Besitz von allgemeinen Sätzen entsteht. Ohne es zu wissen und zu wollen, nähert er sich einer festen Methode, und diese Methode wieder weist hinüber auf ganz bestimmte Anschauungen von der Natur und den Zwecken des Menschen überhaupt. Eine dunkle Vorstellung von seiner psychologischen Beschaffenheit und von dem Ideal seiner Bildung leitet ihn vorwärts. So entsteht in und mit der pädagogischen Tätigkeit eine immer weiter greifende Reflexion, gleichviel, ob der einzelne sie zu einem relativen Abschluß zu bringen vermag oder nicht. Und es ist einer unsrer wichtigsten Sätze, daß nur aus solchen intensiven Erlebnissen eine wahrhaft philosophische Pädagogik hervorgehen kann. Denn alles Erziehen ist zuletzt Produktion und deshalb in der Tat dem künstlerischen Schaffen innig verwandt. Aber es ist ein Irrtum, daß das letztere etwa ohne Hilfe der Reflexion auf seinen höchsten Gipfel zu steigen vermöchte. Vielmehr zeigt uns das Beispiel unsrer Klassiker, die Gedankenarbeit von Herder, Goethe, Schiller, daß jedes schöpferische Tun an einen Punkt gelangt, wo es nur durch das Nachdenken über sich selbst und die weitgehendste Bewußtmachung seiner Funktionen gefördert werden kann. So schufen jene Geister mitten in der Blüte ihres poetischen Erzeugens zugleich unsere klassische Ästhetik, das theoretische Gegenbild ihrer immer neue Gebiete erobernden künstlerischen Produktion. Jede neue Einsicht in den psychologischen Zusammenhang ihres Verfahrens wurde ihnen zur Forderung einer neuen Leistung, jeder zunächst nur beschreibende Begriff sofort zur normativen Regel. Schaffen und Reflexion wuchsen eins durch das andere empor, und darin liegt der zwingendste Beweis für die Notwendigkeit einer Theorie, die durch das Nachdenken über die geistige Arbeit sie zugleich auf einen neuen Gipfel emporläutert. So suchen wir nun eine Ästhetik des pädagogischen Schaffens, nicht *vor* ihm oder um es zu ersetzen, sondern in und mit ihm, um es zu durchleuchten. Wie zermarterte sich Pestalozzi, um die rechten Wege zu dem Ideal zu finden, das ihn beseelte! Wie begleitete Herbart alle seine frühesten Lehrerfahrungen mit ständiger Reflexion, aus der neue Experimente, mit Versuchen, aus denen neue Einsichten entsprangen!

Aber dem Erzieher begegnet nun hier dasselbe Schicksal, das keinem erspart bleibt, der über die vielgestaltigen Erscheinungen des Lebens nachzudenken beginnt: er findet die Welt nicht so rationaler, begriffsmäßiger Natur, daß sie sich leicht dem Verstandesschema einordnete. Und zumal heute wird er überall auf das Rätsel der Individualität, auf das Unberechenbare des Fühlens und Wollens gestoßen, so daß er verzweifelt, diesem Meer von Erscheinungen und gegenseitigen Einwirkungen jemals eine feste Formel abzugewinnen. Ja gerade dieser Zug zum Willensmäßigen und Irrationalen ist es, der der Entwickelung einer neuen philosophischen Pädagogik hemmend in den Weg getreten ist. Wendet sich sein Nachdenken zu dem Zögling, so findet er dort die unendlichen Verschiedenheiten psychologischer Veranlagung: nicht einer gleicht dem andern, nicht einer reagiert nach voll ergründbaren Gesetzen, sondern sie spielen in zahllosen Formen vom ungewöhnlichen Talent bis zur krankhaften Hemmung. Und richtet er den Blick auf sich selbst, so erfährt er das gleiche: ein geheimnisvolles Fürsichsein, emporgewachsen aus besonderen Umständen der Abstammung, Erziehung, Heimat, Gewöhnung; geleitet von persönlichen Wünschen und Idealen, denen andre mit fremdartiger Richtung entgegentreten. Vergeblich sucht er jenseits dieser beiden Individualitätenkreise ein allgemeingültiges Ideal: auch die Einheit des Volkswillens hat sich aufgelöst, und ratlos sieht er Christentum, Sozialismus, Subjektivismus und Materialismus sich bekämpfen, hört er Namen wie Kant, Tolstoi, Nietzsche, Harnack u. a. ihre Ansprüche verfechten. Möge er sich durch diese Fülle der Gesichte nicht schrecken lassen; möge er vielmehr aus diesem Kampf eines reichen geistigen Lebens die Aufforderung an sich heraushören, hier nun selbst Partei zu ergreifen und zu derjenigen Anschauung durchzudringen, die seiner Natur und seinen Aufgaben gemäß ist! Denn das eine freilich wird er sich schon im Anfang seines philosophischen Suchens nicht verhehlen dürfen, daß das restlose Aufgehen des Weltexempels, wie frühere Zeiten es gehofft haben, eine eitle Sehnsucht war. Alles, was wir gewinnen können, ist dies: die Kraft einer eignen, in ernsten Erfahrungen ernsthaft erkämpften Überzeugung, und die verstehende Duldsamkeit für die, die an andrer Stelle stehend sich mit dem gleichen Ernst durchgerungen haben und »in immer strebendem Bemühen« dazu erlöst worden sind, inneren Frieden und innere Gewißheit zu finden.

So sehr nun diese ganze Weite in den Umkreis philosophischer Pädagogik hineingezogen werden muß, so notwendig es ist, die Erziehung als einen das ganze Leben durchwaltenden und durchwirkenden Faktor, als ein Stück Kulturleben selbst anzusehen, so dringend bedürfen wir eines fest bestimmten Ausgangspunktes, und mit dieser Untersuchung tun wir den ersten positiven Schritt in unser Gebiet. Es ist bekannt, daß Herbart die Neigung hatte, die wissenschaftliche Pädagogik als das Produkt ihrer beiden Hilfswissenschaften anzusehen und sie gleichsam aus der Multiplikation von Psychologie und Ethik hervorgehen zu lassen, wenn auch die Durchführung nachher einen weit genialeren Zug trägt. Diese Auffassung aber würde selbst dann, wenn die beiden Hilfswissenschaften schon als fertig gegeben anzusehen wären, eine zu weitgehende Abstraktion bedeuten: man kann bei Betrachtung einer Maschine ihren Mechanismus und ihren technischen Zweck voneinander sondern; im Menschen aber ist beides durch einen lebendigen Zusammenhang von Trieben so eng aufeinander bezogen, daß jene Sonderung bald versagt. Und sie ist schon deshalb unzweckmäßig, weil nicht jede Verbindung von Psychologie und Ethik pädagogischen Charakter trägt. Wir begegnen der gleichen Kombination in der Politik oder der Religionswissenschaft, und doch fallen beide Wissenschaften nur zu einem kleinen Teile mit der Pädagogik zusammen. Es gilt also, das spezifisch Pädagogische zu bestimmen, wenn wir einen Ansatzpunkt suchen. Dieses *pädagogische Grundphänomen*, wie wir es nennen wollen, muß dann zugleich den eigentlichen Kern des pädagogischen Erlebnisses ausmachen. Wir grenzen daher soviel von der Psychologie und soviel von der Ethik ab, wie in ihnen zum Außerpädagogischen gehört. Um mit der Psychologie zu beginnen, so setzt jede Mitteilung einer Vorstellung, eines Gedankens im täglichen Umgang ein Maß von psychologischen Kenntnissen voraus. In der Sprache liegt das Medium dieser Einwirkung fertig vor; das ursprüngliche Problem aber wird uns deutlich, wenn dieses Medium fehlt und wir auf dem Umwege einer Fremdsprache das einfache Ziel erreichen sollen, einem andern unsre Wünsche und Gedanken verständlich zu machen. Niemand wird diese Art der Einwirkung als einen pädagogischen Vorgang bezeichnen; man könnte jedoch einwenden, daß eben hier das zweite, das ethische Moment noch fehlt. Aber selbst dann, wenn ich auf einen andern in der Richtung einwirke, daß ich durch ihn ein sittliches Ziel zu verwirklichen suche, verfahre ich noch nicht notwendig pädagogisch. Denn ich kann ihn dazu als gleichsam bloß mechanisches Mittel benutzen, entweder indem ich auf seinen Egoismus spekuliere, oder indem ich eine gröbere Art von Zwang und Drohung anwende.

Das Urbild einer solchen ethischen Zielsetzung, die sich jedoch nicht der sittlichen, sondern der eigensüchtigen Motive ihrer Werkzeuge bedient, fand man zu Herbarts Zeiten noch in der Wirksamkeit von *Staat* und *Recht*, obwohl sich gerade damals die Wendung zu jener höheren Staatsauffassung vollzog, die den Staat als sittliches, ja als das höchste menschliche Erziehungsinstitut bewertet.[1] Einen Rest jener niederen Anschauung aber finden wir noch in Herbarts Begriff der »Regierung«, der offenbar aus der Rechtsphilosophie hergenommen ist und andeuten will, daß dieser Teil der Erziehung dem äußerlichen Verfahren des staatlichen Zwanges verwandt ist. Gerade deshalb aber sondert Herbart diese Tätigkeit von dem eigentlichen Erziehungswerke ab, gleichsam als eine minderwertige Vorstufe. Und wer ihn recht versteht, wird finden, daß er auch das dritte Glied der Erziehungsmittel, den Unterricht, von der eigentlichen Erziehung in gewissem Grade absondert, sofern es sich nämlich dabei um den *bloßen* Unterricht, um jene *bloße* Vorstellungsmitteilung handelt, wie wir sie oben als psychologischen Vorgang beschrieben haben. Wenn er demgegenüber einen *erziehenden* Unterricht fordert, wenn er ebenso die Regierung durch die Erziehung abgelöst sehen will, so rückt also das eigentliche Zentrum seiner Pädagogik in die *Zucht*, und in ihr allein werden wir das pädagogische Grundphänomen zu suchen haben. Wir sahen aber ferner, daß der bloße *ethische* Charakter der Zucht noch nicht ihren pädagogischen begründet, und an dieser Stelle werden wir über Herbarts psychologische Anschauungen hinausgehen müssen, wenn wir auch die Polemik gegen sie hier nicht ausführlicher begründen können.

[1] Näheres über diese beiden Staatsauffassungen siehe in meinem Aufsatz: Altensteins Denkschrift von 1807 und ihre Beziehungen zur Philosophie. In: Forschungen zur brandenburgisch-preußischen Geschichte. Bd. 18, 1905.

Es gibt nämlich unzweifelhaft eine Art echter Erziehung, deren ethischer Charakter ernstlich bestritten werden kann. Denker wie Schopenhauer oder Nietzsche sind sicherlich *echte* Pädagogen, und doch werden wir mit Grund zweifeln, ob sie ethisch auf dem rechten Wege sind. Ebenso gibt es eine Art von künstlerischer Erziehung, die zur sittlichen in starkem Widerspruch stehen *kann*, aber doch Erziehung bleibt. Wie viele Gemeinschaften wirken erziehlich, denen wir das moralische Recht dazu geradeswegs bestreiten! Wir fassen hier den Punkt, wo das Pädagogische vom *Inhalt* des Ethischen unabhängig ist; wir können uns ein Stadium pädagogischen Tuns denken, noch ehe die Ethik fertig ist, ja da das System der Sittlichkeit nie als abgeschlossen gelten kann, wird dieses Stadium zu gewissem Grade immer bestehen bleiben. Und aus verwandten Gründen können wir uns dem Satze, daß Erziehung die Übermittelung des gesamten Kulturbesitzes der elterlichen Generation an die heranwachsende sei, nicht anschließen. Denn nach ihm dürften gerade diejenigen, bei denen das pädagogische Pathos am stärksten entwickelt war, weil sie eine völlige Umkehr predigten, also Männer wie Tacitus, Rousseau, Tolstoi u. a. nicht als eigentliche Erzieher gelten. Ist doch die Erziehung *gegen* die Kultur und die Kraft dazu oft das Wichtigste!

Worin aber liegt nun das Pädagogische, wenn es so vom Inhalt des Ethischen losgelöst gedacht werden kann? Offenbar bleibt nur eins übrig, daß es nämlich in der formalen Tatsache des *Wertvollmachens* liegt, und zwar in dem Sinne, daß ich in dem fremden Leben selbst die reale Empfindung für bestimmte, von mir gehegte Werte ins Leben rufe; es soll sie mir nicht nur ahnend nachempfinden, sondern sie so in sich aufnehmen, daß sie ein wirkliches Stück ihres Seins werden. Denken wir an den Herbartischen Zentralbegriff, den *erziehenden Unterricht*! Der Unterricht vermag zu erziehen, wenn er Interesse erweckt, das heißt aber, wenn er in den Bereich dessen eintritt, was dem Zögling *wertvoll* ist. Und darin lag nun Herbarts Fehler, daß er es für möglich hielt, den Begriff der Vorstellung dem des Wertes überzuordnen, während in Wahrheit der Wertbegriff das eigentliche Herz seiner wie aller Pädagogik ausmacht. In dem, was dem Menschen wertvoll ist, was Gegenstand seines triebhaften oder bewußten Strebens ist, liegt nach moderner Auffassung der Kern seiner Persönlichkeit, also auch die Kraft seines Wachstums, und nur wer bis in diesen Mittelpunkt vordringt, kommt über das bloße Regieren und das bloße Unterrichten hinaus.

Wir nehmen hier den Begriff des *Wertes* auf, wie ihn die moderne Philosophie darbietet, einen Begriff, der deshalb über die elementare Psychologie hinausreicht und zur Darstellung geistiger Tatsachen besonders geeignet ist, weil er einen Punkt bezeichnet, wo Tatsachen des Willens, Gefühls und Verstandes eng ineinander greifen.[2] Wir können die geistige Wesenheit des Menschen ansehen als eine *Wertkonstitution:* jede Persönlichkeit hat ihr Leben in dem, wie sich in ihr die Werte gruppieren, wie sie den einen dem anderen überordnet und sich über die ganze Fülle des Menschlich-Wertvollen ausbreitet. Ja es liegt in dieser Kombination und der darin gegebenen Verteilung von Maß und Kraft eigentlich das, was wir Persönlichkeit nennen. Nicht ein Mechanismus von kausal wirkenden Elementen, auch nicht ein blind wachsender biologischer Organismus ist darunter zu verstehen, sondern ein geistiges Gebilde, das seine nächste Analogie noch in dem Strukturgesetze eines Kunstwerkes findet. In die Entfaltung dieses Gebildes hineinzuwirken, ist die wahre Aufgabe der Pädagogik und ihre höchste Schwierigkeit. Bloßer Zwang und bloße Vorstellungsübermittelung prallt an ihren Außenwerken ab, und der geborene Erzieher weist diese Mittel weit von sich. Ihm kommt es darauf an, das Wertleben seines Zöglings zu beeinflussen: er will die wertende Stellung zum Leben, die in ihm selbst Gestalt gewonnen hat, in dieses fremde, sich entwickelnde Dasein übertragen, nun aber nicht als bloßen Phantasiebesitz, sondern so, daß es dort selbst zum Leben, zum wirklichen Lebenselement wird. Und diesen seinen Grundtrieb meint man, wenn man vom Lehrer *Persönlichkeit* fordert, eine viel genannte und doch so selten näher umschriebene Eigenschaft. Denn nur ein Mann, der das besitzt, was wir mit diesem Worte andeuten, besitzt den Trieb und die Kraft zu der eigentlich pädagogischen Wirksamkeit, als deren Inhalt wir nun geradezu das *Wertegeben* bezeichnen können. Jeder Wert hat von Natur die Tendenz, sich selbst zu setzen; er will Boden gewinnen in den Grenzen des Lebens. Es glüht in jedem kräftigen Wertleben etwas von dem Zeugungs- und Bildungstrieb, den Plato als den pädagogischen *Eros* bezeichnet hat. Dieser Eros ist ein eigentlich plastischer Trieb, d. h. er strebt nach Formung des Stoffes und ruht nicht eher, ehe er nicht an dem eigenen Feuer fremdes Leben entzündet hat.

Damit aber erhebt sich nun das ungeheure Problem, wie diese Übertragung von Wertungen vor sich geht, ein Problem, das mit der Frage

[2] Lotze hat den Wertbegriff in die Philosophie eingeführt; fortgebildet haben ihn einerseits zeitgenössische Kantianer wie Windelband und Rickert, andererseits die österreichische Psychologenschule: Meinong, Ehrenfels, Kreibig u. a. Besonders fein ausgestaltet hat ihn von den einzelnen Geisteswissenschaften die Nationalökonomie, dann aber auch die Theologie Albrecht Ritschls (vgl. besonders Reischle). Für die Pädagogik, Ästhetik und andere Gebiete harrt er noch der Durchführung. Übrigens steht er auch im Zentrum von Nietzsches Philosophie.

nach der Möglichkeit und den Grenzen der Erziehung identisch ist. Daß es sich nicht um ein äußerliches Übermitteln handeln kann, folgt aus den ersten Voraussetzungen unserer Psychologie. Alles Wertleben wächst von innen heraus; wie also kommen wir so weit an es heran, daß es unseren Einflüssen zugänglich wird? Dieses Problem tritt z. B. dem Historiker im Zusammenhang seiner Aufgaben überall da entgegen, wo er sich fragt, wie weit ein Mann eine Zeit mit sich fortreißen konnte; es begegnet dem Redner, es ist die Grundfrage aller ästhetischen und – was wir am wenigsten vergessen sollten – aller religiösen Erziehung. Handelt es sich doch bei ihr nicht um religiöses Wissen und Vorstellen, sondern um Erwekkung religiösen Lebens. An dieser Stelle also erfassen wir die pädagogische Schwierigkeit in ihrem vollen Umfange, und nur, wenn wir von hier ausgehen, können wir hoffen, zu einer philosophischen Pädagogik zu gelangen.

Zur Beschreibung dieses pädagogischen Grundvorganges hebe ich hier nur zwei Punkte hervor, die nähere Ausgestaltung ferneren Aufsätzen vorbehaltend. Es ist die tiefste Einsicht der modernen Pädagogik, der Grundgedanke, von dem Rousseau, Fichte und alle wahren Erzieher ausgingen, daß in den Gesetzen der *Selbstentfaltung* die erste und wichtigste Grundlage dieses Vorganges ruht. Nur wer sie anerkennt, wird in seinen Mitteln glücklich sein. Das war es, was Rousseau naturgemäße Erziehung nannte: denn der Begriff der Natur ist nur eine Umschreibung für die psychologische Gesetzlichkeit, die im Zögling wirksam ist. Man muß sie zuerst studieren und schonen, wenn man Hilfen und Anregungen geben, wenn man Bedingungen setzen will. Alle modernste Reformpädagogik kommt immer wieder auf diesen Rousseauismus hinaus. Die spontane Entwickelung selbst ist freilich ein undurchdringliches Geheimnis; aber wenn wir das Leben beobachten, so zeigen sich uns doch die Umstände, von denen sie beeinflußt wird, und in diese Umstände vermögen wir einzugreifen, um in dem großen Meer unwillkürlicher Erziehung, die von der ganzen Wirklichkeit an jedem lebenden Wesen geübt wird, eine kleine Insel planvoller Erziehung zu begründen. Zwei große Wege tun sich ihr auf, deren Erziehungswert wir kurz beleuchten wollen.

Der erste ist die Erziehung an der *Realität* selbst. Nichts bildet den Willen energischer, bereichert mehr das Gefühl und das Wissen, als die eigene Übung der Kräfte an den Dingen der Wirklichkeit. Niemand kann sich dieser bildenden Einwirkung entziehen. Aber ebensooft wird diese Berührung auch die Quelle unserer Schuld und unseres Falles. Es ist also die Aufgabe der bewußten Erziehung, den Zögling in solche Lebensumstände zu versetzen, die die Entstehung von Kenntnissen, Tugenden und Fertigkeiten begünstigen, wie sie dem Bildungsideale unserer Kultur entsprechen. Aber es ist zugleich ihre Tragik, daß sie nur so selten und in so geringem Umfange die Macht besitzt, Welt und Leben des Zöglings nach ihren Zwecken zu organisieren. Die nahe Berührung mit der Wirklichkeit unter planvoller Leitung war einer der Hauptgedanken Rousseaus. Und noch energischer griff Fichte den Gedanken Platos auf, daß der Wille nur in eigener Tat und Arbeit gebildet werden könne, man ihm also von früh auf eine Welt großer Gegenstände erbauen müsse. Seitdem verlangt man immer wieder die Hinwendung der Schule zum Leben, ja überidealistische Pädagogen konstruieren beide Faktoren als einen naturgegebenen Gegensatz. Wer die Schule kennt, weiß, wie eng der Ausschnitt wirklichen Lebens ist, auf den sie Einfluß hat. Er weiß aber auch, wie unendlich wichtig gerade die Schulorganisation mit ihrer Gewöhnung zu Pünktlichkeit und Reinlichkeit, zu Ordnung, Fleiß, Gehorsam und geregelter Tätigkeit dafür ist, Wollen und Wirken des Zöglings in dauernd wertvolle Bahnen zu lenken.

Auch das Turnen, das Spielen und die Handfertigkeiten mag man hierhin rechnen. Das alles einschließlich des kameradschaftlichen Verkehrs sind Umstände, die die reale Wertbildung aufs tiefste beeinflussen. Vor allem aber tritt dieser reale Faktor ein, wo nicht bloß das Wissen, sondern auch der Weg zur eigenen Erzeugung dieses Wissens nach Fichtes Forderung mitgeteilt wird: dies ist dann ein Stück wirklicher, als wertvoll empfundener Arbeitsleistung, und schon deshalb ist die Bevorzugung der Lernmethoden vor den Lehrmethoden, wie sie H. Gaudig noch eben wieder so eindringlich gefordert hat, einer der wichtigsten Punkte in einer Pädagogik, die sich die Erzeugung eigenen Wertlebens zur Aufgabe macht.

In diesem Zusammenhang überhaupt können wir die Stellung des Unterrichts bestimmen und den Irrtum erklären, als ob bloße Vorstellungsübermittelung an sich ein erziehlicher Vorgang sei. Nach einer Richtung hin ist sie es in der Tat, insofern nämlich die Kenntnis der Wirklichkeit, der Besitz an richtigen Vorstellungen und Begriffen unmittelbar einen Wertakzent an sich trägt. Nur wenn wir die Wirklichkeit kennen und in weitem Umfang kennen, vermögen wir unserm Handeln eine zweckmäßige Richtung zu geben. Deshalb ist jedes *Wissen*, das wahr ist, zugleich auch *wertvoll*, und jede Unwissenheit, jede Täuschung über den wirklichen Zusammenhang der Dinge ein Mangel in der Wertrichtung unserer Persönlichkeit. Daher der unersättliche Durst nach voller Realität und nach allseitiger Berührung mit dem Leben, daher die unmittelbar ethische Bedeutung eines geklärten und weiten Gedankenkreises. Aber der Mensch ist anderseits doch nun mehr als ein Spiegel der Dinge, deren universalen Zusammenhang er nie und nimmer in sich aufzunehmen vermag. Deshalb ist es wichtiger, ihn für die Sphäre seines Handelns mit einem wertvollen Besitze auszustatten und die Dinge in dasjenige Licht zu rücken, das sie für ein wollendes und wertendes Subjekt haben. Das Reich der Zwecke, wie es im Menschen lebt, ist eine Welt für sich, die sich über das naturhafte Geschehen zu einer eigenen Ordnung erhebt; das hat P. Natorp im Anschluß an Kant meisterhaft herausgehoben, wenn er auch vielleicht die Kluft zwischen beiden Gebieten allzu groß gemacht hat. Dem Zögling und seinen Zwecken nun diese *eigene,* wertbestimmte Gestalt zu geben, mit denen er der vorgefundenen Wirklichkeit entgegentritt und sie nach seinen Ideen umbildet, ist die letzte und höchste Aufgabe der Erziehung, d. h. sie gipfelt in der Selbstbildung, und nicht in der Abbildung.

Indem wir uns aber fragen, wie wir jene Kenntnis der Realität übermitteln, um sodann die gleiche Frage für dieses letzte Ziel aufzuwerfen, zeigt sich uns der *zweite* Weg, dessen Bedeutung für die Erziehung wir uns mit aller Entschiedenheit klar machen müssen. Nur zum kleinsten Teile führt unser Unterricht an die Dinge selbst heran; ja wir haben selbst als Lehrende sie oft genug nicht mit eigenen Sinnen erfahren. Trotzdem reden wir von ihnen. Wohin nun zielt diese Tätigkeit? – Offenbar ist sie auf die Phantasie des Zöglings gerichtet: *wir bemächtigen uns seiner Einbildungskraft,* die wir mit der poetischen Beweglichkeit der Kindesseele umherschweifend vorfinden, und suchen den Lauf ihrer Vorstellungen zu regeln. Der Maßstab dieser Regelung aber sind die Gesetze der Realität, wie sie uns der wissenschaftliche Zeitbesitz darbietet. Wir bilden ihr die Wirklichkeit ein, wir zerstören die Illusionen, die die Zweckmäßigkeit unseres Handelns bedrohen, und legen so in die freibewegliche Phantasie die festen Linien auch der Realität, die wir der unmittelbaren Erfahrung nicht zugänglich machen können. Das ganze große Gebiet der Geschichte beruht auf einer solchen Geistesarbeit, die eine untergegangene Welt streng und getreu in unserem Vorstellungsvermögen rekonstruiert; aber auch fremde Länder und Menschen, neue Lebensverhältnisse und Situationen lehren wir nur so im Phantasiebilde – und oft genug durch das Medium der Kunst – kennen.

Wenn es nun nur darauf ankäme, in dieser Weise die Einbildungskraft mit Bildern, die streng der Wirklichkeit entsprechen, vollzustopfen, so würde der reichhaltigste Lehrplan die beste pädagogische Regel sein. Unsere Absicht aber ist es nicht, die Phantasie zu füllen oder gar zu überlasten, sondern wir wollen uns ihrer *bemächtigen,* und zwar in dem Sinne bemächtigen, daß wir auf ihre Wertrichtung Einfluß gewinnen. Gewiß ist es für den Menschen wichtig, ein richtiges Bild von der Welt zu gewinnen; aber dieser Standpunkt ist doch eigentlich noch untermenschlich: wichtiger als das Weltbild, das wir vorfinden, ist für uns Atmende das, was wir selbst als ein seinsollendes und ideales in uns erzeugen. Diesen Stempel des Wertes oder Unwertes für die zu schaffende Realität müssen wir jedem Stoff einprägen; erst damit hauchen wir ihm persönliches Leben ein, erst damit lehren wir, Stellung zur Welt zu nehmen, und in solchen persönlichen Stellungnahmen liegt der zentrale Eigenwert jeder Person. Ohne sie vermögen wir nicht den kleinsten Pflichtenkreis auszufüllen.

Nun trägt der Erzieher ein solches ideales Bild in sich; wir fordern von ihm, daß die Welt in ihm feste Gestalt gewonnen hat; aber er wäre ein schlechter Psychologe, wenn er seine eigene Wertungsart unmittelbar und unverändert seinen Zöglingen einzuprägen gedächte. Vielmehr muß er in sich ein Idealbild von dem, was sie sein könnten und also sollten, entwerfen. Dieses oft ganz konkret ausgemalte Bild ist der eigentliche Leitstern seiner Arbeit; aus ihm fließt nicht nur die Richtung, sondern auch die Kraft und das Leben. Mit ihm fühlt sich der Erzieher in die jugendliche Seele hinein, wie sich diese rückwärts in die des Erziehers emporfühlt: das ist das eigentliche pädagogische Lebensverhältnis. Jenes Bild der Phantasie des Zöglings einzupflanzen, ihm durch reale Umstände, Unterricht und edle Kunstwerke Farben zu geben, ist unser Beruf. Und es ist unsere Tragik, wenn wir vergessen, daß wir so eben nur auf die Phantasie einwirken. Denn die Phantasie ist – darin liegt unsere Grenze – immer nur ein Außenwerk des Menschen, der in seinen Tiefen für sich lebt und wächst. Vieles ist ihm im Nacherleben und Mitfühlen wertvoll, was ihn in seinen eigenen Lebenstiefen nicht berührt, was ihm keine stetige, beherrschende Willensrichtung bedeutet. Doch wenn auch die Phantasie noch nicht unser eigentliches Selbst ist, so hat sie doch die ständige Tendenz, in dieses überzugehen, und gerade die Jugend, die sich so gern in alle möglichen Ideale und Helden hineinversetzt, fassen wir an dieser Stelle gewaltig, besonders, wenn die tiefe Wirkung eines konkreten Kunstwerkes der allgemeinen Belehrung zu Hilfe kommt. Also dringen wir durch das Medium einer empfänglichen und beweglichen Phantasie von außen her in das eigentliche Zentrum der Wertbildung, und deshalb steht die Einbildungskraft und die energische Beeinflussung der Einbildungskraft durch das magnetische Vorbild einer starken Persönlichkeit im Mittelpunkt der philosophischen Pädagogik.

Nun aber enthält der Begriff der Persönlichkeit und die Anerkennung der Tatsache, daß jedes Individuum zuletzt sein eigenstes Ideal, seinen besonderen »Preismenschen« (um mit Jean Paul zu reden) in sich trägt, eine neue Reihe von Problemen. Es erhebt sich die Frage nach der Entstehung und dem Inhalt solcher Bildungsideale, nach ihrer historischen, nationalen, sozialen und individuellen Bedingtheit. So gesellt sich zu der Untersuchung, wie wir Werte geben, die andere, *welche* Werte wir geben sollen, ein eigentlich der Ethik angehöriges Problem. Und durch die Erörterung des Bildungsideals werden wir unmittelbar in den weiten Kulturzusammenhang hineingeführt, von dem der Erziehungsvorgang ein Stück, ja dessen eigentliche Seele er vielleicht ist.

Antrittsvorlesung

[Die philosophischen Grundlagen der Pädagogik]

1910

Die Pädagogik ist an den deutschen Universitäten bisher in dreifacher Weise einheimisch gewesen: als Anhang zur praktischen Theologie, als Nebenlehrauftrag für den klassischen Philologen und in Verbindung mit der Philosophie. Die Stimmen aber mehren sich, die eine völlige Verselbständigung der Pädagogik fordern. Sie scheint heute eine frei auf eignen Füßen stehende Erfahrungswissenschaft, mit *ihren* Methoden und *ihrem* Problemgebiet, die eigentliche Sache des Lehrers und Praktikers, bei der andere Wissenschaften nicht mitreden dürfen. Über die historische und sachliche Berechtigung der Verbindung der Pädagogik mit der Theologie oder der klassischen Philologie mich zu verbreiten, ist nicht meine Aufgabe. Wohl aber trifft die Frage nach dem Zusammenhang von Philosophie und Pädagogik den Grundcharakter des Lehrauftrages, dessen man mich gewürdigt hat. Viele halten diese Verbindung nicht nur für überflüssig, sondern für schädlich. Es ist daher ein Akt der Notwehr, und ich stelle mich sozusagen unter das »Recht der unerlaubten Handlungen«, wenn ich Sie bitte, vor Ihnen entwickeln zu dürfen, weshalb mir diese Verbindung innerlich notwendig erscheint. Selbstverständlich kann ich damit nicht meinen, daß die Pädagogik in der Philosophie aufgehen solle. Im Gegenteil kommt es mir darauf an, nachzuweisen, daß die Pädagogik im Zusammenhang der philosophischen Problemstellung ihren ganz eignen Ursprungspunkt hat und daß sie nur dann ihre Selbständigkeit als Wissenschaft erringen kann, wenn sie sich ihres eigentümlichen methodischen Charakters und ihrer zunächst nur von der Philosophie aus bestimmbaren Aufgabe bewußt ist.

I. Teil

Lassen Sie uns zunächst die herrschenden Ansichten überblicken, die den Ort der Pädagogik innerhalb der Philosophie bestimmen wollen. Da begegnet uns als meistverbreitete Auffassung der Satz, das Wesen der Pädagogik sei zu definieren von ihren beiden Hilfswissenschaften: der Psychologie und der Ethik aus. Wer erziehen will, muß sich erstens über sein Ziel und zweitens über die Mittel klar sein. Daher bedarf er zweier Wissenschaften: der Ethik als der Lehre von den Zwecken des Menschen und der Psychologie als der Lehre von den Mitteln, die zu diesem Zweck in Bewegung gesetzt werden müssen. In dieser einfachen und einleuchtenden Weise haben die Herbartianer von Herbart selbst bis zu Rein die Eigenart der Pädagogik umschrieben. Das Muster für diese Auffassung hat offenbar die auf der Mechanik beruhende Technik geliefert. Eine Maschine gehorcht dem Gesetz des rein mechanisch-kausalen Ablaufs; und doch steht dieser Ablauf zugleich im Dienst bestimmter Zwecke, die ihr anderswoher, gleichsam von außen gesetzt sind. So faßt Herbart die Seele als einen Vorstellungsmechanismus auf, den der Erzieher nach seinen Zwecken zu lenken und zu gestalten weiß.

Diese scheinbar so einfache Lehre von den Mitteln und Zwecken der Erziehung, von der Erziehungs*technik*, ist bei näherem Zusehen voll von Unklarheiten und Ungenauigkeiten, schon insofern, als sie die ethischen Zwecke des Menschen und die Zwecke der Erziehung einfach gleichsetzt. Der Hauptwiderspruch aber richtet sich gegen die mechanische Auffassung des Seelenlebens. Wir werden mindestens die Korrektur anzubringen haben, daß es sich auf der psychologischen Seite um ein sich selbst *Entwickelndes* handelt, das seine Ziele und Zwecke schon in sich trägt und ihnen auch ohne bewußtes Eingreifen nachstrebt. [Man denke an] die Biologie und die voluntaristische Wendung der Gegenwart. Schon der psychische Ablauf ist teleologisch bestimmt. Nun aber bezeichnen wir eine Zwecksetzung, die einer bereits vorhandenen Zweck- und Wertrichtung entgegengestellt wird, als *Norm*. Die Psychologie hätte also die Gesetze der Entwicklung des kindlichen Seelenlebens zu bestimmen, die Ethik die Normen, die von der bewußten Erziehung dieser selbständigen Entwicklung gesetzt werden.

Von hier aus ist nun eine dritte Auffassung entstanden, die in der Gegenwart hauptsächlich von Natorp vertreten wird. Die Normen der Erziehung sind nicht nur sittliche, sondern außerdem auch logische und ästhetische. Das Ziel der Erziehung muß als dreigliedrig aufgefaßt werden: die Idee des Wahren und des Schönen ist für sie nicht minder wegbestimmend als die Idee des Guten. Nach Natorp liegt nun der wesentliche und philosophische Grundcharakter der Pädagogik in ihrer Bestimmtheit durch die drei Norm- oder Gesetzeswissenschaften: Logik, Ethik, Ästhetik. Die Psychologie betrifft nur den subjektiven und individuellen Anknüpfungspunkt für den Aufbau dieser dreiteiligen Objektwelt im menschlichen Bewußtsein.

Wenn wir von Natorps eigenartiger und allzu enger Psychologie absehen, so könnte man sich diese Auffassung gefallen lassen. Die Aufgaben der Pädagogik bestünden dann einerseits in der Beschreibung und Erklärung der psychischen Entwicklung des Kindes (also einem psychologischen Teil) und einem normativen Teil: der Lehre vom objektiven Bildungsziel, das durch Logik, Ethik, Ästhetik bestimmt wird.

Trotzdem finde ich, daß das spezifisch Pädagogische in dieser Gliederung keinen Ausdruck gefunden hat. Wenn jede Verbindung von Psychologie und Normwissenschaft schon etwas Pädagogisches bedeutete, so würde die ganze Politik unter diesen Gesichtspunkt fallen, ja auch die Rechtswissenschaft und besonders das Strafrecht, das doch bekanntlich nur von einer bestimmten Theorie aus im pädagogischen Sinn gedeutet wird.

Der Fehler des Ansatzes liegt darin, daß man zur Bestimmung des wissenschaftlichen Charakters der Pädagogik von einer fertigen Wissenschaftseinteilung ausgeht. Die neue Wissenschaft findet die Welt verteilt; es bleibt ihr nichts übrig, als sich zwischen die Stühle der Psychologie und Normwissenschaften zu setzen, eine unbequeme Lage, in der sie sich nicht weiterentwickeln kann.

Die wissenschaftliche Aufgabe der Pädagogik kann jedoch nur bestimmt werden, wenn man von der Besinnung auf den eigentümlichen pädagogischen Grundvorgang ausgeht. Dieser Vorgang bedeutet im Zusammenhang des Lebens etwas Spezifisches, das zunächst *beschrieben* und *abgegrenzt* werden muß, ehe man zu einer Theorie schreiten darf. Durch das Leben der Kultur hindurch zieht sich etwas Eignes, das weder rein psychologisch noch von der Ethik oder Logik aus bestimmt werden kann: Alle diese Momente sind zwar in ihm enthalten, wie sie auch in andern Lebensgebieten enthalten sind. Aber sie treten in ihm in eine ganz eigenartige Kombination und Beziehung, die man verstehen muß, um das Wesen der Erziehungswissenschaft definieren zu können. Dieses Eigne nun heftet sich an drei nahe verwandte Begriffe, deren spezifischen Sinn ich im folgenden kurz erörtern will, an die Begriffe Bilden, Bildsamkeit und Bildungsideal.

II. Teil

1. Zunächst: was bedeutet Bilden? Wir bedienen uns des Wortes nicht ausschließlich, um eine zweckbewußte Tätigkeit zu kennzeichnen, sondern auch in solchen Verbindungen wie: »Das Leben bildet«, »Reisen bildet«.

In allen diesen Fällen ist mehr gemeint als eine bloße *Veränderung* der seelischen Verfassung: es liegt darin auch ein Werturteil. Der Prozeß der Selbstbildung ist allemal eine Annäherung des Subjektes an das Objektive. Wir reden von Objektivität auf den verschiedensten Lebensgebieten. Das Wissen bedeutet uns eine objektive, überindividuelle Ordnung unsrer Vorstellungen. Staat und Sittlichkeit sind objektive Normen, die dem Subjekt als übergreifende Mächte entgegentreten, und ebenso ist endlich das Kunstwerk ein objektiver Wert. Man kann das Wesen des Objektiven philosophisch auf sehr verschiedene Prinzipien zurückführen: auf einen Gesamtgeist oder auf überindividuelle Strukturzusammenhänge teleologischer Art oder auf erzeugende Bewußtseinsgesetze. Das sind Fragen, die die Pädagogik im allgemeinen so wenig angehen, wie etwa im besonderen die Weiterbildung der einzelnen Wissenschaften Sache der Didaktik ist. Das Problem des Objektiven wird in Logik, Physik, Ethik und ästhetischer Kritik verhandelt. Hier werden Normen begründet und Zwecke kritisiert. Für die Pädagogik gilt die Voraussetzung, daß dies gelöst und geleistet sei. Wissenschaft, Ethik, Kunst der Zeit werden von dem Pädagogen als präsumptiv giltig hingestellt. Ihn interessiert nur die Frage, wie dieses Objektive subjektiv gemacht werden kann. Er will es hineinbilden in ein Subjekt. Er will bestimmte seelische Prozesse und Dispositionen dazu hervorrufen, bestimmte Arten (Richtungen) des Wertens erzeugen (nicht Werte), Fähigkeit zum richtigen Erkennen und logischen Denken erwekken – denn ohne den Begriff der habituellen Disposition wird man hier nicht auskommen. Um es also mit einer Formel zu sagen, die freilich nicht im Münsterbergschen Sprachgebrauch gedeutet werden darf: der eigentümliche Vorgang des Bildens ist ein Vorgang des Subjektivierens. Objektive oder als objektiv geltende Werte sollen in einen Werdenden hineingepflanzt werden; sie sollen in ihm lebendig gemacht werden, so daß sie in ihm von *eignen*, selbständigen Akten des Wertens getragen werden. Der objektive Wert soll hier gleichsam eine subjektive Wurzel erhalten.

Um ein Beispiel zu nennen: der Staat ist eine objektive Einrichtung, eine Darstellung objektiver Werte in der Form der Organisation. Aber lebendig bleibt er nur, wenn seine Institutionen auch von der subjektiven Wertung der einzelnen getragen werden. Dies zu bewirken, wäre dann Sache der *politischen Erziehung*. Man könnte sagen, daß durch sie der Gesamtgeist in den Individualgeist hineingebildet wird. Oder denken wir an die Dogmen der Religion: sie sind der objektive Ausdruck, in dem die innere Frömmigkeit der Generationen ihren Niederschlag gefunden hat. Sollen sie lebendig bleiben, so müssen sie durch Erziehung in subjektive Energien zurückverwandelt werden. Genau so steht es mit der Wissenschaft und der Kunst. Dabei ist der Fall nicht ausgeschlossen, daß der objektive Anspruch solcher Wertsysteme an sich auf einem Irrweg beruht. Der Prozeß der Erziehung bleibt formal derselbe, ob das Evangelium nun laute: »Jesus als Erzieher« oder »Nietzsche als Erzieher«, ob die Wissenschaft unsrer Zeit richtig sei oder irrig. Die Didaktik ist nicht die Lehre von der Evidenz, sondern vom *Evidentmachen* im Sinne einer auf das psychologische Subjekt gerichteten Tätigkeit. Schon Aristoteles hat dies eingesehen, insofern er den sachlichen Zusammenhang des Wissens von seiner genetischen Entstehung, dem πρὸς ἡμᾶς unterschied. Der systematische Zusammenhang der Wissenschaften ist nicht *allein* maßgebend für die Didaktik. Dies tritt schon seit Pestalozzi charakteristisch in dem eigentümlichen Begriff der Heimatkunde zutage.

2. Damit ist aber nur die allgemeinste Richtung bezeichnet. Das eigentliche Problem liegt im Begriff der *Bildsamkeit.* Unter diesem Gesichtspunkt erhebt sich die Frage, von welchen subjektiven Funktionen aus denn die Bildung erfolgen kann. Nicht alle von ihnen sind in dem Sinne bildsam, daß auf sie *direkt* eingewirkt werden kann. Manche von ihnen sind nur einer indirekten Beeinflussung zugänglich. Wo also sind die *Hebel* anzusetzen; oder bildlich gesprochen: in welchem ihrer Teile ist die menschliche Natur plastisch? Um ein Beispiel zu nennen: ich kann meine religiöse oder wissenschaftliche Überzeugung einem andern nicht dadurch schon geben, daß ich sie darstelle und ausspreche. Ich kann einen mathematischen Satz richtig beweisen; aber daß er einem andern einleuchtet, liegt nicht mehr in meiner Macht: das ist ein aktiver Prozeß in ihm, an den ich *direkt* nicht herankomme. Herbart hat dies wohl eingesehen. Deshalb auch hat er alles Bilden durch das Medium der *Vorstellungs*seite sich vollziehen lassen wollen. Denn Vorstellungen sind relativ am leichtesten durch bloßen Unterricht übertragbar; im andern ein Gefühl oder gar einen Willensentschluß hervorzurufen, ist schon schwieriger. Kann ich also die Vorstellung zum Träger dieser begleitenden Folgen machen, so bildet der Unterricht *indirekt* auch Fühlen und Wollen – die Theorie vom erziehenden Unterricht.

Es kommt also in allen Teilen der Pädagogik darauf an, die Ansatzpunkte zu finden, von denen aus die innere Entwicklung wie durch Hebel in Bewegung gesetzt werden kann. Wir werden Herbarts interessanten Versuch heute für psychologisch verfehlt halten. Belangvoller ist seine Ansicht über die Bedeutung des unwillkürlichen Interesses, das wir heute freilich als einen Komplex von Gefühlen und Trieben definieren werden. Der *objektive* Wert einer Wissenschaft ist von dem Interesse ganz unabhängig, das wir ihr zuwenden. Naturgesetze gelten, auch wenn sie dem

Lernenden gleichgültig sind. Wollen wir aber die Wissenschaft so in ihn hineinpflanzen, daß sie sein eigen wird, daß er sie sich auch im subjektiven Sinne assimiliert, so wird allerdings die Zurüstung, die das Interesse für den Gegenstand erweckt, günstige Bedingungen für diese innere Aneignung des Wissens setzen. Ebenso auf anderm Gebiet: Ob der Pflicht eine subjektive Neigung schon entgegenkommt, ist zufällig und begründet nicht die Pflicht als solche. Für die Pädagogik aber ist unendlich viel gewonnen, wenn es uns gelingt – um in der Sprache des 18. Jahrhunderts zu reden – die Tugend liebenswert zu machen.

Sonach besteht die spezifische Aufgabe der Pädagogik darin, *das Maß und den Weg der Bildsamkeit für den Menschen, für seine Altersstufen und seine individuellen Verschiedenheiten aufzusuchen.* Sollte sich zeigen, daß die Erziehung an die entscheidenden subjektiven Prozesse nicht herankommt, so werden wir ihr doch immer noch die Aufgabe zuweisen können, *Bedingungen zu setzen*, oder die Entstehung objektiver Leistungen im Subjektiven zu begünstigen und vorzubereiten. Ich werde dies nachher an einem konkreten Beispiel erläutern.

3. Von hier aus wird endlich auch der Begriff des Bildungsideals und der Bildung verständlich. Das Bildungsideal ist nicht einfach zu definieren durch die Forderungen der drei strengen Objektwissenschaften Logik, Ethik, Ästhetik. Es bedeutet vielmehr immer eine Verbindung des Objektiven mit dem Subjektiven. Jede Zeit hat ihre eigne Ausprägung dieses konkreten Bildes vom vollendeten Menschen geschaffen. Der Geist der Zeiten spiegelt sich in ihren Bildungsidealen, weil in ihnen das, was als objektive Forderung galt, *verschmolzen ist mit der erreichten subjektiven Stufe.* Ein Bildungsideal läßt sich deshalb nicht in allgemeinen Lehrsätzen aussprechen, sondern nur in den konkreten Darstellungen der Dichtung und der Plastik der Poesie. Aber ich habe diesen wichtigen Gegenstand in meinen Schriften so häufig behandelt, daß ich heute nicht näher darauf zurückkommen möchte. Nur ein Wort über den Begriff der Bildung im intellektuellen Sinne sei hinzugefügt. Auch sie bedeutet natürlich eine Aufnahme der Objektivität in den Bezirk des Subjektes. Aber wesentlich ist ihr, daß alles Objektive getragen und genährt ist von den subjektiven Energien. Darin liegt das Wesen der Bildung im Unterschied von Kenntnissen, daß der Gebildete sich die Objekte assimiliert und mit seinem Leben in Verbindung gesetzt habe. Damit hängt die lebendige Bereitschaft zu immer neuer Aufnahme zusammen. Die subjektiven Akte, die für den Erwerb des Wissens erforderlich waren: Interesse, Selbstdenken, Selbstfinden, Fragenstellen – das alles ist gleichsam lebendig geblieben und gestattet ein Weiterwachsen. Allseitige Offenheit, *Sinn und Liebe*, um

mit Schleiermacher zu reden, machen das Merkmal der Bildung im Gegensatz zu Dressur und Kenntnisfülle. Der bloß Gelehrte verhält sich zum Gebildeten wie das Aggregat zum lebendigen Organismus.

III. Teil

Die Lehre vom Bildungsideal teilt die Pädagogik mit der Ethik, zu einem anderen Teil berührt sie sich mit der Psychologie. Die Frage der Bildsamkeit aber ist ihr einheimisches Problem. Man könnte nun das Maß und die Grenzen der Bildsamkeit auf allen einzelnen Gebieten des Lebens untersuchen: für die Sphäre des Erkennens, des Sittlichen, des Religiösen, des Ästhetischen. Für das erste Gebiet, die Didaktik, bestehen wertvolle Vorarbeiten. Hingegen ist eine alte Schuld der Philosophie und Pädagogik seit mehr als zwei Jahrtausenden noch uneingelöst: die Antwort auf die alte Grundfrage des Sokrates: »Ist Tugend lehrbar?«

Gestatten Sie mir zum Schluß einen kurzen Streifblick darauf, was die heutige Pädagogik zur Lösung des Problems zu tun vermag, und was noch zu tun ist.

Zunächst werden wir die alte intellektualistische Fragestellung nicht mehr gelten lassen: Sittlichkeit ist nicht nur eine Leistung der Einsicht, sondern auch eine Beschaffenheit des Fühlens und Begehrens. Schon darin liegt, daß wir das Wesen des Sittlichen nicht in einer Formel aussprechen werden. Vielmehr ist die Frage nach der Möglichkeit einer sittlichen Erziehung nur zu lösen, wenn man alle Momente, die sich im Sittlichen verschlingen, durchgeht.

Ich kann das hier nur skizzieren. Alle sittlichen Erziehungsmittel, die im Laufe der Geschichte der Pädagogik herausgearbeitet sind, stehen im Zusammenhang mit bestimmten, meist einseitigen ethischen Theorien. Da es aber für die Erziehung nicht auf das fertige *Wesen* der Sittlichkeit an sich, sondern auch auf ihre Entstehung im Subjekt ankommt, so werden überwundene ethische Theorien doch für die Pädagogik noch eine Rolle spielen können. Drei Stufen kann man hier in groben Umrissen unterscheiden.

1. Eine erste ethische Auffassung definiert das Sittliche von seinem Erfolg aus, und zwar von dem bloß kausalen Erfolg der Handlung im Zusammenhang der objektiven Welt, den ich kurz als physischen Erfolg bezeichnen will. Das Leben erzieht uns täglich auf diese Weise: es belehrt uns über die von uns unabhängigen Konsequenzen unsrer Triebe, Affekte und Willensrichtungen. So ordnen wir uns dem unerbittlichen Zusammenhang unter, den wir nicht unter unsern Willen beugen können, lernen

Nebeneffekte und Konsequenzen unsrer Leidenschaften kennen und erfahren als letzte Grenze unsres Handelns den tragischen Zusammenhang, den die Griechen als εἱμαρμένη bezeichneten. Dieser Tatsache entspricht auf pädagogischem Gebiet die *Lehre*. Willensbildung ist nicht möglich ohne die Einsicht in den Kausalnexus der Dinge. Rousseau hat diesem Erfahrenlassen der naturnotwendigen Konsequenzen so großen Wert beigemessen, daß er keine Korrekturen in Form von künstlichen Belohnungen und Strafen an diesem Verlauf angebracht wissen wollte. Seine natürlichen Strafen sind jedoch in gewisser Hinsicht auch künstliche Veranstaltungen. Doch kann man an die sittlich bildende Kraft der Lehre nur glauben, wenn man mit Sokrates und Rousseau überzeugt ist, daß der Mensch *das Gute will* und nur zu seiner Erkenntnis der Anleitung bedarf. Da aber diese Reinheit der Motive nicht unbedingt vorausgesetzt werden kann, so hat die ethische Belehrung nur einen propädeutischen Charakter.

2. Eine zweite ethische Theorie leitet das Sittliche nicht nur vom physischen Erfolg ab, sondern zieht den moralischen Erfolg mit hinein: die Reaktion im sittlichen Urteil der Umgebung. Tatsächlich finden wir uns von einer Atmosphäre moralischer Werturteile umgeben, die als bestimmender Faktor in unser Leben eintritt. Diese beständige Korrektur durch die herrschende Moral bildet sogar unser Triebleben um: die Gemeinschaft ist eine erziehende Macht. Die Erziehung als bewußte Veranstaltung wird nun eine solche sittliche Atmosphäre in potenzierter Gestalt schaffen: Autoritätsentfaltung, Gewöhnung, Weckung von Ehrgefühl und Wetteifer fallen unter diesen Gesichtspunkt. Aber auch diese Veranstaltungen haben nur propädeutischen Wert. Denn die Unterwerfung unter die landläufige Moral ist im höchsten Sinne noch nicht sittlich: sie bedeutet Legalität, nicht Sittlichkeit. Der eigentliche Entstehungspunkt des Sittlichen liegt also in der Motivation, diesem Einsamsten und Letzten.

Kann die Erziehung an diese Motivsetzung überhaupt heran? Auch hier lassen sich zwei Stufen unterscheiden: das bloß gefühlsmäßige oder triebhafte Motiv und die Stufe reflektierter sittlicher Willensentscheidung.

Zunächst das erste: »Was ist zuverlässiger als das Herz des Edelgeborenen?« sagt Jacobi. Aber er macht selbst die Erfahrung, daß in edlen Gefühlen und Trieben keine völlige Garantie der Sittlichkeit liegt. Und können wir Gefühle oder Triebe pflanzen? Sicher nicht in dem einfachen Sinn einer direkten Erzeugung. Wollen wir uns nicht auf die Natur verlassen, so bleibt nur die Gewöhnung, von der wir sprachen.

Noch weniger aber vermag die Erziehung über die bewußte sittliche Entscheidung. Im Komplex unsrer Motive ist eines ausgezeichnet mit dem Charakter des Spezifisch-Sittlichseins. Dies Motiv aber kann ich nicht *geben*, nicht pflanzen. Grundsätze, die man überliefert, fallen zunächst unter den Gesichtspunkt der landläufigen Moral, also der Heteronomie. Die autonome sittliche Entscheidung ist ein innerer Akt, den man nicht willkürlich hervorrufen kann.

Die Erziehung kann also, so scheint es, nur *Bedingungen* setzen, nur einen günstigen *Boden* schaffen, für das, was sich als innerliche Tat der sittlichen Entscheidung, des Einsehens, des Erlebens in jedem selbst entfalten muß. Und es ist wichtig, daß wir uns diese Grenzen gegenwärtig halten.

Aber gerade dieses Bedingungensetzen ist ein Großes und Wichtiges, und der *Prozeß der Selbstbildung*, der an und mit diesen Bedingungen erfolgt, läßt sich wissenschaftlich noch weiter verfolgen.

Zunächst kann dieser ganze Vorgang und sein psychologischer Charakter nicht so gedacht werden, als könne man durch isolierte Mittel isolierte Funktionen hervorrufen. Vielmehr ist der Erziehungsvorgang eingebettet in den ganzen Zusammenhang des Lebens, und Erziehung letzthin nur *gemeinschaft* kann die Erziehung, mit Fichte zu reden, vordringen bis an möglich in Form einer *Lebensgemeinschaft*. Nur als *organisierte Lebens-* die Wurzel der Lebensregung und Bewegung. Darin besteht die Haupteinsicht der modernen Pädagogik. Die latente überindividuelle Kraft der Sittlichkeit entfaltet sich nur an den Gegenständen einer echten Lebensbetätigung. Deshalb muß die Schule mehr und mehr aus einem Hörsaal verwandelt werden in eine reale, alle Seiten des Daseins umfassende Gemeinschaft. Sie muß dem jugendlichen Menschen eine ihm gemäße Wirklichkeit der Betätigung aufbauen. In der Gemeinschaft der Arbeit und der Arbeitsfreude wächst der Mensch über sich selbst hinaus: Hier erwachsen Verantwortlichkeitsgefühl, Hilfsbereitschaft, Zielbewußtsein und Willenskraft. Hier wirkt auch der persönlich bildende Einfluß sich aus: Der Lehrer ist für den Schüler vorhanden als ganzer Mensch, nicht nur als Lehrer. Mit der dem Kinde eignen beweglichen Phantasie fühlt es sich in die Personen empor, die in seinen Gesichtskreis treten, auch wenn sie nur am Wege stehen. So erfüllt sich das jugendliche Bewußtsein mit Bildern des Menschentums, die über sein enges Ich hinausreichen. Und diese Kraft wird da am höchsten, wo das Verstehen ein gegenseitiges ist. Verstehen ist das Geheimnis der Pädagogik, nicht statistische Massenuntersuchungen. Jedes Verstehen *idealisiert*. Der Erzieher, der seinen Zögling versteht, gibt ihm damit schon schöpferisch eine Form, die über das bloß Vorgefundene hinausreicht. Und der Zögling, der seinen Erzieher mit sich emporsehnender Liebe tiefer und tiefer zu erfassen strebt, wird ihm dadurch ähnlicher und es wachsen ihm neue Kräfte zu. Darauf beruht das Geheimnis des pädagogischen *Vorbildes*. Also nicht darin, daß das Lehrhafte und Moralische dick aufgetragen wird zur Nachahmung, sondern in der menschlichen Berührung durch eine Daseinsgemeinschaft.

Ich habe damit schon ausgesprochen, daß das Medium der letzten sittlichen Bildung die Phantasie und die Einfühlung ist. In der Phantasie lebt gleichsam keimhaft der ganze Gehalt des Menschentums. Von der Peripherie der Einbildungskraft, bildlich gesprochen, breiten sich Werte, Kräfte, Lebensformen aus bis in das Zentrum der seelischen Struktur.

Von hier aus wird auch die bildende Bedeutung der Phantasie verständlich, die im Spiel und im Kunstgenuß wirksam ist: die scheinbar ungebundene Bewegung im Reiche der Illusion bedeutet doch eine Aufhebung der bloßen Egoität, eine *Belebung der Gefühle,* eine Ausweitung des ganzen Menschendaseins und eine Emporläuterung zu höheren Lebensformen, zum humanen Gehalt des Daseins, der gleichsam der ganzen Menschheit als Pflicht und als Erhebung zugeteilt ist.

Das Problem der Bildsamkeit

1916/17

I.

Das Problem der Bildsamkeit ist für die philosophische Pädagogik von zentraler Bedeutung. Die Lehre vom Bildungsideal versucht auf Grund einer historischen und systematischen Analyse die Wertrichtung, die das Ziel unseres Bildungsstrebens bestimmt, intellektuell zu klären, zu vertiefen und zu erweitern. Die Theorie der Bildsamkeit hingegen untersucht, wieweit und auf welchem Wege diese wertvolle Zielgestalt in das zu bildende Subjekt hineingearbeitet werden kann. Sie bezieht sich also auf Eigenschaften des *Subjektes,* während das Bildungsideal aus einem Komplex von *objektiven* Menschenwerten besteht.

Der Gegenstand unseres Problems erscheint bisweilen unter dem Namen »Pädagogische Psychologie«. Er ist jedoch *weiter* als die »Psychologie des Kindes«, insofern als auch Erwachsene in gewissem Grade bildsam sind, und *enger,* insofern er nur diejenigen Erscheinungen der kindlichen Seelenentwicklung betrifft, die mit der Bildungsabsicht in förderndem oder hemmendem Zusammenhange stehen. Aus der Tatsache, daß man das Problem der Bildsamkeit rein vom Boden der Psychologie zu erörtern bestrebt war, wird es erklärlich, daß man im einzelnen nach den Grundbegriffen der althergebrachten Psychologie verfuhr und auf diese Weise der ganzen Frage Herr zu werden hoffte. Man untersuchte nämlich gesondert den Grad und die Art der Bildsamkeit:

1. des Erkennens,
2. des Fühlens,
3. des Begehrens.

Wenn die Totalfunktion der Seele sich aus diesen drei Funktionsformen zusammensetzte, so war es klar, daß jeder absichtlich bildende Einfluß auf die Seele entweder in allen dreien oder in *einer* – sei es vorzugsweise oder ausschließlich – den Hebel der Bildsamkeit finden müßte. Man hätte daher das Problem auch so aussprechen können: Muß der Hebel der Erziehung im Erkennen, im Fühlen oder im Begehren des zu erziehenden Subjektes angesetzt werden? Verläuft die Bildung in vorwiegend intellektuellen oder emotionalen oder volitiven Bahnen?

Noch einfacher gestaltete sich alles, wenn man nach der *Übertragbarkeit* seelischer Inhalte vom Erzieher zum Zögling fragte. Und da scheint allerdings nichts leichter übertragbar als Vorstellungen und die an sie angehefteten oder anheftbaren intellektuellen Akte. Ist das Band der Sprache einmal da, so ist es leicht, durch die Rede eine Vorstellung, die man hat und die man einem andern geben will, wirklich in den anderen hineinzutragen. Ähnlich ist es mit Begriffen und Urteilen, um so mehr, als alles Erkennen sich auf Gegenstände bezieht und diese Gegenstände im reinen Lichte der Erkenntnis für den andern nicht anders sind als für den einen.

Nicht so unmittelbar kann ich ein Gefühl, das mich erfüllt, auf einen andern übertragen. Denn schon um es mitzuteilen, muß ich irgendwie den Weg über Vorstellungen wählen; ich muß den Gegenstand bezeichnen, dem das Gefühl gilt, und auch dann ist es, vermöge der Subjektivität des Gefühls, noch zweifelhaft, ob sich für den andern wirklich an den betreffenden Gegenstand das analoge Gefühl knüpfen wird. Gefühle sind also weniger eindeutig übertragbar; noch ist die Gefühlsorganisation der Menschen so gleichartig wie es (im ganzen) ihre Erkenntnisorganisation ist.

Noch schwerer endlich übertragen sich Triebe und Willenstendenzen. Auch sie können nur auf dem Umweg über Aussagen (also Vorstellungen und Urteile) mitgeteilt werden. Auch sie wurzeln in einer individuellen Struktur der Seele, die nicht bei allen als gleichartig vorausgesetzt werden kann. Auch ist das Ziel hier nicht dasselbe: Übereinstimmung im Erkennen ist eine Forderung, die aus der objektiven Allgemeingiltigkeit der Erkenntnis von selbst folgt. Identität der Willensrichtungen hingegen wird man höchstens in gewissen Grenzen fordern wollen und dürfen. Hier spielt eben die Individualisierung der Menschen eine berechtigte Rolle.

Nach alledem ist es nicht nur begreiflich, sondern ein tiefer Gedanke, wenn Herbart in den Vorstellungen das »Vehikel« aller bildenden Einwirkungen sah. Für ihn sind Gefühle und Strebungen nur Eigenschaften, die sich *an* den Vorstellungsinhalten (Vorstellungsreihen und Vorstellungsganzen) entwickeln, insofern mehrere Vorstellungen in einem Bewußtsein aufeinander ihre Kräfte wirken lassen. Alle Erziehung beruht dann auf der genau abgemessenen und vorbereiteten Übertragung von Vorstellungsganzen in die Seele des Zöglings. Nun werden wir heute kaum noch geneigt sein, das intellektuelle Leben allein aus Vorstellungen bzw. Begriffen aufzubauen. Nehmen wir aber das urteilende Denken in seiner weitesten Ausdehnung hinzu, so könnte noch heute jemand meinen – ohne ein extremer Intellektualist zu sein – die Bildung verlaufe *unvermeidlich* durch das Medium des Erkennens und Denkens, und folglich sei auch die *Bildsamkeit* ganz in der Bestimmbarkeit der intellektuellen Seelenseite zu suchen. Das enspräche dem altgriechischen (sokratischen und platonischen) Glauben, daß aus der rechten Einsicht mit gesetzlicher Sicherheit und Notwendigkeit auch das angemessene Fühlen (oder Bewerten) und das angemessene Begehren folge.

Dieser ganze Ansatz wird jedoch schon empirisch als unzulänglich widerlegt. Denn aus der Erziehung wie aus dem Leben ist nur zu sehr bekannt, daß das bloße Wissen um das Gute noch nicht die Neigung zum Guten und den standhaften, festen Willen zum Guten erzeugt. Es gibt ferner Eigenschaften, die die Bildung erzeugen soll und die ihrem Grundwesen nach doch ganz etwas anderes sind als Einsichten. Von Einsichten zu Fertigkeiten (zum technischen Können) ist z. B. noch ein weiter Schritt; ebenso von Einsichten zur Liebe, von Einsichten zum Mut, zur Willensstärke, zur Gefühlswärme, zum Seelenfrieden usw. Schon die Erfahrung lehrt, daß die intellektuelle Seite der Seele nicht die *unabhängige* Variable ist, nach der sich alle anderen richten.

Aber auch eine tiefere Theorie gestattet nicht, in der eigentlichen Geisteswissenschaft bei diesen abstrakten Elementarfunktionen der Einzelseele: dem Vorstellen, Fühlen und Begehren stehen zu bleiben. Denn angenommen selbst (was wir eben in Zweifel zogen), daß im psychologischen Zusammenhang die Erkenntnisseite ganz selbständig und für sich darstellbar wäre, so sind doch Fühlen und Wollen ohne eine Gegenstandsbeziehung, also ohne Erkenntnisvoraussetzungen nicht denkbar, und die Kapitel: *Bildsamkeit des Gefühls* und *Bildsamkeit des Begehrens* blieben ohne Rückbeziehung auf Erkenntnisprozesse ganz leer.

Daraus ergibt sich, daß die genannten psychischen Elementarfunktionen zu abstrakt sind, als daß man von ihnen aus eine Theorie der Bildsamkeit aufbauen könnte. So wenig man die Charaktere und Taten historischer Personen durch die Elementarpsychologie von Erkennen, Fühlen und Wollen aufbauen könnte, so wenig kann man den geistigen Prozeß der Bildung von hier aus begreifen. Man wird höhere Gebilde, verwickeltere Komplexe zu Grunde legen müssen. Auch die Ästhetik der Baukunst geht ja nicht eigentlich von den Steinen aus, sondern von höheren Einheiten, wie Pfeilern, Bogen, Säulen und Gewölben.

II.

Ohne abstrakte Zerlegung ist natürlich keine Wissenschaft denkbar. Aber der bisherige Ansatz bewegt sich in den Analogien mechanischer Zusammenhänge: Die Seele des Zöglings ist für diese Auffassung ein System, in dem Erkennen, Fühlen und Wollen als Kräfte wirken, in die der Erzieher regulierend eingreift, indem er hier eine bewegende Kraft verstärkt, dort Hemmungen schafft, dort forträumt. Der Gedanke, daß es sich im seelischen Leben immer um Entwicklungen und um wertbestimmte Vorgänge handelt, kommt nicht scharf genug heraus.

Versuchen wir uns klar zu machen, welche Faktoren im Bildungsprozeß zusammentreffen und folglich auch dann beachtet werden müssen, wenn wir seinen ganzen Verlauf von dem Ansatzpunkte im Subjekt (d. h. der Bildsamkeit) aus betrachten:

1. Zunächst ist dieses Subjekt ein psychophysisches Wesen, das sich vermöge einer geheimen inneren Kraft in Verbindung mit Einwirkungen von außen *entwickelt*. Dieser Vorgang besteht in einer Fülle einzelner Prozesse. Doch ergibt sich ein typisches Gesamtbild für das körperliche und seelische Wachsen des Menschenwesens. Angenommen, es wäre bereits in einer Anthropologie der Kindheit, des Jünglings-, Mannes- und Greisenalters formuliert, so könnte man diesen Komplex gesetzlicher Vorgänge bezeichnen als *das generelle Entwicklungsgesetz*. Es handelt sich dabei natürlich nicht um ein bloßes Herauswickeln des inneren Bildungsgesetzes im Sinne einer aristotelischen Entelechie, sondern diese ganze Entfaltung steht andauernd unter dem bestimmenden Einfluß einer objektiven materiellen und geistigen Umgebung. Nur wird für diesen Zweig der Wissenschaft (z. B. in der Kindesanthropologie) in unvermeidlicher Abstraktion die ganze äußere Umgebung als konstant und gegeben angenommen, während der Ton der Untersuchung darauf liegt, wie sich jedes heranwachsende Wesen in seinen Verhaltensweisen gegenüber dieser konstanten Umwelt verändert, anpaßt und innerlich zweckmäßiger gestaltet, d. h. also entwickelt.

2. Dieses generelle Entwicklungsgesetz hat aber in jedem Individuum eine spezifizierte Gestalt. Im Rahmen der allgemein-menschlichen Entwicklung vollzieht sich eine spezifisch-individuelle Entwicklung. Jede Individualität hat von früh an ihre eigene Struktur und demgemäß ihren besonderen Entwicklungsgang. Auch dieser beruht nicht auf Willkür, sondern auf konstanten Formen des Agierens und Reagierens. Von der generellen Entwicklung unterscheidet sich die individuelle dadurch, daß manche Funktionen und Leistungen von vornherein verstärkt auftreten, an-

dere schwächer, während es nicht wahrscheinlich ist, daß ganze Seiten des Gattungslebens beim Individuum überhaupt fehlen und statt dessen neue auftreten, die der Gattung im allgemeinen fehlen. Also in der alten Ausdrucksweise: dieses *individuelle Entwicklungsgesetz* ist nur eine besondere Ausprägung und eine Variation (nach Quantität und Intensität, jedoch nicht Qualität) vom *allgemeinen Entwicklungsgesetz*.

Haben wir sonach unsern Blick auf das eingestellt, was im sich entwickelnden Individuum nach allgemeinen und besonderen Regeln vor sich geht – wobei die ganze objektive Umgebung als gegeben und im wesentlichen konstant angesehen wird –, so fragt es sich nunmehr, wo sich innerhalb dieses Verlaufes die Ansatzpunkte finden, auf die eine *absichtlich bildende* Einwirkung mit der größten Aussicht auf Erfolg stattfinden kann. Bildung setzt (wie wir wissen) die Setzung von objektiven Bildungsgütern oder Bildungswerten voraus. Diese aber sind enthalten in den verschiedenen Gebieten der objektiven Kultur. Es liegen in der Wissenschaft und Kunst, in Gesellschaft und Staat, in Wirtschaft und Religion objektive Gebilde vor, deren Bestehen und Sinn nicht unbedingt davon abhängt, ob dieses oder jenes sich entwickelnde Individuum sie ergreift und sich an ihnen bildet, indem es ihren Wert und Sinn in sich aufnimmt. Die Erziehung hat die Absicht, sie auf diese Weise »lebendig« zu erhalten. Aber zunächst ist die Sachlage doch so, daß objektive Kulturgebilde existieren und in der Mehrzahl der Volksgenossen auch aktuell werden können; ob aber gerade dieser einzelne, von dessen Bildungsbedürftigkeit wir jetzt reden, sie in sich realisiert, das ist für die Kulturgebiete nicht entscheidend. Sie existieren losgelöst – zwar nicht von allen Individuen – aber zunächst doch von diesem einen. Daraus ergeben sich nun für den Bildungsprozeß neue Faktoren.

3. Wir nehmen an – und der Bestand entsprechender Kulturwissenschaften bestätigt es –, daß jedes dieser Gebiete seine immanente Struktur (sein Aufbauprinzip) hat. Da diese Gebiete von dem Individuum, von dem wir reden, losgelöst Sinn behalten und wirken, so handelt es sich hier um objektive Zusammenhänge. Folglich hat auch jedes von ihnen sein objektives Gesetz oder seine vom einzelnen Subjekt unabhängige Struktur und Wirkungsweise. In abstrakter Betrachtung kann jedes dieser *objektiven Strukturgesetze* dargestellt werden. Die Geisteswissenschaften haben dieses Ziel noch nicht restlos erreicht; sie arbeiten aber unablässig daran. Um Beispiele zu nennen, so ist die Sache am deutlichsten bei der Wissenschaft: Sie hat ihren objektiven Aufbau, der durch Erkenntnistheorie und Wissenschaftslehre zu einem widerspruchslosen Ganzen herausgearbeitet werden soll. Aber auch die Wirtschaft hat ihr eigenes Gesetz: vom

ökonomischen Prinzip aus hat die klassische Nationalökonomie versucht, das reine Strukturprinzip der Wirtschaft zu finden. Die entsprechenden Aufgaben stellt sich für die Gesellschaft die Soziologie, für den Staat die Politik und die allgemeine Rechtswissenschaft (früher Naturrecht), für die Kunst die Ästhetik oder allgemeine Kunstwissenschaft und für die Religion die Religionsphilosophie. Wenn einmal jedes dieser Gebiete wirklich auf eine gewisse Grundzahl *spezifischer Prinzipien* zurückgeführt sein wird, so wird damit auch das spezifische Bildungsgut, das in jedem dieser isoliert betrachteten Gebiete liegt, als ein objektiver Bestand ausgesprochen sein.

4. Der Vorsicht und der Vollständigkeit halber fügen wir jedoch hinzu, daß auch diese objektive Kultur nach jeder ihrer Seiten und als Ganzes ebenso in Entwicklung begriffen ist, wie sich das Individuum entwickelt. Das bedeutet für unsren Zusammenhang: Die objektive Kulturwelt ist in ihrer konkreten Ausprägung nicht konstant, sondern steht jeweilig auf einer bestimmten Entwicklungsstufe. Reden wir also von objektiven Bildungsgütern, so müssen wir eine bestimmte Kulturepoche, d. h. ein individualisierendes Moment, mitdenken. Und das wird auch dann nicht entbehrlich sein, wenn es später einmal den Geisteswissenschaften gelungen sein sollte, in jedem Kulturzweige bleibende Strukturprinzipien von wechselnden Entwicklungsschichten, gegenseitigen Durchdringungen und Trennungen konkreter Art zu unterscheiden.

III.

Die Faktoren des Bildungsprozesses ordnen sich also in eine subjektive und in eine objektive Reihe: Hier ein sich im wesentlichen von innen heraus entwickelndes Wesen individueller Art, dort objektive Kulturgüter, deren Sinn und Leben in das Subjekt hineingebildet werden soll; hier ein Gesetz des Subjektes, dort ein Gesetz der Objektwelt. Angenommen nun, das objektive Gesetz wäre ganz unabhängig von der Wesensart der Subjekte, so wäre nicht einzusehen, wie dieser Gehalt überhaupt in den Zusammenhang des subjektiven Lebens eintreten könnte. Die ganze objektive Kulturwelt würde dann an dem sich entfaltenden Subjekt vorüberrauschen wie eine fremde Sprache, von der nicht einmal die Klänge, geschweige der Sinn exakt aufgefaßt würden. Niemand würde diese Wissenschaft, diese Kunst, diese Wirtschaft usw. *verstehen*, d. h. mit seinem eigenen Leben ausfüllen können.

So ist es aber nicht, und unsere bisherige Darstellung war übertrieben oder doch unvollständig. Schon eine ganz einfache Erwägung vom naiven

Bewußtsein aus lehrt, daß die Kultur vom Subjekt nicht so weit losgelöst werden kann, wie etwa die Natur. Wir können *im Denken* ganz gut der ganzen Natur eine objektive Existenz in dem Sinne zuschreiben, daß sie noch da wäre, wenn kein Auge sie sähe, kein Ohr sie hörte, kein Geist sie dächte. Hingegen eine Kultur, d. h. eine Religion, Wissenschaft, Gesellschaft usw., die nicht von Menschen getragen, erlebt und gestaltet würde, können wir uns nicht denken. Es ist gleichgiltig, ob dieser oder jener einzelne einen Satz der Wissenschaft weiß; es ist auch für die *Wahrheiten selbst* gleichgiltig, ob sie einer denkt. Aber für die Wissenschaft als Kulturtatsache, als ein Wachsendes und Wandelbares, ist es nicht gleichgiltig, ob sie *überhaupt* in geistigen Subjekten lebt: vielmehr kann sie *nur* in Subjekten leben. Und noch entschiedener ist dies der Fall bei der Technik, der Wirtschaft, der Kunst, der Religion. Sie sind zwar überindividuelle Gebilde, aber sie haben doch nur eine intraindividuelle Existenz. Will man überhaupt etwas von ihnen ganz aus der subjektiven Wurzelung loslösen, so muß man es ganz in Naturgebilde verwandeln; Schriftzeichen, Werkzeuge, Kunstwerke haben eine physische Seite und insofern eine Ansichexistenz. Aber diese ist es ja gar nicht, was wir meinen, wenn wir solche Gebilde Kulturgüter nennen. Wir meinen vielmehr ihren Sinn, ihren Wert, und dieses »Leben« besitzen sie nur, sofern sie von Subjekten erlebt, verstanden, gewertet oder gebraucht werden.

Diese sinnvolle Beziehung zwischen Subjekt und kultureller Objektwelt bezeichnet nun offenbar die Stelle, wo die Kultur *lebendig* ist. Und Erziehung ist der Wille, sie durch die Neuerzeugung dieser Beziehungen in den heranwachsenden Subjekten immer weiter lebendig zu halten. An dieser Stelle sitzt also das Problem, mit dem wir uns beschäftigen. Wir führen für diesen Zusammenhang zwischen dem psychologischen Subjekt und den objektiven Kulturgütern den Namen: *das Lebensband* ein.

Bleiben wir noch für einen Augenblick in der ganz allgemeinen Erörterung, so ist es klar, daß dieses Lebensband eine dem Subjekt zugewandte psychologische Seite hat, die die bekannten Funktionen von Vorstellen, Fühlen und Streben enthält, und eine dem Objekt zugewandte Seite, auf der die fortschreitende Ablösung der Kulturerscheinungen vom einzelnen Subjekt beruht. Studieren aber können wir das Lebensband nur, wenn wir es im Zustande der Aktualität betrachten, d. h. im Zustande seiner bewußten Präsenz im Individuum. Nicht immer sind diese Bänder voll im Bewußtsein; es versteht sich, daß wir von diesem Zustande nicht ausgehen können. Sehr schwer wird es sein, am einzelnen Akt zu unterscheiden, was an ihm Objektivität konstituiert und was nur der zufälligen psychologischen Struktur dieses Individuums zu diesem Zeitpunkte angehört.

Vielleicht ist dies überhaupt nur durch eine Art Kritik der historischen Vernunft möglich. Wir nehmen aber vorweg, als ob dies eindeutig zu leisten sei, und unterscheiden demgemäß an dem Lebensband zwei Seiten: 1. die aufbauenden Akte (konstitutiven Akte), die eine objektive, auch für andre sinnvolle Bedeutung haben und sich demgemäß von der bloßen Individualität loslösen, und 2. die psychologische Umhüllung, d. h. alle diejenigen nur subjektiv bedeutsamen Akte, in die die konstitutiven Akte eingelagert sind. Die weitere Frage wird dann sein, welche von diesen Akten Ansatzpunkte einer absichtlichen Beeinflussung sein können, welche von ihnen »bildsam« sind. Und darin liegt natürlich die Aufgabe, das Verhältnis der subjektiv-psychologischen Akte zu den objektiv-konstituierenden zu bestimmen.

Zuvor aber erläutern wir diesen schwierigen Sachverhalt durch einige Beispiele.

1. Von grundlegender Bedeutung und daher wohl am meisten beachtet ist diejenige Form von Objektsetzung, die in der *Erkenntnis* stattfindet. Das Lebensband, das zwischen dem Subjekt und einer objektiven Wahrheit besteht, enthält am deutlichsten diese beiden Seiten: Akte, in denen sich die objektive Erkenntnis selbst konstituiert, und solche, die nur begleitende Bedeutung haben, wie Aufmerksamkeit, Wißbegierde, Befriedigungsgefühl, Zweifel etc. Denken wir uns einen ganz einfachen Fall: ein Bild soll in begrifflichen Aussagen erkannt werden. Im allgemeinen wird dazu eine den Sehakt begleitende Aufmerksamkeit gehören, Erinnerung an vergangene Erkenntnisse, der Wille zum richtigen Beurteilen usw. Doch sind dies alles keine eigentlich konstituierenden Momente; diese liegen allein in der intellektualisierten Anschauung, d. h. in Sinnesempfindungen, die durch ein Netz von Urteilen in einen sinnvollen Erkenntniszusammenhang verwandelt werden. In diesem denkenden Akt des Erkennens liegt eine kulturschaffende Tat; denn das Ergebnis liegt jenseits der Seele; es würde auch für einen anderen gelten und ordnet sich daher (wenn auch als ganz bescheidener Beitrag) einem objektiven Zusammenhang ein.

2. Ebenso grundlegend ist die Bedeutung *gestaltender Arbeit* nach vorher entworfenen Zweckvorstellungen, mit denen sich Werturteile verbinden. Von dem objektiven Erkenntnisakt, der hierzu wie in allen folgenden Beispielen erforderlich ist, soll hier nicht mehr die Rede sein: es steckt eben in jeder Kulturobjektivität auch Erkenntnis. Die gestaltende Arbeit (Technik) geht darüber hinaus, insofern sie durch physische Mittel an Dingen Veränderungen vollzieht. Sie ist in gewisse psychische Begleitphänomene eingelagert: z. B. Willensanspannung und Anstrengungs-

gefühle, Lust oder Unlustgefühle, Erwartungsvorstellungen, Erinnerungsbilder usw. Aber das alles könnte fehlen. Von konstitutiver Bedeutung sind nur die »*Handlungen*«, d. h. durch objektive Willensintentionen geleitete Muskeltätigkeiten, die in der objektiven Welt wahrnehmbare Veränderungen hervorrufen. Sie allein greifen über die Seele hinaus und erzeugen Objektgebilde. Wenn ein Kind einen Buchstaben schreibt, so ist damit unsäglich viel Anstrengung, vielleicht auch Seelenqual und Spannung verbunden. Sobald aber bestimmte Linien auf dem Papier erscheinen, ist das Gehäuse der Seele durchbrochen, und es steht etwas Objektives da, das vielleicht noch nach Jahrhunderten Gegenstand der Überlegung und Forschung sein kann. So ist in aller technischen und wirtschaftlichen Arbeit ein objektiver *überindividueller Wertfaktor* enthalten.

3. In allen ästhetischen Erlebnissen, sowohl den rezeptiven wie den schöpferischen, liegt dieselbe Doppelseitigkeit vor. Gegeben sei ein ästhetischer Gegenstand der Natur oder der Kunst. Das genießende Subjekt beginnt vielleicht mit Neugierde oder einer theoretischen Erkenntniseinstellung, oder es ist in einer indifferenten Gefühlslage, vielleicht auch in andächtiger Erwartung. Das alles sind nur umhüllende Akte. Plötzlich blitzt es im Zentrum auf: ein Akt der *Einfühlung*, in dem der Sinn des Erlebten mit der eigenen Seele verschmilzt, der Ausdruck, der (gewollt oder ungewollt) in dem ästhetischen Gegenstande liegt, sich in Eindruck verwandelt. Dann ist *dieser* Eindruck, *dieses* ästhetische Erlebnis, doch mehr als bloßer Seelenzustand. Es wird darin ein Objektgehalt erfaßt, der von überindividueller Bedeutung ist; sonst könnte er ja nicht »verstanden« werden. Schon darin liegt Kultursinnschöpfung, eine Ausweitung der Seele. Noch stärker ist dies natürlich der Fall, wenn diese ästhetische Aktivität nicht durch einen fertigen ästhetischen Gegenstand ausgelöst wird, sondern ihn schöpferisch erst hervorbringt. An sich aber ist der Vorgang derselbe (höchstens, daß im letzteren Falle die gestaltende Arbeit – von der unter 2. die Rede war – hinzutritt). Wer ein Gemälde betrachtet und ästhetisch genießt, schafft es im geistigen Sinne nach und ist keineswegs bloß empfangend. Vor den Augen eines Subjektes stehe Böcklins »Heiliger Hain«. Eine Anzahl nur psychischer Prozesse spielt sich ab: Wunsch, es in den Punkt des besten Sehens zu bringen, intellektuelle Frage nach der Bedeutung, die aus früheren Erinnerungen beantwortet wird, Staunen, Befremden, Gewöhnung. Endlich entsteht im Fluß all dieser subjektiv sehr verschiedenen Vorgänge ein ästhetisches Ergriffensein, in dem noch einmal aufleuchtet, was die schaffende Künstlerseele empfand, aber auch nicht ihr bloß subjektives Probieren, Mühen, Pinseln, sondern der objektive Bedeutungsgehalt, die wirklich herausprojizierte See-

lenverfassung. In demselben Augenblick ist ein überindividuelles Moment da; der Boden bloßer Zuständlichkeiten ist verlassen, was schon daraus hervorgeht, daß man noch nach Jahrzehnten und Jahrhunderten von demselben Gegenstande wieder in diesem ästhetischen Sinne ergriffen sein wird. Kunstgenuß ist daher – was sich vom Kunstschaffen ganz von selbst versteht – ein Heraustreten aus der bloßen Ichaffektion; er ist, ganz wie die Erkenntnis, ein Teilhaben an objektiven Zusammenhängen, zugleich Kulturverständnis und Kulturschöpfung.

4. Alle Formen der Gemeinschaftsbildung, sowohl die auf Liebe wie die auf Machtverhältnissen beruhenden, sind zugleich psychisch bedingt und objektbildend. Daß sie mehr als bloß seelische Erscheinungen sind, beweist ja schon die Tatsache, daß sie reale Wirkungen hervorbringen, die über die Seele des Subjektes hinausreichen. Die Frage ist nur, in welchen grundlegenden Akten sich hier die Objektivität konstituiert.

Bei den genossenschaftlichen Formen der Gemeinschaft ist es die Liebe in all ihren Spielarten von der bloß leicht gefühlten Sympathie bis zur Solidarität des Handelns. Ehe dieser *Akt des Liebens* auftritt, mögen im Subjekt mancherlei psychische Zustände verlaufen, die aus Vorstellungen, Gefühlen und Begehrungen ganz individuell gemischt sind. Das Zentrale am Ganzen aber ist doch das Erlebnis einer Wesensverwandtschaft und Seelenverschmelzung, das aus der bloßen Eigenseele herausführt und ein neues Stück Objektwelt eröffnet. Daher auch der metaphysische Klang, der in allem Einswerden der Seelen mitschwingt. Auch dieses Erlebnis, das immer einen geistigen *Akt* enthält, auch wo es scheinbar nur Hingabe ist, hat kulturschaffende Bedeutung, und wer das objektive Gewebe der Kultur auflöste, fände darin Liebesbänder (Gemeinschaftsgefühle) als Aufbaumomente von höchster Wichtigkeit.

5. In den Machtverhältnissen liegen analoge Akte objektiver Art vor. Und doch beginnen diese schon an einem tieferen Punkte. Denn das beherrschende und menschengestaltende Wollen hat seinen Anfang schon im eigenen Innern als *Freiheit*. Was man früher die praktische Vernunft nannte, ist ja nichts anderes als die Herrschaft bestimmt ausgezeichneter Motive über andre Motive. In denen, die herrschen *sollen*, liegen, wie wir aus früheren Erörterungen wissen, objektive Mächte, teils weil sie aus dem Kollektivsubjekt stammen, das in der Einzelseele immanent ist, teils weil objektive Reflexionen und Erkenntnisse darin enthalten sind, teils – und das war das Entscheidende – weil in dem sittlich gerichteten Willen der ganze ideale Lebenssinn richtunggebend wirkt. Davon kann aber erst unter dem folgenden Punkte die Rede sein.

Genug: die Macht über sich selbst, die *Freiheit*, konstituiert innerhalb der Seele selbst ein Objektives und gibt ihr einen überindividuellen Sinn. Deshalb ist die unter dem sittlichen Willen stehende Seele oder die Persönlichkeit selbst schon eine Kulturschöpfung, die über bloß psychische Zustände weit hinausreicht und die daher auch für andre, sie anschauende, über Zeit und Raum hinweg einen Kultursinn behält.

6. Wenn im Haben der Religiosität der gesamte Lebenssinn anklingt und sich durch ein Erlösungsbewußtsein in Weltüberwindung und Schicksalsergebung offenbart, so ist damit gesagt, daß in diese Geistesverfassung *alle* Objektgebilde in die Seele selbst hineingezogen sind: Erkenntnis, Arbeitsgüter, der Gehalt des Kunst- und Naturschönen, Liebe, sittliche Freiheit. Dieser Besitz mag nun im einzelnen Subjekt mit mannigfachen seelischen Begleitphänomenen heranziehen: Symbolische Vorstellungen höchst unzulänglicher Art, Sehnsucht, Verzweiflung, Fragen, Lustgefühl, Begehren, Verzichten, Befriedigung – dies alles je nach der besonderen Situation, in der der religiöse Zustand sich anbahnt. Das religiöse Erlebnis *selbst* aber ist mehr als bloßer Zustand. Das deutet schon das Symbol der Ewigkeit und Unendlichkeit an, mit dem wir ihn (unzulänglich) ausdrücken. Denn über alle Vorstellungen, Gefühle und Strebungen hinaus ist das religiöse Erlebnis in seinem Zentrum ein *Akt*, der geradezu die Welt und das Ganze des Lebens erfaßt. Das bloß Seelische wird hier zu einem Totalsinn, in dem wiederum eine Brücke von Seele zu Seele liegt, ja mehr als dies: eine Brücke zu dem Universum, wie sie Schleiermacher geschildert hat. In der psychischen Umhüllung liegt hier ein konstituierendes Moment, dessen Gehalt mehr als psychisch ist. Daher und *nur* daher sind auch all die objektiven Symbole, die aus dem religiösen Erlebnis hervorgehen, überindividueller Art. Sie haben Kulturbedeutung über Raum und Zeit hinweg, und wer die Symbole eines religiösen Gemütes in der korrespondierenden, spezifischen Geistesverfassung anschaut, in dem wird durch das Medium von Vorstellungen, Gefühlen und Begierden hindurch ein überlegener Sinn lebendig, der schwer zu beschreiben ist. Charakteristisch für ihn ist vor allem das Erlebnis von Einheit und Frieden, das sich jedoch nie ganz genug tun kann und immer nur annähernd bleibt, weil das Ganze des Lebens doch nie in ihm eingehen will. Bilder wie: Gott-Haben, am Busen des Unendlichen ruhen, die Weltseele fühlen, das Leben an seinen Wurzeln fassen, Einssein mit dem Geist der Welt – versuchen das Spezifische dieses Aktes auszudrücken, in dem wirklich alle anderen Akte ihre Einheit haben.

Und deshalb dürfen wir vielleicht noch einen Schritt weitergehen: Wenn wir in jenen früheren Akten (der Erkenntnis, der Arbeit, der Einfühlung, der Liebe und der Freiheit) aus der Seele in ein Objektreich hinaustraten, in eine Geisteswelt, wie Eucken sagt, oder in eine überindividuelle Kultur, so erscheint vom Standpunkte der Religion aus jeder dieser Akte als unzulänglich, als getrennt und abstrakt. Erst in der Religion erfassen wir den Sinn des *Ganzen*. Aber auch umgekehrt: In jedem dieser einzelnen Akte schwingt schon ein religiöser Unterton mit, jeder kann religiös verstanden werden und ist in seiner Sehnsucht und Unerschöpflichkeit wirklich religiös. Oder mit anderen Worten: *Dieser ganze überindividuelle Überbau, den die Einzelseelen in ihren aufbauenden Akten herausprojizieren, an dem jede teilhat und zu dem jede erzogen werden soll, – diese Kultur in ihrer Ganzheit ist der Ausdruck des religiösen Lebenssinnes, der aus den Subjekten ans Licht ringt. Jedes Moment an ihm ist religiös bedingt; vor allem aber ist das Ganze dieser Geisteswelt ein gewaltiges Symbol des religiösen Untergrundes, der aus dem bloß Seelischen und in der Hülle des Seelischen mehr und mehr in unendlicher Sehnsucht und Schöpferkraft ans Licht ringt.*

IV.

Aber zurück zum Problem der Bildsamkeit! Es hat sich ergeben, daß auch die objektiven Strukturgesetze der einzelnen Kulturgebiete in aufbauenden Akten des Subjektes wurzeln, nur daß diese Akte eine überpsychologische Bedeutung haben. Sie sind zwar eingelagert in (oft sehr zufällige) subjektive Umhüllungen und wachsen aus diesen hervor, sie begründen aber durch ihr historisch fortgesetztes Schaffen ein objektives Gewebe, das, ähnlich wie die Natur, für *alle* da ist, sofern sie nur an Hand des objektiven Symbols (Werk, Einrichtung, Schriftzeichen usw.) den belebenden Akt in sich wieder aktualisieren können. Die Hilfe zu dieser »Wiederbelebung«, zum Aktualisieren der konstituierenden, kulturschaffenden Akte, heißt Erziehung. Es ist aber die Frage, ob ein andrer von außen diese Akte willkürlich hervorrufen kann, oder ob er nur »Geburtshilfe« leisten kann, indem er die geeigneten psychischen Dispositionen schafft, aus denen der Akt nachher von selbst hervorspringt.

Zunächst werden wir darin übereinstimmen, daß in jedem Menschen, der nicht geisteskrank ist, sondern überhaupt geistig lebt, die soeben aufgeführten Grundtendenzen lebendig sind. Mit anderen Worten: jeder Mensch vollzieht ganz von sich aus Akte der Erkenntnis, der Arbeit, der Einfühlung, der Liebe, der Macht und der Andacht; und das alles ist schon in keimhaften Anfängen, ehe Erziehung überhaupt einsetzt. Man kann diese Grundtriebe der Seele nicht pflanzen, sondern nur pflegen und entwickeln. So wenig man dem Blinden ein sehendes Auge einsetzen kann, so wenig könnte man einem Menschen, der nicht von innen heraus liebt, zum Erlebnis der Menschenliebe verhelfen usw. Das also kommt von innen heraus.

Wohl aber ist es denkbar 1. im Hinblick auf das generelle Entwicklungsgesetz: daß einzelne dieser aufbauenden Akte erst spät zu wirklicher Kraft gelangen, d. h. daß die Seele erst im Laufe der Entwicklung mehr aus ihrem Innenbezirk heraustritt und sich objektiven Gebilden gegenüberstellt; 2. im Hinblick auf das individuelle Entwicklungs- und Strukturgesetz: daß einige Seiten in einem Individuum auffallend schwach und (möglicherweise) andre dafür überlegen stark entwickelt sind; endlich 3. im Hinblick auf beide: daß alle diese Akte mitsamt ihren psychischen Hüllen bis zur Unkenntlichkeit der Grundtendenzen miteinander verwoben sind. Im letzten Falle umrankt z. B. das Erkennen die einfühlende Phantasie, die Liebe verflicht sich mit dem Nützlichkeitstriebe, dieser selbst wird phantastisch und spielerisch, so daß nirgends eine Leistung in ihrer reinen Eigenart heraustritt, nirgends sich wirklich produktive Verbindungen zwischen den einzelnen Seiten des Lebens bilden.

Nur den geschilderten drei Fällen: dem Unentwickeltsein, der individuell schwachen Veranlagung und der vorzeitigen Verwachsung (trüben Mischung) der geistigen Grundtendenzen kann sich die Erziehung widmen. Sie schafft nicht, sondern entwickelt und pflegt.

Auf welche Weise aber ist es denkbar, diesen Grundakten, die zuletzt doch selbsttätige, schöpferische Handlungen in jedem lebenden Subjekt sind, herauszuhelfen?

Man glaube nicht, daß man sie *direkt* erzeugen könne. Wenn man einem anderen den bündigsten mathematischen Lehrsatz vordemonstriert, so bleibt es doch sein eigenster Akt und ein nicht sicher zu berechnender Erfolg, ob er ihn »versteht«, d. h. ob sich das intellektuelle *Evidenzerlebnis* einstellt, worauf wahres »Einsehen« im Gegensatz zur Dressur beruht. Das erhabenste Kunstwerk löst in einem Betrachter, bei dem die inneren Vorbedingungen nicht erfüllt sind, vielleicht kein ästhetisches Erlebnis adäquater Art aus. Die rührendste Geschichte läßt manche ohne Mitgefühl, und dem Ungeschickten gelingt bisweilen die einfachste Arbeit nicht. In diesen Tatsachen liegt großenteils der *Anreiz* zur Erziehung. Sie will noch nicht entfaltetes Leben wecken. Aber sie findet dieses Leben nicht ohne weiteres *bildsam.* Das war ja z. B. die große Einsicht Pestalozzis, daß aus dem bloßen »Vor-den-Augen-stehen« eines Gegenstandes noch keine Anschauung erwächst. Wie aber erwächst sie?

Wir haben hier, gemäß unsrer philosophischen Absicht, die Aufgabe, auf diese Frage in der allgemeinsten Form zu antworten, d. h. so, daß der

Prozeß nicht nur für die Erkenntnis, sondern auch für den Erwerb der anderen Bildungsgüter beschrieben wird. In dieser Form lautet die Antwort: *Der Hebel der Bildsamkeit liegt in den psychologischen Umhüllungen, aus denen die aufbauenden Geistesakte herauswachsen. Sie müssen so gestaltet werden, daß daraus die günstigsten Bedingungen für die Auslösung der entscheidenden Akte folgen.*

Schließlich besagt dieser Satz nicht viel andres, als daß die Bildung auf psychologischem Wege folgt, da ja in den psychischen Bedingungen und Konstellationen das Bewegliche liegt, während die objektive Kulturwelt ihrem Sachgesetz gehorcht, das man nicht durch Erziehung des Subjektes, sondern nur durch schöpferisches Handeln der Subjekte auf das Objekt abändern kann.

Versuchen wir nun in fortschreitender Besinnung von den allgemeinsten bis zu den spezifischen Erscheinungen festzustellen, unter welchen Umständen der günstigste Boden für die Hineinbildung objektiver Werte in das Subjekt gegeben ist. Der »günstigste Boden« ist nur ein Bild für die Bedingungen und Wege der Bildsamkeit.

A. Allgemeinste Form der absichtlichen (wie des größten Teiles der unabsichtlichen) Erziehung ist die Wirkung von Mensch zu Mensch, und zwar des relativ reifen auf den noch werdenden. Das bedeutet aber, daß alle Erziehung verläuft in einem gegenseitigen psychologischen Interpretieren oder *Verstehen*. Die günstigste Vorbedingung für das Verstehen ist aber das Verhältnis der *Liebe*, in diesem Fall zwischen Zögling und Erzieher. Wir haben erörtert, daß jedes Gemeinschaftsband selbst schon ein objektives Verhältnis setzt. Unter Zurückschiebung der Frage, wie Liebe zu wecken sei, fordern wir sie hier als *Grundlage* alles weiteren Erziehens. Es ist damit eine Voraussetzung gemacht, über die unter dem Titel: *Bildsamkeit zur Liebe* eingehender zu reden wäre. Eine zweite Voraussetzung liegt darin, daß in dem Medium dieser Liebe sich ein *gegenseitiges Verstehen* entwickeln soll. Verstehen aber ist ein intellektueller Akt und wiederum schon eine objektive Leistung. Will man uns diese Voraussetzungen nicht zugeben, so schränken wir sie auf den Erzieher ein. Daß Liebe (als Eros zum Menschen *und* zum objektiven Wert) und Verstehen für ihn die Grundausstattung bedeutet, wird in dem folgenden Abschnitt erörtert werden. Im Augenblick sind uns Liebe und Verstehen nur Mittel zu dem Ziel, die Stelle der Bildsamkeit zu finden. Das bedeutet aber, daß der Erzieher die psychischen Vorgänge im Zögling möglichst tief kennt und vermöge dieser Kenntnis *lenkt* im Sinne der Hervorbringung objektiv wertvoller Akte.

Längst ehe man diesen Sinn der pädagogischen Liebe analysiert hat, hat man ihre Kraft und ihre Notwendigkeit empfunden. Plato hat von ihr in begeisterten Worten geredet, und er hat dabei nur die Taten des Sokrates auf eine Theorie gebracht, der die lebendige Seele in ihrer ganzen verworrenen Lage liebte, weil sie schwanger geht mit den Früchten des objektiven Wertes. Bei Pestalozzi wuchs alles Große in pädagogischer Tat und Erkenntnis aus der Fülle einer unerschöpflichen, sich selbst noch dunklen Liebe zum Kinde heraus. Sie ist es, die ihm alle Lichter angezündet hat, die ihn von Stans aus Wege gehen ließ voll seltener, schrittweiser, für sich genommen nüchterner Offenbarungen über die *Methode*. Nichts Großes wird in der Erziehung geleistet, wo dieser umhüllende Mutterschoß einer bis ins Metaphysische reichenden Liebe zum jungen Leben nicht da ist.

B. An dieser ersten umfassenden Liebe soll sich nun vom Erzieher ausgehend im Zögling eine andre Liebe entfalten, eine Liebe im übertragenen Sinne, weil sie nicht mehr dem Menschen gilt, sondern der Sache in ihren Verzweigungen. *Bildsam* wird der Mensch, wenn in ihm die Liebe geweckt wird zur inneren Erzeugung der objektiven Kulturgüter. Und diese Liebe ist nur ein kurzer Name für den gesamten Komplex psychischer Dispositionen (Vorstellungen, Gefühle, Strebungen), die zuletzt durch ein geheimnisvolles Gebären den aufbauenden Akt aus sich entlassen.

Wer die Liebe zum Wert und zu einer Leistung wachzurufen weiß, der erweckt damit indirekt auch diesen Wert und diese Leistung selbst. Wenn die aufbauenden Akte die objektive Welt mit dem überindividuellen Gehalt der Menschenseele verknüpfen, so ist es die Liebe, die dieses Sachliche mit dem subjektiven Lebensbestande der Seele verknüpft. Liebe zur Erkenntnis und Liebe zum Schönen, Liebe zur Arbeit, zur Gemeinschaft, zur Freiheit und zur Andacht sind die Hebel, von denen aus man das Subjekt höher bildet. Sie bedeuten zugleich für das Knochengerüst der Kultur die beweglichen Gelenke, durch die seine einzelnen Teile lebendig und entwicklungsfähig bleiben. In diesem Sinne eine innere Bewegung einzuleiten, ist Sache der Erziehung auf allen Einzelgebieten. Etwas Ähnliches hat wohl auch Fichte vorgeschwebt, wenn er in den ›Reden an die deutsche Nation‹ sagt: »Das ermangelnde Durchgreifen bis in die Wurzel der Lebensregung und Bewegung hätte diese neue Erziehung der bisherigen hinzuzufügen, und wie die bisherige höchstens etwas am Menschen, so hätte diese den Menschen selbst zu bilden.« Denn es handelt sich für ihn um mehr als bloßes Erkennen; auch für ihn ist der Geist Leben, allseitiger Wirkungszusammenhang.

Nach alledem liegt die Stelle der Bildsamkeit in der Liebe zum kulturschaffenden Akt; d. h. in dem Gesamtkomplex seelischer Zustände, die diesen Akt in fördernder Weise begleiten und ihn aus sich als reife Frucht entlassen.

V.

Damit aber ist das Problem eigentlich nur verschoben. Wenn nicht der Akt als solcher direkt bildsam ist, sondern nur die Zuständlichkeit, aus der er hervorgeht, so bleibt doch die Frage, in welcher Weise diese Verfassung des Ich beeinflußt werden kann, wie dieser indirekte Weg verläuft, und durch welche Mittel die »Liebe« zum objektiven Wert geweckt wird. Auch diese Frage suchen wir noch in allgemeinster Fassung für alle Seiten der Bildung zu beantworten. Denn es gibt in der Tat allgemeinste Züge, die bei aller Verschiedenheit der Objektgebiete wiederkehren.

Die hierbei auftretenden Einzelvorgänge sind: 1. Darbieten (oder Vorleben), 2. Auflösung in die Elemente, 3. Erlebenlassen oder Wertvollmachen im engeren Sinne, 4. Übung und Gewöhnung. Sie sind jedoch unter keinen Umständen als sukzessive Formalstufen zu denken, sondern treten in sehr verschiedener, durchaus spezifischer Anordnung auf und können sich in der Praxis bis zur Untrennbarkeit durchdringen.

1. Was es auch sei, wozu ich jemanden bilden will: Ich muß ihm zunächst die betreffende objektive Geisteserscheinung anschaulich vor Augen stellen, so daß er sie erleben kann. Diese Darbietung erfolgt auf möglichst anschaulichem Wege, sei es für die äußere oder innere Anschauung. Das Dargebotene wird mehr oder weniger unvollkommen zunächst bloß erkennend aufgefaßt. Es ist entweder selbst ein Erkenntnisobjekt (dann besteht das Ziel darin, diese Erkenntnis aus dem rohen in den reifen Zustand zu übersetzen); oder es ist darüber hinaus ein Werk technischer Arbeit, ein ästhetischer Gegenstand, ein Gemeinschaftsverhältnis, eine Macht- oder Rechtsbeziehung, ein Ausdruck religiösen Sinnes. In diesen Fällen genügt es nicht, bei der intellektuellen Auffassung stehenzubleiben, sondern es muß die spezifisch-geistige Struktur des betreffenden Objektes zur Geltung kommen. Wer ein Gedicht *erklärt*, läßt seinen ästhetischen Gehalt beiseite; wer eine Maschine oder ein Gerät nur zeigt, ohne es in zweckbestimmter Weise entstehen zu lassen und dann zu gebrauchen, bleibt in dem gleichen Intellektualismus befangen. Gemeinschaftsverhältnisse bringt man nicht zur Anschauung, indem man über sie Lehren vorbringt, sondern nur, indem man sie als gegebene Realität wirksam macht. Nur an religiösem Leben entzündet sich religiöse Auffassung. Allgemein gesagt: Das dargebotene Objekt oder Verhältnis darf nicht nur in der Form der Vorstellung erscheinen, sondern in der vollen Plastik seiner gei-

stigen Struktur, die in den meisten Fällen nicht im Vorgestelltwerden aufgeht, sondern der Struktur analoge geistige Bewegungen im Subjekt auslöst.

Deshalb genügt nirgends das bloße Darbieten zur Betrachtung, sondern es ist ein *Vorleben* (Fröbel sagt: »Darleben« als Analogon zu »Darstellen«) erforderlich.

Offenbar aber genügt auch dies nicht, obwohl die Plastik des geistigen Lebens sehr oft im Heranreifenden schon eine innere Mitbewegung durch bloße innere Nachahmung (auf einem suggestiven Wege) auslöst. Das gilt aber nur für die, die das Gewollte irgendwie schon haben und können. Für die anderen bedarf es einer ausgebildeteren *Methode*.

2. Jeder objektive Geisteszusammenhang hat eine *verwickelte* Struktur, d. h. er ist aus einem ganzen *Komplex* spezifischer Geistesakte aufgebaut. Will man ihn für einen anderen durchsichtig und eindrucksvoll machen, so muß man ihn in seine elementarsten Bestandteile auflösen, die nach unsrer Erörterung mit den elementarsten aufbauenden Akten zusammenfallen.

Am bekanntesten ist dieses Verfahren wieder auf dem Gebiete der Erkenntnis. Wer einen einfachen mathematischen Beweis zur Auffassung bringen will, zerlegt das an sich zeitlose Gebilde von Wahrheiten in eine Anzahl einfachster und durchsichtiger Elemente, die dann im Subjekt gemäß seiner Natur als sukzessive Schritte aufeinander folgen. Die damit manchmal verbundene Umkehrung von Sachfolge und Erkenntnisfolge hat schon Aristoteles hervorgehoben. Das Verfahren selbst hat Descartes meisterhaft entwickelt. Auf allen Erkenntnisgebieten besteht ein Unterschied zwischen dem systematischen Zusammenhang selbst, der rein theoretisch ist, und der Folge der subjektiven Auffassung, die zugleich psychologisch bedingt ist. Diesen Umstand hat Ziller richtig erkannt. Aufgabe der allgemeinen und speziellen Didaktik ist es, den Gang im einzelnen näher zu bestimmen.

Nun geht natürlich die Auffassung jedes objektiven Geistesgebietes durch die Form der Erkenntnis hindurch, und jedes muß daher bis zu gewissem Grade in seine intellektuellen Elemente zerlegt werden. Aber ein Grundfehler des Bildungsverfahrens ist es, wenn man bei dieser reinen Erkenntnisanalyse verbleibt. Denn – wie wir wieder und wieder auseinandergesetzt haben – jedes dieser Gebiete hat (1) seine eigne Struktur, daher (2) seine eignen Aufbauelemente, die dann (3) mit elementaren Aufbauakten des Subjektes zusammenfallen.

Wer z. B. eine bestimmte technische Fertigkeit entwickeln will, darf nicht bloß das fertige Werk theoretisch erklären, sondern er muß es selbst aus elementaren Arbeitsakten entstehen lassen. Und zwar nicht nur, indem er es selbst macht, sondern indem er es machen *läßt*. Das hat Pestalozzi mit genialem Blick gesehen, wenn er ein ABC der Fertigkeiten forderte, das mit den elementarsten Bewegungseinheiten von Schlagen, Werfen, Stoßen, Heben beginnt. Fröbel und die neueren Handfertigkeitstheoretiker haben diesen Gedanken weiterentwickelt. Vor allem Kerschensteiner hat gesehen, daß dieses Gebiet seine ganz eigne Didaktik erfordert, eben weil es seine ganze eigne Struktur hat.

Auch beim Kunstwerk genügt es nicht, es in die Bestandteile zu zerlegen, die sich bei intellektueller Auffassung ergeben, sondern es muß in seine *ästhetischen* Einheiten und die ihm entsprechenden ästhetischen Erlebnisakte zerlegt werden. Daraus ergibt sich wieder eine neue Didaktik. Die Fülle der Aufgaben, die sie an die Pädagogik der Musik, der Bildbetrachtung, des Architekturgenusses stellt, kann ich hier nicht einmal andeuten.

Die soziale Welt zerlegt sich in einige Grundbeziehungen von Liebe, Macht, Solidarität, Verantwortung, Treue, Dankbarkeit, Mitleid usw. Es genügt nicht, sie mit Namen zu nennen und intellektuell zu unterscheiden; sondern sie müssen in ihrer eigentümlichen Lebensfärbung aktiv nachgebildet werden. Wieder hat hier Pestalozzi den entscheidenden Schritt getan, aus dem bei Fichte und den Neueren bis zu Natorp und Kerschensteiner eine spezifische Sozialpädagogik erwachsen ist. Aus der elementaren und einfachen Realität des Familienlebens hat er versucht, die soziale Welt bis in die Spitzen ihrer religiösen Deutung aufzubauen. Elementare Formalbildung an der Realität der sozialen Erlebnisse, Hineinstellen in die Übungswelt der Wirklichkeit ist auch hier unerläßlich.

Am schwersten dürfte es wohl sein, das religiöse Leben durch elementare religiöse Akte entstehen zu lassen. Manche zweifeln, daß es beim Kinde möglich sei. Vielleicht aber hat man auch hier zuviel Wert auf die intellektuelle Durchdringung gelegt. Es gibt (wie Schleiermacher gezeigt hat) auch in dem einfachsten Bewußtseinsstande religiöse Durchblicke, aus denen sich die hohe Stufe der Erlösungsreligionen allmählich entwickelt hat. Solche spezifischen Erregungen lebendig zu machen, ist Aufgabe der Religionspädagogik, die wir noch nicht haben. Denn die Struktur der Religion selbst ist noch zu wenig durchleuchtet, als daß man heute schon auf ihr Wachsen in der Seele anders als mit ahnungsvollem Takte einwirken könnte.

3. Jetzt erst nähern wir uns dem eigentlichen Herzpunkt der Untersuchung. Ging das bisherige Verfahren noch stark von der Objektseite aus, so kommt es nun darauf an, diese herausgelösten Elemente und Gei-

stesakte dem subjektiven Leben zu verbinden und alle die psychischen Einstellungen zu erzeugen, die jeden dieser Akte in seiner Lebensbedeutung auch für das Subjekt *erleben lassen*. Es muß der Grad von innerer Einstellung und Gefühlswärme erzeugt werden, der den Ablauf der entscheidenden Akte begünstigt und befruchtet. Durch die vorangehende Analyse ist es dem Subjekt ermöglicht, seine Aufmerksamkeit ganz auf die isolierte Leistung einzustellen. Sie selbst ist dann von klaren, gegliederten Vorstellungen, von Gefühlen der Lust und Spannung begleitet, und das subjektive Streben richtet sich – von fremden Anreizen befreit – ganz auf dieses eine, das eben vollzogen und erlebt werden soll: ein Schluß, eine Tätigkeit der Hand, eine ästhetische Auffassung, einen sozialen Akt oder eine religiöse Erregung. Die Konzentration der Aufmerksamkeit gelingt nur nach der Vorbereitung, die durch Vorleben im Verein mit Strukturanalyse geleistet ist.

Die innere Spannung, das Suchen und Ringen, die Gefühle des Gelingens und Mißlingens, mit denen ich diese Arbeit schreibe, haben gar keine objektive Bedeutung. Und doch sind sie es, aus denen die objektive Leistung zuletzt herauswächst. Wer solche Gefühlsdispositionen zu erzeugen vermag, aus deren Zusammenwirken die Tendenz zum *Werk*, zur *Leistung* entsteht, der bildet den Menschen. Die Stufen des Darbietens oder Vorlebens und der Zerlegung in Elemente verweilen im Grunde doch bei Vorstellungen, die durch das Objekt bedingt sind, wenn auch durch sie erst der Zugang zum Subjekt eröffnet wird. Das Streben führt bereits wieder hinaus vom Subjekt zum Objekt hin, wenn es auch in erster Linie Ichverfassung bleibt. Aber im Gefühl liegt der eigentliche Mutterschoß der Geburt im Subjekte, und diejenigen, die das Icherlebnis wesentlich durch Gefühle konstituiert finden, mögen sehr recht haben.

Immerhin bleibt bestehen, was wir oben sagten, daß sich Gefühle nicht willkürlich und direkt vom Erziehenden auf den Zögling übertragen lassen. Der Zugang zu ihnen, zu der besonderen Gestalt, die sie annehmen *sollen*, wird gebahnt durch den Prozeß der *Rückverwandlung des Objektgebildes in subjektives Leben*. Die Anknüpfung und Aktualisierung des Lebensbandes ist das Geheimnis der Bildung. Sie aber erfolgt nur durch jene Vorbereitung, die wir schilderten: Es muß die persönliche Liebesbeziehung dasein, die die beiden Subjekte miteinander in Berührung setzt, es muß im Erzieher der betreffende Akt lebendig sein, den er erzeugen will, und er muß ihn endlich zu so isolierter Darstellung bringen, daß er in der Nachbildung rein herauskommt und in seiner spezifischen Bedeutung lustvoll empfunden wird. Dies nennen wir *Wertvollmachen*, d. h. Hinlenkung des Gefühls auf geistige Grundakte, an denen das Ich sich seiner Kraft und seines aufbauenden Schaffens bewußt wird. Bildsamkeit und Selbsttätigkeit stehen daher nicht im Gegensatz zueinander, vielmehr ist alles Bilden ein Freimachen der Selbsttätigkeit, Herauslösung entscheidender Leistungen in ihrer elementaren spezifischen Gestalt.

Was wir hier auseinandersetzen, ist in Einzelheiten der Pädagogik längst bekannt. Sie fordert, daß man an das *Interesse* anknüpfe, das Interesse an Erkenntnis und Arbeit, daß man überall die inneren Kräfte des Individuums in Bewegung setze. Aber die Einschränkung auf das Interesse ist ein Rest der Einschränkung auf das intellektuelle Gebiet. Und es bleibt überdies die Frage, *wie* man Interesse *weckt*; denn an das vorhandene Interesse anzuknüpfen, ist noch kein Triumph. Die Gefühlslage des Subjektes muß ausgeweitet und vertieft werden. Aus den vorhandenen Interessen neue zu wecken, darauf kommt es an. Dies ist nur möglich, wenn man über und aus den Erkenntnisakten, die schon gelingen, neue aufbaut, um die sich dann neue Gefühle herumranken, und so vorwärts in elementarem, methodischem Fortschritt.

Vielleicht ist es zweckmäßig, ein Beispiel für dieses »Wertvollmachen« gerade aus den Leistungen zu entnehmen, die wir (sub A) schon als wichtigste Vorbedingung hinstellten. Gibt es eine Bildsamkeit zur Liebe? Niemanden kann man zur Liebe zwingen oder durch theoretisches Räsonnement veranlassen. Auch das ist richtig, was Herbart gelegentlich ausführt, daß bloße Rührungen und Erschütterungen des Gemütes, wie sie die Gouvernantenmethode hervorruft, den Menschen nicht innerlich bilden. Angenommen, es sei nur die dumpfe und instinktive Neigung da, die der Zögling im allgemeinen dem Erwachsenen, der sich um ihn bekümmert, triebhaft entgegenbringt, so kann dieser Keim veredelt werden nicht durch bloße Belehrung oder bloße Gefühlserschütterung, sondern dadurch, daß in einer gegebenen wirklichen Situation die ganze Aufmerksamkeit des Kindes auf diese menschliche Beziehung hingelenkt wird und daß unter Herausarbeitung ihres Sinnes und ihres Wertes das junge Gemüt auf die Probe gestellt wird, ob es auch unter schwierigen Bedingungen über einen Konflikt mit dem Eigenwillen hinweg diese innere Kraft noch aufzubringen vermöge. Das sind Wendepunkte der inneren Entwicklung, und die höchste Aufgabe des Erziehers besteht darin, solche Augenblicke fruchtbar zu machen. Er zeigt durch den Ernst seines Tones hindurch doch die ganze unzerstörbare Treue *seiner* Liebe; er macht ihre Lebensbedeutung für den anderen eindringlich sichtbar, indem er für Augenblicke das ganze Weltbild gleichsam auf diese *eine* Angelegenheit: »Du und Ich« einengt, und indem er der aufwallenden Gefühlsbewegung das volle Erleben einer beglückenden menschlichen Leistung folgen läßt. Wieviele lassen es an dem Letzten fehlen! Und doch kann man ein höheres sittliches Erleben nur in einer Gemeinschaft realisieren, die in jedem Augenblick von tiefem Adel der Gesinnung und von echt menschlicher Wärme durchdrungen ist. Wer die Liebe dem andern »wertvoll machen« will, muß dafür sorgen, daß sie als etwas Beseligendes erlebt wird; und so bei allen Werten, deren Erlebnis in der jungen Seele zu tätiger Kraft entwickelt werden soll.

4. Es bleibt noch eine letzte Stufe: Vorstellen und Fühlen sind geweckt. Das Gefühl selbst drängt in unmerklichem Übergang zum Handeln, wie es denn immer ein leichtes Moment des Begehrens in sich enthält. Nicht mit Unrecht sagt Herbart, daß der Wille sich aus der Tat erzeuge. Das zunächst triebhaft Gelungene wird in einen festen Bestand des Willens verwandelt durch *Übung und Gewöhnung*. Durch Wiederholung derselben Grundakte entsteht im Subjekt ganz allgemein eine Disposition, die die weiteren Wiederholungen erleichtert. Das gilt für Erkenntnisakte wie für die Kultur des religiösen, ästhetischen und sympathischen Lebens und für alle Akte der Selbstüberwindung. In diesen wiederholten Betätigungen *formt sich* der subjektive Geist, soweit er überhaupt noch eine Formung zuläßt. Dieser Teil des Bildungsprozesses kann in doppeltem Sinne als *Kraftbildung* bezeichnet werden. Denn er bildet die Kraft im Sinne eines formalen Vermögens, das die Dispositionen nicht nur zu gleichen, sondern zu ähnlichen und nahe verwandten Akten enthält. Und er bildet die Kraft im Sinne einer vermehrten Energie zu Leistungen, wodurch sich die einmal gelungenen Akte künftig intensiver, sicherer und müheloser vollziehen. Der Mensch ist bildsam nicht nur, weil ihm in gewissem Grade eine neue Richtung gegeben werden kann, sondern auch, weil seine Kraft durch Übung wächst und sich den von außen kommenden Reizen jeder Art durch stärkere und zielsichere Reaktionen anpaßt. Nur darf dieses Gewöhnen niemals bloße Dressur werden. Die Mechanisierung der einzelnen Geistesleistungen darf niemals so weit gehen, daß sie ihren geistigen Charakter verlieren. Jede Gewohnheit muß eine beseelte Gewohnheit bleiben, hinter der der lebendige Mensch steht, so daß bei Veränderung der Bedingungen eine Umstellung zu dem, was die neue Lage fordert, möglich bleibt und eintrifft.

VI.

Unsre Erörterungen müssen nicht nur die Bahnen gezeigt haben, in denen Bildung verläuft, sondern vor allem auch die *Grenzen der Bildsamkeit*. Zwischen den beiden entgegengesetzten Möglichkeiten, die Jean

Paul in gleich überzeugenden Reden scherzhaft einander gegenüberstellt, daß nämlich Erziehung gar nichts vermag und daß sie alles vermag, geht die feine Linie, die in Einzelheiten genau absteckt, was Erziehung vermag und was sie nicht vermag, wie sie es vermag und wie sie es nicht vermag.

Der Gesetzlichkeit der objektiven Kulturwelt, die eine subjektüberlegene Bedeutung hat, stehen zwei Gesetzeskomplexe gegenüber, die sich auf das zu bildende Subjekt beziehen: das generelle Entwicklungsgesetz und das individuelle Strukturgesetz. Beide wurzeln in einer irgendwie aus dem Innern der Seele wirkenden geheimen Kraft. Sie bestimmen, wie viel von den äußeren Anregungen assimiliert werden kann.

Die *Entwicklungspsychologie* hat die Aufgabe, die Epochen der psychophysischen Entwicklung der Individuen allgemein so zu schildern, daß ungefähr erkennbar wird, welche Kulturakte in jeder von ihnen *ohne* planmäßige Einwirkung, allein durch die Selbstentfaltung in Zusammenhang einer gegebenen Kulturlage, möglich sind und welche Gestalt sie dann haben. Diese Arbeit kann hier nicht geleistet werden. Ich erinnere an die Untersuchungen, die bereits für die Entwicklung des kindlichen Erkennens, z. B. den allmählichen Erwerb der Kategorien, vorliegen. Wie stark ästhetische Phantasieakte in die kindlichen Erkenntnisweisen hineinwirken, ist bekannt. Wenig wissen wir über die religiöse und soziale Entwicklung. Hingegen liegen für die psychophysisch-technischen Geistesleistungen und ihre Entfaltung, z. B. für das Zeichnen und die sprachliche Lauterzeugung, schon die wertvollsten Untersuchungen vor. Die alte Forderung, daß die Erziehung »entwicklungstreu« (früher sagte man: »naturgemäß«) sein soll, bedeutet, daß man nicht vorzeitig geistige Akte anstreben solle, die auf der betreffenden Entwicklungsstufe noch nicht dasein *können*, und daß es demgemäß auch vergeblich ist, die sie begünstigenden psychologischen Umhüllungen hervorzurufen. Eine solche Sokratik erzeugt naturgemäß nur Windeier (Theätet). Nichts verfrühen! Nichts künstlich aufpfropfen! Denn die Seele ist nicht wie toter Stoff beliebig bildsam; sie muß ja alles Geistige von innen produzieren; also nützt es ihr nichts, *vor* dieser Zeit von außen zu empfangen.

Die *differentielle Psychologie* (Individualitätspsychologie) dringt naturgemäß als Wissenschaft nie bis zu dem konkret-Individuellen vor, sondern kann nur Individualisierungen, d. h. Typen von relativer Allgemeinheit und relativer Singularität erreichen. Hier ist das Ziel, typische Strukturformen der Seele zu ergründen, die im Spielraum der allgemeinen Entwicklung vorkommen. Insbesondere brauchen wir Bilder von kindlichen Individualitäten, die nicht bloß fotografiert, sondern mit psychologischkategorialer *Auffassung* gewonnen sind. Die großen Grundformen menschlich-geistiger Individualität deuten sich schon hier an: die vorwiegend theoretischen Naturen, die technisch Begabten, die phantastisch-ästhetisch Veranlagten, die Mitfühlenden, die Willensnaturen und die religiös-Andächtigen. Diese ausgeprägten Stärken auf der einen Seite pflegen von ebenso auffallenden Schwächen auf den anderen begleitet zu sein. Die Bildung kann sich hier (je nach dem Bildungsideal) diesen Erscheinungen gegenüber eine doppelte Aufgabe stellen: Sie kann gegenwirken und unterstützen. *Gegenwirkung* ist nur am Platze, wo die einseitige Entwicklung einzelner Anlagen die gesunde Gesamtentfaltung mit Gefahr bedroht: Untätige Träumer, herzlose Verstandesmenschen, rücksichtslose Willensnaturen dürfen in ihrer Grundrichtung nicht unterdrückt werden; diese muß aber ein Gegengewicht durch die Begünstigung der schwächeren Anlagen erhalten. Das Mittel dazu ist *Unterstützung* dieser Seiten, die von allein nicht zum Durchbruch kommen. Geniale Einseitigkeit bedarf keiner Förderung. Wohl aber muß Bildung ihrem Begriffe nach den *ganzen* Menschen im Auge haben, dessen Wert und Lebensfähigkeit durch allzu schroffe Einseitigkeit in Frage gestellt wird.

Zwischen beiden Maximen die rechte Wahl zu treffen, ist nur möglich, wenn ein Bildungsideal als Leitstern vorschwebt. Von seinem Aufbau ist im vorigen Abschnitt die Rede gewesen. Es setzt sich gleichsam aus drei Zonen zusammen: einem allgemein-menschlichen Ideal, einem national und zeitlich bedingten und endlich einem individuellen, das der besonderen Seelenstruktur gerade *dieses* Zöglings angepaßt ist. Der Erzieher muß in einem Akt schöpferischen Verstehens diese »individuelle Idealität« (W. v. Humboldt) des Zöglings ahnen und möglichst schon dann ergreifen, wenn die innere Besinnung darüber im Zögling noch nicht erwacht ist. Nur so schützt er sich davor, ein Ziel zu verfolgen, für das der Zögling seiner ganzen Natur nach nicht bildsam ist.

In dieser individuellen Struktur des Zöglings nämlich ist auf das innigste verwachsen, was wir in abstrakter Betrachtung gesondert haben: konstituierender Akt und psychische Umhüllung. Wer zum Künstler bestimmt ist, in dem lassen sich auch die psychischen Bedingungen von Aufmerksamkeit, Interesse, Lustgefühl und Streben nicht lebendig machen, aus denen das rein theoretische Verhalten mit seinen eigentümlichen Glückgefühlen folgt. Und wer zum Herrschen bestimmt ist, in dem wird die sanfte Gefühlslage, aus der die sich opfernde Menschenliebe folgt, nicht zum Anklingen zu bringen sein. Der geborene Techniker ist mit keinen Erziehungsmitteln in die Gemütslage der andächtigen Seelenpflege hinüberzuzwingen. *Jeder hat seine eigne Bestimmung, und dem-*

gemäß jeder sein eignes Glück. Man kann niemandem ein Glück geben, für das er nicht geschaffen ist.

Hiernach scheint sich der Umfang der Bildsamkeit noch weiter einzuengen, als es anfangs angenommen wurde: nicht nur die objektiven Akte, sondern auch die subjektive Einstellung scheint ganz aus dem Innern zu folgen. Und in der Tat: die Erziehung spielt keine höhere Rolle als das äußere Schicksal. Wie das Schicksal, das den Menschen von außen trifft, eigentlich nur die Kräfte hervorlockt und die Möglichkeiten weckt, die – dem Menschen selbst verborgen – in ihm ruhen und sich als »inneres Schicksal« mit erstaunlicher Konsequenz auswickeln, so ist auch die Erziehung nur eine Weckerin von Möglichkeiten, gleichsam ein sorgfältiges und geduldiges Erproben dessen, was in einer Seele reifen kann. Aber es ist nicht gut, dem Erzieher dies Geheimnis zu verraten; denn nur wenn er an sich glaubt mit der ganzen idealen Kraft einer unenttäuschten Jugendlichkeit, nur dann gelingt ihm das Große, nicht weil er Wunder täte, sondern weil sich an einem resignierten Gemüt keine frische Lebenskraft bilden kann.

VII.

Schlingen wir alle Fäden, die wir einzeln angesponnen haben, zusammen, so können wir das ganze Problem zuletzt in die alte Lebensfrage des Sokrates kleiden: »Ist die Tugend lehrbar?« Denn diese Frage ist in Wahrheit das eine und große Rätsel der Pädagogik, und mag auch die Antwort weder in einem reinen Ja noch in einem schroffen Nein zu geben sein, so bleibt eben, wie wir sahen, dazwischen die Grenzlinie zu bestimmen, *inwieweit* die Tugend lehrbar ist.

Freilich, zwei Veränderungen sind im Laufe der Jahrhunderte an der alten Fragestellung nötig geworden, die wir im Vorangehenden stillschweigend vollzogen haben: Wir hoffen nicht mehr die Tugend zu *lehren* in Worten, Begriffen und Sätzen; denn Tugend ist nicht nur eine Eigenschaft und Leistung der Einsicht, sondern ein geistiges Totalverhalten, das auf Liebe und Kraft ebenso beruht wie auf richtiger Besinnung. Selbst für Sokrates ist es ja nicht erwiesen, daß er unbedingt den Glauben an die intellektuelle Natur der Tugend gehabt hat. Vielmehr leitete er nur durch seine Fragestellung eine innere Besinnung ein, die von der philosophischen Bewegung aus eine Wiedergeburt aus dem Geiste der Selbsterkenntnis bewirken sollte. Und weiter: *die* Tugend als *ein* einheitliches und womöglich durch *einen* Begriff zu umschreibendes Gebilde ist uns ebenfalls entschwunden. Wir wissen, und haben es im Vorangehenden stets berücksichtigt, daß die Sittlichkeit auf einer Verwebung von Werten sehr verschiedener Herkunft beruht und daß überdies jede geistige Individualität *ihre* Tugend, d. h. *ihre* ganz eigentümliche Wertvollendung hat.

Die Frage müßte also genauer und vorsichtiger lauten: *Gibt es sichere Regeln, nach denen eine Natur zu der ihr möglichen höchsten Vollendung gebildet werden kann?*

Gewiß, wir suchen solche Regeln, und ein gewisser Bestand, der wenigstens für unsere Kultur Geltung hat, dürfte gefunden sein. Das Vorangehende zeigt, daß eine Theorie der Bildung von den einzelnen Kulturgebieten aus um so besser möglich sein wird, je tiefer die Einsicht 1. in die spezifische Struktur dieser Gebiete und 2. in ihren spezifischen psychologischen Wurzelboden fortgeschritten sein wird. So hat Schleiermacher in der dritten Rede über die Religion seiner Analyse des religiösen Bewußtseins sogleich eine Bildungstheorie angefügt. Fichte hat seine Wissenschaftslehre nach dieser Seite hin ausgedehnt, und die neuere Sozialpädagogik wird ebenfalls um so größere Erfolge erzielen, je stärker sie an echte Politik, Rechtswissenschaft und Soziologie anknüpft.

Aber diese Anweisungen betreffen sämtlich nur das, was wir die primäre Wertung genannt haben. Denn in all diesen Fällen wurde ein Wertgebiet isoliert und in den Mittelpunkt der Betrachtung gestellt. In Wirklichkeit kommt diese Isolierung so nicht vor, wenn auch die Schule *vorwiegend* zum Wissen, die Kirche zur Religion, der Staat zum politischen Bewußtsein, die Familie zu den Liebespflichten erzieht. Diese Differenzierung ist nirgends ganz rein und streng durchgeführt. Vielmehr ist jede zeitlich konkrete Gestalt kultureller Sittlichkeit bereits ein *Komplex* von Akten und Werten, der in einer ganz eigentümlichen Verwebung die Ideale von Wahrhaftigkeit, innerer Form, Liebe, Freiheit, Arbeitsamkeit und Frömmigkeit zeigt. Und zwar erscheinen diese komplexen Wertgebilde der Sittlichkeit in doppelter Form: als *Kollektivmoral,* wie sie aus dem historisch-gesellschaftlichen Leben jedes Volkes in besonderer Gestalt geboren wird und in das Einzelbewußtsein als fertige Macht eintritt (cf. Nietzsche, Selbstüberwindung), und als *Persönlichkeitsmoral,* die aus dem Zusammenwirken dieser autoritativ überkommenen Wertungsform mit dem inneren Bildungsgesetz des betreffenden Individuums hervorgeht. Wir nannten, entsprechend unserem *synthetischen* Verfahren, jene Kollektivmoral tertiäre, diese persönliche Moral sekundäre Wertung. Ihr gemeinsames Kennzeichen ist, daß sie im Bewußtsein nicht nur als Antriebe und Akte, sondern als verpflichtende Normen erlebt werden. Die kollektiv entstandenen und autoritativ überkommenen Normen sind heteronom, die persönlichen, die aus dem Urgrunde des lebendigen Geistes hervorgehen, autonom. Im gegenwärtigen Zusammenhang können wir unsere Auffassung, daß alle heteronomen Normen zuletzt aus den autonomen hervorgegangen sind, aus dem Spiel lassen. Denn für das sich entwickelnde Bewußtsein des einzelnen gilt doch, daß ihm die gesellschaftlich gewollte Sittlichkeit früher zum Bewußtsein kommt als die *eigne,* die nur in Konflikten mit der Gesellschaft und mit sich selbst erworben [wird].

Zu einer vollständigen Erörterung des Problems der Bildsamkeit aber gehört auch die Untersuchung, ob und wie weit solche heteronomen und autonomen Normerlebnisse in das Individuum hineingebildet werden können. Nach Werten strebt vielleicht jeder ohne bildende Lenkung. Aber in Konflikten der Wertung die rechte (d. h. normgemäße) Linie wirklich zu finden, ist schwerer und liegt tiefer.

Es bleiben also die großen Schlußfragen, die sich nicht auf ein einzelnes Wertgebiet, sondern auf Wertkomplexe beziehen:

Wie ist Hineinbildung in die kollektive Sittlichkeit [und] wie ist Hineinbildung in die persönliche Sittlichkeit möglich?

Daß beides verlangt wird, lehrt die Formulierung der Erziehungsziele: Bald soll der junge Mensch ein *gutes Mitglied der menschlichen Gesellschaft,* bald eine *Persönlichkeit* werden. Und beides braucht sich natürlich nicht auszuschließen.

Im einen Falle ist das objektive Ziel enthalten in einem Zusammenhang von gesellschaftlichen Werturteilen, die sich an den einzelnen richten und für ihn die allgemeine Norm zu der Anrede *»auch du sollst«* gestalten. Im andern Falle handelt es sich um das noch geheimnisvollere *»nur du sollst«,* das gar nicht auf allgemeine Regeln gebracht werden kann, weil man nur typische Situationen, nicht aber ganz besondere, voraussehen kann.

Die Antwort auf diese Fragen muß in derselben Form gegeben werden wie im Anfang, als wir isolierte Lebensbänder betrachteten. Denn auch hier wird vom Individuum ein objektiv-geistiger Akt verlangt, nur daß er jetzt in der inneren Zustimmung zu *komplexen* Geistesgebilden besteht.

Das moralische Urteil der Umgebung (also die Kollektivmoral) wirkt beständig auf den heranreifenden Menschen ein. Der Erzieher, falls er auf dem Boden der gesellschaftlichen Moral steht, bringt es mit besonderer Betonung zur Anschauung. Er lebt dieses fordernde Werturteil vor, er sucht es in geeigneten Situationen in seiner spezifischen Bedeutung darzustellen und gleichsam als ein Element für sich herauszuheben; er erzeugt im Zögling ein subjektives Klima, das der inneren Zustimmung zu dem fertigen Werturteil günstig ist, und endlich sucht er es durch Gewöhnung zu einem Selbstverständlichen zu machen, das dem andern in Fleisch und

Blut übergeht. Der Zögling aber (wir verstehen darunter jeden, der Objekt eines solchen Bildungsprozesses wird) nimmt die Forderung zunächst rein intellektuell in sein Bewußtsein auf als einen Satz, der etwas Bestimmtes aussagt; er interpretiert den gesamten inneren Zustand des Erziehers, für den sich mit diesem Satz eine innere zustimmende Gefühlsbetonung verbindet, und er handelt vielleicht auch unter dem suggestiven und zwangsmäßigen Druck dieser äußeren Geistesmacht. Aber das eine bleibt offen, und in ihm liegt doch das Entscheidende: ob er selbst *von innen*, mit *seinem* Wert- und Normbewußtsein diese Zumutung mit aktivem Leben erfüllt, so daß die fremde Norm zur autonomen wird. Das kann keine Zaubermacht der Erziehung bewirken; denn vielleicht ist das individuelle Bewußtsein für diesen Akt der Selbstbestimmung noch nicht reif, oder es wird nie in ihn hineinwachsen, weil es moralisch zu niedrig organisiert ist, oder es trägt in sich keimhaft eine höhere Moral, die ihm eine andre Bestimmung vorschreibt, eine Bestimmung, die durch die fertige Moral nicht erfaßt wird, weil diese zu allgemein oder zu roh ist.

An dieses Innerste, an diesen aufbauenden Akt der Sittlichkeit, der aus dem Grunde des persönlichen Lebens hervorgehen muß, reicht wieder die Erziehung *direkt* nicht heran. Sie muß sich auch hier darauf beschränken, günstige Dispositionen psychischer Art zu erzeugen und so das eine zu unterstützen, dem andern entgegenzuwirken. Aber Persönlichkeiten *machen* kann sie nicht, wenn auch eine phrasenhafte Pädagogik sich heute gern damit groß tut. Die Persönlichkeit bleibt das Werk ihrer selbst. Man kann dem andern eine Wahrheit nicht fertig von außen geben; noch weniger kann man ihm *seine* Wahrheit, d. h. seine Bestimmung und Sittlichkeit geben. Schon die Zustimmung zu den kollektiven Normen, die die Geschichte erzeugt und überliefert hat, ist freie Tat, wie das einfachste Urteil, das *mit eigner Einsicht* vollzogen wird, freie Tat ist.

Der typische Verlauf freilich mag der sein, daß an den jungen Menschen mit der ganzen Fülle einzelner Verhaltungsweisen im Leben des Erkennens, des ästhetischen, religiösen, sozialen Erlebens auch fertige Regeln einer gesellschaftlichen Moral herangebracht werden. Diese bleiben zunächst autoritativ und gewohnheitsmäßig übernommen. Sie beherrschen, obwohl noch von außen, die eigne Lebensgestaltung. Der Heranreifende steht so lange unter der Leitung einer historisch-gesellschaftlich überkommenen Weisheit, wie es ja auch mit der religiösen Tradition der Fall ist. Aber eines Tages, wenn er überhaupt zu eignem Leben erwacht, werden auch für ihn die kritischen Zeiten kommen. Sie bestehen darin, daß innere Konflikte des Wertens und der Lebensauffassung nicht mehr nach fertigem Maßstab, sondern nach dem eignen Inneren entschieden werden. Der Kampf mag enden mit der Unterwerfung, die dann aber eine freie ist, oder mit der Empörung, die dann schöpferische, persönliche Sittlichkeit ist.

Deshalb liegt der Hebel für bildende Einwirkung nach dieser Richtung *von früh auf* in den Konflikten, die der junge Mensch in sich erlebt. Wie sie, historisch genommen, die Geburtsstätte aller sittlichen Entscheidungen [sind], so auch individuell genommen. In solchen Konflikten vorsichtiger Leiter zu sein, ist höchstes Erziehertum. Ohne die fertige Entscheidung hinzuhalten, bringt diese Leitung die gesamte innere und äußere Lage zu einer klaren, im Mittelpunkt des Bewußtseins stehenden Besinnung. Vorleben, Analysieren, Wertvollmachen, Gewöhnen sind auch hier noch die einzigen Mittel, über die der zum ratenden Freund gewordene Erzieher verfügt.

Hat doch auch Sokrates, der diese ganze Frage aufgeworfen hat, sie nur in diesem Sinne beantwortet: Alle Erziehung zur Tugend hat ihr Ziel darin, daß sie den Menschen zu sich selbst führt. Als Geburtshelferkunst leistet sie nur *Hilfe*, indem sie stark und frei und besonnen macht. Gebären muß jeder selbst, und was er zur Welt bringt, das ist seine Persönlichkeit, sei es nun mit ihrem Adel oder mit ihrer Entartung, je nach dem Dämon, den jeder erlost hat.

Die Bedeutung der wissenschaftlichen Pädagogik für das Volksleben

1920

Immer wieder fordert die gegenwärtige traurige Lage des deutschen Volkes den Vergleich mit den Schicksalen von 1806/07 heraus. Die Stimmung, die damals herrschte, hat Theodor v. Schoen, einer der feurigsten Anhänger Kants, mit den Worten charakterisiert: »Es war ein allgemeiner Eifer des Bessermachens und Besserwerdens, damit man wieder eines besseren Schicksals würdig würde.« Leider dürfen wir einen solchen allgemeinen Eifer zum Besseren von unsrer Zeit noch nicht behaupten. Aber in diesem Kreise von Freunden des Erziehungswesens darf ich die Überzeugung als gemeinsam voraussetzen, daß der Wiederaufbau nur durch Erziehung erfolgen kann, daß der Erziehungsgeist von den Kräften der Liebe, nicht der Verneinung beflügelt wird, und daß allgemein erst die neue Gesinnung geboren werden muß, ehe die neue Zeit geboren werden kann.

Zwischen unsrer Zeit und den Tagen Fichtes, Humboldts und Süverns bestehen jedoch auch wesentliche Unterschiede, die nicht verkannt werden dürfen. Damals vollzog man eine Konstruktion der Erziehung aus der Idee. Es herrschte der produktive Idealismus. Fichtes Tatwille konnte den Versuch wagen, eine ganze Welt durch den bloßen Gedanken zu erzeugen. Die gestaltende Persönlichkeit ging über alles. Heute ist zwar diese Macht der Idee nicht ausgelöscht; aber ihren entscheidenden Untergrund in der Erziehung bildet das ungeheure Leben und Weben der *Gesellschaft.* Es genügt nicht mehr eine bloße Pädagogik der Idee; es muß hinzukommen eine Pädagogik der Realitäten. – Und ein zweiter Unterschied: die neue Erziehung war vor 100 Jahren eine Tat der Verwaltung. Die höchste Blüte des preußischen Beamtentums war es, die auch auf diesem Gebiet der Idee zum Leben in der Wirklichkeit verhalf. Gewiß, der friderizianische Staat erweiterte damals seine Basis. Aber es war eben der Staat, der alles gestaltete und schuf: ein Liberalismus von oben. Wilhelm v. Humboldt blickte schon über diese Grenzen hinaus, wenn er die Ansicht aussprach:

die Sektion des öffentlichen Unterrichts handele eigentlich nur in Vertretung für die Nation, und ihre höchste Bestimmung sei es, sich selbst überflüssig zu machen. Heute ist die Verwaltung längst nicht mehr imstande, dem ganzen pädagogischen Leben Richtung zu geben. Vielmehr wird die Erziehung aus dem Schoße der Gesellschaft immer neu und frei geboren. Der ungeheuren Verwicklung des Kulturlebens entspricht die Mannigfaltigkeit der Erziehungsformen und -gedanken. Schon deshalb ist es unmöglich, heute alles wieder auf *ein* Bildungsideal zurückzuführen. Nur in ganz primitiven, spartanischen Verhältnissen ist die Gleichförmigkeit der Lebensbedingungen so groß, daß das ganze Volk von einem durch den Staat geheiligten Bildungsgedanken beherrscht wird. Auf unsrer Stufe kann nur ein gewisser Grundstock der Gesinnung allen gemeinsam sein – und um den ringen wir jetzt –, die Bildungsinhalte aber müssen mannigfaltig sein wie das Leben selbst.

Für diese Tatsache, daß nicht mehr die Idee und nicht mehr die Verwaltung allein die Pädagogik erzeugt, finde ich bemerkenswerte Symptome in zwei Gründungen aus der Kriegszeit. Ende Dezember 1915 wurde der »Deutsche Ausschuß für Erziehung und Unterricht« ins Leben gerufen, als eine wesentliche Erweiterung des älteren »Bundes für Schulreform«. Die Absicht war damals, über das bloß Schulische und Verwaltungstechnische hinauszugreifen und die Verbindungen zwischen Erziehung und Leben vielseitiger zu gestalten. Es sollten sich *alle* am Erziehungswesen Interessierten zu Aussprache und Arbeit vereinigen. Freilich fand zunächst nur eine ganz freie und lose Auswahl der Gruppen und Einzelvertreter statt. Aber als letztes Ziel schwebte uns schon damals vor, was man ein »Erziehungsparlament« nennen könnte. Die Tendenz, das Erziehungswesen vom fremdartigen Druck der Politik und der Wirtschaftsinteressen zu befreien (natürlich ohne ihre notwendigen Lebensbeziehungen zu diesen Gebieten zu zerschneiden), war bei der Gründung des »Deutschen Ausschusses« dunkel wirksam, und im Hintergrunde lag als Ziel vielleicht ein solches System der Selbstverwaltung des Bildungswesens, wie ich es in meinen Thesen für die Reichsschulkonferenz in den Umrissen gezeichnet habe.

Noch älter als der »Deutsche Ausschuß« aber ist das »Zentralinstitut für Erziehung und Unterricht«, das im März 1914 gestiftet und im März 1915 eröffnet wurde. Sammelten sich dort die Menschen, so sollte hier zunächst einmal der Sachgehalt gesammelt werden. Aber das Zentralinstitut wollte nicht nur sammeln, sondern auch verarbeiten und verbreiten. Seine Aufgabe ist eine dreifache: es ist eine Beobachtungswarte für die vorhandenen pädagogischen Strömungen und Bedürfnisse, sodann ein Verarbeitungsmittelpunkt, und endlich soll es das so Gestaltete wieder ausströmen lassen in die Welt, aus der es die Anregungen empfing. In dieser dreiteiligen Funktion spiegelt sich deutlich das Verhältnis von Volksleben und Pädagogik überhaupt: das erste möchte ich nennen »Die Geburt der Pädagogik aus dem Volksleben«, das zweite ist die Sammlung und Verarbeitung in der pädagogischen Wissenschaft, das dritte die Rückwirkung dieser Wissenschaft auf das Leben.

I.

Ich beginne mit dem Hauptgedanken und zeichne ein Bild der Volkskultur als eines immer wieder Erziehung gebärenden Lebens.

Jedes Kulturgebiet trägt einen Selbstfortpflanzungstrieb in sich. Es *wächst* dadurch, daß aus der einsamen Seele in zahllosen Generationen und gesellschaftlichen Verbindungen Werte herausgestaltet werden in die objektive Welt der Kultur. Es *erhält sich am Leben* dadurch, daß diese Wertgebilde wieder zurückverwandelt werden in subjektives Erleben und Verhalten. Jede Kulturschöpfung löst automatisch einen Erziehungswillen aus. Man kann sagen: wo drei versammelt sind, da ist auch schon ein Stil des Lebens, der sich fortpflanzen will. Aber mit dieser Entstehung aus der objektiven Kultur kommen in das Erziehungsleben auch ungeheure Gegensätze, Antinomien und Verwicklungen hinein: Es erwacht der Kampf der Bildungsmächte.

Verfolgen wir diesen Prozeß im einzelnen. Am sichtbarsten ist er in der *Wissenschaft*. Jede neue Erkenntnis sehnt sich nach Wirkung in den Köpfen der Jugend. Jede neue Theorie will Anhänger werben, um Macht zu gewinnen über das Leben. So entstand in den Tagen von Plato und Aristoteles die Hochschule aus der Gemeinschaft des wissenschaftlichen Suchens und Forschens selber. So erneuerte sie sich – gewiß nicht ohne verborgene Kontinuität – auf der Höhe des sogenannten Mittelalters. Bis heute sind in ihr wissenschaftliche Erzeugung und wissenschaftliche Erziehung zu einer sichtbaren Organisation der Erkenntnisarbeit vereint. Aber auch außerhalb der Universitäten und Akademien wächst unablässig Wissenschaft empor, die sich fortpflanzen will. Wir freuen uns dieser Belebung von außen, die eine notwendige Ergänzung des organisierten Betriebes ist. Zeitungen, Zeitschriften, Bücher, Vereine, Gesellschaften erzeugen nicht nur immer neuen Wissensstoff, sondern sie sind auch Erziehungsträger, die das Erarbeitete im Volk lebendig machen wollen.

In der *Kunst* ist zwar die höchste Schöpferkraft am wenigsten übertragbar. Und doch strebt auch hier fast jeder Meister nach Jüngern, ja ganz ungewollt »macht er Schule«. So liegen in der produktiven Kunst unmittelbare Erweckungskräfte, die einen Zusammenhang künstlerischer Erziehung begründen. Als pädagogischer Vorgang breiter aber ist die Belebung der tieferen *Genuß*fähigkeit. Sie bedeutet die ästhetische Erziehung im engeren Sinne. Die vom Volk selbst erzeugte Kunstblüte bedarf der seelischen Kultur zu ihrer Erhaltung. Vereine für volkstümliche Kunstpflege sind aus dieser Erkenntnis erstanden. Kunsterziehungstage haben wesentliche Arbeit geleistet. Unschätzbar ist die Tätigkeit des »Kunstwarts«, des »Dürerbundes«, des »Deutschen Werkbundes« für die Lebendighaltung der kunstschaffenden und kunstliebenden Volkskräfte. Daneben sehen wir auch hier die Propaganda der kleinen Gruppen, in denen oft der Fanatismus einer religiösen Gläubigkeit lodert. Alles aus der Seele Gestaltete hungert nach Wirkung und Leben.

Dies gilt nicht minder von der realen *Welt der ökonomischen und technischen Produktion*. Jedes wirtschaftliche Herstellungsverfahren bedarf der Vererbung an die nachfolgende Generation. So haben sich besonders im Orient volkstümliche Kunstgewerbe von hoher Vollendung durch die Jahrhunderte fortgepflanzt. Je komplizierter die wirtschaftlichen Produktionsformen werden, um so dringender wird auch die pädagogische Überlieferung. Die alten Zünfte sind nicht nur Produktionsgemeinschaften gewesen, sondern zugleich Erziehungsgemeinschaften, in denen Qualitätsarbeit und anständige Berufsgesinnung auf der Höhe erhalten wurden. Man darf nicht sagen, daß der wirtschaftliche Erziehungsgeist sich im letzten Jahrhundert gleich kräftig erwiesen hätte. Fast die ganze Intensität der Arbeit hat sich auf den wirtschaftlichen und technischen Fortschritt selbst konzentriert. Aber in schwerem Kampf gegen den Allgemeinbildungsgedanken sind zuletzt noch Gewerbeschulen, Handelsschulen, landwirtschaftliche Schulen, Technika und Technische Hochschulen entstanden. Der Anteil, den die Wirtschaftsgruppen selbst an diesen pädagogischen Schöpfungen gehabt haben, ist ebenso hoch einzuschätzen wie der der pädagogischen Kreise. Die Innungen gingen voran. Lange Zeit hat das Handwerk auch die Erziehung für die Industrie mitgeleistet. Jetzt aber steht daneben schon ein weit ausgebautes, blühendes Bildungswesen der großen Werke, und in den Leistungen des »Deutschen Ausschusses für technisches Schulwesen« steckt vielleicht das schöpferischste Stück der neuen deutschen Bildungsarbeit. Allgemein gesagt: es gibt keinen hochstehenden Beruf ohne eigne Erziehungsformen. So erwachsen allmählich aus dem Leben selber plastische *Berufsideale*, die nicht nur die spezielle wirtschaftliche Leistung, sondern den ganzen Menschen umfassen. Vor unseren Augen entstand der deutsche Ingenieur, in dessen Ausbildung die

Konstruktionskunde nur einen kleinen Teil bedeutet: volkswirtschaftlicher Überblick und Organisationsgabe sind ihm ebenso wesentlich. Für die Betriebsräte werden ganz neue Bildungsformen gefunden werden müssen, wenn sie wirklich für den Produktionsprozeß etwas leisten sollen. In Zusammenhang mit den Berufsidealen steht sodann das neue pädagogische Gebiet der *Berufsberatung*. Sie darf nicht zu eng gefaßt werden, wenn sie echte Erziehungsaufgaben lösen soll, und kann daher weder auf die Prüfung elementarer Einzelleistungen eingeengt werden, noch überhaupt ausschließlich Sache des Psychologen sein: vielmehr hat hier der Fachmann das letzte Wort, und das letzte Ziel liegt in dem rechten Berufsethos.

Die pädagogische Schöpferkraft der Wirtschaft beschränkt sich jedoch nicht auf die Fortpflanzung einzelner Produktionsformen und technischer Verfahren. Die Geschichte lehrt, daß jedem Wirtschaftssystem ein ganz bestimmtes Erziehungssystem entspricht. In den Erziehungsformen des 17. und 18. Jahrhunderts spiegelt sich nicht nur die ständisch gegliederte Gesellschaft, sondern auch der Merkantilismus. Physiokratische Ideen klingen bei Rousseau, Rochow und Pestalozzi an. Der ökonomische Liberalismus hat am wenigsten ausgeprägte Erziehungsformen geschaffen, weil er dem Grundsatz der wirtschaftlichen Selbsthilfe und Selbstbildung huldigte und nur das allgemeine Menschentum zu entwickeln bestrebt war. Der ökonomische Sozialismus hat sich in früheren Zeiten viel mit Erziehungsproblemen beschäftigt. Man stelle etwa das, was der französische Sozialist Fourier und der englische Sozialist Robert Owen über die frühe Arbeitserziehung gedacht haben, neben die weit abweichende Auffassung, die durch die Menschheitserziehung des liberalen Fröbel geht. Es ist kein Zweifel, daß eine sozialistisch organisierte Wirtschaft ohne ein ganz neues wirtschaftliches Erziehungssystem gar nicht denkbar wäre. Doch scheint mir, als ob dieses Problem in den Einzelheiten bisher nur wenig durchdacht wäre. Die sozialistischen Politiker wenigstens haben überwiegend Anleihen bei dem liberalen Erziehungssystem oder dem demokratischen der abstrakten Gleichheit gemacht und damit Wege beschritten, die jedenfalls nicht zu der sozialistischen Wirtschaft hinführen können, wie sie uns in der Idee entworfen wird.

Hier kreuzt sich jedoch mit dem wirtschaftlichen schon *das soziale Gebiet*. Auch abgesehen von den Inhalten des gesellschaftlichen Lebens, wie sie in Wirtschaft, Technik, Kunst und Weltanschauung erzeugt werden, erwachsen aus der Struktur der Gesellschaft, ihren Gliederungen und Schichtungen, ganz von selbst pädagogische Verhältnisse. Der Unterschied der *Lebensalter* erzeugt immer von neuem die abweichenden Lebensideale der Generationen. Die erwachsene möchte der Jugend ihren Stempel aufdrücken; die heranwachsende macht ihr Recht auf einen eigenen Lebensstil und freie Selbsterziehung geltend. So kämpfen zu allen Zeiten pädagogische Bewegungen mit Jugendbewegungen – oft auch durchdringen sie sich zu eigentümlichen Synthesen. Ebenso führt der Unterschied der *Geschlechter* zu geordneten Erziehungsformen. Allen abstrakten Theorien zum Trotz hat sich eine spezifische Frauenbildung aus dem Schoße der modernen Gesellschaft heraus entfaltet. Neben den gemeinsamen Gütern führen die Mädchenfortbildungsschule, die allgemeine Frauenschule, die soziale und die sozialpädagogische Frauenschule ein durchaus eigentümliches Bildungsgut, das nur durch die Frauenbewegung erarbeitet werden konnte. Ja, auch zu einer eigentlichen Frauenhochschule sind Ansätze in Deutschland gemacht worden. – Ich erinnere weiter an die Differenzierung der deutschen *Stämme*, deren besondere Bildungsideale man aus den Berichten der kürzlich abgehaltenen Landesschulkonferenzen deutlich herauslesen kann, am ausgeprägtesten wohl für Württemberg. Im Vordergrunde der Beachtung aber steht gegenwärtig das Verhältnis der *Stände* und *Klassen* zur Erziehung. Es kann nicht geleugnet werden, daß sich der Macht- und Lebenswille einer jeden Klasse auch in einem eigentümlichen Erziehungssystem ausspricht. Jede will ihre Eigenart betonen und ihre Werte zur Geltung bringen. Das Verlangen nach Aufhebung der Klassenunterschiede ist nur die Form, in der sich eine aufsteigende Klasse durchsetzt: später wird auch sie ihren besonderen Typus entwickeln. In der gegenwärtigen Erziehungswirklichkeit kann man die historischen Schichten noch deutlich erkennen: die geistlich-gelehrte, die adlige, die bürgerliche Erziehung sind nacheinander emporgewachsen, und eine proletarische verlangt nach der Herrschaft. Der Selbsterhaltungsdrang und der Geltungswille einer Klasse strömt am kräftigsten aus in ihrem Erziehungswillen. Auf einem ganz anderen Boden aber wachsen die Bestrebungen nach dem Ausgleich der geistigen Klassenunterschiede innerhalb einer Volksgemeinschaft. Dort herrscht der Sonderwille, hier sucht man nach Verständnis und Einheit. Die Gegenwart hat eine Fülle von Erziehungseinrichtungen geschaffen, deren Zweck es ist, das geistige Besitztum der Nation und der Menschheit an möglichst weite Kreise heranzubringen. Es lebt in dieser Sozialpädagogik außer dem alten christlichen Liebesgeist und dem neuen Nationalgedanken nichts anderes als die werbende Kraft der geistigen Werte selbst, denen jede Abschließung nach Kasten wesensfremd ist. Die Wege dieser Wirkung werden freilich noch tastend gesucht, und dem guten Willen antwortet oft das Gegenteil. Volksbibliotheken, volkstümliche Vorträge und Volkshochschulen entstehen in enger Verbindung mit den geistigen Grundrichtungen, die im Volke lebendig sind: ein

Netz von Kanälen zu ihrer geistigen Befruchtung durchzieht die Gesellschaft. Die rechten Methoden psychologischer Vermittlung und Anknüpfung freilich erschließen sich erst der feineren Erfahrung und Kritik.

Endlich übernimmt die »Gesellschaft« selbst – wenn man dieses unbestimmte Wort für die Gesamtheit freier Erziehungsgruppen anwenden darf – eine Fülle stellvertretender pädagogischer Funktionen dort, wo die Kräfte der Eltern aus Not oder Schuld versagen. Es ist, als ob ein dunkler Instinkt dahin drängte, einen Ersatz für die alten organischen Erziehungsmächte zu schaffen, die das mechanisierte Leben der Großstadt aufgelöst hat. Kinderfürsorge und alle Formen der Jugendfürsorge sind zu einem großen Arbeitsgebiet der Gegenwart geworden. Die Jugendpflege reicht auch an diejenigen Teile der Jugend heran, die zwar nicht unmittelbar gefährdet sind, aber doch eines geordneten Erziehungseinflusses außerhalb der Schule bedürfen. In all diesen sozialpädagogischen Einrichtungen offenbart sich ein mächtiger Trieb des Volkes, seine Gesundheit, Sittlichkeit und geistige Einheit gegen die Schädigungen einer hochgesteigerten Kultur zu beschützen. Die Frage aber, ob dabei ein Maximum von staatlicher Organisation wünschenswert sei, oder ob man die freien beweglichen Erziehungsmächte der gesellschaftlichen Gruppen sich auswirken lassen solle, scheidet die Geister und führt hinüber ins eigentlich *politische Gebiet.*

Alle Erziehungsfunktionen sind zugleich Machtwirkungen. Es gibt keinen Staat, der nicht danach strebte, seinem Volk gegenüber Erzieher zu sein und dadurch seinen eigenen Bestand zu festigen. An dem Umkreis der Bildungsveranstaltungen, die er seinem direkten Einfluß unterstellt, erkennt man das Maß und die besondere Richtung seines Kulturwillens. Der liberale Staat verläßt sich auf das freie Spiel der Kräfte und bietet nur eine Anzahl lose organisierter, allgemeiner Bildungsmöglichkeiten. Der soziale Staat will auch hier die Gesellschaft durchorganisieren und bindet den Weg des einzelnen eben um des Ganzen willen. Dazwischen eine Fülle von gemischten Formen. Wir finden unser staatliches Schulwesen gerade jetzt unter dem Einfluß politischer Tendenzen, die zwischen dem liberalen Prinzip des freien Aufstiegs und dem sozialdemokratischen der grundsätzlichen Gleichheit noch unentschieden schwanken. Auf diese Kräfte könnte man nur durch Aufrollung eines großen historischen Zusammenhanges eingehen. Ich beschränke mich hier auf die politische Erziehung im engeren Sinne, d. h. auf die Erziehung zum Staatsverständnis und zur Staatsgesinnung.

In Deutschland hat erst der große Krieg Ansätze zu einer Erziehung in außenpolitischer Richtung gebracht. Man hat die Notwendigkeit erkannt, sich mit der Welt ringsum vertraut zu machen, nachdem wir das Unheil des Nichtverstehens und Nichtverstandenwerdens zwischen den Völkern in seiner ganzen Schwere erfahren haben. Und sollte einmal mit dem Völkerbundgedanken wirklich Ernst gemacht werden, so würde eine echte Rechtsgemeinschaft unter den Nationen ebenso der Vorbereitung durch Erziehung bedürfen, wie einst für den Rechtsstaat erzogen werden mußte.

Die innere Politik aber steht unter dem Zeichen der Zerklüftung der Parteien. Jede von ihnen hat ihr Erziehungsprogramm und einen ausgeprägten Erziehungswillen. »Wer die Jugend hat, der hat die Zukunft.« In dieser Spaltung liegt unsere größte Gefahr. *Wenn es nicht gelingt, die Sache der Nation wieder über die Sache der Partei zu stellen, so sind wir verloren.* Ich bekenne, daß ich die Lage mit geringer Hoffnung ansehe. Gibt es einen Ausweg aus dieser politischen Selbstzersetzung des Volkes, so führt er über das erwähnte Erziehungsparlament, dessen Aufgabe es wäre, die Bildungsfragen aus der unmittelbaren Verflechtung mit dem Klassenkampf, den Machtgegensätzen und Wirtschaftsinteressen zu lösen. Freilich ist dabei zu erwägen, ob es eine politische Erziehung geben kann, die ganz frei ist von Parteigesichtspunkten; denn die Parteien bedeuten eben verschiedene grundsätzliche Staatsauffassungen. Es hilft nichts, diese wegzuwünschen; sie sind da und bedeuten lebendige Kräfte, denen gegenüber der Maßstab von wahr und falsch versagt. Politische Erziehung kann nicht unparteiisch, sie kann nur überparteiisch sein, und ihre Aufgabe liegt zuletzt in der Anleitung zum gegenseitigen Verstehen. Die Parteien müssen sich anerkennen lernen als geistige Mächte, die mit Notwendigkeit aus einem bestimmten sozialen und kulturellen Boden entstehen. Erst in dem bewegten Spiel dieser Kräfte liegt das *Ganze*, und niemand darf vergessen, daß er von seinem Standort aus dieses Ganze nur in einer bestimmten Perspektive sieht, daß aber auch in der Haltung der anderen Gruppen ein Maß von innerer Berechtigung liegt.

Staatsauffassungen sind immer zugleich auch Lebensauffassungen und Weltanschauungen. Damit erreichen wir den letzten und den höchsten Punkt: den Kampf der *Weltanschauungen* um die Erziehung.

Die moderne Gesellschaft *hat* nun einmal keine einheitliche Weltanschauung und wird sie nie wieder haben. Der eine Sinn des Lebens bricht sich in den einzelnen, in Zeiten und in Gruppen mannigfach individualisiert. Und nirgends drängen diese letzten Überzeugungen entschiedener zum Durchbruch als in der Erziehung, die dem werdenden Leben Sinn und Richtung geben will. Aber auch hier muß die große Einseitigkeit in einem höheren Bewußtsein überwunden werden. Man muß nicht nur den einen Stil des Lebens lehren, sondern auch den Blick öffnen für die anderen Typen, in denen sich die Stellung zum Dasein ausspricht: man muß zuletzt dahin führen, auch sie in ihrer organischen Mannigfaltigkeit zu begreifen, wie die Formen der Pflanzen oder der tierischen Geschöpfe. Greifen wir nur einige Gegensätze aus unserer geistigen Umgebung heraus: Neben der religiösen Weltanschauung steht die positivistisch-rationalistische: dort wird die Erziehung ganz auf den frommen Sinn, hier auf Wissenschaft gestellt. Die individualistische Weltanschauung ringt mit der sozialistischen: dort entfaltet man die frei und schön vollendete Persönlichkeit, hier formt man sie zum Dienste der Gesellschaft. Die historisch-romantische Betrachtung hat zum Gegensatz die naturrechtlich-fortschrittliche: dort Bindung an die gute alte Zeit, hier der Wille zum Neuen, erst zu Erprobenden. Vielleicht nicht ganz auf gleicher Ebene liegen die utilitarische und die idealistische Weltanschauung. Stellt jene alles auf die Erziehung zu Nützlichkeitswerten, so geht diese auf die letzten geistigen Lebenswerte zurück. Und doch kann, recht verstanden, überall die eine Seite nicht ganz ohne die andere bestehen. Überhaupt: keine dieser geistigen Mächte ist für sich in ihrer reinen Isolierung lebensfähig. Hegel behält recht: ohne ihren Gegensatz hätten sie gar kein Leben. Man soll daher nicht die eine Seite durch die andere vernichten, sondern beide in einer höheren Einheit zu verbinden suchen. Der Sozialismus oder der Liberalismus rein zu Ende geführt, würde den Tod des einzelnen und der Gesellschaft bedeuten. Deshalb kann es nur darauf ankommen, ein Gleichgewicht der Kräfte zu suchen. Und während die Vermittlung zwischen bloßen Begriffen immer ein unentschiedenes Kompromiß bedeutet, gestattet die lebendige Wirklichkeit oft, einander entgegenwirkende Kräfte zu einem organischen System zu verbinden.

So mündet also alles zuletzt in eine *Pädagogik des Verstehens*. Der Antagonismus der geistigen Mächte, die aus dem Volksleben geboren werden, fordert eine ihnen überlegene, höhere geistige Macht, durch die sie alle ihrem Wert und Recht gemäß zur Geltung kommen. Aber gerade dieser produktive Ausgleich ist nicht möglich ohne die Kraft der Wissenschaft, und die Widersprüche des Lebens selbst treiben über die bloße Tatsächlichkeit hinaus zu der großen ordnenden, gestaltenden und versöhnenden Macht, die in der Theorie und Besinnung liegt. Einheit und Synthese, Durchleuchtung und Beherrschung der gesellschaftlichen Erziehungsmächte ist nicht erreichbar ohne eine wissenschaftliche Pädagogik.

II.

Die Aufgabe der wissenschaftlichen Pädagogik liegt also darin, eine bereits gegebene Kulturwirklichkeit aufzufassen, unter ordnende Begriffe zu bringen und zuletzt durch Wertsetzungen und Normen zu gestalten. Sie beginnt mit der Beobachtung und Beschreibung all der mannigfaltigen Zusammenhänge, die wir soeben kurz angedeutet haben; sie sucht die funktionellen Abhängigkeitsverhältnisse auf, die zwischen Kultur und Erziehung bestehen; sie zergliedert die komplexen Strukturen der geistig-gesellschaftlichen Welt auf das eigentümlich pädagogische Moment hin. Aber schon diese Arbeit ist ohne leitende Begriffe und Gesichtspunkte nicht zu leisten: ohne das Fächerwerk einer geistigen Auffassung gelingt auch die Beschreibung nicht. Unter ihrem Einfluß gestaltet sich das Rohmaterial zu einem gesetzlichen Ganzen. Durch ein isolierendes und idealisierendes Verfahren werden Typen von Erziehungsformen gebildet, in denen gleichsam die reinen Strukturen der Erziehungswirklichkeit bloßgelegt werden. Aber auch diese gedankliche Verarbeitung ist noch nicht das letzte: die Wissenschaft hat auch das Recht, Werte zu setzen und Normen aufzustellen. Man hat ihr zwar neuerdings den Schritt in das Gebiet der Werturteile untersagen wollen. Und gewiß mit Recht, wenn man unter Werturteilen solche versteht, die aus der subjektiven Leidenschaft oder dem parteiischen Interesse hervorgehen. Alle Werturteile aber zu verbieten, heißt die Wissenschaft entmannen. Es gibt ein Denken über Werte – die Griechen nannten es φρόνησις. Auf der Grundlage eines wissenschaftlichen Bewußtseins, das sich über die Kulturzusammenhänge und die darin enthaltenen reinen Typen und Strukturen klar geworden ist, gestaltet sich auch das Wertedenken reiner und objektiver. Es wäre traurig, wenn alle in der Welt ein Urteil über das, was sein *soll*, haben dürften, nur der Gelehrte nicht. Auch er darf Normen aufstellen, und nicht nur allgemeinste formale Prinzipien, sondern solche, die für die besondere inhaltliche Lage der Gegenwart gelten, gerade deshalb, weil niemand das Besondere und die Bedingtheit dieser Gegenwart so tief erfaßt, wie er, der in die geistigen Gesetzlichkeiten eingedrungen ist. Und sollte selbst in seiner Entscheidung ein persönlicher Faktor wirksam bleiben, so wäre auch dies kein Grund gegen die Entscheidung überhaupt: denn ohne alle persönlichen Synthesen wäre die Wissenschaft eine Danaidenarbeit, unvollendbar und hoffnungslos. Der Wille zur Objektivität kann nicht so weit getrieben werden, daß überhaupt keine formende und gestaltende Seele mehr übrig bleibt. Wir treiben Wissenschaft, um zu wachsen, nicht um uns zu verlieren. Die beiden ersten Stufen: das Beschreiben und Verstehen, bedeuten eine rein theoretische Einstellung: aus ihr entsteht ein Kulturbewußtsein, in dem die sich durchkreuzenden Strömungen geklärt und geordnet sind. In der dritten Funktion aber, durch Ablehnung der einen, Bejahung der andern, ersteht gleichsam wieder der lebendige Mensch, in dem sich der Wille zum Wert über das bloße Konstatieren und Registrieren erhebt.

Es folgt aus der Verflechtung des Erziehungsvorganges in das Ganze der Kultur, daß eigentlich die Gesamtheit der Geisteswissenschaften in der pädagogischen Fragestellung zusammentrifft. Man denke z. B. an die moderne Idee der *Arbeitsschule*. Um zu ihr Stellung zu nehmen, muß man sie in die mannigfachen Komponenten auflösen, die in ihr vereinigt sind. Die Arbeitsschule hat eine entschieden ökonomisch-technische Seite. Insofern sie das Prinzip der Anschauung unterstützen soll, greift sie in Erkenntnistheorie und Psychologie hinüber. In der Arbeitsgemeinschaft liegen soziologische Momente, und zuletzt untersteht das Ganze dem ethischen Problem. Erst aus der Erkenntnis dieser Faktoren vermag man die verschiedenen Typen der Arbeitsschule herzuleiten und durch eine spezifische Synthese eine *Erziehungsidee* zu begründen. – Oder das Gebiet der *Fortbildungsschule:* ihre Einrichtung ist auf der einen Seite bestimmt durch die allgemeine Psychologie der Pubertät; aber mit der Berufserziehung reicht sie in die wirtschaftlichen Verhältnisse hinein; mit der politischen Erziehung in die Eigenart des modernen Staates, der mehr als eine Wirtschaftskompagnie ist; und mit den Einzelheiten der Berufskenntnisse berührt sie die theoretischen Wissenschaften und ihre technischen Anwendungen. Endlich ein drittes Beispiel: wer über den *Bildungswert des klassischen Altertums* nachdenkt, findet, daß es sich hier nicht um eine konstante Größe handelt, sondern um eine immer neue, lebendige Vermählung von Gegenwart und Vergangenheit. Bald steht bei dieser wertenden Durchdringung die politische Seite im Vordergrund, bald die ästhetische, bald die moralische und bald die wissenschaftliche. Dadurch erweist sich das Altertum – nicht als eine Ausgrabung des längst Verstorbenen, sondern als eine noch immer lebendige Kulturgegenwart, von der sich niemand zu lösen vermag, der überhaupt den Sinn unserer Kultur durch zeitüberwindende geschichtliche Besinnung zu erfassen strebt. Ja, vielleicht gibt es überhaupt gar kein volles Selbstverständnis unserer Kultur ohne diese Abzeichnung gegen eine andere, die uns immer wieder die jeweils lebendigste Stelle unseres Wertens und Wollens zu erfassen hilft.

Aber das sind bereits einzelne Anwendungen der pädagogischen Wissenschaft. In ihrem Grundaufbau ist sie durch die Seiten bestimmt, die am

Bildungsvorgang als einer eigentümlichen Kulturerscheinung unterschieden werden können. Sie ordnet daher die Mannigfaltigkeit der pädagogischen Erscheinungen in der geschichtlich-gesellschaftlichen Welt unter die vier Hauptgesichtspunkte: *Bildungsideal, Bildsamkeit, Bildner und Bildungsgemeinschaft.*

Die Theorie des Bildungsideals geht aus von den ewigen Grundtypen, auf die sich die historisch gegebenen Ideale zurückführen lassen; sie studiert dann ihre historisch bedingten Erscheinungsformen, in denen sich die Grundtypen mannigfach mischen und inhaltlich ausgestalten. Endlich sucht sie auf der Grundlage dieser Besinnung die Bildungsideale zu kritisieren, die aus dem Leben der Gegenwart erwachsen, und vermittelst einer individualisierenden Betrachtung der kulturellen und persönlichen Bedingungen das Maß ihrer normativen Geltung zu bestimmen.

Die Theorie der Bildsamkeit (die pädagogische Psychologie) hat zu ihrer Voraussetzung eine entwicklungspsychologische Jugendkunde, die auch die individuellen seelischen Unterschiede mitumfaßt. An ihre Ergebnisse hat die psychologische Untersuchung der Erziehungs- und Unterrichtsmethoden anzuknüpfen. Und zwar ist diese Didaktik und Erziehungslehre einerseits durch den Sachgehalt des Bildungsgutes, also durch ein erkenntnistheoretisches und werttheoretisches Gesetz bestimmt, andrerseits durch die psychologischen Formen der Aneignung (den inneren Erzeugungsprozeß). In diesen Zusammenhang gehört als eine besondere Methode, nicht als ein besonderes Gebiet, auch die experimentelle Pädagogik, deren Forschungsgegenstände sich auf die pädagogischen *Mittel* beschränken.

Die Psychologie und Ethik des Erziehers hat die Aufgabe, nachzuweisen, daß der Typus des Menschenbildners ebenso eine eigentümliche geistige Lebensform darstellt, wie der große Künstler. Und zwar liegt der Mittelpunkt seines Wesens in einem doppelten Eros: der Liebe zu den geistigen Werten und der Liebe zu den sich entwickelnden Seelen, in denen er produktive Wertmöglichkeiten ahnt.

Die Bildungsgemeinschaft und das Bildungswesen endlich sind Gegenstand der pädagogischen Soziologie, die als ein Teil der allgemeinen Soziologie behandelt werden muß, und zwar nicht nur methodisch, sondern auch insofern, als die Formen der freien Bildungsgemeinschaft und des organisierten Bildungswesens durchaus von der allgemeinen Struktur der Gesellschaft abhängig sind, in die man sie eingelagert findet.

Ein Wort möchte ich in diesem Zusammenhang auch für die historische Seite der pädagogischen Wissenschaft einlegen. Sie ist durchaus nicht nur ein unfruchtbares, antiquarisches Bemühen. Vielmehr gibt die Geschichte der Erziehung, wenn man sie recht betreibt, erst jene Weite,

Klarheit und Höhe des Kulturbewußtseins, ohne die die Erziehung ein begrenztes Handwerk bliebe. Freilich muß die Geschichte zu diesem Zweck auch von einer weiten Fragestellung getragen sein. Sie darf nicht nur sonderbare Meinungen verstorbener Autoren und Schulordnungen verklungener Zeiten sammeln, sondern sie muß echte Kulturgeschichte sein. Es wäre z. B. wichtig, die tatsächlichen Ergebnisse historischer Erziehungssysteme an dem Leben der von ihnen gebildeten Generation zu verfolgen. Wie hat die pietistisch, die philanthropisch, die romantisch erzogene Generation sich in der kulturellen Arbeit bewährt? Auch eine Geschichte der Familienerziehung ist noch ungeschrieben, und eine Geschichte des Kindes – dessen kulturelle Wandlungen man nicht unterschätzen soll – würde die interessantesten Ergebnisse für die ganze Kulturgeschichte liefern. Einen Ausschnitt dieser Aufgabe, die Sozialgeschichte des Kindes, hat mein Kollege Ernst Schultze in Leipzig in Angriff genommen. Eine Geschichte der Jugendbewegungen würde sich notwendig anschließen.

Für diese umfassende wissenschaftliche Arbeit muß es Mittelpunkte geben. Nicht immer wird sie bis in die Quellen produktiver Forschung zurückgeführt werden können. Oft wird es sich nur um die wissenschaftliche Durchleuchtung und Vertiefung der täglichen Praxis handeln. Die strenge pädagogische Forschung muß an der Universität vertreten sein. Freilich kann kein Mensch und kaum eine Gruppe von Menschen die ganze Breite der heutigen Erziehungswirklichkeit aus eigener Anschauung kennenlernen. Und doch bedarf es der einheitlichen, ganz persönlichen Durchdringung dieses vielverzweigten Ganzen. Der Sammelpunkt für alle Erfahrungen und Bewegungen auf dem Gebiete der Erziehung ist der Professor der Pädagogik; und hoffentlich ist er kein durchlässiges Sieb, sondern ein formender und gestaltender Geist, der das Empfangene zur Idee verarbeitet zurückzugeben vermag. Es ist aber auch möglich, an ganze pädagogische Hochschulen zu denken, die vom Bildungsgedanken und von dem Eigenleben der Erziehung aus organisiert sind. Die wichtigste Vorarbeit für eine solche und mehr als dies ist das *»Zentralinstitut für Erziehung und Unterricht«*. Alle Bewegungen, die ich früher geschildert habe, sind in ihm schon irgendwie berücksichtigt. Die Tafel seiner inneren Gliederung zeigt den Reichtum des heute bereits Aufgenommenen, und es werden noch immer neue Aufgaben hinzutreten. Aber diese umfassende wissenschaftliche Arbeit wird nicht geleistet zum Zweck einer akademischen Aufspeicherung, sondern sie soll gestaltend und befruchtend zurückwirken auf das Leben.

III.

Wie der Künstler den erlebten Eindruck durch seine Seele hindurchgehn läßt und dann als beseeltes Gebilde wieder in die äußere Welt hinausstellt, so wirkt das wissenschaftlich Durchdachte und Gestaltete zurück auf das Volksleben, aus dem es ursprünglich geboren ist. Das Ziel aller dieser Bemühungen ist die Jugend des Volkes, seine bessere Zukunft. Denn Erziehen ist immer Glaube an das Leben. Wenn Nietzsche einmal gesagt hat: »Die Natur hat es schlecht mit dir gemacht; du willst ihr helfen, daß es ihr mit anderen besser gelinge«, so möchte ich den Gedanken mit einer leichten Veränderung auf unser ganzes Volk anwenden: »Die Geschichte hat es schlecht mit dem deutschen Volke gemacht; wir wollen ihr helfen, daß es ihr in Zukunft besser mit ihm gelinge.«

Die Mittel zu diesem Ziel sind zwei: Organisation und Lehrerbildung. Die Organisation schafft den Leib, die Lehrerbildung die Seele. Man soll nicht alles vom Leib erhoffen. Es ist der Geist, der sich den Körper baut. Der wahre geistige Gehalt muß im Erziehungswesen lebendig werden, und das kann er nur durch den vom pädagogischen Eros beseelten Lehrer. Man lerne endlich, mehr durch Menschen zu wirken als durch Institutionen. Die Ausbreitung dieses lebendigen Geistes ist aber vor allem da erforderlich, wo nicht mehr die organisierte Schule wirkt, sondern die Gesellschaft selbst zu pädagogischem Verantwortlichkeitsgefühl erweckt werden soll. Hier bedarf es immer neuer Anregungen. Die Methoden, die hier versucht, die Erfahrungen, die dort gemacht worden sind, müssen immer wieder ausgetauscht und allgemein zugänglich gemacht werden. Auf diesem Wege sind die neuen sozialpädagogischen Gebiete, die Kinderfürsorge, Jugendpflege und Volksbildung, gleichsam von selbst gewachsen.

Das Zentralinstitut aber möchte diesen spontanen Wachstumsprozeß rationalisieren. Es möchte den Erziehungsgeist durch tausend Kanäle in das Volk hineinflößen. Es wendet sich daher nicht nur an die Lehrer im engeren Sinne, sondern auch an die freiwilligen Erzieher, und es gibt heute kaum jemanden in der Gesellschaft, der nicht irgendwie Erziehungsfunktionen auszuüben und eine pädagogische Verantwortung zu tragen hätte. Um diesen Geist in die weitesten Kreise hineinzutragen, erteilt es Auskünfte, veranstaltet es Ausstellungen von Lehrmitteln und Schulerzeugnissen, sammelt es Lehrpläne, gibt es eine Zeitschrift heraus und setzt Ausschüsse für pädagogische Beratungen ein. Mit seinen bisherigen Vortragskursen hat es vielfach neue und geistvolle Wege beschritten, die die Umsicht seiner Leiter in das glänzendste Licht stellen. Es hat die wichtige Aufgabe der Lehrerfortbildung mindestens für Berlin übernommen.

Es beobachtet das deutsche und das fremde Schulwesen im Auslande. Es treibt Jugendkunde und studiert die Wege der Berufsberatung. Die von Kehrbach gegründete »Deutsche Gesellschaft für Geschichte der Erziehung und des Unterrichts«, die sich über alle deutschen Stämme erstreckt, hat sich ihm angegliedert, und die Hauptstelle für den naturwissenschaftlichen Unterricht gehört von Anfang an zu seinem Bereich. Dazu kommen neuerdings Filialen und Wanderveranstaltungen des Zentralinstituts, die besonders für das besetzte Gebiet von großer Bedeutung sind. Und es ist in seiner Anlage beweglich genug, um immer neue Aufgaben zu übernehmen. – Zu diesem weiteren Ausbau wollen Sie, die Freunde des Zentralinstituts, mithelfen und dadurch die Beziehungen vertiefen und verstärken, die zwischen der gesamten Volkskultur und der pädagogischen Wissenschaft bestehen.

So dürfen wir wohl behaupten, daß wir in der rüstigsten Arbeit an der »Pädagogischen Provinz« begriffen sind. Nur daß diese nicht irgendwo abseits vom wirklichen Leben besteht, wie Goethe sie sich dichterisch ausgemalt hat, sondern mitten hineingebaut ist in das wirkliche Leben, als ein wesentliches und wachsendes Stück von ihm. Geboren aus dem Volksleben, wird die Erziehung wissenschaftlich durchdacht und gestaltet an das Volk zurückgegeben. Und heute erst beginnen wir uns Fichtes Wort ganz zu eigen zu machen: »Man hat gar viel von Nationalerziehung gesprochen, ehe es eine Erziehungskunst gab. Diese haben wir nun: *gebt* sie den Bürgern, und ihr werdet zugleich eine Nation erhalten.«[1]

---

[1] Wie wenig gesund die hier dargestellte Wechselwirkung von Volksleben und Erziehung in den letzten Jahren geblieben ist, habe ich ausgeführt unter dem Titel ›Die Verschulung Deutschlands‹ in der Zeitschrift Die Erziehung. 3. Jg. 1928. S. 273–284.

Berufsbildung und Allgemeinbildung

1923

1. Wesen der Bildung

Auf einem Gebiet, das durch den gedankenlosen Gebrauch überlieferter Schlagworte in Verwirrung geraten ist, kann man nur durch grundsätzliche Neuprüfung der leitenden Begriffe Klarheit schaffen. Wir beginnen daher mit dem Begriff der Bildung selbst. Und zwar handelt es sich hier zunächst um Bildung als wertbetonten *Zustand* des Menschen, nicht um Bildung als ein wertverleihendes *Verfahren*. Bildung als Zustand oder als Besitz kann nicht rein psychologisch definiert werden, schon weil die Psychologie als beschreibende Wissenschaft niemals Werturteile fällt, in dem Satz aber, daß ein Mensch »gebildet« sei, unverkennbar ein Werturteil enthalten ist. In einer solchen Beurteilung also messen wir den Menschen an Werten, und zwar an Normwerten. Ihr Inhalt wechselt mit den geschichtlichen Verhältnissen. Wir bezeichnen aber den Inbegriff gemeinsamer Werte, den eine Zeit auf Grund des Ererbten in gesellschaftlichem Zusammenarbeiten verwirklicht hat, als die objektive Kultur dieser Zeit, und den Zusammenhang von ewigen Normen selbst, der das Werteschaffen leitet, als die Idee der Kultur. Bildung ist demnach eine Beschaffenheit der Seelenstruktur, die nur durch ihre Beziehung auf den Kulturgehalt einer Zeit und zuletzt auf die Idee der Kultur überhaupt bestimmt werden kann. Mit anderen Worten: *Bildung ist ein kulturphilosophischer, kein bloß psychologischer Begriff*.

Wenn wir nun versuchen, alle die Bedingungen aufzuzählen, denen ein Subjekt genügen muß, um »gebildet« zu heißen, so sehen wir dabei von jeder besonderen Kulturlage und jedem besonderen Inhalt der Bildung natürlich ab, weil wir anderenfalls nur einen Begriff von historisch begrenzter Geltungssphäre erhalten würden. Wir setzen voraus, es gebe eine Kultur, die echten Wertgehalt besitzt, wie dieser auch unter bestimmten örtlichen und zeitlichen Verhältnissen individualisiert sein möge. Dann lautet unsere Definition: *»Bildung ist die durch Kultureinflüsse erworbene, einheitliche und gegliederte, entwicklungsfähige Wesensformung des Individuums, die es zu objektiv wertvollen Kulturleistungen befähigt und für objektive Kulturwerte erlebnisfähig (einsichtig) macht.«*

Es bedarf des Nachweises, daß in diesen umständlichen Satz keine überflüssigen Bestimmungen aufgenommen sind. Daß Bildung immer Eigenschaft eines *Individuums* ist, auch dann, wenn ihr Gehalt etwa vom einzelnen eine überindividuelle Einstellung fordert, versteht sich von selbst. Sie ist *Wesens*formung des Individuums; denn bloß vorübergehende Eigenschaften würden wir nicht als Bildung ansehen. Man könnte auch sagen: sie betreffe immer den bleibenden Charakter des Menschen, sie sei etwas Dispositionelles, über ihre jeweils aktuellen Äußerungen hinaus. Bildung ist ferner *einheitlich* und *gegliedert,* d. h. vielseitig und doch geschlossen. Einen Menschen von ganz einseitiger Seelenkultur würden wir nicht gebildet nennen; aber auch nicht den Vielseitigen, der nach allen Seiten umrißlos auseinanderfließt und keinen Mittelpunkt, kein festes Wesen, keine *Form* hat. Demnach gehört zur Bildung nicht nur Individualität (als eigentümlicher Ausgangspunkt), sondern auch Universalität (als Wesensreichtum) und Totalität (als innere Geschlossenheit). Diese Geschlossenheit darf jedoch nicht so weit gehen, daß völlige Erstarrung eintritt und keine neue Aufnahme bildender Einflüsse mehr stattfindet. Vielmehr enthält echte Bildung immer *Entwicklungsfähigkeit* und *Weiterwachsen,* weil sie selbst ja im Grunde nichts ist als ein veredeltes Entwicklungsergebnis. Diese Veredlung wird gewonnen durch *Kultureinflüsse,* gleichviel, ob sie absichtlich an den zu Bildenden herangebracht werden oder durch ihr bloßes Dasein (als Milieu) wirken, ob sie von ihm bewußt gesucht oder noch unbewußt empfangen werden. In den Kultureinflüssen selbst ist ein objektiver Wertgehalt gegeben. Unter »objektiv« verstehe ich hier nicht nur das dem Subjekt Gegenüberstehende, Transsubjektive, sondern das Gültige, von echtem Wertgehalt Erfüllte. Sofern diese Einflüsse das bleibende Wesen des Menschen in den bezeichneten drei Richtungen (Individualität, Universalität, Totalität) formen, machen sie ihn einerseits fähig, Kulturgehalt zu *verstehen,* d. h. seinen objektiven Wert im subjektiven Erlebniszusammenhang zu fühlen, seine erkenntnismäßige Struktur einzusehen und sich selbst an ihm bereichert und gehoben zu finden; andererseits erwecken sie in ihm selbst wertschaffende Kräfte, die das Verstehen und das Erlebnis wieder in objektive Kulturwerte *(Leistungen)* umsetzen. Die bloße Bestimmung: Bildung sei die Fähigkeit, objektive Kulturwerte zu verstehen, zu erleben und zu schaffen, würde jedoch unserem Sprachgefühl widerstreben. Es muß für diese erlebenden und schaffenden Kräfte auch ein persönlicher Mittelpunkt da sein, und indem die Kulturwerte auf diesen einheitlich bezogen werden, erhöht sich die rohe Individualität zur *geformten Individualität* oder zur voll gebildeten Persönlichkeit. Dieses letztere Moment habe ich in einer früheren, sonst dem Sinne nach gleichen Definition des Bildungsbegriffes betont, die ich hier leicht verbessert wiederholen will: Bildung ist die lebendig wachsende Aufnahme aller objektiven Werte, die zu der Anlage und zu dem Lebenskreise eines sich entwickelnden Geistes in Beziehung gesetzt werden können, in das Erleben, die Gesinnung und die Schaffenskräfte dieses Menschen, mit dem Ziele einer geschlossenen, objektiv leistungsfähigen und in sich selbst befriedigten Persönlichkeit.

Beide Definitionen stimmen auch darin überein, daß sie das Wesen der Bildung nicht auf intellektuelle Kultur beschränken. Gewiß bedarf ein »gebildeter Mensch« eines hohen Maßes von Einsicht. Aber bloße Kenntnisse oder Denkfähigkeit begründen noch keine Bildung. Es ist eine einseitige Auffassung, freilich eine gerade bei den Deutschen verbreitete Auffassung, daß Bildung nur in wissenschaftlicher oder literarisch-ästhetischer Gestalt möglich sei. Zur Vollendung aber gehört auch eine gebildete »Hand« und ein gebildetes »Herz«, d. h. praktischer Sinn und gesellschaftliche Form, Menschenfreundlichkeit und Seelenkultur im tieferen, philosophisch-religiösen Sinne. All dies klang wenigstens in der *humanitas*, in dem Bildungsbegriff der Römer, mit. Die Intelligenz muß mit dem gesamten Seelengrunde so organisch verbunden sein, daß der Mensch immer als Ganzes, nie als Bruchstück lebt und gestaltet.

2. Arten der Bildung

Unsre Definition spricht das Wesen der Bildung ganz allgemein aus. Wir gelangen zu besonderen Arten der Bildung, indem wir entweder einzelne Seiten, die oben bezeichnet waren, durch ausdrückliche Betonung herausheben, oder indem wir diese Seiten selbst inhaltlich weiter spezialisieren. Wir wollen nicht allen hier denkbaren Wegen folgen. Am gebräuchlichsten ist die Einteilung in *formale* und *materiale* Bildung (Kraftbildung und Stoffbildung). Aber sie leidet unter der Vieldeutigkeit der Abgrenzung zwischen Form und Stoff, die ja eigentlich nur ein von der Bearbeitung der äußeren Materie hergenommenes Bild ist. Suchen wir die Grenze etwas schärfer zu legen, so besteht offenbar ein Unterschied zwischen den allgemeinen Aktarten, in denen das Individuum Kulturwerte erlebt und schafft, und dem hier und da gegebenen objektiven Kulturinhalt oder einzelnen Kulturgut, die durch geschichtliche und geographische Verhältnisse bedingt sind. Jene Akte gehören der Seite des Subjektes an; die ihnen zugrunde liegenden Dispositionen bilden in ihrer zusammenhängenden Gesamtheit seine »seelische Struktur«. Hingegen die Kulturgüter gehören der vom *einzelnen* Subjekt prinzipiell unabhängigen Kultur an; sie machen in ihrer Gesamtheit die inhaltlich besondere, historisch gewordene, objektive Kultur aus. Offenbar liegt auf der Seite des Objektes eine unübersehbare Mannigfaltigkeit, die kein einzelner jemals erschöpfend aufnehmen und beherrschen kann, während es sich auf der Seite des Subjektes um eine begrenzte Zahl von *Aktklassen,* d. h. von Grundrichtungen des Sinnerlebens und Sinnschaffens handelt, die innerhalb einer geistigen »Region« gleichbleiben, auch wenn die Anwendungsfälle objektiver Art wechseln.

Da das Ziel der Bildung, wie wir sahen, immer im individuellen Subjekt liegt, so wäre es wünschenswert, die Struktur des Subjektes geschlossen darstellen zu können. Formale Bildung wäre dann diejenige Zurichtung des subjektiven Aktzusammenhanges, die ihn zum adäquaten Erleben und Schaffen objektiven Kultursinnes subjektiv fähig machte. Und eine solche vollendete formale Bildung wäre eigentlich von allen Besonderheiten der Kulturlage unabhängig. In ihr wäre eine ewige Aufgabe der Bildung enthalten. Leider ist es bisher der Analyse noch nicht gelungen, diesen entscheidenden Aktzusammenhang geschlossen herauszustellen. Und zwar hauptsächlich deshalb, weil man auf zu elementare Bestandteile des psychophysischen Lebens zurückgegangen ist. Man hat geglaubt, die Struktur des Subjektes in den drei Richtungen der Verstandesbildung (Vorstellungsbildung), Willensbildung und Gemütsbildung erschöpfen zu können. Aber diese elementarpsychologischen Begriffe liegen in einer zu primitiven Schicht. Es gibt gar keine Richtung des Werterlebens und des Wertschaffens, an der nicht jede der drei psychischen Seiten zugleich beteiligt wäre. Im Begriff des Wertes liegt immer eine Vorstellungsseite, ein Gefühlsmoment und ein den Willen Motivierendes.

Wir müssen also mit der Analyse der Akte höher ansetzen und sie klassenweise den Wertgebieten der Kultur zuordnen. Ich habe an anderer Stelle[1] die Wertklassen abgeleitet, denen selbständige Aktklassen auf seiten des Subjektes entsprechen. Dem Wertgebiet des Wissens entsprechen die *Erkenntnisakte,* den Nützlichkeitswerten die *ökonomisch-technischen Akte,* den ästhetischen Werten die *ästhetischen Akte,* den Ge-

---

[1] Eduard Spranger, Lebensformen. Geisteswissenschaftliche Psychologie und Ethik der Persönlichkeit. 2. völlig neu bearb. u. erw. Aufl. Halle (Saale) 1921.

meinschaftswerten die *sozialen Akte*, den politischen Werten die *Herrschaftsakte* und den religiösen Werten die *religiösen Akte*.

Es gibt demgemäß eine formale Erkenntnisbildung, die nicht sowohl auf Kenntnisse und Wissensstoff als auf die Denkakte und kategorialen Erkenntnisformen gerichtet ist, die für das ganze Gebiet des Erkennens oder doch für einzelne seiner Regionen von allgemeiner Bedeutung sind. Ebenso gibt es eine formale technische Bildung, die sich von den einfachen Betätigungen der körperlichen Organe, besonders der Hand, und den zugeordneten anschaulichen Erlebnissen bis zu sehr verwickelten »Techniken« emporerstreckt, wobei es jedoch wieder nicht auf das einzelne Erzeugnis selbst, als vielmehr auf die sich relativ gleichbleibende »Fertigkeit« abgesehen ist. Auch das ästhetische Erleben und Gestalten beruht auf Grundakten des Subjektes, die eine über das einzelne Kunstwerk hinausreichende Bedeutung haben können; und jede Kunst für sich begründet wieder eine besondere Erlebnisregion oder Gestaltungsregion. Daß es eine formale Bildung für das Gemeinschaftsleben gibt, hat schon Pestalozzi gesehen. Er spürte den elementaren Grundakten des Liebens nach, von denen aus er alle noch so verwickelten Gemeinschaften aufzubauen hoffte. Man müßte aber die Grundakte des Herrschens und der Selbstbeherrschung als die formalen Vorbedingungen einer anderen gesellschaftlichen Verbindungsweise hinzufügen. Endlich ist auch eine formale Bildung zur Religion denkbar. Sie wird darin bestehen, daß Andacht (als der Akt der höchsten Sinnbeziehung) in der Seele überhaupt geweckt wird, ohne daß sie schon an ganz bestimmte und begrenzte Gegenstände des Erlebens gebunden würde.

Auf all diesen Gebieten verstehen wir also unter »Akten« gewisse Grundformen der Sinngebung und des Sinnerlebens, die innerhalb des ganzen Gebietes oder einer Region von gleicher Grundstruktur sind, wenn auch die objektiven Kulturgegenstände wechseln. Im lebendigen Einzelwesen liegen diese Akte natürlich nicht getrennt nebeneinander, sondern sie greifen ineinander und durcheinander, sie fundieren sich gegenseitig und bilden so Grundrichtungen des Erlebens und Gestaltens. Es muß hinzugefügt werden, daß sie überhaupt nicht rein aus psychischen Elementarfunktionen aufgebaut sind, sondern physische Akte mitumfassen. Die letzteren spielen in der ökonomisch-technischen Region von Akten eine besonders wichtige Rolle. Weil aber diese wieder in alle anderen hineingeflochten sind, so fehlen sie auf keinem Gebiete völlig. Man könnte ganz abstrakt auch eine Bildung des Leibes und eine Bildung der einzelnen Organe, z. B. der Hand, von der geistigen Bildung unterscheiden. Aber im

Leben selbst ist jede Art leiblicher Schulung schon eine Durchgeistigung des Leibes, d. h. die Erhöhung seiner Wertempfänglichkeit und Wertgestaltungsfähigkeit.

Wenn wir die ineinandergeschlungenen, psychophysisch bedingten Geistesakte des Menschen nach ihren Grundrichtungen rein als Akte, als subjektive Einstellungen, in ihrer *Gesamtstruktur* bilden, so reden wir von *formaler Allgemeinbildung*. Heben wir aber eine *einzelne* Region, eine *einzelne* Aktklasse im Bildungsverfahren heraus, so entsteht *formale Spezialbildung*, z. B. nur technische Bildung oder bloße Erkenntnisbildung oder bloße Bildung zur sozialen Einstellung überhaupt.

Was wir bisher ausgeführt haben, ist aber eine in der Praxis nicht durchführbare Abstraktion. Denn die Aktrichtungen des Subjektes können überhaupt nicht in Betätigung versetzt werden, ohne daß eine bestimmte, begrenzte, inhaltliche Leistung von ihnen gefordert würde. Wer zur technischen Geschicklichkeit gebildet werden soll, muß sich an einem Kreise bestimmter technischer Leistungen bilden; wer formale Erkenntnisbildung gewinnen soll, muß auch einen konkreten Stoff zum Denken und Erkennen erhalten usw., kurz: Form und Stoff sind im Leben nicht trennbar. Der Unterschied der formalen Bildung und der stofflichen Bildung beruht also nur auf der Betonung, die der Bildungsprozeß empfängt. Ist der besondere Gegenstand nur ein beliebiger Übungsstoff, an dem die entsprechenden Geisteskräfte wachsen sollen, so handelt es sich um *Formalbildung*. Liegt aber in ihm selbst der Wert, auf den es ankommt, so befinden wir uns auf dem Boden der *inhaltlichen Bildung*.

Auch diese inhaltliche Bildung kann entweder eine allgemeine oder eine spezielle sein. *Allgemeine materiale Bildung* hätte dann zum Ziel die persönlich *sachliche* Beherrschung aller Kulturgüter: sie wäre Bildung in *allen* Techniken, in *allem* Wissen (also Enzyklopädismus), in allen Künsten und an allen Kunstwerken; sie wäre Bildung für jede inhaltlich gegebene Gesellschaftsform der Kultur, Gemeinschaften wie Herrschaftssysteme, und zuletzt Bildung für *alle* religiösen Werte. Es bedarf keines Wortes, daß es eine solche Universalbildung nie gegeben hat und nie geben kann. Sondern immer werden nur einzelne Inhalte der Kultur herausgegriffen werden, und vielleicht sogar einzelne Kulturgebiete in den Vordergrund gestellt werden. Es gibt also nur *spezielle materiale Bildung*. Und von ihr gibt es wieder so viele abstrakte Grundformen, als es Wertgebiete der Kultur gibt. Wir teilen also die inhaltlichen Bildungsideale ebenfalls ein in überwiegend gelehrte, überwiegend ökonomisch-technische, ästhetische, soziale, politische und religiöse.

Kehren wir aber zu dem überlieferten Gedanken der Allgemeinbildung zurück. Es hat sich ergeben, daß sie 1. nur als formale Allgemeinbildung denkbar ist, nämlich als Bildung der menschlichen Kräfte in ihrem übersehbaren und geschlossenen Zusammenhang als Aktstruktur; daß sie 2. praktisch nur an bestimmten einzelnen und historisch begrenzten Kulturinhalten durchgeführt werden kann. Wie eng oder weit nun der Kreis der letzteren zu wählen ist, hängt von vier sehr verschiedenen Gesichtspunkten ab. Einmal nämlich hat jedes Kulturgebiet seine objektiv-sachliche Struktur: es baut sich aus einfachen Sinnelementen zu Gebilden von immer größerer Kompliziertheit auf. Sodann hat die persönlich-geistige Anlage des zu bildenden Menschen ihr besonderes Gesetz. 3. ist der Mensch nicht von Anfang an für alle Geistesakte reif, sondern sie entfalten sich in ihm nach einem psychologischen Entwicklungsgesetz, das bekanntlich mit dem sachlichen Aufbaugesetz der einzelnen Sinngebiete nicht zusammenfällt. Endlich hat jede historisch gegebene Kultur ihre inhaltliche Besonderheit und Begrenztheit, innerhalb deren sich auch der Bildungsprozeß des Einzelnen als ein besonderer und begrenzter vollzieht.

Fassen wir hier zusammen. Von den denkbaren Formen der Bildung, die durch Kreuzung der Gegensätze »formal und material«, »allgemein und speziell« entstehen, fällt die materiale Allgemeinbildung von vornherein weg. Denn nicht einmal in der begrenzteren Gestalt der enzyklopädischen Wissensbildung ist sie auf der heutigen Kulturstufe erreichbar. Hingegen ist das Ideal einer *allgemeinen Bildung der Grundkräfte des Subjektes* ein mögliches Ziel. Es fragt sich nur, an welchen Stoffen sie erfolgen soll, und ob wir uns mit ihr allein zufrieden geben sollen. Da jede Kultur irgendwie inhaltliche Bildung fordert, so entsteht dann die weitere Frage nach dem Gesichtspunkt für die Auswahl der inhaltlichen Bildungswerte. Denn wir werden auch das Ziel der formalen Bildung naturgemäß nur an solchen »Übungsstoffen« anstreben, die zugleich um ihrer selbst willen angeeignet zu werden verdienen.

3. Die Entwicklung der Bildung

Von manchen Seiten wird heute die Forderung aufgestellt, Erziehung und Unterricht müßten »entwicklungstreu« gestaltet werden. Natürlich kann damit nicht gemeint sein, daß in dem psychologischen Befund der Altersstufen die Normen für den Bildungsplan enthalten wären. Das Psychologische als solches ist niemals normativ. Wohl aber ist der Gedanke berechtigt, daß die Bildungsnormen nichts fordern sollen, was von der jeweiligen psychophysischen Entwicklungsstufe des Zöglings aus nicht zu leisten ist. Um unsre Bildungsmaßnahmen wirklich der individuellen Selbstentfaltung nahe anzupassen, kennen wir allerdings die Gesetzlichkeit des geistigen Wachstums noch viel zu wenig. Für den vorliegenden Zusammenhang genügt es aber, drei wesentliche Stadien der pädagogischen Beeinflussung des Bildungswachstums herauszuheben.

Man hat sich gewöhnt, für den Anfang der Bildung das Prinzip der *allgemeinen Menschenbildung* aufzustellen. Seit Pestalozzi und Fichte, Humboldt und Süvern gilt es in Deutschland als heiliger Grundsatz, daß die eigentlichen »Schulen« streng allgemeinbildend sein müßten, und daß die Berufsbildung sich erst auf ihrer Grundlage aufzubauen habe. Der Gedanke ist auch ganz richtig, wenn man den Sinn dieser »Allgemeinbildung« richtig versteht. Offenbar nämlich handelt es sich hier formal um die erste methodische Belebung aller geistigen Grundkräfte, und material um ein einfaches Weltbild in Umrissen, das eine erste Orientierung in Natur und Kultur ermöglicht. Man kann den Sinn jener allseitigen formalen Bildung der Grundkräfte nicht besser aussprechen als mit Humboldts Wort, es komme nur darauf an, »daß jedes Vermögen, das man in sich spürt, einmal einen Gegenstand in sich gefunden hat, in dem es ganz aufgegangen ist, wo nun jede neue Beschäftigung gleichsam nur eine Wiederholung sein würde«. Der Umfang des inhaltlichen Weltbildes, das die allgemein vorbereitenden Schulen geben können, hängt natürlich von der Zeit ab, die ihrem Kursus zur Verfügung steht. Es wird in der höheren Schule eingehender, gründlicher und reicher gestaltet werden können als in der Volksschule. Aber beide haben doch, von dieser Seite betrachtet, zunächst die Aufgabe einer allgemeinen Vorbereitung. Eine solche Form der Bildung sollte man nun, wie ich schon früher ausgeführt habe [2], nicht als »allgemeine Menschenbildung«, sondern besser als *»grundlegende Bildung«* bezeichnen. Denn mit dem anderen Namen ist immer wieder die Gefahr gegeben, einem uferlosen Enzyklopädismus hinsichtlich der Kenntnisse nachzustreben und so an die Stelle der formalen Allgemeinbildung eine materiale zu setzen, die, wie die Erfahrung lehrt, die geistigen Kräfte mehr lähmt als fördert.

Eine zweite Stufe der Bildungsmöglichkeiten aber setzt ein, wenn selbständige *Interessen* im Zögling erwachsen. Das typische Kind ist zwar nicht immer für alles gleich begabt und auch nicht gleichmäßig interessiert.

---

[2] Eduard Spranger, Das humanistische und das politische Bildungsideal im heutigen Deutschland. Berlin 1916. Ders., Kultur und Erziehung. Gesammelte pädagogische Aufsätze. Leipzig 1919 (u. a. der Aufsatz: Grundlegende Bildung, Berufsbildung, Allgemeinbildung. Gesammelte Schriften. 1. Bd. S. 7–19). Ders., Gedanken über Lehrerausbildung. Leipzig 1920 (Gesammelte Schriften. 3. Bd. S. 27–73).

Aber es hat in der Regel noch keine deutlich erkennbare und konstant herrschende, selbständige Interessenrichtung. Diese beginnt sich mit den sogenannten Entwicklungsjahren *allmählich*, und freilich oft unter langem, unbestimmtem Schwanken herauszuarbeiten. Es gibt eine große Zahl von Menschen, bei denen auch nach diesen Jahren Begabung und Interesse (die nicht einfach identisch sind) noch ziemlich gleichschwebend verteilt sind, oder denen doch ihre eigentliche Grundrichtung nicht deutlich zum Bewußtsein kommt. Bei ebenso vielen aber verläuft die geistige Entwicklung so, daß *ein* Interesse oder *ein* Interessenkomplex gegen Ende dieses Zeitraumes scharf in den Vordergrund tritt, während gleichzeitig die Fähigkeit, davon fernliegende »allgemeine« Bildungsstoffe zu assimilieren, ganz auffallend abnimmt, ja abstirbt. Oft genug sind es überhaupt nicht mehr rein intellektuelle Interessen, die dann das Bewußtsein beherrschen, sondern sogenannte praktische, die aber, wie wir gesehen haben, nicht bloß wirtschaftlich und technisch zu sein brauchen, sondern auch ästhetisch, sozial, politisch oder religiös sein können. Der junge Mensch zeigt nunmehr ein entschiedenes Interessenzentrum. In der Regel hat es sich aus den stürmischen Phantasieexperimenten der Pubertätszeit mit langsam zunehmender Klarheit herausgearbeitet.

Für den Volksschüler ist mit der Pubertät auch ein Einschnitt in der äußeren Bildungsbahn gegeben, der allerdings doch um ein bis zwei Jahre zu früh liegt. Er verläßt die Schule und ergreift einen Beruf. Und oft verläuft die Sache, so, daß erst der Beruf in ihm das Interesse »weckt«. – Für den Zögling der höheren Schulen liegt hier der Einschnitt zur Oberstufe hin. Und die Erfahrungen gerade der letzten Zeit haben deutlich gezeigt, daß die Zahl der »allgemein« und »gleichschwebend« Interessierten immer kleiner wird. Man kommt mit den gleichmäßig abgewogenen Bildungstoffen an die Schüler dieses Alters nicht mehr heran. Sie vollziehen selbst eine vom Innern her bedingte Auslese. Selbst die seit Jahrzehnten erfolgte Differenzierung der höheren Schule in drei Grundformen von *spezifischem* Bildungstypus genügt nicht mehr. Man schreitet, aus *psychologischen* Gründen, dazu, die Wahlfreiheit auf der Oberstufe einzuführen. In welchen Grenzen dies geschehen sollte, werden wir im fünften Abschnitt sehen. Sofern es erlaubt ist, ein stark hervortretendes Interesse mit dem *inneren* Beruf eines Menschen gleichzusetzen, könnten wir hier schon sagen, daß diese zweite Entwicklungsstufe psychologisch den Übergang von der grundlegenden Allgemeinbildung zur *Berufsbildung* nahelege.

Es folgt – abstrakt gesondert – eine dritte Stufe des Bildungsstrebens, auf der der Mensch von dem gefundenen oder gesetzten Bildungszentrum aus wieder in die Weite strebt. Er folgt jetzt den Strahlen, die von *seinem* Zentralgebiet ausgehen, und bemächtigt sich auf diesen Linien des ganzen Lebens, soweit davon beim Menschen die Rede sein kann. So gelangt er allmählich zu einer Art der Allgemeinbildung, die mehr enthält als die Schulung der Grundkräfte und die intellektuellen Umrisse eines Weltbildes. Sie erstreckt sich mehr und mehr auf den Inhalt der Kulturgüter und erfüllt so das Subjekt mit einem Kulturgehalt, der der Zeitlage entspricht und die Teilnahme am Kulturleben gemäß der individuellen Bildungskapazität ermöglicht. In diesem Sinne, aber auch nur in diesem: eines Hinausstrebens vom persönlichen Zentrum aus in die Weite, kann man von einer *Stufe der Allgemeinbildung* reden. Sie ist da als geistige Wachstumsrichtung, nie als vollendete Tatsache.

Der Entwicklungsrhythmus der Bildung führt demnach, falls eine Typisierung gestattet ist, von der grundlegenden Bildung über die Spezialbildung zur Allgemeinbildung, und zwar so, daß jedesmal die neue Phase schon einsetzt, während die alte noch fortdauert.

4. Das persönliche Bildungszentrum

Wenn wir von allen Forderungen der objektiven Kultur und von allen Organisationsfragen absehen, so eröffnet sich also mit der zweiten Stufe ein individuell gerichtetes Bildungsstreben, das sich der mannigfachen Bildungsstoffe auf eine ganz besondere Art bemächtigt. Wir nennen diesen Mittelpunkt der freien Interessen, der mit der geistigen Struktur des Menschen selbst gegeben ist, das persönliche Bildungszentrum. Es beruht auf der vorherrschenden Interessenrichtung. Und diese wieder wurzelt in der besonderen Seelenstruktur des Menschen. Der eine ist vorwiegend theoretisch gerichtet, der andere überwiegend technisch-praktisch, ein dritter vom Ehrgeiz gelenkt, ein vierter von der Menschenliebe usw. Dabei ist jedoch zu beachten, daß diese zentrale Veranlagung dem Menschen, besonders dem noch jugendlich unfertigen Menschen, sehr oft nicht zum Bewußtsein kommt. Vielleicht beruht darauf zum Teil das Auseinanderfallen von Begabung und Interessenrichtung, das in der Jugend besonders häufig zu beobachten ist: das charakteristische Verfolgen von Idealen, denen keine ausreichende Leistungsfähigkeit entspricht. Es fehlt uns der Raum, um in diese Psychologie näher einzutreten, wobei dann auch der Anteil zu erörtern wäre, der dem Fleiß bei der Erhöhung durchschnittlicher Gaben wie bei der Entfaltung des Genies zukommt. Wir begnügen uns festzustellen: wenn jeder ganz der Wertrichtung folgen könnte, die in ihm die herrschende und organisierende ist, so würde die Gestaltung des

Bildungsideals ganz frei aus seinem Inneren herauswachsen. Jeder würde nach seiner individuellen Form die Bildungsgüter in sich hineinziehen, die gerade seiner Seelenstruktur konform sind. Diesen Gedanken hat Kerschensteiner ausdrücklich zum »Grundaxiom des Bildungsprozesses« erhoben. Er formuliert es in dem Satz: »Die Bildung des Individuums wird nur durch jene Kulturgüter ermöglicht, deren geistige Struktur ganz oder teilweise der Struktur der individuellen Psyche adäquat ist.«[3]

Wer die Stellung des großen Pädagogen im Zusammenhang unsrer Erziehungsgeschichte kennt, der weiß, weshalb ihm gerade dieser Satz zu einer leuchtenden Wahrheit werden mußte. Er befreit sich in ihm von dem »Allgemeinbildungsideal« der vorangehenden Zeit, das zu einer lebentötenden Schablone geworden war. Und doch drückt dieser Satz nur die eine Hälfte der Wahrheit aus. Wäre er ganz wahr, so hieße dies, daß in dem »inneren Beruf« des Menschen die letzte Norm seiner Bildung läge. So aber ist es nicht, und dies herauszustellen, ist eine der wesentlichen Aufgaben dieser Ausführungen: der innere Beruf deckt sich nicht oder doch nur äußerst selten mit dem Beruf im soziologischen Sinne. Und zwar aus zwei Gründen: 1. Die gegebene historische Kultur fordert von jedem ihr eingeordneten Gliede mehr und andersartige Leistungen, als aus der individuellen Seelenstruktur in ihrer freien Auswirkung folgen würden; 2. der Beruf in soziologischer Bedeutung ist zwar eine Spezialisierung dieser allgemeinen Kulturforderungen auf Grund von Arbeitsteilung zum Zweck von Höchstleistungen. Aber auch diese Berufe sind das Produkt historisch-gesellschaftlicher Entwicklung und nicht einfach der Ausdruck eines individuell begabten Seelentypus. – Aus dem ersten Satz folgt, daß *alle* Bildung *Gegengewichte* gegen die naturgegebene Individualität enthalten muß, wenn sie kulturfähig machen soll. Aus dem zweiten folgt, daß der soziologische Beruf zwar an den inneren Beruf irgendwie anknüpfen mag, aber auch noch darüber hinausgehende Anforderungen enthält. Beides zusammen sollte bei den neuen Maßnahmen zur Berufsberatung niemals vergessen werden.

5. Die Forderungen der Kultur und die geschlossenen Bildungstypen

Bildungsideale, die ganz aus freiem individuellem Trieb hervorgehen, sind in unsrer Zeit ebenso undenkbar wie solche, die der sich entfaltenden Individualität nur von der Gesellschaft aufgezwungen sind. Die echten

---

[3] Georg Kerschensteiner, Das Grundaxiom des Bildungsprozesses und seine Folgerungen für die Schulorganisation. Berlin 1917. S. 27.

Bildungsideale sind von beiden Seiten her bestimmt. Sie wachsen zu einem Teil aus den Grundtypen der Seelenstruktur und ihrem Entwicklungsgesetz, zum anderen Teil aus den Forderungen der kulturtragenden Gesellschaft heraus, die dem einzelnen ganz bestimmte Leistungen auferlegen, Leistungen kulturschaffender Art. So ergeben sich für uns die beiden Hauptsätze:

I. Jeder Berufstypus erfordert einen Inbegriff von gesellschaftlichen Leistungen, der in seiner eigenartigen Zusammensetzung von jedem vorfindbaren Seelentypus entschieden abweicht und daher auch einen über die unmittelbaren Neigungen des zu Bildenden hinausgehenden *Berufsbildungstypus* begründet.

II. Jede historisch gegebene Kultur fordert von ihren Trägern Eigenschaften und Leistungen, die über jeden Berufstypus hinausgehen und folglich einen historisch bedingten, aber den Angehörigen einer Nationalindividualität in wesentlichen Zügen gemeinsamen *Allgemeinbildungstypus* begründen.

In diesen beiden Sätzen spricht sich die normative Seite der Bildungsideale aus. In unseren früheren Erörterungen aber liegen zwei weitere Sätze, die die ersten nach der psychologischen Seite hin ergänzen:

III. Die historisch-gesellschaftlich bedingte Berufsbildung soll nach Möglichkeit an die von innen kommenden Neigungen, also an das, was wir den inneren Beruf nannten, anknüpfen und ihre weiteren Forderungen dazu in innere organische Beziehung setzen.

IV. Die allgemeine Kulturbildung soll an den inneren und den gesellschaftlich erwählten Beruf des jungen Menschen als die stärksten Triebkräfte des Bildungsstrebens so anknüpfen, daß auch die allgemeinen Bildungswerte als Ausstrahlungen des persönlichen und des Berufsbildungszentrums erscheinen.

Diese vielleicht zu allgemein gehaltenen Sätze will ich an zwei Beispielen verdeutlichen, nach denen man sich die anderen Typen selbst ausführen möge.

Ein junger Mann zeige eine hervorragend technische Begabung in der Art, daß er praktische Konstruktionsprobleme in konkreten Fällen ausgezeichnet zu lösen weiß. Er scheint zum Techniker vorausbestimmt. Trotzdem wird er in seinem Bildungsgang erhebliche Klippen zu überwinden haben, für die er vielleicht nicht das gleiche Maß natürlicher Begabung mitbringt. Zunächst schon innerhalb der Grenzen seiner Berufsbildung: er muß Mathematik lernen, er muß die Aufwendungen für Material und Arbeitslohn kalkulieren und Buchführung lernen; er muß Materialienkunde treiben – dies alles und mehr liegt überwiegend auf intellektuellem Gebiet. Er muß auch auf Ausstattung, d. h. auf die ästhetische Seite seiner Produkte achten. Dazu kommt dann für die Arbeitsgemeinschaft die Forderung der Menschenkenntnis und Menschenleitung. Er muß organisieren können. – Und allmählich erweitert sich der Kreis über die Bildung zum arbeitsteiligen Beruf hinaus in allgemeine Kulturkunde: Er muß etwas vom wirtschaftlichen Leben überhaupt, von Staat, Recht und Gesellschaftsbildung verstehen. Er muß den Fortschritt der Wissenschaften mindestens so weit verfolgen, als sie seine Hauptaufgabe berühren können. Er muß an Selbstverwaltungsaufgaben teilnehmen können. Er muß zuletzt auch die geistigen Mittel erwerben, um von seiner Lebenswirklichkeit aus zu einer Lebensanschauung zu gelangen, die nicht bloß ein Schatten seiner selbst ist, sondern ihn mit dem Gesamtleben ringsum geistig verbindet und ihn zu einer persönlichen Weltanschauung befähigt. Dies aber ist nur möglich, wenn jene praktischen Nützlichkeitswerte, von denen er ausging, einem höheren und umfassenderen Wertsystem eingegliedert werden.

Ein junges Mädchen finde etwa ihre höchste triebhafte Bestimmung in der Sorge für den künftigen Erwählten und für ihre Kinder. Sie braucht aber als Mutter und Hausfrau nicht nur eine Fülle von Wissen über zweckmäßige Ernährung, Kleidung, über Gesundheitspflege und Erziehung, sondern auch wirtschaftlichen Sinn, Schönheitssinn und Fähigkeit zur Menschenbehandlung. Darüber hinaus aber muß sie sich ihrer Verantwortung am Volksganzen bewußt sein, sozial wirken, politisch mitarbeiten, und zuletzt in das Leben so viel Andacht und Sammlung hineintragen, daß sie vielen zum Ruhepunkt und zur Festigung wird. Das liegt nicht alles von Natur in ihr, wenigstens nicht als bewußte Lebensrichtung, sondern es wird ihr unter dem Einfluß eines gesellschaftlich-historischen Frauenideals als Norm entgegengehalten und in ihr zur Entwicklung gebracht.

Allgemein gesprochen: Bildungsideale sind nicht nur Produkte eines seelischen Vollkommenheitsstrebens, sondern sie erwachsen aus der Verknüpfung von spezialisierten Kulturforderungen mit den Bedingungen, die in der zugehörigen Seelenstruktur vorausgesetzt werden können. Seitdem das Ideal einer allgemeinen gleichen Menschenbildung, ja selbst das einer inhaltlich durchaus gleichen Nationalbildung infolge der fortschreitenden Kulturdifferenzierung und Arbeitsteilung gefallen ist, besteht daher die Aufgabe, *geschlossene und charakteristische Bildungstypen* herauszuarbeiten. In jedem dieser Typen würde ein wesentliches Kulturmoment, bezogen auf einen möglichst verwandten Seelentypus, zum beherrschenden Mittelpunkt erhoben, von dem aus Verbindungsfäden zu den anderen Seiten der Kultur führen.

So ist – um an bestehende Organisationsformen anzuknüpfen – der altklassische Bildungstypus im Gymnasium verwirklicht: eine historisch-geisteswissenschaftlich fundierte, stark ästhetisch gerichtete Humanitätsidee bestimmt seinen Inhalt. An die Bildungsgüter der nächst benachbarten neuen Kulturen knüpft das Realgymnasium an; an die intellektuelle Durchdringung der Natur in den Naturwissenschaften die Oberrealschule. Alle drei Bildungstypen hätten keinen Mittelpunkt, wenn sie nicht von der deutschen Kultur und Geschichte ausgingen. Ich sehe daher nicht, weshalb man diesen selbstverständlichen Mittelpunkt in einer besonderen Schulform absondern will, *ohne* entschiedene Ausstrahlung in eine fremde Kultur oder in das mathematisch-naturwissenschaftliche Gebiet.

Aber die genannten Bildungstypen haben eine für den deutschen Geist sehr charakteristische Grenze: sie betonen fast ausschließlich literarisch-ästhetische und wissenschaftliche Bildungsgüter. Sie wenden sich an Verstand und Phantasie, wenig an die gestaltenden, praktischen Kräfte. In diesen Schulformen werden vor allem die theoretisch gerichteten Köpfe ihre Nahrung finden. Über die Spezialisierung der theoretischen Veranlagung aber gehen ihre Bildungstypen nicht hinaus. Es bedeutet eine *entscheidend neue Wendung*, daß daneben mehr und mehr auch Typen der Berufsbildung in Deutschland zur Anerkennung gelangen. Der Stamm der Einheitsschule gabelt sich jetzt so, daß auf der einen Seite die verschiedenen Formen der gelehrten (literarischen) Bildung abzweigen, während auf der anderen Seite Berufsschulen von ganz neuer innerer Struktur entstehen.

Bei ihnen bildet die Berufskunde den organisierenden Mittelpunkt für alle Kulturgüter. In der einen ist es das Berufsgebiet des Handels, in der anderen das Baugewerbe, in der dritten der Maschinenbau usw. Offenbar handelt es sich hier 1. um Arten der *materialen Spezialbildung*, und zwar unter der Herrschaft ganz bestimmter, von der Kultur geforderter Teilleistungen. Der Vorwurf banausischer Geistesart, der diesen Schulformen von Nichtkennern oft genug gemacht wird, wäre berechtigt, wenn sie sich tatsächlich auf eine solche »Abrichtung« für bestimmte und begrenzte Berufsleistungen beschränken wollten. In diesem Sinne sind Berufsschulen heute noch so verwerflich, wie sie W. v. Humboldt im Grunde erschienen. Aber es versteht sich von selbst, daß sie über die direkten Berufsbedürfnisse hinaus 2. auch *formale Berufsbildung* erstreben. Darunter verstehe ich die Gesamtheit der grundlegenden Fertigkeiten, Charaktereigenschaften und Geisteskräfte, die in der betreffenden *Gruppe* nahe verwandter Berufe vorauszusetzen sind. Auf diese Weise wird Freiheit gegenüber der einzelnen, oft ganz mechanischen Berufsleistung erzielt, innere Anpassungsfähigkeit und Umstellungsbereitschaft erhalten, der Geist für Neuerfindungen geschärft und die schöpferische Seite des Menschen geweckt. Zu dieser formalen Berufsbildung rechne ich auch die Entfaltung eines spezifischen Berufsethos, wie es früher Gilden, Zünfte und Innungen durchwaltet hat, und schließlich die Belebung des allgemeinen Berufsethos, vermöge dessen der einzelne Berufsarbeiter sich als dienendes Glied der Gesellschaft fühlt und in diesem sittlichen Dienst am Ganzen sein eignes Wesen erhöht und geadelt findet. – Es versteht sich also auch das andere von selbst, daß die Berufsschulen von der inhaltlichen und formalen Berufsbildung aus 3. zur *allgemeinen Menschenbildung* im Sinne einer breiten Kulturbildung hinstreben. Was die grundlegende Bildung in der Volksschule oder in der Unter- und Mittelstufe der höheren Schulen formal vorbereitet hat, kann nun allmählich seine inhaltliche Erfüllung finden. Freilich wird damit ein Prozeß eingeleitet, der sich über das ganze künftige Berufsleben ausbreitet und im Grunde nie seinen Abschluß finden kann. Aber die Grundrichtungen und Hauptbahnen müssen schon in der Berufsschule angedeutet werden, und zwar in Form eines Strahlenkranzes, dessen Mittelpunkt in den lebendigen Kultur- und Bildungswerten der Berufsarbeit selber liegt.

So entsteht für die Berufsschulen die bisher nur annähernd gelöste Aufgabe, *charakteristische und geschlossene Bildungstypen* herauszuarbeiten. Jede von ihnen hat nicht nur eine ganz besondere Psychologie und Ethik, Theorie und Praxis des Berufes zu entfalten, sondern jede muß um dies alles herum auch eine neue Form der Allgemeinbildung lagern, eine neue Form, weil sie jeweilig auf das Berufsleben als den Koordinatenanfangspunkt bezogen ist. Ihre *Lehrpläne* werden also nur dann aus echtem Geist geboren sein, wenn dahinter volle und eigenartige *Lebenspläne* liegen. Dies mit schöpferischer Kraft durchzuführen, kann nur Fachmännern gelingen. Aber bloße Fachmänner dürfen es wiederum nicht sein, sondern sie müssen mit ihrer Fachkenntnis und ihrem Berufskönnen auch ein volles Menschentum und ein reiches Kulturbewußtsein verbinden. Weil den Berufsschulen diese Aufgaben gestellt sind, liegt in ihnen der eigentliche und einzige *schöpferische* Punkt der gegenwärtigen Schulreform.

6. Zur Organisation der Berufsschulen

Da dieses ganze Werk dem Aufbau und der inneren Ausgestaltung der verschiedenen Formen der Berufsschule gewidmet ist, so kann ich mich beim Übergang in die Einzelfragen kurz fassen. Im Hinblick auf das hier verhandelte Problem ist der wesentlichste organisatorische Unterschied der

der ganztägigen Fachschule zur sechs- bis achtstündigen Pflichtfortbildungsschule. Die erste Form, für die der Name Fortbildungsschule oder Wahlfortbildungsschule längst nicht mehr zutrifft, besitzt bei ihrer freieren Zeitbemessung wohl die Möglichkeit, nicht nur in ihren Lehrplan reiche allgemeinbildende Perspektiven aufzunehmen, sondern auch ihre ganzen Lebensformen mit den bildenden Elementen zu erfüllen, die über den Unterricht hinaus eine Arbeits- und Lebensgemeinschaft begründen. Anders die Pflichtfortbildungsschule. Sie leidet nicht nur unter dem Widerstreben vieler beteiligten Kreise, nicht nur unter ihrer geringen Stundenzahl, sondern auch darunter, daß sie zwangsweise besucht werden muß. So ist sie bis heute die einzige Form der *Pflicht*schule, die ausdrücklich auf dem Berufsgedanken aufgebaut ist. Der Name Berufsschule wird sich auch für sie durchsetzen. Allerdings sind noch immer nicht alle Stimmen verstummt, die ihr die Rolle – zwar nicht einer Wiederholungsschule – wohl aber einer überwiegend auf literarisch-ästhetische Bildungsgüter gerichteten Allgemeinbildungsschule zuweisen wollen. Als Begründung dafür werden auch die gewiß beachtlichen Organisationsschwierigkeiten der beruflichen Schulgliederung, zumal in kleinen Städten, angeführt. Ich habe mich auf dem XIII. deutschen Fortbildungsschultag in Dresden, Pfingsten 1920, mit dieser Ansicht eingehend auseinandergesetzt und will hier nicht ausführlich darauf zurückkommen.[4] Die entscheidenden Gründe sind zwei: der eine liegt im Kultur- und Wirtschaftsleben selbst: wir können ohne eine solche Ergänzung der Meisterlehre oder des Fabriklebens unsre Wirtschaft in Handwerk und Gewerbe, im Hause und auf dem Lande nicht auf der erforderlichen Höhe halten. Irgendwo muß der Mensch systematisch für seinen Beruf geschult werden. Was dafür in der pflichtmäßigen Berufsschule geschieht, ist, am Wünschenswerten gemessen, nicht zu viel, sondern zu wenig. Der andere Grund liegt auf entwicklungspsychologischem Gebiet. Junge Menschen, die eben ins Leben hinausgetreten sind und oft widerwillig für sechs Stunden der Woche auf die Schulbank zurückkehren, können nicht für unbestimmt allgemeine Dinge interessiert werden. Man muß an ihr Lebenszentrum anknüpfen, und die Vermutung, daß ihr Beruf und ihr Fortkommen ihren Wissenstrieb besonders beflügeln werden, ist gewiß nicht unbegründet. Es war daher ein genialer Gedanke von Kerschensteiner, den natürlichen Berufsegoismus als Hebel für die weitere Bildung zu benutzen. Er knüpfte hieran zunächst die politische Erziehung und Belehrung. Wir werden das Prinzip

[4] Eduard Spranger, Allgemeinbildung und Berufsschule. In: Die Deutsche Fortbildungsschule. Jg. 29. 1920. S. 313–324 (Gesammelte Schriften. 3. Bd. S. 7–26).

verallgemeinern können: Um die Berufskunde gliedert sich nicht nur die Staatsbürgerkunde, sondern auch die gesamte Lebenskunde. Unter der letzten verstehe ich die Einführung in die Lebensformen unsrer Zeit, mit einem ethischen Ton, der nicht lehrhaft und moralisierend sein wird, sondern sokratisch entwickelnd und diskutierend.

Wie diese drei Kreise: Berufskunde, Bürgerkunde, Lebenskunde zueinander gelagert sein sollen, kann nicht allgemein für alle Bildungstypen festgelegt werden. Vielmehr liegt gerade ein neues und fruchtbares Organisationsprinzip der Berufsschule darin, daß sie die auf rein theoretischen Gesichtspunkten beruhende *Fächertrennung* durchbricht und die Bildungsstoffe mehr nach »biologischen« Rücksichten, nach ihrem organischen Zusammenhang in Leben und Bildung anordnet. Physik und Chemie, Zeichnen und Mathematik, Deutsch und Geschichte werden hier nicht auseinandergerissen, sondern in eigenartigen Verschlingungen und Durchdringungen dargeboten. Das organisierende Prinzip liegt hier im Beruf und im Berufsethos, in der Kulturleistung und dem darauf gerichteten spezifischen Bildungsbedürfnis. So sind also auch Berufskunde, Bürgerkunde und Lebenskunde nicht Stufen, die aufeinander folgen, sondern Stoffe, die sich durchdringen, und zwar um so inniger durchdringen, je weniger Stunden zur Verfügung stehen. Sie bezeichnen die drei Hauptgesichtspunkte des Wirtschaftlich-Technischen, des Staatlich-Gesellschaftlichen und des Ethisch-Persönlichen.

Denn dieses letzte darf allerdings nicht fehlen: die Hineinführung in den eigenen Busen, die Vertiefung in die eigne Bestimmung, die Anleitung zur Lebensgestaltung, zuhöchst der Ausblick in eine Weltanschauung. Und so wiederhole ich hier zum Schluß die Gedanken, in die meine Dresdner Rede ausgeklungen ist, weil sie mir auch für das Ethos des Erziehers an Berufsschulen von grundlegender Bedeutung zu sein scheinen.

7. Das abschließende Ethos

Eine irgendwie abgeschlossene Weltanschauung kann man in dem begrenzten Rahmen der Berufsschule nicht geben, ja, man kann eine Weltanschauung überhaupt nicht *geben*. Damit ist aber nur gesagt, daß man andere Mittel wählen muß, um diese in dem Menschen rege zu machen. Man kann in ihm inneres Suchen erwecken. Man kann ihn einführen in die Problematik des Lebens, in das auch er hineingestellt ist. Dies halte ich allerdings für eine notwendige letzte Aufgabe auch der Berufsschule, daß die großen Probleme, mit denen jeder unsrer Zeitgenossen zu ringen hat, irgendwann einmal als Fragen im Zusammenhang des Unterrichts aufgetaucht sind; nicht als beantwortete Fragen – denn wer möchte sich anheischig machen, diese letzten und tiefsten Fragen zu beantworten? Das hat auch Sokrates nicht getan, der mit 19–20jährigen Jünglingen die tiefsten Gespräche führte und in ihnen nur etwas lösen, sie einmal zum Stutzen bringen und zur Einkehr veranlassen wollte. Warum sollte man das nicht auch bei jungen Leuten unserer Berufsschule versuchen? Warum sollte man ihnen nicht etwa die Frage vorlegen, wer denn nun eigentlich der Sieger geblieben sei in dem großen Kampfe zwischen Mensch und Natur; ob wir durch unsre Technik den Menschen befreit haben oder ob der Mensch durch die geheimnisvolle Rückwirkung der Technik nur noch abhängiger geworden sei? Ob der Technik nicht etwas innewohne von dem Zauberlehrling, der die Geister rief, sie aber dann nicht mehr los wurde? Warum sollte man nicht auch Fragen behandeln wie die vom Werte des Reichtums und der Ehrlichkeit; Problemstellungen, wie sie z. B. in F. W. Foersters ›Lebenskunde‹ vorliegen, nur noch nicht scharf genug zugespitzt für besondere Fälle des Berufslebens? Ich meine: wie es in jedem Berufe eine besondere angewandte Ethik gibt, etwa die Anständigkeit des Kaufmanns, die Zuverlässigkeit des Handwerkers usw., so müßte man besondere ethische Probleme jedes Berufsgebietes irgendwann einmal anklingen lassen. Die Ethik des Handels, die gegenwärtig bei manchem etwas in Vergessenheit geraten zu sein scheint, könnte man durch Erweckung eigenen Nachdenkens vielleicht wieder zum Leben bringen. Überall ist das Wesentliche bei den Bildungsstoffen, die in der Pflichtberufsschule vorkommen, *daß man bis zum Ethischen vordringe*, nicht bloß Kenntnisse und Fertigkeiten mitteile, sondern jede dieser Einzelheiten sogleich beleuchte von dem großen Licht der ethischen Werte aus. Jeder dieser Stoffe muß gefördert werden bis zum Punkte der Geistesfreiheit gegenüber dem persönlichen Beruf. Es muß gezeigt werden, daß nicht das Nützliche das Letzte ist, auch nicht, wie manche sagen, das sozial Nützliche, sondern daß erst der geistige Gehalt dem Leben Wert gibt. Der Nutzen liegt noch ganz und gar auf dem Gebiete der bloß naturhaft materiellen Güter; das Soziale erhebt die Seele bereits zu einer größeren Weite des Bewußtseins. Aber darüber hinaus muß sie so freigemacht werden, daß sie eine Ahnung gewinnt von der Überlegenheit des Menschen über den Stoff, über Raum und Zeit und zuletzt über das bloß begehrende, enge Ich überhaupt. Denn das ist es doch, was in aller Technik, in allem wissenschaftlichen Streben und in aller Kulturarbeit als tiefstes treibendes Motiv lebt: Der Wunsch, frei zu werden von den Schranken des eigenen niederen Ich, von dem Druck der Außenwelt, von der Enge der räumlichen und zeitlichen Begrenzung, und in sich zu gründen ein geistiges Reich, wodurch man hinausragt über den bloß naturhaften Zusammenhang in den wahrhaft menschlichen.

Die Wege freilich zu diesem Ziel sind durchaus verschieden, verschieden in Landwirtschaft und Handel, in Handwerk und Industrie, in der Frauenschule und in der Kunstgewerbeschule. Sie alle haben ihre ganz besonderen Anstiege zu dieser Höhe. Die Aufgabe der Gegenwart, die große, produktive Aufgabe, besteht darin, charakteristische Bildungstypen herauszuarbeiten für jeden Beruf, einen jedem besonderen Beruf gemäßen Weg zum vollen Kulturmenschentum. Diese Arbeit erscheint mir als der eigentlich wesentliche Punkt in der Ausgestaltung der neuen Einheitsschule. Das Alte steht z. T. auf guten Füßen, aber jener Zweig, der in das Fach- und Berufsschulwesen hineinführt, er fordert noch eine produktive Bildungsarbeit, nicht nur die Entwerfung von Lehrplänen, – das ist mehr eine technische Leistung – sondern die *Ausgestaltung von charakteristischen geschlossenen Bildungstypen, umfaßt vom Rahmen eines gemeinsamen deutschen Bildungsideals.*

Der Bildungswert der Heimatkunde

1923

In unserer Seele gibt es einen Winkel, in dem wir alle Poeten sind. Was mit unserer Kindheit und unserer Heimat zusammenhängt, lebt in uns mit so zauberhaften Farben, daß der größte Maler es nicht wiedergeben könnte, und mit so sehnsüchtig verschwebenden Gefühlen, daß wir uns in diesem Bezirk auch von der höchsten Kraft lyrischen Ausdruckes nicht befriedigt finden würden. Das alles liegt in dem seltsamen Brennpunkt unseres geistigen Lebens, dessen Individualität für jeden anderen, ja für uns selbst unzugänglich ist, und an dem wir uns allenfalls mit Gott verstehen, aber mit keiner fremden Seele. In dem Heimaterlebnis schwingt etwas tief Religiöses mit, auch bei dem, der es sich nicht eingestehen will, und wenn wir von jemandem sagen: er habe keine Heimat, so ist das ungefähr soviel, als ob wir sagten: sein Dasein habe keinen Mittelpunkt.

Mit einem Wort: Heimat gehört zu dem Subjektivsten des Menschenlebens. Der Gehalt dieser Gefühlswerte scheint sich jeder Mitteilung zu entziehen. Aber es sind doch nicht nur Gefühlswerte. Das Stück Welt, das wir Heimat nennen, hat auch seine ganz bestimmte, im Wissen erfaßbare sachliche Beschaffenheit. Auf der tieferen Kenntnis dieses ihres Wesens baut sich erst die echte und bewußte Heimatliebe auf. Deshalb suchen wir Heimat*kunde*, weil wir in ihr die natürlichen und geistigen Wurzeln unserer Existenz erfassen. Wir durchleuchten unsere Liebe mit Erkenntnis; wir besinnen uns auf den Zusammenhang von Tatsachen und Gesetzlichkeiten, in die wir selbst mit unserem ganzen leiblich-geistigen Wesen verflochten sind.

Die eigentümliche Verknüpfung einzelner Wissensgebiete, die zu diesem Zweck erfolgt, gibt der Heimatkunde einen Charakter von besonderer Art. Und wir dürfen im voraus vermuten, daß eine Wissenschaft, die so bewußt auf die Totalbedingungen des menschlichen Lebens zugespitzt ist, auch einen ganz eigentümlichen Bildungswert in sich tragen, daß sie den geistigen Aufbau der Persönlichkeit in höherem Maße fördern und formen wird, als es sonst die kühle Objektivität forschender Einstellung vermag. Um uns über diese bildenden Kräfte der Beschäftigung mit der Heimatkunde klarzuwerden, gehen wir von einigen Bemerkungen über ihre Eigenart als Wissenschaft aus.

Es gibt keine Wirklichkeitswissenschaft, die nicht die Besonderheiten der Stoffe und Kräfte auf der Erde und in der Welt in ihr allgemeines logisches Gefüge mitaufnehmen müßte. Wohl aber gibt es Theorien, die mit ihren Begriffen und Gesetzen nach dem räumlich-zeitlich bestimmten Vorkommen der betreffenden Erscheinungen überhaupt nicht fragen, sondern so gefaßt sind, daß sie allgemein aussprechen, was unter Voraussetzung gegebener Bedingungen geschieht. Wann und wo diese Bedingungen tatsächlich gegeben sind, fällt nicht in den Bereich ihres Interesses. Die Bewegungsgesetze beziehen sich nicht auf bestimmte Erd- oder Weltregionen, so wenig wie die Lehre von der Wärme oder der Elektrizität. Die Chemie handelt von den Stoffen und ihrem Aufbau, nicht aber von der Häufigkeit und der räumlichen Verteilung ihres Vorkommens. Die allgemeine Physiologie ist die Lehre von den Zellen und den Organismen überhaupt. Und vielleicht läßt sich auch eine Wissenschaft von der Geistesstruktur des Menschen überhaupt, von der Gesellschaft überhaupt, vom Wirtschaftsleben überhaupt (mindestens als Idee) entwerfen. Alle diese Wissenschaften stellen den besonderen Ort und die besondere Zeit, in der ihre Objekte auftreten, nicht in ihren Interessenkreis mit ein.

Von ihnen hebt sich eine andere Gruppe von Wissenschaften deutlich ab, deren Gegenstände ausdrücklich einen räumlichen oder zeitlichen Individualitätskoeffizienten erhalten. Sie sprechen von dem, was hier oder dort einmal gewesen ist, heute ist oder morgen sein wird. In dieser Weise ist etwa die Geographie immer auf ganz konkrete Teile der Erdoberfläche gerichtet, die Geologie auf räumlich-zeitliche Besonderheiten des Erdgeschehens, die Geschichte auf ebensolche Besonderheiten im Schicksal der Bewohner eines bestimmten Teiles der Erdoberfläche.

Man hat den Versuch gemacht, den Unterschied zwischen der Richtung auf das ganz Allgemeine und auf das Singuläre zum Haupteinteilungsprinzip der Wissenschaften zu erheben. Die räumlich-zeitlich bestimmte Tatsache aber wäre das Singulärste, das sich denken läßt. So stellt Windelband der nomothetischen scharf die idiographische, Rickert der generalisierenden die individualisierende Begriffsbildung gegenüber.[1] Ich möch-

[1] Vgl. Wilhelm Windelband, Geschichte und Naturwissenschaft. In: Präludien. Bd. 2, 6. Aufl. Tübingen 1919. – Heinrich Rickert, Die Grenzen der naturwissenschaftlichen Begriffsbildung. 3. u. 4. Aufl. Tübingen 1921.

te mich diesem Prinzip der Wissenschaftseinteilung schon deshalb nicht anschließen, weil mindestens in allen auf die Wirklichkeit bezogenen Theoremen beides immer unlösbar verflochten ist. In jedem allgemeinen Gesetz steckt die Voraussetzung, daß bestimmte tatsächliche Konstellationen überhaupt vorkommen; in jeder noch so singulär gemeinten Beschreibung steckt etwas von allgemeinen Begriffen und Gesetzlichkeiten. Daher durchschlingen sich in den Wirklichkeitswissenschaften beide Denkweisen bis zur Untrennbarkeit: wir versuchen, das Tatsächliche annähernd zu begreifen als Kreuzungspunkt allgemeiner Regeln des Geschehens; und wir erfassen die allgemeine Regel immer nur am einzelnen Fall. Beide Male wird das Wirkliche vom Denken in ein Wesenhaftes umgesetzt und dadurch in seiner wesenhaften Identität festgehalten. Freilich bleibt die ganz konkrete, einzigartige Erscheinung immer theoretisch unausschöpfbar, und die Instrumente unseres Denkens bewegen sich eigentlich nur um die Umrisse des Individuellen herum.

I.

Wir wollen uns nicht in erkenntnistheoretische Fragen verlieren. Die Anwendung auf die wissenschaftliche Heimatkunde liegt nahe. Sie ist zunächst ganz bestimmt keine Einzelwissenschaft im üblichen Sinne, obwohl sie eine Fülle von sogenannten Einzelwissenschaften heranzieht und obwohl auch sie auf einen Wirklichkeitsausschnitt gerichtet ist. Aber dieses Herausschneiden ist hier nicht vollzogen unter dem Gesichtspunkt einer allgemeinen Gegenstandsklasse, zu der die Wirklichkeit gattungsmäßig untergeordnete Exemplare liefert, zum Beispiel unter dem Gesichtspunkt Mineralisches, Pflanzliches, Tierisches. Sondern die Heimatkunde nimmt Gegenstände der allerverschiedensten Klassen unter eine eigentümliche Blickrichtung zusammen, die zunächst auf einen bestimmten Raum- und Zeitausschnitt bezogen ist. Dieser selbst aber wechselt wieder, und zwar in ganz subjektiver Weise, mit dem jeweils erkennenden menschlichen Subjekt, das sich selbst oder seine Gruppe als den Koordinatenanfangspunkt der gewählten Raum- und Zeitbestimmungen setzt. Der Erkennende ist hier nicht identisch mit dem sonst in der Wissenschaft üblichen Betrachter, der der Idee nach nur Erkenntnissubjekt schlechthin ist und von seiner Sonderstellung in Raum und Zeit gerade abzusehen bestrebt ist. Vielmehr wird von der Heimatkunde ein Mensch in den Mittelpunkt gestellt, der eine relativ individuelle Menschengruppe repräsentiert, und von diesem Lebenszentrum aus bestimmt sich die besondere Richtung des wissenschaftlichen Interesses. Zu seiner Befriedigung werden aus den bestehenden Wissenschaften nur diejenigen Teile und Seiten herausgeschnitten, die für diesen räumlich-zeitlich bedingten Lebenszusammenhang von Bedeutung sind. Die Heimatkunde nimmt daher eine Perspektive in ihr Sehen auf, die sonst in der Wissenschaft keine Rolle spielen *soll*, nämlich diesen ganz zufällig von der Lebenslage des Betrachters bestimmten Standort, der sich in den verschiedenen Heimatkunden mannigfach verschieben kann. Wollen wir es in einem definitionsähnlichen Satze aussprechen, so ist wissenschaftliche Heimatkunde das *geordnete Wissen um das Verbundensein des Menschen in allen seinen naturhaften und geistigen Lebensbeziehungen mit einem besonderen Fleck Erde, der für ihn Geburtsort oder mindestens dauernder Wohnplatz ist.* Und lösen wir diesen Individualitätskoeffizienten in seine einzelnen Faktoren auf, so ist jede Heimatkunde bezogen:

1. auf einen Ausschnitt der Erdgeschichte,
2. für einen bestimmten Ort,
3. auf einen Ausschnitt der Menschengeschichte,
4. für eben diesen bestimmten Ort.

Die richtunggebende Fragestellung entscheidet sich bewußt für einen subjektiv gewählten Ursprungspunkt, nämlich den Wohnplatz gerade dieses lebendigen Betrachters.

Zusammengehalten durch den Gesichtspunkt des Ortes und die ihm zugehörige besondere Linie zeitlichen Geschehens geben sich dann die verschiedensten Wissenschaften ein Stelldichein, um diesen Ort und diese Zeit in der Totalität ihres Soseins und der Sinnbestimmtheit ihrer Individualität auszuschöpfen. Von der Seite der Naturwissenschaften mögen sich einfinden: Geologie und Geographie, Mineralogie, Meteorologie; die Biologie spitzt sich hier zu einer Art von Naturbiographie zu, in der die physischen Lebenserscheinungen von Pflanze, Tier und Mensch zu der Besonderheit des Erdfleckes in Beziehung gesetzt werden. Und in der gleichen speziellen Bezogenheit gesellen sich von den Kulturwissenschaften hinzu: ein Stück Kulturgeschichte, ein Stück Stammesgeschichte und Siedlungskunde, ein Stück Wirtschaftswissenschaft, Gesellschaftswissenschaft, Staatswissenschaft, Kunstwissenschaft, Religionswissenschaft usw. Die allgemeinen Strukturgesetzlichkeiten, von denen diese etwa zu berichten wissen, werden hier in den Dienst einer lokalen Zustandsbeschreibung und einer historischen Individualisierung gestellt, deren Eigenart am besten durch das Endwort »graphie« bezeichnet wird, wenn man auf den darstellenden und beschreibenden Charakter dieser Wissenschaften hinweisen will. Es handelt sich um eine höhere und höchste Topographie, von der Ebene der Geographie im engeren Sinne bis empor zur Ethnographie,

Ökonomographie, Epistemographie und Ethographie; für die Mehrzahl dieser wissenschaftlichen Sonderaufgaben aber fehlt in unserem Sprachgebrauch das technische Kunstwort. Denn die Zuspitzung auf den besonderen und wechselnden Ort tritt in diesem Maße allenfalls noch in der Volkskunde auf. Die Heimatkunde aber teilt mit ihr das Schicksal, daß sie im herrschenden Wissenschaftssystem noch keine feste Stelle hat.

Über diese Stelle läßt sich erst dann Entscheidendes sagen, wenn wir zuvor gefragt haben: *Was ist Heimat? Wie entsteht Heimat?*

Der Mensch hat, wo er auch lebe, immer eine Umwelt, ein für ihn und seinen Lebensvollzug bedeutsames »Milieu«, nicht aber eine Heimat. Eine Heimat hat er nur da, wo er mit dem Boden und mit allem Naturhaft-Geistigen, das diesem Boden entsprossen ist, innerlich verwachsen ist. Es ist eine ganz falsche Vorstellung, daß man schon in eine Heimat hineingeboren werde. Zur Heimat wird diese gegebene Geburtsstätte erst dann, wenn man sich in sie hineingelebt hat. Deshalb kann man sich auch fern von dem Orte des Geborenwerdens *eine Heimat schaffen*. Als Leberecht Hühnchen sich bei Tegel ein paar Quadratmeter Land erworben hat, malt er sich aus, daß dieses bescheidene Reich nun ihm gehöre, innerlich und äußerlich. Er zieht die Verbindungslinien aus bis zum Mittelpunkt der Erde, und von ihrer Oberfläche wieder empor bis zum Zenit, so daß ein Spitzkörper von weltumfassenden Dimensionen entsteht. Die scherzhafte Erzählung bringt die seelische Ansiedlung auf dem Boden gut zum Ausdruck: Innenwelt und Außenwelt verschmelzen miteinander. Das tiefe Verwachsensein aller Lebensenergien mit dem Boden läßt ihn erst zur Heimat werden. Oder deutlicher gesagt: Von Heimat reden wir, wenn ein Fleck Erde betrachtet wird unter dem Gesichtspunkt seiner Totalbedeutung für die *Erlebniswelt* der dort lebenden Menschengruppe. *Heimat ist erlebbare und erlebte Totalverbundenheit mit dem Boden.* Und noch mehr: *Heimat ist geistiges Wurzelgefühl.* Eben deshalb kann die Heimat nie als bloße Natur angesehen werden: Sie ist erlebnismäßig angeeignete, folglich durchgeistigte und zuletzt durchaus persönlich gefärbte Natur.

Der intime Ursprung solcher Beziehungen liegt wohl darin, daß uns die Dinge unserer Welt an diesem Orte zum ersten Male »gedeutet« und gleichsam ans Herz gelegt worden sind. Deshalb haftet gerade ihnen etwas von hervorgehobener Originalität für uns an. Ganz ähnlich ist es mit dem Glanze, der dem Ort des ersten erotischen Seelenerwachens verbleibt. Das hat Goethe in einer Episode der ›Wanderjahre‹ schön ausgeführt. Nirgendwo sonst ist das Seelenleben so tief in das Innere der Sachwelt hineingewachsen, wie in diesen beiden Bereichen jugendlicher Ahnungen und

Vorgefühle. Aber das Allerintimste entzieht sich natürlich jeder Art von »Kunde«, wie wir sie hier im Auge haben.

Der Prozeß totaler Einwurzelung in die nächste Lebensumgebung ist philosophisch sehr interessant und verdient noch eine nähere Betrachtung. In der Regel wird behauptet und von den meisten auch geglaubt, daß wir alle in derselben Wirklichkeit leben. Dabei wird aber die Vieldeutigkeit des Begriffes Wirklichkeit übersehen. Die Physik macht den Versuch, aus den Gegebenheiten der Umwelt, die für uns da sind und auf uns »wirken«, ein eindeutiges System des Seienden zu konstruieren, das schlechtweg für alle – ohne Ansehen des Raumes und der Zeit – »Geltung hat«. Sie erreicht dies, indem sie eine Fülle von Bestandteilen, die nur auf zufälligen perspektivischen Beziehungen der Objekte zum jeweiligen Subjekt beruhen, aus dem Gesamtbilde fortläßt und sich nur einer begrenzten Zahl von neutralen Aufbauelementen bedient. Die Folge ist natürlich, daß es in dieser Wissenschaft über eine Art von Grundriß des Seins oder Weltschema nicht hinauskommt. Die konkrete Ausfüllung dieser Umrisse mit einem jeweilig besonderen Gehalt und mit erlebbaren Sinnbeziehungen, die über das bloße Erkennen hinausgehen, kann diese konstruierende Physik nicht erfassen, mag sie auch Zahl und Art ihrer Bauelemente im Lauf der Zeiten wechseln. Man darf daher sagen: die Wirklichkeit, die die mathematische Physik konstruiert, unterscheidet sich von der im Leben gemeinten Wirklichkeit wie eine Ebene von einem Relief. Schon G. H. Schubert und Fechner haben die Weltansicht der Physik eine Nachtansicht genannt, der die naiv erlebte Natur wie eine freundliche Tagesansicht gegenübersteht. Die Physik verwandelt die leuchtende, farbige, tönende, duftende Welt in ein Gefüge von Energiepunkten oder von bewegten Körpern im Raume; sie schließt ihren Versuch, alles Wirkliche auf die Erkenntnisebene zu projizieren, mit einem Rechensystem, zuletzt mit einem Komplex von mathematischen Formeln ab. Wie weit ist dieses Ergebnis entfernt von der Wirklichkeit, die uns in den totalen Sinnbeziehungen des Daseins plastisch gegenübersteht, mit dem Reiz der Farben, Töne und Gerüche, dem wechselnden Meer von Licht und Schatten und all dem bewegten Leben in seinem Schoße!

Aber dieser Unterschied von konstruierter und erlebter Realität beruht nicht nur darauf, daß die Physik die Sinnesqualitäten als subjektiv mitbedingt (früher sogar als »bloß« subjektiv) gesetzt hat, sondern auch darauf, daß die erlebte Wirklichkeit im Gegensatz zur erkenntnismäßig konstruierten für uns (die erlebenden Subjekte) voll von Sinnbeziehungen ist. Wir erblicken unsere Wirklichkeit immer schon unter dem Gesichtspunkt ihrer Wert- und Sinnbedeutung für uns. Manche Stellen sind herausgehoben als wertbetont für unsere Bedürfnisbefriedigung, also als angenehm oder nützlich, andere als ästhetisch reizvoll, wieder andere als symbolisch bedeutsam für Gehalte des Gemeinschaftslebens, und noch andere werden als heilig von einer mitschwingenden Andacht erfaßt. In gewissem Grade mag diese sinnerfüllte Wirklichkeit einer Menschengruppe gemeinsam sein. Es tritt nun aber noch hinzu, daß auch in dieses vorausgesetzte Normalrelief jeder einzelne Mensch seine ganz besonderen Höhen- und Tiefenwerte erst hineinsieht oder aus ihm heraussieht und sich damit ein ganz individuelles Wirklichkeitsrelief gegenüberstellt. In ihm ist enthalten, was gerade er an seiner Umgebung als bedeutsam erlebt und als wesentlich betrachtet.

Man kann diese Varianten der Umwelt durch alle Stufen überhaupt erlebender Wesen hindurch verfolgen. Jedes Tier (als Gattungsexemplar und vielleicht als ganz eigentümliches Exemplar) hat »seine« Welt. Legen wir jene problematische Voraussetzung einer eindeutig bestimmten Normalwelt zugrunde, so schneidet es sich vermöge seiner mitgebrachten Organisation aus dieser Welt bestimmte Seiten heraus, während andere ihm nichts bedeuten. Der Beobachter kann dies objektiv am praktischen Verhalten (behaviour) des Tieres gegenüber äußeren Reizen studieren. Der Biologe Baron von Uexküll hat darauf aufmerksam gemacht, daß bei gemeinsamen Spaziergängen durch die Stadt der Hund an ganz anderen Stellen stehenzubleiben pflege und ganz andere Interessen zeige als sein Herr. Die Umwelt des Tieres hat also eine eigenartige Struktur. Ähnliches gilt von der Welt des Kindes, die wir der Welt der Erwachsenen nur allzu gleichartig denken. Das Kind, das mit uns in demselben Zimmer lebt, erlebt dieses Zimmer ganz anders als wir. So schöpft es zum Beispiel den Raum, und noch seinen kleinsten Teilraum, mit einer Intensität aus, wie wir nie wieder im Leben fähig sind, einen Raum kennenzulernen. Und endlich bleiben solche Unterschiede im Wirklichkeitsrelief auch noch für die Welt der Erwachsenen. Die Realität des Naturmenschen ist eine andere als die des Kulturmenschen, die des Städters eine andere als die des Landmanns, die des Gebildeten eine andere als die des naiven Gemütes.[2]

[2] Vgl. Jakob v. Uexküll, Umwelt und Innenwelt der Tiere. Berlin 1909. Ders., Bausteine zu einer biologischen Weltanschauung. München 1913. Seitdem ferner: v. Uexküll u. Kriszat, Streifzüge durch die Umwelten von Tieren und Menschen. Berlin 1934; v. Uexküll, Bedeutungslehre. Leipzig 1940. Zu den Bedeutungscharakteren, die Umweltinhalte schon für Tiere annehmen können, rechnet v. Uexküll auch den sogenannten »Schutzton«. Diese Erscheinung kann sich bis in höchste geistige Schichten hinauf erstrecken. So wird man sagen dürfen, daß der heimatlichen Umgebung ein Schutzton im feinsten seelischen Sinne eigen sei (»Geborgenheitston«).

Die neuere Philosophie, besonders Max Scheler in seinen geistvollen Schriften, bezeichnet das, wovon wir hier geredet haben, als *Milieuwirklichkeit.* Wir könnten seine Ausführungen noch dahin ergänzen, daß wir an der Milieuwirklichkeit eine transportable und eine nichttransportable Seite unterscheiden. Es gibt ein Milieu, das wir mit herumtragen, der schlagendste Beweis, daß diese Seiten der Außenwelt eigentlich an uns hängen und mit uns verpflanzbar sind. Hierüber sagt Scheler: »Der Spießbürger bleibt immer Spießbürger, der Bohémien Bohémien, und nur das wird ihnen Milieu, was die Wertverhalte ihrer Einstellungen an sich trägt. Menschen einer Standeseinheit, einer Rassen- und Volkseinheit, einer Berufseinheit usw., und schließlich jedes Individuum tragen so die Struktur ihres Milieus mit sich herum. Derselbe Wald ist dem Jäger, dem Förster, dem Spaziergänger auch ein anderes Milieu; prinzipiell nicht anders, wie er dem Rehbock ein anderes Milieu ist als dem Menschen, und wieder ein anderes der im Walde lebenden Eidechse.«[3]

Davon unterscheiden wir nun die nicht mitwandernden Bestandteile des Milieus, d. h. diejenigen Momente der Erlebnisverbundenheit mit dem Orte, die gerade dem *Orte* dauernd aufgeprägt sind, an denen *er* in hervorragendem Maße teil hat und in denen seine bleibende Bezogenheit auf mich, den dort Ansässigen, wurzelt. Das ist es, was den Heimatcharakter begründet. Auch er beruht auf einer Selektion des mir Bedeutungsvollen und Sinnbetonten aus einem angeblich neutralen Hintergrund. Aber diese Bedeutung ist nur die eines mir Verwandtgewordenseins, eines Erinnerungsschweren, einer Symbolfunktion für mannigfache Gefühlswerte und Sinnbeziehungen. Leid und Freude, gutes und schweres Schicksal scheinen am Ort zu haften. Und über alle diese Einzelheiten hinaus umfasse ich mit Andacht eine Art von metaphysischer Lebenseinheit, vermöge deren der Ort und ich im Tiefsten *zusammengehören.* Die Umwelt ist in mein Innenleben hineingezogen, sie ist ein Stück von mir selbst geworden.

Wir wissen, wie eng wir mit unserer Wohnung verflochten sind. In ihr ist für uns unendlich vieles da, was für keinen anderen da ist und da sein kann. Kein anderer, auch der nächste Mensch nicht, vermag zu sehen, was ich in ihr sehe. Für den Fremden mag sie, wenn er kein Menschenkenner ist, etwas Neutrales sein. Für mich ist sie ein Gewebe von sehr geheimen Fäden. Mit jedem Stück, mit jedem Winkel verbindet mich eine persönliche Beziehung, die nur ich so haben kann. Genau so stehe ich zur heimatlichen Natur. Wenn ich den Versuch mache, die Gegenden der Mark

[3] Max Scheler, Der Formalismus in der Ethik und die materiale Wertethik. Halle 1921. S. 143.

Brandenburg, die mir lieb sind, anderen zu »zeigen«, so fühle ich deutlich, wie viele Voraussetzungen des Sehens in mir und nur in mir gelegen sind. Schweigen will ich von jenen ganz persönlichen Erinnerungen und Beziehungen, die sich der Landschaft für mich dauernd aufgeprägt haben und nun in ihr ein Eigenleben weiterzuführen scheinen. Es ist da noch etwas anderes: eine metaphysische Sprache, die gerade diese Natur spricht und die nur ganz verstehen kann, wer ihren Pulsschlag in sich selbst fühlt: in Mittagsglut schweigende Kiefern, der Duft des Harzes, der zugleich beklemmend und kräftigend zu wirken scheint; Sand, der immer wieder dieselbe monotone Sprache redet; träumende Seeufer; und das alles dann eingetaucht in die unsagbar feste, beruhigende Stimmung des langen Abends – einschlummernd im Herbst ohne Wehmut und ohne Schauer –, ein Symbol unendlicher, ernster Treue und Festigkeit. So haben Fontane und Leistikow die Mark gesehen. Aber so erlebt sie nur, wer mit dieser Natur wirklich gelebt hat; so steht zu ihr nur der, für den sie Heimat geworden ist.

Der Mensch bedarf eines solchen Wurzelns in der Erde. Das ist das Elend des Großstädters – der im übrigen auch ein starkes Heimatgefühl haben mag, wie der Berliner es in der Regel hat –, daß er nicht mehr tief einwurzeln kann in den Boden und die umfangenden, seelisch schützenden Kräfte des Bodens; daß er nicht mehr im belebenden Kraftaustausch mit der Heimaterde und *ihrer* Individualität lebt, so daß seine letzte und geistige Eigenart nur wie eine Blüte am Zweige des Stammes aus diesen mütterlichen Tiefen herauswüchse. Wer jemals eine Heimat ganz gehabt hat, wird sich auch unter dem schönsten Himmel auf die Dauer einsam und entwurzelt fühlen. Der Gebirgler sucht am Horizont seine Berge; der Mensch der Ebene strebt in den Bergen gerade zu dem Punkte, wo er hinausblicken kann in die freie Ferne. Heimweh ist ein tief metaphysisches Leid; in ihm schlummert, was über die Erde hinausreicht ins Überirdische, Unsagbare, ins Unbetretene, nie zu Betretende.[4]

Aus alledem aber folgt, daß die Natur, sofern sie als Heimat gesehen wird, selbst schon *ein Stück Geist* geworden ist. Sie ist voll von geheimem *Sinn.* Die Aufdeckung dieser stillen Sinnbeziehungen führt zu bewußtem Heimatgefühl. Die Wissenschaft kann und soll nicht in die letzte Tiefe des Erlebten führen. Sie bleibt an das allgemein Bestimmbare und Mitteilbare gebunden. Aber im rechten Wissen um die Heimat rückt sie uns von selbst noch ein Stück näher, und so wird Heimat*kunde* zugleich ein Erziehungsmittel für tieferes und reicheres Heimaterleben, wie sie für den

[4] Vgl. meinen Aufsatz: Welt, Überwelt, Heimat. In: Mélanges D. Gusti (Archives pour la science et la réforme sociales XIII). Bukarest 1936.

Heimatfreund eine beglückende Bestätigung ist. Ich nenne die Beziehung des Bodens und der Natur zu mir, durch die sie für mich in bestimmter Richtung sinnvoll werden, ein *Band*. So mannigfach die Sinnrichtungen sind, in denen der Mensch zu erleben vermag, so mannigfaltig sind die Bänder, die uns an die Heimat knüpfen. Sie alle laufen zusammen in einem letzten Gesamtsinn, der religiös genannt werden muß. Die Heimat ist für den erlebenden Menschen die nahrungspendende Flur. Sie ist aber auch Gegenstand einer ästhetischen Freude. Ihre Erscheinungen reizen den Forschertrieb. Sie ist voll von Zeichen der Vergangenheit, die die Geschichte der früheren Menschen auf diesem Fleck Erde erzählen. Sie hat ihre ganz eigenen Lokalgötter, die aber vielleicht nur den Menschen einer andächtigeren Zeit leibhaftig erscheinen.

Sollen alle diese Beziehungen durch Wissen und Verstehen ins Bewußtsein gehoben werden, so bedarf es zunächst der Naturkunde. Bodenbeschaffenheit, Klima, Pflanzen- und Tierwelt müssen in ihrer Eigenart als Naturphänomene aufgefaßt werden. In diese naturhafte Welt ist der Mensch selber mit seinem Wirken und Erleben hineingepflanzt. Kultur ist gleichsam nur ein höheres Entwicklungsstadium der Natur. Man steigt empor von der Stammesart und den Siedlungsformen der Bewohner zu der Wirtschaftsweise, den Traditionen, Sitten, Weltansichten und Kultformen. Und wie die Denkmäler der Natur von der geologisch-biologischen Vorgeschichte erzählen, so leiten historische Denkmäler als stumme bleibende Zeugen mit eindrucksvoller Symbolik in die Menschenschicksale zurück, die der Boden früher gesehen hat. Eine Fülle von kleinen Dingen, von denen die Welt nichts weiß, die aber im Munde der Bewohner sich lebendig gehalten haben, bestimmen das geistige Lokalkolorit und die uns nächstumgebende Kultur.

Beides ist untrennbar. Die Natur selbst ist schon als objektiver Geist gefaßt, und die Kultur wird in ihrer Naturbedingtheit erst ganz verstanden. Nirgends wird dieses allgemein-geistige Wechselverhältnis so klar wie in der Beschäftigung mit der eigenen Heimat. Sie lehrt beides verstehen: die durchgängige Naturfundierung des Geistigen und die Vergeistigung der Natur. Wie ein Bauwerk, das heute frisch und fremd in eine Gegend hineingestellt wird, schon nach wenigen Jahren mit dieser Natur verwachsen ist, weil es die Schicksale dieser Natur bis in die Witterungsverhältnisse hinein geteilt hat, und wie es dann auf rätselhafte Art die Lokalfärbung und den Gesamtcharakter der Umgebung angenommen hat, so ist auch die Kultur eines Landstriches ganz in die Natur verwachsen. Und umgekehrt gesehen: Wie aus dem Boden nur Pflanzen sprießen, die gerade er zu nähren vermag und die seinem Gesamtcharakter entsprechen, so kann auch die zugehörige Kultur, von der »Agrikultur« an, als eine vom Menschen aus geformte, zur Geistigkeit veredelte Natur angesehen werden.[5]

Will man sich diese durchgängige Lebensgemeinschaft am besonderen Fall der eigenen Heimat zum Bewußtsein erheben, so ergibt sich, daß die Strahlen aller Wissenschaften in diesem Mittelpunkt zusammentreffen. *Alles* wird hier eigentlich zur Hilfswissenschaft. Denn alles bereits gefundene Wissen dient nur dazu, sich an diesen Lebensfäden entlang in das Herz alles Lebens zurückzutasten, in den Mittelpunkt hinein, aus dem heraus man selber lebt und der – um in Rankes metaphysischer Sprache zu reden –: »unmittelbar zu Gott« ist.

Es versteht sich von selbst, daß die ganze subjektive Beziehung der Heimat auf den Menschen von der Wissenschaft nicht ausgeschöpft werden kann. Nur sollte die Wissenschaft, die als streng objektivierende alle ihre Gegenstände erst aus einem solchen subjektiven Lebenszusammenhang loszulösen strebt, niemals ganz vergessen, daß ein Rest von diesem »Bande« auch in ihr erhalten bleiben muß, wenn die Wissenschaft nicht unfruchtbar für das Leben werden soll. Mag die Forschung noch so sehr bemüht sein, vom geozentrischen und anthropozentrischen Standpunkte loszukommen: wir treiben Naturwissenschaft immer von der Erde aus und Geschichte immer vom Gegenwartsmenschen aus, trotz Kopernikus und Spengler.[6] Schon in dem Namen Heimatkunde liegt, daß hier die Beziehung auf einen Erlebnismittelpunkt, auf ein bestimmt lokalisiertes Subjekt festgehalten wird. Die Heimatkunde betont also *einerseits* die Verflechtung aller Wirklichkeiten in den subjektiven Organismus des Erlebens – in die menschliche Erlebnisstruktur. Die Auswahl und Beachtung der Gegenstände ist hierdurch mitbestimmt. *Andererseits* aber nimmt sie das Ganze dieser Wirklichkeiten auch als einen objektiven Organismus, d. h. als Weltstruktur. In sie ist umgekehrt der Mensch wieder mit seinem besonderen Standpunkt hineingelagert. Kein Stück der Wirklichkeit

---

[5] Anregend über den objektiven Geist und seine Grundkategorien: Gebilde, Gerät, Zeichen, Sozialform und Bildung, handelt Hans Freyer, Theorie des objektiven Geistes. Leipzig 1923.

[6] Oswald Spengler, Der Untergang des Abendlandes. 6. Aufl., München 1920. S. 135: »Es ist jetzt endlich möglich, den entscheidenden Schritt zu tun und ein Bild der Geschichte zu entwerfen, das nicht mehr vom zufälligen Standort des Betrachters in irgendeiner – seiner ›Gegenwart‹ und von seiner Eigenschaft als interessiertem Gliede einer einzelnen Kultur abhängig ist.« ... »Hier war noch einmal die Tat des Kopernikus zu vollbringen.«

wird hier vereinzelt betrachtet, sondern immer als eine Seite oder als ein Glied von dem Alleben, dessen Gesamtsinn freilich der menschlich-subjektiven Erfassung nur in Ahnungen und in Gleichnissen zugänglich ist.

II.

Auf diesen Tatsachen nun beruht der eigentümliche *Bildungswert der Heimatkunde.* Sie ist – um es mit einem Worte zu sagen – das bisher eindrucksvollste Beispiel einer Überwindung der abstrakten Fächertrennung. Die schroffe Absonderung der Wissenschaften voneinander, mag sie auf der Zerschneidung der Objektwelt oder auf der rein logischen Isolierung der Methoden beruhen, die leblose Systematik des Wissens wird hier aufgehoben. Und zwar wird sie aufgehoben durch Wiederherstellung des organischen Zusammenhanges der Erkenntnisgegenstände, den die Anatomie eines bloß begrifflichen Interesses zerschnitten hat. Schon darin liegt ein Bildungswert, da echte Bildung immer auf Totalität und Verknüpfung des geistigen Lebens gerichtet ist. Freilich kann diese Ganzheit auch in anderen Wissenschaftsgebieten als gerade in der Heimatkunde zutage treten. Die Heimatkunde aber besitzt insofern noch einen darüber hinaus gesteigerten Bildungswert, als der Mittelpunkt, um den herum sie alle ihre Wissensstoffe lagert, der jeweils fragende Mensch selber in der Totalität seiner Natur- und Geistesbeziehungen ist. Auf ihn ist hier das Wissen gleichsam zugespitzt. Es ist daher nicht zu verwundern, daß es auf ihn mit einer besonders formenden Kraft zurückwirkt; denn alles Wissen ist hier schon im voraus auf den Menschen als Lebensmitte hin komponiert und selbst so zubereitet, daß der Prozeß der Aneignung – einer nicht bloß verstandesmäßigen, sondern allseitig sinnerfassenden Aneignung – sich nun gleichsam von selbst vollzieht.

Zerlegen wir dieses Geheimnis des Bildungswertes der Heimatkunde noch einmal in seine wesentlichen Stufen. Die geradezu metaphysische, unmittelbar auf die Gegenstände bezogene Voraussetzung ist der Satz: *»Die Welt selbst ist ein objektiver Organismus, ein Lebensganzes.«* Vielleicht läßt sich diese Weltansicht bis auf Posidonius und die Neuplatoniker zurückführen. In der Renaissance wurde sie wieder lebendig. Ihre klassische Ausprägung hat sie um die Wende des 17. und 18. Jahrhunderts erfahren: bei Leibniz und Shaftesbury. Nach ihnen ist das Universum ein harmonisches, in sich abgestuftes und gegliedertes Ganzes, ein Kunstwerk; aber da es selber Leben hat und Leben zeugt, so ist es noch mehr: eine Lebenseinheit. Innerhalb dieser formenden und geformten Lebenseinheit steht nun alles zu allem in gesetzlichen Beziehungen (relations, rapports). Ich nenne diesen Typus der Weltansicht die *Metaphysik der harmonisch-gesetzlichen Relationen.* Montesquieu hat sie auf die politische Welt ausgedehnt, Herder hat die ruhende Harmonie in die bewegte Harmonie einer historischen Entwicklung ausgeweitet. Goethe hat den alten Gedanken der Entelechien (der Urformen) und der gesetzlichen Metamorphose dieser Urformen hinzugefügt. Bei ihm schauen wir zu,

Wie Himmelskräfte auf und nieder steigen
Und sich die goldnen Eimer reichen.

Die Welt wird zu einem Meer bewegter, sich entfaltender und gesetzlich ineinander übergehender Formen, ein großer überindividueller Organismus. Alles lebt ineinander, miteinander, durcheinander. Und es ist zuletzt dieselbe unerforschbare göttliche Kraft, die alles durchströmt.

Diesen objektiven Organismus hat nun das Wissen wie in einem Spiegel aufzufangen. Damit würden wir auf die alte Schellingsche Lehre[7] als den zweiten Satz zurückgeführt: *Auch das Wissen ist ein Organismus, in dem jedes Glied als unselbständiger Teil auf den anderen bezogen und durch ihn bedingt ist.* Und zwar meint dieser Satz nicht nur die Einheit des logischen Begründungszusammenhanges, sondern das Wissen wird hier durchaus zu dem idealen Gegenbilde des realen Organismus, zu einer Abformung der Urformen, zur Erfassung der Formgesetze (Strukturgesetze) und formerfüllenden Entwicklungsgesetze. Es gibt daher kein vereinzeltes Wissen, das diesen Namen verdiente; sondern Erkenntnis entsteht erst, wenn das vereinzelte Objekt in seine allseitige Bedingtheit wieder hineingestellt wird.

Endlich der dritte Satz: *Der erlebende wie der forschende Mensch selbst ist in diesen organischen Zusammenhang des Lebens und der Wahrheiten mit hineingewoben.* Er begreift daher seine Stellung in der Welt, er versteht sich selbst nur, wenn er diesen allseitigen Lebensfäden nachgeht und das Organ für diese Totalität in sich entwickelt. Er kann es aber – als ein Mikrokosmos – nur, wenn er an seinem begrenzten Standort alle Strahlen auffängt. Und diese Form der sachlichen und Erkenntnis-Beziehungen vermittelt ihm am reinsten eine mit allseitigem Verständnis betriebene, von aneignender Liebe durchwaltete Heimatkunde. Darin liegt ihr Bildungswert: Sie klärt den Menschen über seine Stellung im Ganzen der

[7] Friedrich Wilhelm Joseph Schelling, Vorlesungen über die Methode des akademischen Studiums (1803). Sämtliche Werke, Stuttgart u. Augsburg 1856/61. Bd. 5. – »Die Ideen symbolisieren sich in den Dingen, und da sie an sich Formen des absoluten Erkennens sind, erscheinen sie in diesen als Formen des Seins, wie auch die plastische Kunst ihre Ideen tötet, um ihnen die Objektivität zu geben.« Vgl. auch: Über das Verhältnis der bildenden Künste zur Natur (1807). l.c. Bd. 7.

lebendigen Kräfte auf; sie erhebt die allseitige Bedingtheit seines leiblich-geistigen Lebens an einem für ihn zentralen Punkte zum Bewußtsein. So spiegelt er – im Sinne von Leibniz – als Monade auf *seine* Art das ganze Universum.

Blicken wir auf die Geschichte der Wissenschaften, so hat dieser Typus der Erkenntnishaltung bereits Epochen hoher Blüte hinter sich. Zunächst auf dem Boden der Naturwissenschaft in engerem Sinne. Zwei charakteristische andere Formen der Naturauffassung bringen nur je eine begrenzte Seite dieses Universalsystems zum Ausdruck: die *mathematische Physik*, die immer auf das Ideal hinstrebt, das Naturgeschehen als bloßes gesetzmäßiges Verhalten quantitativ bestimmter Elemente im Raum aufzufassen; und die bloße *Begriffssystematik*, die die Fülle der Gegenstände aus umspannenden Oberbegriffen nach den Regeln logischer Division und Partition ableiten möchte und dabei natürlich nur zu einem Begriffssystem, zu einer Pyramide von Begriffsformen gelangt. Beides entspricht nicht dem hier gemeinten Gedanken, weil beides nur Seiten an der Lebenstotalität zu fassen vermag. Am wenigsten reicht an sie das Fächerwerk einer bloß begrifflichen Einteilung heran; denn der Allgemeinbegriff ist nur der leblose, erstarrte Schatten der lebendigen Form; er zerstört ihre allseitige reale Bedingtheit und Bezogenheit, wenn er als ein Letztes gesetzt wird. Mit Bezug hierauf sagt Goethe: »›Natürlich System‹ – ein widersprechender Ausdruck. Die Natur hat kein System; sie hat, sie ist Leben und Folge aus einem unbekannten Zentrum zu einer nicht erkennbaren Grenze. Naturbetrachtung ist daher endlos; man mag ins einzelne teilend verfahren oder im ganzen nach Breite und Höhe die Spur verfolgen.«[8] Der hier angedeutete Gegensatz ist – rein logisch gesprochen – die Verwechslung des Verhältnisses von Exemplar und Gattung mit dem Verhältnis von Teil und Ganzem und mit der Bedingtheit des Teiles durch die Form des Ganzen. Vielleicht läßt sich diese Einheit immer nur durch eine Zutat künstlerischen Sehens ganz erfassen. Es steht aber nirgends geschrieben, daß der künstlerische Blick, wofern er zugleich richtig sieht, in der Wissenschaft verboten sei.

Doch die Lebenseinheit beschränkt sich nicht auf die Natur. Auch die auf ihrem Boden erwachsende Kultur ist immer eine Einheit, die nur dann in ihrem Wesen aufgefaßt wird, wenn man jedes Sondergebiet in seiner

---

[8] Johann Wolfgang v. Goethe, Zur Naturwissenschaft im allgemeinen: »Probleme«. – Über Goethes Naturauffassung vgl. vor allem: Wilhelm v. Humboldt, Rezension von Goethes zweitem römischem Aufenthalt. Gesammelte Schriften (Akademieausg.) Bd. V. S. 528 ff., zugleich die tiefste Charakteristik von Goethes Geistesart.

Beziehung zu jedem anderen betrachtet. Jede Seite der Kultur wird von jeder anderen mitgetragen. Es ist sowenig wahr, daß der wirtschaftliche Prozeß alles andere aus sich heraustreibt, wie es wahr ist, daß der Fortschritt des Erkennens alle anderen Seiten der Kulturentwicklung trägt. Jede dieser Isolierungen muß durch ein totalisierendes Verfahren wieder aufgehoben werden, wenn es zu voller Erkenntnis kommen soll.[9]

Endlich bilden Natur und Kultur *einen* großen Lebensorganismus. So hat schon Herder die natürlich-geistige Welt als eine Einheit gesehen, und seine Weltauffassung bedeutet für das moderne Denken den Mutterschoß, aus dem alle Wissenschaft vom Organischen, vom Naturorganismus und geistigen Organismus, von der Naturentwicklung und Geschichtsentwicklung, immer wieder Leben und Richtung empfangen hat. Es ist aber verständlich, daß unter allen Einzelwissenschaften gerade die Geographie immer den entschiedensten Zug zur Totalität gezeigt hat. Denn ihre Fragestellung ist nicht auf diese oder jene Gegenstandsklasse gerichtet, sondern auf alles, was auf dem Boden der Erde erwächst und aus ihm seine Kräfte zieht. Die Klassiker der Geographie im 19. Jahrhundert haben daher diese Totalität der Betrachtungsweise sämtlich zum Programm erhoben und teilweise durchgeführt. Carl Ritter schreibt 1806 in einem pädagogisch gemeinten Zusammenhang: »Solange nicht geleugnet werden kann, daß *Lokalität* den entschiedensten Einfluß auf alle drei Reiche der Natur hat, auf Gewinn der Naturprodukte, Verarbeitung und Verbreitung derselben, ebenso wie auf den Körperbau und die gemütliche Anlage der Menschen, auf ihre mögliche oder wirkliche Vereinigung als Völker, Staaten; den entschiedensten Einfluß auf Beschleunigung oder Verzögerung ihrer physischen, intellektuellen und moralischen Kultur hat – solange wird der Geographie durchaus kein beschränkteres Feld angewiesen werden können. Im Gegenteil, sie ist das Band der Natur- und Menschenwelt, untrennbar von beiden, da sie für die Charakterisierung beider die notwendigste und erste Bedingung ist. Ich behaupte, es sei ganz unmöglich, irgendeinen dieser drei Gegenstände: Geographie, Naturgeschichte und Geschichte nebst Völkerkunde abgesondert von den übrigen befriedigend

---

[9] Dieses Verfahren habe ich bewußt angewendet in meiner geisteswissenschaftlichen Psychologie: Lebensformen. Tübingen 1950[8]. Die methodische Isolierung einzelner Seiten der seelischen oder kulturellen Struktur wird hier durch einen zweiten, totalisierenden Schritt, d. h. die Betrachtung der Relationen zu allen anderen Hauptseiten, rückgängig gemacht; allerdings, dem besonderen Thema entsprechend, noch nicht im Sinne der historischen Totalität, sondern nur im Zusammenhang einer Idealtypenbildung. An die Durchführung dieses Verfahrens für die historisch gegebene Kultur, das z. B. Schmoller meisterhaft handhabte, ist im folgenden gedacht.

darzustellen.«[10] Auch Ritter sieht in diesem Ineinandergreifen der Gesichtspunkte den hohen Bildungswert der Geographie. Er schließt die hier zitierte Abhandlung mit den Worten: »Ich behaupte, daß die darstellenden Wissenschaften, als Unterrichtsgegenstände behandelt, ebenfalls intensiv die Kräfte des Geistes bilden.« In diesen Dienst einer Veredelung des Geistes hatte er schon 1804 sein geographisch-historisch-statistisches Gemälde ›Europa‹ gestellt. Im Vorwort heißt es: »Mein Zweck war, den Leser zu einer lebendigen Ansicht des ganzen Landes, seiner Natur- und Kunstprodukte, der Menschen- und Naturwelt zu erheben, und dieses alles als ein zusammenhängendes Ganzes so vorzustellen, daß sich die wichtigsten Resultate über die Natur und die Menschen von selbst, zumal durch die gegenseitigen Vergleichungen, entwickelten.«[11] Aus alledem spricht Herdersche Denkweise. Die Natur wird hier durchgeistigt gesehen. Aus dem gleichen Naturgefühl heraus entwarf Alexander v. Humboldt seine Pflanzengeographie, während sein großer Bruder in der geistigen Hälfte des Kosmos dazu überging, das Menschengeschlecht als eine Naturpflanze zu betrachten, wie das Geschlecht der Löwen und Elefanten; seine verschiedenen Stämme und Nationen als Naturprodukte, wie die Rassen arabischer und isländischer Pferde.[12] Gedanken von Goethe und Schelling mögen in diese Auffassungen beider Brüder hineingewirkt haben, bis sich zuletzt in Alexander v. Humboldts ›Kosmos‹ alles zu der angestrebten »Totalität der Naturanschauung« zusammenschloß. Mit Bewunderung für diesen organischen und künstlerisch organisierenden Blick lesen wir in der Einleitung die unverlierbar tiefe Weisheit der Worte: »Die Natur ist für die denkende Betrachtung Einheit in der Vielheit, Verbindung des Mannigfaltigen in Form und Mischung, Inbegriff der Naturdinge und Naturkräfte als ein lebendiges Ganzes. Das wichtigste Resultat des sinnigen physikalischen Forschens ist daher dieses: in der Mannigfaltigkeit die Einheit zu erkennen, von dem Individuellen alles zu erfassen, was die Entdeckungen der letzteren Zeitalter uns darbieten, die Einzelheiten prüfend zu sondern und doch nicht ihrer Masse zu unterliegen, der erhabenen Bestimmung des Menschen eingedenk, den *Geist der Natur* zu

[10] Carl Ritter, Einige Bemerkungen über den methodischen Unterricht in der Geographie. – Guts-Muths, Zeitschrift für Pädagogik. 1806. (Zitiert bei: J. G. Lüdde, Die Geschichte der Methodologie der Erdkunde. Leipzig 1849. S. 33.)

[11] Carl Ritter, Europa. Ein geographisch-historisch-statistisches Gemälde usw. Frankfurt a. M. 1804. 1. Teil, S. V. Ferner: Carl Ritter: Einleitung zu einem Versuch einer allgemeinen vergleichenden Geographie. In: Erdkunde. Bd. I, 1817.

[12] Wilhelm v. Humboldt, Betrachtungen über die Weltgeschichte. a.a.O. Bd. III, S. 352.

ergreifen, welcher unter der Decke der Erscheinungen verhüllt liegt.«[13] Man muß sich erinnern, wie stark dieses Werk jahrzehntelang die Naturauffassung beherrscht hat, wie es in die Arbeit zahlloser Volksbildungsvereine hineingewirkt hat; und man wird vielleicht bekennen, daß wir nach aller Bereicherung unserer Einzelkenntnis, die uns inzwischen die Biologie durch die Deszendenztheorie und die Anwendung des experimentellen Verfahrens geschenkt hat, auf diesen Gipfel der Totalanschauung uns erst wieder zurückarbeiten müssen. Denn über der Fülle der Einzelheiten haben wir die Einheit des zusammenhaltenden Gesichtspunktes verloren, daß das Leben ein organisches Ganzes von Beziehungen ist und daß auch der Mensch mit der höchsten Blüte seiner Geistigkeit in diese Einheit mit hineingeflochten ist.

Die Geographie hat diesen Weg Ritters, Leopold v. Buchs und A. v. Humboldts vielleicht am unbeirrtesten weiterverfolgt. Friedrich Ratzel stellte neben die Pflanzengeographie eine *Anthropogeographie*. Er lehrte in seiner ›Politischen Geographie‹ (1897) auch den Staat als bodenständigen Organismus zu sehen. So begründete er die »biogeographische« Auffassung des Staates.[14] Auf seinen Schultern stehend, hat dann der gedankenreiche schwedische Politiker Rudolf Kjellén den ›Staat als Lebensform‹ behandelt. Auch er verfolgt ihn wie Ratzel bis in seine erdenhaften Bedingungen hinein, ohne sich in die unfruchtbare Spekulation mit bloßen biologischen Analogien zu verlieren. Vielmehr bleibt die Eigenart des Geistigen und Kulturellen bei ihm unberührt. Politik ist ihm Politik, nicht einfach eine Fortsetzung der Kategorien »Kampf ums Dasein« oder »Anpassung« in die Völkerschicksale hinein. Aber er wehrt sich gegen die Auseinanderreißung der naturhaften Grundlagen und der sittlichen (d. h. kulturell-geistigen) Faktoren: »Wir bedürfen einer Staatswissenschaft, die sich synthetisch über die These der alten Staatswissenschaft und die Antithese der Geographie erhebt. Wir können nicht länger bei einem Entweder-Oder in dem reichen Wesen des tatsächlichen Staates stehenbleiben, wir brauchen ein Sowohl-Als auch. Sowohl die sittliche Organisation als auch den natürlichen Organismus.« Und so baut er mit dem Blick allseitiger Betrachtung das neue Gebäude der Geopolitik auf. Er läßt sie ausmünden in Demopolitik, Wirtschaftspolitik, Soziopolitik und Herrschaftspolitik.[15]

---

[13] Alexander v. Humboldt, Kosmos. Entwurf einer physischen Weltbeschreibung. Stuttgart 1845. Bd. 1, S. 5.

[14] Friedrich Ratzel, Anthropogeographie, 2. Aufl. Stuttgart 1899, 2 Bde. – Ders., Politische Geographie. 2. Aufl., München 1903.

[15] Rudolf Kjellén, Der Staat als Lebensform. 2. Aufl. Leipzig 1917. Bes. S. 32 ff., S. 40 ff. (Bildungswert).

Vielleicht darf man dieser Entwicklungslinie als letztes Glied ein Buch anreihen, dessen geniale Gesamtkonzeption vielfach über der Polemik gegen die im Titel angedeutete Schlußthese übersehen worden ist: Spenglers ›Untergang des Abendlandes‹. Er knüpft bewußt an Goethes Weltanschauung an und dehnt sie auf den Bereich der Geschichte im Sinne einer vergleichenden Morphologie (oder Physiognomik) der Kulturen und im Sinne einer Metamorphosenlehre der Kultur aus. Das metaphysische Prinzip, das ihm hinter dem organischen Lebensprozeß jeder geschlossenen Kultur liegt, bezeichnet er selbst geheimnisvoll als die zugehörige Kulturseele. Ihr Ursymbol ist ihm der *Raum* und die jeweilige eigenartige Ausprägung des *Raumgefühls*. Sie enthüllt sich, wenn man in ihre Tiefen eindringt, als eine *Landschaftsseele*. »Eine Kultur wird in dem Augenblick geboren, wo eine große Seele aus dem urseelenhaften Zustande ewig-kindlichen Menschentums erwacht, sich ablöst, eine Gestalt aus dem Gestaltlosen, ein Begrenztes und Vergängliches aus dem Grenzenlosen und Verharrenden. Sie *erblüht auf dem Boden einer genau abgrenzbaren Landschaft, an die sie pflanzenhaft gebunden bleibt.*«[16] In diesem Sinne stellt Spengler den Idealtypus Kultur als ein Urphänomen neben Goethes Idealtypus der Urpflanze.[16]

III.

Alle diese Gedanken interessieren uns hier nur deshalb, weil sie an dem großen Kreise der Natur- und Kulturbetrachtung überhaupt jene Richtung auf Totalität enthüllen, die in dem kleinen Kreise der Heimatkunde angebahnt und vielleicht früher zum Abschluß gebracht werden kann als in dem Makrokosmos der Weltkunde. Zugleich aber eignet sich die Heimatkunde mit ihrem Ausgehen vom Nahen und Nächsten vorzugsweise als Bildungsmittel des werdenden Geistes, der von seiner engen Scholle aus nur allmählich ins Weite strebt.

Die Heimatkunde liefert uns das reinste Beispiel einer *totalisierenden Wissenschaft*. Sie vermag wegen der Fülle ihrer Lebensbeziehungen zum forschenden Subjekt am meisten jenen unerträglichen Zustand zu überwinden, der unsere Wissenschaften heute vielfach eher bildungsfeindlich als bildungsfördernd wirken läßt. Es ist bekannt, daß der Zersplitterung unseres Wissenschaftsbetriebes, die abstrakte Fächertrennung und die ins Ungemessene gehende Arbeitsteilung nicht nur die Beziehungen zwischen Wissenschaft und Leben, sondern den Geist der Wissen-

---

[16] Oswald Spengler, a.a.O. Bd. I, S. 157 u. ö.

schaftlichkeit selbst gefährdet. Der Chemiker sieht oft genug nur »Chemisches«, der Botaniker nur »Botanisches«, der Philolog nur »Sprachliches«, der Literarhistoriker nur »Literatur«. Kein Wunder, daß dieser Zustand geistiger Absperrung gegeneinander, zumal unter der Herrschaft hergebrachter Lehrplangliederung, auch auf die Schule hinüberwirkt und die Bildungsstoffe in einer Weise zerreißt, die ihre eigentlich bildende Wirkung verhindert. Heute[17] liegen, um in Herbarts alter Sprache zu reden, die »Vorstellungsmassen« im Kopf des Schülers unverbunden nebeneinander. Rührt man in der Geschichtsstunde geologische Fragen an oder läßt man in der Deutschstunde rechnen, so versagen alle Verbindungen im Bewußtsein der jungen Geister. Ja, die Zumutung wird wie eine Überschreitung rechtlich garantierter Grenzen empfunden. In solcher Unverbundenheit liegt aber zugleich die Ursache der Unfruchtbarkeit des Wissens. Es besteht wirklich aus gegeneinander gleichgültigen, starren und trägen Massen. Schon in einem Entwicklungsstadium, das eigentlich keine Isolierung der geistigen Funktionen verträgt, wird so jener Spezialismus angebahnt, der selbst für den reifen Berufsforscher mehr eine Schranke als eine Kraft bedeutet. In diesem Zustande spiegelt sich die herrschende Denkweise unserer Zeit, der auf die Spitze getriebene *Positivismus*. Dieses Wissenschaftssystem selbst ist entstanden, indem man aus jener großen Metaphysik der allseitigen Relationen, von der oben die Rede war, den zusammenhaltenden Gesamtrahmen mehr und mehr fortstrich und nur noch Relationen, Einzelrelationen zwischen den Erscheinungen registrierte, wie sie sich gerade fanden. Ein unendlich ausgebreitetes Wissensmaterial liegt da – fehlt leider nur das geistige Band. Es wird größerer Anstrengungen bedürfen, als sie in dieser Rede geleistet werden können, um die verlorene Totalität des Wissenschaftssystems wiederherzustellen. Eben deshalb müssen wir Disziplinen wie der Heimat- und Landeskunde dankbar sein, daß sie uns durch die eigentümliche Natur ihrer Fragestellung zu einer Zusammenschau nötigen, die sonst nicht mehr gelingen will. In ihnen lebt wirklich noch das *Ganze*. Und darauf beruht ihre unvergleichlich bildende Kraft. Vielleicht sollte man daher diejenigen Formen der Lehrerbildung, die nicht auf der intensiven Beherrschung eines Einzelgebietes beruhen, ganz bewußt auf dem Gedanken errichten, daß alle Fächertrennung ein Übel ist, dem man durch eine geschlossene, um das Heimatprinzip konzentrierte Naturkunde und Kulturkunde entgegenwirken könne. Wirklich ist dieser Gedanke, der zugleich durch die Tatsachen der seelischen Entwicklung des jungen Men-

[17] Gemeint ist der Zustand von 1923.

schen eine neue Rechtfertigung erhält, von großen Pädagogen vor 150 Jahren schon sicher erfaßt und von ihren Schülern fortgeführt worden. Er ist uns durch die Epoche der Vorherrschaft der mathematischen Physik, durch einen damit zusammenhängenden Materialismus und durch den Versuch einer rein mechanischen Erklärung selbst der Entwicklungsvorgänge verlorengegangen. Von unserem Zusammenhang aus kommen wir auf die alten berechtigten Motive wieder zurück. Den Ausbau dieser Totalansicht freilich müssen wir den Kennern und Lehrern überlassen. Ansätze dazu haben wir aus der Wissenschaft des 19. Jahrhunderts bereits in Fülle genannt.

Rousseau war es, der im Menschen selbst die Quelle alles Wissenstriebes und alles Bildungstriebes wieder aufsuchte. Auch er litt unter der Wissenschaft seiner Zeit, die sich dem Lebenssinn entfremdet hatte. Auch er wollte – ohne die Ausdrücke zu kennen – an die Entwicklung und den organischen Zusammenhang der werdenden Geisteskräfte den Bildungsprozeß anknüpfen. So liegen bei ihm erste Hindeutungen auf den Bildungswert der Heimatkunde, allgemeiner gesagt: einer Umgebungskunde, die von lebendigen Wissenstrieben aus erarbeitet wird. Läßt er doch den ganzen Menschen in seinem Streben nach Menschentum, auf Grund einer von den Engländern übernommenen Psychologie, aus dem einheitlichen Geflecht seiner ursprünglichen Triebe heraus *wachsen* und auf einem psychologisch-gesetzlichen – er sagte: »naturgemäßen« – Wege allmählich sehend werden.

Es ist kein Zufall, daß gerade ein Schweizer aus diesen pädagogischen Gedanken das eigentliche Prinzip der Heimatbildung herausspann. Pestalozzis Idee ist es von Anfang an, daß man den Menschen an den »Realverbindungen« seiner Natur emporbilden müsse. In diesem tieferen Sinne wird ihm die Wohnstube zur Auferziehungsstube. Die nächsten Verhältnisse des Kindes enthalten »von Natur« die stärksten Bildungskräfte. In jener tiefsinnigen ›Abendstunde eines Einsiedlers‹, die uns ahnen läßt, daß dieser Mann unendlich viel mehr war, als in irgendeinem seiner literarischen Werke zum Ausdruck kommt, ruft er aus: »Standpunkt des Lebens, Individualbestimmung des Menschen, du bist das Buch der Natur!« Diesen *organischen* Gedanken einer pädagogischen Verwertung der »Individuallage« hat man oft über den berühmten Elementarpunkten seiner zweiten, stark mechanisierenden Epoche vergessen. »Der Kreis des Wissens, durch den der Mensch in seiner Lage gesegnet wird, ist enge, und dieser Kreis fängt nahe um ihn her, um sein Wesen, um seine nähesten Verhältnisse, an, dehnt sich von da aus und muß bei jeder Ausdehnung sich nach diesem Mittelpunkt aller Segenskraft der Wahrheit richten.«[18] Dieses pädagogische Prinzip verband sich nun im Pestalozzischen Kreise mit der gerade damals blühenden organisch-totalisierenden Naturauffassung im Stile von Herder, Goethe, Schelling. Carl Ritter, der nach beiden Richtungen hin interessiert war, hatte zwar die Anregung zu seiner Weltansicht nicht durch Pestalozzi erfahren, sondern seine Grundgedanken, vermutlich unter dem Einfluß Herders, schon viel früher ausgebildet, wie er ja auch pädagogisch ursprünglich von den Philanthropen herkommt und sich zu Salzmann und Guts Muths als seinen Lehrern bekennt.[19] Aber Pestalozzianer sind es, die den Gedanken »von der Heimat zur Welt«, »von der Individuallage zum Kosmos« innerhalb der pädagogischen Literatur besonders wirkungsvoll fortpflanzen. Tobler ging voran, indem er (nach Hennings Ausdruck) sich das Ziel setzte, »die Geographie über den Tod einer leeren Nomenklatur zu erheben, ihren Stoff in eine unwandelbare, von der Natur selbst bestimmte Ordnung zu bringen, das Leben aller Teile der Erde auf die Beschaffenheit und Verhältnisse ihrer Natur zu gründen und dieses alles für die Jugend zum Gegenstand selbsttätiger Auffassung zu verarbeiten.« Im Jahre 1812 widmete Henning, einer der vom preußischen Staat nach Iferten entsandten Eleven, seinen ›Leitfaden beim methodischen Unterricht in der Geographie‹ dem Vater Pestalozzi. Hier bezeichnet er als »Element« des geographischen Unterrichts die vielseitige, nach allen Gesichtspunkten möglichst erschöpfende Erkenntnis der *Umgebung* oder desjenigen Teiles der Erdoberfläche, welcher dem Anfänger der Geographie vor Augen liegt.[20] Durch Henning kam das Prinzip des organischen Totalunterrichts nach Preußen. Dort fand es seine berühmteste Ausgestaltung in Harnischs ›Weltkunde‹, die 1816 zum erstenmal erschien. Gleichviel, ob man hoch oder gering von dem Werte der Durchführung denkt, das Programm ist von unvergeßlicher Bedeutung. Der Untertitel der dritten Auflage von 1820 spricht es bereits in seinem ganzen Umfange aus: ›Die Weltkunde. Ein Leitfaden beim Unterricht in der Erd-, Mineral-,

---

[18] Johann Heinrich Pestalozzi, Sämtliche Werke, hg. v. Seyffarth. Liegnitz 1899. Bd. III. S. 311 ff. (= Krit. Ausg., hg. v. Buchenau, Spranger u. Stettbacher. Berlin 1927. Bd. I, S. 266.)

[19] Über Ritters Entwicklung vgl. die neuen Mitteilungen seines Nachkommen Karl Simon in der Zeitschrift ›Zeitwende‹ (1930) und in der ›Neuen deutschen Schule‹ (1929): ›Carl Ritter als Erzieher‹.

[20] J. W. M. Henning, Leitfaden beim methodischen Unterricht in der Geographie. Iferten 1812. S. 13 u. 17. – Über alle diese historischen Zusammenhänge unterrichtet gut die Leipziger Dissertation von Oscar Joh. Singer, Harnischs Weltkunde. Ihre wissenschaftlichen und pädagogischen Voraussetzungen. Halle 1914

Stoff-, Pflanzen-, Tier-, Menschen-, Völker-, Staaten- und Geschichtskunde.‹ Sie ist in konzentrisch sich erweiternden Kreisen aufgebaut. Der erste Teil gibt – ich zitiere nach der vierten Auflage von 1827 – eine Provinzkunde von Schlesien, der zweite Teil behandelt »Deutschland«, der dritte »die ganze Erde«. Zum ersten Teil gibt es eine Parallelausgabe für das preußische Sachsenland. Man nennt dieses Werk neben Basedows ›Elementarwerk‹ und dem ›Wegweiser‹ von Diesterweg in der Regel als ein Urbild der sogenannten Realienbücher. Aber es übertrifft in der Grundidee beide durchaus, denn es will nicht bloße Stoffanhäufung sein, sondern eine organische Zusammenfassung des Wissens vom Weltorganismus, im Sinne von Herder, Ritter und Alexander v. Humboldt. Zugleich ist es von dem Pestalozzischen Gedanken der Individuallage durchwaltet und sucht ihn durch den Fortschritt von der Heimatkunde über die Landeskunde bis zur Erd- und Weltkunde durchzuführen. Die Bildungsmotive dieses Aufbaues gehören zu den teilweise verlorenen Wahrheiten unserer klassisch-romantischen Zeit, die wir wiedererobern müssen.[21]

Es würde hier zu weit führen, wollten wir alle historischen Zwischenglieder zwischen diesen Ansätzen der Pestalozzischen Schule und der Didaktik der Gegenwart aufsuchen. Vielleicht würden die großen Würfe, die aus der Zwischenzeit zu verzeichnen sind, gar nicht allzu zahlreich sein. Zwar hat die neue entwicklungsgeschichtliche Biologie im Verein mit der Geologie eine Fülle neuer Gesichtspunkte hinzugebracht. Aber sie sind nicht in dem Maße für eine Totalanschauung des natürlich-geistigen Lebens fruchtbar geworden, wie es zu erwarten wäre. Dazu stand seit Darwin die Furcht, eine auch nur immanente und unbewußte Teleologie des Organismus zuzugeben, und die Hoffnung, die Lebensvorgänge rein mechanisch zu erklären, zu stark im Vordergrunde des Zeitbewußtseins. Erst spät, in den 80er Jahren, findet sich wieder ein Versuch von schlichter Größe, die Idee einer Einheit des Lebens und einer Totalität der Lebensbetrachtung didaktisch fruchtbar zu machen. In Friedrich Junge, Hauptlehrer in Kiel, vereinigten sich die Naturliebe, der treue Bildungswille und das Verständnis für die Kindesseele, die den deutschen Volksschullehrer auszeichnen, und es entstand unter dem Einfluß des von Möbius übernommenen neuen Begriffes der Lebensgemeinschaft das liebenswürdige Buch: ›Der Dorfteich als Lebensgemeinschaft‹. Wieder haben Alexander v. Humboldt und sein Schüler Roßmäßler dabei Pate gestanden. Jener

[21] Wilhelm Harnisch, Die Weltkunde. Ein Leitfaden usw. Teil I (enthaltend Schlesien), 4. Aufl. überarbeitet von A. Kelch. Breslau 1827. – Teil II (enthaltend Deutschland), 4. Aufl. daselbst. – Teil III (enthaltend die ganze Erde), daselbst. – Das preußische Sachsenland. Weißenfels 1827.

Begriff wirkte auf den Verfasser wie eine Offenbarung: »Nun konnte das Kind auf Grund eigener Anschauung erkennen, nicht bloß wie die Wesen gleichen Gesetzen unterworfen und gleichen Einflüssen ausgesetzt sind, sondern auch, wie sie sich innerhalb eines gewissen, übersehbaren Raumes gegenseitig bedingen. Nun konnte jeder kleine Winkel als eine Welt für sich betrachtet und später von solchen Spiegelbildern des Ganzen aus ein Blick auf die Erde als größte Lebensgemeinschaft geworfen werden. Je größer die Zahl und die Mannigfaltigkeit dieser Spiegelbilder aus der engeren Heimat ist, desto heller wird das Licht auf die Gesamtheimat, die Erde, fallen.« Der Kenner hört aus diesen einfachen Worten die uralte Mikrokosmoslehre der Neuplatoniker heraus.[22]

Wir müssen aber auch den jugendlichen, sich entfaltenden Geist selbst als einen solchen Mikrokosmos in Entwicklung fassen. Deshalb scheint mir die heutige festliche Stunde eine geeignete Gelegenheit, als grundlegendes Programm der neuen Lehrerbildung die Forderung aufzustellen, daß in ihr die abstrakte, leblose Trennung des Wissens nach Fächern überwunden werden muß. Dies gilt für alle Stufen, auch für diejenigen, bei denen die Einstellung auf ein wissenschaftliches Sonderfach nicht zu vermeiden ist. Denn auch da ist die Isolierung des Wissens der Tod alles echten Begreifens und Verstehens. Liegt doch die fruchtbare Problemstellung und der reichste Forschungsertrag in der Regel da, wo zwei oder mehr berufsmäßig getrennte Wissenschaften sich einmal berühren und durchdringen. Es gilt aber besonders für die Aufgaben einer volkstümlichen Bildung. Denn das Volk muß zum Totalbewußtsein der Lebensbezüge in Natur und Geschichte gebildet werden, wenn es nicht bei aller Stoffülle des Wissens ungebildet bleiben soll. Ich möchte die grundsätzliche Forderung, die ich aufstelle, in eine Formel kleiden, die nach allem Vorangegangenen keiner Erläuterung mehr bedarf: *Die Kraft des organischen Denkens muß entbunden werden.* Das organische Denken erhebt sich über die leblose Trennung nach bloßer Begriffssystematik. Es ist ein Denken, das sich an den Fäden der Lebensbeziehungen selbst entlangtastet, schon im Naturzusammenhang, noch mehr aber im Zusammenhang der Kultur. Denn ein Verständnis der Kultur ist nur möglich, wenn man den Grundsatz befolgt, daß alle ihre Seiten sich gegenseitig tragen und daß alles durch alles bedingt, ja alles in allem enthalten ist. Der glücklichste Ansatzpunkt für diese Denkweise aber ist die Heimatkunde.

---

[22] Friedrich Junge, Naturgeschichte in der Volksschule. I. Der Dorfteich als Lebensgemeinschaft, nebst einer Abhandlung über Ziel und Verfahren des naturgeschichtlichen Unterrichts. Kiel 1885.

Sie nämlich bewahrt, im Gegensatz zu allen anderen Wissenschaften, die Beziehung auf das subjektive Lebenszentrum des Zöglings. Von da aus führt sie ihn unvermerkt und nach psychologischen Gesetzen in das große objektive Lebenszentrum hinüber. Sie erweckt nicht nur den Forschertrieb, sondern knüpft auch an die ästhetische Freude, an die tägliche Arbeit, an all die reichen Sinnbeziehungen an, die den Menschen mit seiner Welt verbinden. Und diese Welt geht unvermerkt über von der Natur im engeren Sinne zur Kultur. Wir sollen nicht bloß die Natur als eine Lebenseinheit auffassen lernen, sondern auch die Kultur und ihre Geschichte. Alle ihre Seiten bilden ein einziges großes Geflecht. Alle wurzeln in der Natur und bringen ihren verborgenen Sinn nur auf einer höheren Stufe zum Bewußtsein:

Doch wird Natur durch keine Art gebessert,
Schafft nicht Natur die Art.

So baut sich über der heimatlichen Naturkunde von selbst eine heimatliche Kulturkunde auf. Wirtschaft, Technik, Kunst, Gesellschaft, Staat, Recht und Weltanschauung wachsen aus *einem* Wurzelknoten der Geistigkeit empor. Bringen wir dies an den Stoffen der Heimatkunde zur Anschauung, so wird sie zu einem zentralen Bildungsstoff; sie wird zu jener Schule des *Totalitätssinnes*, die wir brauchen, um aus der geistigen Zerrissenheit der Gegenwart herauszukommen.

Es gehört zu den merkwürdigen Einseitigkeiten der Entwicklung des deutschen Erziehungslebens im 19. Jahrhundert, daß die Volksschule von Pestalozzi nur das Ideal der reinen allgemeinen Menschenbildung übernahm, nicht aber sein fruchtbares Prinzip der Bildung in den organisch-konzentrischen Lebenskreisen. So gab es zum Beispiel jahrzehntelang kaum einen Unterschied zwischen den Bildungsgütern einer Stadtschule und einer ländlichen Schule. Erst in der Zeit, als dieser Vortrag entstand, begann man sich darauf zu besinnen, daß eine Industrieheimat eine andere Ausgangswelt bedeutet als eine bäuerlich-ländliche Umgebung. Die Eigentümlichkeit des erstgenannten Lebenskreises und die auch aus ihm zu mobilisierenden Bildungskräfte hat im westdeutschen Industriegebiet besonders Heinrich Kautz eindrucksvoll dargestellt. Ich erwähne von seinen zahlreichen Büchern nur zwei: ›Um die Seele des Industriekindes‹[23] und ›Industrie formt Menschen‹.[24] Die Hinwendung zum Problem der Landschule erfolgte zuerst in einer Veranstaltung des Berliner ›Zentralinstituts für Erziehung und Unterricht‹, deren Vorträge Max Wolff unter dem Titel ›Die Volksschule auf dem Lande‹[25] herausgegeben hat. So-

[23] Donauwörth 1918. [24] Einsiedeln 1929. [25] Leipzig 1925.

dann entwickelten die Schriften von Joh. Friedrich Dietz, ›Das Dorf als Erziehungsgemeinde‹[26] und von Diedrich Rodiek, ›Der bäuerliche Lebenskreis und seine Schule‹[27], wie die Arbeit der ländlichen Volksschule in Bildungsmächte von noch kräftig-formender Eigenart hineingelagert ist. Die Überwindung der alten lehrplanmäßigen Fächertrennung aber konnte aus ihrer besonderen Situation heraus die Pflichtberufsschule in der Stadt und auf dem Lande zuerst energisch vollziehen. Insofern der Beruf für den Menschen ein wesentliches Glied seiner Lebensverbundenheit werden soll, kann man auch die moderne Berufsschule zu den Bildungsstätten rechnen, in denen heimatlicher Geist zur Wirkung gelangt.

Obwohl der Heimatgesichtspunkt nicht zum alleinherrschenden Prinzip der Bildung in der Schule werden kann und darf, so liegt doch in der Zusammenstrahlung der Bildungsfaktoren, wie sie der Heimatkunde gelingt, etwas Vorbildliches für die Didaktik der Gegenwart überhaupt. Wenn wir dieses immer wieder angestrebte Ziel einer geschlossenen Bildung (Konzentrationsidee) auf neue Art auch in anderen Bereichen annähernd zu verwirklichen suchen, so dienen wir damit einem Ideal, das Goethe in tätiger Auseinandersetzung mit der Fülle der Welt vorgelebt hat. Und es ist immer erhebend, sich auf den Spuren Goethes zu wissen.

Sein Blick für den organischen Zusammenhang des Lebendigen war der Blick des Forschers, des Zeichners, des Dichters und zuletzt des Bildners überhaupt. Seine Naturauffassung ist eine anschaulich-organische, eine *totalisierende*, der lebendigen Form und ihrer Entwicklung zugewandte künstlerische Schau. Auch die Geschichte, zu deren Meistern er gehörte, hat er nicht anders gesehen, und es lohnte sich wohl, einmal ausführlich von Goethe dem Historiker zu reden.[28]

In diesem großen Welt- und Heimatgefühl aber ruht noch ein anderes beschlossen, was wir zugunsten des Bildungswertes der Heimatkunde buchen dürfen. In ihren geistigen Grundlagen, die wir entwickelt haben, liegt zugleich die Gewähr, daß das tiefe Verbundenheitsgefühl mit dem eigenen Volke nicht bloß das Vorurteil einer Epoche von besonderer politischer Richtung ist. Wehe dem Menschen, der nirgends wurzelt![29] Wir wurzeln aber im Heimatboden nicht nur als Naturwesen, sondern mit

---

[26] Weimar 1927. [27] Berlin 1933.

[28] Dieser Wunsch ist inzwischen reich erfüllt worden durch das Kapitel ›Goethe‹ in Friedrich Meineckes Werk: Die Entstehung des Historismus. 2 Bde. München 1936. Besonders: Bd. 2, S. 573–607.

[29] Vgl. Carl Schmitt, Römischer Katholizismus und politische Form. Hellerau 1923, über das besondere Heimatgefühl der katholischen Bevölkerung: »Römisch-katholische Völker scheinen den Boden, die mütterliche Erde, anders zu lieben; sie haben alle ihren

unserer ganzen Geistigkeit und Kultur. Nur eine Selbsttäuschung ist es, wenn wir glauben, davon jemals loskommen zu können, eine Selbsttäuschung, die aus einem rationalistischen und mechanisierenden Denken erwächst. Wir alle küssen den Boden unserer Muttererde, wenn wir Könige werden wollen, Könige nicht über die anderen, sondern im eigenen Reich. Wer dieses Individualitätsgefühl nicht besitzt und ehrt, der besitzt in sich selbst keinen Mittelpunkt. Sogar der Großstadtnomade, um Spenglers Ausdruck zu gebrauchen, ist noch mit tausend Fäden an *seine* Welt geknüpft. – Atmen wir mit Bewußtsein den Duft dieser heimatlichen Scholle! Lernen wir, diese Heimat mit der verstehenden Liebe zu sehen, die uns erst zu uns selbst führt, weil sie im tiefsten Sinne ein Stück von uns selbst ist! Lauschen wir der Sprache, die die Denkmäler ihrer Natur und ihrer Geschichte zu uns reden! Da liegen die Wurzeln unserer Kraft! Der Weg zum Menschentum führt nur über das Volkstum und das Heimatgefühl. Indem wir das Leben der Heimat verstehen lernen, lernen wir uns selbst besser verstehen. Sie ist es, die uns im geistigen Sinne geboren hat; sie ist es, die uns bildet. Bildung aber heißt: über sich hinauswachsen, dadurch, daß man zu sich selbst gekommen ist.

›terrisme‹. Die Natur ist für sie nicht der Gegensatz von Kunst und Menschenwerk, auch nicht der Gegensatz von Verstand und Gefühl oder Herz, sondern menschliche Arbeit und organisches Wachstum, Natur und Ratio sind eins. Der Weinbau ist das schönste Symbol dieser Vereinigung, aber auch die Städte, die aus solcher Geistesart gebaut sind, erscheinen wie natürlich gewachsene Produkte des Bodens, die sich der Landschaft einfügen und ihrer Erde treu bleiben.« A. a. O. S. 23.

Die Fruchtbarkeit des Elementaren

1948, 1953

»Alle großen Wahrheiten sind einfach.« Es ist fraglich, ob die Welt selbst so klar und durchsichtig gefügt ist, wie wir es voraussetzen. Aber dem menschlichen Geist ist es eigen, daß er einfacher Grundrisse bedarf, um sich in ihr zurechtzufinden. Für jeden Zweig der Erkenntnisbildung – sie ist natürlich nicht die einzige Aufgabe der Bildung – erwächst daraus die Aufgabe, das wahrhaft Elementare zu finden. Pestalozzi war jahrelang geradezu berauscht, als er entdeckt hatte, daß das Kind sich die gegenständliche Welt durch gewisse geistige Urakte aufbaut. Der Gedanke war richtig, auch wenn Pestalozzi die entscheidenden Elemente nicht absolut sicher getroffen haben sollte. Es ist jedoch nicht so, daß nur das Kind mit dem Elementaren zu tun hat. Auch in der Erwachsenenbildung spielt es eine wichtige Rolle, und vielleicht steht es in seiner reinsten Gestalt erst am Ende des Bemühens um Klarheit.

Jeder weiß, welche Bedeutung für die Auffassung verwickelter Gebilde vereinfachte lineare Zeichnungen haben. Ein solches »Schema« bildet die Sache nicht ab, bringt sie aber dem Begreifen näher. In ähnlicher Weise arbeitet unser Geist durchweg mit grundlegenden »Denkmodellen«. Es muß immer wieder erprobt werden, wie weit sie auf das Gegebene passen, und sie müssen abgeändert werden, wenn sich herausstellt, daß sie *nicht* passen. Das Erkennen erweist sich so als ein doppelseitiger Vorgang, bei dem beides Veränderungen erfährt: der subjektive Auffassungsapparat, mit ihm aber auch das »vorgegenständlich Gegebene«, das erst vom Denken zum eigentlichen Gegenstand geformt wird.

Einige Beispiele sollen diesen Sachverhalt, auf den jeder Lehrer aufmerksam sein muß, veranschaulichen. Sie sind zum Teil der äußeren, zum Teil der geistigen Welt entnommen.

I

1. Im ganzen griechisch-römischen Altertum und auch noch bis ins hohe Mittelalter hinein ging man von der Voraussetzung aus, die Kreisbewegung sei unter allen irdischen Bewegungen die vollkommenste und zugleich die einfachste. Die Annahme wurde für Jahrhunderte zum Hindernis, die Grundgesetze der Bewegung zu entdecken. Das Elementare war falsch gewählt. Erst als man den Ansatz machte, daß die geradlinige Bewegung die eigentliche Urform sei – sie ist es nur für den begreifenden *Verstand* –, gelangte man dazu, die tatsächlich gegebenen Bewegungen in fruchtbarer Weise mathematisch zu formulieren. Die Entdeckung des Satzes vom Parallelogramm der Kräfte gestattete dann, die Kreisbewegung gedanklich auf noch einfachere Gesetze zurückzuführen. Das heißt: erst mit der Auffindung des angemessenen Elementaren begann ein schneller Erkenntnisfortschritt.

2. Werkzeuge und Maschinen sind Hervorbringungen des menschlichen Verstandes. Eine moderne Maschine ist ein höchst verwickeltes Gebilde, das der Laie zunächst gar nicht durchschauen kann. Aber in jeder sind gewisse einfachste Urgedanken enthalten, Urformen der Krafterzeugung, der Bewegungslenkung und Antriebsübertragung, die in immer neuen künstlicheren Verbindungen auftreten. Nur wer die ursprünglichen technischen Erfindungen und Verwertungen verstanden hat – das Rad, das Pendel, die Feder, die Koppelung, den Magneten und so weiter –, kann schließlich die fortgeschrittene Technik unserer Zeit begreifen und den Satz einsehen: »Eine Maschine ist vorgeleistete Arbeit.« Entsprechend gehen alle menschlichen Handwerke auf Grundformen des Eingreifens in Naturverläufe zurück: das Kochen und Schmelzen, das Spinnen und Weben, das Nageln, Nieten, Kleben, Glätten, Schneiden, Sägen. Alles dies bleibt auch noch in der modernsten Technik erhalten, nur in früher ungeahnten Verflechtungen und Steigerungen.

3. Es war ein gewagter Urgedanke der Naturforschung, als man im griechischen Altertum auf den Einfall kam, jeden in der Natur vorfindbaren Stoff als eine Zusammensetzung aus kleinsten Massenteilchen zu erklären, genannt Atome, »nicht mehr Teilbares«. In einer Fülle von Gedankenexperimenten verlieh man diesen letzten Elementen bald diese, bald jene Mindesteigenschaften und sah zu, wie man daraus die zusammengesetzten Erscheinungen begreifen könnte. Das Unternehmen war so kühn, daß man zunächst auf Jahrhunderte damit nicht weiterkam. Erst als man zutreffendere Hypothesen gebildet hatte und sich entschloß, diese gedanklichen Voraussetzungen so lange abzuändern, bis sie auf den Be-

fund paßten, zum Beispiel Atome und Moleküle zu unterscheiden, erwies sich der Ansatz als fruchtbar. Der heutige Atombegriff hat mit dem ursprünglichen Atom fast nur noch den Namen gemein. Aber das Prinzip, gegebene *Formen* auf dem Wege der Zusammensetzung aus *Elementen* herzuleiten, bewährt sich bis in die Gegenwart hinein auf den Gebieten, wo es sich nicht um Lebendiges handelt.

4. Solange dies Bemühen stockte, gelangte der entgegengesetzte Gedanke zur Herrschaft, nämlich die *Formen* der Natur, besonders die der organischen Natur, als Ganzheiten stehen zu lassen. Noch die Scholastik arbeitet mit solchen formae substantiales, die Aristoteles Entelechien genannt hatte. Dann aber mußte man die Formverwandlungen, den Übergang aus einer Form in die andere, zu verstehen versuchen. Methodisch interessant ist hier besonders das Bemühen Goethes, einen Urtypus, etwa der Pflanze oder des Knochengerüstes der Wirbeltiere, zugrunde zu legen und ihm die Tendenz zu allmählichen Selbstumbildungen zu verleihen. Gemäß seinem anschaulich gerichteten Denken sah Goethe diesen Vorgang gleichsam filmartig vor seinem geistigen Auge verlaufen. Seine gedanklich-anschauliche Konstruktion der Urpflanze war falsch. Aber das dabei ahnungshaft verwandte »Denkmodell« ist noch heute nicht entbehrlich, wie sich in seiner Lehre von den »Urphänomenen« überhaupt der fruchtbare Ansatz verbirgt, den »reinen Fall«, das heißt den aus seinem Aufbaugesetz unmittelbar verständlichen Fall, aufzusuchen, der dann für die Fülle wirklich vorkommender Erscheinungen das Grundschema abgibt.

II

1. In der geistigen Welt war es vor allem das Denken selbst, das zunächst einmal der Zurückführung auf einfachste Urvorgänge bedurfte. Plato und Aristoteles achteten vorzugsweise auf den instinktiv schon längst befolgten Kunstgriff der Ordnung von Gedankengebilden nach den Stufen der Allgemeinheit und Besonderheit. Die ganze hochgerühmte Logik des Aristoteles bis zur Schlußlehre hin ist nichts als eine sorgsame Aufzeichnung der Grundbeziehungen und Gesetze, die sich auf diese Art ergeben. Sie alle waren deshalb durchsichtig (evident) und absolut sicher, weil das Aufbaugesetz, nach dem das Denken verfährt, durch die Theorie nur zu klarem Bewußtsein erhoben wurde. Bildlich gesprochen: es hätten sich auch andere Wege zur Anlegung einer alles erfassenden Kartothek finden lassen, als gerade die Begriffspyramide. Aber kein Prinzip war fürs erste natürlicher und fruchtbarer als dieses, das eine vollständige Orts-

bestimmung aller Begriffe ermöglichte. Heute lauscht man der Mathematik noch andere Methoden der unbedingten Sicherung von Sätzen ab. Der elementare Gedanke aber bleibt: der Verstand begreift nur das ganz, was er nach ihm selbst durchsichtigen Regeln konstruiert hat, so daß er in jeder »Theorie« im Grunde nur sich selbst wiederfindet.

2. Verhältnismäßig wenig Aufmerksamkeit ist immer noch darauf verwandt worden, das »Verstehen« von seelisch bedingten Gebilden des Geistes und der Kultur auf einfache Grundschemata zurückzuführen. Und doch bedarf es, gerade auch zu pädagogischen Zwecken, einer solchen formalen Vorschule des »Verstehens« im betonten Sinne des »Sichselbstwiederfindens« in der geistig-geschichtlichen Welt. Man hat es damit versucht, daß man – wieder in einem Gedankenexperiment – *ein* bestimmtes Motiv (einen Wertgesichtspunkt des Sichverhaltens) abstrakt als alleinherrschend setzte. Am weitesten ist man damit in der Wirtschaftswissenschaft gekommen. Die allereinfachsten Verhältnisse des freien Marktes: Angebot und Nachfrage (beides auf das *rein* wirtschaftliche Bedürfnis gegründet) wurden so rationalisiert. Der Leitfaden erwies sich als fruchtbar bis in die verwickeltsten Vorgänge der Börse und des Bankwesens hinein. Auch hier noch gelang in weitem Umfange die Mathematisierung. Aber jeder Vertreter der Wirtschaftswissenschaft ist sich klar darüber, daß diese einfachen Schemata infolge der ungeheuren Fülle umbiegender anderer Motive und Kulturfaktoren nur einen begrenzten Erkenntniswert für die Wirklichkeit haben. Immerhin: wer das Elementare nicht verstanden hat, kommt auch auf diesem Gebiet nicht weiter.

3. Es wäre denkbar, in ähnlicher Art das Getriebe der Machtverflechtungen, den Wettbewerb des Obensein-, nicht Untenseinwollens, auf einfachste Linien zurückzuführen, oder das Kunstschaffen auf die an ihm beteiligten Urfaktoren zu untersuchen. Ja selbst im religiösen Leben wäre vielleicht so etwas wie ein »Urphänomen« menschlicher Beziehung zu Gott noch aufzufinden. Aber solche geradlinigen Figuren, durch das reiche geistige Leben gezogen, befriedigen uns weniger als die Schematisierungen, deren sich die Naturwissenschaft bedient. Nur ist auch für das Geistesleben eine »Anleitung zum Verstehen« nicht ganz entbehrlich. Wir werden uns um so mehr darum bemühen müssen, als sich ein einfaches Gemüt in dem Wirrsal unserer schichtenreichen und vielfach erkrankten Kultur nicht mehr zurechtfindet. Was kann man tun, um ihm Leitlinien zu geben? Die Hüter der Bildungsgüter werden sich hierüber besondere Gedanken machen müssen.

Es ist notwendig, dieses Thema in größerem Zusammenhange zu behandeln. Die flüchtigen Anregungen, auf die ich mich hier beschränken mußte, lassen vielleicht das Eine erkennen: die Auffindung des Fruchtbar-Elementaren steht nicht immer am Anfang des menschlichen Wissens und der Weltorientierung. Der große Meister ist der, der einmal in einem Augenblick erleuchtender Eingebung dazu durchstößt, wie Robert Mayer bei der Entdeckung des Prinzips – es ist zunächst ein *Forschungs*prinzip – der Erhaltung der Energie. Wem sich derartiges erschlossen hat, wer sozusagen den »reinen Fall« einmal erschaut hat, der hat damit mindestens den Schlüssel auch zu einem großen Lehrertum in der Hand.[1] Es ist das Zeichen des echten Geist-Erweckers, daß er – bei überlegener Sachkenntnis – unablässig über das »Wie« nachdenkt, *wie* nämlich das tiefe Erlebnis: »Das verstehe ich jetzt von innen heraus« in einer suchenden Seele entzündet werden kann. Das allein entspricht dem elektrischen Schlag, den Sokrates den Menschen versetzte. Sie wurden dann innerlich lebendig, und der Ernst der Sache wirkte in ihnen fort, bis ihr ganzes Wesen davon durchdrungen wurde. Denn nur der »Gehalt«, der von einer lebendigen Person getragen wird, ist ethisch etwas wert und entfaltet eine unüberwindliche, fortzeugende Kraft.

Ich habe auf das hier angedeutete didaktische Prinzip in anderen Zusammenhängen immer wieder hingewiesen. Man darf es natürlich nicht zu Tode hetzen. Geschichte zum Beispiel wird immer Tatsachenbericht, Erzählung, bleiben müssen. Aber es ist schon ausgesprochen worden, daß das *Verstehen* geschichtlicher Vorgänge auf einfachste, unmittelbar einleuchtende Zusammenhänge zurückgeführt werden kann, wodurch das Verstehen komplizierter und höchst singulärer Geschehnisse unterbaut wird. Ein Beispiel: Für eine kindliche Altersstufe wird man nicht weit darüber hinauskommen, die Eroberungszüge Alexanders des Großen aus der einen Triebfeder: Ehrgeiz und Machtwillen, zu erklären. Denn dem Kinde ist noch das halb-mythische Denken in Kategorien des Heldentums gemäß. Durch diese Stufe muß man hindurchgegangen sein, ehe das Verstehen sachhaltigerer und feiner differenzierter Motive gelingt.

Zu dem Prinzip in seiner ganz allgemeinen, nicht nur entwicklungspsychologischen Bedeutung zurückkehrend, möchte ich dreierlei betonen:

1. Es ist für jede Wissenschaft eine wesentliche Aufgabe, ihren Stoff *im edelsten Sinne zu elementarisieren.* Geschieht dies nicht, so tritt unvermeidlich der Augenblick ein, wo die unablässig anwachsende Stoffülle den menschlichen Geist erdrückt, statt ihn zu fruchtbaren Einsichten zu

[1] Vgl. Fritz Copei, Der fruchtbare Moment im Bildungsprozeß. Leipzig 1930. 2. Aufl. Heidelberg 1950.

befreien. Die Stoffüberlastung auch an den Hochschulen ist neuerdings auf vielen Tagungen als eine schwere Gefahr beklagt worden. Besonders eindrucksvoll waren die Beschlüsse der Konferenz im Tübinger Leibnitianum vom 30. September 1950. Aber mit der Wiederholung solcher Stellungnahmen ist es noch nicht getan. Es ist auch damit nicht getan, daß man nun einfach dieses oder jenes Kapitel vom Lehrstoff »wegläßt«. Sondern die Arbeit fängt jetzt erst an: Jedes Stoffgebiet muß im Hinblick auf seinen eigentlich geistigen Aufbau ganz neu durchdacht und durchorganisiert werden. Dabei werden Fachkenner und Methodendenker und Didaktiker zusammenwirken müssen. Ich habe nicht den Eindruck, daß man damit irgendwo ernsthaft begonnen hat. Solange aber dies nicht geschieht, kommt man auf keiner Stufe der Lehrplanreform vorwärts. Unsere Zeit begnügt sich gern mit Kundgebungen. Aber ohne den Realisierungswillen und entsprechende Arbeit bleiben sie leer.

2. Es ist ein didaktischer Irrtum, der Unterricht habe in jedem Wissensgebiet an den »gegenwärtigen Stand der Wissenschaft« heranzuführen. Keine Stufe der Schule ist dazu entfernt in der Lage. Und auch der Hochschule gelingt es nur dadurch, daß sorgfältig und mühsam eine Treppe gebaut wird, auf der man Stufe für Stufe höhersteigt. Die Sünde mancher gut gemeinten Darbietungen am dies academicus besteht darin, daß man versucht, den Neuling sogleich auf die höchste Stufe emporzureißen. Damit wird nichts erreicht als Unsolidität im wissenschaftlichen Denken und zum Teil aufgeblasenes Scheinwissen. Wer redet heute nicht alles über Kausalität oder Nichtkausalität in der Mikrophysik mit! Was aber Kausalität überhaupt bedeutet, wer durchdenkt es exakt? – Der besonnene Meister wird den Triumph seiner Lehrkunst darin erblicken, den theoretischen Grund in seinem Fachgebiet so sicher zu legen, daß der verstehende Schüler die späteren Schritte selbständig, aus eigener Kraft, tun kann. Niemand kann sprunghaft zur Spitzenbildung geführt werden.

3. Es wäre wünschenswert, wenn auf der eigentlich wissenschaftlichen Stufe der Student dazu gewöhnt würde, nicht nur über die Sache, die er erforscht, nachzudenken, sondern auch darüber, was er *tut*, indem er *denkt*. Das Jahrhundert der »Methode«, das 17. Jahrhundert, hat deshalb die Naturwissenschaften so energisch gefördert, weil es, indem es forschte, sich immer auch über den *Weg* exakten Forschens Rechenschaft ablegte. Es hat damit zugleich den Weg des didaktischen Verfahrens, die *Unterrichts*methode, wesentlich erhellt. Mir sind aber z. B. Chemiker begegnet, die keine Ahnung davon hatten, was der Mensch eigentlich tut, indem er experimentiert.

Es ist nun einmal so, daß die Wissenschaft keine Zukunft hat, wenn sie nicht ständig in die Gemüter der nachwachsenden Generation eingepflanzt wird. Man sei also nicht zu vornehm, sich über das Wie? einer gesunden Wissensfortpflanzung Gedanken zu machen – obwohl es schwer ist. Ich wiederhole gerade an die, die sich für den Unterricht der Jugend verantwortlich fühlen, den Appell, die »Revision« unserer Wissensbestände unter dem Gesichtspunkt der fundierenden Urphänomene und Urgedanken jedes Gebietes vorzunehmen. Erst dann kann auch über die notwendige Totalisierung der Teilansätze verhandelt werden.

Der Lehrer als Erzieher zur Freiheit

1951

Auch Worte von hohem ethischem Gehalt können durch lange fortgesetzten Gebrauch abgenützt werden. Wieder wie in Kants und Schillers Zeiten erklingt bei uns der Ruf »Der Mensch ist frei geschaffen, ist frei, und wär' er in Ketten geboren«. Freiheit gilt jetzt wieder als das höchste Gut, als ein unveräußerliches Gut. Die Begeisterung dafür entzündet sich an dem Kontrast zu östlichen Verhältnissen. Aber indem man von der Freiheit redet, macht man sich oft nicht mehr klar, was sie denn eigentlich bedeutet. Kinder einer und derselben Zeit und Nation stellen sich sehr Verschiedenes darunter vor. Und wenn jeder von sich sagen und für sich fordern dürfte »die Freiheit, die *ich* meine«, so wäre das Chaos nicht mehr fern.

Was in der Philosophie unter dem Titel Freiheitsproblem behandelt wird, ist eines der allerschwersten Themata. Wer sich's leicht machen will, läßt die Finger davon; denn es zeigt sich erstens die ungeheure Vieldeutigkeit des Wortes Freiheit; sodann aber, daß man sich mit den meisten Behauptungen über Freiheit oder Nicht-Freiheit in Widersprüche verwickelt. Kant behandelt den Gegenstand unter der Überschrift »Antinomien der reinen Vernunft«; Goethe findet das Widersprüchliche schon im inneren Erleben, wenn er sagt: »Es darf sich einer nur für frei erklären, so fühlt er sich den Augenblick als bedingt. Wagt er es, sich für bedingt zu erklären, so fühlt er sich frei.« Und Luther erhebt das Urerlebnis ins Religiöse mit der berühmten Gegenüberstellung: »Ein Christenmensch ist ein freier Herr über alle Dinge und niemandem untertan. Ein Christenmensch ist ein dienstbarer Knecht aller Dinge und jedermann untertan.«

Da hier von Erziehungsfragen die Rede sein soll, füge ich die vierte Form der Antinomie hinzu, wie man sie für dieses Gebiet formulieren zu dürfen gemeint hat: Ist der Mensch *frei*, so kann man ihn nicht erziehen, weil er sich jedem Einfluß verschließen kann. Ist der Mensch *unfrei,* so kann man ihn nicht erziehen, weil er dann so sein *muß*, wie ihn Anlagen und jeweilige Umstände determinieren.

Angesichts dieser Verwicklungen schon mit Bezug auf das Wort Freiheit finde ich mich in der Verlegenheit, wie ich in Kürze notdürftige Klarheit über dieses ungelöste Problem schaffen soll. »Der Lehrer als Erzieher zur Freiheit«, das ist eine Redensart, wenn der Lehrer nicht weiß, was mit der Freiheit derer, die er erzieht, gemeint ist. – Sollte ich aber das ganze Freiheitsproblem philosophisch angemessen erörtern, so wäre kein Ende zu finden. Ich werde mir durch einen Kunstgriff helfen, indem ich in einem ersten grundsätzlichen Teil (I) zunächst ein Mißverständnis beseitige und dann die Frage in der Form vereinfache: Was macht den Menschen frei? Daraus ergibt sich von selbst, wie etwa man zur Freiheit erziehen kann.

I.

Mit Freiheit kann nicht gemeint sein Beliebigkeit des Wollens und Tuns. Manche denken so: Freiheit bestehe darin, daß der Mensch in dem Zeitpunkt »Jetzt« bei Gelegenheit der und der äußeren Umstände und inneren Verfassung *tun* kann, was ihm beliebt: quodlibet. Dazu ist kurz zu sagen: *Tun* kann ich bestimmt nicht, was mir beliebt; denn das verhindern schon die Grenzen meiner Kraft. *Wollen* kann ich, was mir beliebt, aber nur in der Vorstellung, in der Phantasie. Das ist kein *echtes* Wollen; das wirkliche Wollen ist immer motiviert. *Wünschen* kann ich, was mir beliebt? Auch das ist fraglich, denn unsere Wünsche sind bedingt durch unseren Charakter und unsere Lebenslage. Also: diese Ad-libitum-Freiheit gibt es wahrscheinlich gar nicht – die völlig ungeordnete Freiheit. Wer wollte auch den Menschen dazu erziehen? Das wäre überflüssig; denn wenn es diese Willkür gäbe, so würde der junge Mensch sie wahrscheinlich von selbst haben. Die Folge wäre das Chaos oder die Vernichtung. *Nihilismus* besteht darin, eben nichts Bestimmtes zu wollen, sondern alles, auch das Wertvolle, wegzuwollen. Das hat Hegel die »leere Freiheit« genannt.

Ich überspringe andere mögliche Bedeutungen von Freiheit und sage positiv, welcher Sinn von Freiheit hier allein gemeint sein kann; nämlich: Freiheit zu höheren Bindungen. Freiheit heißt also die Möglichkeit, sich aus niederen Bindungen zu lösen und höhere anzuerkennen. Demgemäß bedeutet sie eine Werterhöhung der Person: das eigentliche Erwachen zum Geist.

Das will ich unter dem Gesichtspunkt durchführen: »Was macht uns frei?« Wir gehen aus von dem Unterschied zwischen Mensch und Tier. Das Tier ist (wie wir annehmen) in seinem Lebensvollzug weithin gebunden. Es hat präformierte Instinkte (Verhaltensweisen ohne Spielraum); es hat Bedürfnisse und Triebe (mit einigem Spielraum). Niemand tadelt das Tier, wenn es diesen seinen Lebensstil auslebt, denn das Tier ist seinem *Umfeld* von der Natur eingepaßt. Hingegen der Mensch lebt, wie er von einer bestimmten Reifestufe ab weiß, in einer *Welt*. Was heißt Welt? 1. Ein zusammenhängendes Ganzes von Dingen, die trotz ihrer äußeren Veränderung identifizierbar bleiben. 2. Das Geschehen in dieser Welt unterliegt erkennbaren (noch nicht voll erkannten) Gesetzen. 3. Das Ganze ist für den Menschen voll von Bedeutungen. Das Verhalten des Menschen in dieser Welt von Bedeutungsträgern kann sinnvoll oder sinnwidrig sein. – Woher weiß das der Mensch? Das kleine Kind hat noch keine Ahnung davon. Er weiß es allein vermöge der Gabe des *Denkens*. Nur er kann ein solches Ganzes denken und dadurch das Sinnliche still stellen. Das denkende Ich ist dem tiernahen Ich oder Ego überlegen. *Selbst* auf einem höheren Standort stehend kann der Mensch sich der Welt eingeordnet denken erstens an dieser Stelle des Raumes, zweitens an dieser Stelle der Zeit, drittens in dieser Umgebung, viertens mit dieser Innenwelt (der intimsten Eigenart und Lebensgeschichte). Er weiß auch, daß anders organisierte Wesen in anderen Weltstrukturen existieren. Aber er geht in dieser Bedingtheit, dieser »Position« in der Welt, nicht auf, sein Denken entbindet ihn von dieser Enge. So ist er vertraut mit einer Gestirnwelt und den fünf Erdteilen, mit Ereignissen im Kosmos, die vor Millionen von Jahren stattgefunden haben müssen, mit der Weltgeschichte, diesen 6000 Jahren, die man besser Menschengeschichte nennen sollte. Er weiß noch mehr. Aber das Entscheidende ist: er fragt nach seiner menschlichen Bestimmung in dieser Welt. So folgere ich den

1. Satz: Das Denken macht frei.

Dieses Denken ist jedoch nicht beliebig. Jeder Denkschritt ist gebunden. Wir haben hier einen ersten Fall der Freiheit zu höheren Bindungen. Wer zur Freiheit erziehen will, muß zu allererst zum Denken erziehen, besser: er muß dem Denken-Können heraushelfen, denn das ist kein Glasauge, das man einsetzen könnte. – Von dieser Basis des Denkens aus gehen wir weiter. Der geistige Mensch fordert etwas von seiner Welt, er läßt sie nicht unverändert. Das Tier verändert auch gelegentlich seine Umwelt (Umfeld), aber seit Anbeginn immer in derselben Art. Die Natur baut in ihm, hingegen vom Menschen dürfen wir sagen: der freie Geist baut in ihm. Er schafft »Kultur« (der Name stammt vom Ackerbau), und die Kultur schafft rückwärts wieder ihn um (nicht immer zum Guten). Alles Kulturschaffen fällt unter den Begriff der Arbeit. Die Arbeit soll die Lage des Menschen verbessern und ihn selbst verbessern. Jede Arbeit unterliegt gesetzlichen Ordnungen, nicht nur die wirtschaftliche, sondern auch rein gedankliche Arbeit oder künstlerisches Produzieren. In alledem liegen Bindungen. Der Sinn der Arbeit ist jedoch, den Menschen frei zu machen, freier zu machen, den Druck der Außenwelt zu mindern. Also wiederum in kürzester Formulierung:

2. Satz: Arbeit macht frei.

Über diese These hat eine interessante Auseinandersetzung von Marx mit Hegel stattgefunden. In der ›Phänomenologie‹ sagt Hegel: Das arbeitende Bewußtsein kommt zur Anschauung des selbständigen Seins als seiner selbst. »Es wird also durch dieses Wiederfinden seiner durch sich selbst *eigener* Sinn, gerade in der Arbeit, worin es nur *fremder* Sinn zu sein schien.« Marx betont in seinen Frühschriften, daß gerade die Arbeit Selbstentäußerung und Selbstentfremdung des Menschen zur Folge habe. Er denkt dabei an die moderne Form der industriellen Arbeit und an die kapitalistische Expropriation der Arbeiter. Ich komme darauf zurück.

Wenn oben gesagt wurde, der Mensch fordere etwas von der Welt, so gilt andererseits auch: es wird etwas vom Menschen gefordert. Im ersten Fall handelt es sich darum, der Welt Werte aufzuprägen; aber in der Wahl dieser Werte darf der Mensch nicht beliebig verfahren. Der Geist ist durch und durch »normiert«. Zwei Arten von Bindungen kommen unter diesem Gesichtspunkt in Betracht: die eine geht von den Menschen, von der Gesellschaft aus: moralische Autorität tritt dem Individuum entgegen. Der Druck der Gesellschaft entspricht hier jenem Druck der Außenwelt. Solange der Mensch diesen Forderungen ohne eigene Prüfung folgt, solange ist er nicht frei. Erst wenn er spontan, von innen her, der moralischen Autorität zuzustimmen vermag, wird er frei. Er kann aber andererseits auch höhere Maßstäbe in sich selbst finden, als die geltende Moral sie setzt. Und wenn er zu dieser Stufe gelangt ist, daß ihm die sittliche Forderung nicht von außen her kommt, sondern aus dem Zentrum seines eigenen höheren Wesens, dann ahnt er die Würde des Menschseins in sich selbst. Jedoch darf diese Autonomie nicht so mißverstanden werden, als ob der Einzelne als solcher bestimmte, was er als Norm anerkennen will. Vielmehr zeigt sich eben hier die Tiefe einer metaphysischen Bindung. Was er selbst will, wird ihm daher zur ernsten *Pflicht*.

3. Satz: Das Bewußtsein persönlicher Verantwortung macht frei.

Paradox könnte man es auch so ausführen: das Pflichtbewußtsein macht frei, nämlich zu höherer Bindung. Und es sind die echten Werte, die den Menschen verpflichten. Hierbei müssen wir noch verweilen. Früher hieß es: das denkende Ich sieht sich eingeordnet in einen räumlich-zeitlichen Weltzusammenhang; es findet sein Ego in dieser Welt vor. Jetzt steigert sich der Sachverhalt: das wertprüfende Ich sieht dem naturhaften Ich zu.

Es findet also eine eigentümliche Spaltung in mir statt: *ich* beurteile *mich*. Mein höheres Selbst kritisiert mein Ego. Ich rede mit mir, ich beurteile mich, mein höheres Selbst zieht mich vor Gericht. Wir kennen diese geistige Erscheinung unter dem Namen »das Gewissen«. Es regt sich in vielen Ausstrahlungen, nicht nur als moralisch-gesellschaftliches Gewissen, auch als Wahrheitsgewissen oder als Kunstgewissen. Immer jedoch geht es dabei um mein höheres Selbst und um die Kraft, es gegenüber allen Anfechtungen durchzuhalten. Die Würde des Menschen besteht also gerade in solcher Freiheit zu höheren Bindungen. Das Gewissen ist das deutlichste Symptom der Freiheit. Daraus ergibt sich der

4. Satz: Selbstkritik macht frei.

Ich kann von mir in zweierlei Bedeutungen reden, oder mein Ich existiert in zwei Stufen. Es fragt sich, aus welcher heraus ich lebe. Wähle ich die höhere, so ist damit bereits eine Emporverwandlung vollzogen. Der Sachverhalt ist hier sehr vereinfacht dargestellt, denn der Mensch muß durch viele Brüche und Verwandlungen hindurchgehen; er hat viele Stufen zu ersteigen. Wer kann sie alle aufzählen? Dieses »Stirb und Werde« bedeutet den Vertikalprozeß des Lebens. Der Mensch von heute lebt allzu oft in der bloßen Horizontalen, hingespannt auf eine Zukunft, von der er Genuß und äußeren Erfolg erhofft. Nur selten gelingt ihm der Aufschwung über Naturgebundenheit und Gesellschaftsgebundenheit. Die Richtung, in der ein solcher Aufschwung geht, ist das »näher zu Gott«; die höchste Stufe aber, die auf diesem Wege erreicht werden kann, ist die aus freiem Herzen quellende Liebe. Und sie selbst hat auch wieder viele Stufen. Alle sind Abglanz der höchsten Liebe, wie es Plato in griechischem Sinne ausgeführt und Goethe im Faust christlich vertieft hat. Die höchste Liebe, sei sie Liebe zu Gott oder Liebe in Gott, ist auch noch eine Bindung; denn religio bedeutet fest gebunden sein. Trotzdem gilt nach jenen früheren Erörterungen über Freiheit als Form höherer Bindung der

5. Satz: Liebe macht frei.

Es ist nicht in das Belieben des Menschen gestellt, wahrhaft lieben zu können. Man kann auch zur Liebe nicht zwingen, und doch gibt es keine höhere Freiheit als jene, die in dem Wort liegt »aus Liebe«.

Überlegen wir also, was für eine Freiheit eigentlich gemeint ist, wenn von dem Lehrer als Erzieher zur Freiheit gesprochen wird. Das Entscheidende ist der Gedanke, daß sich das Wesen des Menschen nicht in seiner Naturgebundenheit und in seiner Gesellschaftsgebundenheit erschöpft. Er trägt vielmehr, religiös gesagt, in sich Gottgebundenheit, philosophisch gesagt: er hat Wurzeln im Metaphysischen, in jener intelligiblen Welt, von der Kant gesprochen hat. Somit liegt sein eigentliches Selbst über der Raum-Zeit-Welt.

Wenn vielfach von Freiheit und Gleichheit der Menschen die Rede ist, als ob das eine vorzufindende Tatsache wäre, so ist das sehr zweifelhaft. Man sehe sich in der Wirklichkeit um. Tausend Verflechtungen in das Weltgetriebe beengen uns, und diese Abhängigkeiten verstärken noch die mitgebrachte Ungleichheit. Aber in einem höheren Sinne sind alle Menschen frei und gleich, insofern sie als verantwortliche Wertträger unmittelbar zu Gott sind.

Weil nun Freiheit im gegebenen Kulturleben nicht einfach da ist, kommt es um so mehr darauf an, Freiheit zu realisieren, und zwar auf zwei Gebieten:

1. In dem Leben eines ganzen Volkes. Hierbei muß man beachten, daß rechtlich-politische Freiheit noch nicht das Ganze und Eigentliche des Menschentums erschöpft. Sie ist nur Vorbedingung für echte Sittlichkeit, also für jenen Vertikalprozeß des Lebens, von dem soeben die Rede war. Es ist immer eine crux der Rechtsphilosophen gewesen, daß das Recht zwingen kann. Aber es zwingt – wiederum paradoxerweise – nur um der Freiheit willen. Die deutschen Idealisten haben sich mit diesem Problem schwer gequält. Sie haben sich dahin entschieden, daß rechtlich-politische Freiheit nur eine Vorschule für sittliche und religiöse Freiheit ist. Um dieses höheren Zieles willen muß zunächst einmal erreicht werden, daß die *äußere* Freiheit eines jeden mit der *äußeren* Freiheit aller zusammen bestehen kann. Dazu gehören Ordnungen und Regelungen, die erzwungen werden müssen. Sie sind gleichsam die Zäune, die die Freiheitssphären gegeneinander abgrenzen.

2. Freiheit muß dann aber auch in der Erziehung als einer wichtigen Seite des Volkslebens realisiert werden. Denn von Geburt und Natur ist niemand frei. Es bedarf dazu einer Vergeistigung und Erhöhung, und eben dies ist die größte Aufgabe, die neben dem religiösen Erwecken dem Erzieher gestellt ist.

II

Zu dem Thema »Der Lehrer als Erzieher zur Freiheit« sind zunächst Vorbedingungen zu erwähnen.

1. Wenn der Lehrer selbst kein freier Mensch in dem dargestellten Sinn ist, dann kann man ihm diese Aufgabe nicht zumuten. Die ursprünglichen »Pädagogen«, also Kinderführer, waren Haussklaven. Die Griechen wußten wohl, daß Sklaven keine Erzieher sein könnten. Die Leute, die sie als Pädagogen bezeichneten, sollten nur behüten, bewachen, aufpassen (bestimmt nicht unterrichten). Solche Pädagogen gibt es auch heute noch: die Aufpasser, die Disziplinhalter. Aber von denen wollen wir natürlich nicht reden.

2. Hinsichtlich einer zweiten Vorbedingung müssen wir vorsichtig sein. Man könnte fordern, daß jeder Lehrer die Gedankengänge des ersten Teiles durchdacht habe; andernfalls sei ihm ja das Ziel gar nicht klar. Das würde aber heißen, daß jeder mit der Philosophie schon ins reine gekommen wäre, und mit der gedrängten Skizze zu dem Thema Freiheit, die hier gegeben werden konnte, wäre es natürlich nicht getan. Also will ich mich anders ausdrücken: der Lehrer muß die Wesensart des freien Menschen in sich tragen, weil er an sich selbst gearbeitet hat, weil er als Mensch ein einigermaßen reifer Mensch geworden ist. (Denn wer könnte von sich sagen, er sei ganz reif?) Wenn man die beiden Formen gegeneinander abwägt, so ist der Typ, der sittliche Freiheit lebt, ohne Zweifel wertvoller als der, der nur in geborgener Stille über das Thema Freiheit philosophiert. Ich habe einen alten Lehrertyp gekannt – er ist noch nicht ganz ausgestorben: reife, gütige, geschlossene Persönlichkeiten. Sie hatten es *in sich.* Vielleicht waren sie unter den Ausstrahlungen Pestalozzis geworden, was sie waren: eine Liebe und Wonne des Menschengeschlechtes, auch für ihre Schüler. Die modernen Lehrer wollen immer wissen, »wie man es macht«. Nach dem ersten Vortrag, den ich in Stuttgart gehalten habe, hieß es: »Er hat ja gar keine Anweisungen gegeben.« Ich habe nicht gehört, daß unsere Lehrer sonst so begierig auf »Dienstvorschriften« sind. Vielleicht ist es ein sicherer Prüfstein der Reife, ob ein Lehrer zuerst Rezepte verlangt oder ob er darauf bedacht ist, »etwas zu sein«; dann nämlich macht es sich beinahe von selbst. Das Umgekehrte: »Wer gelernt hat, wie man es macht, der ist etwas«, halte ich für falsch. Der vielgerühmte pädagogische »Fachmann« war oft nur ein Inhaber von Rezepten, also eine Art von Techniker. Diesen Geist dürfen wir in den Räumen unserer Erziehungsanstalten nicht mehr dulden. Er würde unter den gegebenen Verhältnissen geradezu eine Gefahr für Europa bedeuten.

Aber nun will ich – zwar keine Rezepte geben –, jedoch Teilziele durchleuchten, gemäß jenen fünf früheren Sätzen.

1. Erziehung zum Denken.

Denken macht frei. Die Wahrheit macht frei, obwohl es dabei bleibt, daß alles Denken ein gebundenes geistiges Verhalten ist. Die Erziehung zum Denken soll eine Erweiterung des geistigen Horizontes bewirken. Sie soll der natürlichen »Borniertheit« entgegenwirken. Jeder Kulturträger muß in der Welt Bescheid wissen, in der er verantwortlich zu wirken hat. Die Schule kann natürlich nur eine Landkarte der Welt geben. Das ist nicht nur geographisch gemeint: es handelt sich um ein Grundschema, wie es schon dem Comenius vorgeschwebt hat, als er seinen geistvollen ›Orbis pictus‹ schuf. Wie man in einem sehr frühen Lebensalter schon einen Kulturhorizont erwecken kann, wäre Sache eines neuen gründlichen Durchdenkens. Wir haben vielleicht zu wenig darauf geachtet, daß die Grundzüge des Kulturverstehens ein einfaches Gerüst erfordern, das die feineren und tieferen Einsichten der Zukunft zu tragen hat. Da liegt also eine neue methodische Aufgabe, die nicht mehr mit den Mitteln der alten Kulturstufentheorie bewältigt werden kann. Nur wenn Kinder frühzeitig zum *Selbst*denken angeregt werden, sind sie später geschützt vor der Gefahr des Nach-Sprechens und Nach-Laufens. An einer solchen inneren Selbständigkeit hat es in der Hitler-Zeit gefehlt und fehlt es vielleicht noch heute. Hugo Gaudig hat gerade dieses zum Hauptthema seines Erziehungssystemes gemacht: Die selbständig denkende und infolgedessen auch zum selbständigen Werten fähige Persönlichkeit.

2. Erziehung zum Arbeiten.

Macht Arbeit wirklich frei? Wir haben gesehen, daß Hegel und Marx darüber verschiedener Ansicht waren, und es muß zugegeben werden: nicht jede Art von Arbeit macht frei; nur die, die 1. Denken erfordert, also nicht rein mechanisch ist; 2. als sinnvoll empfunden wird, das heißt eine innere Bedeutung für den Arbeitenden selbst hat. Deshalb muß schon in der Schule das Ethos der Arbeit planvoll gepflegt werden. Man muß sie einbetten in lebendige Interessen. Auch der Jugendliche schon will wissen, welchen höheren Werten sein Lernen und Mühen schließlich einmal dienen kann. – Im eigentlichen Kulturleben aber wird es auch nicht genügen, wenn die Arbeit für Unzählige nur unter den Erwerbsgesichtspunkt gestellt wird. Natürlich: sie dient der Erhaltung des Lebens; aber schon Aristoteles hat das Edel-Leben vom bloßen Leben unterschieden. Es ehrt den Menschen, daß ihm im allgemeinen bloße Erwerbsarbeit nicht genügt. Er wünscht sich, aus höheren Motiven tätig sein zu können. Die tragische Kehrseite (ja Krankheit) unserer Kultur liegt darin, daß eine rein mechanische Arbeit eben nicht frei macht. Das ist aber nicht nur im kapitalistischen Wirtschaftssystem so, sondern es wäre auch im sozialistischen oder kommunistischen nicht zu verhüten, nachdem wir einmal der Maschinentechnik und der Maschinenproduktion dienstbar geworden sind. Ethische Sozialisten haben auf eine erhebliche Herabsetzung der rein mechanischen Arbeitszeit gehofft. Die Hoffnung hat sich nicht erfüllt, deshalb muß in anderer Weise geholfen werden. Man muß darauf bedacht sein, daß das frühzeitige Abschleifen der Seele verhindert wird. Das ist eine Kernfrage unserer Zeit, und gerade die Pflichtberufsschule hat in dieser Hinsicht eine unerhört wichtige Aufgabe. Landwirtschaftliche und hauswirtschaftliche Arbeit ist manchmal viel anstrengender und zeitlich ausgedehnter als industrielle Arbeit. Trotzdem höhlen jene Formen den Menschen nicht so aus. Warum? Weil noch der *ganze* Mensch dahinter stehen kann, weil er mehr in der Natur lebt oder weil er mit *Liebe* dabei sein kann. – Umgekehrt, es wäre ein falsches Hilfsmittel der Pädagogik (die Reformpädagogik um 1920 hat sich nicht immer vor diesem Fehler gehütet), wenn man alle Arbeit für die Jugend zum Spiel machen wollte; denn das ist eine Verfälschung des Bildes vom Leben. Arbeit ist gebundenes Tun. Sie sollte früh als eine verantwortliche Sache empfunden werden; zugleich aber müßte sie wieder eine wahrhaft humane Betätigung werden können. Darüber ist soziologisch und pädagogisch noch viel nachzudenken.

3. Erziehung zum Verantwortungsbewußtsein.

Das Wort »Pflichtbewußtsein« oder gar »Dienst am Ganzen« ist unbeliebt geworden. Es hilft aber nichts: eine Gemeinschaft kann nur bestehen, wenn der einzelne seine besten Kräfte für sie einsetzt, und auch er selbst erlangt nur eine menschliche Reife, wenn seine besten Kräfte von der Gemeinschaft in Anspruch genommen werden.

Von dieser Seite her, mit dem In-Anspruch-Nehmen, fängt es an. Dem jungen Menschen muß es zum Bewußtsein kommen, daß auf ihn gezählt wird, daß die Gruppe ihn in sittlichem Sinne braucht und daß im Wirken für das Ganze sein Wert und seine Würde liegt. Das egoistische Für-sich-selbst-Arbeiten kann vom größten Eifer erfüllt sein; das allein genügt nicht. Es ist daher keine echte Erziehung denkbar, die nicht die Form des Zusammenlebens und des Zusammenarbeitens hätte. Die Kunst des Lehrers besteht darin, so etwas in unmerklicher Weise wachsen zu lassen, nicht bloß äußerlich zu organisieren. Die Arbeits*gemeinschaft* ist eine fruchtbare Vorschule des wirklichen Lebens. Sie bildet zur Persönlichkeit. Denn nur die »Person« trägt Verantwortung. Man wird zur freien Person, indem man Verantwortungen versteht und willig übernimmt.

Die höhere Stufe ist schon Erziehungsresultat: über die *Ausführungs*verantwortung, die einen Auftraggeber voraussetzt, reicht die *Initiativ*verantwortung hinaus. Man empfindet sie vor sich selbst, nicht bloß vor den anderen. Der Ehrgeiz, der nach Erfolgen dürstet, tut es nicht. Der Sinn für echte Ehre orientiert sich nicht am Urteil der Umgebung; das höhere Selbst trägt einen Begriff von Reinheit und Ehre in sich, der sich einer höchsten Instanz verpflichtet fühlt. Den Übergang von der einfacheren Stufe zu dieser reifen herbeizuführen, liegt freilich – wie alles Erwachen zur Freiheit – nicht in der Hand des Erziehers; aber er muß dieses Ziel bei seinen Maßnahmen im Auge haben.

Die Entbindung des rechten Verantwortungsbewußtseins ist eine Vorschule für das Leben im Staate, insofern auch dort Rechte und Pflichten in sinnvoller Verflechtung erfahren werden müssen. Nicht nur Rechte! Es bleibt bei dem schönen Wort von Gneisenau:

Begeistre Du das menschliche Geschlecht
Für seine Pflicht zuerst, dann für sein Recht!

Schon Kant hat das Wesen der Rechtsordnung darin erblickt, daß ich meine Freiheit einschränken müsse, damit auch die Freiheit der anderen zur Geltung komme. Das Recht kann das nötigenfalls erzwingen; denn der gesellschaftliche Raum ist eng. Rechts*gesinnung* aber beruht auf dem Selbstverzicht, der andererseits auch feste Rechte garantiert.

Wir empfinden gegenwärtig mit neuer Wärme den Wert, ja die Heiligkeit des Rechtes. Aber man vergesse darüber nicht, daß diese äußere Ordnung des Zusammenlebens nur eine Vorstufe ist, die die persönliche Sittlichkeit möglich machen soll. Sie schafft nur die nötigen Bedingungen dafür, daß die eigentlich *sittliche* Freiheit sich entfalten kann. Was der einzelne aus seinem Lebensspielraum macht, hängt ganz davon ab, ob er für eine solche Freiheit reif geworden ist. *Dazu* werden ihm die unveräußerlichen Menschenrechte garantiert. Der positive Begriff der Freiheit kann nur definiert werden, wenn man sich über die Frage klar ist: Freiheit *wozu?* Umhegt vom Recht, soll die ethische Entfaltung erst beginnen.

Die Schule kann daher nicht den Stil der bloßen Rechtsgemeinschaft tragen. Es kommt auf sehr viel mehr an, nämlich auf die Freilegung jener Innerlichkeit, in der die wahrhaft menschlichen Kräfte wurzeln; da wird der metaphysische »Überschuß« erfahren, der der ganzen künftigen Kulturbetätigung erst den Bezug auf letzten Sinn gibt und jede Gemeinschaftsarbeit durchseelt.

4. Erziehung zur Selbstkritik.

Sie ist identisch mit der Erziehung zur Selbsterziehung, die erst einsetzen kann auf der Stufe der persönlichen Idealbildung. Die Frage ist nur zu berechtigt, ob man darauf überhaupt pädagogischen Einfluß üben kann; ob es einen Sinn hat, derartiges planmäßig anzustreben. Gewiß ist dies eine Stelle, an der man den Theologen recht geben muß, daß letztlich eine Gnade von oben walten muß. Der Erzieher kann es sich nicht zum Verdienst anrechnen, wenn es gelingt. Aber wenn er nicht wenigstens darauf hinarbeitet, *unterläßt* er, was er tun müßte, und stellt sich nicht in der Richtung ein, in der das eigentliche Ziel liegt.

Das Erwachen des Selbst, das mit dem niederen, triebbedingten Ich Zwiesprache hält, ist ein geheimnisvoller *geistiger* Entwicklungsvorgang. Der wichtigste Spezialfall dieser Begegnung mit sich selbst, und durch das Selbst hindurch mit der höchsten heiligen Macht, ist *das Gewissen.* Frei werde ich, das war der vierte Punkt, wenn ich der Selbstprüfung fähig werde. Auf welchen Wegen und in welchem Grade die Erziehung dazu »mithelfen« kann, ist in der modernen Pädagogik kaum je durchdacht worden. Das ist eine schwere Lücke. Denn gesetzt selbst, daß wir dabei in Tiefen kämen, wo schon unsere Begriffssprache versagt, und erst recht unser wohlmeinendes Eingreifen versagt –: der Mensch muß doch so weit über sich nachgedacht haben, daß er die eigentlich entscheidenden Lebenspulse in sich nicht an der verkehrten Stelle sucht.

Hinführung zur Selbstprüfung – das erinnert nicht zufällig an Sokrates. Deshalb allein ist er, der ewige Sokrates, für uns heute noch nicht entbehrlich. Er wollte die jungen Leute, mit denen er Gespräche führte, nicht belehren, sondern zu sich selbst *befreien.* Auch für ihn war diese innere Freiheit oder Autonomie nur eine Form höchsten (religiösen) Gehorsams. Drei Punkte aus dem pädagogischen Geheimnis des Sokrates verdienen, auch von uns noch beachtet zu werden: 1. Ja nichts aufdrängen! Daher die stereotype Wendung: ich weiß nichts, auch ich *habe* es noch nicht. 2. Den anderen in sich selbst problematisch machen! Denn nur das Suchen, das Leben aus der sittlichen Problematik heraus, wird fruchtbar; und man muß *gemeinsam* suchen. 3. Nicht abschließen! Denn dieser Prozeß dauert lange. Der Mensch muß immer weiter in seine Tiefe zurückgeführt werden.

> Es ist nicht draußen, da sucht es der Tor;
> es ist *in* dir, du bringst es ewig hervor.

Ein viertes kommt bei Sokrates weniger zur Geltung, ist aber auch für uns, die wir nicht so intellektualistisch wie er denken, das Schwerste: *Kraft wecken!* Denn das als gut Erkannte muß auch im tätigen Leben durchgehalten werden. Man wird es wagen müssen, einen jungen Menschen auch Realkonflikte erleben zu lassen. Bloßes Ringen mit Begriffskonflikten macht noch nicht stark.

Es gibt eine Erziehung durch den produktiven Irrtum, die reinste Form des liberalen Erziehungsstiles.[1] Sie ist nicht ungefährlich. Aber wo *zur* Freiheit erzogen werden soll, liegt es nahe, auch *in* Freiheit zu erziehen. Auch da wieder ist es nicht leicht, recht zu ermessen, was man eigentlich in der Pädagogik unter Freiheit zu verstehen hat. Erst auf einer reifsten Stufe ist ein solches Wagnis zu rechtfertigen. Der Erziehungsgeist der deutschen Universität setzt bekanntlich diese Reife voraus (nicht bloß ein Zeugnis der Reife). Der junge Mann muß schon erfahren haben, was Freiheit zu höherer Bindung bedeutet. Der ethische Liberalismus ist alles andere als Libertinismus. Man kann nicht sagen, daß jene akademische Selbsterziehung immer gelingt; es fehlen offenbar noch einige Zutaten. Überhaupt ist es nicht sicher, daß Erziehung *zur* Freiheit von Anfang an Erziehung durch Freiheitlassen sein muß. Das ist ein schweres Problem. Die Erfahrungen der Französischen Revolution von 1789 haben im größten Maßstabe gelehrt, welche Gefahren in einer mißverstandenen Freiheit liegen. Schillers optimistische Wendung:

Vor dem Sklaven, wenn er die Kette bricht,
Vor dem freien Menschen erzittert nicht!

setzt voraus, daß man den Sklavensinn der Masse schon überwunden hat.

5. Erziehung zur Liebe.

Was Erziehung *im* Element der Liebe bedeutet, wissen wir von Pestalozzi her, und wir wissen auch, daß eine Erziehung, die nicht im Medium liebevollen Verbundenseins mit dem Zögling erfolgt, notwendig ohne Tiefenwirkung bleibt. Aber etwas anderes ist Erziehung *zu* der höchsten Freiheit, zum Freisein aus religiöser Liebesgesinnung heraus. Keine Schule und keine Hochschule können als solche auf diesen Gipfel führen. Dazu erzieht nur ein tief gelebtes Leben; vorher kann man es allenfalls ahnen lassen.

Wann werden wir im vollen Sinne frei? Als Antwort kann nur das Paradoxon ausgesprochen werden: »Wenn wir in religiöser Haltung unseren Willen ganz aufgegeben haben und den Willen Gottes zu dem unsrigen gemacht haben – dann erst sind *alle*, auch jene geistigen Bindungen, von uns abgefallen.« Der Vertiefte, der in der Liebe Gottes (d. h. von Gott und

[1] Vgl. in meiner Aufsatzsammlung: Pädagogische Perspektiven. Heidelberg 1951, den letzten Beitrag: Grundstile der Erziehung.

zu Gott) alles Selbstsüchtige aus seinem Wesen weggeschmolzen hat, der Menschen und Welt mit dem Auge der Liebe sieht, nur er ist »ein freier Herr über alle Dinge und niemand untertan«. Auch für Goethe im Schluß des ›Faust‹ wurde dies zur Lösung alles Ringens, Suchens und Strebens: das Aufgesogenwerden von der ewigen Liebe und Gnade. Ganz frei werden wir – das sagte auch Spinoza auf seine Weise – nur *in* Gott. Dann waltet nicht mehr das Gesetz mit seinem Sollen, sondern die Freiheit des Erlöstseins und damit eine unendliche weltüberwindende *Kraft*.

In diesem Sinne hat Fichte gesagt: »Die Liebe ist der Grundaffekt des Seins«. Man lese einmal wieder seine herrliche ›Anweisung zum seligen Leben‹ (1806), und besonders die Worte aus dem Schluß: »Es ist durchaus vergeblich, dem, der nicht in der Liebe ist, zu sagen ›Handle moralisch‹; denn nur in der Liebe geht die moralische Welt auf, und ohne sie gibt es keine. Und ebenso überflüssig ist es, dem, der da liebt, zu sagen: ›Handle!‹ Denn seine Liebe lebet schon durch sich selbst, und das Handeln, und das moralische Handeln, ist bloß die stille Erscheinung dieses seines Lebens.«

Diese letzte Höhe der Freiheit wird selten erreicht, und es ist nicht sicher, daß da, wo am meisten in dieser Tonart geredet wird, auch immer der entsprechende Geist lebendig ist. Nur muß man wissen, daß über die rationale Deutung der Freiheit im Sinne Kants noch etwas Größeres hinausliegt und daß ein Hauch von diesem Letzten schon die einfacheren Stufen durchwehen muß. In der Erziehung ist das der Pestalozzihauch.

Auch für diese einfacheren Stufen empfiehlt sich eine vorsichtige Ausdrucksweise. »Erziehung zur Freiheit« als Schulreformprogramm ist leicht ausgesprochen. Die Sache selbst ist unendlich schwer. Man kann niemand »zur Freiheit ziehen«. Man kann im besten Falle der eigenen Freiheit des jungen Menschen heraushelfen. Auch das Bild vom Pflanzen und Pflegen paßt nicht; eher das vom *Erwecken* zur Freiheit, wie alles Geistige nur geweckt, nicht gegeben werden kann. Der Lehrer soll mehr sein als ein Unterrichter; er soll sein ein Erwecker zum Geist. Jede echte Demokratie setzt diese Art von Erzogensein und dieses Aufgewachtsein voraus. Die Definition: Demokratie sei Mehrheitsherrschaft, geht am Entscheidenden vorbei. Demokratie ruht auf der Basis ständiger verantwortlicher Selbstprüfung im Dienste des politischen Ganzen.

Es wird infolgedessen kaum möglich sein, daß der Lehrer auf alten, »wohlerprobten« Bahnen einfach fortwandelt. Der ganze Erziehungsprozeß muß unter den neuen Zeichen noch einmal gründlich durchdacht werden. Dabei muß der Mann von tiefer Erfahrung auch der Tatsache

Rechnung tragen, daß den einzelnen Lebensstufen Vorformen der Freiheit entsprechen. Die geistig bildende Natur hat jedem Lebensalter seine eigentümliche Form von Erweckbarkeit gegeben.

Der erste entscheidende Ansatzpunkt liegt in der sogenannten Trotzperiode um das dritte Jahr. Die neu erwachende Fähigkeit des Selbstwollenkönnens ist ein frühes Sichandeuten keimhafter Freiheit. Aber hier bedarf es noch autoritativer Führung, die einerseits die Kraft des Wollens schont, andererseits jenen »freien Gehorsam« weckt, der eine Bedingung dafür ist, daß ein Kind die Erziehungsabsicht überhaupt annimmt. Das ist entscheidend für alle Zukunft. – In der Knabenzeit (und entsprechend bei den Mädchen) bildet sich aus innerem Entwicklungsrhythmus heraus ein eigenes *Regel*wollen, das sich in den bekannten Regelspielen wie im Sinn für Ordnung und Gerechtigkeit kundgibt. Wiederum eine Handhabe, wenn man es versteht, fühlen zu lassen, daß jede Gemeinschaft ihre Regeln frei aus dem Zusammenleben erzeugen muß. – Wenn aber der junge Mensch in der Reifungszeit sich selbst entdeckt, dann ist auch die Möglichkeit gegeben, ihn sein besseres Selbst finden zu lassen. Mit der Fülle seiner inneren Gesichte und Ideale experimentierend, muß er dann den fruchtbaren Augenblick durchleben, in dem ihm deutlich wird, was er in seinem eigentlichen Kern als Mensch ist, und daß es dasselbe ist: zu sich selbst zu kommen und wahrhaft »frei« zu werden.

Was aber den »Lehrer als Erzieher zur Freiheit« betrifft, so erfüllt mich angesichts der großen pädagogischen Betriebsamkeit heute die Sorge: Wie schützen wir ihn vor leeren Redensarten, vor inhaltlosen Kongressen und vor der Illusion, er könne mit einer seelenlosen Routine auskommen? Man vertraue nicht schwirrenden Schlagworten, sondern gebe sich der aufwühlenden Lebenserfahrung hin, die das höhere Selbst, als Wurzel des Freiseins, bald gefährdet, bald sieghaft durchbrechen läßt. Wer nicht »in diesem innern Sturm und äußern Streite« emporverwandelt ist, taugt nicht zum Erzieher und bleibt ein schwacher Lehrer. Wir müssen mit dem »Empor zur Freiheit« bei uns selbst anfangen. Das greift zündend über. Denn eine gesunde Jugend ist noch nie taub gewesen für den Aufruf zum Echten, für den Anruf vom Geist her. Ist sie einmal dem echten Geist der Freiheit begegnet – wie sollte sie diesen Moment des Aufleuchtens jemals wieder vergessen können?

Ist Pädagogik eine Wissenschaft?

1953

Einleitung

Das Thema meines Vortrages sieht sehr scholastisch aus. Es erweckt die Befürchtung, der Redner werde zunächst eine Liste von Bedingungen aufstellen, die erfüllt sein müssen, damit ein Inbegriff von Sätzen den Namen *Wissenschaft* verdient. Er werde sodann prüfen, ob die bisherigen Systeme der Pädagogik diese von dem Redner gesetzten Bedingungen erfüllt haben oder nicht erfüllt haben. So möchte ich nicht verfahren, um nicht, wie die Flugzeuge, eine Schrift am Himmel zurückzulassen, die als das Wort »Langeweile« zu lesen ist.

Mein Thema ist anders gemeint: Es soll die Grenze betonen zwischen dem, was im Bereich der Erziehung auf die Form des Wissens zu bringen ist, und dem, *was aus tieferen Schichten der Erzieherpersönlichkeit aufgebracht werden muß*. Unter dem terminus »Wissen« sei hier kurz ein Inbegriff von Lehren zu verstehen, die von dem reifen Meister der Pädagogik auf die Jünger einfach übertragen werden können. Von der anderen Seite her gesehen: ein Inbegriff von Sätzen, die von den Hörern einfach übernommen und in der Praxis angewandt werden können.

Unsre Zeit steht noch immer stark unter dem Einfluß der positivistischen Wissenschaftsauffassung und ist daher *sehr wissenschaftsgläubig*. Es gibt unter uns immer noch den Aufklärungsmenschen, für den die These feststeht: Wissenschaft sei ein System von Sätzen, nach dem man leben könne. In Wahrheit lebt der Mensch aus anderen Gewißheiten heraus als aus Theorien, die sich von Person zu Person fertig weitergeben lassen.

Auf unsern besondern Fall angewandt, könnte die Frage auch heißen: Ist das Erziehenkönnen *lehrbar* und *lernbar* (die uralte Sokratesfrage), oder setzt es »Gaben« voraus, die anderswoher stammen.

Ich will durch ein Beispiel noch deutlicher machen, was ich meine: Angenommen, das Erziehen wäre nur eine Spezialform der *Technik*, dann wäre es im wesentlichen *lehrbar*. Denn das technische Wissen ist so beschaffen, daß man die Ablaufgesetze auf einem bestimmten Gebiet erforscht und auf dieser Basis eine Ursachenkonstellation herstellt, durch deren Funktionieren ein gewollter Erfolg notwendig und funktionssicher herbeigeführt wird. In der Erziehung wäre das Sondergebiet, dessen Ablaufsgesetze man vor allem zu studieren hat, die Seele des Zöglings. Weiß man, wie sie funktioniert – so ginge der Gedankengang weiter –, dann braucht man sie nur *so* funktionieren zu lassen, daß *in* ihr und *an* ihr das intendierte Erziehungsziel erreicht wird. Mit anderen Worten: Pädagogik wäre dann eine Art von Psychotechnik, eine Lehre von der zweckmäßigen Lenkung seelischer Vorgänge.

Diese Auffassung ist ein Extremfall technischer Beeinflussung, den heute kaum noch jemand grundsätzlich vertreten würde. Insgeheim aber und im einzelnen gleitet man auch heute noch manchmal in diesen Irrtum hinab, der Erzieher könne in und an der jugendlichen Seele etwas *machen*. Wenn nun diese Auffassung falsch ist, wenn wir heute wissen, die junge Seele ist ein sich entwickelndes Lebendiges, das man nur pflegen kann – Pflege aber heißt cultura –, wenn wir wissen, daß durch dies Lebendige schließlich der Geist als Lenker hervorbricht, *von welcher Art ist dann die Wissenschaft vom Erziehen?*

Sie ist, um dies kurz vorauszuschicken, eine Einzelwissenschaft aus dem Bereich der Geisteswissenschaften überhaupt, nur mit der eigentümlichen Note, daß sie auch bestimmt ist, einer spezifischen Praxis zu dienen. Diese Note teilt sie z. B. mit der Wissenschaft der Politik, worauf schon Schleiermacher hingewiesen hat. Beide Theorien, Pädagogik und Politik, gehen aus einer Besinnung über je ein Zentralphänomen hervor, das im Gesamtzusammenhang der menschlichen Kultur auftritt. Nennen wir es ganz unbestimmt hier *das* Pädagogische, dort *das* Politische, so müssen wir mit [dem] *I. Teil: Das pädagogische Zentralphänomen*, anfangen.

I. Teil: Das pädagogische Zentralphänomen

Jede systematische Geisteswissenschaft beginnt mit Besinnung über den großen geistigen Lebenszusammenhang, den wir auch Kultur nennen können, soweit er vom Menschen gestaltet wird. Jede schneidet aus diesem Zusammenhang abstrakt ein Gebiet heraus, dem eine besondere Funktion im Ganzen der Kultur zukommt. Wir sagen: Es hat einen spezifischen *Sinn*. Es hat eine wertvolle Leistung zu erfüllen.

A. Angewandt: In der Pädagogik ist dieses Zentralphänomen die Erziehung. Sie ist überall und immer notwendig, wenn Kultur erhalten bleiben soll; denn Kulturbesitz wird nicht physiologisch vererbt. Sie leistet etwas für den Lebenszusammenhang der Kultur, »das Geistes-*leben*«.

Wie kann man diese *Leistung* allgemeingiltig formulieren? Mannigfache Versuche:

1. Paulsen: Übertragung des elterlichen Kulturbesitzes auf die nachfolgende Generation. a) Übertragen?? b) Rousseau anti!
2. Vorsichtiger: Kultur*fähigkeit* durch leiblich-seelisch-geistige Entwicklungshilfe »*wecken*«.
3. Noch kürzer: Bildung des Menschen = Höherbildung = Bildung zum höheren Leben. Bildung = Formung.
4. Im Sokratisch-Platonischen Sprachgebrauch eine sehr einfache Formel: »andere besser machen« (da stört das »machen«), gemeint ist: die ἀρετή steigern, die Tugend, Tauglichkeit (auch durch Wissen).

Schließlich heißt dieses absichtliche, planmäßige *Tun* παιδεία, der *Effekt* heißt ebenfalls παιδεία.

Gleichviel nun, wie man formuliert, gemeint ist immer »das« Pädagogische wie in der Politik »das« Politische. Die emporbildende Begegnung [ist] zentral.

B. Sobald dieses Moment von der Kulturbesinnung in das Zentrum gestellt ist, empfangen alle übrigen Seiten der Kultur eine spezifische *Sinnbetonung* durch ihren Bezug auf das Zentrum.

1. Kulturgüter (objektivierter Geist) werden *Bildungsgüter*, weil sie spezifischen Bildungswert haben.
2. Das Seelenleben der jungen Menschen wird betrachtet unter dem Gesichtspunkt seiner *Bildsamkeit*.
3. Gemeinschaft überhaupt wird spezifische *Bildungsgemeinschaft*.
4. Kulturideal (für das man arbeitet) wird *Bildungsideal*.

Kein Zweifel: Die Pädagogik als Wissenschaft hat einen eigenen Gegenstand, ein eignes Thema. Aber sie hat nicht in dem Sinne *Autonomie*, daß nun das pädagogische Denken als solches die beteiligten Faktoren *erschafft* oder selbstherrlich dirigiert.

C. Vielmehr ist das alles schon bestimmt durch das vorgefundene Leben (wie Ranke sagt), durch die *konkrete historische Situation*. Jene Faktoren: Bildungsgemeinschaft, Bildungsgüter, Bildsamkeit, Bildungsideal bezeichnen in ihrem Funktionsverhältnis zueinander eine zeitlose Struktur. Aber der *Inhalt* ist der historischen Wandlung unterworfen. Diltheys Frage nach der »Möglichkeit einer allgemeingültigen pädagogischen Wissenschaft« (schon Schleiermachers Frage) ist dahin zu beantworten: Der *Sinn* des Zentralphänomens bleibt der gleiche. Die *Grundstruktur* bleibt auch die gleiche, aber der Inhalt verändert sich.

Nur ein Beispiel: Bildungsgemeinschaft ist zu jeder Zeit vorhanden, aber nicht gerade die Form der Schule. [Diese ist] ein späteres Kulturprodukt. Und die Schule hat sich auch vielfältig geändert von den alten Tempelschulen bis etwa zu den modernen staatlichen Schulen und Hochschulen, grundlegenden Schulen und Fachschulen.

Daraus entsteht die Forderung: die besondere Situation der jeweiligen Gegenwart zu erfassen und die besondere Bildungsaufgabe in ihr. Pädagogische Deutung der eigenen Zeit. Die Methode einer solchen Diagnose wäre ein Thema für sich. Fichte, ›Grundzüge des gegenwärtigen Zeitalters‹, 1804/05, Jaspers, ›Die geistige Situation der Zeit‹, 1931. Ehe wir überlegen, ob diese Deutung *Wissenschaft* ist und in welchem Sinne, ist im zweiten Teil eine Leistung der Pädagogik zu behandeln, die sicher noch in den Bereich der üblichen Geisteswissenschaft fällt: die deskriptive Pädagogik, besser: die bloß deskriptive Seite der Pädagogik.

II. Teil: Die deskriptive Seite der wissenschaftlichen Pädagogik

Deskriptiv: Es handelt sich um bloße Feststellung dessen, was auf dem Gebiete der Erziehung gewesen ist und jetzt ist. Dahin gehört

A. Die sogenannte *Geschichte der Pädagogik*. Sie ist sowohl Geschichte der pädagogischen Theorien wie der Bildungseinrichtungen (Bildungsgemeinschaften und Bildungsorganisationen). Man kann sie treiben mit besonderer Betonung der jeweils verfügbaren und »geltenden« Bildungsideale, Bildungsgüter, Bildsamkeitsbedingungen usf. Es fehlt noch eine *Geistesgeschichte des Kindes*, die ohne Zweifel sehr interessant wäre.

B. Alle diese Gegenstände treten wieder auf bei einer bloßen *Zustandsschilderung der Erziehungsgegenwart*. Sie kann fremde Völker und Länder übergreifen. Eine vergleichende Pädagogik der großen Kulturvölker wäre eine wertvolle Leistung. Wir haben dazu nur wenige Ansätze. Endlich:

C. Alle Anleihen, die die Pädagogik bei der *Psychologie* macht, gehören auch hierher. Denn die Psychologie ist auch eine bloß feststellende Wissenschaft (beschreibend und Gesetze *suchend*). Jedoch: Im Bereich der Pädagogik wird die allgemeine Psychologie und die Entwicklungspsychologie (Psychologie der Lebensalter) zur *pädagogischen Psychologie*. Diese sucht die Punkte der Bildsamkeit und die Wege der Bildsamkeit teils als Didaktik, teils als Erziehungslehre.

Wenn ich den Titel deskriptive Pädagogik gewählt habe, so ist dies etwas blaß. In allen Geisteswissenschaften handelt es sich um die Aufgabe des Verstehens, d. h. um das Eindringen in *sinnvolle* Lebenszusammenhänge, sowohl historische (historische Zusammenhänge verstehen) wie gegenwärtige (den Erziehungs*sinn*). Ich erinnere daran, daß Arthur Stein, Anna Tumarkin u. a. wertvolle Beiträge zur Methode des Verstehens geliefert haben. Aber das alles kann in der Pädagogik nicht im Vordergrunde des Interesses stehn. Wir eilen zu dem größten Problem der Pädagogik, nämlich zu der Frage, ob es möglich ist, mit wissenschaftlichen Mitteln die Geltung eines Bildungsideals oder differenzierter Bildungsideale zu legitimieren, als verpflichtend zu begründen.

III. Teil

Für unsre ganze wissenschaftliche Lage ist charakteristisch der *Verlust des Normativen.* Das zeigt sich auch auf anderen Gebieten. Im 18. Jahrhundert blühte noch das Naturrecht, [d. i.] eine Lehre von dem richtigen und gerechten Recht, bzw. Staat. Der relativistische Historismus hat den Mut zu solchen normativen Konstruktionen erstickt. Ebenso ist man ratlos geworden mit Bezug auf das echte und *verpflichtende Bildungsideal.*

A. Machen wir uns zunächst das Problem klar mit der Schleiermacherschen Maximum- und Minimummethode.

1. Das Minimum von Mut, Wertsetzungen, Normen wissenschaftlich zu legitimieren, finden wir in der Wissenschaftsauffassung von Max Weber.[1] Die Wissenschaft kann Wertsetzungen und Wertstandpunkte weder begründen noch sie widerlegen. Sie ist in Naturforschung und Gesellschaftsforschung nur Kausalerkenntnis. Wenn einmal rein aus dem Leben heraus ein Ziel des menschlichen Handelns als *wertvoll* gesetzt ist, so kann die Wissenschaft die kausalgesetzlichen *Mittel* und Wege angeben, auf denen es zu erreichen ist. Aber ob das Ziel selbst wertvoll ist oder nicht, darüber kann und darf die Wissenschaft nicht mitreden. Das ist Sache *rein persönlicher Stellungnahme*, Sache des Lebens, nicht der Wissenschaft. [Das ist] der radikale Positivismus, der völlige Verlust des Normativen. Plato hätte gesagt: Verarmung und Verzicht der Wissenschaft gerade am wichtigsten Punkte.

2. Das Maximum des Vertrauens zur Wissenschaft. (Beispiel: Max Scheler, Antipode). Die Philosophie verfügt über *Werterkenntnis*, der die strengste Evidenz zukommt. Sie kann rein apriori eine *Landkarte* vom

---

[1] Max Weber, Wissenschaft als Beruf. (Vortrag 1918 in München). In: Gesammelte Aufsätze zur Wissenschaftslehre. 3. Aufl. Tübingen 1968. S. 582–613.

Reich der Wertwesenheiten aufstellen. Sie kann auch die *Rangordnung* der Werte mit Evidenz bestimmen. Also müßte auch ein Bildungsideal aus der ewig feststehenden Rangordnung der Werte einfach zu deduzieren sein: Am höchsten stehen die Heiligkeitswerte, nach unten folgen die geistigen Werte, dann die Vitalwerte (aufsteigendes Leben), dann die Werte des Angenehmen.

Man mag dies zugestehen, a. so bleibt es doch in abstrakter Ferne über den *wechselnden* Inhalten des Kulturlebens, man gelangt nicht zu einem konkreten und *doch verpflichtenden* Bildungsideal für *unsre* Kulturlage im Abendland im 20. Jahrhundert in einer industriellen Gesellschaft. b. Es sieht so aus, als ob man Wert*einsicht* gewinnen könnte, ohne durch die Kämpfe des Lebens hindurchzugehen. Um ein höheres Wertniveau zu erreichen, muß man »innerlich etwas aufbringen«.

3. Weder das Minimum noch das Maximum des Zutrauens zur Leistungsfähigkeit des Wissens entsprechen dem Sachverhalt. Der gesuchte Zugang zu einem »maßgebenden« Bildungsideal wird also irgendwo in der Mitte liegen. Wo? – das will ich der Einfachheit wegen in eine *Erzählung* einkleiden, in der von allen Schritten berichtet wird, die bei der geistigen Fundierung eines Bildungsideals eine Rolle spielen.

B. *1. Schritt:* Er erfolgt noch im Bereich des Deskriptiv-Historischen (Teil II). Die Beschäftigung mit der Geschichte der Erziehung lehrt eine Fülle von höchst verschiedenen Menschengestalten kennen, die einmal als *Hochbilder* des Menschentums anerkannt worden sind. Gehen wir nur bis auf das Mittelalter zurück, so stehen da nebeneinander: das mönchische Ideal, das Ritterideal, das Ideal des zunftgebundenen Bürgers usw. Ganz anders schon die Renaissance: der uomo universale zugleich mit interessanter Individualität. Die Reformation und Gegenreformation: sapiens atque eloquens pietas. Ich eile weiter: der Hofmann im absolutistischen Staat, der galant homme, homo politicus. Klassischer Liberalismus: die am schönen Griechentum gebildete schöne harmonische Persönlichkeit. Dann: der Mensch der Technik, der realistisch, d. h. mathematisch-naturwissenschaftlich gebildet ist. Der Stalinmensch, der Hitlermensch, der Mussolinimensch, um es kurz auszudrücken. Dazu noch die nationalen Abwandlungen: [der] gentleman in England, [der] Samurai in Japan, der Demokrat in Amerika. Das ist nur eine kleine, willkürliche Auswahl. Ein weiter Horizont. Eine verwirrende Fülle. Gefahr, im Relativismus zu versinken. »Alles ist beliebig.«

Jetzt also, und das ist der *2. Schritt*, kommt es darauf an, auf der Schwelle der Gegenwart Stellung zu nehmen. (Gegenwart [ist ein] besondrer Aggregatzustand des Lebens.) Bisher ganz andre Einstellung.

(»Der Historiker muß alles verstehen«.) Jetzt springt ein: das wertprüfende Bewußtsein.

Damit sind wir bei dem *Zentralpunkt* des ganzen Prozesses. Ich behaupte, daß an dieser Stelle das Wissenschaftliche aufhört. Dies also ist nicht mehr zu methodisieren. Seit geraumer Zeit nennt man das Moment im geistigen Lebenszusammenhang, das nicht mehr durch bloßes folgerichtiges Denken bewältigt werden kann, das *existentielle Moment.* Das Wort ist verbraucht, weil es zum Modewort geworden ist. Es kommt darauf an, uns noch einmal ganz klar zu werden, was es seinem *Kern* nach bedeutet. [Es ist] dreierlei:

1. Das Existentielle tritt auf in der gegenwärtigen Situation, in der eine *Entscheidung* getroffen werden muß – eine Wahl (Freiheit).

2. Das Existentielle ist daher ein *Gewissensvorgang* (der nur dann belangvoll ist, wenn man das Gewissen als ein Phänomen von absolutem metaphysischen Gewicht anerkennt. Gewissenlose Menschen haben das Existentielle verloren).

3. Die *Gewißheit* im Gewissen und in der Entscheidung ist ein *Glaube*, mit dem man steht und fällt, *nicht eine theoretische Einsicht.* Er sitzt an den Wurzeln der persönlichen Existenz.

Zurück – nach dieser wichtigen Verständigung – zu unserem Thema: den Grundlagen, auf denen ein echtes Bildungsideal ruht. Es ist jetzt folgendes behauptet: Wer sich zu einem Bildungsideal »bekennt«, der muß in sich etwas aufbringen, das mehr ist als Wissen und Einsicht. Er wird gefordert.

3. Schritt: Wenn der Pädagoge selbst, der sich für ein Bildungsideal entscheidet, dies nur vermag aus der eigentlichen Wurzel seines geistigen Lebens heraus, dann versteht es sich beinahe von selbst, daß das Erziehungsideal ebenfalls keinen anderen Inhalt haben kann als die Befreiung (und Behütung) eben dieses Wurzelhaften. Wir haben es durch drei Momente gekennzeichnet: 1. das selbständige Gewissen, 2. die *Kraft* zur verantwortlichen Entscheidung, 3. der Lebensglaube, mit dem man steht und fällt (umgestellt). Alias: Dies ist der normative Inhalt *jedes* echten Bildungsideals, seine ewige Grundstruktur (die sich freilich in jeder Zeit mit einem besonderen Lebensstoff erfüllt).

Diese Struktur ist nicht »erdacht«, sagen wir: sie kommt aus einer religiösen Tiefe, die für alles sonstige Leben apriori ist. 1. freie Menschen (Ernst der Wahl), 2. Menschen mit Gewissen, 3. Menschen, die aus einem echten Glauben (metaphysischen Glauben) heraus existieren (umgestellt).

Dies sollen die ewigen Leitsterne jeder Erziehung sein.

Von jetzt an geht die Besinnung wieder in einer Richtung fort, die als *wissenschaftlich* bezeichnet werden kann. In unserm Fall besteht der *4. Schritt* in der Durcharbeitung und Differenzierung des Bildungsideals im Rahmen einer konkreten Kulturlage. Ich muß hier kurz sein und kann nur die Richtungen andeuten, in denen die Urnormativität (das absolut Geforderte) weiter entfaltet werden muß. Zwei Richtungen:

A. In der Richtung auf Sozialnormen, Normen des Zusammenlebens. Solche sind immer schon da. Wir nennen sie die *geltende* Moral eines Volkes, das geltende Recht, die geltende Staatsordnung. Pestalozzi hat in seiner ersten Periode Erziehung nur aufgefaßt als Einbettung des jungen Menschen in die gesunde Moral seiner Lebenskreise – Familie, Beruf, Volk. Wenn die aber nicht mehr gesund ist? In seiner zweiten Periode, von den ›Nachforschungen‹ an, ist er tiefer hinabgestoßen in das existentielle Zentrum des Menschen, seine Entscheidung über sich selbst. Er formuliert in der Sprache seiner Zeit, Kantisch (cf. Arthur Stein).

B. Die Besinnung geht nicht nur in Richtung auf Sozialnormen, sondern auch Sachnormen. Jedes Sachgebiet der Kultur hat sein eigentümliches Aufbaugesetz, seinen spezifischen Sinn. Nur *so* ist es zu gestalten, wenn es *richtig* gestaltet werden soll. Dieser Verzweigung entspricht dann auch eine *Differenzierung des Gewissens*. Es gibt ein Wirtschaftsgewissen, Kunstgewissen, Wahrheitsgewissen.

A + B. Beide Arten von Normen bedeuten auch metaphysische *Bindungen*. Bindung heißt auf Lateinisch: religio. Das Fundament ist überall *religiös*.

Durch die Berücksichtigung dieser beiden Normativitäten differenziert sich das Bildungsideal nach Sozialkreisen [und] Sachgebieten der Kultur. Es entstehen Gemeinschaftsideale [und] Berufsideale, pädagogisch. Hier hat die wissenschaftliche Besinnung wieder ihren Platz.

Rückblick: Wir haben mit [der] Maximum-Minimum-Methode begonnen. Wir wollen damit den Teil auch schließen. Wir finden

1. das *Minimum von Anteil der Wissenschaft*, wenn das *existentielle* Moment absolut dominiert. Dann gibt es eigentlich überhaupt keine Erziehung, denn jenes *Intimste* kann nur von jedem selbst aufgebracht werden. In den Kreisen der protestantischen Theologie ist heute die Neigung verbreitet, menschliche Erziehungsabsicht für Hybris zu erklären. Alles werde von der *Gnade* geschenkt. Wenn dies die echte Frömmigkeit ist, dann müßte der Mensch überhaupt aufhören, etwas zu tun, denn *alles* hängt von Gottes Gnade ab. Aber der Mensch soll sich redlich und fleißig bemühen.

2. Umgekehrt: Wer die ganze Erziehungsarbeit als angewandtes Wissen im Sinn von Technik auffassen möchte, der verkennt, daß der Mensch

Freiheit im sittlichen Sinne besitzt. Man kann ihn nicht funktionssicher determinieren.

1 + 2. Das *Entscheidende* liegt in ihm selbst, nämlich die »Entscheidung«, das Gewissen, die Kraftaufbringung, der Verantwortungswille. Die Mittel der Erziehung und des Unterrichts kommen (so scheint es) immer nur an die *Vorhöfe* dieses Adyton, [des] Allerheiligsten. Sie gestalten Milieu. Sie schaffen »Klima« der Erziehung. Alles Lebendige beruht im Klima. Alles Sittliche beruht im Klima. Deshalb muß der Erzieher einen weiten geistigen Horizont haben, um 1. alle Möglichkeiten der Einflußnahme, 2. die Fülle der Individualitäten, 3. die nötige Differenzierung der konkreten Bildungsziele zu überblicken.

Nun werden Sie sagen, dies sei doch eben nur die *Hälfte* der pädagogischen Aufgabe: Die Milieugestaltung, ›Lienhard und Gertrud‹. Was ist denn zu tun, um an das Zentrum der sich bildenden Persönlichkeit, [die] Zitadelle, das Existentielle heranzukommen?

Schlußteil

Darüber soll nun eigentlich jeder Erzieher unablässig selbst nachdenken. Ich will aber noch so viel tun, daß ich zeige, wie die größten Pädagogen sich an dieser geheimnisvollen Stelle verhalten haben. Fichte hat diese Stelle genannt: die Wurzel der Lebensregung und Bewegung. Wenn der Erzieher an diese Stelle herankommen will, dann muß er wohl irgend *einen Funken besonderer Art* überspringen lassen. Dies »Bild« führt uns sogleich auf Sokrates (elektrischer Schlag!).

A. Sokrates. Er *erweckte* seine Zöglinge, indem er durch seine Fragen sie selbst zum Fragen nötigte. Er machte sie in sich selbst »problematisch«. Darin steckt das Vertrauen, daß dann eine reine jugendliche Innerlichkeit nicht ablassen wird, bis sie das Gesuchte gefunden hat. Das Gesuchte a) das Gute – [die] Idee, b) sich selbst – die Wurzel. Plato. Ein aristokratischer Weg.

B. Pestalozzi. Was war es denn, was er 1793/7 neu entdeckte, über seine alte Milieupädagogik hinaus, [seine] »Meisterwahrheit«? Hier gibt es zwei Antworten:

1. Das Kantische Motiv: die Erweckung der Selbsttätigkeit, das Einspringen der Freiheit, a) der geistige Aufbau der Welt von innen her, b) jeder Mensch ist im sittlichen Sinne das *Werk seiner selbst.* Ganz ebenso dachte Fichte: Das Walten der Freiheit (gottgebundene Freiheit), der Spontaneität, von früh an in der Erziehung und im Unterricht unterstützen.

Das ist eine Wahrheit, aber nur die Hälfte der Wahrheit. Das *ganze* Geheimnis bei Pestalozzi liegt tiefer.

2. Antwort: Das Geheimnis war *die* Art von Liebe, die von seiner Person ausstrahlte. Sein Funke. Die Liebe ist die einzige Kraft in der Welt, die Wunder tut. In der modernen deutschen Existenzphilosophie kommt diese Kraft der Liebe nicht mehr vor. In der dialektischen Theologie kommt sie auch kaum noch vor. Eine aus dem Metaphysischen aufsteigende Liebe, die nicht von dieser Welt ist. Auch bei Pestalozzi könnte man eine Stufenordnung der Liebe finden, aber anders als bei Plato, nicht *Eros*, sondern *Agape*. Das Christliche in Pestalozzi.

Das Christentum kennt eine Liebe, die wahrhaft aus Gott ist. Wir sind also angelangt bei dem (leider zu sehr vergessenen) Zentrum des Christentums. Sein existentieller Glaube ist identisch mit dem Glauben, daß wir zuletzt aus der Kraft der Liebe heraus leben, also durch sie schließlich auch andere zu einem wahren und erhöhten Leben führen (= Wurzel). Diese Art von Liebe kann man nicht lernen. Hier endet also *das Wissenschaftliche* in der Erziehung. Aber – kehren wir die Sache um: Wer nicht bewegt wird durch einen Funken aus dieser Liebe, mag vieles wissen, mag viel Pädagogik gelernt haben, die eigentliche Kraft zum Erziehen, das eigentliche Berufensein zum Erziehen *fehlt ihm doch.*

Resultat: Die Pädagogik ist eine Wissenschaft, aber eine solche, in der nicht alles sich wissenschaftlich begründen oder gar ableiten läßt. Das Normative, das in ihr auftritt, nimmt seine Kraft aus einem Glauben, der in das Metaphysische hinabreicht. Einen solchen Glauben nennt man seit Kierkegaard *existentiell.* Aber auch er kann durch eine möglichst umfassende Besinnung über das Ganze der Lebens- und Kulturzusammenhänge durchleuchtet werden. Das Wissen um diese Zusammenhänge beeinflußt auch die entscheidende Werteinstellung. Wissenschaft bewirkt also eine *Umformung des pädagogischen Bewußtseins.* Wer nur beim Existientiellen stehen bleiben wollte, verengt den Horizont, gefährdet die Verständigung und gelangt nicht zu Sätzen, die allgemein anerkannt werden können. Wer umgekehrt das Existentielle wegläßt, nimmt der Pädagogik die Tiefendimension und verfällt in einen oberflächlichen Positivismus.

Die Pädagogik ist lehrbar, soweit sie nur typische Strukturzusammenhänge der Kultur feststellt. Wo das Existentielle beginnt, hilft kein Lehren, sondern muß sich Leben an Leben entzünden. Dazu hilft uns das Vorbild großer Erzieher. [Die] Schweiz preise sich Pestalozzi.

Betrachtungen über Entstehen, Leben und Vergehen von Bildungsidealen*

1955

Das Verständnis philosophischer Erörterungen leidet unter einer doppelten Behinderung: die Terminologie, deren sie sich bedienen, muß in verschiedenen Sprachen ganz verschieden sein, nicht nur wegen abweichender Lage der Wissenschaft, sondern weil hinter einem national eigentümlichen Sprachgeist eine ganze lange Geistesgeschichte steckt. Aber auch innerhalb einer Sprachgemeinschaft wird das Sichverstehen dadurch erschwert, daß gleichnamige Begriffe für die Mitdenkenden verschiedene Bedeutung haben, je nach dem Systemzusammenhang, von dem der eine oder der andere ausgeht. Ganz läßt sich diese Verkehrsunsicherheit nicht beheben. Man wird aber im Anfang einige Verkehrsregeln, nämlich hier: Vereinbarungen über den Sprachgebrauch, festlegen müssen, obwohl das etwas schulmäßig wirkt.

Es sei also im voraus gesagt, daß für die folgende Untersuchung »Bilden« den obersten und allgemeinsten Begriff alles pädagogisch gerichteten Bemühens bedeuten soll. Unter ihn fallen sowohl die sittliche Erziehung wie der Unterricht, sowohl die Übung in Fertigkeiten wie die Läuterung des ästhetischen Geschmacks; endlich auch die Belebung des religiösen Bewußtseins. Bildung als ein sinnvolles Tun umfaßt folglich sehr viel mehr als die Vermittlung von Begegnungen mit literarischen Gütern. Sie trägt den Charakter der Entwicklungshilfe, insofern als sie nicht auf toten Stoff gerichtet ist, sondern auf ein Wesen, »das lebend sich entwickelt«. Jedoch ist die hier gemeinte Entwicklung nicht nur ein biotischer Naturprozeß, sondern einer, der in das Geistige hineinreicht, also durch das Aufleuchten oder Nichtaufleuchten von Sinngehalten beeinflußt wird. Diese Sinngehalte wieder sind zwar auch von gedanklicher (rationaler) Art, erschöpfen sich aber darin nicht. So ist z. B. Geschmacksbildung oder sittliche

* Herman Nohl zum 75. Geburtstag.

Bildung sehr viel mehr als bloßes Hervorrufen von theoretischen Einsichten. Da die mannigfaltigen Erlebnisse und Akte, in denen geistige Gehalte ergriffen werden, nur aus dem Innern des werdenden Menschen kommen können, wird die pflegende Entwicklungshilfe hier zur pädagogischen *Erweckung*. Bei Sokrates tritt das Bewußtsein dieses Verfahrens zum ersten Mal ganz klar hervor. Auf sittlichem Gebiet greift der Versuch der Gewissensbildung schon in tiefste Geheimnisse hinein. Noch mehr wird dies von der religiösen Bildung gelten.

Wenn ich es ferner wage, eine Art von Definition des »Bildungsideals« aufzustellen, so bin ich mir bewußt, daß man Erscheinungen des höheren Geisteslebens nicht in einen ihr Wesen wirklich bestimmenden Satz einfangen kann. Es handelt sich wiederum nur um eine Einigung über den Sprachgebrauch, bei der allerdings schon viele charakteristische Bedingungen für das Gegebensein des thematischen Objektes »Bildungsideal« vorbedacht sein müssen.

Ein Bildungsideal ist ein Wunschbild von der leiblich-seelisch-geistigen Endbeschaffenheit eines sich in diesen drei Schichten entfaltenden Menschen, das bei dem bewußten Bildungsbemühen zielgebend wirkt. Es ist also eine Setzung des Willens; aber keine beliebige, aus der Willkür des Erziehers stammende, sondern eine von sehr verschiedenen Seiten her determinierte Setzung. Das Bildungsideal kann sich zuspitzen auf einen einzelnen lebenden Menschen, sei es als Entwurf eines anderen (des Bildners), sei es als innerer Eigenentwurf (des Zöglings). Jedoch hat eine Theorie des Bildungsideals zunächst solche Entwürfe im Auge, die von ganzen gesellschaftlichen Gruppen getragen werden und sich auf ganze Nachwuchsgruppen beziehen. Das empirische Material für diese Theorie liefert die Geistes- und Sozialgeschichte.

Zur Erläuterung im einzelnen füge ich hinzu: 1. Ein Bildungsideal ist ein Wunschbild – also keine Seinsaussage und daher zunächst nicht an dem Maßstab von »wahr« und »falsch« zu messen.[1] Wohl aber steckt immer eine anthropologische Ansicht mit drin, nämlich eine Auffassung vom Wesen und den Existenzbedingungen des Menschen. Die Spannung zwischen dem gegebenen Wesen des Menschen und dem, was das Bildungsideal von ihm fordert, kann sehr verschieden groß sein. Es gibt »versteigene« Bildungsideale.

2. Die Verwirklichung des Bildungsideals wird *gewollt*. Aber die tat-

[1] Auch politische Ideologien können nicht wahr oder falsch genannt werden. Vgl. meinen Aufsatz: Wesen und Wert politischer Ideologien. In: Vierteljahreshefte für Zeitgeschichte. Jg. 2, Stuttgart 1954, S. 118–136.

sächliche Entwicklung und Geistwerdung kann im Einzelfall auch ganz anders verlaufen. Ein »verstiegenes« Bildungsideal fordert vielleicht prinzipiell Unmögliches.

3. Der Bildner »erfindet« keine Bildungsideale. Sie wachsen ihm aus dem geistig-gesellschaftlichen Kulturzusammenhang, dem er selbst angehört, zu. Ja sie enthalten etwas, das ebenso ihn wie den Zögling (normativ) verpflichten will. Jedoch mit sehr ungleichem Rang des Sollens oder der Verpflichtung. Manchmal steht hinter ihr nur die gerade herrschende durchschnittliche Moral oder Wertordnung eines Volkes bzw. einer Volksgruppe. Das nenne ich die kollektive Normiertheit. Von ganz anderem Rang ist die Normierung, die im Namen der Idee letztgiltig-echten Menschentums auftritt, auch wenn die herrschenden Bildungsforderungen sie verfehlen. Diese höhere Legitimierung nahm z. B. Rousseau in Anspruch. Sie verhält sich zu dem Kollektiv-Geltenden etwa wie das Naturrecht zum hier und da gesetzten positiven Recht. Im Wort Ideal ist der Stamm »Idee« enthalten. Platos Idee (z. B. vom Menschen) sollte nicht bloß eine Durchschnittsvorstellung vom Menschen sein, sondern das Urbild und Hochbild (vom Menschen) überhaupt. Deshalb ist es berechtigt, jedes gegebene Bildungsideal auf ein Letztgiltiges und Immergiltiges zu beziehen. Die Probe der unbedingten Echtheit und Berechtigung wird jedoch sehr erschwert durch den historischen und geographischen Wandel der Kulturverhältnisse. Das bekannte Historismusproblem und die bekannte Gefahr eines Versinkens in haltlosen Relativismus treten hier auf.

4. Eine Theorie des Bildungsideals hätte nun diese Echtheitsprüfung oder Legitimierungsprüfung ebenso zum Kern, wie die Rechtsphilosophie *auch dann noch* die Frage des echten und gerechten (legitimen) Rechtes zum Kernproblem hat, wenn schon erkannt worden ist, daß dieses »Richtige Recht« inhaltlich nicht zu allen Zeiten gleich aussehen *kann*, weil historische Lageverschiebungen mit hineinspielen. Das in einer bestimmten Epochallage unbedingt Verbindliche ist jedoch ein so schweres Thema, daß mit ihm nicht angefangen werden kann. Von einer (noch nicht bestehenden) Theorie des Bildungsideals kommt in der Abhandlung selbst nur ihre empirische Seite zur Sprache, nämlich eine vorläufige Betrachtung über Entstehen, Blühen und Vergehen von Bildungsidealen. Diese entnimmt, wie angedeutet, ihr Material der bloß darstellenden, nicht direkt kritisierenden Geistes- und Sozialgeschichte. Und zwar hier nur im Stile einer »histoire raisonnée« oder einer Strukturuntersuchung.

Philosophische Systeme, die nur den Unterschied von physischem und psychischem Sein kennen, haben kaum eine Möglichkeit, an die eigentümliche *Existenzform* von Bildungsidealen heranzukommen. Sie müssen annehmen, daß sie gegeben sind 1. als Vorstellungen in der Einzelseele eines Pädagogen, 2. als gleichartig in vielen. Dann wären Bildungsideale kollektivpsychische Erscheinungen.

Setzt man jedoch außer dem Physischen und dem Psychischen noch einen dritten Wirklichkeitsbereich, den geistigen, an – wie es schon in den Vorbemerkungen geschehen ist – dann gehören Bildungsideale zu den geistigen Gehalten, die auch dann Sinn haben und wirken, wenn sie nicht gerade jetzt in jedem seelischen Bewußtsein aktuell auftreten. Diese »geistigen Mächte« leben ihr Leben gleichsam noch über den individuellen Seelen. Sie können den Einzelnen ergreifen und von ihm ergriffen werden. Das bekannteste Beispiel für diese Existenzform sind Gedankengebilde, die ihren eindeutigen Gehalt haben, gleichviel, ob sie dieser oder jener gerade jetzt denkt. Das beseelte Individuum hat an »geistigen« Gehalten teil und fungiert ebensowohl als ihr Träger, wie es von ihnen ergriffen und getragen wird. Bildungsideale sind aber nicht nur theoretische Gedanken, sondern Willensentwürfe, die eine gewollte, vielleicht auch gesollte Gesamtform des Menschen vorwegnehmen. Und weil sie überindividuell bedeutsame Gehalte betreffen, sind sie Produkte des *Gemeingeistes*, der immer sehr viel mehr ist als die Summe der aktuellen Erlebnisse und Willensregungen vieler Individuen (eines Kollektivs). Wir sagen: Bildungsideale existieren als Momente des Gemeingeistes (oder objektiven Geistes). Die Kollektivseele, die es eigentlich nicht gibt, die man sich aber hypothetisch konstruiert, wird von Sinngehalten überwölbt. Bei Bildungsidealen haben diese einen Bildungssinn. Andere haben einen politischen Sinn usw.

Dieser Begriffsrahmen konnte nur angedeutet werden. Er muß aber für das folgende vorausgesetzt werden.[2]

I.

Bildungsideale als Produkte des gemeinsamen Geisteslebens treten historisch mit ungleichem Grade der Umrißschärfe auf. Man könnte bildlich von verschiedenen Aggregatzuständen reden.

1. In den Frühzeiten der Kultur kommen die maßgebenden Erziehungsziele kaum zu ausdrücklichem Bewußtsein. Sippe oder Stamm unterliegen dem Brauch und der Tradition. Wie die Jugend seit alters erzogen worden ist, so soll es auch bleiben. Der Gedanke des Fortschritts hat noch keine Macht über die Gemüter. Um so stärker verpflichtet das Vorbild der Alt-

[2] Vgl. z. B. Nicolai Hartmann, Das Problem des geistigen Seins. Berlin 1933.

vorderen. Große Gestalten der gemeinsamen Vergangenheit heben sich heraus. Sie sind es, die die Norm für die Sippe oder den Sippenverband geben, natürlich durch »gesagte« Tradition, die immer das Große von Generation zu Generation noch erhöht und schließlich zum geglaubten Mythus verklärt. Wie sehr sich die Gesamtstruktur des Kulturlebens seitdem verändert hat, wird auch daran deutlich, daß für uns heute die normative Kraft des Vergangenen immer blasser geworden ist und stattdessen oft freischwebende Zukunftsentwürfe, z. T. sehr privater Art, das Bildungsleben beherrschen. Wer dem Wandel der letzten 50 Jahre aufmerksam gefolgt ist, wird bemerkt haben, daß wir die Orientierung an einem »Klassischen« immer mehr verloren haben. Der Sinn des Klassischen in weitester Bedeutung liegt in dem Glauben, daß Gestalten des Menschentums, die durch ungewöhnlichen produktiven Aufschwung erreicht worden sind, über ihre Zeit hinweg auch die Nachfahren verpflichten können. Wenn die »Alten« den Rang des Klassischen, also mindestens die Stellung nie ganz ausschöpfbarer Muster, erhalten haben, so wird das heute außerhalb der Binnenwelt der Schule kaum noch verstanden. Das Klassische ist – so könnte man sich ausdrücken – scholastisch geworden.

2. Man darf die Hypothese wagen, daß das latent maßgebende Bildungsideal erst in dem Augenblick als etwas Spezifisches zum Bewußtsein gelangt, wo es mit anders gerichteten Zielsetzungen zusammenstößt. Die Begegnung kann mit dem Eindruck verbunden sein, daß es sich bei dem anderen um etwas Höheres handelt, oder auch mit dem, daß man es als fremd und feindlich bekämpfen muß. Tiefer liegende Motive können dabei ganz unverstanden bleiben. Genug: aus dem Vorgang entnehmen wir die allgemeine Regel, daß wir überall auf den *Kampf der Bildungsideale* zu achten haben. Denn fast nirgends gibt es nur eines. Und jedes für sich arbeitet sich erst in der Auseinandersetzung mit einem abweichenden klar heraus. Ja noch mehr: fast jedes Bildungsideal trägt in sich einen polemischen Bezug. Wir kennen solche, nur von ihrer Gegenfront aus ganz zu verstehenden Ideologien auch aus anderen Gebieten, vor allem aus dem politischen.

In einer ständisch gegliederten Gesellschaft entfaltet jeder Stand seine eigentümliche Moral und Wertordnung, also auch sein eigentümliches Bildungsideal. Die Regel, daß das Ideal der höheren Stände anziehend auf die nachgeordneten wirke, gilt vielleicht nicht ohne Einschränkung, aber doch wenigstens so, daß die äußeren Vornehmheitsmomente anspornende oder neidvolle Begierde erwecken. (Gentleman, Samurai, Bourgeois gentilhomme, Meier Helmbrecht). Die ganz verschiedene Kulturfunktion der Einzelstände schreibt die Grenzen vor, in denen eine solche Einebnung Sinn hätte. Es gibt in alten Zeiten Stände, für die das Schreibenkönnen nichts bedeutet. Sobald aber Schriftkultur in den Vordergrund tritt, wird eine größere Nivellierung möglich.

3. Mit dem vollen Durchdringen der Schriftkultur oder sogar des Druckwesens gewinnen die Bildungsideale noch stärkere Beachtung: sie werden auch literarisch fixiert und diskutiert. Nicht nur Pädagogen sind daran beteiligt; große Dichter und Denker sind bei weitem wirksamer. Dabei empfangen die Erziehungsgedanken auf der einen Seite schärfere Umrisse, d. h. sie werden zu klarerem Bewußtsein erhoben. Auf der anderen Seite verlieren sie viel von den festen Wurzeln in der Erziehungswirklichkeit. Denn manches, was literarisch zustandekommt, würde einem angesichts der Wirklichkeit und ihrer Gewichte niemals einfallen. Auch hier paßt das bekannte Wort: »Papier ist geduldig«. Für den Geschichtsschreiber der Pädagogik folgt daraus, daß er mit der Kluft zwischen den realisierten Erziehungsformen und den ideologischen Erziehungsforderungen zu rechnen hat. Da die schriftliche Überlieferung für ihn die Hauptquelle bedeutet, erfaßt er viel leichter die Wunschträume und Wunschzettel vergangener Zeiten als das, was davon zur Durchführung gelangt ist. Die Analogie mit dem Unterschied zwischen ungeschriebenem und geschriebenem Recht paßt hier nicht ganz, verdiente aber durchdacht zu werden.

4. Deshalb wird der Bildungshistoriker besonders auf den letzten Aggregatzustand der Bildungsideale aufmerksam sein: auf solche, die wirklich Fleisch geworden sind, und zwar durch praktische Erziehungsorganisation. Die Kirche, der Staat, Berufsverbände, freie Vereinigungen haben Erziehungseinrichtungen geschaffen, in denen sich je konkrete Bildungsideale ausdrücken. Manches davon mag ziemlich unreflektiert aus der Notwendigkeit des Kulturlebens und aus vorwärtstreibenden Intuitionen entstanden sein. Anderes ist vorher durchgekämpft und gedanklich sorgsam durchgearbeitet worden, auch schon in Zeiten, die noch nicht so stark mit Schulkonferenzen gesegnet waren, wie die unsrige. Jedenfalls liegt den pädagogischen Anstalten ein Bildungswille zugrunde und nicht bloß ein Erziehungstraum. Seitdem ein großer Bereich der Erziehung verstaatlicht worden ist, ja zum Teil den Charakter von gesetzlich geforderter Pflichtschulung angenommen hat, besitzt man eine Art von Prüfstein für das jeweilig geforderte und gepflegte »Erziehungsminimum« – allerdings nur, soweit der Wille des Staates dafür zuständig ist. Die Kirche würde vielleicht schon anderes fordern, und der Bedarf der Wirtschaft – um nur ein Beispiel zu nennen – führt zu einer ins Ungeheure gehenden Differenzierung, die bereits in der Pflichtberufsschule bemerkbar wird.

II.

Die Entstehung von konkreten Bildungsidealen auch nur im Schoße eines einzelnen Volkes zu verfolgen, ist eine sehr schwere Arbeit, zu der die eingehendste Kenntnis der Kulturgeschichte und politischen Geschichte gehört. Wir haben dafür eigentlich nur ein Beispiel größten Stiles: Werner Jaegers dreibändiges Werk ›Paideia‹.[3] Hier werden all die kleinen und großen, die sozialen und moralischen, die philosophischen und positivwissenschaftlichen, die religiösen und kultischen Quelladern verfolgt, aus denen schließlich der große Strom der griechischen Paideia entstanden ist, die wir nicht nur mit Bildung (des Einzelmenschen) übersetzen dürfen, sondern mit »Bildungswelt«. Niemand darf daran denken, den Gehalt dieser von einer Bildungswelt umhüllten und geformten »Menschlichkeit« in einer kurzen Formel auszusprechen. Was dann die Römer in einem großen Rezeptionsvorgang daraus gemacht haben, ist wieder ein ganzer, ihnen gemäßer Bildungskomplex. Sie haben ihn aber schon mit einem Stichwort benannt: humanitas. Die eingehende Darstellung dieser Übernahme und des damit verbundenen Bedeutungswandels steht noch aus. Erst recht fehlt eine zulängliche Darstellung der Auseinandersetzung des sich geistig formierenden Christentums mit den antiken Bildungsmächten, bei der es ebenso zu komplizierten Synthesen wie zu scharfen Zusammenstößen gekommen ist. Theologisch mögen diese Geistesbewegungen schon erforscht sein; jedoch nicht unter dem mehr weltlichen Interesse als Kämpfe von Bildungsidealen.

Das Problem, das wir an diesen drei Hauptströmen der abendländischen Bildung studieren können, ist ebenfalls dreiseitig: In den Bildungsidealen jeder höheren Kultur liegt 1. der Wille zur Tradition wertvoller Geisteserrungenschaften; sie sollen an die nachfolgende Generation weitergegeben werden; 2. gefühltes Bedürfnis und existentielle Not einer Gegenwart, in der gerade das noch nicht Bewältigte und das ungelebte Leben die Hauptrolle spielen; 3. Entwürfe von Gestalten des Menschentums, die einem Zukunftsideal und mannigfachen Zukunftsaufgaben entsprechen:

> Denn alle Kraft dringt vorwärts in die Weite,
> Zu leben und zu wirken hier und dort.
> Dagegen wogt und hemmt von jeder Seite
> Der Strom der Welt und reißt uns mit sich fort.

Gleichsam *über* diesem Strom aber wird ein Ewiges geahnt, das allen

---

[3] Werner Jaeger, Paideia. Die Formung des griechischen Menschen. 3 Bde., vollständig: Berlin 1954.

wechselnden Intentionen erst den Bezug auf einen letzten und bleibenden Sinn verleiht.

Dies Ewige nun, das sich zum Teil auch an die wechselnden Hüllen der Zeit entäußert, ist jenes Thema, das als zu schwer zurückgestellt werden mußte. Im Abendlande ist es repräsentiert durch das Christentum, dessen Kern selbst im Gewande verschiedener Kirchen als identisch gesetzt werden darf. Wir beschränken uns auf die zweite große Linie, die gleichsam in der Ebene der Kulturzusammenhänge verläuft. Sie gewinnt seit der sogenannten Renaissance eine größere Selbständigkeit. Die Frage ist, ob der humanitas, die nunmehr als Bildungsideal verkündet wird, ebenfalls ein eindeutiger Kern innewohnt. Oder: ob »der Humanismus« ein eindeutiger Begriff ist? Im 14. bis 16. Jahrhundert versteht man unter den »Humanisten« nur eine Generationenfolge von Gelehrten und Literaten, die an das griechisch-römische Altertum angeknüpft haben, in diesem Rahmen aber sehr verschiedenen Idealen gedient haben.

Kein Zweifel: sie hatten eine reiche Masse geistiger Tradition zu verwalten. Aber ein lebendiges Bildungsideal nährt sich niemals bloß von vergangenen Schätzen, und jedes Erbe wird in der Hand des nächsten Besitzers etwas anderes. Vergeblich würde man sich bemühen, aus der Geschichte des »Humanismus« eine »absolute«, inhaltlich identische Idee der Humanität herauszudestillieren. Man hat dabei schon immer Vorentscheidungen getroffen, durch die eine bestimmte Gestalt für echt erklärt wird, andere aber als Verirrung verworfen werden. Das gilt auch von dem Buch von Weinstock ›Die Tragödie des Humanismus‹.[4] Die in ihm vorausgesetzte Theologie tritt nicht hervor, wohl aber die zu ihr gehörige besondere Anthropologie. An ihr werden alle Lebens- und Bildungsideale gemessen, die sich mit dem Namen Humanismus geschmückt haben.

Wenn man darauf verzichtet, jede Epoche, die er durchlaufen hat, ganz konkret zu charakterisieren, und den nicht unbedenklichen Weg wählt, die aus der Geschichte überlieferten *Typen* des Humanismus zu klassifizieren, erkennt man die große Breite der Spielarten, von denen einige miteinander absolut unverträglich sind – nämlich im wirklichen Leben.

An die Spitze gehört wohl die Frage, wie sich »ein« Humanismus zum Christentum verhält. Wenn das Wort humanitas in der christlichen Welt auftaucht, enthält es unvermeidlich eine Antithese zum rein christlichen Lebensideal. Es geht eben um das humanum im Gegensatz zu den Forderungen des divinum, um die weltliche Sphäre im Gegensatz zur überwelt-

[4] Heinrich Weinstock, Die Tragödie des Humanismus. Heidelberg 1953.

lichen Gebundenheit. Die damit gegebene Spannung kann so ausgelegt werden, daß hier eine untilgbare Feindschaft bestehe (1), oder daß doch auch dem innerweltlichen Leben des Menschen ein begrenztes Recht zukomme (2), oder daß zwischen beiden Führungsmächten immerhin eine friedliche Synthese möglich sei (3). Die alte Ansicht, daß der erste Fall mit der Renaissance in voller Reinheit aufgetreten sei, das angebliche reine Heidentum des Althumanismus, ist durch Konrad Burdach überzeugend widerlegt worden. Die Behauptung eines völligen Auseinanderfallens ist eigentlich erst unter dem Einfluß Kierkegaards und der evangelischen dialektischen Theologie etwa seit den 20er Jahren des 20. Jahrhunderts aufgestellt worden. Das ist die große Bildungskrise, in der die evangelische Welt noch heute steht. Der zweite Standpunkt, den man die Konzessionstheorie nennen könnte, weil der Humanität eine untergeordnete Bedeutung eingeräumt wird, ist eigentlich im katholischen Bereich dauernd vertreten worden. Die dritte Möglichkeit, der Versuch eines friedlichen Nebeneinander, hat etwa im Reformationsjahrhundert Verwirklichung gefunden. In Johannes Sturms Formel sapiens atque eloquens pietas deuten die beiden ersten Bestandteile auf das humanistische Bildungsideal, der dritte auf das christliche Moment. Luther hat sich diesem Grundsatz nur widerstrebend und in sehr bestimmten Grenzen angeschlossen. Im Munde der Jesuiten ist er ebenfalls so zu verstehen, daß der Humanismus nur ein Instrument für Theologie und Kirchenpolitik geworden sei. – Die Einstellung der sogenannten Christlich-Gymnasialen in den 50er bis 70er Jahren des 19. Jahrhunderts war eine noch sehr naive Synthese beider Bildungsmächte.

Wenden wir uns zu dem rein weltlichen Humanismus, ohne Rücksicht darauf, wie stark oder schwach der christliche Zusatz in ihm sein mag, so begegnet uns eine weitere Fülle von Gestalten. Mit dem *gelehrten Humanismus* haben wir es immer da zu tun, wo antike Philosophie und Wissenschaft als das eigentliche Gut angesehen werden, das wir den Alten verdanken. Zu seiner höchsten Steigerung gelangt er in den nicht kurzen Perioden, in denen die Philologie selbst zur Bildungsmacht erklärt worden ist. Die Humanität der Philologen und für Philologen ist ein fast unausrottbarer Irrtum des Schulhumanismus gewesen, nicht nur in Deutschland. Eine inhaltlich sehr viel reichere Ausprägung trat auf, als man vom streng historischen Bewußtsein aus zu der Auffassung gelangte, daß man an der Antike einen in sich geschlossenen Kulturverlauf studieren könne, dessen Kenntnis dem Menschen der Gegenwart indirekt ein höheres Kulturbewußtsein verleihe (U. v. Wilamowitz). Dabei wurden allerdings die Rangunterschiede zwischen den Einzelphasen der antiken

Kultur weniger stark betont, als es dem alten Begriff des »Klassischen« entsprach.

Auf einem ganz besonderen Boden erwuchs der Typus des *ästhetischen Humanismus.* Der sogenannte Neuhumanismus hat in dem Ideal der schönen, vielseitigen und geformten Persönlichkeit seinen auszeichnenden Zug. Er erstreckt sich durch drei Nationen hindurch, vertreten durch Shaftesbury, Rollin und die von Winckelmann ausgehende Geistesbewegung. Bei Winckelmann wird der alte Begriff der Bildung durch die neue Bedeutung des schönen *Bildes,* der schönen Seelengestalt, bereichert. Wilhelm v. Humboldt und Schiller knüpfen unmittelbar an ihn an. Herder, Goethe und Hegel nehmen wenigstens starke Impulse von ihm auf. Soziologisch gesehen, hängt der ästhetische Humanismus mit dem Emporkommen eines reicher gebildeten, nicht nur nach Nutzen strebenden Bürgertums zusammen.

Als Unterströmung ist fast immer ein *politischer Humanismus* vorhanden. Vor allem die moderne Fürsten- und Bürgertugend (virtù) stärkt sich an den alten Vorbildern, wobei immer diejenigen Staatsformen und Persönlichkeiten ausgesucht werden, die gerade passen. Vor etwa 25 Jahren ist in Deutschland der Versuch gemacht worden, das an der Antike bestätigte Ideal des politischen Menschen als »dritten Humanismus« auszurufen. Jedoch ist er über bescheidene literarische Ansätze nicht hinausgelangt.

Die bisher aufgezählten Spielarten des Humanismus bewahren sämtlich noch die Anknüpfung an das griechisch-römische Altertum, das bald in diesem, bald in jenem Sinne als klassisch, d. h. als vorbildlich und verbindlich gesetzt wird. Die humanitas hatte sich aber im Laufe der Zeit so viel Kredit erobert, daß schließlich sogar die Gegenströmungen des antik verwurzelten Bildungsideals sich als humanitätwirkend rechtfertigen bzw. tarnen mußten. Es tritt eine an den neueuropäischen Kulturen gewonnene Humanität auf den Plan; ebenso stark eine vom naturwissenschaftlichen Denken befruchtete. Seit kurzem sind wir dabei, auch den modernen Techniker mit dem heiligen Öl der Humanität zu salben. Die Menschheitsbildung, wie sie den Alten vorgeschwebt hatte, bleibt dabei nur noch ein ferner Klang. Vielmehr muß man beachten, daß gerade diese Strömungen parallel gehen mit der Souveränitätserklärung des Menschen als bloßen Menschen durch Ludwig Feuerbach. Von der unbedingten Selbstherrlichkeit des Menschen hatte nun das klassische Altertum, so wenig es schon christlich war, kaum jemals gesprochen. Es wollte nur den Menschen so veredeln, wie es bei diesem Holze möglich war, und es vergaß dabei nicht die mannigfachen feindlichen oder förderlichen Mächte, die sein Leben bedingen. Die Revolution durch Feuerbach, die sich bei Marx wie bei Nietzsche bewußt fortsetzte, ging wirklich bis an die Wurzel der alten Sehnsucht nach erhöhtem Menschentum. Sie fand ihre Nahrung in den »Fortschritten« der industriellen Wirtschaft, der Technik und der Organisation. Unter ihrem Einfluß verblaßte sowohl der antik gebundene Humanismus wie das starke christliche Moment, das in ihn seit alters infiltriert war. Es blieb die Herrschaft der ihrer selbst gewissen Vernunft, der veräußerlichte Perfektibilitätsglaube, und somit allerdings die Hybris.

Angesichts dieses Trümmerfeldes erhob sich im 20. Jahrhundert immer deutlicher die Rede von dem »Ende der humanistischen Illusion«. Das erwähnte bedeutende Buch von Weinstock darf aber nicht nur als vernichtende Kritik verstanden werden. Es versucht, zu retten, was zu retten ist. Allerdings nun von dem Grundgefühl aus, daß die abendländische Menschheit mit dem Bau ihrer Humanität gescheitert sei. Es läßt daher nur noch einen *tragischen Humanismus* gelten, d. h. das Bild des »gebrochenen Menschen«. Wiederum eine einseitige Auslese aus der Fülle menschlicher Gestalten, die schon das Altertum selbst enthielt, eine Auslese auf Grund eines veränderten Zeitgefühls, wobei jedoch die Sehnsucht nach einem ewig verpflichtenden Menschenbilde unverkennbar ist!

III.

Das Humanitätsideal hat uns als Kardinalbeispiel gedient. An ihm lassen sich gewisse Gesetzlichkeiten ablesen, die für das Leben von Bildungsidealen überhaupt gelten. 1. Sie sind geschichtlich wandelbar; ein absolut ewiger Kern läßt sich nicht einmal formal bestimmen. Daß etwa jeder Mensch frei und Selbstzweck sei, ist vor dem Zeitalter der Französischen Revolution kaum ins Bewußtsein getreten. Der Humanismus bleibt durchaus aristokratisch. Erst nach 1789 arbeitete man sich zu der (latent christlich bestimmten) Forderung durch, daß *jeder* Mensch ein *Mensch* sein solle. Erst jetzt konnte die Idee der »allgemeinen Menschenbildung« auch in die Schule des gemeinen Volkes eindringen. 2. In keiner Epoche ist nur *ein* Bildungsideal gegeben, sondern immer verschiedene, die miteinander kämpfen, ihre Kontraste dabei stärker betonen, aber auch Verbindungen miteinander eingehen. Die tragenden Gruppen spielen für solche abweichenden Zielsetzungen eine große Rolle. Jedoch ist die Ansicht irrig, daß *nur* die wirtschaftlichen, sozialen und politischen Faktoren diese Art von Gruppenbildung bestimmen. Es gibt auch einen Strom der Ideen, gerade der Bildungsideen, der unabhängig von der Wirkung jener Realfaktoren sich nach anderen Gesetzen bewegt. 3. Nur zum Teil werden

Bildungsideale durch Traditionsgüter bestimmt. Die entscheidende Gestaltgebung erfolgt immer von der Gegenwart aus, hat also eine »existentielle Wurzel«. Daher auch die ständigen Umdeutungen der Humanitätsidee, deren Haupttypen aufgezählt wurden.

4. Die »existentielle Verwurzelung« schließt aber auch die Bindung der Erziehungsideale an das echte *Erziehungsgewissen* ein. Sie werden nicht nur aus Interessen heraus entworfen, sondern aus dem Bewußtsein von Verpflichtungen gegenüber höheren Mächten. Insofern ist jedes Bildungsideal auch religiös gefärbt. In dem stark antik gebundenen Humanismus steckt etwas von der religiösen Scheu der Griechen und Römer. – Umgekehrt: selbst der erdgebundenste Pragmatismus hat sich gelegentlich noch Humanismus genannt. Man denke auch an Sartre: »L'existentialisme est un humanisme«!

Also verknoten die Entwürfe der Menschenbildung errungene Wertgehalte der *Vergangenheit* mit einem wertgerichteten *Zukunfts*willen auf der Schwelle der jeweiligen *Gegenwart*. Es verknoten sich aber auch weltliche Interessen mit religiösen, meist überweltlichen Bindungen. Der Brennpunkt liegt in dem *Erziehungsgewissen* der betreffenden Generation, mag es tief oder flach sein.

Die Geschichte der Erziehungstheorien und Erziehungseinrichtungen hat demgemäß die Aufgabe, jedes der historisch auftretenden Bildungsideale einer *Strukturanalyse* zu unterwerfen, die die beteiligten kulturellen und gedanklichen Faktoren herausarbeitet und jedem Faktor Maß und Anteil an dem gegliederten Ganzen bestimmt. Dies ist die Sache einer vielseitigen sozialgeschichtlichen und geistesgeschichtlichen »Bildung«. Wir wissen noch wenig von den »strukturbildenden Gesetzlichkeiten« auf diesem Gebiete, und es fehlt hier der Raum, das große Thema weiterzuverfolgen. Vor allem wird auch auf die Rangordnung zu achten sein, in der die beteiligten Faktoren auftreten. Ich vermeide dabei den Ausdruck »Rangordnung der Werte«, weil sich die Hoffnung, Werte gleichsam zu festen Münzen auszuprägen, die aus dem Ganzen des geistigen Lebens zu isolieren wären, m. E. als trügerisch erwiesen hat. Es handelt sich vielmehr um Grundmotive oder Leitmotive des geistigen Lebens, die historisch in den mannigfaltigsten Verwandlungen auftreten können.

Folgende Regel darf vielleicht vorläufig aufgestellt werden: In jedem Bildungsideal sind drei Hauptschichten zu unterscheiden, die jedoch seltsamen geologischen Verschiebungen und Verwerfungen ausgesetzt sind. Einige Momente sind bloß utilitarisch, d. h. sie dienen dem bloßen Lebenkönnen unter den Bedingungen der Natur wie der gegebenen Arbeitswelt. Andere stammen aus den geistigen Gehalten der Zeitkultur, aus den

Wissenschaften und Künsten, aus der Staats- und Gesellschaftsordnung; ich nenne sie kulturell im engeren Sinne. Die Spitze aber wird bestimmt oder sollte bestimmt sein von den *ethisch-religiösen* Bindungen, zu denen sich die Epoche »bekennt«.

Die Erfahrung lehrt, daß bloß utilitarische Bildungsideale – das klassisch-extreme Beispiel dafür ist Herbert Spencer – im Grunde leer bleiben. Denn alles Nützliche bekommt erst eine bestimmte Funktion, wenn ein letzter Lebenssinn gesetzt ist, zu dem es sich als dienend verhält. Außerdem: was des einen Nutzen ist, kann des anderen Schaden sein. Die industrielle Gesellschaft neigt dazu, nützlichen Bildungsgütern einen hohen Rang einzuräumen, weil sie selbst eigentlich keine angebbare letzte Orientierung besitzt. Gerade sie also wird darauf hinzuweisen sein, daß sie sich wieder über die sittlich-religiöse Bestimmung des Menschen Gedanken zu machen hat.

Diese wiederum kann nicht, wie es die neueste evangelisch-theologische Pädagogik tun möchte, von den weltlichen Bedingtheiten und Aufgaben des Menschen ganz abgetrennt werden. Denn gerade aus ihnen ergibt sich für ihn erst die Möglichkeit, überhaupt sittlich-religiöse Erfahrungen zu machen. Auch die Gedanken: »Der Mensch ist Selbstzweck« oder »Der Mensch ist Gottes Geschöpf« bleiben zu unbestimmt, wie denn auch die bloße abstrakte Humanitätsidee leer bleibt.

Also ist es die Gesamtstruktur einer historischen Kultur, ihr politisch-soziales Gefüge und ihr Besitz an Geistesgütern, die ein plastisches Bildungsideal entstehen lassen. Die zur Menschenbildung erforderlichen Bildungsgüter wirken bis in den gegliederten Lehrplan jeder Schulart hinein. Auch nach der Nivellierung der ständischen Gesellschaft bleibt eine bestimmte soziale Schichtung, die differenzierte Bildungsideale hervorbringt und zugleich eine Rivalität unter ihnen bedingt. Ja man kann sogar aus den Programmen politischer Parteien spezifische Bildungsgedanken herauslesen.

Immer aber ist es das volle Gegenwartsleben, das die eigentlich lebendigen Erziehungsentwürfe hervorbringt. Auch eine sehr mächtige und sehr wertvolle Tradition geht erst durch dieses Läuterungsfeuer hindurch. Ich habe diese Erzeugungsstelle »existentiell« genannt. Jedoch lehrt die Analyse der Bildungsideale, daß die »Existenz« immer in Existenz*bedingungen* naturhafter und geistiger Art verwoben ist, daß man also noch nichts in der Hand hat, wenn man etwa nur von dem Einzelmenschen mit seiner einsamen Subjektivität, seiner Not und Verzweiflung oder seinem Drang nach »Eigentlichkeit« ausgeht. »Existenz« ist immer schon das Miteinander von kulturtragenden Menschen, gleichsam der Brennpunkt, dessen Ort aber gar nicht angebbar ist, wenn man nicht das ganze geistige Umfeld mitberücksichtigt.

Ein Ausblick auf das Vergehen und Verblühen von Bildungsidealen beschließe diese gedrängten Betrachtungen. Wenn sich aus einem Bildungsideal jene »Existenz«, d. h. der lebendige Wille zu dem in ihm gesetzten Gehalt, *zurück*gezogen hat, dann entfaltet es auch keine beflügelnde Kraft mehr. Es bewahrt zunächst noch die Ehrwürdigkeit dessen, woran man einmal geglaubt hat. Bald aber wird es zu einem Ballast bloßer Tradition. Es hat keine Macht mehr über die Seelen der Menschen. Ein Denker, der den Standort der Existenzphilosophie noch nicht gekannt hat, ja von ihr bekämpft wird, hat solche Erscheinungen des Geisteslebens als »faule Existenz« bezeichnet. Es gibt Generationen, die nicht die Kraft haben, sich von den Gebilden der faulen Existenz zu befreien. Bei ihnen erlahmt das Geistesleben und also auch der Wille zu höheren Gestalten des Menschentums.

Zum tragischen Schicksal der Schule gehört es, daß sie fast immer nur sicher ist über die alten Bildungsgehalte, die es lohnen, an die junge Generation weitergegeben zu werden, daß sie aber – als eine schwerfällige Organisation – nicht eigentlich entdeckerisch und produktiv zu werden vermag. Dies ist nicht im Sinne des alten Fortschrittsglaubens gesagt, daß nämlich das jeweils Neueste auch das Beste und Verpflichtende sei. Sondern es ist so gemeint: die Schule hat von sich aus nicht die Kraft, mitten in der Zeitgebundenheit den aktuellen Durchbruch zum Echten und zu dem Einen, was not tut, zu vollziehen. Sie kann auch nicht selbst Kulturgehalte erzeugen. Das Gepäck des Traditionellen hemmt sie. Sie muß darauf warten, bis draußen im vollen Meer der Arbeit und des Ringens um Sinn ein kräftiger Geist von dem Bilde edlen Menschentums ergriffen und begeistert wird, das unter den gegebenen Zeitverhältnissen sittlich-religiös das »Rechte« ist. Bis diese Gesichte nun aber genug durchleuchtet und in die Bildungsformen der Schule überführt sind, vergeht wieder einige Zeit. So gewaltig das Tempo auf allen Kulturgebieten ist – diese Umformungsarbeit geht beklagenswert langsam. Vielleicht aber hat der schleppende Gang der Schule auch sein Heilsames, insofern als sie nur aufnimmt, was die Feuerprobe des Wertgehaltes schon bestanden hat, und nur aufbewahrt, was wirklich in die Schatzkammer der Menschheit gehört. So sollte es wenigstens sein.

Vom Wissenschaftscharakter der Pädagogik

1957

Man legt heute nicht mehr soviel Gewicht auf die Einordnung einer Einzelwissenschaft in die Gesamtheit der Wissenschaften, wie es unter der Nachwirkung der großen philosophischen Systembildungen der Fall war. Meistens ist es ebenso schwer, das Sachgebiet einer geisteswissenschaftlichen Disziplin genau abzustecken, wie ihre Methoden auf eine vorherrschende zurückzuführen. Trotzdem können Erwägungen solcher Art etwas dazu beitragen, die zentrale Problemstellung einer Wissenschaft schärfer zu erfassen.

Der Wissenschaftscharakter der Pädagogik ist zu allen Zeiten umstritten gewesen. Wer sie nicht für eine bloße Sammlung von Erziehungserfahrungen erklärte, zählte sie zu den »angewandten Wissenschaften«. Man sieht es aber schon diesem Namen an, daß es sich um eine Verlegenheitsauskunft handelte. Er weist auf theoretische Wissenschaften zurück, die durch ihre Anwendung vielleicht eine besondere Zuspitzung erhalten. Aber welches wären in unserem Falle die vorauszusetzenden Grundwissenschaften? – Herbart hat geantwortet: die Ethik und die Psychologie. Offenbar war damit das Eigentümliche der Pädagogik nicht getroffen. Denn die Politik macht ebenfalls von Psychologie und Ethik Gebrauch, könnte also angewandte Wissenschaft heißen; ihr eigentliches Wesen wäre jedoch durch eine solche Definition nicht enthüllt.

Wenn ich auf das vielverhandelte Thema vom Wissenschaftscharakter der Pädagogik zurückkomme, so gestehe ich im voraus: Es ist mir dabei nicht um eine Wissenschaftssystematik zu tun und nicht um Methodenprobleme, sondern ich glaube, daß man durch solche Überlegungen auf einen Punkt geführt wird, an dem das Unvergleichliche des pädagogischen Geistes heller zutage tritt als ohne den Versuch einer Ortsbestimmung.

I.

Zur Zeit des deutschen Idealismus scheint das Wort »Angewandte Wissenschaft« noch nicht so verbreitet gewesen zu sein wie die Bezeichnung »Kunstlehre«. Wenn man es, ohne eigentlich Wortgeschichte zu treiben, heute wieder aufgreift, so kommt man auf die These: Die Pädagogik ist weniger ein Inbegriff von theoretischen (seinsbestimmenden) Sätzen als eine Lehre, die einer Kunst – nämlich der Erziehung – durch Aufstellung von Anweisungen zum Handeln dient. Sie sammelt sich daher aus verschiedenen Theorien gerade das, was für ihren praktischen Zweck von Wert ist, und empfängt von diesem Zweck aus ihre Einheit.

Nun hat aber »Kunst« im Zeitalter Goethes eine andere Bedeutungsweite gehabt als jetzt. Man erinnerte sich noch deutlich der Herkunft des Wortes von »Können«. Jedoch stand dabei nicht jede Art von Können im Vordergrund des Bewußtseins, z.B. nicht die Kochkunst und nicht die Redekunst. (Vgl. die Einteilung der Künste in Platos ›Gorgias‹.) »Kunst« ohne jeden Zusatz bezog man ebenso auf die »strengen« Künste wie auf die »schönen« Künste. Historisch hatten beide ihre Wurzeln im Handwerk. Man glaubte zu beobachten, daß diese sich nach zwei Seiten hin differenzierte: zur rationalen, schließlich sogar mathematisch-physikalisch unterbauten Technik und zur schönen Kunst, deren geheime rationale Faktoren die Anfang des 18. Jahrhunderts entstandene Ästhetik sich zu ergründen bemühte. Was damals Kunstlehre hieß, müßten wir heute also teils umschreiben als Lehre von der »rationalen Technik« (wobei das »rational« nicht fortbleiben dürfte), teils mit »Theorie der schönen Künste« und des Kunstschaffens.[1]

Versucht man, die Pädagogik mit einer dieser beiden Kunstlehren zu vergleichen, so ergeben sich sehr gefährliche Deutungen.

Erziehung ist keine Technik, und Erziehungswissenschaft keine Technologie. Die Technik (wie ich kurz für beides sage) stützt sich auf die Einsicht in Naturgesetze, die das Geschehen mit großer (wenn auch nicht absoluter) Exaktheit vorauszuberechnen gestatten. Die Ziele, die der Techniker realisiert, werden nicht von ihm in seiner Eigenschaft als Techniker gesetzt. Wenn er über sie mitdiskutiert, so tut er es als Berater der Verwaltung oder anderer Auftraggeber. Ihm liegt wesensmäßig nur die Wahl der geeigneten *Mittel* für die gewünschte Konstruktion ob. Er fragt zuerst, »ob es überhaupt geht«; sodann: wie es am billigsten geht oder wie es am elegantesten geht oder wie es am schnellsten geht. Wollte man diese

[1] Vgl. J. Georg Sulzer, Allgemeine Theorie der schönen Künste. 1771 ff.

Geistesart auf den Erzieher übertragen, so käme die Anschauung heraus: Das Erziehungsziel selbst steht fest, sei es auf Grund des eindeutigen Sittengesetzes, sei es durch Anordnungen des Staates oder anderer Autoritäten. Der Erzieher setzt nur die Seele des jungen Menschen in der Richtung auf dieses vorgegebene Ziel in Bewegung. Dazu muß er die unumgehbaren Gesetze der Seelenbewegung kennen. Er ist also eigentlich *Psychotechniker*, worunter hier mehr als der harmlose Erforscher der technischen Arbeitsweisen und Leistungen des Menschen, also der *»Arbeitspsychologe«*, zu verstehen ist. Die Seele erscheint hier als eine Art von Maschine, die – seltsam genug! – als Mittel dazu dient, selbst eine bestimmte erwünschte Seelengestalt zu empfangen.

Wie anders wirkt da die zweite Bedeutung von Kunstlehre oder Kunsttheorie! Nach ihr ist der Erzieher ein Künstler. Wie jeder Künstler bedarf er einer spezifischen Begabung. Wohl ihm, wenn sie bis zur Genialität anwächst! Der Stoff, dem er Form geben, und zwar eine *schöne* Form geben will, ist die Seele seines Zöglings. Er bemächtigt sich dieses Stoffes gemäß seiner Intuition von dem Kunstwerk, das er schaffen will, dem Kunstwerk »Mensch«. Natürlich leistet auch dieser Stoff Widerstand, wie der Marmor oder die Sprachmittel oder die bildhaften Elemente, die sich zu einem Ganzen formen sollen, gleichviel, ob in der Plastik oder in der Dichtung. Aber es bleibt das königliche Recht des Erzieher-Künstlers, Menschen zu formen nach *seinem* Bilde, aus *seiner* inneren idealen Anschauung heraus. »Des Bildners Plan« ist für die Herausmeißelung einer Gestalt entscheidend. »Des Bildners Plan« macht aus dem geringen Material erst eine ideale Menschlichkeit:

Wenn die erhabne Kunst erwählt ein Sein,
Um es in Form und Wesen darzustellen,
Nimmt sie geringen Ton zu den Modellen,
Um ihm die erste Fassung zu verleihn.
Und erst im zweiten Gang, sobald der Stein
Unter dem Hammer glüht, wird sich vollenden
Des Bildners Plan, die höchste Schönheit spenden
Und seinem Werke ewiges Leben weihn.

Es ist der ästhetische Eros, der hier schöpferisch wird. Plato hat ihm den pädagogischen Eros gleichgestellt. Sein ›Gastmahl‹ ist das unerreichbar herrliche Hohelied auf das Tun des schöpferischen Menschenbildners.

So verschieden das geistige Niveau beider Hoffnungen ist, so grundsätzlich falsch sind doch beide. Sie nehmen das Modell für die Kennzeichnung des pädagogischen Tuns von völlig unvergleichbaren Tätigkeiten her. Der Techniker wie der Künstler gestalten totes Material, mag es sich auch das eine Mal um einfache Stoffe und Kräfte der Natur, das andere Mal um ein Substrat für Bildhaftes handeln, das – aus einer lebendigen Seele geboren – nun gleichfalls leihweise eine Art von Seele zu erhalten scheint. Der Erzieher aber leistet Arbeit am lebendigen, sich leiblich-seelisch entwickelnden Menschen und sucht seine wirkliche Seele zur Wohnstätte geistiger Gehalte zu machen. Man kann sich den Kontrast nicht größer denken.

Es soll nicht geleugnet werden, daß auch in der Erziehung gelegentlich Mittel angewandt werden, die »bloß technisch« zu nennen sind; es gibt in ihr einen schmalen Bereich, der für psychotechnische Einwirkungen zugänglich ist. Es soll noch weniger geleugnet werden, daß der echte Pädagoge im Gegensatz zu dem überwiegend rationalen Verfahren des Technikers oft intuitiv verfährt. Er bedarf einer entwerfenden Phantasie wie jeder Künstler. Auch er hat seine eigentümliche Genialität. Wo aber der Unterschied liegt, das läßt sich an der berühmten Schulfrage aus der Ethik illustrieren, ob man bei einem Brand erst ein kostbares altes Gemälde retten soll oder ein Kind. Das ist eben nur eine Schulfrage. In der Wirklichkeit wird sich niemand besinnen. Die Heiligkeit des Lebendigen steht über dem höchsten Gebilde der Kunst.

II.

Die Bezeichnung Kunstlehre für die Pädagogik hatte sich empfohlen, weil man die Nähe dieser Wissenschaft zu einer πρᾶξις (Praxis) besonders betonen wollte. Der Name Politik schwebt bis heute zwischen zwei Bedeutungen: der einer (mehr deskriptiven oder mehr normativen) *Lehre* vom Staat und der einer *Anweisung* zum staatsbezogenen *Handeln*. Daß man gerade bei der Pädagogik den Dienst an der Praxis so stark hervorhob, erklärt sich vielleicht auch daraus, daß unter diesem Titel viel altes Erfahrungsgut zusammengefaßt wurde, das streng wissenschaftlichen Ansprüchen nicht recht genügen konnte. Das Programm einer ausdrücklich wissenschaftlichen Pädagogik taucht wohl erst bei den Philanthropen auf. Und zu einer Art von geschlossenem System haben es erst Herbart und Schleiermacher gebracht.

Nun gibt es aber sehr zahlreiche Theorien sonst, die ein Können fundieren, und man läuft Gefahr, eine Wissenschaft vom Nebensächlichen her zu beleuchten, wenn man nicht von dem eigentümlichen *Gegenstand* ausgeht, den sie begrifflich durchzuarbeiten strebt. Bei der Rede*kunst* liegt es so, daß sehr lange ohne alle Theorie geredet worden ist; erst ganz allmählich schlugen sich aus der Praxis verbindliche Regeln nieder, die dann zu einem normativen Ganzen vereinigt wurden. Dabei handelt es sich um einen großen Komplex von »Traditionsgut«. Ähnliches trifft auch für die Pädagogik zu. Jedoch erhebt sie viel höhere Ansprüche in der Richtung auf das Begründen. Sie hat sich früh mit der Philosophie zusammengetan. Von da her stammt ihr Bestreben, nichts ἄνευ λόγου (ohne Begründung) aufzustellen und anzuraten.

Da nun jede Theorie ein für sie zentrales Objekt haben muß – sonst hätte sie sich nicht selbständig gemacht –, und da die Analogien, die den beiden Bedeutungen von »Pädagogik als Kunstlehre« zugrunde lagen, sich als falsch erwiesen haben, wird es ratsam sein, der Eigentümlichkeit des Vorganges »Erziehung« weiter nachzugehen, um von der Sache aus zur Charakterisierung der zugehörigen Wissenschaft zu gelangen.

1. Das erziehliche Bemühen ist auf ein Wesen gerichtet, »das lebend sich entwickelt«. Der Mensch hat früh begonnen, Pflanzen und Tiere zu pflegen. Er hat dann auch seine eigene Entfaltung in Pflege genommen. Es wird niemandem einfallen, derartige Tätigkeiten der Technik zuzurechnen, obwohl auch viel Technisches beteiligt ist. Aber die Objekte, die hier behandelt werden, sind anders geartet als bloße Stoffe der Natur. Sie haben ihr eigenes Leben, ihr eigenes Entwicklungsgesetz und ihre immanente Zielstrebigkeit. Man kann keine Entwicklung künstlich in Gang setzen, wie man eine Bewegung von Rädern hervorrufen kann. Das spezifische Entwicklungsgesetz einer tierischen oder pflanzlichen Art muß in der Hauptsache geschont werden. Derartige Entfaltungen lassen sich nur »pflegen«. Auch dieses Verhalten setzt voraus, daß man die beteiligten Gesetzlichkeiten studiert und einigermaßen ergründet hat. Die Eingriffe müssen viel vorsichtiger erfolgen, und man muß dabei mit Nebenwirkungen rechnen, die für den ganzen Organismus gefährlich werden können. »Kultur« ist in den hierhin gehörenden Fällen zugleich das Ziel und die zu ihm hinführende Tätigkeit.

Von diesem Modell aus ist es nicht unberechtigt, auch die Erziehung des Menschen eine Pflege (cultura) und eine Entwicklungshilfe zu nennen. Die »Entwicklungshilfe« beginnt schon beim Leiblichen und reicht weit bis ins Seelische hinein. Die angestrebten Erfolge lassen sich nicht mit dem gleichen Grade von Sicherheit voraussagen wie in der rationalen Technik. Das meiste tut hier die Natur; der Mensch greift nur *regulierend* ein.

Der Vergleich der Erziehung mit anderen Tätigkeiten, die Kultur als Pflege betreiben, findet seine Grenze da, wo das bloß Leibliche und das bloß Seelische überschritten wird und das Geistige mit seiner Gesetzlichkeit auftritt. Nicht alle Merkmale, durch die sich das Geistige von dem »Bloß-Seelischen« (es gibt auch Geistig-Seelisches) unterscheidet, können hier aufgeführt werden. Es genügt, Fälle anzugeben, wo es sich nicht mehr um biologisch und psychologisch faßbare Entwicklung handelt. Sobald mitten im Seelischen *Sinngehalte* aufleuchten, deren Sinn richtig oder verfehlt aufgefaßt werden kann, macht sich eine andere als die bloße Entwicklungsgesetzlichkeit bemerkbar.[2] Das wichtigste, aber keineswegs einzige Beispiel liefern die Gehalte des Denkens. Wenn jemand die Tafel eines Wegweisers liest und auf Grund der Einsicht in den aus ihr herausgelesenen Sinn seine bisherige Wegrichtung ändert, ist in den bloß-seelischen Prozeß etwas Geistiges eingeschaltet worden. Ganz allgemein wollen wir solche Erscheinungen als das *Aufleuchten von Sinnzusammenhängen* bezeichnen. In früheren Zeiten schrieb man die Akte ihrer Erfassung der *Vernunft* zu; die theoretische gab das Muster. Deshalb wurde der über sie hinausreichende Sinnbezirk immer zu einseitig intellektuell gedeutet. Nicht nur Gedankliches, auch Wertverhalte und Forderungen von Wertrealisierung werden »vernommen«. Das Wahrhafte und das Werthafte aber haben partielle Gestalt gewonnen in einer geschichtlich gewordenen Umwelt des Heranwachsenden, die mehr als naturhafte Umwelt ist. Von den echten Gehalten dieser *Geisteswelt* soll er ergriffen werden, und für die Hineinbildung in das *Geistesleben* bedarf es anderer Hilfen als nur der nachgehend-entwickelnden »Pflege«.

Niemand wird leugnen, daß an dieser Stelle die höheren Aufgaben der Erziehung erst anfangen. Es bleibt dabei, daß Erziehung Entwicklungshilfe ist; aber sie ist nicht *nur* Entwicklungshilfe. Für das, was hinzukommt, haben wir noch keinen allgemein eingebürgerten Namen. Ein neuer Name soll auch erst dann vorgeschlagen werden, wenn noch weitere Erwägungen durchgeführt sind.

2. Man könnte meinen, das Überindividuelle, das auf der geistigen Stufe Anerkennung fordernd und den einzelnen übergreifend hervortritt, sei das gleiche Überindividuelle, das wir auch das Leben der Gesellschaft, z. B. eines Volkes, nennen. Im 18. Jahrhundert wie um die Wende des 19. und 20. Jahrhunderts ist sehr stark betont worden, Erziehung sei ihrem Wesen nach eine planmäßige Hineinbildung in die Gesellschaft. Gäbe es nur den »Einzigen und sein Eigentum«, so könnte dieser wachsen, wie er wolle. Da er aber mit anderen zusammenleben und auf das Ganze der Gesellschaft Rücksicht nehmen müsse, so bedürfe es einer »Anpassung« an die Bedingungen des Zusammenlebens. Diese Zurechtstutzung könne von der Milderung des Egoismus bis zur Opferbereitschaft, vom Erlernen eines Erwerbsberufes bis zur Beteiligung an der Staatsleitung gehen. Je-

[2] Theodor Erismann, Die Eigenart der Geistigen. Leipzig 1924.

denfalls: bloße Individualpädagogik sei unzulänglich, erst die Sozialpädagogik erfülle den ganzen Sinn der Erziehung. Diese sei also eine Art von »sozialer Domestizierung«, und auch sie sei mehr als bloße Entwicklungshilfe.

Abgesehen von der Verwechslung des Sozial-Überindividuellen (Kollektiven) mit der überindividuellen Gültigkeit der geistigen Sinngehalte, die hier nicht voll entwirrt werden kann, ist an dem Gedankengang richtig, daß *auch* für das Leben und Handeln in der Gesellschaft erzogen werden muß. Niemand aber wäre in der Lage, die Gesellschaft zu erziehen. Der Weg dazu geht immer über die Erziehung des Einzelnen. Und so bleibt von der Erwägung übrig: In die Erziehung des Einzelnen muß immer die Rücksicht darauf einbezogen werden, daß er *Forderungen* zu genügen haben wird, die die Gesellschaft (sein Volk und die Menschheit) an ihn stellen. Wie es aber mit der inneren Berechtigung (Legitimität) solcher Ansprüche steht, wurde nicht immer genügend geprüft. Die moderne Gesellschaft hatte sich zu einem so souveränen Wesen entwickelt, daß man sich über den Sinn der Erziehung ausreichend geäußert zu haben glaubte, wenn man die Formel aufstellte: »Der einzelne ist zu einem brauchbaren Mitglied der menschlichen Gesellschaft heranzubilden.«

3. Das Auftreten des Stichwortes »Forderungen« läßt das Problem in neuem Lichte erscheinen. Daß die Erziehung an den Zögling Forderungen stellt, ist selbstverständlich. Aber der Erzieher stellt sie nicht im Namen seiner so und so beschaffenen Person. Das Moment von Willkür, das in der ästhetischen Analogie enthalten war, machte sie doppelt ungeeignet zur Verdeutlichung des wahren Sachverhaltes.

In wessen Namen werden nun die pädagogischen Normen geltend gemacht? Antwortet man: im Namen der betreffenden Gesellschaft, wie sie gerade ist, so wäre Erziehung nichts anderes als Weitergabe des Kulturbesitzes der alten Generation an die junge. So hat man in der Tat gesagt. Aber der Satz ist mindestens unvollständig. Und Rousseau hätte umsonst gelebt, wenn sich darin der Sinn der Erziehung erschöpfte. Denn gerade davor hat er behüten wollen, daß die Irrwege und Laster der historisch gegebenen Gesellschaft durch Erziehung verewigt würden.

Nicht die zufällige Gesellschaft legitimiert die Normen des Lebens und Zusammenlebens, sondern sie selbst ist Normen unterstellt. Von der objektiven Kultur aus gesehen: Diese kann sittlichen Forderungen genügen oder sie längst verfehlt haben. Gerade der Erzieher kann nicht ohne weiteres heilig sprechen, was in seiner gesellschaftlichen Umwelt als gut gilt. Er wird immer in besonderem Maße auch *Kulturkritiker* sein, wie Rousseau es auf seine Art gewesen ist.

Das ganze schwere Problem des Ursprungs und der Geltung sittlicher Normen im weitesten Sinne tut sich hier auf. Natürlich liegt es nicht im Bereich meines Themas, in die Erörterung dieser Unendlichkeit von Fragen einzutreten. Es ist nur die Folgerung für den wissenschaftlichen Charakter der Pädagogik zu ziehen. Wenn sie sich des *Problems der Legitimität von Normen* überhaupt nicht annimmt, wenn sie es nicht mindestens in der Form einer Kritik der Bildungsideale zur Geltung kommen läßt, so verfehlt sie Wesentliches an ihrem eigentümlichen Gegenstand. Denn im Leben selbst spielt unablässig der Kampf um die Ziele, die der Erziehung zu setzen seien. Der Erzieher als solcher dekretiert nicht die Normen, die dafür »maßgebend« sind. Aber er nimmt zu dem, was im gemeinsamen Leben spielt, Stellung. Er sucht zu verstehen, er kritisiert, er macht sich schließlich nach bestem Wissen und Gewissen zum Anwalt der echten, legitimen Erziehungsnormen. Aber noch einmal: Er schaffte diese Normativität nicht aus einem persönlichen sic volo, sic jubeo, sowenig wie der Sprachreiniger die Sprache schafft. Er läßt den Strom dessen, was die Menschheit will, auch durch *sich* hindurchrauschen, lauscht aber mit gespanntester Aufmerksamkeit auf das, was die Menschheit *soll,* wenn ihre Glieder der wahren Bestimmung des Menschen gerecht werden wollen. Das Problem des Verpflichtenden in den Bildungsidealen ist eine wesentliche Seite der wissenschaftlichen Aufgaben der Pädagogik. Denn ohne eine tiefgehende Reflexion wird man heute nicht mehr zur Stellungnahme in so schweren Angelegenheiten fähig sein. – Jedoch ist das nur die eine Seite. Sie empfängt ihren vollen Sinn erst durch den engsten Bezug auf eine zweite Fragestellung. Die Wahrung der echten Normen – wie ich abkürzend für eine Fülle von konkreten Dingen der Lebensgestaltung sage – ist ja auch der Verantwortung anderer anvertraut: den Staats-
Grunde allen, die in einer demokratischen Gesellschaftsordnung leben.
männern, den Geistlichen, den Arbeitsführern, den Beamten – ja im

»Pädagogisch« wird eine solche Besinnung, Kritik und Stellungnahme erst durch die »andere Seite«, nämlich die Erwägung, wie das als »echt« Erkannte nun in den Seelen der Heranwachsenden lebendig werden kann, so daß sie später nicht einfach mit dem Strom schwimmen, sondern frei und aufrecht in ihm standhalten. Es behaupten sich ja auch kleine Klippen mitten in den Strudeln. »Machen, daß der Zögling sich selbst finde, als wählend das Gute, als verwerfend das Böse: dies, oder nichts, ist Charakterbildung!«[3]

[3] Johann Friedrich Herbart, Die ästhetische Darstellung der Welt als das Hauptgeschäft der Erziehung. Abs. 10. Sämtliche Werke. Hg. v. Karl Kehrbach. 1. Band. Langensalza 1887. S. 261.

Erst jetzt sind wir an der Stelle, an der sich das völlig Einzigartige des Gegenstandes der Pädagogik auftut, so daß psychotechnische Verfahrensweisen, Entwicklungshilfe, Eingliederung in die Gesellschaft und ästhetische Formung der Persönlichkeit zu bloßen Vorstufen herabsinken. Die Aufgabe, die in letzter Tiefe liegt, wäre so zu formulieren: »Wie komme ich mit meinen pädagogischen Einwirkungen an das verborgene Zentrum des Menschen heran, in dem sich sein Gewissen und ethische Gesinnung bilden?« Es ist gewiß, daß das Nachdenken darüber zu keinen Ergebnissen führen kann, wenn ich nicht zuvor in mir selbst dieses innerste Regulierwerk zu einiger Klarheit des Selbstbewußtseins gebracht habe. Mit anderen Worten: Die pädagogische Besinnung setzt die stärkste Selbstbesinnung voraus, wie die Fremderziehung den ernstesten Willen zur Selbsterziehung voraussetzt.

Es scheint, als ob unsere pädagogischen Theorien seit langem diese Tiefen nicht mehr aufgegraben hätten. Denn wo fände man so gründlich, wie es nötig wäre, die Frage erörtert: Kann ich das Gewissen durch meine Maßnahmen fördern, ihm heraushelfen, es verfeinern und klären? Statt dessen häufen sich die Bemühungen, das beunruhigende Phänomen des Gewissens wegzudeuten oder harmlos zu machen, sei es durch eine soziologische oder eine tiefenpsychologische »Entlarvung«.

Die Dinge liegen aber so: Wenn man nicht zugibt, daß im Gewissen der Durchbruch metaphysischer Mächte in das Spiel der seelischen Kräfte stattfindet, dann nimmt man der Erziehung das letzthin Verpflichtende. Und wer eine Pädagogik aufbaut, die das Metaphysische grundsätzlich ausschaltet, der hat das pädagogische Urphänomen noch gar nicht zu Gesicht bekommen.

Was kann aber die Erziehung tun, um diesen »Seelengrund« wirksam zu machen, und wie soll die pädagogische Theorie derartige Bemühungen nennen? Offenbar kann dieses maßgebende Regulierwerk des Lebens dem Menschen nicht eingesetzt werden. Man kann nur versuchen, es zu »beleben«. Und so bietet sich denn als der geeignetste Name für diesen Vorstoß die von Sokrates geprägte Bezeichnung dar: Aufwecken (ἐγείρειν) und Erweckung. Ein solches Herausholen, Heraushelfen und Ans-Licht-Heben ist mehr als Entwicklungshilfe: Es ist ein *Öffnen* für geistige Gehalte, durch die der Mensch erst seine eigentliche Bestimmung als Mensch »ergreift«. Damit soll nicht bestritten werden, daß vieles im Bereich der Erziehung und des Unterrichts zunächst im Gewande der Autorität auftritt. Derartige Vorwerke sind unentbehrlich und sollen nicht übergangen werden. Solange aber das von außen Dargebotene und Zugemutete nicht zum eigenen inneren Besitz des Zöglings geworden ist, dessen Ansprüchen er mit freier Seele zustimmt, so lange ist »geführt« worden, aber noch nicht im echten letzten Sinne »erzogen« worden. Gerade dies war die Weisheit des Sokrates: Man kann viel Stoff an den Zögling heranbringen; aber die innere Zustimmung zu dem, was unter dem Namen des Wahren, Guten und Idealschönen gefordert wird, sie kann man nur herausholen, beleben oder – eben *erwecken*.

III.

Worin besteht demgemäß der Kern des pädagogischen Wissens?

Man könnte getrost mit Sokrates die Antwort geben: »in dem ständigen Bewußtsein des Nichtwissens und in der unablässigen Unruhe des Suchens.« Denn überall stößt der Erzieher an Grenzen, jenseits deren für ihn unergründliche Zusammenhänge liegen. Kaum jemand empfindet das Rätsel der »Existenz« so quälend wie der Verantwortliche, der die Heranbildung der Jugend auf sich genommen hat.

Andererseits dürfte er sich gar nicht Erzieher nennen, wenn er nichts zu bieten hätte als sein Nichtwissen. Sein sogenanntes Wissen sollte jedoch zunächst als *Gewißheit* bezeichnet werden. Denn es ist gewiß, daß es für den Menschen ewige Leitsterne gibt, an denen er sich zu orientieren hat. Noch niemals in der Welt hat jemand beweisen können, daß sie gelten und verpflichten. Sie leuchten tief im Innern und strahlen eine Überzeugungskraft aus, die nicht von gleicher Art ist wie die Evidenz im Intellektuellen. Man sollte diese Parallelsetzung vermeiden. Denn das Ethische ist immer mit Kämpfen verbunden und erschüttert die ganze Existenz viel mehr als irgendein Anliegen des reinen Wissens. Gerade da im Innern, wo dieses Ringen stattfindet, liegen die entscheidenden Ansatzpunkte des pädagogischen Einflusses. Man kann diese geheimnisvolle Stelle, wie es hier wiederholt geschehen ist, mit einem Regulierwerk vergleichen. Es ist noch niemals so analysiert worden, wie es für die pädagogische Besinnung und Selbstbesinnung eigentlich notwendig wäre. Deshalb muß ich mich hier mit einer kurzen Umschreibung behelfen: Wir wollen die innere Provinz des Werdenden, um die der Kampf zuletzt geht, sein höheres Selbst nennen. Das höhere Selbst ist das Subjekt des richtigen Denkens, vermöge dessen über den Eigenwelten eine gemeinsame, geordnete, für alle identische *Welt* sichtbar wird. Das höhere Selbst ist der Ort des Vernehmens von sittlichen Forderungen, an deren Erfüllung die Reinheit und die eigentliche Ehre des Menschen hängt. Wir haben dafür auch den Namen *Gewissen*. Das höhere Selbst ist eben deshalb die Stelle des Kontaktes mit dem Metaphysischen und also letzter sinngebender Erfahrungen.

Der Erzieher kann dem Werdenden das Selbstdenken nicht abnehmen; er kann ihm kein Gewissen machen; er kann ihm nicht den letzten Sinn des Lebens fertig übermitteln.

Höchstens kann er diese schlummernden Tiefen aufwecken. Ob es ihm gelingt, ist eine Sache der Gnade und Begnadung. Trotzdem wird er über dieses Zentralproblem ohne Aufhören nachdenken. Das ist eine Besinnung, die von dem eigenen höheren Selbst ausgeht und von ihm aus Strahlen in das Innere des Werdenden fallen läßt. Man mag das auch »Begegnung« nennen: nur darf bei diesem Wort weder die Bedeutung des Zufälligen noch die des Zeitlich-Flüchtigen sich vordrängen. Denn alle Erziehung ist nun einmal planmäßig und darf sich nicht abwartend auf den anderen Erwecker, das Schicksal, verlassen.

Aus der Gewißheit und der Besinnung wird erst dann eine Art von Wissenschaft, wenn man alles heranholt, was die Kenntnisse der Epoche über die Welt und den Menschen und ihr Verhältnis zueinander zur Verfügung stellen. Nur wird dieser Vorrat zentral bezogen auf die Regulierung des Regulierwerkes im Menschen. Was alles zu diesen inneren Regulatoren gehört, wird an anderer Stelle auszuführen sein. Hier bleibe es bei der seltsam anmutenden Formel: *Erziehung ist bewußte regulierende Einwirkung auf die im jungen Menschen sich bildenden geistigen Regulatoren. Sie können ihm nicht eingesetzt, sondern nur von Störungen befreit und zu maßgebenden Kräften gestärkt werden. Jede Anleitung zur Herrschaft über sich selbst ist gleichbedeutend mit der Konsolidierung des höheren Selbst, das seine Wurzeln im Metaphysischen hat.*

Wenn – gemäß dem Programm des Positivismus – nur das Wissenschaft ist, was die Grenzen zum Metaphysischen hin nicht überschreitet, so fürchte ich, daß die pädagogische Theorie genau da aufhören muß, wo ihr entscheidendes Thema erst anfängt. Aber auch die Hoffnung, daß man sie auf ein wohlgerundetes System wird bringen können, ist gering. Gestehen wir uns, daß auf diesem Gebiete des Kulturlebens das Tun vorangeht und die Besinnung darüber erst vorwärtskommt, wo die Sache selbst sich schon zu einiger Höhe entfaltet hat. Die früher abgewiesene ästhetische Analogie ist in *einer* Hinsicht berechtigt: Wie die Ästhetik erst fruchtbar wird, nachdem der Genius seine Werke geschaffen hat, nicht aber Anweisungen gibt, wie man geniale Werke schaffen kann, so gelangt auch die pädagogische Theorie erst in die Tiefe, wenn jemand sie ausführt, der an der praktischen Aufgabe gelernt, gelitten und geliebt hat. Wir wollen den »Lehrbüchern der Pädagogik«, die sich den jungen Erziehern als Führer anbieten, nichts in den Weg legen. Aber die Altgewordenen dürfen sich wohl untereinander bekennen, daß der Weg zur

Menschenbildung durch eine Stufenfolge von Weihen hindurchführt, ehe man zu dem Mysterienkultus selbst zugelassen wird. Und wenn Diotima gezweifelt hat, ob Sokrates schon für die letzten Geheimnisse reif sei, – was sollen wir denn da sagen??

Eine neue Formel für das Problem der Pädagogik

Kant rühmt einmal den Wert, den es für eine Wissenschaft habe, wenn sie ihr Problem auf ein Prinzip bringen könne; es leiste ähnliche Dienste wie dem Mathematiker eine Formel. So eindeutige Fragestellungen und Lösungen wird es nur im Bereich exakter Wissenschaften geben. Aber auch in den sogenannten Geisteswissenschaften kann es nützlich sein, wenigstens den »Ort« möglichst bestimmt anzugeben, an dem das eigentliche Problem einer Einzeldisziplin liegt.

Die pädagogische Theorie hat zum Hauptthema die Bildsamkeit des Zöglings. »Wie gewinne ich Einfluß auf die innere Formung seiner Person?« Das Wort Formung ist hier im bildlichen Sinne gemeint: man kann aus totem Material eine Statue formen. Sollte man nicht auch dem lebendigen, sich entwickelnden Innern eines jungen Menschen zur Form verhelfen können? Dieser Vergleich hat bei Shaftesbury, bei Johann Joachim Winckelmann und bei seinen Anhängern eine große Rolle gespielt. Der Terminus »Bildung« im Sinn von Kultur der Persönlichkeit hat wohl von dieser Denkweise her erst seine tiefere Bedeutung empfangen. Jedoch darf man den einzelnen Vergleichsmomenten nicht zu genau nachgehen; dann stimmen sie nicht mehr. Auch paßt die stark ästhetische Herkunft der Wörter Bildung oder Formung zu sehr wesentlichen Aufgaben der Erziehung keinesfalls.

Um das, was bei der Erziehung (die hier auch den Unterricht, soweit er in den inneren Aufbau der Persönlichkeit mit eingreift, umfassen soll) eigentlich vorgeht, besser zu umschreiben, knüpfe ich an ein anderes Modell an und versuche von ihm aus das Grundphänomen »Erziehung« zu umschreiben.

I.

Das »Leben« vollzieht sich schon auf pflanzlicher und tierischer Stufe in unablässiger Wechselwirkung zwischen einem individuellen Lebewesen und seiner Umwelt. Den Ausdruck Subjekt und Objekt sollte man dafür nicht anwenden; denn dieser Gegensatz stammt aus der ganz anderen Fragestellung der Erkenntnistheorie her. Freiherr v. Uexküll hat einem seiner Bücher den Titel: ›Umwelt und Innenwelt der Tiere‹ gegeben. An diesem Sprachgebrauch ist es wieder störend, daß man bei »Innenwelt« leicht nur an psychische Strukturen und Vorgänge denkt, während doch in der Biologie die Struktur des Leibes und seine Funktionen mit zur Innenwelt gezählt werden. Die entscheidende Grenze ist in diesem Fall eine räumliche (der Umriß der körperlichen Gestalt), während die Grenze zwischen dem Psychischen und dem Physischen – grob gesagt – überhaupt nicht sichtbar ist. Außerdem ist der Name *Umwelt* für niedere Organismen zu hoch gewählt, weil der Mensch hier *seine* Kategorien einschaltet. Niedere Tiere wissen vermutlich nichts von einer Welt als einem System geordneten Geschehens, das für alle »merkfähigen« Wesen als gleich zu *denken* ist. Sie haben nur ein Um*feld,* aus dem ihnen Signale und Reize zukommen; diese erfahren dann die geheimnisvolle Verwandlung aus Nervenprozessen in seelische Eindrücke (Empfindungen).

Aber der Unterschied von Merken und Wirken in psychophysischer Bedeutung wird am Lebensvollzug aller Organismen feststellbar sein. Die physiologische Seite der Merkapparate und Merkprozesse wie auch der Wirkapparate und Wirkprozesse darf dabei grundsätzlich nicht außer acht bleiben. Im Hinblick auf unser besonderes Ziel: Einfluß auf Entwicklung eines Menschenwesens, können wir jedoch das Physiologische beiseite lassen und – nur zur Vereinfachung – ausschließlich von den beteiligten psychischen Einrichtungen und Vorgängen reden. Das Ganze sind sie nicht. Störungen, die von der physiologischen Seite herkommen, sind auch dem Pädagogen wohlbekannt.

Merken und Wirken unterscheiden sich ihrer wesentlichen Leistung nach wie Aufnehmen (percipere) und Tun (agere), obwohl keine Perzeption nur passiv ist und kein Wirken ohne Affektionen von »außen« zustande kommt. Wir stehen hier bei dem Grundschema »Reiz und Reaktion«. In ihm ist ein Zuordnungsverhältnis isoliert, das eigentlich immer vom Ganzen des Lebensprozesses aus betrachtet werden will. Auch knüpft sich an die Reaktion immer wieder ein neuer Reiz; dieser löst wieder eine Reaktion (im Wirken) aus; das Wechselspiel setzt sich fort.

Der Lebensprozeß ist in diesem Schema nicht vollständig erfaßt. Es fehlt das Wichtigste: die *im* Organismus liegende Koppelung von Reaktion und Reiz aneinander. Wir wollen dieses Dritte die Steuerung nennen. Da der ganze Gedankengang nur als Vorspiel zur Erörterung komplizierterer Gebilde im Menschen dient, so kann die biologische Problematik, um die sich die empirische Forschung höchst erfolgreich bemüht hat, kurz übergangen werden.

Bei einem *bloßen* Reflex ist vielfach die Koppelung rein organisch vorgebildet. Bewußtsein fehlt; oder es ist ein zur Not entbehrliches Beiwerk. Auf höherer Stufe erfolgt die Steuerung durch aufleuchtende Gefühlserlebnisse, die etwa den Sinn »von weg« und »hin zu« besitzen. Sie gehen unmittelbar in gefühlsbetonte »Triebe« über. Solche Triebkräfte können schon so verwickelt sein, daß sie sich einer ausreichenden sprachlichen Beschreibung widersetzen. Die Hauptsache ist, daß den Gefühlen ein regulatorischer Charakter zukommt. Von einem überlegenen Standort gesehen, nämlich von dem Denken des Menschen aus, werden sie in vielen Fällen teleologisch »gedeutet« werden können. Zum Beispiel: Die zwischengeschalteten Gefühle dirigieren das betreffende Lebewesen in der Richtung auf eigene Erhaltung oder Arterhaltung. Unter derartigen Gesichtspunkten wird ein Teil der Reaktionen »sinnvoll«. Es drückt sich in ihnen die spezifische Lebensweise der Art aus, gleichsam ihre eigentümliche »Bestimmung«.

Abschließend kann man sich ausmalen, daß dieses ursprünglich dreigliedrige »Regulierwerk« gerade in seinem Mittelgliede immer reichhaltiger wird. Zunächst können Denkprozesse, die auf Zielsetzung und Erfolg des eignen Verhaltens gerichtet sind, mit eingeschaltet werden. Dadurch verlieren die beteiligten Gefühle ihre Momentgebundenheit; sie beginnen Werte von bleibender Bedeutung zu repräsentieren. Die Wertgesichtspunkte, »aus denen heraus« und »um derentwillen« ein Handeln erfolgt, nennen wir »Motive«. Sie sind manchmal nur für ein Einzelverhalten maßgebend; sie können aber auch zu Dauermotiven werden, unter die ein Individuum seinen Lebensvollzug stellt. Dieser Komplex von Denkvorgängen, Werterlebnissen, Motivationen hat seinen Zusammenhang in einem Bereich, der weder bloß physisch noch bloß seelisch ist. Ein über die Individuen übergreifender Geisteszusammenhang bestimmt ihr Verhalten mit, wobei sinnhaltige Gefühle immer wieder richtunggebend aufleuchten. Aber sie sind von Denkakten fundiert und führen zu sinnvollen »Handlungen«, nicht zu bloßen Reaktionen.

Die Anwendung auf das hier zu erörternde Thema stellt sich im Vorblick folgendermaßen dar: Die Erziehung des Menschen hat ihren Kern nicht darin, daß der Werdende durch Unterricht mit einer für ihn maßgebenden Welt bekannt gemacht wird, die er gleichsam in sich hineinnimmt (Weltbildvermittlung). Die Erziehung besteht ebensowenig darin, daß sie zu Einzelhandlungen veranlaßt, die in diese Welt eingreifen und sie – gemäß der bekannten Forderung von Marx – »verändern«. Vielmehr ist der Zielpunkt der echten pädagogischen Einwirkung jenes vielgliedrige *Regulierwerk,* durch das Erkenntnisse und Handlungen miteinander verkoppelt werden. An diese Motivbildungen will man herankommen, und zwar so, daß sie allmählich den sittlichen Forderungen genügen, die die Erziehung stellt. Woher diese Zielforderungen stammen, wie sie legitimiert sind, das ist auch ein Thema der Pädagogik, aber nicht ihr Zentrum. Denn das Eigentümliche der Pädagogik kommt weniger in den Bildungsidealen zum Ausdruck, die den ethischen Normen der Menschenwelt entnommen werden, als in dem Nachdenken über die Stellen, an denen der pädagogische Hebel anzusetzen ist, also in dem Problem der Bildsamkeit.

Auch darauf ist der Blick einzustellen, daß die Regulierung sowohl eine dauernde Richtung des Verhaltens bewirkt, wie in Einzelsituationen richtig funktioniert. Mit einer kurzen Formel: Erziehung ist sittliche Regulierung der im Wesen des Menschen angelegten Regulatoren.

II.

Alle im Anfang aufgezählten Formen der Regulierung haben auch noch für die Erziehung des Menschen eine Bedeutung. Denn niemand kann leugnen, daß er in die Lebensbedingungen, von denen die Biologie handelt, gleichsam miteingetaucht ist. Ist Erziehung eine Regulierung der Regulatoren im Menschen, so muß sie sich auch um die bloß automatischen Reflexe kümmern. Stärker wird sie in das Gefühlsleben eingreifen und damit die Richtung der ursprünglichen Triebe beeinflussen. Die Reflexion über diese Triebe, mit denen Shaftesbury das Sittliche beginnen läßt, ist eine dritte Stufe. Aber auf ihr wird besonders deutlich, daß nun auch angegeben [werden] muß, nach welchem Prinzip diese Reflexion verfährt. Sind die Motive im Zögling so deutlich geworden, daß er sich über sie Rechenschaft zu geben vermag, so kann zwar schon ein Kampf der Beweggründe eintreten. Aber nicht jeder Konflikt der Motive ist ein sittlicher Konflikt. Wenn einige von ihnen imperativisch auftreten, so können sie bloße Imperative der Klugheit sein – oder technische Imperative, die Kant als die der Geschicklichkeit bezeichnet.

Wenn man auf dieser Stufenfolge emporsteigt, so wird einem besonders lebhaft gegenwärtig, daß alles darauf ankommt, diejenigen Seelenregungen (Motivationen) scharf herauszuheben, auf denen der Akzent des Sittlichen sitzt. Erst wenn man ihn genau erfaßt hat, begegnet man der Aufgabe der sittlichen Erziehung.

Die Antwort, die Kant auf die Frage nach dem Kriterium des Sittlichen gegeben hat, befriedigt nicht mehr recht. Aber nicht etwa deshalb, weil sie falsch wäre, sondern weil sie zu tautologisch ausgefallen ist: Sittlich ist, was *alle* gleichmäßig als sittlich anerkennen sollen. Damit ist die Würde und Unerbittlichkeit des kategorischen Imperativs sehr zutreffend hervorgehoben. Man weiß nur nicht, mit welchem konkreten Inhalt er sich erfüllen wird. Also muß man das eigentlich *sittliche* Regulierwerk wohl noch etwas weiter zergliedern. Kant hat dem Kapitel die richtige Überschrift gegeben. Es muß aber erst noch näher ausgeführt werden. Das kann auch hier nur in Andeutungen geschehen.

Überall da, wo die Gesellschaft über die Motive ihrer Mitglieder eine Kontrolle übt, regt sich »das Sittliche« in spürbaren Andeutungen. An die Billigung oder Mißbilligung knüpfen sich Ehrverleihung oder Ehrentziehung. Die englische Moralphilosophie des 18. Jahrhunderts hat geglaubt, hierin den eigentlichen Ursprung des sittlichen Sollens – denn ohne Sollensgebot keine Sittlichkeit! – gefunden zu haben. Sie hat aber die Frage nicht aufgeworfen, weshalb dem Menschen so viel daran gelegen ist, ob er vor den anderen als ein »ehrbarer Mann« dasteht. Dem bereits »Gefallenen« ist dies in der Tat auch völlig gleichgiltig. Ursprünglich aber legt jeder einen hohen Wert auf seine »Reinheit«. Es gibt kaum kultische Symbole, bei denen die »Reinheit« nicht eine hohe Rolle spielte. Das deutet auf eine Art von Ehrverlangen, das nicht erst aus der gesellschaftlichen Moral folgt, sondern – umgekehrt – ihre Wurzel ist. Anders ausgedrückt: Der Mensch kennt so etwas, wie die Billigung seiner selbst durch sein höheres Selbst, und wenn dieses positive Urteil ausbleibt, dann fühlt er sich selbst in seiner *ursprünglichen* Ehre beeinträchtigt.

Hier stoßen wir in der Tat auf eine rätselhafte Regulierung. Sie wird besonders sichtbar als die Autorität der Moral, die in einer Gruppe gilt und sich mit ihren stillen Mitteln durchsetzt. Im Gegensatz zum Recht übt sie keinen äußeren Zwang; sie determiniert nur das Innere, bis in die Gesinnung hinein. Jedoch ist die autoritative Moral nur der Niederschlag von sittlichen Entscheidungen, die zunächst die Einzelnen als moralische Vorbilder durchkämpfen mußten. Propheten versuchen das Volk aufzuwecken und zu ihrer Höhe emporzuziehen. »Ehre vor sich selbst« ist ein anderer Ausdruck für das Zwiegespräch, in dem das höhere Selbst über das bloße Ich richtet. Das höhere Selbst ist zunächst der geistige Teil des Menschen; er steht der triebhaften Schicht gegenüber wie das denkende

Selbst dem bloß sinnlich-empfindenden. Nur das erste weiß um die »Welt« und trägt für sie Verantwortung. Das sinnlich-gebundene Ich – das Ego des Egoismus – wird also von einem Regulator gelenkt, der aus bloß biologischen und soziologischen Zusammenhängen gar nicht abgeleitet werden kann.[1] Er wird durch die äußere Autorität der geltenden Moral geweckt, sie hat schon viele Vorentscheidungen getroffen, um die nun nicht mehr gekämpft zu werden braucht. Die innere Autorität, das höhere Selbst, kann sie auf Grund tieferer Prüfung widerrufen.

Kant hat dem höheren Selbst Autonomie zugeschrieben. Dabei dachte er an sein Freiseinsollen vom Zwang der Triebe. Aber es ist doch nicht der bloße Mensch, der hier vermöge seiner Selbstbeherrschung zur Autorität wird. Vielmehr erfolgt in diesem Selbst der Durchbruch einer anderen Ordnung, über den biologischen und soziologischen Bedingtheiten. Das kündigt sich an in dem erschütternden Ernst, mit dem das Gewissen der sonstigen Innerlichkeit des Menschen gegenübertritt.

Denn das Gewissen ist die eindrucksvollste Art, wie jene höhere Ordnung von dem menschlichen Bewußtsein Besitz ergreift. Dieser Regulator ist der höchste, der in der Seele des Menschen wirksam wird. Weil wir ihn aus der Gesetzlichkeit der räumlich-zeitlich bedingten Weltinhalte nicht abzuleiten vermögen, hat man seit den ältesten Zeiten das Gewissen religiös interpretiert. Man hat in ihm die göttliche Stimme gefunden, die aus dem »ganz Anderen« herkommt. Wer die Stimme des Gewissens überhört oder wegdeutet, gefährdet jene höhere Ehre, von der die Rede war. Die Form, in der sie ihren Forderungen Raum verschafft, ist die Zerrissenheit in sich selbst und der Verlust der seelischen Reinheit.

[1] Wegdeutung des Gewissens.

Allgemeine Menschenbildung?

1958

Der Ausdruck »Allgemeine Menschenbildung« hat für den Deutschen einen weihevollen Klang. Niemand hat Bedenken dagegen, daß diejenigen Schulformen, die die eigentlich tragenden Grundpfeiler des deutschen Bildungswesens darstellen, als »allgemeinbildende Schulen« bezeichnet werden. Für die Volksschule, die nur in einer Gestalt auftritt, gilt der Name unbestritten. Beim Gymnasium ergeben sich schon leichte Schwierigkeiten. Seine alte klassische Form, das altsprachliche Gymnasium, war Ende des 19. Jahrhunderts in Gefahr, an der Fülle der ihm zugemuteten Bildungsfächer zu bersten. Es war doch wohl eine innere Notwendigkeit, daß neben das humanistische Gymnasium als gleichberechtigt zwei andere Typen von Schulen mit neunjährigem Lehrgang traten: das Realgymnasium und die Oberrealschule. Die Aufspaltung ging gelegentlich noch weiter; aber in der Hauptsache ist es bei der Dreigliederung geblieben. Die beiden jüngeren Formen des Gymnasiums legten Gewicht darauf, ebenfalls in einem humanistischen Geiste zu erziehen. Sie hielten es nur für leichte Schwerpunktverlagerungen, wenn hier die neueren Sprachen, dort die Naturwissenschaften in den Vordergrund traten. Aber sie hätten es weit von sich gewiesen, wenn man darin einen Verzicht auf »allgemeine Menschenbildung« erblickt hätte.

Ja selbst die älteste Form der deutschen Hochschulen, die Universität, erhob es am Anfang des 19. Jahrhunderts nachdrücklich zum Programm, eine allgemeine wissenschaftliche Bildungsanstalt zu sein. Ihrer Vorgeschichte entsprach diese Wendung nicht ganz. Denn ursprünglich war nur die Facultas artium die »allgemeine« Vorbildungsstätte, über der sich die ausgesprochenen Berufsfakultäten: die Theologische, Juristische und Medizinische, erhoben. Die Artistenfakultät gewann jedoch immer mehr an Bedeutung, je mehr die »reine«, noch nicht berufsbezogene Forschung emporwuchs. Die Philosophische Fakultät wurde nun die Hauptfakultät, während den drei anderen nachgesagt wurde, daß sie mehr auf die Seite der »angewandten« Wissenschaft gehörten.

Merkwürdigerweise aber ließ das gleiche 19. Jahrhundert, in dem diese Idee der einen allgemeinen Wissenschaft durchdrang, eine Fachhochschule nach der anderen entstehen: vor allem die Technischen, die Landwirtschaftlichen, die Tierärztlichen, die Forstlichen und Handels- beziehungsweise Wirtschaftshochschulen. Erst im 20. Jahrhundert erhob sich der Gedanke, daß die Wissenschaft nur eine sei, mit neuer Stärke. Vertreter dieser Überzeugung forderten, daß man die untreu gewordenen Fachhochschulen wieder zu der Mutter »heimhole«. Vielfach wurden sie dann als bloße Fakultäten der Universität eingegliedert, oder man nannte, kühn entschlossen, eine Technische Hochschule einfach eine »Technische Universität«. Dabei spielte auch der Gedanke eine Rolle, daß jede Hochschule zur Humanitätsbildung ihrer Studenten verpflichtet sei, also dem Spezialistentum entgegenzuwirken habe.

Diese Tendenz aber brach plötzlich wieder ab, wohl nicht nur deshalb, weil die so entstehenden Mammutanstalten organisatorisch nicht mehr zu bewältigen waren. Vielmehr wurde eine gewisse Unsicherheit darüber spürbar, ob man denn mit dem Bekenntnis zum »Allgemeinen«, sei es nun allgemeine Menschenbildung oder allgemeine Wissenschaft, auf dem rechten Wege sei.

In der Tat liegt in dem Programm »Allgemeine Menschenbildung« ein Problem, das nicht nur terminologische Bedeutung hat. Es verdient, noch einmal durchdacht zu werden. Im folgenden soll es hauptsächlich um die Schulen gehen. Die Ausdehnung auf die Hochschulen im mittleren Teil erfolgt nur deshalb, weil der Vergleich mit ihnen ein Licht auf die Schulstufe zurückwirft.

I.

Seit Wilhelm v. Humboldt 1809/10 in Preußen die vorbildliche Schulreform durchführte, der bald entsprechende Bewegungen in allen deutschen Einzelstaaten folgten, hat eine völlige Verschiebung der Fronten stattgefunden. Die Front, gegen die damals gekämpft wurde, war die alte ständische Gesellschaft, die in der großen Französischen Revolution ihren ersten schweren Stoß erhalten hatte. Auf der Stufe, die damals »deutsche« Schule hieß, im Gegensatz zur Lateinschule, sollte es nun keine Armenschulen, keine Schulen für die Kinder einer erbuntertänigen Landbevölkerung, keine Bürgerschulen, keine Garnisonschulen oder Militärwaisenhausschulen mehr geben, sondern nur noch Schulen für freie und gleiche

»Menschen«. Wenn jetzt von »allgemeiner Menschenbildung« gesprochen wurde, so lag darin ein Stück Gesellschaftsreform. Es handelt sich um eine pädagogische Folgerung aus dem Bekenntnis zu allgemeinen Menschenrechten. Mit der von Herbart ausgegebenen Parole: »gleichschwebende Vielseitigkeit des Interesses«, hat das vorläufig noch nichts zu tun. Vielmehr knüpfte man überall an Pestalozzis Elementarmethode an, wie er sie in seinen Schriften von 1801 bis 1807 entwickelt hatte. Man ging sogar meistens schon über Pestalozzi hinaus. Denn während dieser niemals Anstoß daran nahm, daß die Kinder in der Schule auch industriell nützliche und einträgliche Arbeit verrichten mußten, wandten sich die meisten seiner Anhänger gegen die Auswüchse des merkantilistischen Wirtschaftssystems, das die Kinder als Arbeitskräfte mit in den Aufbau von territorialen Industrien einspannte. Man erfaßt den Sinn der »allgemeinen Menschenbildung« von damals am schärfsten, wenn man sich vergegenwärtigt, was mit diesem Stichwort bekämpft werden soll, nämlich: »elementare Industrieschulen mit Erwerbsarbeit der Kinder«.

Auf der Stufe des Gymnasiums spielt der gleiche Angriff gegen die ständische Gesellschaft. Auch hier geht es gegen »Standesschulen«. Die alten Ritterakademien, Adelsakademien, Militärschulen (mit Ausnahme der Kadettenanstalten) werden aufgehoben. Auch die private Hofmeistererziehung kommt aus der Mode. Die stark emporgeblühten Fachschulen werden ebenso wie die Standesschulen in den Hintergrund gedrängt. Mit ihnen soll jedenfalls kein Bildungsgang anfangen. Handelsschulen und Gewerbeschulen passen erst für ein späteres Alter. Das zur Bildung erwachte höhere Bürgertum soll das Gymnasium besuchen. Sogar gegen die »Stadtschulen« und »Bürgerschulen«, die eine Art von Mittelschulen bedeuteten, wendet sich W. v. Humboldt selbst, im Gegensatz zu seinen Mitarbeitern Schleiermacher und Süvern.

Die Bildungsgüter für die Emporhebung des Bürgertums suchte man naturgemäß da, wo die Führer der Bewegung (Herder, Goethe, Schiller, W. v. Humboldt, Süvern u. a.) selbst sie gefunden hatten: bei den alten Griechen und Römern. Hier war die geistige Welt, in der man sich aus der Enge des Krämertums befreien konnte. Der Bildungsroman ›Wilhelm Meisters Lehrjahre‹ zeigt noch ganz deutlich die Emanzipationstendenz, obwohl Wilhelm Meister über das Schulalter schon hinaus ist. Infolgedessen ist von dem Weg durch den Neuhumanismus hier nicht die Rede. Die leitende Idee der Schulreform ist jedoch: »Heraus aus dem bloßen Nützlichkeitsdenken in eine freie Sphäre des Geistes. Die Beschäftigung mit dem Altertum ermöglicht eine noch zweckfreie Übung der Kräfte des ›Menschen‹.«

Es kann nicht geleugnet werden, daß schon damals zwei Auffassungen vom »reinen Menschentum« miteinander vermischt wurden, zum Unheil der weiteren Entwicklung. Es gibt eine Allseitigkeit als Kraftbildung und eine Allseitigkeit als Sachbildung.

Im ersten Falle handelt es sich nur darum, daß jede Kraft des Geistes und des Leibes geübt und dadurch entfaltet wird. An diese »Totalität« dachte zum Beispiel Pestalozzi mit seiner Dreiheit von Kennen, Können und Wollen. Auch Humboldt formuliert den Gedanken einer solchen formalen Bildung im guten Sinne, wenn er es als Prinzip seiner Schulreform aufstellt: »Die Übung der Kräfte auf jeder Gattung von Schulen allemal vollständig und ohne irgendeinen Mangel vorzunehmen, alle Kenntnisse aber, die sie (d. h. die Übung der Kräfte) überhaupt wenig oder zu einseitig befördern, wie notwendig sie auch sein mögen, vom Schulunterricht auszuschließen und dem Leben die speziellen Schulen vorzubehalten.«[1]

Leider aber ist es bei diesem fruchtbaren Gedanken nicht geblieben. Wenn man »alle Kräfte« in Bewegung setzt, kommt man nur zu leicht in die Versuchung, auch alle »Sachen« umfassen zu wollen. Die Totalität der Seelenkultur schwillt dann zur Universalität der Sachkenntnis auf. Freilich bleibt es eine Übertreibung, wenn man von »Universalität« redet. Es konnte sich ja immer nur um Schulfächer handeln. Die Naturwissenschaften beanspruchten damals noch nicht viel Raum. Wenn es nur eine Form der höheren Schule geben sollte – das neuhumanistische Gymnasium –, so mußte man es eben mit solchen Nebenfächern bepacken. Außerdem ist zu beachten, daß es im Anfang des 19. Jahrhunderts für das Gymnasium noch nicht das Fachlehrersystem gab.[2] Eine Überforderung der Schüler war schon dadurch ausgeschlossen. Man betrachte sich die Lehrpläne jener Zeit etwas näher: im Grunde sind sie altsprachlich-mathematisch betont. Auch der Unterricht im Deutschen wurde nur allmählich anspruchsvoller. Alles übrige war Beiwerk.

Es braucht hier nicht daran erinnert zu werden, daß der erträgliche Stoffuniversalismus Humboldts unter dem Einfluß des Hegelianers Johannes Schulze in Preußen unerträglich zu werden begann, während Thiersch in Bayern mehr Maß hielt und W. Klumpp in Württemberg schon eine Zweiteilung des höheren Bildungswesens empfahl. Das Monopol des Gymnasiums und die dadurch bedingten universalistischen Auswüchse führen

---

[1] Eduard Spranger, Wilhelm von Humboldt und die Reform des Bildungswesens. Berlin 1910. S. 137.

[2] A.a.O. S. 230. Vgl. ferner Fritz Blättner, Die Gymnasialpädagogik Schleiermachers. In: Erziehung zur Menschlichkeit. Festschrift für E. Spranger. Tübingen 1957. S. 168.

überall am Ende des 19. Jahrhunderts zu einer Differenzierung des höheren Schulwesens, bei der das plötzliche Auftreten einer Oberrealschule neben dem Realgymnasium (neusprachlichem Gymnasium) besonders interessant ist. Denn diese Schulform hing deutlich mit dem Siegeszug der Technik und dem Vordringen der industriell-technischen Gesellschaft zusammen.

Zieht man aus dieser gedrängten Übersicht die Folgerung für die Deutung des Stichwortes »Allgemeinbildung«, so ergibt sich:

1. Allgemeinbildung ist damals polemisch gemeint: die Schulen für das eigentliche Jugendalter sollten weder Standesschulen noch Fachschulen sein. Sie sollten noch nicht auf künftige Berufsbedürfnisse Rücksicht nehmen, sondern eine Bildung vermitteln, die man wohl im Sinne dieser Antithese »allgemeine Menschenbildung« nennen durfte, zumal wenn man an die Bildung aller Grundkräfte des jungen Menschen dachte.

2. Eine eigentliche Universalbildung konnte damit aber schon deswegen nicht gemeint sein, weil ja überhaupt nur die traditionellen Schulfächer in Betracht kamen, sowohl in der Volksschule wie im Gymnasium. Der Lehrfächerkanon ist für beide Schularten aus der deutschen Geistesgeschichte herzuleiten. Man dachte nicht entfernt daran, in die Volksschule etwa Staatsbürgerkunde, in das Gymnasium Englisch und Italienisch, Kunstgeschichte und Wirtschaftstheorie aufzunehmen. Man blieb beim alten Zyklus der Lehrgegenstände, die durchaus kein Universalwissen repräsentierten.

3. Weil »allgemeine Menschenbildung« somit nur eine geschichtlich besondere Form von notwendigen und hinlänglichen Bildungsgütern umschloß, habe ich schon vor 40 Jahren empfohlen, den irreführenden Namen überhaupt aufzugeben und ihn durch »grundlegende Bildung« zu ersetzen.[3] Diese trat im Anfang des 19. Jahrhunderts wie heute (wenn man von der noch schwankenden Form der Mittelschule absieht) in zwei Gestalten auf: als Elementarbildung der Volksschule und als Anknüpfung an das neuhumanistisch gedeutete griechisch-römische Altertum auf der Stufe des Gymnasiums. Daß andere Gesamtlagen der Kultur dann andere Kristallisationspunkte für die grundlegende Bildung herbeiführen würden, konnte offen bleiben. Denn »Grundlagen« können verschieden gestaltet werden.

---

[3] Grundlegende Bildung, Berufsbildung, Allgemeinbildung. Zuerst erschienen in der Preußischen Fortbildungsschulzeitung. Jg. 9, 1918. Seit 1919 auch in den vier Auflagen der Sammlung ›Kultur und Erziehung‹. (Gesammelte Schriften 1. Bd. 1969, S. 7–19.)

II.

Die deutsche Universität wird in diesem Zusammenhang mitbehandelt, weil in ihr eine seltsame Parallelität der Mißverständnisse festzustellen ist.

a. Der Name Universitas stammt aus dem Mittelalter. Er bedeutet aber ursprünglich die Gesamtheit der Lehrenden und Lernenden (docentium et discentium), also eine Körperschaft. Mir ist nicht bekannt, daß man vor dem 19. Jahrhundert auch schon an die Gesamtheit der Wissenschaften gedacht hätte. Vielmehr hege ich die – freilich noch zu prüfende – Vermutung, daß diese Bedeutung erst aufgenommen ist durch die Inschrift am Hauptgebäude der 1810 eröffneten Universität in Berlin: *Universitati litterariae.*[4]

Wie kommt man nun gerade damals dazu, die Bezeichnung umzudeuten? Dahinter muß der Wille liegen, die Einheit aller Wissenschaften stark zu betonen. Schon das 17. Jahrhundert hat diesen Gedanken angebahnt. Er hat damals noch einen religiösen Hintergrund: Wenn man das ganze Universum wissend umfaßt, so nähert man sich damit dem Gott, aus dem alles hervorgegangen ist. Pansophie ist z. B. für den prophetischen Pädagogen Comenius ein religiös motivierter Bildungsgedanke. Die Systeme der »universalen Sympathie und Harmonie« in der Barockzeit weisen dem Menschen die Aufgabe zu, das gewaltige Gebilde »Universum« im kleinen zu spiegeln. Leibniz ist ihr klassischer Vertreter. Daneben gibt es Enzyklopädisten, die – ohne einen festen philosophischen Rahmen – nur ungeheure Massen von Wissen aufschichten. Zum Teil geschieht es in riesigen Wörterbüchern; man denke an das von Bayle (seit 1695).

Das Programm eines allumfassenden Wissens, besser: einer durch Zusammenarbeit entstandenen allumfassenden Wissenschaft, tritt im 18. Jahrhundert bereits säkularisiert auf. Die ›Grande Encyclopédie‹, die D'Alembert und Diderot (seit 1750) geschaffen haben, steht schon unter rein weltlichen Zeichen. In Deutschland aber gelangt um die Wende des 18. zum 19. Jahrhundert noch einmal der Gedanke einer spekulativen Philosophie, die für alles Einzelwissen die Grundlagen und den Rahmen abgibt, zur Herrschaft. Ihre religiösen (mystischen) Wurzeln sind noch klar erkennbar: sie vereinigt Theosophie und Kosmologie in einer umfassenden Lehre vom Weltgeist und seinen Manifestationen. Hegel wird der Vollender dieser Idee.

[4] In der Regel wird zitiert: Universitati litterarum. Das wäre ohne Zweifel besseres Latein. Die oben angegebene Fassung wird aber durch das Festgedicht zur Eröffnung der Universität von Clemens Brentano bestätigt. Vgl. Max Lenz, Geschichte der Universität Berlin. Bd. I, Halle 1910. S. 310.

Aber unter diesem Zeichen steht auch schon die Gründung der Universität Berlin. Fichtes, Schellings und Schleiermachers Systeme haben bei ihr Pate gestanden. Die leitende Idee ist: Es gibt nur dann echtes Wissen, wenn es aus einem philosophischen Universalsystem erwächst. Wer nur Fachwissen, anwendbares Wissen besitzt, hat keine vollwertige wissenschaftliche Bildung. Die Philosophische Fakultät, deren Benennung von der Grundwissenschaft hergenommen ist, ist eigentlich die Hauptfakultät. Jeder, auch der Student der früher so genannten »oberen« Fakultäten, muß also Philosophie treiben. Die Philosophie spielt dieselbe Rolle wie die allgemeine Menschenbildung bei den Schulen. Von der Philosophie allein geht die humanisierende Wirkung aus. Ohne sie wären die Theologische, Juristische und Medizinische Fakultät bloße Fachschulen. In Frankreich hatte man soeben die alten Universitäten in solche Fachschulen zerschlagen. Als einen Protest gegen diesen Geist muß man die dem König zugeschriebene Widmung von 1810 verstehen: Universitati litterariae. Das »soll« heißen: Es handelt sich in diesem Hause nicht um ein Bündel von Einzelwissenschaften, sondern um die eine Wissenschaft, »die sich vielfach offenbart«, wie es soeben 1803 Schelling in seinen kühn spekulativen ›Vorlesungen über die Methode des akademischen Studiums‹ entwickelt hatte. Nicht ganz so konstruktiv waren die Gedanken, die Fichte seit seiner Erlanger Zeit über das Wesen der Universität äußerte.

b. Der Drang zum Allumfassen, der ebenso Goethes Weltgedicht wie die Philosophie Hegels erfüllt, konnte die Universität so lange beherrschen, wie man von der Möglichkeit und Gültigkeit spekulativer Systeme überzeugt war. Seit die positivistische Wissenschaftsauffassung auch in Deutschland eindrang, fiel der Rahmen, den die Philosophie der wissenschaftlichen Bildung gab, mehr und mehr fort. Trotzdem blieb Philosophie, mindestens bei den rein akademischen Prüfungen, verbindliches Fach. Sie sollte das humanistische Element gegenüber den Fachstudien sichern. Aber eine Philosophie, die so universal war, gab es bald nicht mehr. Spätestens mit den Neukantianern versiegte die einheitstiftende Kraft der Philosophie. Von den Kandidaten wurde sie längst als ein Fach neben den übrigen Fächern empfunden. Nur selten trat die geistbildende Wirkung ein, um derentwillen sie auf dem Programm stand.

In der deutschen Sehnsucht nach dem vereinigenden Band der Universitas litterarum lag ebensowohl etwas Religiöses wie ein Verlangen nach Bildung. Für die Einzelforschung des Positivismus aber war die Metaphysik tot. Um 1925/26 versuchte Max Scheler zu begründen, daß sie nur »ruhe«, bis die Gesellschaftslage ihrem Emporkommen vielleicht wieder einmal günstiger würde. Bezeichnenderweise nannte er die Metaphysik auch »Bildungswissen«. Aber es gab eben keine große umspannende Metaphysik mehr. Unter dem Zeichen des Alleinwertes der Einzelwissenschaften war allenfalls Synthese möglich. »Synthese« war denn auch ein Lieblingswort des preußischen Kultusministers Heinrich Becker, der aus den Universitäten gern wieder Bildungsanstalten gemacht hätte. Nur ließ sich das Zusammenwachsen der Einzelresultate zu Gesamtansichten nicht erzwingen. In den Naturwissenschaften ergab sich gerade um jene Zeit aus der Problemlage eine weitgehende Kooperation. Auf der Seite der Geisteswissenschaften war die Zersplitterung in Schulen und Richtungen um so größer. Sie hatten weder ihre Wurzel in einer »allgemeinen« Weltanschauung, noch führten sie zu einer solchen hin. Damit hatten die Hochschulen, so schien es, ihre »menschenbildende«, ihre erziehende Kraft verloren.

Nach der Katastrophe des Zweiten Weltkrieges empfand man diesen Mangel naturgemäß mit höchster Intensität. Die obersten Bildungsanstalten des Landes hatten bei allem Glanz ihrer wissenschaftlichen Leistung in der Charakterbildung völlig versagt. Wie 150 Jahre zuvor, als Schiller in den ›Ästhetischen Briefen‹ über die Zerstörung des Menschentums durch die »Spezialisten«, diese »Fragmente« der menschlichen Natur, geklagt hatte, so begann wieder ein leidenschaftlicher Kampf gegen das bloße Fachstudium und Brotstudium auf den Universitäten, ja besonders stark auf den Technischen und Wirtschaftlichen Hochschulen.

Bezeichnenderweise glaubte man noch 1945, das Heilmittel wieder in der allgemeinen Menschenbildung zu finden. Auf der akademischen Stufe sollte diese durch ein Studium generale angebahnt werden. Wieder wurde ein mittelalterlicher Ausdruck mißverstanden bzw. umgedeutet. Denn Studium generale hieß im Mittelalter eine von überterritorialen Instanzen privilegierte Stätte der Wissenschaftspflege. Mit Allgemeinbildung hatte die Bezeichnung nicht das mindeste zu tun.

Jetzt aber sollte die Enge des Horizontes, zu der das bloße Fachstudium geführt hatte, durch ein allgemein-wissenschaftliches Studium ausgeglichen werden. Dadurch sollte »der Mensch« im bloßen Leistungsmenschen gerettet werden. Auch die guten Dienste der Philosophie wurden wieder erbeten. Auf dem Wege des Studium generale aber konnte wenig mehr erreicht werden, als daß die Studenten »gelegentlich« auch von der Arbeit anderer Wissenschaften »Kenntnis nahmen«. Mit anderen Worten: man wollte einen Schaden, der gar nicht in der Wissenschaft als solcher wurzelte, durch bloße Erweiterung des Wissens heilen. Man kann aber durch Wissenschaft allein keine Charaktere bilden, am wenigsten in einer Zeit, in der die Universitas litteraria in lauter Einzelwissenschaften zerschlagen ist.

Die Gesinnung, aus der der als Studium generale bezeichnete Reformvorschlag erwachsen ist, muß als höchst ehrenwert anerkannt werden. Es lag in ihm aber der gleiche deutsche Grundzug, der uns hier durchweg beschäftigt: der Drang zu einem allgemeinen Menschentum, und zwar in einer Form, die nicht erreichbar ist. Niemand kann heute noch zur Universalität gelangen. Wohl aber ist eine Totalität des Inneren denkbar, über deren Sinn man sich einmal ganz klar werden muß.

Was den in ihr Spezialfach eingeengten Studenten gefehlt hat und immer noch fehlt, ist nicht der Einblick in andere Wissenschaften. Ein flüchtiges Nippen von ihnen bleibt dilettantisch und führt nur zum Mitreden über Dinge, die man nicht ausreichend beherrscht. Gefehlt hat erstens Weltkenntnis, und zwar vor allem Kenntnis der Stelle in der Welt, an der man mit seiner eigenen begrenzten Lebensarbeit steht. Über diesen Ort muß man sich besinnen, um zu wissen, welche Verantwortung man für das Ganze zu tragen hat. Auch das aber darf nicht bloßes »Kennen« bleiben. Gefehlt hat zweitens die Entfaltung von Willensenergien, die dazu stark machen, die mit dem begrenzten Standort gegebenen Aufgaben mit sittlichem Geist zu erfüllen und sie tapfer durchzuhalten. Der Charakter bildet sich nicht durch Anhören von Vorträgen, sondern durch tätiges Mitarbeiten in Gemeinschaften, die sich einer kulturellen Idee widmen. Dazu muß man rahmenhaft das Gefüge der Kultur kennen, in der man lebt, und muß man ein aktives Ethos in sich entwickeln.

An Goethes Leben kann man verfolgen, wie sich die universalistischen Träume seiner Frühzeit immer mehr beschränken und einem realistischen Bewußtsein von der Forderung des Tages, das heißt der Forderung des Hier und Jetzt, weichen. ›Wilhelm Meisters Wanderjahre‹ sind das Zeugnis seines Hinauswachsens über die blasse Humanität einer doch niemals erreichbaren Allseitigkeit. So muß man zum Beispiel das Wort des Realisten Jarno-Montanus im Roman verstehen: »Mache ein Organ aus dir und erwarte, was für eine Stelle dir die Menschen im allgemeinen Leben wohlmeinend zugestehen werden.« [5]

Hinter dieser Äußerung liegt nicht mehr der Kampf gegen ständisch bedingte Bildungsschranken, sondern bereits die fluktuierende Gesellschaft der Arbeitsteilung. Die Vorzeichen des industriell-technischen Zeitalters sind allenthalben spürbar. In ihr hat die Universalität keinen rechten Sinn mehr. Es ist auch vergeblich, in ihr gegen das Spezialistentum zu eifern.

---

[5] Johann Wolfgang v. Goethe, Werke (Cotta). Bd. XIX, S. 39.

Heute sind wir diesem Schicksal unwiderruflich verfallen. Es kann allenfalls noch eine innere Totalität glücken – Goethe nennt sie gelegentlich auch »innere Vollständigkeit«. Man kann noch ein »ganzer Mensch« sein, aber nicht mehr ein allseitiger Mensch. Man kann noch alle wesentlichen Organe des Geistes in sich beleben, aber nicht mehr alle Dinge umfassen. Da, wo man steht, hat man immer nur einen begrenzten Horizont. Jedoch kommt es nicht nur auf das Schauen an, sondern auf die Betätigung von Willenskraft, Gewissenhaftigkeit, Sachkenntnis, Verantwortung. Das ist der gute Sinn, der von dem Idol einer »gleichschwebenden allgemeinen Menschenbildung« im günstigen Fall übrigbleibt.

III.

Allgemeine Menschenbildung hat in der Bedeutung von »allseitiger Kraftbildung« gewiß ein Recht. Sie ist im Rahmen vorbereitender Bildungsanstalten durchführbar.

a. Es bleibt freilich noch die Frage, unter welchen Gesichtspunkten man die Kräfte des Menschen einteilen soll. Kräfte des Leibes und Kräfte der Seele sind unter allen Umständen zu unterscheiden. Auf der seelischen Seite hat sich bei uns die Dreiteilung in Erkennen, Fühlen und Begehren eingebürgert. Aristoteles und Plato haben bekanntlich andere Abgrenzungen vollzogen, bei denen übrigens schon Werturteile mitschwingen. Die erwähnte Dreigliederung hat längst erkannte Mängel. Vor allem ist eine isolierte pädagogische Einwirkung auf je eines der drei Vermögen weder wünschenswert noch durchführbar. Wissensbildung, ästhetische Bildung, politisch-soziale Bildung, religiöse Bildung greifen auch ineinander über; jedoch stünde bei dieser Gliederung jedesmal eine andere Art der Sinngebung klar im Vordergrunde. Außerdem hätte sie den Vorteil, daß die ökonomisch-technische Bildung mitberücksichtigt werden könnte. Von Totalität der Seelenformung könnte doch da nicht die Rede sein, wo die Übung in nützlicher Arbeit ganz umgangen würde.

Zur Zeit des deutschen Klassizismus wurden die Nützlichkeitswerte zurückgedrängt, weil sie damals beim Bauern und Bürger alle anderen Lebenswerte zu überwuchern drohten. Aus dieser Zeitsituation erwuchs die Idee, daß nur sogenannte »zweckfreie« Bildung wahre Menschenbildung sei. Offenbar eine Täuschung! Die zentralen Bildungsgüter des Gymnasiums unterstützten diese Verkürzung. Denn am Wirtschaftsleben der Griechen und Römer konnte man in der Schule vorübergehen, weil eine Sklavenwirtschaft kein Vorbild abzugeben vermochte. Hätten die Alten zu ihrer Zeit die ökonomisch-technische Seite des Lebens gleichfalls ignoriert, so wären sie wohl niemals mit den Füßen auf die Erde gekommen.[6]

Gerade diese »idealistische Vornehmheit« können wir uns heute nicht mehr gestatten. Der moderne Mensch ist in erster Linie Arbeitsmensch. Er ist es in so hohem Grade, daß wir noch immer Grund haben, auf Gegengewichte bedacht zu sein, die das »Höhere im Menschen« von früh an zur Geltung bringen. Aber in einer industriell-technischen Gesellschaft kann man kein Menschenbild mehr zur Norm erheben, aus dem die wirtschaftlichen und technischen Leistungen ausgeklammert sind. Denn auch sie sind in hohem Grade Leistungen des Geistes. Gerade ihre Vernachlässigung bei der sittlichen Wertschätzung hat zu der extremen Einseitigkeit der Weltanschauung geführt, die sich als »ökonomischer Materialismus« bezeichnet. Die moderne Wirtschaft selbst ist in höchstem Maße ein Produkt des Geistes. Humanisierung der Arbeit ist in unserer Zeit eine vordringliche pädagogische Aufgabe.

Wenn die allgemeine Menschenbildung als allseitige Kraftbildung verstanden wird, ist die Gefahr einer Stoffüberlastung gemildert. Denn Totalität (Ganzheit) ist etwas anderes als Universalität (Allheit). Über den Sinn einer kraftweckenden formalen Bildung hat sich W. v. Humboldt in einem Brief an Welcker einmal unübertrefflich schön geäußert: es komme nur darauf an, »daß jedes Vermögen, das man in sich spürt, einmal einen Gegenstand in sich (für sich) gefunden hat, in dem es ganz aufgegangen ist, wo nun jede neue Beschäftigung gleichsam nur eine Wiederholung sein würde«.[7] In dieser Wendung ist zugleich ein didaktisches Verfahren gekennzeichnet, das heute unter dem vieldeutigen Begriff des »exemplarischen Lehrens und Lernens« als wichtiger Fall mitbefaßt wäre.

b. Überhaupt ist mit diesem Programm der allseitigen Kraftbildung dem pädagogischen Nachdenken eine große Aufgabe gestellt, die für unsere Tage keineswegs als gelöst gelten kann. Denn formale Bildung in der hier gemeinten Bedeutung muß doch immer an Gegenständen erfolgen, die es auch um ihres Sachgehaltes willen wert sind, herangezogen zu werden. Beides zusammen, der formale und der inhaltliche Bildungswert, rechtfertigt die Aufnahme der Bildungsgüter in die grundlegende Bildung, die man früher fälschlich als eine Art von stofflicher Vollständigkeit verstanden hat.

---

[6] Vgl. die lehrreiche Erörterung dieses Fragenkreises bei Jürgen Brake, Wirtschaften und Charakter in der antiken Bildung. Frankfurt a. M. 1935. Ferner Joseph Vogt, Wege zur Menschlichkeit in der antiken Sklaverei. Rektoratsrede. Tübingen 1958.

[7] Vgl. Eduard Spranger, Wilhelm von Humboldt und die Reform des Bildungswesens. A.a.O., S. 135.

Gäbe es wirklich eine allgemeine Menschenbildung in dieser Bedeutung, so müßte sie doch in einigem Grade unabhängig sein vom Wechsel der Zeiten, ja auch vom Unterschied der Nationen. Ein solcher »eiserner Bestand« ist jedoch über das Lesen, Schreiben und Rechnen hinaus kaum festzulegen. Ja selbst dies ist nach den Erfahrungen der Unesco-Organisation zweifelhaft, ob die Elementarschule für primitive Völkerschaften schon einen solchen literarischen Charakter haben dürfte. Prüft man, wie – zunächst in Deutschland – die Bildungsgüter zusammengekommen sind, die man um 1810 zur »allgemeinen Menschenbildung« gestempelt hat, so stößt man auf ganz andere Zusammenhänge als etwa ein Hervorgehen der Allgemeinbildung aus der Definition des Begriffs »Mensch«. Man beobachtet dann sowohl für die Volksschule wie für das Gymnasium einen »Ablagerungsprozeß«. Das heißt: Jede eigentümliche Kulturperiode hinterläßt eigentümliche Bildungsgüter, die – nicht ohne Kämpfe und nicht ohne gelegentliche Wiederausscheidungen – für die Dauer in den Kanon der grundlegenden Bildung aufgenommen werden.

So also müßte auch die Geschichte der Pädagogik, soweit sie Geschichte der Erziehungspläne und der Schuleinrichtungen ist, geschrieben werden. Für die alten Griechen hat dies Werner Jaeger in seinem klassischen dreibändigen Werk ›Paideia‹[8] durchgeführt. Er deckt gleichsam die Schichten auf, in denen sich das Geistesgebilde Seelenkultur allmählich aufgebaut hat. Für die deutsche Volksschule hat etwas Ähnliches Wilhelm Flitner in seinem Buch ›Die vier Quellen des Volksschulgedankens‹[9] geleistet. Einige Ergänzungen oder weitere Beleuchtungen habe ich unter dem Titel ›Zur Geschichte der deutschen Volksschule‹[10] hinzugefügt.

Natürlich ist auch der Gehalt des Gymnasiums schon in der Epoche, in der das altsprachliche Gymnasium das Monopol besaß, nicht unverändert geblieben. In großen Zügen wird noch heute gelten, was Friedrich Paulsen in seiner bis heute unübertroffenen ›Geschichte des gelehrten Unterrichts‹[11] über die wechselnden Auffassungen vom Bildungsgehalt der Antike ausgeführt hat. In Einzelheiten hat sich das Bild in den mehr als 60 Jahren seit der letzten Bearbeitung des Werkes durch den Verfasser selbst erheblich verschoben. Schon der Titel ist bezeichnend. Das Gymnasium will gar

---

[8] Werner Jaeger, Paideia. Die Formung des griechischen Menschen. 3 Bde., vollständig: Berlin 1954.

[9] Wilhelm Flitner, Die vier Quellen des Volksschulgedankens (1941). 2. Aufl. Hamburg 1949.

[10] Eduard Spranger, Zur Geschichte der deutschen Volksschule. Heidelberg 1949.

[11] Friedrich Paulsen, Geschichte des gelehrten Unterrichts. Hg. v. Rudolf Lehmann. 3. Aufl. Berlin 1919/21.

nicht mehr eine ausgesprochene »Gelehrtenschule« sein. Diese Bestimmung wurde endgültig hinfällig, als der lateinische Aufsatz abgeschafft wurde (in Preußen 1892). Heute könnte man die Geschichte des höheren Schulwesens unter dem Titel schreiben: »Von der Gelehrtenschule zur Gebildetenschule«. »Der Gebildete« aber ist keineswegs etwa »der reine Mensch«. Auch hier ist, besonders seit der Dreiteilung, jeweils eine zeitbedingte Auswahl von Bildungsgütern erfolgt, und die Diskussionen, die immer noch geführt werden, lehren, daß man wohl auch noch eine vierte und fünfte Form höherer grundlegender Bildung schaffen könnte, wenn man nicht aus organisatorischen Gründen vor einer allzu weit gehenden Mannigfaltigkeit der Grundlegungen zurückscheute.

Man male sich aus, wie sich etwa die Japaner dazu stellen müßten, wenn ihnen gesagt würde, auf dem besten altsprachlichen Gymnasium in Deutschland erwerbe man »reine allgemeine Menschenbildung«! Was für uns der (vielgestaltige) antike Humanismus ist, ist für sie der aus China stammende Konfuzianismus; was für uns das Christentum ist, bedeutet ihnen der in viele Sekten aufgesplitterte Mahayana-Buddhismus. Ihr uralter Nationalmythus endlich, der Shintoismus, hat noch mehr Wandlungen durchgemacht als das deutsche Nationalbewußtsein. Schon im Abendlande hat jede Nation ihre eigentümlichen geistigen Traditionsgüter. Aus dieser Tradition entnimmt jede die Bildungsstoffe, die in den Primarschulen, Sekundarschulen und höheren Schulen die »Grundlagen« abgeben. »Allgemein« und »allgemein-menschlich« kann man sie nur nennen, wenn man betonen will, daß Schulen dieser Stufe noch nicht zu bestimmten Berufen hinführen. »Allgemein-menschlich« heißt also immer nur: »nicht fachbezogen«.

IV.

Schwindet nicht mit dem Ideal der allgemeinen Menschenbildung alles Verpflichtende aus dem Bereich der Erziehungs- und Schularbeit? Welches Ziel soll man der Jugend setzen, wenn nicht das des freien Emporstrebens zu vollem Menschentum?

Natürlich wird man sich auch künftig so ausdrücken können. Es kommt nur darauf an, was man darunter versteht und vernünftigerweise verstehen kann. Wir Deutschen haben in unserer pädagogischen Grundeinstellung zwei Erbmängel, die man durch die Jahrhunderte hindurch verfolgen kann: wir haben einen Drang zum Allumfassen, der unvermeidlich die produktiven Kräfte schädigt, und wir hegen den intellektualistischen Glauben, daß Viel-Wissen schon sittlich gut mache. Mit dem zweiten wollen wir uns in dem vorliegenden Rahmen nicht beschäftigen. Allmählich beginnt man doch einzusehen, daß man sich einen sittlichen Charakter nicht anlesen kann und ihn auch nicht durch Anhören von Vorlesungen erwirbt. Das erste aber ist eigentlich der Kern unseres Themas. Der Hang zur Vollständigkeit macht den Deutschen langweilig. Allseitige Empfänglichkeit nimmt die Kräfte zum Handeln weg.[12] Das Ideal der Universalität widerlegt sich schon dadurch, daß es nicht einmal annähernd erreichbar ist. Vor allem in der Schule hat es immer unheilvoll gewirkt. Denn es lähmt die Kräfte des jungen Menschen, der von Natur zur Tat drängt.

Fassen wir also endlich Mut zu der Einseitigkeit, die doch unser Schicksal bleibt! Auf der Stufe der grundlegenden Bildung kommt es nur auf einen Rahmen an, der die Orientierung in der Welt und in der Kultur anbahnt. Er muß verschieden ausfallen, je nachdem, ob die grundlegende Schule einen Bildungsgang von acht Jahren (bald vielleicht von neun Jahren), von zehn Jahren oder von dreizehn Jahren darbietet. Auf diese Grundlegung folgt, zum Beispiel schon auf der Hochschule, eine klare Berufsbildung. Erst in der Ausübung des Berufes aber, also im tätigen Leben, wird das erworben, was man in bescheidenem Sinn Allgemeinbildung nennen darf, nämlich eine langsam ins Weite wachsende Welt- und Lebenskenntnis. Der Handwerker erwirbt sie auf seine Weise ebensowohl wie der Großunternehmer oder der gelehrte Historiker oder der führende Politiker. Die Weite allein macht es nicht; es gibt auch Grade der Intensität. Anders ausgedrückt: Wer nicht sich selbst immer tiefer kennenlernt, der gelangt auch nur zu einer oberflächlichen Weltkenntnis.

Eine besonders wichtige Frage im System dieser sich erweiternden Ringe bleibt es, wie denn nun die grundlegende Bildung in einem Volke aufgebaut werden soll. Die Entscheidung darüber ist keineswegs der Beliebigkeit preisgegeben. Vielmehr bedarf es hier immer wieder der gewissenhaften Prüfung, eben weil es sich nicht nur um Grundlagen des Wissens, sondern auch um die erste Erweckung des Gewissens handelt. Die Kräfte des Guten sind in jedem Falle zu üben. Was die Ewigkeit fordert und was die Zeitlage fordert, muß sorgsam abgewogen werden. Das Gewissen gedeiht nicht ohne Ewigkeitsbezug, also nicht ohne die Pflege des religiösen Innenlebens. Die Zeit aber stellt je eigentümliche Aufgaben und bringt stets neue Schwierigkeiten der sittlichen Entfaltung. Bei derartigen Erwägungen muß das pädagogische Denken wahrhaft produktiv werden. Es

---

[12] Vgl. Johann Wolfgang v. Goethe, Wilhelm Meisters Lehrbrief: »Der Sinn (die Rezeptivität) erweitert, aber lähmt. Die Tat belebt, aber beschränkt.« Werke (Cotta). Bd. XVIII, S. 324.

ist selbst eine große ethische Verpflichtung, für die grundlegenden Schulen normative Bildungsziele zu entwerfen. Gewiß schwebt dabei ein Menschenbild vor, nur eben kein blasses »allgemeines« Menschentum, sondern ein ganz konkretes, noch einfaches, aber höchst kernhaftes.

Das Bild vom Kern ist mit Absicht gewählt. Es liegt darin der Hinweis auf das eigentlich innere Gesetz der Bildung, gleichviel, ob man Bildung als Verfahren oder als Ergebnis dieses Verfahrens meint. Jede echte Formung des Menschen knüpft an ein Zentrum an, das durch seinen Standort in der Welt, durch seine Art wie durch seine unmittelbare Umgebung bestimmt und im voraus begrenzt ist. Pestalozzi nannte das zusammenfassend die Individuallage. Um diesen Kern herum gestaltet sich ein Hof, der allmählich mehr ins Weite wachsen kann. So bildet uns das Leben; so sollten wir auch gebildet werden.

Bei den grundlegenden Schulen handelt es sich also darum, zunächst den Kern zu bestimmen. Obwohl wir nicht mehr in der Hochblüte der nationalen Idee leben, versteht es sich doch von selbst, daß eine anfangende Schulbildung nach wie vor das Muttersprachliche und das Vaterländische als Kern wählen muß. Beides ist mit dem Christlichen unlösbar verbunden. Von da aus erfolgt die Orientierung in der Welt. Wie weit man gehen will und muß, richtet sich nach der zur Verfügung stehenden Zeit, nach den Begabungen und nach den Anforderungen der Epoche.

Die Volksschule wird nur eine Differenzierung nach dem jeweils Heimatlichen vornehmen. Für das Gymnasium (in der neuen erweiterten Bedeutung) hat sich die erwähnte Dreiteilung als zweckmäßig erwiesen: Das altsprachliche Gymnasium dehnt sich in das zu uns gehörige Historische aus, das Realgymnasium in die geistigen Eigenwelten der uns benachbarten Völker des Abendlandes. Die Oberrealschule legt den Ton auf die Naturerkenntnis, die das Abendland errungen hat und auf der die moderne technisierte Arbeitswelt ruht.

In allen drei Schulformen bleibt der Kern das Muttersprachliche, das Vaterländische und das Christliche. Es war kein richtiger Gedanke der Richertschen Schulreform in Preußen von 1924, eine eigene Art von höherer Schule unter dem Namen »Deutsche Oberschule« zu begründen. Denn zu aller Bildung gehört, daß man hinausgeführt werde in etwas, das man (noch) nicht selbst ist, sei es die uns tragende Geschichte, die Geistesart gleichzeitiger großer Kulturvölker oder die Eigengesetzlichkeit der unbelebten und belebten Natur. Das Heimische muß in seinen großen klassischen Erzeugnissen zur Geltung kommen. Was klassisch zu heißen verdient, muß von Zeit zu Zeit gewissenhaft neu geprüft werden. Hierin liegen die wichtigsten sittlich-religiösen Bildungswerte. Der ins Weite führende Bildungs»hof« aber darf nicht dem Ehrgeiz der »Allumfasser« verfallen. Hier bleibt es bei der mehr formalen geistigen Kraftbildung, von der früher die Rede war. Wenn diese Beschränkung nicht sehr ernst genommen wird, kann das Zentrum, nämlich das Heimische und der jeweils charakteristische Kern, seine »menschenbildende, humanisierende« Kraft nicht entfalten. Alles bleibt dann bloßer Lernstoff, und das jugendliche Gemüt wird erdrückt, statt zu seinem vollen eigentümlichen Wesen befreit zu werden.

Die Folgerungen aus dem aufgestellten Bildungsprinzip für die Stufe der Hochschulen sollen hier nicht mehr gezogen werden. Diese Anstalten wurden nur berührt, um auch an ihnen das Irrige im Drang zum Universalen näher zu illustrieren. Wie hier zu verfahren ist, wird sich von selbst ergeben, wenn man die Leitidee festhält:

Es gibt keine allgemeine Menschenbildung, sondern nur Einseitigkeiten, die je zu ihrer eigentümlichen Kraft und Höhe emporgebildet werden müssen. Über die Schranken aber möge man sich mit Goethes Worten aus Wilhelm Meisters Lehrbrief trösten: » Nur alle Menschen machen die Menschheit (die Humanität) aus, nur alle Kräfte zusammengenommen die Welt.«

Quellenverzeichnis und Anmerkungen

Von einigen aus stilistischen Gründen beibehaltenen Gepflogenheiten E. Sprangers abgesehen, wurde die Schreibweise in den vorliegenden Texten der neueren Rechtschreibung angeglichen. Zusätze der Herausgeber werden in diesem Band durch [ ], Textteile aus einer Vorlesungsnachschrift durch ⟨ ⟩ gekennzeichnet.

Die bibliographischen Angaben (Abkürzung: B. + Nummer) beziehen sich auf folgende gedruckt vorliegende Bibliographien:

Theodor Neu (Bearb.): Bibliographie Eduard Spranger. Tübingen 1958. 117 S.

Ludwig Englert und Siegfried Mursch (Bearb.): Bibliographie Eduard Spranger 1957–1962. In: Pädagogische Rundschau, 16. Jg. 1962, S. 631–644.

Umrisse der philosophischen Pädagogik (1933)

Die Abhandlung erschien in der Internationalen Zeitschrift für Erziehung (nicht: Erziehungswissenschaft, wie bei Th. Neu), Köln, Jg. 3, 1933/34, S. 160–180, 332–337, 448–467 (B. 352). Sie bricht nach der dritten Fortsetzung auf S. 467 mit der Bemerkung »(Schluß folgt)« ab. Es bleibt zu prüfen, ob der Abbruch direkt oder indirekt mit den Publikationsbeschränkungen zusammenhängt, denen E. Spranger nach der nationalsozialistischen Machtübernahme unterworfen war (vgl. dazu seine ›Kurze Selbstdarstellung I‹ (1961), in: Eduard Spranger. Sein Werk und sein Leben. Heidelberg 1964, S. 18). Ein Manuskript für den Schluß konnte im Nachlaß nicht gefunden werden.

Die Abhandlung faßt in gedrängter Form den Inhalt der Vorlesungen über die »philosophische Grundlegung der Pädagogik« zusammen. Sie beschränkt sich allerdings auf das, was in einer rein systematischen Darstellung an zeitlosen Strukturzusammenhängen entwickelt werden kann; sie verzichtet also auf historische Differenzierungen und auf die Erörterung spezieller Gegenwartsprobleme und geht deshalb auch wenig auf die zeitgenössische Literatur ein.

Die Arbeit setzt natürlich die ›Lebensformen‹ und die an sie anschließenden Studien voraus. Von den unveröffentlichten Manuskripten jener Zeit sind in diesem Zusammenhang wohl am ehesten der Vortrag ›Die Geistesart des Erziehers‹ (entwickelt an Sokrates, Pestalozzi und Fröbel – Vortrag in Beuthen 1930, 8 Seiten in der üblichen Art der Ausarbeitung) und ein 40 Seiten umfassendes, voll ausgearbeitetes Manuskript im Format DIN A 5 von 1933 mit dem Titel ›Objektiver Geist‹ von Bedeutung; die Texte befinden sich im Spranger-Nachlaß in Tübingen. Das am gleichen Ort verwahrte Manuskript ›Der philosophische Aufbau der wissenschaftlichen Pädagogik‹ (34 Seiten im Format DIN A 5, maschinenschriftliche Übertragung G. Bräuer) stellt offensichtlich die Vorlage für einen in Japan gehaltenen Vortrag dar, der in japanischer Sprache in: Gendai-Bunga to Kokumin-Kyōiku (Nebentitel: Pädagogische Vorträge) 1938 in Tōkyō: Iwanami-Shoten erschienen ist (B. 411). Die Darstellung schließt sich inhaltlich eng an die ›Umrisse der philosophischen Pädagogik‹ an, vereinfacht aber den Gedankengang etwas, so daß ein Abdruck nicht geraten schien.

Die Untertitel hinter den römischen Ziffern wurden von den Herausgebern zur Verdeutlichung entsprechend der Gliederung der Vorlesungen eingefügt. Zu den Zitaten seien einige Angaben nachgetragen: S. 17, 3. Absatz: »Das Wahre ist das Ganze« G. W. Fr. Hegel: Phänomenologie des Geistes. Hg. v. J. Hoffmeister. Sämtliche Werke (Neue kritische Ausgabe) Bd. V, 6. Aufl. Hamburg 1952, S. 21. S. 37, 2. Absatz: »Nicht daß ich es schon ...« Paulus: Philipperbrief 3, 12. S. 55, 3. Absatz: »Realverbindungen der menschlichen Natur« vermutlich in Anlehnung an »Realverbindungen feststehende(r) Naturlagen der Gegenstände« in: J. H. Pestalozzi: Die Abendstunde eines Einsiedlers. In: Sämtliche Werke. Hg. v. A. Buchenau, E. Spranger und H. Stettbacher, Bd. I, Berlin und Leipzig 1927, S. 266; der von Spranger gemeinte Sinn ergibt sich erst, wenn der gesamte Kontext in die Interpretation einbezogen wird. S. 56, 1. Absatz: ›Education: intellectual, moral, physical‹ lautet der Titel des Buches, in dem H. Spencer 1861 seine Essays über die Erziehung zusammenfaßt (dt. v. H. Schmidt 1921). S. 58, 2. Absatz: J. Fr. Herbart: Über die ästhetische Darstellung der Welt als das Hauptgeschäft der Erziehung (1804). In: Sämtliche Werke. Hg. v. G. Hartenstein, 12 Bde. Leipzig 1850–52, XI. Bd. S. 61 hatte Spranger nach dem Satz »Pestalozzi hat sich ... Erziehung darzustellen« eine Fußnote vorgesehen, die aber nur durch eine hochgestellte 1 angezeigt ist. »Unwidersprechlich ist ... zu erhalten«: Pestalozzis sämtliche Werke. Hg. v. L. W. Seyffarth, Liegnitz 1899–1902, Bd. IX, S. 243.

Philosophische Grundlegung der Pädagogik (Tübinger Vorlesung 1948)

Vorlesungen über die »philosophische Grundlegung der Pädagogik« hat Spranger seit Beginn seiner Lehrtätigkeit regelmäßig gehalten. Über den Aufbau und die inhaltliche Genese dieser Vorlesungen wird noch im Nachwort berichtet. Die Themen aller von Spranger gehaltenen Vorlesungen und Übungen sind in der unter der Leitung von Prof. Englert an der Pädagogischen Hochschule Augsburg angefertigten Zulassungsarbeit von Otto Mair: Eduard Spranger als akademischer Lehrer, nach den Vorlesungsverzeichnissen der betreffenden Universitäten in einem Anhang zusammengestellt. Diese Arbeit konnte im Eduard-Spranger-Archiv in München eingesehen werden. Lediglich die im Winter-Semester 1911/12 in Leipzig gehaltene Vorlesung ›Pädagogik I. Teil: Philosophische Grundlegung und Geschichte‹, die nach seiner Berufung noch nicht im Vorlesungsverzeichnis enthalten war, konnte einem Brief an Käthe Hadlich vom 16. 10. 1911 entnommen werden; sie wird dadurch bestätigt, daß Spranger für das folgende Semester eine ›Pädagogik II. Teil‹ angezeigt hatte.

Sprangers Vorlesungsmanuskripte zur ›Philosophischen Grundlegung der Pädagogik‹ sind für das Sommer-Semester 1920, das Winter-Semester 1924/25, das Sommer-Semester 1928, das Sommer-Semester 1932, das Winter-Semester 1934/35 und das Sommer-Semester 1948 in jeweils neu ausgearbeiteten Fassungen erhalten. Sie befinden sich im Spranger-Nachlaß in Tübingen, wo sich außerdem ein Vorlesungsmanuskript über ›Systematische Pädagogik‹ vom Sommer-Semester 1926 befindet. Von dieser Vorlesung ist außerdem eine ausführliche Nachschrift im Eduard-Spranger-Archiv in München vorhanden. Weitere Vorlesungsmanuskripte sind nach einer Auskunft des Bundesarchivs in Koblenz, das Sprangers handschriftlichen Nachlaß verwaltet, an Prof. Bähr nicht erhalten.

Sprangers Vorlesungsmanuskripte bestehen, soweit sie erhalten sind, aus einseitig mit Tinte beschriebenen Blättern im Format DIN A 6 (genauer 165×105 mm). Der Text besteht teils aus ausformulierten, meist zeilenmäßig abgesetzten Sätzen, teils aus durch Auslassung von Artikeln, Hilfsverben und anderen ohne Mühe zu ergänzenden Wörtern verkürzten Sätzen, teils auch aus untereinander angeordneten Stichwörtern, mit einer bis ins einzelne gehenden, durch Ziffern und Buchstaben bezeichneten Gliederung und einer übersichtlichen, oft geradezu ästhetischen Raumverteilung auf den Blättern. Dazwischen befinden sich zahlreiche Überarbeitungsspuren (Unterstreichungen, Zusätze zwischen den Zeilen und am Rand), vielfach mit Bleistift, z. T. auch mit Blau-, Rot- oder Grünstift. Überleitungen, Fragestellungen usw. sind klar vorformuliert. Selbst Pointen sind gelegentlich bereits angedeutet. Es ist dennoch zu vermuten (und wird durch eine noch zu nennende Hörer-Nachschrift bestätigt), daß Spranger mündlich noch weitergehende Ausführungen gemacht hat. Die Paginierung ist nachträglich hinzugefügt, sie stammt wohl nicht von Sprangers Hand. Aus früheren Semestern übernommene Teile sind am Wechsel der Papierart oder einer früheren, nachher verbesserten Paragraphenzählung erkennbar.

Die Darstellung ist, wie dies allgemein Sprangers Art war, streng und z. T. sehr weitgehend gegliedert. Von den maximal fünf Hauptteilen der Planung sind manchmal nur drei oder vier ausgeführt. Die mit eignen Überschriften versehenen Paragraphen (zwischen 23 und 30 in den verschiedenen Fassungen) sind innerhalb der Vorlesung durchlaufend numeriert. Unabhängig davon sind meist auch die Vorlesungsstunden gesondert durchnumeriert, wobei dann die neue Vorlesung in der Regel mit einer kurzen Zusammenfassung beginnt. Manchmal sind auch graphische Schemata zur Verdeutlichung eingefügt. Die beigelegten Dispositionen weichen gelegentlich vom durchgeführten Vorlesungsaufbau ab. Manchmal finden sich Literaturangaben am Ende eines Hauptteils.

Der nicht nur wörtliche, sondern auch zeilengetreue Abdruck des Vortrags über ›Erziehungsethik‹ im 1. Band der »Gesammelten Schriften« (S. 406–419, vgl. auch den Nachbericht der Herausgeber S. 450 ff.) vermittelt eine gute Vorstellung von Sprangers Vorlesungsmanuskripten, wiewohl auch dort die sehr differenzierte Verteilung der vor- und zurückspringenden Zeilenanfänge nicht mit letzter Genauigkeit wiedergegeben werden konnte.

Von der im Sommer-Semester 1948 gehaltenen Vorlesung liegt das Manuskript im Umfang von 332 Blättern der beschriebenen Art vor. Auf dem Deckblatt steht: »Philosophische Grundlegung der Pädagogik. S.S. 1948, 1-stündig (je 60 Minuten). 14 Stunden. Stark gekürzt, aber inhaltlich verbessert gegenüber 1934/35.« Die Vorlesung ist neu ausgearbeitet, es finden sich keine Übernahmen aus früheren Manuskripten.

Außerdem liegt eine Nachschrift dieser Vorlesung im Umfang von 41 Schreibmaschinenseiten mit engem Zeilenabstand vor, die Herr O. Dürr freundlicherweise zur Verfügung gestellt hat, deren Bearbeiter aber leider nicht mehr ermittelt werden konnte. Eine vergleichende Überprüfung mit Sprangers Vorlesungsmanuskript ergab, daß diese Nachschrift sehr sorgfältig ausgearbeitet ist. Sie faßt zwar oft die Darstellung verkürzend zusammen, läßt manche Ausführungen auch ganz fort, stimmt aber in den entscheidenden Formulierungen so genau mit Sprangers eignem Wortlaut überein, daß man ihr auch dort vertrauen konnte, wo Spranger sich auf bloße Stichwörter beschränkt hatte. Sie bedeutet hier eine wertvolle Bereicherung.

Obgleich die Nachschrift mit ihren zusammenhängenden, voll ausformulierten Sätzen leichter zu lesen ist als Sprangers eigne, nur als Unterlage für den mündlichen Vortrag bestimmten Aufzeichnungen, schien es doch richtiger, bis an die Grenze des irgend Möglichen Sprangers authentischen Wortlaut wiederzugeben und dabei den Nachteil einer schwereren Lesbarkeit in Kauf zu nehmen. Man muß nur immer im Auge behalten, daß diese Aufzeichnungen nicht zur Veröffentlichung bestimmt waren. Nur wo Sprangers eigner Text allzu fragmentarisch wurde, ist die Fassung der Nachschrift zur Ergänzung herangezogen und sind Sätze aus ihr, durch Winkelklammern gekennzeichnet, in den Text eingefügt worden. Die Richtigkeit dieser Ergänzungen ist in jedem Fall durch die (an solchen Stellen weggelassenen) Stichwörter gesichert. Wegen der guten Übereinstimmung der beiden Fassungen war der Übergang manchmal sogar innerhalb eines fortlaufenden Satzes möglich.

Da der Text in der vorliegenden Form nicht für die Veröffentlichung bestimmt war, mußte die Bearbeitung etwas freier verfahren, als es sonst in der Ausgabe der »Gesammelten Schriften« üblich ist. Eine in allen Einzelheiten getreue historisch-kritische Ausgabe liegt ohnehin nicht im Bereich der Möglichkeiten. Im einzelnen wurde folgendermaßen vorgegangen:

Die zeilenmäßig abgesetzten einzelnen Sätze wurden zu größeren Absätzen zusammengefügt, um einen möglichst durchlaufenden, lesbaren Text zu gewinnen.

Unvollständige Sätze wurden dabei nach Möglichkeit ergänzt. Soweit es sich um fehlende Artikel und Hilfsverben oder kleinere Lücken für die üblichen syntaktischen Konstruktionen handelt, wurde der Text, da sonst das Satzbild zu unruhig geworden wäre, ohne besondre Kennzeichnung ergänzt. Darüber hinausgehende Konjekturen sind in eckige Klammern gesetzt.

Auch die von Spranger in Kolonnenform untereinandergestellten Stichwörter sind, nur durch Kommata getrennt, nebeneinandergestellt worden. Der Wortlaut selbst ist dabei getreu wiedergegeben worden, nur die Numerierung der Stichwörter wurde, wo sie entbehrlich war, fortgelassen und die Interpunktion den Erfordernissen eines durchgehenden Textes angepaßt. Nach einem Punkt wurde durchgehend mit großem Anfangsbuchstaben begonnen.

Besondre Schwierigkeiten machten die stichwortartigen Ergänzungen Sprangers, die nachträglich am Rand oder zwischen den Zeilen hinzugefügt waren. Soweit sie sich glatt in den Text einfügen ließen, wurden sie ohne besondre Kennzeichnung aufgenommen. Wo sie sich nicht ohne Bruch einfügten, wurden sie in runde Klammern gesetzt. Wo sie allem Anschein nach nur als Gedächtnisstützen dienen sollten oder ihr Zusammenhang nicht klar erkennbar war, mußte auf sie ganz verzichtet werden. Auslassungen dieser Art sind nicht besonders angemerkt. Bei der Frage, wie weit diese Ergänzungen aufzunehmen wären, war eine gewisse Willkür nicht zu vermeiden.
Es sind also, etwas abweichend vom sonstigen Gebrauch in den »Gesammelten Schriften«, die Klammern in folgender Weise benutzt worden:

( ) runde Klammern, wo Spranger dieselben Klammern benutzt hat *oder* bei Ergänzungen Sprangers in seinem Manuskript, die sich nicht ohne Bruch einfügen ließen,

[ ] eckige Klammern für Ergänzungen der Herausgeber, wobei, wie schon gesagt, im Interesse der Lesbarkeit bei eindeutig nahegelegten kürzeren Ergänzungen auf die Kennzeichnung verzichtet wurde,

⟨⟩ Winkelklammern für Einschaltungen aus der Vorlesungs-Nachschrift.

Auf die zahlreichen, als Hilfe für den mündlichen Vortrag bestimmten Unterstreichungen wurde ebenfalls verzichtet. Nur an wenigen Stellen, wo sie zur Hervorhebung des Sinns dienten, wurden sie beibehalten.

Da die Vorlesung durchgehend nach Paragraphen gegliedert ist, wurde die sich damit überschneidende Einteilung nach (insgesamt 14) Vorlesungsstunden weggelassen. Das gleiche gilt für die Zusammenfassungen zu Beginn der neuen Vorlesung sowie für gelegentliche Vorblicke am Ende einer Stunde. Die Auslassungen sind mit drei Punkten in eckigen Klammern bezeichnet. Es handelt sich dabei um die Stellen: S. 65, Z. 16; S. 67, Z. 17 u. 16 v. u.; S. 71, Z. 2 v. u.; S. 72, Z. 4; S. 75, Z. 7 v. u.; S. 76, Z. 21 u. 24; S. 81, Z. 5 u. 4 v. u.; S. 87, Z. 4 v. u.; S. 99, Z. 10; S. 110, Z. 11; S. 116, Z. 8 v. u.; S. 121, Z. 5 v. u.; S. 134, Z. 3.

Auch die graphischen Schemata, mit deren Hilfe Spranger die begrifflichen Zusammenhänge an der Tafel zu verdeutlichen pflegte, sind, wie meist auch in den von ihm selbst veröffentlichten Arbeiten, weggelassen worden. Wo im Text auf sie verwiesen wird, sind diese Stellen ebenfalls durch drei Punkte in eckigen Klammern bezeichnet; wo es entbehrlich schien, wurde auf eine besondre Kennzeichnung verzichtet. Es handelt sich um die Stellen: S. 64, Z. 15 v. u.; S. 69, Z. 2 v. u.; S. 70, Z. 2; S. 82, Z. 16 v. u.; S. 120, Z. 9.

Drei Punkte ohne Klammer stehen so in Sprangers Manuskript.

Die von Spranger bis ins einzelne durchgeführte Gliederung wurde beibehalten, nur gelegentlich etwas vereinfacht. Sie erfolgt bei ihm nach dem Schema: Hauptteile mit römischen Ziffern, größere Unterteile mit großen lateinischen Buchstaben, sodann weiter mit arabischen Ziffern und kleinen lateinischen Buchstaben. Statt der manchmal noch benutzten griechischen Buchstaben wurden lateinische eingesetzt. Auf die Numerierung der einzelnen Thesen oder Stichwörter wurde, wo sie entbehrlich schien, verzichtet.

Von Spranger wurden Zitate nur gelegentlich in Kurzform innerhalb des Textes nachgewiesen. Solche Nachweise wurden in Form von Anmerkungen herausgenommen. Dabei wurden auch die übrigen Zitate, soweit es möglich war, nachgewiesen und die entsprechenden Angaben in Anmerkungen hinzugefügt.

Im einzelnen sei zur Textgestaltung noch folgendes angemerkt: S. 76, Z. 13 wurde ein offensichtlicher Schreibfehler verbessert, es muß dem Zusammenhang nach heißen: persönliche Sittlichkeit. S. 79, Z. 10 – 3 v. u.: »Jedoch haben die Ankläger ... die für viele 1933 bestanden«: Die Sätze wurden von Spranger mit Rotstift eingeklammert, ob sie vorgetragen wurden, ist nicht mehr zu ermitteln. S. 81, Z. 4 v. u. – S. 82, Z. 9 wurde aus der fortgelassenen Zusammenfassung aufgenommen. S. 83, Z. 1 v. u.: in der Winkelklammer wurde ein Satz nach dem Manuskript verbessert. S. 102: der dritte Zusatz wurde aus einem beigelegten Einzelblatt aufgenommen. S. 114, Z. 2 – 5: die Sätze B und C wurden umgestellt. S. 121, Z. 5 v. u.: statt der früheren Ausführungen wurde die in diesem Fall ausführlichere Wiederholung zu Beginn der neuen Vorlesungsstunde gewählt, nur der Schlußsatz S. 122, 4. Absatz wurde aus dem ursprünglichen Text übernommen. S. 136, Z. 8 v. u. »verstand« statt »empfand«: Korrektur eines Hörfehlers. S. 137, Z. 8: das unleserliche letzte Wort war schwer zu ergänzen. S. 140: die beiden letzten Absätze wurden umgestellt.

Im Spranger-Nachlaß in Tübingen sind außer dem Vorlesungsmanuskript Entwürfe zur Pädagogik-Vorlesung und zu Pädagogik-Übungen im Sommer-Semester 1948 in Form stichwortartiger Aufzeichnungen sowie einige Literaturangaben erhalten (insgesamt 37 Seiten). ›Die Vorlesung‹ war übrigens Gegenstand eines Beitrags von Spranger im Hochschulführer desselben Jahres (B. 557). Von den gedruckten Arbeiten dieser Zeit beziehen sich vor allem die Aufsätze ›Die Fruchtbarkeit des Elementaren‹ (B. 552) und ›Volksmoral und Gewissen als Erziehungsmächte‹ (B. 556) enger auf die in der Vorlesung behandelten Probleme.

Bei der Durchsicht der unveröffentlichten Manuskripte zeigt sich, daß der hier abgedruckten Vorlesung im Winter-Semester 1947/48 eine dreistündige Vorlesung zur ›Geschichte der Pädagogik seit 1700‹ vorausgegangen ist, zu der stichwortartige Auszüge und Entwürfe (Aufriß des Problems, Begründung des Einsatzes um 1700, zur Geschichte der Bildungsidee, Disposition) sowie Daten auf insgesamt 9 Seiten vorliegen. Am 29. 1. 1948 hielt Spranger einen Vortrag über die Problematik des Humanitätsgedankens, der für seine Bildungstheorie und speziell für die Auseinandersetzung mit den Auffassungen der dialektischen Theologie von Interesse ist (ein Manuskript von 34 Seiten im Format DIN A 6 in der üblichen Art der Ausarbeitung für den Vortrag und eine zweite Fassung in Form eines Typoskripts von 30 Seiten sind erhalten). In den thematischen Umkreis der Vorlesung gehört auch das relativ umfangreiche Manuskript ›Zur Theorie des Gewissens‹ (Sprangers eigenhändige Datierung: 20. 3. 1948, 14 + 25 + 15 Seiten), sowie ein Vortrag über ›Erziehung als Beruf‹ (vom 23. 3. 1948, Manuskript vom Format DIN A 6 in der üblichen Ausarbeitung, 11 Seiten). Nach dem Ende des Sommer-Semesters hielt E. Spranger vom 27.–29. 9. 1948 fünf Vorträge über pädagogische Grundprobleme in Calw (insgesamt 66 Seiten im Format DIN A 6, das Manuskript ist wiederum in der üblichen Form ausgearbeitet) und bald darauf vor Junglehrern in Stuttgart am 12. 10. 1948 einen Vortrag mit dem Titel ›Der Volksschullehrer als Erzieherpersönlichkeit‹ (Manuskript von 25 Seiten). Diese Angaben mögen skizzenhaft verdeutlichen, wie bei Spranger Kolleg und Ausführungen für breitere Kreise einander zuzuordnen sind und sich des öfteren gegenseitig kommentieren und ergänzen. Die unveröffentlichten Manuskripte sind im Spranger-Nachlaß in Tübingen aufbewahrt.

»Das Leben bildet«. Eine geistesphilosophische Analyse (1959)

Die Abhandlung ist erschienen in: Pädagogische Wahrheiten und Halbwahrheiten kritisch beleuchtet. Festgabe für Wilhelm Flitner zum 70. Geburtstag. Hg. von Eduard Spranger. Heidelberg 1959, S. 69–129 (B. 813). Sie stellt, von einem bestimmten geistesphilosophischen Gesichtspunkt aus entwickelt, die letzte große Zusammenfassung dar, die Spranger von den philosophischen Grundlagen seiner Pädagogik gegeben hat.

Der Satz Pestalozzis »Das Leben bildet« hat Spranger schon früh beschäftigt und vielfach zum Widerspruch gereizt, vgl. in diesem Band S. 46 u. 224. Eine speziellere Auseinandersetzung mit ihm findet sich unter dem Titel »Das Leben bildet«. Analyse von Pestalozzis ›Schwanengesang‹ in der 2. Auflage von: Pestalozzis Denkformen. Heidelberg 1959, S. 117–149 (B. 807), auf die Spranger S. 142 in einer Anmerkung verweist. Die beiden nur durch die Untertitel unterschiedenen Abhandlungen dürfen nicht verwechselt werden.

Der Zusammenhang der unveröffentlichten Materialien zur Philosophie und Psychologie des Geistes aus der späten Schaffensperiode, ihr Verhältnis untereinander sowie zum abgedruckten Text, bedürfen noch einer genaueren Untersuchung. Ohne Anspruch auf Vollständigkeit seien genannt: Aufzeichnungen größeren Umfangs zu einem Seminar über ›Philosophie des Geistes‹ (datiert: 1957/58), Manuskriptstücke zur Soziologie und Philosophie des Geistes von 1958 (Xerokopie), ein Typoskript ›Geisteswissenschaftliche Psychologie‹ von 7 Seiten und eine Antwort auf W. Schadewaldts Festschrift-Beitrag (Manuskript von 6 Seiten) mit dem Titel ›Sinnstufen‹, beide 1957, der ›Große Entwurf zur geisteswissenschaftlichen Psychologie‹, 67 Seiten Manuskript und 44 Seiten Typoskript (1961?), über 40 undatierte lose Blätter, die Auszüge, Entwürfe u. ä. zur geisteswissenschaftlichen Psychologie enthalten, sowie ›Vom Wesen des Geistes‹ vom Mai 1962 (mit dem Vermerk Sprangers: »noch fortzusetzen«), ein Manuskript von 28 Seiten im Format DIN A 5. Die unveröffentlichten Texte werden im Spranger-Nachlaß in Tübingen aufbewahrt.

Zu den Zitaten seien folgende Angaben nachgetragen: S. 148, 2. Absatz: R. M. Rilke: Archaischer Torso Apollos, in: Sämtliche Werke. Hg. v. Rilke-Archiv in

Weimar, besorgt durch E. Zinn, Bd. 1 Wiesbaden 1955, S. 557. S. 159, 2. Absatz: »Der Geist erschließt sich nur dem Geiste«: faßt wohl Hegels Theorie in knapper Form zusammen; vgl. dazu: »Denn der Geist ist das Wissen seiner selbst in seiner Entäußerung; das Wesen, das die Bewegung ist, in seinem Anderssein die Gleichheit mit sich selbst zu behalten« (Phänomenologie des Geistes. Hg. v. J. Hoffmeister. Sämtliche Werke (Neue kritische Ausgabe) Bd. V, 6. Auflage Hamburg 1952, S. 528. S. 166, 3. Absatz: J. W. Goethe, Faust I, v. 512. Sophienausgabe Weimar, Bd. 14, S. 33. S. 177, 4. Absatz: Platon, Lysis, 218 b. S. 181, 3. Absatz: Ovid, Metamorphosen, 7, 20–21. S. 186, 2. Absatz: J. W. Goethe: Vermächtnis. Gedenkausgabe Bd. 1, S. 515.

Gedanken zur Pädagogik (1902)

Der erste Abdruck dieses ganz frühen, von Spranger selbst nicht veröffentlichten Aufsatzes erfolgte durch F. Hartmut Paffrath in: Eduard Spranger und die Volksschule. Eine historisch-systematische Untersuchung. Bad Heilbrunn/Obb. 1971, S. 201–215 (vgl. auch Anm. 19, S. 133 f.). Das Deckblatt des Manuskripts trägt auf der Vorderseite neben dem Titel ›Gedanken zur Paedagogik‹ die Datierung »Sommer 1902«. Wenn diese von Spranger wohl nachträglich hinzugefügte Datierung stimmt, so fällt die Arbeit in die Zeit, in der er bei W. Dilthey eine Dissertation über F. H. Jacobi begonnen hatte, die ihn überforderte und zu Fr. Paulsen abtrieb. Der Einfluß Diltheys wäre hier also natürlich.

Das im Spranger-Nachlaß in Tübingen aufbewahrte Manuskript besteht aus 30 Seiten im Folio-Format (= 330 × 210 mm). Der Schriftspiegel des voll ausgearbeiteten Textes reicht nach drei Seiten jeweils bis zum Rand, an der Außenseite bleibt, links und rechts im Wechsel, ein 63 mm breiter Streifen für Anmerkungen frei. Die Sütterlinschrift (Spitzfeder, schwarze Tinte) weist die typischen Merkmale sehr früher Aufzeichnungen auf (der Duktus ist etwas größer, die Niederschrift ist nicht ganz von der gleichen Akkuratesse wie ein Jahrzehnt später). Die Bleistiftpaginierung stammt wahrscheinlich von Sprangers Hand. Außer Blaustiftunterstreichungen und Bleistiftanstreichungen befinden sich gelegentlich kurze Anmerkungen am Rand. Auf der Rückseite des Deckbogens sind mit Bleistift zwei Stellen aus Nietzsches ›Zarathustra‹ festgehalten: »Mitleiden aber ist der tiefste Abgrund: so tief der Mensch in das Leben sieht, so tief sieht er auch in das Leiden« 230. Und: »Die stillsten Worte sind es, welche den Sturm bringen. Gedanken, die mit Taubenfüßen kommen, lenken die Welt« 217. (Die Stellen sind entnommen dem Dritten Teil: Vom Gesicht und Rätsel, und dem Zweiten Teil: Die stillste Stunde. Stuttgart: Reclam 1969, S. 146 u. 139 f.)

Von Spranger abgekürzte Wörter wurden ausgeschrieben; Rechtschreibung und Interpunktion wurden an einigen Stellen dem heutigen Gebrauch angeglichen. Im folgenden wird jeweils die Textstelle genannt, auf deren Höhe eine Randbemerkung zu finden ist: S. 191 zu Beginn des Absatzes »Unbewußt oder ...« mit Blaustift: »I«. S. 192 bei »Verständlich aber kann ...« zu Beginn des Absatzes: »II«. S. 192 neben «... eines Leibniz, Bonnet, Kant, Goethe u.s.w.« der Bleistift-Zusatz: »Fichte, bes. Lessing«. Am Rande reicht eine Klammer von dieser Stelle bis »... Weltzusammenhang nur ansehen ...«, daneben der Zusatz: »komb. Lessing«. S. 194 neben »Wie jede Zwecktätigkeit ...« mit Blaustift: »III«. S. 195 neben »... aber auch um dieser realen Werte an sich willen« mit Tinte am Rand: »?Beweis?«. S. 195 neben »common sense« mit Bleistift: »der nie geruht hat!«. S. 196 neben »... zunächst als Einheit betrachten ...« am Rand: »Einteilung«. S. 196 neben »Es entwickelt sich ...« mit Blaustift »1«, S. 196 neben »... was entsteht ...«: »2.« und S. 196 neben »... als dritter Faktor ...«: »3.«. S. 197 neben »... einen Elektrotechniker ... allgemeinsten Zügen« mit Tinte am Rand: »cf. Jean Paul.«, darunter mit Bleistift: »d. individuelle Preismensch«. S. 197 neben »Es leuchtet ein ...« am Rand: »(1. 2. 3.)«. S. 199 neben »... historisch-nationalen Kultur ...«: »1.«. S. 201 setzt Spranger hinter 1767 ein Fragezeichen; die kurz vorher erwähnte Schrift ›Über die neuere deutsche Literatur‹ erschien 1766 und 1767. S. 201/202 neben »... Äußerungen gesetzt ...«: »NB. quid a G. nobis discendum sit« (das letzte Wort mit Blaustift). S. 202 neben »Aber verlassen wir ...« am Rande mit Bleistift: »2.«. S. 204 wurde die Wendung vom »inneren Preismenschen«, wie Spranger offenbar versehentlich schreibt, entsprechend der Wendung bei Jean Paul durch »idealen Preismenschen« ersetzt, wie Spranger auch auf den folgenden Seiten schreibt.

Ein angemessenes Bild von Sprangers Erstlingsarbeiten zur Grundlegung der Pädagogik dürfte sich ergeben, wenn man die folgenden Arbeiten heranzieht und mit dem hier abgedruckten Aufsatz zusammen vergleichend interpretiert: ›Leben und Wissenschaft‹, ein ausgearbeitetes Manuskript von 18 Seiten (datiert: Juli 1905), ›Rede über Erziehung‹, die erste von fünf geplanten Reden (1906), jetzt abgedruckt im Band 1 der Gesammelten Schriften, Heidelberg 1969, S. 420–429 (vgl. auch die Anmerkungen der Hg. S. 450–454), ferner ›Grundfragen der philosophischen Pädagogik‹ von 1907 (B. 18), im vorliegenden Band S. 208–221 enthalten, und ›Philosophie und Pädagogik‹ (1907), ein unveröffentlichtes Manuskript von 8 Seiten. Die beiden zuletzt genannten Arbeiten sowie der Habilitationsvortrag von 1909 weisen aber bereits eine andere Gedankenführung auf. Die unveröffentlichten Texte werden im Spranger-Nachlaß in Tübingen aufbewahrt. F. H. Paffrath verweist außerdem auf ein Fragment mit dem Titel ›Metaphysisches in der deskriptiven Pädagogik‹ von 1904 (vgl. Eduard Spranger und die Volksschule, a.a.O., S. 134, Anm. 19).

Grundfragen der philosophischen Pädagogik (1907)

Der Aufsatz erschien in: Blätter für die Fortbildung des Lehrers und der Lehrerin. Jg. 1, Heft 2 (15. Oktober 1907), S. 65–71, Heft 3 (1. November 1907), S. 113–117 und Heft 4 (15. November 1907), S. 161–164 (B. 18). Mit ihm liegt Sprangers erste Veröffentlichung in einer Lehrerzeitschrift vor. Der Beitrag fällt in die Zeit, in der er eigene Unterrichtserfahrungen an einer höheren Mädchenschule sammelte, zugleich aber an seiner Habilitationsschrift über W. v. Humboldt zu arbeiten begann. Man wird sich diese veränderte Situation nach der Fertigstellung der Dissertation, das Aufeinandertreffen praktischer Tätigkeit und intensiver bildungstheoretischer Besinnung, bei der Einschätzung der Arbeit vor Augen halten müssen.

Im Spranger-Nachlaß in Tübingen befinden sich drei ausgearbeitete Manuskripte:

A. Ein Manuskript ohne Titel auf 16 Folio-Seiten, das bis auf wenige erläuternde Einschiebungen mit der gedruckten Fassung übereinstimmt; auf S. 6 ist eine Lücke mit ⁒ bis ⁒ und einigen Punkten bezeichnet, sie entspricht im gedruckten Text etwa einer Seite von S. 212, 2. Absatz bis S. 213, 1. Absatz. Für den Druck ist der Aufsatz in drei Stücke zerlegt; die Einschnitte entsprechen aber nicht Absätzen im Manuskript.

B. Ein voll ausgearbeitetes Manuskript auf ebenfalls 16 Folio-Seiten ohne Titel, auf S. 1 wurde mit Blaustift hinzugefügt: »I. Entwurf«. Dazu gibt es ein (gleichzeitig geschriebenes?) Deckblatt mit dem Titel »Grundfragen der philosophischen Paedagogik«. Aus der beiliegenden Disposition wird deutlich, wie die Fortsetzung der vorliegenden Arbeit geplant war:

I. Notwendigkeit und wissenschaftlicher Charakter der philosophischen Pädagogik.
II. Zur Analyse des pädagogischen Grundvorganges.
 a) Das Medium (pädagogische Bedeutung der Realität und *besonders der Phantasie*).
 b) Das Zusammenwirken zweier Individualitäten.
  1. Der Erzieher und seine Weltanschauung.
  2. Der Zögling (Funktion der pädagogischen Psychologie).
 c) Der kulturelle Hintergrund.
  1. Das pädagogische Moment als universeller Kulturvorgang.
  2. Wesen der Bildungsideale.
  3. Organisationsfragen.

Obgleich das Manuskript ganz ausgearbeitet ist, deckt es sich mit dem Manuskript A nicht einmal in einzelnen Sätzen. Als Dokument für die Kristallisation der Gedanken in einem bestimmten Arbeitsstadium im gleichen Jahr ist es aber von Interesse. Am Rande des Manuskripts ist der Gedankengang mit roter Tinte wie folgt festgehalten:

Philosophische Pädagogik nicht = System der Unterrichtspraxis.
Unentbehrlichkeit der fortschreitenden Besinnung über erzieherisches Tun.
Definition der philosophischen Pädagogik
(im Text: »Das aber verstehe ich unter Pädagogik im philosophischen Sinne: die intellektuelle Arbeit, die aus den inneren Antrieben des pädagogischen Erlebens folgt, sofern sie es zu dem Ganzen des Lebensbewußtseins in Beziehung bringen will«)

2 Wege: der metaphysische und die Reflexion.
Metaphysische Ausgestaltung des Erziehungsgedankens.
Psychologische Analyse des pädagogischen Schaffens. Analogie mit der Entstehungsart der klassischen Ästhetik Goethes und Schillers.
Unzulänglichkeit des Gegensatzes von beschreibenden und normativen Wissenschaften.
Unvermeidlich *normativer* Charakter aller Besinnung über geistige Tatsachen. Es gibt keine gesonderten Wissenschaften von *Mitteln* und andre von Zwecken. Oberster Maßstab im Erleben selbst.
Beispiel aus der Ästhetik.
Beispiel aus der Pädagogik.
Formulierung. Werte lassen sich nicht andemonstrieren. Worin liegt das Spezifisch-Pädagogische?
Pädagogik und Ethik fallen nicht zusammen. Das Wertgeben als Grundphänomen der Pädagogik.
Universale Bedeutung dieser Frage.
Vergleich mit Herbarts Formel: »Erziehender Unterricht«.
Wissenschaften vom Gesichtspunkt des bloß positivistischen Wertes.
Nur ihr humanistischer Wert kann in der allgemeinen Erziehung in Betracht kommen.
Wertkonstitution, ein ethischer Begriff.
Begriff des Wertes und der Werttheorie.

C. Als direkte Vorstudie zu dem hier abgedruckten Aufsatz ist schließlich das unveröffentlichte Manuskript ›Philosophie und Pädagogik‹ (datiert: Churwalden, 24. Juli 1907) von 10 Seiten im Format DIN A 4 zu betrachten. Manche Partien stimmen fast wörtlich mit dem veröffentlichten Text überein.

Die dem Manuskript B beigefügte Disposition hat eine gewisse Bedeutung als Vorstufe des späteren Vorlesungsprogramms. Das nächste Stadium der Ausarbeitung läßt sich am Entwurf der Pädagogik-Vorlesung von 1909 ablesen, einer Weiterführung dieser Arbeit in z. T. stichwortartigen, z. T. zusammenhängenderen Ausführungen auf 30 Seiten (Kapitel I–VII). Ein weiteres Textstück von 12 Seiten gehört möglicherweise schon in den Umkreis der Arbeiten zur Antrittsvorlesung (vgl. in diesem Band S. 222–231). Alle unveröffentlichten Manuskripte werden im Spranger-Nachlaß in Tübingen aufbewahrt.

Antrittsvorlesung [Die philosophischen Grundlagen der Pädagogik] (1910)

Von der bisher unveröffentlichten Antrittsvorlesung liegt eine handschriftliche Ausarbeitung vor. Sie besteht aus 27 Seiten auf 14 quer genommenen, durch einen Strich in zwei Hälften geteilten Blättern im Format DIN A 4 sowie einer früheren Fassung des III. Teils auf 13 durchnumerierten Seiten im Format DIN A 5 mit dem Bleistiftvermerk »ausführl. Fassung verworfen«. Ihm entspricht im Hauptmanuskript an der entsprechenden Stelle bei der Überschrift »3. Teil« der Vermerk (mit Tinte und vermutlich gleichzeitig mit der Überschrift): »gekürzte Fassung«. Weil dies offenbar die von Spranger vorgetragene Fassung ist, bringen wir diese im eigentlichen Textteil des Bandes, die ausführlichere, wahrscheinlich nur aus Zeitgründen gekürzte Fassung, die das Problem der sittlichen Erziehung stärker entfaltet, hier im Anhang:

III. Teil

Endlich möchte ich in einer abschließenden Erwägung zeigen, wie sich dieser Grundcharakter der Pädagogik bei der Durchführung auf einem speziellen Gebiet gestaltet. Ich könnte dazu ebenso gut die intellektuelle wie die ästhetische, die religiöse wie die ethische Erziehung wählen. Nun sind für die erstgenannte schon seit langen Zeiten wertvolle Analysen geliefert. Seit dem 17. Jahrhundert mindestens hat sich für die *Didaktik* die Einsicht durchgesetzt, daß das Verfahren des Unterrichts anknüpfen müsse an den Naturgang der Erkenntnis, d. h. aber an den subjektiven Prozeß der Entstehung des Wissens. Der genetische Weg von der Sinneserfahrung zu den Begriffen galt als das Vorbild jedes psychologisch richtigen Unterrichtes. Mit der Vertiefung der Psychologie und Erkenntnistheorie sind an dieser Grundanschauung mannigfache Korrekturen angebracht worden. Ohne Zweifel ist hier Positives bereits geleistet. Hingegen entbehrt die Erziehungslehre im engeren Sinn, d. h. die Methode der ethischen Erziehung, noch einer schärferen Begründung. Zweierlei müßte dafür freilich geleistet sein: 1. eine empirisch-psychologische Beobachtung der sittlichen Entwicklung des Kindes, 2. eine ethische Analyse derjenigen Faktoren, die im Gebiete des Sittlichen zusammenwirken. Beides kann nicht eigentlich als vollendet gelten. Doch wird es für diesen skizzenhaften Überblick keinem Bedenken begegnen, wenn wir folgende Faktoren vorläufig als entscheidende Momente des Sittlichen herausheben: Es kann entweder definiert werden von dem objektiven *Erfolg* der Handlung aus, oder von der subjektiven Verwebung der *Motive* und seelischen Prozesse, die bei der Entstehung der Willensrichtung und Handlung beteiligt sind. Normen der ersten Art werden also bestimmte *Zwecke* anbefehlen (oder *Pflichten*), die Normen der zweiten Gattung eine bestimmte *Sinnesart*, oder *Tugenden*. (Die Ethik als Güterlehre fällt teils unter den ersten, teils unter den zweiten Gesichtspunkt.) Wenn man das Sittliche vom objektiven Erfolg aus bestimmt, so kann man entweder den rein physischen Erfolg im Kausalnexus der Dinge im Auge haben, oder auch den moralischen Erfolg, der sich in der Reaktion der sittlichen Beurteilung durch die Gemeinschaft, in moralischer Billigung oder Mißbilligung, Achtung oder Verachtung äußert.

Alle diese Gesichtspunkte spielen für die Erziehung eine Rolle und haben längst zur Ausbildung einzelner pädagogischer Theorien geführt, die richtig sind, sofern sie nicht einseitig auf ausschließliche Geltung Anspruch erheben.

1. Wenn man das Sittliche vom physischen Erfolg der Handlung aus definiert, so ergeben sich *daraus* für die Erziehung folgende Aufgaben: Zunächst muß sie sich klar sein, daß ich niemanden veranlassen kann, diesen oder jenen Zweck zu *wollen*. Ich kann ihn vielleicht *zwingen*, dies oder jenes zu tun, aber auf seine Willensentscheidung habe ich keinen *direkten* Einfluß. Höchstens kann ich indirekt seine Motivsetzung beeinflussen; aber davon soll ja hier noch nicht die Rede sein. Hingegen kann ich ihn erfahren lassen, welche Konsequenzen eine bestimmte Zwecksetzung im Zusammenhang der Wirklichkeit haben wird und haben muß. Diese Art der Belehrung ist eigentlich rein intellektuell: sie sagt nicht: du sollst dies oder jenes tun, sondern sie sagt: wenn du dies oder jenes tust, so folgt daraus außer dem Gewollten mit Natur-

notwendigkeit noch ein andres. In dieser Weise belehrt uns das Leben täglich. Die bildende Wirkung der Lebenserfahrung liegt darin, daß die Einsicht in den unentrinnbaren Konnex der Dinge mehr und mehr in unsre Zwecksetzungen eintritt. Manche jugendliche Wünsche scheiden so allmählich ganz aus. Aber auch manch ideales Streben erfährt seinen Zusammenstoß mit den unerbittlichen Mächten der Wirklichkeit. Das *Tragische* hat in diesem Boden seine Wurzel. – Für die Erziehung folgt daraus, daß auch zur ethischen Emporbildung die *Lehre* gehört. Je einsichtiger der Mensch wird, um so mehr ist er behütet vor Zwecksetzungen, deren Nebenerfolge er unter allen Umständen vermeiden will und soll. Rousseau möchte diese natürlichen Strafen und Belohnungen durch ein verborgenes Eingreifen des Erziehers noch über den Bezirk ausdehnen, in dem sie einheimisch sind. Bei alledem aber ist eine wichtige Voraussetzung unausgesprochen geblieben: nämlich die, daß bei erreichter Einsicht in die Konsequenz bestimmter Willensrichtungen dieser Wille selbst verschwinden und einem besseren weichen wird. Diese Seite der Erziehung ist also gar nicht *ethisch*, sondern sie spekuliert auf *das latente Vorhandensein des sittlichen Willens, der sich nur über sich selbst klar werden muß*. Bleibt diese Reaktion aus, will ich mein Ziel trotz aller verderblichen Konsequenzen – sei es für andre oder für mich – so ist keine Lehre und keine natürliche Strafe imstande, diese Willensbestimmtheit zu beseitigen. Diese ganze Seite der Erziehung hat also nur einen propädeutischen Wert: es handelt sich hier um indirekte Veranstaltungen, die der eigentlich sittlichen Entwicklung einen günstigen Boden bereiten sollen.

2. Definiert man das Sittliche von der Reaktion aus, die sich im Urteil der Umgebung ausspricht, also als eine Art unparteiischen Gesellschaftswillens, so ist damit die Tatsache umschrieben, daß wir uns rings von moralischen Ansichten, Wertungen und Dogmen umgeben finden, die uns in gewissem Grade beherrschen. Diese allgemeine objektive Sittlichkeit oder Sitte mag in sich begründet sein oder nicht, sie bedeutet jedenfalls einen mächtigen Faktor, mit dem gerechnet werden muß, und sie enthält sicher ein bestimmtes Maß erarbeiteter sittlicher Begriffe in sich. Wir können dies eine sittliche Lebensatmosphäre nennen. Die Erziehung als bewußte Veranstaltung wird bestrebt sein, rings um den Zögling eine solche Atmosphäre in potenzierter Form zu schaffen. Er findet sich beständig durch das moralische Urteil seiner Umgebung erreicht, und dieses Urteil erstreckt sich nicht nur auf sein reflektiertes Handeln, sondern auch auf die Beschaffenheit seines Trieblebens, seinen bloß naturhaften Charakter. Gerade für den Werdenden bedeutet die Umgebung eine entscheidende Macht, da er ihr ja noch nicht mit eigner Kraft entgegen treten kann. Selbst die rohe Gewalt seiner Triebe und Gefühle kann durch diese von außen wirkende unablässige Korrektur gebändigt werden. Eine sorgsame Erziehung regelt dies moralische Milieu mit kluger Berechnung. Hierhin gehören die Erziehungsfaktoren der Autoritätsentfaltung, der Gewöhnung, des Wetteifers, der Belohnung, der Bestrafung durch Nichtachtung und Ausschließung. Ehrgefühl und Ehrgeiz beruhen auf dem äußeren Regulator, der in dem sittlichen Maßstabe der Umgebung liegt. – Aber indem ich diese Worte nenne, werden zugleich die Grenzen dieser ethischen Auffassung und dieser Erziehungsmethode klar. Die objektive Moral ist nicht immer die giltige oder wahrhaft sittliche Moral. Es kann auf diesem Wege ebenso Gift ausgebreitet werden wie Gutes. Unter Umständen liegt, wie Rousseaus Beispiel zeigt, das eigentlich Sittliche gerade in der Kraft der Auflehnung gegen einen von außen aufgedrängten Maßstab. Jenes Mittel also ist nur insoweit unanfechtbar, als es unanfechtbare Normen vertritt; da aber

selbst das Gute der Entwicklung fähig ist, so kann man dabei nicht stehen bleiben. Auch diese Methode hat nur einen propädeutischen Wert. Das eigentlich Sittliche aber liegt, wie nunmehr klar ist, in der autonomen Willensentscheidung, in der Motivierung, die das Sittliche um des Sittlichen willen zur Herrschaft bringt.

3. Und so kämen wir dann jetzt von den Vorhöfen an das eigentliche Zentrum des Sittlichen. Im Komplex der Motive, zu denen übrigens auch die geläuterten Erfolgsvorstellungen mit ihrem Gefühlsakzent gehören, liegt allein das Kriterium des Sittlichen, oder kürzer gesagt: in der Gesinnung. Dabei fasse ich Gesinnung im weitesten Umfang als Sinnesart: auf einer niederen Stufe genügt das Gefühl oder der Trieb zum Motiv, den dann der reflektierende Beurteiler als sittlich oder unsittlich stempelt. Ob wir aber das Gefühlsleben willkürlich direkt beeinflussen können, ob sich Mitgefühl und Wohlwollen pädagogisch erzeugen läßt, ist sehr zweifelhaft. Mit der Reflexion also beginnt erst die eigentliche sittliche Entscheidung. Wenn ich über die Fülle der auf mich eindringenden Motive reflektiere, so sind einige davon mit dem Charakter des Spezifisch-Sittlichen gekennzeichnet. Dieser Charakter ist nicht ableitbar aus anderen Daten, nicht aus dem Ziel der bloß individuellen Selbsterhaltung oder der sozialen Lebenserhaltung, sondern er ist ein Index für das eigentlich Humane, für das, was das Leben erst lebenswert macht und ihm einen Sinn und Wert gibt. Jede explizierende Ethik geht davon aus, diesen erlebten Charakter anzuerkennen. Die Stufenhaftigkeit des Sittlichen ist allein im sittlichen Erleben gegeben: rationale Beweise oder gar biologische Deduktionen reichen da nicht heran.

Nun ist diese sittliche Entscheidung, die das Sittliche will um des Sittlichen willen oder weil sie in ihm das Faktum eines höchsten Gesetzes erkennt, im einzelnen Fall immer etwas absolut *Einsames*. Soweit es auf allgemeine Grundsätze gebracht ist, fällt es unter den Gesichtspunkt der vorhin behandelten objektiven Moral. Daß sich der einzelne mit sittlicher Überzeugung *für sie entscheidet*, läßt sich nicht willkürlich hervorrufen. Kann also die Erziehung überhaupt bis an diesen Brennpunkt des Ethischen vordringen?

Sicher ist, daß ich dem jungen Menschen so wenig wie dem Erwachsenen diese Verantwortung abnehmen kann. Die sittliche Entwicklung der Gegenwart ist auf der Stufe angelangt – vielleicht schon seit der Entstehungsstunde des Protestantismus – daß keine Autorität über das sittliche Gewissen der individuellen Lage unter allen Umständen erhaben ist. Und da nun die Erziehung nur als Autorität wirken kann, so reicht sie an das letzte Sittliche nicht heran.

Ist damit nun wirklich das letzte Wort gesprochen? Dann wäre die Macht der Erziehung eingeschränkt auf die Außenwerke des Menschen. Wenn sich aber wirklich der Werdende emporbilden kann an dem Fertigen, so fragt es sich, *wie* dieser Prozeß zu denken ist. Wäre wirklich das Sittliche in jedem ein anderes, so wäre es Frevel, auch nur dem Kinde ein fremdes Gesetz aufzudrängen. Dieser extremste Subjektivismus der Gegenwart aber findet seine Grenze darin, daß eben das Sittliche trotz seiner individuellen Erscheinungsform doch ein objektives Gesetz ist, das über das bloße Subjekt hinausreicht. Man kann sagen, daß es die Immanenz des Gesamtgeistes im Einzelgeiste nach einer besonderen Richtung hin repräsentiere. Sofern nun dieses objektive Gesetz nicht von vornherein im Einzelgeiste vorgebildet ist, kann er doch zu ihm emporgebildet werden, und zwar durch den mit dem Erziehungsvorgang verlaufenden Prozeß der Einfühlung und Emporfühlung in höhere Lebensformen. Es ist kein Rückfall in die Reflexionspsychologie, wenn wir dem Nacherleben fremder Lebensformen in der Phantasie eine solche bildende Bedeutung zuschreiben. Das Kind mit seiner beweglichen Phantasie lebt beständig in Bildern von dem, was die Erwachsenen sind und leisten. Ihre Vorbilder sind um so wirksamer, je weniger dick auf ihnen die Farben des Lehrhaften oder Absichtlichen aufgetragen sind. (Gegenseitiges Verstehen.) Was so zunächst peripherisch in den Werdenden eintritt, dringt allmählich in die Mitte seines wirklichen Seins und Wesens vor. In dem Fremden wird das bessere Ich erkannt, geliebt und angeeignet. So wird aus der Heteronomie des Erziehers mehr und mehr die Autonomie des objektiven sittlichen Wollens.

Nicht nur das Leben, die Erzieher und die am Wege stehenden, oft eindrucksvolleren Persönlichkeiten bilden auf diese Weise. Sondern vielleicht noch mächtiger die auf das Ideale der Lebensauffassung angelegte *Kunst*. Der Gedanke der ästhetischen Erziehung, weichlich sofern er nur Erziehung *zur Kunst* sein will, behält sein unverlierbares Recht als Erziehung *durch die Kunst*. Denn die Dichtung hebt die bloße begehrliche Egoität auf, sie erweitert den Sinn für das Reale in unbekannte Sphären der Welt, und sie belebt endlich die Gefühle und Motive, indem sie sie bis in ihre letzte Konsequenz ausklingen läßt und ihre Verflechtung mit dem unerbittlichen Weltlauf zeigt. Das Uneigennützige der Phantasie bereichert so doch zuletzt das Eigentum des sittlichen Charakters.

Erziehung ist also auf dieser letzten Stufe nichts anderes als die Darbietung von Hilfsmitteln und Bedingungen zur Selbstbildung. Wir haben keinen unbegrenzten Einfluß auf das Werden des Subjektes, sondern wir können es nur in Umstände versetzen und ihm Gegenstände geben, an denen es sich durch eigne Arbeit emporringt. Daher ist die sittliche Gemeinschaft, sei es die tiefe Lebensgemeinschaft zwischen Erzieher und Zögling, oder die Familie oder die stählende Arbeitsgemeinschaft der Schule, die einzige Macht, die zur Bildung der Persönlichkeit Vorbedingungen zu schaffen vermag.

Was ich so für die sittliche Lebenssphäre ausgeführt habe, gilt ebenso für die wissenschaftliche, die religiöse und ästhetische. Auch hier ist das Entscheidende, nämlich der subjektive Akt der Selbsttätigkeit, der unmittelbaren absichtlichen Einwirkung unzugänglich.

In diesem Ergebnis liegt nicht nur ein Resultat für das Leben der Kindheit und der Schule. Die Frage, wie weit wir den Geist der Gesellschaft umbilden können, wie weit wir etwa der eilenden Kultur in den Arm fallen können und der ungesunden Richtung eines gefahrbringenden Fortschrittes entgegentreten, diese Frage des allgemeinen Kulturlebens gehört ebenfalls vor das Forum der Pädagogik. Die Erziehung ist nicht allmächtig – so werden wir im Gegensatz zum 18. Jahrhundert sagen müssen – aber was wir durch bewußte Arbeit an der Veredlung unsres Volkslebens erreichen können – das verdanken wir allein der Erziehung, die sich über das Maß und die Wege der menschlichen Bildsamkeit bewußt geworden ist.

Zum Abdruck der Antrittsvorlesung im Textteil dieses Bandes sei noch angemerkt:

S. 224 wurde »II« am oberen Rand des Blattes in Analogie zur früheren Bezeichnung zu »II. Teil« ergänzt. S. 225, 1. Absatz wird mit dem Satz »Für die Pädagogik gilt ...« zu einer offenbar früheren Manuskriptfassung übergegangen. S. 228 ist am Ende des II. Teils ein erster Ansatz mit Punkt 3) gestrichen, auf der folgenden Seite wird mit 3 neu angefangen. S. 228 wurde zur Vereinheitlichung die arabische 3 durch eine römische III ersetzt. S. 413, 2. Absatz ist das schwer zu entziffernde Wort wohl als »weichlich« zu lesen. S. 413, 3. Absatz wurde »einzige Mächte« in »einzige Macht« abgeändert. S. 229, 4. Absatz: »Was ist zuverlässiger als das Herz des Edelgeborenen?« Fr. H. Jacobi: Allwill. In: Fr. H. Jacobi's Werke. Leipzig 1812–25, Bd. 1, S. 189.

E. Sprangers öffentlicher Habilitationsvortrag vom 19. 7. 1909 über die ›Philosophie und Pädagogik der preußischen Reformzeit‹ sowie Thema und Stoff seiner Vorlesung im Winter-Semester 1909/10 über die ›Geschichte des höheren Schulwesens im 19. Jahrhundert‹ waren sowohl zwanglos aus den langen Archivstudien hervorgegangen, die er für seine beiden Humboldt-Bücher getrieben hatte (gemeint sind die Habilitationsschrift ›Wilhelm von Humboldt und die Humanitätsidee‹. Berlin 1909 [B. 39] und ›Wilhelm von Humboldt und die Reform des Bildungswesens‹. Berlin 1910 [B. 58]). Der Text des Habilitationsvortrags wurde als Festgabe für Max Lenz zum 60. Geburtstag publiziert in: HZ. Bd. 104 = F. 3, Bd. 8, 1910, S. 278–321 (B. 59). Es ist nur zu verständlich, daß Spranger sich nach mehreren breiten historischen Darstellungen genötigt sah, in der Antrittsvorlesung von 1910 einen eigenen systematischen Ansatz zur Pädagogik zur Diskussion zu stellen. Warum er sich dann nicht zur Veröffentlichung des Textes entschließen konnte, ist bisher ungeklärt. Der ausführlichere Entwurf einer Vorlesung über ›Philosophische Grundlagen der Pädagogik‹ für das Jahr 1910, ein Manuskript von 30 Seiten (12 Seiten davon zusammenhängender Text), eingeteilt in die Kapitel I–VII, ist ebenfalls im Spranger-Nachlaß in Tübingen aufbewahrt.

E. Spranger erhielt bereits im Herbst 1911 einen Ruf als a.o. Professor für Philosophie und Pädagogik an die Universität Leipzig (als Nachfolger von E. Meumann). 1912 wurde er o. Professor. Der Ausbau der Pädagogik nach der historischen wie der systematischen Seite hin war von nun an ebenso sein Ziel wie die Grundlegung einer verstehenden Jugendpsychologie und der Kulturphilosophie.

Das Problem der Bildsamkeit (1916/17)

E. Spranger verbrachte den Winter 1916/17 seiner angegriffenen Gesundheit wegen in Partenkirchen (zu den Umständen seiner Erkrankung vgl. L. Englert (Hg.): Georg Kerschensteiner – Eduard Spranger. Briefwechsel 1912–1931. München, Wien und Stuttgart 1966, S. 74 ff., sowie den Bericht des Herausgebers S. 331 f.). In dieser Zeit – er dürfte etwa fünfeinhalb Monate dort gewesen sein – verfaßte er ein Manuskript von 220 Blättern im Format 210 × 163 mm samt einer vorangestellten Gliederung; auf ihm findet sich die nachträgliche Bleistiftnotiz Sprangers: »Philosophische Pädagogik. Winter 1916/17 in Partenkirchen«. Von diesem Text liegt eine maschinenschriftliche Abschrift von W. Brix im Umfang von 93 Seiten im Format DIN A 4 vor, die für den Druck mit dem Manuskript verglichen wurde.

Die Gliederung sah folgenden Aufbau vor:

Einleitung: Die Methode.

I. Allgemeiner Teil.
   1. Der Bildungsprozeß,
   2. das Bildungsideal,
   3. die Bildsamkeit,
   4. der Bildner,
   5. das Bildungswesen.

II. Besonderer Teil. Die deutsche Volksschule.
   1. Ihre Funktion im Staat,
   2. der Lehrer,
   3. der Schüler,
   4. das Ziel,
   5. die Methode.

Es ist nicht ganz sicher, ob diese Gliederung wirklich den ursprünglichen Plan dieser Ausarbeitung darstellt. Der allgemeine Teil entspricht dem auch sonst bei Spranger üblichen Schema, wie es beispielsweise 1915 in einem Brief an Kerschensteiner entwickelt wird (Briefwechsel 1912–1931, a.a.O., S. 35–37).

Das Manuskript führt die ersten drei Kapitel des allgemeinen Teils in einer etwas anderen Gliederung aus. Es ist folgendermaßen aufgebaut: Der Text besteht aus zwei Hauptteilen. Der erste (umfangreichere) gliedert sich in folgende Paragraphen:

§ 1 Die Kriterien des Bildungsprozesses.

§ 2 Die Erscheinungsformen des Bildungsprozesses.

§ 3 (1) Allgemeine Charakterisierung des Problems.
Der Begriff des Ideals.
Terminologische Vorbemerkungen zur Werttheorie.

§ 4 (2) Die abstrakten Grundformen der Bildungsideale.
   1. Das ökonomische Ideal.
   2. Das theoretische oder intellektualistische Ideal.
   3. Das ästhetische Bildungsideal.
   4. Das soziale Bildungsideal.
   5. Das politische Bildungsideal.
   6. Das religiöse Bildungsideal.

§ 5 Die Kombination der Werte im Individuum (sekundäre Wertung).

§ 6 Die Theorie der überindividuellen Subjekte.

§ 7 Bildungsgut und Bildungswert.
   1. Der Bildungswert der Erkenntnis.
   2. Der Bildungswert des Ästhetischen.
   3. Der Bildungswert der wirtschaftlichen Arbeit.
   4. Soziale Bildungswerte.
   5. Der Bildungswert des Religiösen.

Die Einleitung über die Kriterien und die Erscheinungsformen des Bildungsprozesses ist möglicherweise erst nachträglich an den Beginn gesetzt worden. Ursprünglich begann wohl die Ausarbeitung bei § 3, ihr Hauptinhalt ist die ausführliche Darstellung der Bildungsideale und Bildungswerte. Diese Ausführungen sind ganz am Grundgerüst der ›Lebensformen‹ orientiert; sie sind schon deshalb von Interesse, weil sie zwischen der ersten Fassung (Lebensformen. In: Festschrift für Alois Riehl. Von Freunden und Schülern zu seinem siebzigsten Geburtstage dargebracht. Halle a. S. 1914, S. 413–522. B. 89) und der zweiten Fassung, der »Arbeit ernster, schwerer Jahre«, wie Spranger im Vorwort der 2. Auflage schreibt (Lebensformen. Geisteswissenschaftliche Psychologie und Ethik der Persönlichkeit. 2. völlig neu bearbeitete und erweiterte Auflage. Halle a. S. 1921, X, 403 S. B. 155), eine Mittelstellung einnimmt. Dabei fällt auf, daß das Schema der ›Lebensformen‹ mehrmals zugrunde gelegt wird: bei der Darstellung der Bildungsideale wie bei der der Bildungswerte, wie endlich noch einmal (wenn auch kürzer) bei der Darstellung des Problems der Bildsamkeit. Wenn dieser Teil auch für die Ausbildung der Lehre von den Lebensformen wichtig ist, so eignet er sich doch weniger zum Druck, weil die beiden einleitenden Paragraphen nur als Hinführung zur späteren Darstellung zu verstehen sind, diese selber aber in den ›Lebensformen‹ ihre abschließende, ausgereifte Darstellung gefunden haben, so daß allgemein auf diese verwiesen werden kann.

Wir beschränken uns daher auf den Abdruck des zweiten (kürzeren) Hauptteils, der »Das Problem der Bildsamkeit« überschrieben ist (Manuskript S. 157 bis 220, Typoskript S. 66–93). Dieser Teil ist in sieben mit römischen Ziffern bezeichnete Kapitel gegliedert, die keine Teilüberschriften tragen.

S. 246, 3. Absatz fehlt im Manuskript das Fichte-Zitat. W. Brix hat die Stelle von sich aus sinnvoll ergänzt. Die Textergänzung dürfte sich dadurch als korrekt erweisen, daß Spranger Fichtes Wendung von der »Wurzel der Lebensregung und -bewegung« auch an andrer Stelle anführt, vgl. z. B. die Vorlesung von 1948, in diesem Band S. 67. Das Zitat stammt aus: J. G. Fichte: Reden an die deutsche Nation. Erste Rede. Ausgewählte Werke in 6 Bänden. Hg. v. Fr. Medicus. Darmstadt 1962, Bd. V, S. 387.

S. 256, 4. Absatz: Die Ausdrücke »primäre« und »sekundäre Wertung« werden im § 5 des ersten Hauptteils, der hier nicht abgedruckt ist, eingeführt. Als »primäre Wertung« bezeichnet Spranger die verschiedenen einfachen Wertungsarten (vor allem die seinen sechs Lebensformen zugrunde liegenden Wertungen), als »sekundäre Wertung« die Entscheidungen zwischen den verschiedenen primären Wertungen und deren Kombination im konkreten Menschen.

Zur genaueren Einordnung der Partenkirchener Ausarbeitung in den gesamten Entstehungszusammenhang der philosophischen Grundlegung der Pädagogik in jenen Jahren wären außer den beiden Fassungen der ›Lebensformen‹ folgende veröffentlichte Schriften aus dieser Zeit heranzuziehen: ›Das humanistische und das politische Bildungsideal im heutigen Deutschland‹. Berlin 1916 (B. 100), ›Grundlegende Bildung, Berufsbildung, Allgemeinbildung‹. 1918 (B. 118, jetzt in: Gesammelte Schriften Bd. 1, Heidelberg 1969, S. 7–19), ›Von der ewigen Renaissance‹. In: Deutsches Philologen-Blatt, Jg. 25, 1917, S. 6–12 (B. 113), und: ›Gedanken über Lehrerbildung‹. Leipzig 1920 (B. 143).

Die Bedeutung der wissenschaftlichen Pädagogik für das Volksleben (1920)

Die Abhandlung gibt einen Vortrag wieder, der unter dem Titel ›Die pädagogische Wissenschaft und ihre Bedeutung für das Volksleben‹ am 19. Mai 1920 anläßlich der Gründungsversammlung der »Gesellschaft der Freunde des Zentralinstituts für Erziehung und Unterricht« im Sitzungssaal des ehemaligen Herrenhauses in Berlin gehalten wurde. Sie wurde erstmals veröffentlicht in: Pädagogisches Zentralblatt. Jg. 1, 1919/20, S. 353–366 (B. 148). Sie wurde dann unter dem veränderten Titel ›Die Bedeutung der wissenschaftlichen Pädagogik für das Volksleben‹ in die Sammlung: Kultur und Erziehung. Gesammelte pädagogische Aufsätze. 2. wesentlich erweiterte Auflage, Leipzig 1923 (B. 179), 3. teilweise veränderte Auflage, 1925 (B. 201) und 4. vermehrte Auflage, 1928 (B. 254) aufgenommen. Es handelt sich um gleichlautende Fassungen bis auf die Anmerkung auf der letzten Seite, die erst in der 4. Auflage hinzugefügt wurde. Das Buch erschien in japanischer Übersetzung von Minoru Murai und Kazuo Nagai: Bunka to Kyōiku. Kyōiku Ronbunshū. Tōkyō 1956 (B. 717), in 2. Auflage 1957 (B. 742), in 3. Auflage 1959 (B. 802). Eine spanische Übersetzung war schon 1942 erschienen in: La ciencias del espíritu y la escuela. Trad. de Juan Roura y Parella. Buenos Aires 1942 (B. 481). Nach dem Krieg wurde die Abhandlung noch zweimal in Textsammlungen aufgenommen, vgl.: Kulturverwaltung der zwanziger Jahre. Alte Dokumente und neue Beiträge. Hg. in Gemeinschaft mit Wilhelm Zilius von Adolf Grimme. Stuttgart 1961, S. 61–74 (B. 858), und: H. Röhrs (Hg.): Erziehungswissenschaft und Erziehungswirklichkeit. Frankfurt/M. 1964, S. 9 ff.

Zu den Zitaten seien folgende Angaben nachgetragen: S. 267, 2. Absatz: »Wer die Jugend hat, der hat die Zukunft« – ein Schlagwort des 19. Jahrhunderts, das auch mit der Variante »Wer die Schule hat, ...« gebraucht wurde; vgl. H. G. Bloth: ›Wer die Schule hat, der hat die Zukunft‹, in: Zeitschrift für Pädagogik, Jg. 8, Heft 2, 1962, 142–151. S. 272, 1. Absatz: Es ist fraglich, ob ein größeres Buch erschienen ist. Als einzige Veröffentlichung können wir nachweisen: Ernst Schultze: Die Kindersklaverei der weißen Völker. Langensalza 1923 (22 S.). S. 261, 2. Absatz: Thesen für die Reichsschulkonferenz. In: Die Reichsschulkonferenz 1920. Ihre Vorgeschichte und Vorbereitung und ihre Verhandlungen. Amtlicher Bericht, erstattet vom Reichsministerium des Innern. Leipzig 1921, S. 261 bis 274, 632–636, 683 (B. 159).

Das im Spranger-Nachlaß in Tübingen befindliche Manuskript mit der Überschrift ›Reichsschulkonferenz‹, 14 Seiten im Format DIN A 6 in der üblichen Art der Ausarbeitung für den Vortrag, stimmt nicht mit der im amtlichen Bericht (B. 159) veröffentlichten Fassung des Vortrags überein. Es deckt sich dagegen weitgehend mit dem kurzen Bericht von Karl Muthesius über diesen Vortrag in: Die Reichsschulkonferenz in ihren Ergebnissen. Hg. v. Zentralinstitut für Erziehung und Unterricht in Berlin.

Leipzig 1920, S. 149–150 (an Einzelheiten: die Abschätzung der Zahlen über den Lehrerbedarf, oder ein längeres Zitat aus dem Programm des Deutschen Seminarlehrervereins, die beide im gedruckten Text nicht mehr vorhanden sind), so daß man annehmen darf, daß Spranger seinen Vortrag nach dem erhaltenen Manuskript gehalten hat, die Druckfassung aber nach dem Abschluß der Konferenz völlig neu geschrieben hat. Aus dem Manuskript seien die eindringlichen Schlußworte mitgeteilt:

»Die Universität wird die Pädagogische Hochschule als ihre Schwesteranstalt begrüßen. Vielleicht wird sie einmal mit ihr zu ringen haben um die Ausbildung der Lehrer. Das wird ihre eigne Arbeit beflügeln. Es wird ein Austausch der Lehrer und der Studierenden stattfinden. Sie, meine Herren, die letzten Volksschullehrer aus der Zeit der Seminare, haben der Welt ein Vermächtnis zu hinterlassen: den Bildungsgedanken der Pädagogischen Akademie.«

Zur Beurteilung der von E. Spranger bei der Reichsschulkonferenz eingenommenen Position wären außer den genannten Schriften folgende Texte heranzuziehen: Grundsätzliches zur Umgestaltung der Volksschulseminare. In: F. H. Paffrath: Eduard Spranger und die Volksschule, a.a.O., S. 215–225. Zur Frage der Lehrerbildung. Ergebnisse des im Zentralinstitut für Erziehung und Unterricht eingesetzten Sonderausschusses. In: Pädagogisches Zentralblatt Jg. 1, 1919/20, S. 257–261 (B. 152). Gedanken über Lehrerbildung. Leipzig 1920 (B. 143). Meine Beteiligung an der Reichsschulkonferenz. (11.–19. Juni 1920). In: F. H. Paffrath: Eduard Spranger und die Volksschule, a.a.O., S. 225–232. Die Lehrerbildung auf der Reichsschulkonferenz (Bericht). In: Pädagogische Blätter, Jg. 50. 1921, S. 401–407 (B. 160).

Berufsbildung und Allgemeinbildung (1923)

Der vorliegende Beitrag wurde erstmals im Handbuch für das Berufs- und Fachschulwesen, hg. v. Alfred Kühne, Leipzig 1923, S. 24–38 veröffentlicht (B. 182). Die 2. erweiterte Auflage des Handbuchs erschien 1929, Sprangers Beitrag findet sich dort S. 27–42 (B. 276). Ein weiterer Abdruck erfolgte in H. Röhrs (Hg.): Die Bildungsfrage in der modernen Arbeitswelt. Frankfurt/M. 1967, S. 17–34. In diesem Band wird der Text der 1. Auflage wiedergegeben.

Probleme der Berufsbildung und des Berufsschulwesens haben E. Spranger mehrmals nachhaltig beschäftigt. Sie werden von ihm stets auf dem Hintergrund seiner Theorie der grundlegenden und der allgemeinen Bildung untersucht. Die theoretischen Überlegungen der ›Lebensformen‹ und der aus ihnen entwickelten Bildungstheorie werden vorausgesetzt. Ganz entscheidend ist bereits der frühe Ansatz in: ›Grundlegende Bildung, Berufsbildung, Allgemeinbildung‹. In: Preußische Fortbildungsschulzeitung. Jg. 9, 1918, S. 241–268 (B. 118), aufgenommen in: Kultur und Erziehung. Gesammelte pädagogische Aufsätze. Leipzig 1919 (B. 128; weitere Auflagen: B. 179, 201, 254, Übersetzung ins Japanische: B. 717, 742, 802), jetzt auch in: Gesammelte Schriften, Bd. 1, Heidelberg 1969, S. 7–19 (dort Anmerkungen der Hg. über die allgemeineren Zusammenhänge S. 430 bis 433). Von Bedeutung ist auch der Aufsatz: ›Allgemeine Menschenbildung und Berufsschule‹ (Vortrag beim XIII. Deutschen Fortbildungsschultag in Dresden am 27. 5. 1920). In: Die Deutsche Fortbildungsschule. Jg. 29, 1920, S. 313–324 (B.

144), jetzt in: Gesammelte Schriften, Bd. 3, Heidelberg 1970, S. 7–26. Aus der Zeit nach dem Zweiten Weltkrieg sind zu nennen: ›Umbildungen im Berufsleben und in der Berufserziehung‹. In: Die Berufliche Ausbildung im Kanton Bern. Jg. 1950, Nr. 3, S. 41–47 (B. 598, auch B. 613), jetzt auch in: H. Röhrs (Hg.): Die Bildungsfrage in der modernen Arbeitswelt. A.a.O., S. 181–190, dort zugleich kritische Äußerungen von E. Krause, W. Stets, H. Kolbenschlag und J. Riedel (S. 191 ff.) sowie ein Schlußwort E. Sprangers (S. 203–210). Ferner: ›Allgemeine Menschenbildung?‹ In: Wirken solange es Tag ist. Festgabe zum 70. Geburtstag für W. Simpfendörfer. Göppingen 1958, S. 33–46 (B. 790, auch B. 808, jetzt in diesem Band S. 383, vgl. die Anmerkungen S. 427). ›Die Erziehungsaufgabe der deutschen Berufsschule‹. In: Die berufsbildende Schule. Jg. 10, 1958, S. 293–307. Und schließlich: ›Ungelöste Probleme der Pflichtberufsschule‹. In: Erziehung und Bildung im Zeitalter der Technik. Festgabe für P. Luchtenberg. Neustadt/Aisch 1960, S. 140–150 (B. 843, auch B. 870).

Der für Sprangers Pädagogik zentrale Fragenkreis durfte trotz der Veröffentlichungen in den Bänden 1 und 3 der Gesammelten Schriften hier nicht fehlen. Zur Klärung tragen inzwischen auch zwei neuere Abhandlungen bei: H. Blankertz: Berufsbildungstheorie und Berufsschule. Eduard Spranger zum 80. Geburtstag. In: Die berufsbildende Schule. Jg. 14, 1962, S. 394 ff., und: U. Müllges: Bildung und Berufsbildung. Die theoretische Grundlegung des Berufserziehungsproblems durch Kerschensteiner, Spranger, Fischer und Litt. Ratingen 1967.

S. 277, 1. Absatz wurde gemäß einer Korrektur am Rande des Sonderdrucks von Sprangers Hand das Wort »Schaffensfreude« durch »Schaffenskräfte« ersetzt. S. 278: die von Spranger in einem letzten Abschnitt: 8. Literatur zusammengestellten Angaben wurden an den betreffenden Stellen des Textes als Anmerkungen eingefügt. Auf den ersten Seiten wurden die Anführungszeichen bei Sprangers Definitionen gestrichen. S. 291, 3. Absatz: Spranger bezieht sich auf den bereits genannten Vortrag ›Allgemeinbildung und Berufsschule‹, gehalten auf dem Fortbildungsschultag in Dresden (1920), jetzt in: Gesammelte Schriften, Bd. 3 (die zitierte Stelle beginnt S. 23 u.). Die Stelle ist für die vorliegende Fassung stilistisch leicht überarbeitet; wir haben darauf verzichtet, diese Änderungen im einzelnen nachzuweisen. Hingewiesen sei nur auf die letzten Zeilen, wo »Fortbildungsschulwesen« durch »Berufsschulwesen« ersetzt ist und wo der Hinweis »umfaßt vom Rahmen eines deutschen Bildungsideals« hinzugefügt ist.

Folgende Angaben seien zu den Zitaten nachgetragen: die S. 277, 1. Absatz genannte Definition der Bildung findet sich in Sprangers Schrift ›Gedanken über Lehrerbildung‹ (1920, B. 143), einzige Verbesserung: »und in sich selbst befriedigten Persönlichkeit« statt: »und sich selbst lustvoll genießenden Persönlichkeit« (vgl. Gesammelte Schriften, Bd. 3, S. 32). S. 282, 2. Absatz: Wilhelm von Humboldts Briefe an F. G. Welcker. Hg. von R. Haym. Berlin 1859, S. 110. S. 285, 1. Absatz: Georg Kerschensteiner: Das Grundaxiom des Bildungsprozesses und seine Folgerungen für die Schulorganisation. Berlin 1917, S. 27. Sprangers Korrektur muß wohl beachtet werden. S. 292: Friedrich Wilhelm Foerster: Lebenskunde. Ein Buch für Knaben und Mädchen. Berlin 1905.

Der Bildungswert der Heimatkunde (1923)

Der Vortrag über den ›Bildungswert der Heimatkunde‹ wurde von E. Spranger am 21. 4. 1923 bei der Eröffnung der Studiengemeinschaft für wissenschaftliche Heimatkunde in der Staatlichen Stelle für Naturdenkmalpflege in Preußen gehalten. Welche Bedeutung er ihm für die Ausarbeitung seiner pädagogischen Grundauffassung beimaß, geht u. a. aus seinem Brief an G. Kerschensteiner vom 25. 7. 1923 hervor (vgl. Georg Kerschensteiner – Eduard Spranger. Briefwechsel 1912–1931. Hg. und eingeleitet von L. Englert, a.a.O., S. 202 f.). Der Text wurde zunächst als Broschüre im Kommissionsverlag der Buchdruckerei E. Hartmann, Berlin 1923 veröffentlicht und erschien dann in: Handbuch der Heimaterziehung. 2. Teil zu: H. Conwentz, Heimatkunde und Heimatschutz in der Schule. Hg. v. W. Schoenichen. H. 1. Berlin: Borntraeger 1923, S. 3–26 (B. 178). Weitere Abdrucke erfolgten zusammen mit dem am 30. 1. 1938 bei der Sudetendeutschen Pädagogischen Tagung in Reichenberg gehaltenen Vortrag ›Volkstum und Erziehung‹ (B. 424) in Reclams Universalbibliothek Nr. 7562 in 1. Auflage 1943 (B. 496), in 2. Auflage 1949 (B. 561), in 3. Auflage 1952 (in der Bibliographie nicht genannt) und in 4. Auflage 1960 (B. 821). Drei weitere, bibliographisch noch nicht bezifferte Auflagen sollen inzwischen hinzugekommen sein. Eine Übersetzung ins Italienische hat S. Crispo Valle vorgelegt: La scienza della terra nativa. Nationalità ed educazione. In: Spranger, Eduard; Valitutti, Salvatore: Ambiente, Patria, Nazione. Roma: Armando 1959, S. 9–54 (B. 801).

Für den Druck wurde die Endfassung der Reclam-Ausgabe zugrunde gelegt. Die von Spranger in der Vorbemerkung zur 2. Auflage erwähnten wenigen sachlichen Zusätze und stilistischen Verbesserungen werden nicht nachgewiesen. Einige von Spranger eingeklammerte bibliographische Hinweise wurden in Form von Fußnoten aus dem Text herausgesetzt.

Folgende Angaben seien zum Text nachgetragen: S. 298, 3. Absatz: H. Seidel: Leberecht Hühnchen. Erzählende Schriften Bd. 1, Stuttgart 1899. S. 299, 2. Absatz: G. Th. Fechner: Die Tagesansicht gegenüber der Nachtansicht. Leipzig 1879. S. 302, 2. Absatz: vgl. Sprangers letzten Aufsatz: Vom metaphysischen Leid. Universitas, 6. Heft 1963, auch in: E. Spranger, Stufen der Liebe. Über Wesen und Kulturaufgabe der Frau. Hg. v. A. Fechner-Mahn. Tübingen 1965, S. 199–224. S. 306, 1. Absatz: J. W. v. Goethe: Faust I, v. 449 f. Werke (Sophienausgabe) Bd. 14, S. 30. S. 306, 2. Absatz: F. W. J. Schellings Werke. Hg. v. M. Schröter. Bd. 3, 1927, S. 341. S. 307, 2. Absatz: J. W. v. Goethe: Sämtliche Werke (Jubiläumsausgabe), Stuttgart und Berlin 1902 ff., Bd. 39, S. 342 f. S. 313, 3. Absatz: J. H. Pestalozzi: Sämtliche Werke. Hg. v. A. Buchenau, E. Spranger und H. Stettbacher. Bd. 1, Berlin und Leipzig 1927, S. 267.

Die Entwicklung von Sprangers Auffassung von Heimat und seiner pädagogischen Überlegungen zur Heimatkunde harrt noch einer genaueren Untersuchung. Außer der vorliegenden Arbeit wären folgende veröffentlichte Beiträge zu diesem Thema heranzuziehen: Die Vielheit der Erlebniswelten in ihrer Bedeutung für Volkskunde und Volkserziehung. (1933, B. 353); Die Urschichten des Wirklichkeitsbewußtseins. (1933, B. 368); Welt, Überwelt und Heimat. (1936, B. 396); Volkstum und Erziehung. (1938, B. 424); Heimat. (1950, B. 591); Natur- und Heimatpflege. Kraftquelle oder bloße Romantik? (1957, B. 748); Das Heimaterlebnis. (1960, B. 837); Zehn Thesen für die Landschaft. (1961, B. 874, 887); Vom metaphysischen Leid. (1963) (s. o.). Ferner wären folgende unveröffentlichte Schriften, die im Spranger-Nachlaß in Tübingen aufbewahrt werden, für diesen Themenkreis von Bedeutung: Beiträge zur Philosophie des Wanderns. (1901) 40 Seiten im Folio-Format, Original und Abschrift von Frau Spranger. Natur und Heimat in Fröbels Erziehungswerk (Vortrag vom 13. 10. 1935). Manuskript von 33 Seiten + 2 Seiten Disposition. Denkschrift zur Gründung eines heimatkundlichen Instituts für Landes- und Völkerkunde in Japan. (1937). Manuskript von 9 Seiten. Heimatkunde (Vortrag vom 17. 10. 1947). 15 Seiten im Manuskript. Bildungswert der Heimatkunde (Vortrag in Weilburg am 2. 4. 1951). Manuskript von 24 Seiten. (Diesem Vortrag ist am ehesten zu entnehmen, in welcher Weise Spranger über seine Konzeption von 1923 hinausgehen möchte.) Toepfer-Aufsatz (ad:) Naturschutz. (1955?) Manuskript von 7 Seiten im DIN A 5-Format. Heimatlosigkeit. (28. 3. 1963/31. 3. 1963, mit anderen Notizen zusammen 13 Seiten, wohl zum Umkreis der Aufzeichnungen ›Vom metaphysischen Leid‹ gehörend).

Die Fruchtbarkeit des Elementaren (1948, 1953)

E. Sprangers viel beachteter Aufsatz erschien in seiner kurzen Form erstmals in: Die Schule. Jg. 3, 1948, S. 161–164 (B. 552). Er wurde aufgenommen in den Sammelband: Pädagogische Perspektiven. Beiträge zu Erziehungsfragen der Gegenwart. Heidelberg 1951, S. 87–92 (B. 602) und blieb dort in der 2. Auflage 1952 (B. 618), in der 3. Auflage 1955 (B. 696), in der 4. Auflage 1956 (B. 722), in der 5. Auflage 1958 (B. 789) und in der 6. Auflage 1960 (B. 826) erhalten. Bibliographisch nicht registriert ist bisher der Abdruck der erweiterten Fassung in: Die Erziehung. Pädagogen und Philosophen über die Erziehung und ihre Probleme. Ausgewählt und eingeleitet v. W. Flitner. Bremen: C. Schünemann 1953, S. 460 bis 469. Eine Übersetzung ins Japanische liegt vor unter dem Titel: Kisotekina mono no Kōkasei, sie ist enthalten in: Kyōikugakuteki Tenbō. Gendai Kyōiku no Shomondai. (Übers.:) Masabumi Sugitani, Noboru Sugita. Tōkyō: Seki-Shoin (1956) B. 721), eine Übersetzung ins Italienische findet sich unter dem Titel: La fecondità dell' elementare in: Difesa della pedagogica europea. (Übers.:) Angelo Ferrari. Roma: Casa Ed. Avio 1956 (B. 718), eine ins Spanische schließlich unter dem Titel: La fecundidad de lo elemental in: Espíritu de la educación europea. (Übers.:) Juan Jorge Thomas. Buenos Aires: Kapelusz 1961 (B. 850).

In erweiterter Form wurde der Aufsatz veröffentlicht in: Universitas. Jg. 8, 1953, S. 1–7 (B. 648). Als Druckvorlage befindet sich im Spranger-Nachlaß in Tübingen außer dem Manuskript der ersten Fassung ein Typoskript des Ergänzungstextes von 3 Seiten im Format DIN A 4 mit dem Vermerk: »Universitas.

z. Satz 5. 12. 52«. Der Text beginnt mit dem gestrichenen Satz: »Zusatz (1952). Der vorstehende kleinere Aufsatz wurde zuerst in der Zeitschrift ›Die Schule‹ (Jahrgang III. 1948) veröffentlicht, ist also ursprünglich für Lehrer an Volksschulen geschrieben worden. Seitdem habe ich . . .«. Auf der Fahnenkorrektur vermerkt Spranger: »Hier fehlt noch eine Anmerkung auf den Ort, von wo der Hauptteil entnommen ist. Vielleicht Spalte 4 hinter ›fortzeugende Kraft‹«. An der betreffenden Stelle ist eingefügt: »Zusatz 1952«. Die S. 5 von der Schriftleitung der Universitas hinzugefügte Anmerkung wurde weggelassen, da sie hier in die Anmerkungen der Herausgeber eingegangen ist.

H. Paffrath hat mit Recht darauf aufmerksam gemacht, daß Sprangers Beschäftigung mit dem didaktischen Problem des Elementaren schon sehr früh einsetzt (vgl. Eduard Spranger und die Volksschule. A.a.O., S. 86–91). Der im vorliegenden Band abgedruckte Teil der in Partenkirchen verfaßten Vorlesung zur ›Philosophischen Pädagogik‹ (Das Problem der Bildsamkeit, S. 232) beweist allerdings, daß die erste Formulierung des Problems bereits 1916/17, nicht erst 1918 auftaucht (vgl. in diesem Band S. 248 f.). Von hier an finden sich Überlegungen über die Fruchtbarkeit des Elementaren in: Grundlegende Bildung, Berufsbildung, Allgemeinbildung (1918, B. 118, jetzt in: Gesammelte Schriften Bd. 1, Heidelberg 1969, vor allem S. 8, 14, 19), Der gegenwärtige Stand der Geisteswissenschaften und die Schule (1922/1925, B. 167, jetzt in: Gesammelte Schriften Bd. 1, a.a.O., S. 51 ff.), Gedanken über Lehrerbildung (1920, B. 143, vor allem 2.: Bildungswerte), Zum kulturkundlichen Unterrichtsprinzip (1927, B. 247), und nach der Behandlung in der Vorlesung zur ›Philosophischen Grundlegung der Pädagogik‹ vom Sommer-Semester 1928 (II. Teil) besonders ausführlich in: Umrisse der philosophischen Pädagogik (1933, B. 352, im vorliegenden Band, vor allem S. 48 ff.). Spranger hat das Problem dann während seiner Tübinger Lehrtätigkeit in mehreren Vorträgen angesprochen, so in: Der Volksschullehrer als Erzieherpersönlichkeit (Vortrag vor Junglehrern in Stuttgart am 12. 10. 1948, Manuskript in der üblichen Form der Ausarbeitung von 25 Seiten), Innere Voraussetzungen des Erziehertums (Vortrag in Schwenningen am 12. 12. 1952, Manuskript von 27 Seiten) und: Entmutigendes und Ermutigendes im Lehrerberuf (Vortrag in Tübingen am 25. 6. 1954, Manuskript von 31 Seiten). In der hier entwickelten Form fanden die Gedanken Eingang in die beiden Schriften: Der Eigengeist der Volksschule (1955, B. 692) und: Der geborene Erzieher (1958, B. 752). Erwähnt wird das Problem auch in einem Gutachten an die Landesregierung über ›Die Ausbildung der Volksschullehrer‹ von 1960 (Typoskript von 8 Seiten, es wird wie die übrigen unveröffentlichten Texte im Spranger-Nachlaß in Tübingen aufbewahrt).

An mehreren Stellen hat Spranger auf die Anregungen hingewiesen, die er von Pestalozzi, Fichte, Fröbel und Litt empfangen hat. Anregungen sind aber auch von seinem Aufsatz auf andere Pädagogen ausgegangen. Die wechselseitigen Bezugnahmen von E. Spranger und M. Wagenschein seit dem Tübinger Gespräch vom 30. 9. und 1. 10. 1951 im Leibniz-Kolleg dürfen in diesem Zusammenhang nicht unerwähnt bleiben. Eine problemgeschichtliche und zugleich systematische Aufarbeitung des gesamten Komplexes hat dann W. Klafki unternommen mit seiner Dissertation: Das pädagogische Problem des Elementaren und die Theorie der kategorialen Bildung. Weinheim 1959.

Der Lehrer als Erzieher zur Freiheit (1951)

Der Vortrag, der bei der Tagung des Weltbundes für Erneuerung der Erziehung am 14. 10. 1951 in Stuttgart gehalten wurde, erschien in: Bildung und Erziehung. 5. Jg. Heft 1, S. 1–14, sowie in: Die berufliche Ausbildung. Mitteilungen des kantonalen Amtes für berufliche Ausbildung in Bern. La Formation professionelle. Périodique de l'Office Cantonal de la Formation professionelle à Berne. Heft 4, 1952, S. 159 (nicht 152, wie bei Neu) – 169 (B. 632).

Zu den Zitaten seien folgende Angaben nachgetragen: S. 327, 1. Absatz: Fr. Schiller: Werke (Nationalausgabe). Bd. 1, S. 379 (Die Worte des Glaubens). S. 327, 2. Absatz: J. W. v. Goethe, Werke (Sophienausgabe). Bd. 20, S. 262, (Wahlverwandtschaften, II, 5). S. 327, 2. Absatz: M. Luther: Von der Freiheit eines Christenmenschen. In: Luthers Werke in Auswahl. Hg. v. O. Clemen. Bd. 2, Berlin 1950, S. 11. S. 330, 2. Absatz: G. W. F. Hegel: Phänomenologie des Geistes. Sämtliche Werke (Jubiläumsausgabe). Hg. v. H. Glockner. 3. Aufl. Stuttgart 1951, Bd. 2, S. 157. S. 336, 3. Absatz: N. v. Gneisenau: Ludwigs XVI. Absetzung 1792. In: Gneisenau. Eine Auswahl aus seinen Briefen und Denkschriften. Hg. v. W. Capelle. Leipzig und Berlin 1911, S. 170. S. 337, 3. Absatz: Fr. Schiller: Werke (Säkularausgabe). Hg. v. E. v. d. Hellen. Bd. 1, S. 165 (Die Worte des Wahns). S. 338, 2. Absatz: Fr. Schiller: Werke (Nationalausgabe). Bd. 1, S. 379 (Die Worte des Glaubens). S. 339, 2. Absatz: J. G. Fichte: Auswahl in sechs Bänden [Meiner]. Bd. 5, S. 210: »Die Liebe ist der Affekt des Seins«. S. 256: »Es ist durchaus vergeblich . . .«.

Gedanken über die Erzieherpersönlichkeit beschäftigen E. Spranger seit der frühesten Schaffenszeit (vgl. Gedanken zur Pädagogik [1902], in diesem Band S. 190). Seine vielen Beiträge zu diesem Problem sollen hier nicht zusammengestellt werden. Von den unveröffentlichten Texten der Vorkriegszeit wären am ehesten Teile der Vorlesungen zu erwähnen, z. B. der § 18 des II. Hauptteils seiner ›Systematischen Pädagogik‹ von 1926: Die Erziehung zur sittlichen Autonomie/Wachheit des Gewissens. Von den nach 1945 veröffentlichten Schriften führt eine ganze Reihe auf das Thema des abgedruckten Vortrags zu: »Ja« und »Nein« in der Erziehung (1946, B. 523), Erziehung zur Menschlichkeit (1953, B. 646), Gedanken zur staatsbürgerlichen Erziehung (1956, B. 729), Erziehung zum Verantwortungsbewußtsein (1959, B. 810). Läßt man die vielfältigen Ansätze zur Theorie des Gewissens beiseite, so sind unter den unveröffentlichten Texten der Nachkriegszeit für diesen Themenkreis von Bedeutung: Der Volksschullehrer als Erzieherpersönlichkeit (Vortrag in Stuttgart am 12. 10. 1948, Manuskript von 25 Seiten), Erziehung als Beruf (Vortrag vom 23. 3. 1948, Manuskript von 11 Seiten),

Lehrerberuf und Lehrerpersönlichkeit (Vortrag vom 31. 3. 1951, das z. T. breiter ausformulierte Manuskript von 30 Seiten ist schon wegen des geringen zeitlichen Abstands in enger Verbindung mit dem hier abgedruckten Text zu sehen; sein Inhalt in Stichworten: I. Die im Thema angelegte Spannung; öffentlicher Auftrag – spontanes Ergreifen der Aufgabe. Allgemeine Ratlosigkeit in dieser Zeit. Der nicht systemgebundene, freie Mensch – kein Rezept für das Freimachen. Vieldeutige Freiheit. Erweckung – freies Gehorchen, Halten von Regeln. II. Stillwerden um den Begriff der Erzieherpersönlichkeit. Zur eigenen Auffassung von 1906. Stirb und werde! Wirkung der Existenzphilosophie. Sokratische Grundhaltung. Gewissen. Helfende Liebe.). Vgl. schließlich den Vortrag ›Erziehungsethik‹ (1951, jetzt in: Gesammelte Schriften Bd. 1, a.a.O., S. 406 ff.) und den unveröffentlichten Calwer Vortrag ›Ethische Erziehung‹ (20. 2. 1952, Manuskript von 28 Seiten). Die unveröffentlichten Schriften werden im Spranger-Nachlaß in Tübingen aufbewahrt.

Ist Pädagogik eine Wissenschaft? (1953)

Zu dem bisher unveröffentlichten Vortrag liegt im Spranger-Nachlaß in Tübingen ein ausgearbeitetes, mit Tinte geschriebenes und mit Bleistift überarbeitetes Manuskript von 36 numerierten Seiten im Format DIN A 6 vor, dazu ein Deckblatt mit der Aufschrift: »Ist Pädagogik eine Wissenschaft? Bern. 8. Juni 53.« Außerdem gibt es zwei Entwürfe: ein Manuskript in gegliederten Stichworten von 5 Seiten im Format DIN A 5 und ein Manuskript in derselben Art der Durchführung von 3 Seiten im Format DIN A 4.

Das für den mündlichen Vortrag bestimmte Manuskript besteht weitgehend aus ausformulierten Sätzen, meist in übersichtlicher Gliederung mit neuen Zeilen beginnend. Für den Druck wurden sie (ähnlich wie bei der Vorlesung zur ›Philosophischen Grundlegung der Pädagogik‹ von 1948, vgl. in diesem Band S. 402 f.) ohne Änderung des Wortlauts zu größeren Absätzen zusammengezogen. Vereinzelt wurden Wörter, die sich aus dem Zusammenhang zwangsläufig ergaben, eingefügt; ein Nachweis schien uns der Geringfügigkeit wegen nicht erforderlich.

S. 343, 2. Absatz: Fr. Paulsen: Pädagogik. Stuttgart und Berlin 1911, S. 6 f.

Betrachtungen über Entstehen, Leben und Vergehen von Bildungsidealen (1955)

Der Herman Nohl zum 75. Geburtstag gewidmete Aufsatz erschien in: International Review of Education. Vol. I, 1955, S. 17–33 (B. 702). An hand- bzw. maschinenschriftlichen Unterlagen befinden sich im Spranger-Nachlaß in Tübingen: ein Manuskript von 33 Seiten, ein Typoskript von 17 Seiten, ein Abriß des Aufbaus von 2 Seiten, Entwürfe im Umfang von 44 Seiten, ferner die Vorarbeiten zu einem Kolloquium über Bildungsideale vom Sommer-Semester 1954: ein z. T. ausgearbeitetes Manuskript von 24 Seiten, 12 Seiten handschriftlicher Notizen und Entwürfe und ein Typoskript von 8 Seiten.

Zu den Zitaten seien folgende Angaben nachgetragen: S. 351, 2. Absatz: J. W. v. Goethe: Urworte. Orphisch (1817): Dämon. Gedenkausgabe. Bd. 1, S. 523. S. 357, 2. Absatz: J. W. v. Goethe: Die Geheimnisse, v. 185 ff. Gedenkausgabe Bd. 3, S. 278. S. 360, 3. Absatz: Spranger beschäftigte sich bereits 1932 und 1934/35 in den Vorlesungen zur ›Philosophischen Grundlegung der Pädagogik‹ mit dem »Dritten Humanismus« und wies auf das entsprechende Buch von L. Helbing hin. S. 362, 2. Absatz: J.-P. Sartre: L'existentialisme est un humanisme. Paris: Nagel 1946. Dtsch. Wiederabdruck in: J.-P. Sartre: Drei Essays. Mit einem Nachwort von W. Schmiele. Frankfurt/M. 1960 (Ullstein Bücher 304), S. 7 ff.

Auf eine Zusammenstellung der zahlreichen Veröffentlichungen E. Sprangers zur Problematik der Bildungsideale muß an dieser Stelle verzichtet werden. Von den bisher unveröffentlichten Texten befassen sich neben der Antrittsvorlesung von 1910 (vgl. in diesem Band S. 227 ff.) vor allem die Vorlesungen zur ›Philosophischen Grundlegung der Pädagogik‹ durchweg ausführlich mit diesem Themenkomplex, und zwar im einzelnen: Philosophische Pädagogik (Winter 1916/17 Partenkirchen), [2. Das Bildungsideal], §§ 3–8, im Typoskript von O. Brix S. 11 bis 65; Philosophische Grundlegung der Pädagogik (Sommer-Semester 1920), I. Abschnitt: Theorie des Bildungsideals, §§ 6–14, im Manuskript S. 89–197; Philosophische Grundlegung der Pädagogik (Winter-Semester 1924/25), I. Abschnitt: Theorie des Bildungsideals, §§ 4–13, Manuskript S. 55–147; Philosophische Grundlegung der Pädagogik (Sommer-Semester 1928), I. Teil: Das Bildungsideal, §§ 3–10, Manuskript S. 59–156; Philosophische Grundlegung der Pädagogik (Sommer-Semester 1932), I. Teil: Das Problem des Bildungsideals und Bildungsideale, §§ 5–19, Manuskript S. 60–303; Philosophische Grundlegung der Pädagogik (Winter-Semester 1934/35), II. Teil: Das Bildungsideal, §§ 7–14, Manuskript S. 143–282; Philosophische Grundlegung der Pädagogik (Sommer-Semester 1948), I. Hauptteil: Die Problematik der Bildungsideale in der abendländischen Kultur oder Bildungsgemeinschaft, §§ 4–9, vgl. jetzt in diesem Band S. 72–93). Die Vorlesungsmanuskripte befinden sich im Spranger-Nachlaß in Tübingen.

Vom Wissenschaftscharakter der Pädagogik (1957)

Die Abhandlung, die die Fragestellung des Berner Vortrags von 1953 (vgl. in diesem Band S. 341) aufnimmt, erschien in: Beiträge zur Einheit von Bildung und Sprache im geistigen Sein. Festschrift zum 80. Geburtstag von Ernst Otto. Hg. v. Gerhard Haselbach und Günter Hartmann. Berlin 1957, S. 3–13 (B. 751). Später wurde sie nochmals abgedruckt in: Die Deutsche Berufs- und Fachschule. Jg. 58, 1961, S. 1–10 (B. 872) und danach als Anhang aufgenommen in: Das Gesetz der ungewollten Nebenwirkungen in der Erziehung. Heidelberg 1962 (B. 878), S. 110–129.

Kleinere Verbesserungen in Sprangers Handexemplar des Erstdrucks wurden bereits beim Wiederabdruck im ›Gesetz der ungewollten Nebenwirkungen in der Erziehung‹ berücksichtigt. Sie brauchen hier nicht mehr verzeichnet zu werden.

Die Anmerkungen 1 und 3 wurden aus dem Text herausgenommen und als gesonderte Fußnoten gesetzt. Zu den Zitaten seien folgende Angaben nachgetragen: S. 369, 3. Absatz: J. W. v. Goethe: Urworte. Orphisch – Dämon. Gedenkausgabe. Bd. 1, S. 523. S. 370, 3. Absatz: Anspielung auf den Titel von M. Stirner: Der Einzige und sein Eigentum. 1844.

Es ist für Sprangers Altershaltung bezeichnend, daß er sich nicht mehr so intensiv mit wissenschaftstheoretischen (methodologischen) Fragen befaßt, sondern sein Interesse eher der Frage zuwendet, wo und inwiefern man über das wissenschaftlich Faßbare hinausgehen muß. Die Besinnung auf das sokratische Moment im erzieherischen Tun tritt damit in den Vordergrund.

Eine neue Formel für das Problem der Pädagogik

Der bisher ungedruckte, noch nicht zweifelsfrei datierte Text ist voll ausgearbeitet. Das Manuskript besteht aus 19 Seiten im Format DIN A 5 und 2 Seiten DIN A 4, welche die Disposition und den oben genannten Titel enthalten. Streichungen und Verbesserungen im Manuskript werden hier nicht im einzelnen angegeben. Da nach der nur zur Hälfte beschriebenen Seite 11 der Text auf Seite 12 mit einer römischen II beginnt, wurde von den Herausgebern an den Beginn des Aufsatzes eine römische I gesetzt.

Die kleine Studie muß sicher im Zusammenhang mit dem in diesem Band vorausgehenden Aufsatz ›Vom Wissenschaftscharakter der Pädagogik‹ (S. 365) gesehen werden. Die Wendung vom Gewissen als einer Art Regulierwerk und die Bedenken gegen Versuche, das Phänomen des Gewissens wegzudeuten, tauchen auch dort auf. Die Parallelen reichen aber zu einer exakten zeitlichen Zuordnung noch nicht aus, da solche Formulierungen in verschiedenen, über einen längeren Zeitraum gestreuten Arbeiten Sprangers zur Gewissenstheorie immer wieder gebraucht werden. Aufgrund von Schriftvergleichen legt sich eine Datierung innerhalb des Zeitraums von 1955–1960 nahe. Das Manuskript befindet sich im Spranger-Nachlaß in Tübingen.

Die Formulierung auf S. 377, 1. Absatz nimmt Bezug auf eine Anmerkung in Kants Vorrede zur ›Kritik der praktischen Vernunft‹. Vgl. I. Kants Werke. Hg. v. E. Cassirer. Bd. V, S. 8. S. 378, 1. Absatz: Spranger maß J. v. Uexkülls Schriften zur Umweltlehre eine eminente Bedeutung bei; indirekt läßt sich das an der eingehenden Darstellung ablesen, die er ihr in seiner ›Einleitung in die Philosophie‹ von 1948 widmet (eine maschinenschriftliche Hörermitschrift dieser Vorlesung wird im Spranger-Nachlaß in Tübingen aufbewahrt).

Allgemeine Menschenbildung? (1958)

Der Aufsatz erschien zuerst in: Wirken solange es Tag ist. Festgabe zum siebzigsten Geburtstag für Dr. h. c. Wilhelm Simpfendörfer, Kultusminister von Baden-Württemberg. Göppingen (NWZ-Druck) 1958, S. 33–46 (B. 790). Er wurde außerdem veröffentlicht in Westermanns Pädagogischen Beiträgen. Jg. 11, 1959, Heft 1, S. 1–9 sowie in: Berufliche Erziehung. Mitteilungen des Kantonalen Amtes für berufliche Ausbildung in Bern. Education professionelle. Périodique cantonal de la formation professionelle à Berne. 1959, S. 129–141 (B. 808). Im Spranger-Nachlaß in Tübingen befinden sich ein Manuskript von 53 Seiten und ein Typoskript von 21 Seiten.

Die Anmerkungen 5, 8, 9, 10 und 11 wurden in der Form von Fußnoten aus dem fortlaufenden Text herausgesetzt. S. 385, 1. Absatz: J. Fr. Herbart: Allgemeine Pädagogik aus dem Zweck der Erziehung abgeleitet. 1. Buch, II, Kap. II u. a. (J. Fr. Herbart: Pädagogische Schriften. Hg. v. W. Asmus. 2. Bd. Düsseldorf und München 1965, S. 41 f.) S. 393, 3. Absatz: Wilhelm von Humboldt's Briefe an F. G. Welcker. Hg. v. R. Haym. Berlin 1859, S. 110. S. 393, 3. Absatz: vgl. auch die klärende Erläuterung in: E. Spranger: Wilhelm von Humboldt und die Reform des Bildungswesens. 3. Auflage Tübingen 1965, S. 273. S. 398, 3. Absatz: J. W. v. Goethe: Wilhelm Meisters Lehrjahre, VIII, 5. Gedenkausgabe Bd. 7, S. 592. Der Einschub »(die Humanität)« stammt von Spranger.

Der Aufsatz enthält die letzte zusammenfassende Äußerung E. Sprangers zum Problem der allgemeinen Menschenbildung. Bereits die frühen Abhandlungen aus den Jahren 1918–1923, mit denen sich der Durchbruch zu einer eigenständigen Sicht vollzog, kritisieren allzu naive oder überschwengliche Vorstellungen und nötigen den Leser, das Verhältnis grundlegender, allgemeiner und beruflicher Bildung neu zu durchdenken (vgl.: Grundlegende Bildung, Berufsbildung, Allgemeinbildung, 1918, B. 118; Allgemeinbildung und Berufsschule, 1920, B. 144; Berufsbildung und Allgemeinbildung, 1923, B. 182, im vorliegenden Band S. 275). Das Verhältnis von Allgemeinbildung und Spezialbildung wird auch in den Vorlesungen zur ›Philosophischen Grundlegung der Pädagogik‹ vom Winter-Semester 1924/25, vom Sommer-Semester 1928 und vom Sommer-Semester 1932 behandelt. Es ist recht bezeichnend, daß der letzte Aufsatz zu diesem Thema nicht nur durch die Art der Vergegenwärtigung der historischen Problematik, sondern auch durch die Frageform des Titels vor einer zu einfachen Auffassung der Allgemeinbildung warnt.

Zu den Quellen und Texten

Der Spranger-Nachlaß steht für wissenschaftliche Arbeit in der Universitätsbibliothek in Tübingen zur Verfügung. Als umfangreiche Sammlung nun aufgebaut, umfaßt er die Handexemplare der Werke und Veröffentlichungen Eduard Sprangers mit seinen Einträgen, Korrekturen und Einarbeitungen, mehrere tausend Briefe Eduard Sprangers, seine eigene Bibliothek mit vielen Kommentaren der Werke anderer Autoren sowie zahlreiche Vorträge und Vorlesungen. Im Nachlaß befinden sich ferner die persönlichen Dokumente und biographischen Unterlagen. Die unveröffentlichten Manuskripte sind Eigentum der Bundesrepublik Deutschland, vertreten durch das Bundesarchiv. Veröffentlichungen aus ihnen bedürfen der Zustimmung des von Eduard Spranger testamentarisch eingesetzten Verwalters seines Nachlasses und des Bundesarchivs.

Das Eduard-Spranger-Archiv in München (Widenmayerstraße 39) wurde als Sammlung gedruckter Arbeiten Eduard Sprangers errichtet. Als Forschungsstätte enthält es heute eine Reihe wertvoller Sach- und Namensregister über das Gesamtwerk Eduard Sprangers (einschließlich einer Bibliographie der Vorträge, Vorlesungen und biographischen Veröffentlichungen), die in München erarbeitet worden sind und zur Benützung bereitstehen.

Nachwort

Der zweite Band der ›Gesammelten Schriften‹ soll Sprangers Arbeiten zur philosophischen Grundlegung der Pädagogik vereinigen und damit den systematischen Zusammenhang sichtbar machen, aus dem alle einzelnen, spezielleren Arbeiten zur Pädagogik hervorgegangen sind und in dem sie ihren bleibenden systematischen Ort haben. Er soll zugleich, insbesondre durch Hineinnahme bisher ungedruckter Arbeiten aus der Frühzeit, den Entwicklungsgang seiner Pädagogik deutlicher hervortreten lassen, als er bisher erkennbar war.

Es ist erstaunlich, wie früh sich der Gedanke einer »philosophischen Pädagogik« bei Spranger herausgebildet hat und wie entschieden er ein Leben hindurch an ihm festgehalten hat. Schon in den ›Grundfragen der philosophischen Pädagogik‹ (1907), der ersten systematischen Arbeit, die er nach seiner Dissertation veröffentlicht hat, ist das Programm im Titel klar ausgesprochen, und in der Antrittsvorlesung (1910) nimmt er es zu Beginn seiner Lehrtätigkeit wieder auf. Gegenüber den in manchen Bereichen der damaligen Reformpädagogik verbreiteten Auffassung von der Erziehung als einer mit begrifflichen Mitteln nicht zu fassenden Kunst betont er die Notwendigkeit einer philosophischen Besinnung. Aber wie man vor allem an der wiederholten Auseinandersetzung mit Herbart und Natorp merkt, lehnt er es ab, von fertig ausgebildeten Disziplinen, der Ethik und der Psychologie, auszugehen. Man müsse vielmehr beim »Urphänomen der Erziehung« beginnen, wie es nur in der eignen erzieherischen Erfahrung zugänglich sei, man müsse dieses zu beschreiben und nach den verschiedenen Richtungen zu analysieren versuchen. Dabei bietet sich der Begriff des Bildens als der oberste und allgemeinste Begriff alles pädagogisch gerichteten Bemühens mit seinen Ableitungen wie Bildungsideal, Bildsamkeit usw. als Leitfaden einer weiteren Zergliederung an.

Spranger hat Philosophie und Pädagogik immer als eine innere Einheit betrachtet. Schon in seiner Antrittsvorlesung beruft er sich darauf, daß »die Frage nach dem Zusammenhang von Philosophie und Pädagogik« (S. 222) den Grundansatz des ihm anvertrauten Lehrauftrags betreffe, und begründet, warum ihm trotz entgegenstehender Bedenken »diese Verbindung innerlich notwendig erscheint« (S. 222). Ähnlich wiederholt er es, als er mit dem Sommer-Semester 1920 als Ordinarius an die Berliner Universität zurückkehrt: »Als mir der Lehrstuhl übertragen wurde, von dem ich heute Besitz zu ergreifen die Ehre habe, habe ich ausdrücklich Wert darauf gelegt, daß ihm die Doppelbezeichnung Philosophie und Pädagogik gegeben werde. Nicht nur in dem Sinne, daß beides nebeneinander [stünde], sondern im Sinne eines inneren Zusammenhangs. Die Philosophie im Sinne Diltheys und Riehls als eine aus dem Leben kommende und das Leben gestaltende Macht – nicht als bloße Methodenlehre. Die Pädagogik im philosophischen Sinne, d. h. vom Mittelpunkt aus, wo sie mit dem Sinn des Lebens und mit dem System der Werte zusammenhängt. Die Aufgabe [ist]: Gestaltung einer inhaltlichen Kulturphilosophie und ihre Anwendung auf die Fragen des Bildungslebens in einem später näher zu bestimmenden Sinne. Philosophie und Pädagogik [bilden] eine Einheit, nicht eine zufällige Personalunion.«[1] Diese Einheit will er aber nicht so verstanden wissen, wie es bis dahin weitgehend an den deutschen Universitäten üblich war: daß die Pädagogik bloß nachträglich an die Philosophie angehängt wird. Er betont vielmehr von Anfang an ihren eignen Ursprung und ihre eigne Aufgabe, aber er besteht zugleich darauf, daß sie ihre Anerkennung als selbständige Wissenschaft nur auf dem Wege einer philosophischen Besinnung begründen kann.

In einer philosophischen Grundlegung der Pädagogik hat Spranger daher seine eigentliche Lebensaufgabe gesehen, wobei die Philosophie wiederum ihren Mittelpunkt in einer wertphilosophisch orientierten Kulturphilosophie hatte. Die von ihm selbst gewählte Bezeichnung als »philosophische Pädagogik« wird darum seiner Position auch am besten gerecht; sie erscheint jedenfalls in mancher Beziehung besser als die später verbreitete Kennzeichnung als geisteswissenschaftliche Pädagogik. Die Vorlesungen über die ›Philosophische Grundlegung der Pädagogik‹, die Spranger in regelmäßigem Abstand gehalten hat, können daher als das Grundgerüst seines gesamten pädagogischen Werks betrachtet werden, von dem alle einzelnen Arbeiten als Glieder eines größeren Ganzen zusammengehalten werden.

In der Folge dieser Vorlesungen hat Spranger im Winter-Semester 1911/12 und im Winter-Semester 1913/14 die ›Philosophische Grundlegung‹ mit der ›Geschichte der Pädagogik bis zu Rousseau‹ als ›Pädagogik, I. Teil‹ zu einer dreistündigen Vorlesung verbunden. Auch für das Winter-Semester 1916/17 hatte Spranger eine gleiche Vorlesung an-

[1] Vorlesungsmanuskript Blatt 1 und 2.

gezeigt, sie dann aber wegen seiner angegriffenen Gesundheit nicht gehalten. Dafür entstand im Winter 1916/17 während des Krankheitsaufenthalts in Partenkirchen eine umfangreiche Ausarbeitung unter dem Titel ›Philosophische Pädagogik‹. Obgleich in ihr nur ein Teil des vollen Programms abgehandelt wird, kann sie als Grundlage aller späteren Ausarbeitungen betrachtet werden. Danach hat Spranger in Leipzig im Sommer-Semester 1917 und in Berlin im Sommer-Semester 1920, im Winter-Semester 1924/25, im Sommer-Semester 1928 und im Winter-Semester 1934/35 eine zweistündige Vorlesung über ›Philosophische Grundlegung der Pädagogik‹ gehalten. Die Aufsatzreihe, die Spranger in der Internationalen Zeitschrift für Erziehung unter dem Titel ›Umrisse der philosophischen Pädagogik‹ zu veröffentlichen begonnen, aber – vielleicht aus politischen Gründen – nicht abgeschlossen hat, stellt in gedrängter Form den systematischen Ertrag seiner Vorlesungen dar. Auch die Vorlesungen, die er 1937 in Japan unter dem Titel ›Der philosophische Aufbau der wissenschaftlichen Pädagogik‹ gehalten hat und die damals in japanischer Übersetzung erschienen sind, stellen eine auf japanische Hörer abgestimmte verkürzte Fassung seiner Grundgedanken dar. Und endlich hat Spranger nach längerem Abstand 1948 in Tübingen noch einmal eine Vorlesung über ›Philosophische Grundlegung der Pädagogik‹ gehalten. Die Manuskripte zu diesen Vorlesungen (beginnend mit der vom Sommer-Semester 1920) sind glücklicherweise vollständig erhalten.

Diese Vorlesungen werden ergänzt durch die Vorlesungen über ›Systematische Pädagogik‹, die Spranger zunächst zusammen mit der Geschichte der Pädagogik im Sommer-Semester 1911 in Berlin und zusammen mit der Kinderpsychologie als ›Pädagogik, III. Teil‹ im Winter-Semester 1914/1915 und im Winter-Semester 1918/19, von da ab als selbständige Vorlesung im Sommer-Semester 1921, im Sommer-Semester 1923, im Sommer-Semester 1926 und im Winter-Semester 1930/31 gehalten hat.

Das am Bildungsgedanken orientierte Aufbauschema dieser Vorlesungen zeichnet sich schon in der Berliner Antrittsvorlesung deutlich ab und wird in den verschiedenen Fassungen der Vorlesungen in jeweils nur geringfügig modifizierter Form durchgehalten. In den ›Umrissen‹ vergleicht Spranger das Verhältnis der Teile mit den Seiten eines Würfels: »Schon Bildsamkeit, Bildungsideal, Bildungsgüter und Bildungswerte, Bildnerpersönlichkeit und Bildungsgemeinschaft sind vergleichbar mit den Seiten eines Würfels: Man legt jeweils eine nach oben; die anderen aber kann man nicht wegdenken, sondern sie haben zu ihr eine bestimmt angebbare Lage« (S. 371). Die Reihenfolge und auch die Bezeichnungen der einzelnen Kapitel wechseln bei den verschiedenen Vorlesungen, auch fallen gelegentlich aus Zeitmangel spätere Teile fort, im ganzen aber bildet sich das folgende Aufbauschema aus:

Einleitung: Der Bildungsprozeß,
I. Das Bildungsideal,
II. Bildungsgüter und Bildungswerte,
III. Die Bildsamkeit (auch pädagogische Psychologie),
IV. Der Bildner (auch die Persönlichkeit des Erziehers oder Erzieher und Zögling),
V. Die Bildungs- und Erziehungsgemeinschaften (auch die bildende Kraft des Gemeingeistes oder auch pädagogische Soziologie),
VI. Das Bildungswesen (gelegentlich auch mit dem V. Kapitel zusammengenommen).

Es ist nun erregend, zu verfolgen, wie Spranger den Stoff seiner Vorlesungen jedesmal neu durchdenkt, so daß sich dieser bei gleichbleibenden Grundgedanken schrittweise verwandelt. Während er in den früheren Fassungen nach einer eingehenden Abgrenzung seines Vorgehens gegen Herbart und Natorp im wesentlichen ein auf kulturphilosophischer Grundlage konstruktiv durchgeführtes System der Pädagogik entwickelt, wobei er sich weitgehend an der gleichzeitig ausgearbeiteten Lehre von den ›Lebensformen‹ orientiert, treten in den späteren Fassungen die historischen Partien, vor allem über die Entwicklung der klassischen Bildungsidee und die Auseinandersetzung mit ihren Gegnern immer stärker hervor. Dabei zieht er, wie es überhaupt für seine Arbeiten seit der Mitte der zwanziger Jahre bezeichnend ist, in steigendem Maße die Ergebnisse der empirischen Forschung in den der Pädagogik benachbarten Wissenschaften heran und setzt sich eingehend mit der Literatur seiner Zeit, meist schon unmittelbar nach dem Erscheinen der betreffenden Werke, auseinander. Dadurch gewinnen die anfangs vielleicht noch etwas abstrakten Gedankengänge zunehmend an Konkretion und inhaltlicher Fülle.

Der zunächst an den Neukantianern orientierte Wertbegriff führt zu einer ausführlichen Auseinandersetzung mit Schelers Wertethik, die dann aber, nachdem ihre Aufgabe erfüllt ist, in den späteren Fassungen wieder verschwindet. Auch Spenglers Kulturzyklentheorie tritt in das Blickfeld der Pädagogik, wird aber in diesem Zusammenhang nicht weiter verfolgt, so wichtig sie an andrer Stelle für die Ausbildung seiner Kulturphilosophie (vgl. Bd. V) geworden ist. Die Arbeiten Hönigswalds und der ihm nahestehenden Neukantianer werden mehrfach diskutiert. Auch im aufkommenden Nationalsozialismus sucht er nach pädagogisch fruchtbaren Gedanken, vor allem im Dienstbegriff, kommt aber schon in der ersten Auseinandersetzung zu einer Ablehnung, weil er die Persönlichkeit gegenüber der einseitigen Betonung des Volksganzen preisgegeben findet. Die zeitgenössische Soziologie, deren pädagogische Bedeutung er schon früh erkannt hatte, wird aufmerksam verfolgt. So führte Tönnies' bekannte Unterscheidung von Gemeinschaft und Gesellschaft zur Trennung von Natur- und Kulturformen der Gesellschaft. Daß Kerschensteiners ›Grundaxiom des Bildungsprozesses‹ mehrfach eingehend behandelt wird, ist bei der engen Verbundenheit beider Denker nicht verwunderlich. Auch der »fruchtbare Moment« seines Schülers Copei wird mit Nachdruck aufgenommen. Noch in der spätesten Fassung der Vorlesungen wird Rothackers Lehre von den ›Schichten der Persönlichkeit‹ ausführlich behandelt und kritisch diskutiert.

Vor allem sind es zwei Fragenkreise, die ihn zu immer erneuter Auseinandersetzung zwingen. Der eine betrifft die biologischen Grundlagen der Erziehung. Während er anfangs das Problem der Bildsamkeit vorwiegend von einer (an Dilthey anknüpfenden) Strukturpsychologie aus entwickelt, berichtet er in den späteren Fassungen ausführlich über die damals ins Blickfeld der Aufmerksamkeit getretene Erbbiologie und Konstitutionsforschung (Kretschmer, Gebr. Jaensch u. a.), wenn er auch abschließend zu dem Ergebnis kommt, daß der Erzieher von diesen biologisch gegebenen Voraussetzungen und Grenzen der Erziehung zwar wissen müsse, sich aber dadurch nicht in seinem pädagogischen Optimismus lähmen lassen dürfe. Die entscheidende Grundlage bleibt für ihn auch weiterhin die Strukturpsychologie.

Noch intensiver ist die Auseinandersetzung mit Grisebach und den ihm nahestehenden Vertretern der dialektischen Theologie, die aus einer schroff zugespitzten protestantischen Sicht den Glauben an die Berechtigung, einen andern Menschen zu erziehen, als Hybris verwerfen. Hier fühlt er sich wirklich in der Wurzel getroffen. Er hat sich deshalb bis in die letzte Vorlesung von 1948 hinein immer wieder mit diesen Gegnern auseinandergesetzt.

Es wäre nun äußerst interessant, diesen hier nur angedeuteten Entwicklungen im einzelnen nachzugehen. Aber die Vorlesungen in den verschiedenen Fassungen vorzulegen, war schon aus Raumgründen unmöglich. So mußten wir uns darauf beschränken, wenigstens die eine Fassung, die Tübinger Vorlesung von 1948, vollständig wiederzugeben, die noch einmal das ganze Programm (bis auf die Bildungsgemeinschaften) entwickelt. Sie bildet darum das Kernstück dieses Bandes. Wir sind uns der Bedenken bewußt, die der Herausgabe solcher nur als Unterlage für den mündlichen Vortrag bestimmter Aufzeichnungen entgegenstehen, an deren Veröffentlichung Spranger niemals gedacht hätte. Trotz der dabei notwendigen etwas freieren Form der Textgestaltung, über die im Anmerkungsteil genauer Rechenschaft gegeben wird, ist nur ein etwas mühsam zu lesender Text zustande gekommen, dem die Kraft und Klarheit der Sprangerschen Sprache fehlt. Wir haben diese Vorlesung trotzdem mitzuteilen gewagt, weil sie in einer sonst nicht wieder erreichbaren Weise das Ganze des pädagogischen Systems Sprangers vor Augen führt und damit den Bezugsrahmen deutlich macht, in dem die von ihm selbst veröffentlichten Arbeiten stehen.

Der vorliegende Band gliedert sich in zwei Hauptteile. Um zunächst die philosophische Pädagogik, wie Spranger sie verstand, im ganzen sichtbar zu machen, sind im ersten Teil drei Arbeiten zusammengestellt, die auf verschiedenen Stufen der Entwicklung den systematischen Zusammenhang darstellen. An erster Stelle stehen die ›Umrisse der philosophischen Pädagogik‹ (1933), in denen Spranger als Ertrag seiner Vorlesungen die allgemeinen Strukturzusammenhänge, in denen die Erziehung steht, gewissermaßen das »ewige Wesen der Erziehung« (S. 18), darstellt, wie es unabhängig von der Geschichte und der Gegenwartsproblematik »zeitlos« gleich bleibt. Als eigentliches Kernstück folgt dann die genannte Tübinger Vorlesung von 1948. Sie kann zugleich als Beispiel die Eigenart seiner wiederholt gehaltenen Vorlesungen verdeutlichen. Und endlich hat die spätere Abhandlung ›Das Leben bildet‹ (1959) hier ihre Stelle gefunden, in der Spranger mehr, als der Titel erkennen läßt, im Rückblick des hohen Alters die seine Pädagogik tragende Kulturphilosophie zusammenfaßt. Mit Recht sagt Englert von ihr, sie sei »die bis jetzt vollkommenste Darstellung seiner Grundpositionen«.[2] Daß sich in dieser dreifachen Behandlung desselben Gegenstands manches wiederholt, mußte in Kauf genommen werden, wenn man nicht nur den »Ertrag« der Sprangerschen Arbeiten, sondern zugleich ihre Entwicklungslinie deutlich machen wollte.

Der zweite und größere Teil des Bandes soll nicht nur zeigen, wie sich innerhalb des hier entwickelten Ganzen die einzelnen konkreten Fragen ausgliedern und zu eignen Vorträgen und Aufsätzen verselbständigen, sondern zugleich noch stärker die Entwicklung erkennen lassen, die von den ersten Anfängen des jungen Studenten bis zu den Arbeiten des späten Spranger hinüberführt. Darum durfte diese Ausgabe sich nicht auf die Arbeiten der Reifezeit beschränken, in denen Sprangers Denken zu seiner

[2] Ludwig Englert. Ernte aus fünf Jahren. Die Veröffentlichungen Eduard Sprangers 1957–1961. Pädagogische Rundschau. 16. Jg. 1962, S. 630.

endgültigen Gestalt gekommen ist, sondern mußte auch die früheren Schriften heranziehen, selbst wenn sie in ihrem sachlichen Ertrag durch spätere Arbeiten überholt sein sollten, um zunächst die Ansätze sichtbar zu machen, in denen sich die spätere Entwicklung keimhaft abzeichnet, und von hier aus die gleichbleibende Grundlinie wie auch die späteren abweichenden Fortbildungen erkennen zu lassen und so eine verläßliche Grundlage für eine spätere Beschäftigung mit diesem Klassiker der Pädagogik zu geben.

Am Anfang stehen darum die ›Gedanken zur Pädagogik‹ (1902) des damals erst zwanzigjährigen Studenten und die ›Grundfragen der philosophischen Pädagogik‹ (1907). Zusammen mit der Ausarbeitung über ›Leben und Wissenschaft‹ (1905), die in Band VII der ›Gesammelten Schriften‹ erscheinen soll, und der ›Rede über Erziehung‹ (1906, jetzt in Band I) geben sie ein gutes Bild der Anfänge, in denen sich der von Dilthey herkommende lebensphilosophische Ansatz noch mit ungebrochener Kraft auswirkt. Er sucht in seiner ersten Ausarbeitung nach den »Lebensbegriffen«, in denen sich die Beziehung zwischen Erzieher und Zögling als ein inniges »Lebensverhältnis« beschreiben läßt. Er sieht »den Vorgang der Erziehung ... eingebettet in den universellen Zusammenhang gegenseitiger Abhängigkeiten, den wir mit einem Wort als Leben bezeichnen« (S. 191), und bezieht auch die Wissenschaft auf das »Leben«. Er spricht auch später noch vom »Lebensband« (S. 238) zwischen dem Subjekt und den objektiven Kulturgütern. Er entwirft in Anlehnung an Shaftesbury ein begeisterndes Bild des Erziehers als eines »Virtuosen der Humanität« (S. 207) und spricht in der ›Rede über Erziehung‹ in enthusiastisch-optimistischem Ton von der »pädagogischen Schöpfungstat« (Bd. I, S. 426). Auch in den ›Grundfragen‹ sieht er in einer noch sehr ästhetischen Grundhaltung in der Bemächtigung der Einbildungskraft das Mittel, in den Kindern die Empfänglichkeit für höhere Werte zu wecken (S. 219 f.).

Es ist erstaunlich, wie viele der später wichtigen Gedanken schon in den frühen Schriften mit voller Klarheit ausgesprochen sind. Neben dem allgemeinen kulturphilosophischen Ansatz regt sich schon hier die Kritik am klassischen Bildungsideal, das weder den sozialen Problemen der Zeit noch der religiösen Tiefe des Lebens gerecht werde. Wichtig ist schon hier das Interesse an den wirtschaftlichen und gesellschaftlichen Problemen und die von da her bedingte Forderung, die pädagogische Psychologie durch eine entsprechende pädagogische Soziologie zu ergänzen. Mit der Frage nach der Erzieherpersönlichkeit und nach der Erweckung des Gewissens sind Themen angesprochen, die – wofür stellvertretend nur an den Schluß der Tübinger Vorlesung erinnert sei – bis ins Alter hinein unvermindert lebendig geblieben sind.

Der sich schon in den frühen Arbeiten abzeichnende, an der Vielseitigkeit des Bildungsbegriffs entwickelte systematische Rahmen findet dann seine inhaltliche Erfüllung durch die Lehre von den sechs idealen Grundtypen der ›Lebensformen‹, wie sie sich bei Spranger zwischen der ersten und der zweiten Auflage dieses Buchs, also zwischen 1914 und 1921, in der »Arbeit ernster, schwerer Jahre« ausgebildet hatte. Die Partenkirchener Ausarbeitung der ›Philosophischen Pädagogik‹ ist, vor allem im ersten, größeren Teil, in einer oft schon etwas schematisch-trockenen Weise am Gerüst dieser Typen durchkonstruiert. Wir mußten auf den Abdruck dieses Teils verzichten, weil diese Gedanken dann in den ›Lebensformen‹ selbst ihre reifere und auch ausführlichere Darstellung gefunden haben. Wir beschränken uns hier auf den (kürzeren) zweiten Teil, der, ebenfalls weitgehend an den Lebensformen orientiert, eine durchgeführte strukturpsychologische Theorie der Bildsamkeit enthält, wie sie in dieser Weise sonst nicht zu finden ist. Das Aufbauschema der Lebensformen bleibt auch beim späteren Spranger erhalten, aber es tritt zunehmend zurück hinter der konkreter durchgeführten historischen Betrachtung und der Beschäftigung mit den brennenden Fragen der Gegenwart.

In den Jahren nach dem Zusammenbruch von 1918 nimmt Spranger, selbst aufs tiefste erschüttert, an den Bestrebungen und weit gespannten Hoffnungen teil, durch eine neue Erziehung zu einer Erneuerung des ganzen Volkslebens zu führen. Das spiegelt sich deutlich in der großen Zahl der Veröffentlichungen dieser Jahre, die unmittelbar an die Tagesereignisse anknüpfen und zu ihnen Stellung nehmen. Neben den allgemeinen Problemen der Schulreform setzt er sich für die Erneuerung der Universität ein und nimmt lebhaften Anteil an den Fragen der Lehrerbildung. Aber daneben entsteht auch eine Reihe größerer Abhandlungen, die z. T. in dem Sammelband ›Kultur und Erziehung‹ vereinigt sind und damals eine breite Wirkung ausübten.

In diesem Zusammenhang steht die hier aufgenommene Arbeit über ›Die Bedeutung der wissenschaftlichen Pädagogik für das Volksleben‹, in der ausdrücklich die Frage gestellt wird, was eine wissenschaftliche pädagogische Theorie für die Erneuerung von Volk und Staat leisten kann. Er erinnert an die preußische Reformbewegung nach dem Zusammenbruch von 1806/07, aber er macht auch auf den tiefgreifenden Unterschied aufmerksam: Während die Reform damals von »oben« her von der Regierung organisiert und von der Philosophie ihrer Zeit getragen war, muß sie jetzt von »unten« her »aus dem Schoße der Gesellschaft immer neu und frei geboren« werden (S. 260 f.). Hier aber stößt er statt einer einheitlichen Idee auf die Vielzahl miteinander streitender Mächte. Und in diesem Zusammenhang stellt er die Frage nach der Aufgabe der wissenschaftlichen Theorie. Das bedeutet für ihn konkret: Er unterzieht die Theorie einer philosophischen Pädagogik, wie er sie im vergangenen Jahrzehnt entwickelt hatte, einer kritischen Überprüfung im Angesicht der Aufgaben seiner Zeit.

Er sieht die Aufgabe einer pädagogischen Theorie zunächst darin, daß sie in einer verstehenden Haltung einen kritischen Abstand gewinnt gegenüber den Gegensätzen der streitenden Tendenzen. Sie analysiert die kulturelle Wirklichkeit, beschreibend und deutend, aber sie hebt zugleich die bleibenden Werte und Normen heraus und wirkt so gestaltend zurück auf das Volksleben, aus dessen Analyse sie hervorgegangen ist.

Die zahlreichen Schriften, die in diesen Jahren der Berliner Wirksamkeit von 1920 bis zum stärkeren Verstummen unter der nationalsozialistischen Herrschaft entstanden sind und in denen er die systematische Pädagogik nach den verschiedenen Richtungen hin entfaltet, konnten hier nicht aufgenommen werden, weil sie den Umfang eines einzelnen Bandes gesprengt hätten. Viele haben auch in andern Bänden der ›Gesammelten Schriften‹ ihre Stelle gefunden. Auch sind die Arbeiten dieser Zeit ja am besten bekannt; sie haben oft sogar das Bild Sprangers in der Öffentlichkeit in einer einseitigen Weise bestimmt.

Insbesondre konnte der sich seit etwa der Mitte der zwanziger Jahre abzeichnende Wandel im wissenschaftlichen Stil Sprangers, auf den schon bei den verschiedenen Fassungen seiner Vorlesungen hingewiesen wurde, hier nicht deutlich gemacht werden. In den früheren Arbeiten, am reinsten vielleicht in den ›Lebensformen‹ verkörpert, aber rückblickend noch einmal in den ›Umrissen‹ von 1933, bevorzugt Spranger ein stark rationales Verfahren, bei dem er die Gedanken in ihrer inneren Konsequenz systematisch durchkonstruiert, das aber bei aller inneren Wärme oft etwas eigentümlich Abstraktes behält. In den späteren Jahren ist er zunehmend bestrebt, die Ergebnisse der verschiedenen Erfahrungswissenschaften vom Menschen aufzunehmen und pädagogisch fruchtbar zu machen, wie sich überhaupt mit der zeitgenössischen Literatur auseinanderzusetzen. Die umfangreichen Abhandlungen in den Sitzungsberichten der Preußischen Akademie der Wissenschaften, etwa ›Die Kulturzyklentheorie und das Problem des Kulturverfalls‹ (1926), ›Der Sinn der Voraussetzungslosigkeit in den Geisteswissenschaften‹ (1929), ›Urschichten des Wirklichkeitsbewußtseins‹ (1934), ›Probleme der Kulturmorphologie‹ (1936), können diese Wendung am besten verdeutlichen. Diese Richtung ist heute vor allem in den kulturphilosophischen Arbeiten von Band V zu verfolgen. Wir müssen uns darauf beschränken, zwei für die erste Hälfte der zwanziger Jahre bezeichnende Arbeiten aufzunehmen.

Die eine ist der Aufsatz ›Berufsbildung und Allgemeinbildung‹ (1923). Obgleich das Problem der Berufsbildung auch in andern Bänden der ›Gesammelten Schriften‹ erörtert wird (vgl. die Nachweise im Anmerkungsteil), durfte das zentrale Problem in der Auseinandersetzung mit der klassischen Bildungsidee auch an dieser Stelle nicht fehlen. Bei aller geistigen Nähe zur Bildungsidee der deutschen Klassik, wie sie vor allem in den beiden Humboldt-Büchern und der ein Leben lang durchgehaltenen Liebe zu Goethe zum Ausdruck kommt, meldet Spranger schon früh, schon in den ›Gedanken‹ (1902) seine kritischen Bedenken an. Das verstärkt sich, wie vor allem aus dem Briefwechsel mit Kerschensteiner hervorgeht, in den Erschütterungen des Krieges und des Zusammenbruchs. Schon 1916 erkennt er, »daß die schöne freie Entfaltung der Persönlichkeit in der heutigen Kultur nicht mehr das Letzte ist, sondern die Persönlichkeit, die vom sozialen Ganzen ihre besten Werte empfängt und ihm damit seine besten Werte zurückgibt«. Er stimmt mit Kerschensteiner darin überein, »daß jede Allgemeinbildung nur auf dem Wege über Berufsbildung erreicht wird«[8], und betont (in unsrer Abhandlung) mit aller Entschiedenheit: »In der Berufsschule [liegt] der eigentliche und einzige schöpferische Punkt der gegenwärtigen Schulreform« (S. 289). Er fordert anstelle einer »allgemeinen Bildung« eine »grundlegende Bildung«, die auf den Beruf vorbereitet, aber über das Fachkönnen hinaus zum Ethischen hinführt.

Die andre Arbeit ist die Abhandlung ›Der Bildungswert der Heimatkunde‹. Sie mußte nicht nur deswegen in diesen Band aufgenommen werden, weil sie das allgemeine Problem des Bildungswerts und Bildungsideals an einem großen Beispiel durchführt, sondern darüber hinaus, weil in ihr Sprangers Denkweise besonders rein zum Ausdruck kommt. Die Heimatkunde ist ihm »das reinste Beispiel einer totalisierenden Wissenschaft« (S. 311), von der die »Überwindung der abstrakten Fächertrennung« (S. 305), ja allgemein der »herrschenden Denkweise unserer Zeit« (S. 312), die er im Positivismus verkörpert sieht, zu erwarten sei. Die Heimatkunde ist ihm die »Schule des Totalitätssinnes, die wir brauchen, um aus der geistigen Zerrissenheit der Gegenwart herauszukommen« (S. 317). – Hier ist der – sicher nicht unumstrittene – Weg angebahnt, der

[8] Georg Kerschensteiner – Eduard Spranger. Briefwechsel 1912–1931. Hg. v. L. Englert. München 1966. S. 49 u. 120.

dann in den dreißiger Jahren zu der Schrift über den ›Eigengeist der Volksschule‹ (1955) hinüberführt.

Ausführlicher ist in diesem Band dann wieder die letzte Schaffenszeit, aus den Jahren nach 1945, dokumentiert. Freilich können die hier unter dem leitenden Gesichtspunkt dieses Bandes, der philosophischen Grundlegung der Pädagogik, vereinigten Arbeiten für sich allein kein hinreichendes Bild von Sprangers Alterswerk geben. In ihnen fehlt der vor allem in der ›Weltfrömmigkeit‹ (1941) und der ›Magie der Seele‹ (1947) zum Ausdruck kommende eigentümlich dunkle Grundton: das Gefühl der »tiefen Brüchigkeit des Menschenlebens, wie es nun einmal ist«[4], der tiefen Dunkelheit und einer alles begleitenden Trauer, das ihn auch Gedanken der Existenzphilosophie zustimmend aufnehmen ließ. Es sei nur an den ergreifenden, noch kurz vor dem Tode geschriebenen Aufsatz über ›Das metaphysische Leid‹ (1963) erinnert.

Auf diesen durchgehenden Grundzug des Alterswerks mußte hingewiesen werden, obgleich (oder gerade weil) er in den pädagogischen Arbeiten dieser Zeit wenig zur Geltung kommt; denn das bezeichnet sehr scharf die Situation, in der diese Arbeiten entstanden sind. Sprangers Werk hat nicht ungestört ausreifen können, und die Stille des Alters ist ihm weitgehend verwehrt worden. Die Not nach dem Zusammenbruch des »Dritten Reichs« und die Notwendigkeit eines neuen Aufbaus im Erziehungswesen wie im kulturellen Leben überhaupt stellte ihn noch einmal vor Aufgaben, die denen in der Zeit nach 1918 tief verwandt waren. Weil eine jüngere Pädagogen-Generation nicht zur Verfügung stand, mußte Spranger als alter Mann noch einmal aktiv eingreifen. Der hier wiedergegebene Vortrag ›Der Lehrer als Erzieher zur Freiheit‹ (1951) zeigt besonders deutlich das Bewußtsein einer tiefen Verantwortung. In diesem Zusammenhang stellte sich ihm noch einmal die Frage nach der »Bedeutung der wissenschaftlichen Pädagogik für das Volksleben«. Hier mußte er noch einmal auf seine früheren Arbeiten zurückgreifen und das, was ihm über den Wechsel der Zeiten hinweg gültig zu sein schien, vor einer neuen Generation von Erziehern zur Geltung bringen. So ist es zu verstehen, daß diese Arbeiten den früheren gegenüber oft wenig »Neues« bieten, sondern mehr den Ertrag eines langen Lebens noch einmal zusammenfassen. Hierhin gehören aus dem ersten Teil dieses Bandes die Vorlesungen über die ›Philosophische Grundlegung der Pädagogik‹ (1948), in denen er nach langer Pause den in manchen Jahren gewachsenen Stoff noch einmal

[4] Eduard Spranger. Der unbekannte Gott. Stuttgart 1954 (B. 667, 699), S. 33. Vgl. O. F. Bollnow. Sprangers Alterswerk. Universitas. 17. Jg. 1962. S. 645–661.

zusammenfaßt, und die abschließende Darstellung der Geistesphilosophie in der Abhandlung ›Das Leben bildet‹ (1959) wie dann im zweiten Teil die ›Betrachtungen über Entstehen, Leben und Vergehen von Bildungsidealen‹ (1955). In mehreren Ansätzen greift er auch die ihn seit seinen Anfängen bewegende Frage nach der Wissenschaftlichkeit der Pädagogik wieder auf, so in dem Berner Vortrag ›Ist Pädagogik eine Wissenschaft?‹ (1953) und in dem Aufsatz ›Vom Wissenschaftscharakter der Pädagogik‹ (1957) wie auch in dem Entwurf ›Eine neue Formel für das Problem der Pädagogik‹. Bezeichnend für seine Altershaltung aber ist, wie die späte Schrift, die das Thema der allgemeinen Bildung noch einmal aufnimmt, schon im Titel mit einem Fragezeichen endet: ›Allgemeine Menschenbildung?‹ (1958). Sie ist weder als Ganzheit der Bildungsgehalte noch als Ganzheit der Kräfte zu gewinnen, sondern nur als konzentrische Erweiterung eines individuell gebundenen Kerns. »Es gibt keine allgemeine Menschenbildung, sondern nur Einseitigkeiten, die je zu ihrer eigentümlichen Kraft und Höhe emporgebildet werden müssen« (S. 398).

Zum Abschluß des Bandes bleibt uns das Bedürfnis, für mannigfach empfangene Hilfe herzlich zu danken. Unser Dank gilt zunächst Herrn Prof. Dr. H. W. Bähr, der die Ausgabe der ›Gesammelten Schriften‹ Eduard Sprangers in unermüdlicher Arbeit bis in die Einzelheiten hinein vorbereitet und auch diesen Band mit geplant und sein Entstehen mit Rat und Hilfe begleitet hat. Er gilt weiter Herrn Prof. Dr. L. Englert, der uns aus dem Material seines Münchener Eduard-Spranger-Archivs manche wertvolle Auskunft geben konnte, sowie Herrn Prof. Dr. O. Dürr für die Überlassung der Vorlesungs-Nachschrift von 1948. Er gilt endlich unsern Mitarbeitern, den Herren Dr. G. Kraemer und W. Ostberg, die beim Auffinden und Überprüfen der Zitate in unermüdlicher Kleinarbeit geholfen haben. Die Herausgabe dieses Bandes wie der Gesammelten Schriften überhaupt wurde von der Volkswagen-Stiftung in dankenswerter Weise gefördert.

Namenregister

Kolibri 360 GmbH
Ferdinand-Jühlke-Straße 7
99095 Erfurt, Deutschland
produktsicherheit@kolibri360.de